世界气象组织授予的百年气象站证书

世界气象组织百年气象站徽标

2006 年 6 月 22 日，中国气象局副局长许小峰（右二）一行在辽宁省气象局局长王江山的陪同下视察营口市气象局

2006 年 9 月 9 日，中国气象局党组成员、人事司司长沈晓农（前排右一）一行，在辽宁省气象局局长王江山（前排中）的陪同下视察营口市气象局

2007 年 5 月 15 日，中国气象局纪检组组长孙先健（前排右一）在辽宁省气象局局长王江山（左一）陪同下视察营口市气象局

领　导　视　察

2017年4月12日，中国气象局副局长矫梅燕（前排中）在辽宁省气象局局长王江山（前排右一）的陪同下检查指导营口汛期气象服务工作

2014年7月13日，辽宁省气象局局长王江山（前排左三）调研指导营口气象工作

2018年12月10日，辽宁省气象局局长王邦中（前排右二）调研营口气象工作

领 导 视 察

2004年7月2日，营口市委副书记、代市长赵化明（前排左二）和副市长姜广信（前排左三）视察多普勒雷达工程建设现场

2012年11月19日，营口市市长葛乐夫（前排中）、副市长曲广明（前排右一）在营口市气象局召开现场办公会，调研指导气象工作

2013年10月30日，营口市政协主席王杰（前排右一）、副主席梅树清（前排右二）等领导视察营口市突发事件预警信息发布系统建设情况

2014年9月30日，营口市委常委、副市长曲广明（左一）指导检查气象影视节目

2017年6月8日，营口市委书记、市人大常委会主任赵长富（右四）和副市长尹成福（右一）视察营口气象站旧址，调研旧址修缮保护工作

2019年2月1日，营口市副市长高洪涛（左一）代表市委、市政府看望全体气象职工

2019年2月20日，营口市市长余功斌（右二）在市政府秘书长李秀斌等陪同下，调研营口百年气象站旧址修缮建设情况

2019年6月7日，营口市委副书记、代市长许桂清（左四）视察营口百年气象站旧址

1909年关东都督府观测所营口支所

1913年"满铁"产业试验场熊岳城分场观测所

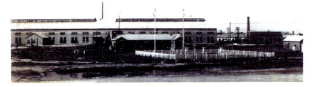

1955年营口气象站

1984年营口气象站

1973年营口市气象局办公楼

1994年营口市气象局

2019年修缮后的营口百年气象站旧址

2018年营口国家基本气象站

2018年营口市气象局

台 站 面 貌

2018年盖州市气象局

2018年大石桥市气象局

2018年营口经济技术开发区气象局

20世纪60年代初青年模范张云龙进行观测

20世纪70年代气象工作者利用电传机发送报文

20世纪80年代机务员接收117传真图

20世纪80年代报务员利用Apple II型微机发送气象电报

2013年建成营口市突发事件预警信息发布中心

2013 年建成营口市气象
台天气预报会商室

2014 年建成电视天气
预报演播系统

海上航标灯船自动气象站

海洋浮标自动气象站

船舶自动气象站

车载移动自动气象站

乡镇自动气象站

GNSS基准站

紫外线观测仪

闪电定位仪

S波段新一代双偏振天气雷达

大气成分站

酸雨观测

大气降尘观测

气 象 服 务

2007年3月4日营口出现特大暴雪灾害

2007 年营口市气象
局召开"3·04"暴风雪
气象服务表彰会

2012 年受台风"达
维"影响的洪灾现场及气
象服务工作部署会议

气 象 服 务

2014年6月实施人工增雨作业，有效缓解旱情

2017 年 3 月业务人员到港口开展气象服务需求调研

2018 年 8 月业务人员在高坎镇进行农业气象服务调研

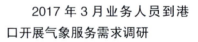

2010 年 6 月为辽河大桥建设提供气象服务

2013 年 5 月为鲅鱼圈国际马拉松比赛提供现场气象服务

2014 年 4 月为房地产企业提供防雷装置设计审核审批服务

2016 年 9 月为营口港新港石化码头有限公司提供防雷技术服务

气 象 队 伍

20世纪50年代营口气象工作者合影

20世纪70年代营口气象工作者合影

20世纪80年代营口气象工作者合影

20世纪90年代营口气象工作者合影

2017年营口气象工作者合影

党 建 文 化

2018 年 5 月开展缅怀革命先烈活动

2018 年与大石桥市黄土岭镇七一村开展支部共建和精准扶贫工作

2018 年 10 月开展党风廉政警示教育活动

2018 年召开全市气象部门全面从严治党工作会议

党 建 文 化

2014年10月开展职工拓展训练

2015年5月12日"防灾减灾日"开展广场科普宣传活动

2018年9月开展职工运动会

学 术 交 流

2015年1月，特邀美国宾夕法尼亚州立大学研究员邓爱军博士作学术报告

2015年5月，韩国光州地方气象厅代表团在营口气象站交流访问

2019年6月，中国气象局气象干部培训学院俞小鼎教授作雷达应用培训

营口市气象志

Yingkou Shi
Qixiang Zhi

营口市气象局 编

气象出版社
China Meteorological Press

图书在版编目（CIP）数据

营口市气象志 / 营口市气象局编. -- 北京 ：气象
出版社, 2020.3

ISBN 978-7-5029-7112-0

Ⅰ.①营… Ⅱ.①营… Ⅲ.①气象—工作概况—营口
Ⅳ.①P468.231.3

中国版本图书馆CIP数据核字（2020）第034537号

出版发行：**气象出版社**

地 址：北京市海淀区中关村南大街46号 邮政编码：100081

电 话：010-68407112（总编室） 010-68408042（发行部）

网 址：http://www.qxcbs.com E-mail：qxcbs@cma.gov.cn

责任编辑：黄海燕 终 审：吴晓鹏

责任校对：王丽梅 责任技编：赵相宁

封面设计：博雅锦

印 刷：北京建宏印刷有限公司

开 本：889mm×1194mm 1/16 印 张：24

字 数：750千字 彩 插：14

版 次：2020年3月第1版 印 次：2020年3月第1次印刷

定 价：200.00元

《营口市气象志》编委会

主　任	李明香
副主任	梁曙光　王　涛　宋长青
委　员	吕一杰　宋晓钧　王静文　谭　昕　张丽娟　何晓东　杨晓波
	葛日东　姚　文　吴福杰　王浩宇　刘桐义　缪远杰　郭　锐

《营口市气象志》编纂办公室

主　任	王　涛
成　员	杨晓波　徐亚琪
顾　问	张文兴

《营口市气象志》编纂人员

主　　编	李明香
副 主 编	梁曙光　王　涛　宋长青
总 编 纂	杨晓波
校　　审	张文兴　李　波　韩玺山　王奉安
图片收集和处理	王静文　王浩宇　牛星雅　张智超　赵宇婷

撰写人员（按篇章顺序排列）

	杨晓波　徐亚琪　白福宇　孙　瑶　林　敏　张运芝　才奎冶
	薛晓颖　杨　明　李　黎　庞静漪　崔修来　张智超　赵晓川
	原久淞　崔福涛　吴　杨　刘志邦　陈海涛　王浩宇　陈金娃
	郭　璐　杨　帆　何梓萌　张博超　王　鹏　赵　月　常　远
	张丽娟　尹思懿　于文洋　于　楠　颜亭亭　王　焕　吴国振
	董美希　杨　佳　张秀艳　张　全　武折章　张宪东　宋文锦

审 稿 人 员	杨晓波　徐亚琪　张　晶　何晓东　陈　杰　吕一杰　宋晓钧
	白　杨　王静文　刘长顺　葛日东　姚　文　刘桐义　吴福杰
	苏晓妹　缪远杰　郭　锐　谭　昕
总　　审	李明香　李　波　张文兴

前　言

2017年5月17日，在第69届世界气象组织（WMO）执行理事会议上，营口气象站以其百余年的持续气象观测、百余年的长序列气候资料、百余年的气象探测环境保护，被世界气象组织认定为首批百年气象站。伴随着百年气象站的命名，《营口市气象志》在我们翘首以盼中问世了，它展示了营口百余年不间断的气象观测历史，客观再现营口气象工作者栉风沐雨的奋斗足迹，将为历史留下一份宝贵的精神财富。这是营口气象文化的一部珍存。

营口是中国东北地区第一个对外开放的通商口岸，在西风东渐的历史大氛围中，近代营口气象观测活动率先兴起，使之成为中国近代气象观测的先驱。《营口市气象志》是营口有史以来第一部记录百余年气象事业发展历程的志书，结构严谨，主线明晰，体例规范，详略得当，对营口百余年来的气候特征、气候资源及变化、气象业务发展、气象服务、气象科研和业务管理及新时期党建工作与精神文明建设等，都作了客观、准确、系统、翔实的记述。翻开志书，百年风云跃然纸上，创业履迹历历在目。本着有详有略的原则，本书着重记录了中华人民共和国成立以来营口气象事业发展历程，这是营口气象工作者谱写的辉煌篇章，它浸润着创业者的辛勤和汗水，寄托着奋斗者的精神和追求。所以，它不仅是一部知史鉴今、存惠后人的历史文献，更是风云儿女观天测雨、服务民生的精神写照。

编纂志书是一项非常严谨缜密的工程，是对历史事实的复现。在《营口市气象志》编纂过程中，修志人员克服重重困难，收集资料，求真务实，秉笔直书，奉献了才智，付出了辛劳，收获了成果。在此对他们的工作表示由衷的敬意。同时，志书的编纂也得到了社会各界人士的大力支持和协作，使志书得以顺利面世，对他们的高风厚谊表示深深的感谢。

参天之木必有其根，怀山之水必有其源，志书承载了过去，我们创造着未来。在迈进新时代、开启新征程中，气象事业任重而道远，我们将秉承"准确、及时、创新、奉献"的气象精神，继续挥洒时代的风采，谱写新的历史篇章。

营口市气象局局长　李明春

2019年8月

凡 例

一、内容。《营口市气象志》以事实为依据，实事求是地记述了营口市的气候特征、气象灾害的发生和连续变化，客观、准确、系统、翔实地记述了营口市气象业务、气象管理、气象服务和新时期党建工作与精神文明建设情况等。

二、目的。本志有详有略，力求突出时代特色、地方特色和专业特色，以求为地方经济和社会发展服务，为气象事业发展服务，同时为历史留下宝贵的精神财富，达到知史鉴今、存惠后人之目的。

三、断限。本志叙事时限从实际出发，追根溯源，力求完整，因而上限不一。气候变化从夏商时期写起，气象灾害年表从有记载的古代写起，天气预报从清海关时期写起，气象资料则从 1904 年进行统计。下限，气候资料统计截至 2016 年，气象工作内容截至 2018 年年底。

四、行文。《营口市气象志》采用现代语体文，运用记述体，只记述事实，不做分析与议论。文中数字、标点符号和计量单位均按国家颁布的、现行有效的标准执行。

五、体例。本志属专业志，结构采用篇章节目体，一般设篇、章、节、目 4 个层次，采用述、记、志、图、表等体裁。

六、纪年。清代（含）以前朝代年号纪年在公元纪年后括注；清代之后采用公元纪年。

七、资料来源。资料来源于营口市各级气象部门的统计资料，来源于营口市档案馆、营口市气象局档案室资料，来源于《辽宁省气象志》《中国气象年鉴》《中国气象灾害大典》，来源于调查、访问、回忆、资料等。资料选用时不注明出处。

八、除本《凡例》外，文中有特殊事项需要说明的另加标注，以尽其详。

目　录

综　述

一

营口市位于辽宁省南部，地处辽东半岛中枢，渤海东岸，大辽河入海口处。地理坐标处于北纬39°55′12″至40°56′00″，东经121°56′44″至123°02′00″之间。东北毗邻鞍山，南连大连，西北与盘锦市接壤。地势由东南向西北倾斜，东南部为千山山脉，山势蜿蜒，沟谷纵横；中部丘陵起伏，渐趋缓；西北部为辽河冲积平原和海滨平原。

营口气候属温带大陆性季风气候。气候温和，四季分明，雨热同季，光照充足，雨量适中。寒冷期长，日照丰富，沿海风大。年平均气温为9.3～9.8℃，气温年变化呈单峰型。1月气温最低，为-9.0～-8.3℃，7月气温最高，为24.5～25.1℃。极端最高气温为35.3～36.9℃，出现在7—8月。极端最低气温为-31.6～-28.2℃，出现在1月。近半个世纪以来，全地区气温有起有伏，整体呈递增趋势，其中20世纪70年代平均气温相对较低，80年代气温开始增高，进入90年代，平均气温显著上升，2010年前后略有回落，继而重现显著上升趋势。

营口地区年平均降水量在631.3～653.6毫米，四季降水量占全年降水量的比例分别为：冬季3%～4%、春季14%～16%、夏季61%～63%、秋季18%～21%。年平均降水日数为78天，日降水量在50毫米及以上的暴雨，主要出现在7—8月。在气候变暖的同时，营口自20世纪80年代以来，降水（尤其是夏季降水）出现了减少的趋势，特别是2000年前后降水量连续明显偏少，水资源短缺严重。

营口的特殊地形和气候条件，往往造成气象灾害多发。春季易发生干旱，夏季易出现暴雨及洪涝，春秋季多大风、冰雹，冬季常出现寒潮、大风雪。由气象灾害带来的次生灾害，如泥石流、风暴潮等也偶有发生。

二

19世纪中叶营口开埠之后，气象观测应运而生。1861年，英国首任驻牛庄（营口）领事密迪乐将华氏温度计挂在领事馆外墙上观测营口的气温，并将其记载于1865年上报给英国政府的贸易报告中。这是东北地区最早开展的气象观测。1869年11月，清政府海关总税务司赫德向各海关发布《海关28号通札》，要求在南起广州、北至牛庄的各口岸海关和灯塔所在地建立测候所。1880年2月，在营口建立牛庄（营口）海关测候所。1882年10月，牛庄（营口）海关测候所气象观测记录传送至上海徐家汇观象台。1932年5月，牛庄（营口）海关测候所停止气象观测。1904年8月，日本政府为了满足侵略需要，批准日本中央气象台在营口设立"第七临时观测所"，同年9月开始气象观测。1945年日本投降，关东观测所营口支所（原"第七临时观测所"）解体，日本侵略时期的气象观测自此结束。从1880年（清光绪六年）至1948年，营口气象机构先后经历了清末海关、日本中央气象台、关东都督府、关东厅、伪满中央观象台、民国中央气象局等不同机构管制。

1949 年 2 月 27 日，东北气象台派员来营口，在旧址筹建气象台，隶属辽东省农业厅水利局建制，业务由东北气象台领导。1950 年 1 月 1 日，划归东北军区司令部气象处管理。1951 年 7 月，行政划归辽东军区气象科，业务仍由东北军区司令部气象处管理。1953 年 9 月，划归辽东省人民政府财政经济委员会建制，业务由财政经济委员会气象科领导。1954 年 8 月，划归辽宁省人民政府气象处（1955 年 2 月，改设辽宁省气象局）建制。1958 年 5 月 1 日，成立辽宁省营口市气象台。1959 年 1 月 8 日，营口市气象台移交给营口市人民政府，归农林科领导。1963 年 5 月，全省各级气象台站收回辽宁省气象局管理。1964 年 11 月，营口市气象台在体制不变的前提下由市人民委员会直接领导，作为市人民委员会的直属单位。1971 年 2 月，实行由市军分区和市革命委员会（简称"革委会"）双重领导、以军事部门为主的管理体制。1973 年 9 月，市革委会、市军分区决定市气象台归市革委会农业组领导。1975 年 11 月，营口市气象局成立。1980 年，气象部门体制改革，实行辽宁省气象局和营口市政府双重领导、以省气象局领导为主的管理体制。1994 年 11 月，营口海洋气象台正式挂牌成立。

三

1949 年之前，营口地区只有营口和熊岳两个气象观测所。1959 年年底，营口每个县都建立了气象站，当时营口地区有 9 个气象台站：营口市气象台（站）、盖平县气候站、营口县气候站、盘山气候站、熊岳农业气象试验站、大洼农业气象试验站、营口海洋水文气象站、盖平县海洋水文气象站、盘山二界沟海洋水文气象站。1962—1965 年，3 个海洋水文气象站陆续撤销或移交。1966 年，盘山县气候服务站、大洼气候服务站划归盘锦垦区管辖。1975 年 11 月，盘锦地区气象台并入营口市气象局，盘山、大洼县气象站归属营口市气象局。1990 年 12 月 8 日，盘锦市气象局成立，盘山、大洼县气象站划归盘锦市气象局管理。从 2005 年开始，陆续建成区域自动气象站 73 个。至 2018 年，营口地区气象站网已经涵盖国家气象站、区域气象站、海上气象站、车载移动气象站、交通气象站、农业气象站、天气雷达站、雾霾探空站、雷电监测站、酸雨观测站、大气降尘观测站等多类气象站。

1975 年，营口市气象局安装了卫星云图接收机，可接收艾萨（ESSA）、诺阿（NOAA）、泰罗斯（TIROS-N）极轨卫星和日本葵花（GMS）同步静止气象卫星发送的云图。1979 年，安装了 711 天气雷达，用以监测暴雨、台风、冰雹等强对流天气。1996—1999 年，完成卫星综合应用系统（9210 工程）的全部建设。2005 年，新一代天气雷达系统建成并投入业务使用。2018 年年底，新一代天气雷达进行双偏振升级改造。

四

20 世纪 90 年代，随着气象现代化进程的不断推进，自动气象观测系统建设也进入快速发展阶段。1999 年 10 月，地面气象有线遥测 Ⅱ 型自动站开始建设，实现了人工观测到自动观测的重大转折。2013 年 5 月，新型自动气象站建成并投入使用，开启了 DZZ5 型和 DYYZ- Ⅱ 型自动气象站"一主一备"的运行模式。随着自动气象站网的建设，4 个国家气象站业务范围不断扩大，增加紫外线监测、雷电监测、大气成分气溶胶观测、雾霾探空观测、生态观测、大气降尘观测、酸雨观测等特种观测项目。1980 年 1 月，熊岳气象站农业气象观测纳入全国农业气象基本观测站网，盖县、营口县气象站为省级农业气象观测站。2009 年，将国家和省级分别管理的农业气象观测站全部纳入国家统一管理体系，调整后，盖州市气象站为国家农业气象一级观测站，熊岳气象站为国家农业气象二级观测站，大石桥市气象站为省级自建农业气象观测站。观测项目有土壤水分、地下水位、作物发育期、物候、大田生育状况、农业气象灾害、作物病虫害等。

20 世纪 50—60 年代，气象通信采用的主要方式是无线电莫尔斯通信。营口气象预报业务只能依靠人工抄收无线电莫尔斯广播，将气象报告人工填绘在天气图纸上，再由预报员进行天气分析和预报。

70—80年代，通过电传和传真方式传送接收气象报告，开始使用日本天气预报传真图。预报员主要依靠经验外推法制作24小时天气预报。90年代，气象信息可直接通过计算机通信网络传输，并由计算机自动填图，同时数值预报产品逐渐丰富。

20世纪90年代后期，随着气象卫星综合应用系统（9210工程）和天气预报工作站（MICAPS系统）的应用、灾害性天气预警系统的建立，营口气象业务再上新台阶。通信网络综合利用卫星通信、光纤专线组成高速广域网，实现了各类信息的快速交换；信息加工处理除微机平台外，还引进了运算速度较快的计算机，担负大量数据的处理、实时业务的运行以及气象科学的研究；预报员可以随时在计算机上调取大量图表资料，包括各时次的高空图和地面图、卫星云图、雷达图以及数值预报信息等。天气预报技术发展以天气动力学为基础，以数值预报释用技术为主，结合天气过程分析及预报经验。短期气候预测技术以天气气候学和统计学理论为基础，统计和分析方法相结合。短时天气预报业务系统、中短期天气预报业务系统、短期气候预测业务系统、专业气象服务系统、农业气象服务系统等在业务运行中不断发展和完善。

至2018年，天气预报内容包括3～6小时短时天气预报，24、48、72小时短期天气预报，3～10天中期预报。短期气候预测内容包括月、季、年气候预测。其他预报内容还包括森林火险气象等级预报、旅游景区天气预报、环境气象预报、生活气象指数预报等。

五

气象服务在营口经济建设和社会发展中发挥着重要作用，已成为政府决策的重要依据和百姓生活不可或缺的有力保障。

最初的气象服务主要是军事气象服务，1954年转向既为国防建设服务又为经济建设服务。1956年，天气实况和天气预报通过营口人民广播电台定时播报，1958年，在《营口日报》刊登天气预报，面向广大社会公众服务。

改革开放以后，营口的气象服务全面发展，形成了决策气象服务、公众气象服务和专业气象服务齐头并进的崭新局面。

决策气象服务在第一时间为市委、市人大、市政府、市政协及各有关部门提供准确的气象信息，为防灾抗灾减灾、突发公共事件应对、大型社会活动举办、重大工程建设提供保障，具体气象信息内容有：短期气候预测、中期天气预报、短期短时天气预报、专题天气报告、灾害性天气预警、气候公报、气候评价、农业气象预报和评价分析等。

同时紧密围绕领导决策需要，还开展了农业气候区划、风能与太阳能资源调查与评估、辽河及沿海综合开发可行性论证、城市规划大气环境评估和建设项目的气象环境影响评估。

公众气象服务主要是通过广播电台、电视台、报纸、声讯、互联网，近年来又新增微博、微信公众号、手机APP等新媒体渠道发布天气实况、中短期天气预报、灾害性天气预警信息以及各种生活气象指数预报等。同时向公众介绍气象知识，提出不同气象条件下公众在生活中需要注意防护的建议，使气象服务更加贴近百姓日常生活。

专业气象服务主要是根据各行各业的不同需求开展针对性的气象服务。改革开放以来，营口地区专业气象服务快速发展，服务能力大幅提升，服务领域不断拓宽，至2018年，专业气象服务范围涉及盐业、林业、渔业捕捞及水产养殖、建筑建材、港口建设、交通运输、旅游休闲、粮食储运、冶金化工、轻工纺织等数十种行业，气象服务创造了显著的经济效益和社会效益。

营口市人工影响天气工作始于1968年。人工增雨作业方式主要有气球携带、三七高炮、火箭发射、飞机撒播等。1971年，采用氢气球携带碘化银进行人工增雨作业。1973年，采用军用"三七高炮"进行人工增雨作业。1999年开始，市气象局在必要时候申请省人工影响天气办公室实施飞机增雨作业。2001年，由营口市政府出资购置了3套陕西中天车载WR-98型增雨火箭发射系统和3台小型解放车，用于人工增雨作业。2003年，市政府成立营口市人工影响天气领导小组，明确了机构、职责、经费，加强了人工影响天气工作的组织管理。2012年10月，成立营口市人工影响天气管理中心，各市（县）、区设有人工影响天气工作站。至2018年，营口地区共有12台增雨作业车、13套WR-98型火箭发射系统，有32人取得人工影响天气火箭作业培训合格证书。

　　栉沐百年风雨，历经沧桑巨变。营口市气象部门始终坚持"以人为本、无所不在、无微不至"的气象服务理念，大力加强气象现代化建设，持继提升监测精密、预报精准、服务精细的工作能力和水平，为气象防灾减灾、生态文明建设、社会经济发展和人民美好生活提供有力支撑，为气象事业高质量发展提供坚强保证。

第一篇

气候

第一章　气候成因及气候特征

气候是由太阳辐射、地理环境、大气环流及人类活动等因素相互作用形成的，并具有相对稳定的气候规律。按照气候类型分类，营口属于温带季风气候，总的气候特征为四季分明、雨热同季、气候温和、降水适中、光照充足。

第一节　气候成因

一、太阳辐射

太阳辐射是影响气候的一个重要因素。太阳辐射为地球提供丰富的光热资源，是地球大气中一切物理过程的原动力，是气候形成的基本因素。太阳活动也是气候变化的重要原因之一。全球地气系统的辐射收支在一定时间内的长年平均是近于平衡的，也由此形成一个地区稳定的气候。

不同地表面接收太阳辐射能量的多少取决于太阳高度角、日照时间、天空云量、海拔高度。营口冬至太阳高度角为 26°39′，夏至则高达 73°31′。冬季昼长为 9 小时 15 分，夏季则长达 15 小时 06 分，相差近 6 个小时。这种差别决定了营口冬冷夏热、气温年较差显著的气候特点。

二、地理环境

营口位于辽宁省南部，地处辽东半岛中枢，渤海东岸，大辽河入海口处。地理坐标处于北纬 39°55′12″至 40°56′00″，东经 121°56′44″至 123°02′00″，市域总面积 5402 千米²，东西宽 50.7 千米，南北长 111.8 千米，海岸线总长度 122 千米。其地形自东南向西北逐渐倾斜，自然形成东部山区、中部丘陵、西部平原的地貌特征。东部山区为长白山系千山山脉的一部分，海拔在 100～1100 米，其中步云山为辽南首峰，绵羊顶子山、老轿顶、黄花排均在海拔 1000 米以上，境内有大小山峰 2800 座；中部为丘陵地带，海拔 50～200 米；西部为平原地带，海拔 1～10 米，最低处为大石桥市石佛镇丝瓜村河滩地，海拔 1.2 米。其分布特征是"五山一水四分田"，东部、中部、西部面积分别占全市总面积的 27.0%、31.6% 和 41.4%。

营口是老辽河入海口，自 1958 年辽河改道后，是大辽河入海口，也就是浑河和太子河的汇流河流。境内有大、中、小河流 150 余条，其中大型过境河流有大辽河，中型河流有大清河、碧流河，各河流分辽河水系、浑太水系、渤海岸水系、黄海岸水系入海。按流域划分为大辽河、大清河—大辽河、大清河、复州河—大清河、碧流河 5 个四级区。流域面积在 100 千米² 以上的主要有大辽河、辽河、大清河、虎庄河、熊岳河、浮渡河、碧流河 7 个水系。全地区现有大型水库 1 座（石门水库）、中型水库 3 座（玉石水库、三道岭水库、周家水库）、小型以下水库 33 座。

地理环境对气候的影响是多方面的，主要表现在地理纬度、海陆分布、地形地势等对大气候的影响，地表植被、湿地水体等对小气候的影响，影响的直接结果为形成一定范围的温度、降水、风向风力、相对湿度等气候要素。

1. 地理纬度对气候的影响

营口地处中纬度地区，属于暖温带大陆性季风气候，温差较大，四季分明。营口市的年平均气温高于北部的哈尔滨、长春、沈阳、鞍山，低于南部的大连，而年较差则呈相反趋势（表 1-1）。

表1-1 不同纬度地区气温对照

地名	北纬	年平均气温 /℃	气温年较差 /℃
哈尔滨	45°41′	3.6	42.2
长春	43°54′	4.9	39.4
沈阳	41°46′	8.2	36.6
鞍山	41°05′	8.8	35.0
营口	40°39′	9.3	33.8
大连	38°54′	10.2	28.8

营口地理纬度差异较小，由于受到地势、植被等小气候影响，在纬度差别不大的情况下气温随纬度的变化不是绝对的（表1-2）。

表1-2 营口各地区气温对照

地名	北纬	年平均气温 /℃	气温年较差 /℃
盖州	40°25′	9.8	33.3
大石桥	40°37′	9.4	33.9
熊岳	40°10′	9.3	33.4

2. 海陆分布对气候的影响

海陆分布对气候影响的直接结果是海陆风的形成及空气湿度、气温、气压、降水的变化等。营口西临渤海辽东湾，海岸线长，沿海属于低洼平原地带，其东为逐步递增至千山山脉余脉的山地。东高西低地形，对全地区气候产生一定的影响。

渤海为内陆海，具有大陆性的气候特点，但庞大的水体对沿岸的气候具有相应的调节功能。就温度而言，冬季寒冷和夏季炎热程度均小于内陆地区，气温年较差和日较差也小于内陆地区。就降水而言，昼少夜多，故晴天日数多，光照充足。

春季风大雨少，空气干燥；夏天炎热，雨热同季；秋季日照充足；冬天寒冷漫长。

3. 地形地势对气候的影响

地形地势对气候的影响主要表现在气温、降水垂直变化等。营口地区等温线的分布与等高线基本一致，呈东北—西南向的平行线走向。沿海平原平均气温比东部山区高2℃，大于 0℃积温比山区多500℃·d。年无霜期，平原比山区长 20 多天，故有"差半个月节气"之说。

地形起伏、地势高低、山脉走向对降水的影响也比较明显，主要表现在地形对气流的阻挡及抬升等作用。暖气流在行进中受山地阻挡，被迫抬升，遇冷形成降水。在山地迎风坡易形成地形雨，降水量大；而在山地背风坡则形成雨影区，降水量少。东部山脉易使气流抬升形成降水云系，山区年降水量比沿海平原地区多。山区暴雨日数多，降雨强度大，易发生山洪、泥石流灾害。

三、大气环流

营口位于东亚的东北部，气候主要受东亚大气环流的影响。东亚地区位于全球最大陆地的东岸，濒临太平洋，西部有地形十分复杂的高原，海陆之间的热力差异和高原的热力、动力作用，使得东亚地区成为一个全球著名的季风区，具有明显的季节变化。因此，营口气候变化规律是由东亚大气环流变化具体形成的。

1. 冬季环流对气候的影响

营口冬季环流始自10月中旬，次年4月中旬结束，其中以12月至次年3月初是冬季风的全盛期。冬季在西伯利亚至蒙古一带形成势力强大的冷高压区，蒙古高压控制着整个亚洲大陆，成为干燥寒冷的极地大陆气团源地。营口处在蒙古高压的东部和高空高压脊前部，高空和地面盛行东北风，多晴好天气，气温很低，形成冬季寒冷、降水量少的气候特点。在冬季风盛行时期，如果蒙古西伯利亚一带的强大冷空气势力南下，常常会爆发大范围的寒潮天气，可使风向突变，降温剧烈，当同时遇到南方暖湿气流侵入营口时，可产生大风雪天气。

2. 春季环流对气候的影响

春季地面迅速增热，蒙古高压变性减弱，其中一部分向东南移入黄、渤海后移动缓慢。自贝加尔湖、蒙古一带移入东北地区的气旋增多并加深，营口常处在南高北低气压场控制，多西南大风，各地雨量开始增加。但由于夏季风尚未到达，海上尚无明显的暖湿气流移入营口，因此，雨量仍不多，形成春季多大风、少雨干旱的气候特征。此外，当雅库茨克或鄂霍次克海上空有高压维持时，西风带低压槽东移受阻，在东北地区上空易形成冷性低涡，可使营口在春末产生雷阵雨天气。有时西伯利亚强冷空气沿高压脊南下，可形成春季寒潮影响营口，出现大风降温和后春的低温冷害天气。

3. 夏季环流对气候的影响

营口6月开始进入雨季，副热带高压主体位于中国以东洋面上，两侧或西北侧的南至西南暖湿气流带引导原发生在华北、华中甚至华东地区的低压向东北方向移动，影响营口盛夏出现大片的雨区或发生区域性暴雨。营口如果受"三带"（温带、副热带、热带）环流系统的共同影响，往往产生区域性大暴雨。当鄂霍次克海有高压存在时，从西部移入东北地区的低压受阻形成冷涡，营口可产生雷阵雨天气。当鄂霍次克海高压南伸或华北一带移来的暖脊与副热带高压脊合并长时间控制营口时，则可造成持久性干旱天气。而当副热带高压南侧有台风活动，副热带高压脊明显北抬，营口处在副热带高压范围内控制，也会出现较长时间的晴热天气。

4. 秋季环流对气候的影响

9月上旬，蒙古冷高压和阿留申低压又相继出现，两者与印度低压和北太平洋副热带高压同时成为秋季的地面四大活动中心。在西高东低的地形影响下，冷空气很快南下侵入营口地区。对流层上部副热带高压脊线亦逐渐南移，但速度较慢，因而在营口地区秋季有一段时间地面为冷高压，而高空仍在副热带暖高压控制下，出现秋高气爽的天气。在高空贝加尔湖高压脊前，时有低槽移来，地面气旋冷锋比较活跃，加上前期副热带高压位置仍较偏北，其暖湿气流与西伯利亚移来的冷气流在营口相遇，产生阴雨天气，使秋季雨量大于春季，而仅次于夏季，个别年份9—10月部分地区还可出现暴雨。

四、人类活动

人类活动对营口气候的影响主要是改变下垫面的性质、改变大气中的某些成分（二氧化碳和尘埃）和人为地释放热量。

受人类活动的影响，营口的气候变化正在经历着变暖、干旱、气候灾害频繁、年际振荡加快的特点。据营口1905—2016年110多年的气温统计，前80年增温幅度明显，20世纪90年代后气温平稳。其中50年代平均气温为8.4℃，80年代平均气温为9.4℃，90年代以来平均气温为10.0℃。进入21世纪后，营口干旱频率增加，2014、2015年连续两年严重夏旱，水资源匮乏愈加突出，对农业生产和城市用水威胁较大。同时，极端气候事件增加。这种气候变化对营口的社会、经济、自然生态系统带来重要的影响。

人类活动对营口气候的影响主要表现在以下几个方面。

1. 二氧化碳排放致使城市热岛效应加剧

20世纪90年代后营口经济迅猛发展，GDP和财政收入从全省第6～7名到GDP稳居省内第4名。营口经济的发展大多依靠重工业，工业二氧化碳排放加剧，上空形成的烟尘微粒，犹如一把遮阳伞，遮住太阳辐射，产生温室效应，改变大气层结构，影响气温、降水、风等气候要素，形成明显的城市气候。二氧化碳的排放，不能完全被水体、植物体所吸收，其剩余部分长期在大气中游荡和飘浮，日积月累成为影响或改变营口气候的元凶。营口冬季漫长而寒冷，冬季以煤为主要采暖燃料，排放的大量烟尘使冬季空气变得浑浊，对空气的污染比其他季节更为严重，城市气候特点更为突出。

2. 汽车拥有量快速增加成为雾霾天气增多原因之一

据统计部门提供的资料，至 2015 年末，营口民用汽车总拥有量为 24 万辆，并且逐年增加。这些汽车大部分燃烧汽油，排放的燃油尾气成为人类可吸入颗粒物（PM$_{2.5}$）主要来源之一，当空气稳定或者遇到逆温天气时，汽车尾气、工业和锅炉排放烟尘形成的有机颗粒物与水汽结合，导致雾霾天气。在气象观测中，雾和霾是形成机理完全不同的两种天气现象，但由于人为粗放式排放和自然生态的破坏，雾和霾常结合为一体，很难分清是雾还是霾。雾霾灾害多发已经成为营口冬季的一个气候特点。

3. 地面植被改变影响风沙天气出现频率

营口地面植被改变主要体现在森林、水体、植物的变化。据林业部门提供的营口森林植被资料，全地区森林覆盖率较高，在 20 世纪 50 年代初期，通过大规模的植树造林，森林面积逐渐增加，森林覆盖率达到 42.13%，但在 1958—1960 年及"文化大革命"前期两段时间森林资源遭到严重破坏，1963 年仅为 13.93%，"文化大革命"后期逐渐增加，1975 年达到 32.78%。1990 年开始，实施林果综合立体开发，实施退耕还林政策，森林覆盖率进一步增加，1994 年森林覆盖率达到 45.63%。此后多年，营口地区森林覆盖率保持在 45% 左右，2015 年森林覆盖率为 45.01%。森林植被的改变，影响了气候变化，主要体现对风速和大风日数影响，根据对风速和大风日数统计，20 世纪 60 年代至 70 年代初，年平均风速为 3.1～4.2 米/秒，90 年代以来年平均风速在 2.9～3.5 米/秒，呈明显下降趋势；20 世纪 60 年代至 80 年代，大风出现频率较高，17 米/秒大风出现次数最多达到 6 次，10 米/秒大风出现次数最多达到 151 次；90 年代以后，大风出现频率明显下降，17 米/秒大风出现次数最多仅为 2 次，10 米/秒大风出现次数最多仅为 58 次，说明森林植被好转后，风速和大风日数在减少。

4. 人口增加和城市扩张致使城市气候区域扩大

营口市区人口在 1949 年为 10.3 万人，至 2015 年已达 44.7 万人，而城市的规模也迅猛扩大，1949 年以后市区沿辽河逐步扩展，唯一一条东西向马路（旧称一干线，今辽河大街）狭窄弯曲。为了适应现代交通的需要，从 1978 年开始，重新修整辽河大街，并依次向南修筑东西向的新兴大街、渤海大街、金牛山大街、青花大街、东海大街，后来又陆续开辟滨海大道、德胜景观大道等南北通道，市区由原来的站前、西市扩大为鲅鱼圈（营口经济技术开发区）、站前、西市、老边四个行政区。城市人口和城区建筑体量迅速扩大，挤占原有生态空间，消耗资源、增加排放量，一定程度改变城市温度、湿度、风、降水等气候要素，导致城市气候面积增大，城市气候特点突出，同时也逐渐改变周边郊区气候。

第二节 气候特征

一、全年气候特征

营口地处欧亚大陆东岸的中纬度地带，气候类型属于温带大陆性季风气候。气候特征表现为冬季虽冷但少严寒，夏季温热多雨，春季干燥多风，秋季凉爽宜人，四季分明，日照充足，雨热同季。

营口市 1904—1949 年年平均气温为 8.4℃，1950—2016 年年平均气温为 9.3℃。市（县）、区年平均气温为 9.3～9.8℃，其中盖州 9.8℃、大石桥 9.4℃、熊岳 9.3℃。月平均气温 7 月最高，为 24.8℃；1 月最低，为 -9.3℃（图 1-1）。极端最低气温为 -31.6℃，2001 年 1 月 14 日出现在熊岳；极端最高气温为 36.9℃，2015 年 7 月 14 日出现在盖州和熊岳。

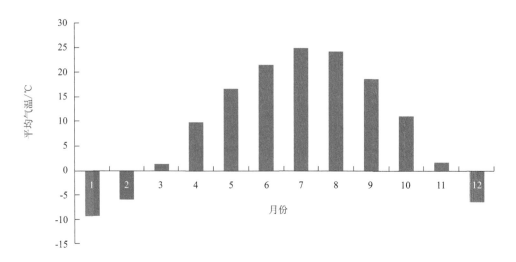

图 1-1　营口市 1904—2016 年各月平均气温分布

营口市 1905—1942 年年平均降水量为 668.0 毫米，1950—2016 年年平均降水量为 653.6 毫米。市（县）、区年平均降水量为 631.3～652.2 毫米，其中盖州 638.0 毫米、大石桥 652.2 毫米、熊岳 631.3 毫米。营口地区降水量南北相差 20 毫米左右。全年降水主要集中在 6—8 月，占全年降水量的 61.5%～63.2%。7 月降水量最多，1 月、2 月降水量最少（图 1-2）。

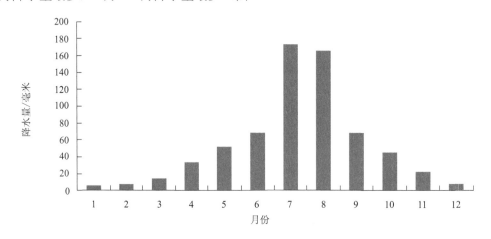

图 1-2　营口市 1905—2016 年各月平均降水量分布

6 级大风（≥10.8 米/秒）的全年日数在 36～48 天，营口市和熊岳大风日数分别为 47 天和 48 天，多于盖州和大石桥的 38 天和 36 天。

营口市 1905—1942 年年日照时数为 2947.7 小时，1950—2016 年年日照时数为 2778.4 小时，市（县）、区年日照时数为 2594.4～2740.6 小时。全地区年平均雷暴日数为 24.9～26.5 天。平均霜期为 174～188 天，平均初霜出现日期最早 10 月 7 日，最晚 10 月 15 日；平均终霜出现日期最早 4 月 5 日，最晚 4 月 15 日。平均初雪出现日期最早 11 月 9 日，最晚 11 月 13 日；平均终雪出现日期最早 3 月 24 日，最晚 3 月 31 日。

气象灾害主要有：干旱、暴雨、台风、雷雨大风、冰雹、霜冻、低温冷害、寒潮、暴雪、沙尘暴、大雾、雷电、道路结冰、高温等，其中最常见的、影响最严重的有暴雨、干旱、大风、冰雹、雷电、大雾等。

二、四季气候

气象学以 5 天滑动平均气温来划分季节，5 天滑动平均气温稳定低于 10℃为冬季，高于 22℃为夏季，介于10℃至22℃之间为春季和秋季。营口的春季主要在4—5月，夏季主要在6—8月，秋季主要在9—10月，冬季主要在11—12月和次年1—3月。3月和11月为冬春和秋冬过渡期，在统计和业务应用上将3—5月定为春季，6—8月为夏季，9—11月为秋季，12月至次年2月为冬季。

1. 春季

营口春季气候特征是干燥多西南大风，易发生短时干旱。春季平均降水量，营口市1905—1942年为97.9毫米，1950—2016年为99.3毫米，市（县）、区为91.6～102.8毫米，占全年降水量的14.5%～15.8%，降水量由北向南逐渐减少。全年4月大风日数最多，月平均风速最大。

春季平均气温，营口市1904—1949年为8.5℃，1950—2016年为9.6℃，市（县）、区为9.9～10.5℃。4月上、中旬为终霜期，5月最高气温可达30℃以上。春季极端最高气温为34.9℃。5月当有强寒潮入侵时，极端最低气温仍可达到0℃左右。

春季主要灾害性天气有寒潮、干旱和大风。

2. 夏季

营口夏季气候特征是高温高湿多雨。7月下旬进入主汛期，常出现大片的雨区，雨量集中，为暴雨、强对流天气的多发时段，8月暴雨最多，7月次之。夏季平均降水量，营口市1905—1942年为408.1毫米，1950—2016年为402.1毫米，市（县）、区为395.4～409.0毫米。夏季降水量占全年降水量的61.1%～63.2%，仍为北多南少。

夏季各月平均气温，7月最高，8月次之。夏季平均气温，营口市1904—1949年为23.2℃，1950—2016年为23.6℃，市（县）、区为23.3～23.9℃。夏季高温持续时段较短，8月下旬开始昼夜温差较大，早晚逐渐凉爽；夏季极端最高气温为36.9℃。

夏季主要灾害性天气有暴雨、冰雹、雷电、高温和干旱。

3. 秋季

营口秋季气候特征是雨量骤减、天气凉爽宜人。秋季平均降水量，营口市1905—1942年为141.7毫米，1950—2016年为129.8毫米，市（县）、区为115.6～122.3毫米，占全年的18.1%～21.2%。

秋季平均气温，营口市1904—1949年为9.9℃，1950—2016年为10.7℃，市（县）、区为10.5～11.0℃，秋季极端最高气温为33.3℃。从10月上、中旬开始各地先后出现初霜，平均初霜日最早出现在大石桥，为10月7日；营口市最晚，为10月15日。

秋季主要灾害性天气有霜冻、大风和秋旱。

4. 冬季

营口冬季气候特征是气候干燥，虽冷但少严寒。冬季平均降水量营口市1905—1942年为20.4毫米，1950—2016年为22.3毫米，市（县）、区为20.4～22.0毫米，占全年总量的3.0%～3.5%。12月至次年2月降水主要以雪为主，1—2月降水量最少。

冬季平均气温，营口市1904—1949年为-8.1℃，1950—2016年为-6.6℃，市（县）、区为-6.0～-6.6℃。1月平均气温为全年最低，冬季极端最低气温也出现在1月，为-31.6℃。3月和11月为冬春、秋冬过渡气候，时常会出现气温偏高时段，大风日数也较多。

冬季主要灾害性天气有暴雪、暴风雪、寒潮和大风。

第二章　气候要素

气候是多种气候要素综合和平均状态的反映。气候是由气温、降水、气压、风向风速、日照、湿度、蒸发、云、雾、雷暴等要素构成。所有气候要素资料分析形成的年、季、月、旬的平均值和极值，体现了营口具有气候温和、四季分明、雨热同季、降水适中、光照充足的气候特点。

第一节　气温

一、平均气温

1. 年平均气温

（1）年平均气温

营口市 1904—1949 年年平均气温为 8.4℃，1950—2016 年年平均气温为 9.3℃。市（县）、区年平均气温为 9.3～9.8℃，其中盖州 9.8℃、大石桥 9.4℃、熊岳 9.3℃（表2-1）。营口地区气候较为温和，年平均气温的地域分布情况是：西部沿海平原，丘陵一带稍高，东部山区略低，气温相差近 2℃。

（2）气温年变化

气温的年较差用最冷月与最热月平均气温之差来表示，可衡量某地的冷热变化程度，营口地区最冷月为 1 月，最热月为 7 月。营口市 1904—1949 年气温年较差为 34.4℃，1950—2016 年气温年较差为 33.8℃。市（县）、区的气温年较差为 33.4～33.9℃，其中盖州 33.4℃、大石桥 33.9℃、熊岳 33.4℃，寒暑相差较大（表 2-1）。

表2-1　营口各地全年各月平均气温　　　　　　　　　　　　　　单位：℃

地名（年份）	月份												全年
	1	2	3	4	5	6	7	8	9	10	11	12	
营口（1904—1949）	-9.8	-6.9	0.3	9.2	16.0	21.1	24.6	23.9	18.1	10.6	0.9	-7.5	8.4
营口（1950—2016）	-8.9	-5.3	1.7	10.1	17.0	21.6	24.9	24.3	18.9	11.3	2.0	-5.6	9.3
盖州（1960—2016）	-8.3	-4.7	2.5	11.1	17.9	22.2	25.1	24.4	19.0	11.5	2.5	-5.1	9.8
大石桥（1960—2016）	-9.0	-5.2	2.0	10.6	17.7	22.1	24.9	24.1	18.5	11.1	2.0	-5.7	9.4
熊岳（1952—2016）	-8.9	-5.3	1.8	10.5	17.3	21.6	24.5	23.8	18.2	11.0	2.3	-5.4	9.3

2. 季平均气温

营口四季分明，气候温和。

（1）春季（3—5月）

营口市 1904—1949 年春季平均气温为 8.5℃，1950—2016 年春季平均气温为 9.6℃。市（县）、区春季平均气温为 9.9～10.5℃，其中盖州 10.5 ℃、大石桥 10.1℃、熊岳 9.9℃。春季平均气温各地差异不大，营口市稍低（表 2-2）。

（2）夏季（6—8月）

营口市1904—1949年夏季平均气温为23.2℃，1950—2016年夏季平均气温为23.6℃。市（县）、区夏季平均气温为23.3～23.9℃，其中盖州23.9℃、大石桥23.7℃、熊岳23.3℃。夏季平均气温南北差异不大，最热月份为7月（表2-2）。

（3）秋季（9—11月）

营口市1904—1949年秋季平均气温为9.9℃，1950—2016年秋季平均气温为10.7℃。市（县）、区秋季平均气温为10.5～11.0℃，其中盖州11.0℃、大石桥10.5℃、熊岳10.5℃。秋季平均气温南北温差不大（表2-2）。

（4）冬季（12月—次年2月）

营口市1904—1949年冬季平均气温为-8.1℃，1950—2016年冬季平均气温为-6.6℃。市（县）、区冬季平均气温为-6.0～-6.6℃，其中盖州-6.0℃、大石桥-6.6℃、熊岳-6.5℃。最冷月份为1月（表2-2）。

表2-2 营口各地各季平均气温 单位：℃

季节	营口 （1904—1949）	营口 （1950—2016）	盖州 （1960—2016）	大石桥 （1960—2016）	熊岳 （1952—2016）
春季	8.5	9.6	10.5	10.1	9.9
夏季	23.2	23.6	23.9	23.7	23.3
秋季	9.9	10.7	11.0	10.5	10.5
冬季	-8.1	-6.6	-6.0	-6.6	-6.5

3. 月平均气温

（1）月平均气温

营口各地月平均气温时间分布接近于正态分布。7月最高，为24.5～25.1℃，其次是8月、6月；1月最低，为-9.8～-8.3℃，其次是12月、2月。月平均气温空间分布是南部和沿海高，山区和北部低。各地各月温差都在1℃内，无明显差异，盖州各月气温稍高于其他地区，熊岳各月气温稍低于其他地区。

（2）气温月变化

营口地区气温的月际变化呈单峰型，1—7月逐月上升，8—12月逐月下降。邻月之间的气温差以春季3—4月和秋季10—11月为最大，达9℃左右；夏季7—8月温差不到1℃，表明春秋季节短暂，气温变化幅度大。

4. 气温日变化

营口地区各季气温日变化规律是，日最高气温在14时左右，日最低气温在日出前。各季日最低气温出现的时间随日出时间不同而变化。夏季出现在05时左右，冬季出现在07时左右，春、秋季出现在06时左右。气温日较差（日最高值和最低值之差）也因季节而异，冬季日较差大，夏季日较差小。

二、气温极值

1. 最高气温

营口最高气温极值均出现在7月、8月，全地区极端高温出现在营口市、盖州、熊岳，均为36.9℃（表2-3）。1月极值，1979年出现在盖州，为10.2℃；2月、3月极值均出现在大石桥，分别为1992年的19.1℃和2009年的23.2℃；4月极值，1972年出现在熊岳，为30.1℃；5月、6月极值均出现在盖州，分别为2014年的34.8℃和1999年的36.6℃；7月极值，2015年出现在盖州和熊岳，为36.9℃；8

月极值出现在营口市，为 1919 年的 36.9℃；9 月极值出现在盖州，为 1999 年的 33.3℃；10 月极值出现在大石桥，为 2006 年的 29.7℃；11 月极值出现在营口市，为 1920 年的 22.9℃；12 月极值出现在盖州，为 1989 年的 16.2℃（表 2-4）。

2. 最低气温

营口最低气温极值均出现在 1 月，全地区极端低温为熊岳 -31.6℃（表 2-3）。各地年最低气温极值在 -31.6 ~ -28.2℃。2 月出现在营口市，为 1920 年的 -31.0℃；3 月出现在大石桥，为 1971 年的 -25.1℃；4 月出现在营口市，为 1916 年的 -14.6℃；5 月出现在大石桥，为 1965 年的 -1.1℃；6 月出现在熊岳，为 1957 年的 4℃；7 月出现在营口市，为 1913 年 12.2℃；8 月和 9 月极值出现在熊岳，分别为 2009 年的 7℃和 1981 年的 -0.5℃；10 月出现在营口市，为 1912 年的 -8.1℃；11 月和 12 月极值出现在大石桥，分别为 1959 年的 -26.2℃和 1967 年的 -30℃（表 2-4）。

表2-3　营口各地极端最高、最低气温　　　　　　　　　　　　　　单位：℃

地名	极端最高（出现年份）	极端最低（出现年份）
营口（1904—1942）	36.9（1919）	-31.0（1920）
营口（1950—2016）	35.3（1958）	-28.4（1985）
盖州（1960—2016）	36.9（2015）	-28.2（2001）
大石桥（1960—2016）	35.6（2004）	-30.8（1985）
熊岳（1952—2016）	36.9（2015）	-31.6（2001）

表2-4　营口各地各月极端最高、最低气温　　　　　　　　　　　　单位：℃

地名		月份											
		1	2	3	4	5	6	7	8	9	10	11	12
营口 (1904—1942)	极端最高	9.5	11.1	18.5	27.7	31.1	35.1	35.2	36.9	32.5	26.5	22.9	11.6
	（出现年份）	1932	1935	1920	1922	1919	1917	1939	1919	1930	1931	1920	1938
	极端最低	-27.6	-31.0	-22.7	-14.6	-1.0	7.1	12.2	10.4	0.0	-8.1	-23.4	-28.1
	（出现年份）	1922	1920	1933	1916	1919	1916	1913	1913	1916	1912	1924	1912
营口 (1950—2016)	极端最高	6.9	12.3	19.7	28.5	33.2	33.3	35.3	35.1	31.6	26.8	20.5	12.0
	（出现年份）	1976	1977	2009	2005	1962	1999	1958	1956	2001	2004	2006	1989
	极端最低	-28.4	-25.3	-21.9	--5.8	1.4	9.4	15.2	12.1	1.9	-7.6	-16.9	-24.8
	（出现年份）	1985	1953	1971	1962	1961	1952	1954	1996	2014	1976	2015	1967
盖州 (1960—2016)	极端最高	10.2	19	22.7	29.8	34.8	36.6	36.9	36.1	33.3	28.9	22.8	16.2
	（出现年份）	1979	1992	2002	1998	2014	1999	2015	2009	1999	1965	1971	1989
	极端最低	-28.2	-26.5	-22.8	-7.1	0.1	8.1	13.4	8.5	2.4	-7.1	-25.1	-28.1
	（出现年份）	2001	1972	1971	2000	1965	1997	1976	2009	2014	1976	1959	1967
大石桥 (1960—2016)	极端最高	9.1	19.1	23.2	29.9	34.9	34.8	35.6	35.3	33.1	29.7	22.1	15.8
	（出现年份）	2009	1992	2009	1999	2014	2009	2004	2015	1999	2006	1971	1968
	极端最低	-30.8	-27.2	-25.1	-9.9	-1.1	7.2	13.9	8.0	0.3	-10.6	-26.2	-30.0
	（出现年份）	1981	1983	1971	1962	1965	1987	1967	1979	1981	1976	1959	1967

续表

地名		月份											
		1	2	3	4	5	6	7	8	9	10	11	12
熊岳 (1952—2016)	极端最高	10.1	13.4	22.0	30.1	34.4	36.3	36.9	35.2	33.1	29.0	22.0	13.3
	(出现年份)	2002	2014	2009	1972	2001	2000	2015	1994	1999	1978	1984	1955
	极端最低	-31.6	-25.0	-20.6	-7.7	-0.2	4.0	13.1	7.0	-0.5	-8.8	-18.9	-26.2
	(出现年份)	2001	1952	1971	1999	1965	1957	2007	2009	1981	1976	2015	2009

三、四季划分

营口地区冬季最长，从10月下旬至次年4月中旬，长达180天左右；秋季最短，从8月底至10月中旬，只有50天左右；夏季从6月中旬至8月底或9月初，为75天左右。

营口市平均气温稳定通过10℃在4月18日，平均气温稳定通过22℃在6月23日，平均气温稳定低于22℃在8月27日，平均气温稳定低于10℃在10月16日。盖州平均气温稳定通过10℃在4月15日，平均气温稳定通过22℃在6月23日，平均气温稳定低于22℃在8月26日，平均气温稳定低于10℃在10月15日。大石桥平均气温稳定通过10℃在4月17日，平均气温稳定通过22℃在6月23日，平均气温稳定低于22℃在8月23日，平均气温稳定低于10℃在10月14日。熊岳平均气温稳定通过10℃在4月18日，平均气温稳定通过22℃在6月26日，平均气温稳定低于22℃在8月20日，平均气温稳定低于10℃在10月14日（表2-5）。

表2-5　营口各地四季划分

季节	营口（1950—2016）	盖州（1960—2016）	大石桥（1960—2016）	熊岳（1952—2016）
稳定通过10℃（入春）	4月18日	4月15日	4月17日	4月18日
稳定通过22℃（入夏）	6月23日	6月23日	6月23日	6月26日
稳定低于22℃（入秋）	8月27日	8月26日	8月23日	8月20日
稳定低于10℃（入冬）	10月16日	10月15日	10月14日	10月14日

四、高温期与寒冷期

1. 高温期

日最高气温≥30℃的初终期间为高温期。营口地区高温期从5月底开始，至8月底结束。其中营口市从6月下旬开始，至8月下旬结束。大石桥、盖州、熊岳≥30℃日数每年30天左右，营口市17天左右。

营口地区很少出现日最高气温≥35℃的炎热日，1949年前营口市出现7次，分别在1917、1919、1924、1926、1933、1939年（2次）；1949年后营口市出现2次，为1956、1958年。盖州、熊岳出现20和22次，大石桥出现5次。

2. 寒冷期

日平均气温≤0℃的初终期间称为寒冷期。营口地区寒冷期从11月16日至次年3月15日结束。日最低气温≤-20℃为严寒期，营口地区严寒期从12月底开始至次年1月底结束，一般每年出现2～5天。

综上看可见，营口夏季高温期和冬季寒冷期都相对较短。

五、霜期

营口地区平均霜期为 174～188 天。初霜于 10 月上中旬出现，东部山区出现最早，丘陵地带次之，沿海最晚，营口市初霜在 10 月 15 日前后出现。

终霜期于 4 月中旬结束，盖州市最早，在 4 月 5 日前后，东部山区最晚，地域差约 10 天。历史最短霜期于 2012 年出现在盖州，为 134 天；最长霜期于 1986 年出现在大石桥，为 229 天。平均霜期熊岳最长，为 188 天；盖州最短，为 174 天。平均初霜出现日期大石桥最早，为 10 月 7 日；营口市最晚，为 10 月 15 日。盖州平均终霜出现日期最早，为 4 月 5 日；熊岳最晚，为 4 月 15 日。全地区最早初霜日期为 1980 年 9 月 20 日，最晚初霜日期为 1972 年 5 月 16 日，均出现在大石桥（表 2-6）。

表2-6　营口各地霜期

地名	平均霜期/天	最长霜期/天	最短霜期/天	平均初霜日	平均终霜日	最早初霜日	最晚终霜日
营口（1904—1942）	187	215（1913 年）	143（1906 年）	10 月 11 日	4 月 14 日	1913 年 9 月 15 日	1942 年 5 月 4 日
营口（1950—2016）	177	204（1970 年）	148（2000 年）	10 月 15 日	4 月 10 日	1963 年 10 月 4 日	1978 年 4 月 27 日
盖州（1959—2016）	174	217（1963 年）	134（2012 年）	10 月 15 日	4 月 5 日	1962 年 9 月 25 日	1986 年 5 月 9 日
大石桥（1959—2016）	187	229（1986 年）	140（2016 年）	10 月 7 日	4 月 10 日	1980 年 9 月 20 日	1972 年 5 月 16 日
熊岳（1952—2016）	188	220（1963 年）	158（2016 年）	10 月 10 日	4 月 15 日	2001 年 9 月 22 日	1952 年 5 月 8 日

六、营口市1949年前与1950年后气温对比

营口市 1904—1949 年年平均气温为 8.4℃，1950—2016 年年平均气温为 9.3℃，平均气温上升 0.9℃。最冷月（1 月），平均气温上升 1.0℃，最热月（7 月）平均气温持平。气温年较差减小。最高气温极值 1949 年前出现在 1919 年 8 月，为 36.9℃，1950 年后出现在 1958 年 7 月，为 35.3℃；最低气温极值 1949 年前出现在 1920 年 2 月，为 -31.0℃，1950 年后出现在 1985 年 1 月，为 -28.4℃。

第二节　降水

一、降水量

1. 年降水量

营口市 1905—1942 年年平均降水量为 668.0 毫米，1950—2016 年年平均降水量为 653.6 毫米。市（县）、区年平均降水量在 631.3～652.2 毫米，其中盖州为 638.0 毫米、大石桥为 652.2 毫米、熊岳为 631.3 毫米。就 4 个测站而言，全地区平均降水量均在 600 毫米以上，南北相差不大，总体是北多南少，北部的营口市、大石桥平均降水量在 650 毫米以上，南部的盖州、熊岳平均降水量在 630 毫米以上，最

大差值为 22.3 毫米 (表 2-7)。

表2-7 营口各地各月年平均降水量 单位：毫米

地名	月份												全年
	1	2	3	4	5	6	7	8	9	10	11	12	
营口 (1905—1942)	6.4	5.6	17.9	27.5	52.6	61.6	177.3	169.2	71.7	47.5	22.4	8.4	668.0
营口 (1950—2016)	6.5	7.6	12.0	36.2	51.1	72.3	168.9	160.9	66.1	42.5	21.2	8.3	653.6
盖州 (1959—2016)	4.7	6.6	12.1	35.4	51.6	75.3	163.9	163.7	56.2	39.0	20.4	9.1	638.0
大石桥 (1959—2016)	4.9	6.8	12.4	36.7	53.8	78.0	167.8	163.2	60.4	39.1	20.4	8.7	652.2
熊岳 (1952—2016)	6.0	7.3	11.6	33.5	46.5	68.9	161.1	165.4	62.2	40.1	20.0	8.7	631.3

注：盖州缺 1970 年资料，下同。

2. 季降水量

营口地区的降水量主要集中在夏季，占全年降水量的 61.1% ~ 63.2%（南部的盖州夏季降水量占全年降水量的比值最大，占 63.2%，营口市夏季降水量占全年降水量的比值最小，尤其在 1949 年前，占 61.1%）。其次是秋季，占全年降水量的 18.1% ~ 21.2%（营口市秋季降水量占全年降水量的比值最大，1949 年前为 21.2%，1950 年后为 19.9%，盖州秋季降水量占全年降水量的比值最小，占 18.1%）。春季降水量少于秋季、多于冬季，占全年降水量的 14.5% ~ 15.8%（最大为大石桥，占全年降水量的 15.8%；最小为熊岳，占全年降水量的 14.5%）。冬季降水量最少，不足全年降水量的 3.5%，熊岳占 3.5%，而盖州和大石桥地区仅占 3.2%、3.1%，营口市 1949 年前仅占 3.0%，1950 年后占 3.4%（表 2-8）。

表2-8 营口各地各季降水量及其占全年百分比 单位：毫米 (%)

季节	营口 (1905—1942)	营口 (1950—2016)	盖州 (1959—2016)	大石桥 (1959—2016)	熊岳 (1952—2016)
春季	97.9 (14.7)	99.3 (15.2)	99.1 (15.5)	102.8 (15.8)	91.6 (14.5)
夏季	408.1 (61.1)	402.1 (61.5)	402.9 (63.2)	409.0 (62.7)	395.4 (62.6)
秋季	141.7 (21.2)	129.8 (19.9)	115.6 (18.1)	120.0 (18.4)	122.3 (19.4)
冬季	20.4 (3.0)	22.3 (3.4)	20.4 (3.2)	20.4 (3.1)	22.0 (3.5)

3. 降水量年变化

营口降水量的年变化呈单峰型。降水量由 4 月开始逐渐增加，7 月和 8 月达到最高值，然后开始减少，到次年 1 月达到最低值。旬降水量最高值出现在 7 月下旬或 8 月上旬，最低值出现在 2 月上旬。

4. 年最多与年最少降水量

营口各地年最多与年最少降水量相差很大，一般是年最少降水量的 2 ~ 4 倍（表 2-9）。

表2-9 营口各地年最多、最少降水量 单位：毫米

地名	年最多降水量（出现年份）	年最少降水量（出现年份）
营口 (1905—1942)	1136.3 (1923)	339.8 (1913)
营口 (1950—2016)	1114.6 (1964)	349.4 (1993)
盖州 (1959—2016)	1148.2 (1964)	302.8 (1965)

地名	年最多降水量（出现年份）	年最少降水量（出现年份）
大石桥（1959—2016）	997.6（2010）	418.4（2000）
熊岳（1952—2016）	1132.5（2012）	320.2（2014）

二、降水日数

1. 分级降水日数

气象学按照单位时间内降水量的大小划分各个等级的降水。24小时降水量在0.1～9.9毫米为小雨；10.0～24.9毫米为中雨；25.0～49.9毫米为大雨；50.0～99.9毫米为暴雨；≥100毫米为大暴雨。

（1）≥0.1毫米的降水日数

营口市1905—1942年全年日降水量≥0.1毫米的降水日数为82.8天，1950—2016年全年日降水量≥0.1毫米的降水日数为77.6天；市（县）、区全年日降水量≥0.1毫米的降水日数大石桥最多为78.7天，盖州最少为76.8天；7月≥0.1毫米降水日数最多，1949年前营口市为12.6天，1950年后营口市为11.7天，市（县）、区为11.8～12.4天；2月最少，1949年前营口市为2.9天，1950年后营口市为3.0天，市（县）、区为2.8～3.0天（表2-10）。

表2-10　营口各地各月降水量≥0.1毫米平均日数　　　　　　　　　　单位：天

地名	月份												全年
	1	2	3	4	5	6	7	8	9	10	11	12	
营口（1905—1942）	3.3	2.9	4.8	5.9	8.9	9.9	12.6	11.3	7.8	6.5	4.8	4.1	82.8
营口（1950—2016）	3.2	3.0	4.0	6.6	7.9	10.3	11.7	10.2	7.0	6.1	4.7	3.1	77.6
盖州（1959—2016）	3.0	2.8	4.0	6.4	7.1	9.6	12.1	10.7	6.7	6.3	4.9	3.2	76.8
大石桥（1959—2016）	3.1	3.0	3.9	6.4	7.6	10.4	12.4	10.6	7.2	6.2	4.9	3.1	78.7
熊岳（1952—2016）	3.4	3.0	4.1	6.2	7.2	9.8	11.8	10.6	6.9	6.3	4.9	3.4	77.8

（2）≥10毫米的降水日数

营口市1905—1942年全年日降水量≥10毫米的降水日数为18.4天，1950—2016年全年日降水量≥10毫米的降水日数为18.1天。市（县）、区全年日降水量≥10毫米的降水日数大石桥最多为18.4天，熊岳最少为17.7天。7月≥10毫米的降水日数最多，全地区在4.3～4.7天，冬半年出现的概率最小（表2-11）。

表2-11　营口各地各月降水量≥10毫米平均日数　　　　　　　　　　单位：天

地名	月份												全年
	1	2	3	4	5	6	7	8	9	10	11	12	
营口（1905—1942）	0.1	0.0	0.4	0.8	1.9	1.8	4.6	4.1	2.2	1.7	0.7	0.1	18.4
营口（1950—2016）	0.1	0.2	0.2	1.1	1.6	2.3	4.4	3.9	2.1	1.3	0.7	0.1	18.1
盖州（1959—2016）	0.0	0.1	0.2	0.9	1.8	2.4	4.5	4.2	1.9	1.2	0.6	0.1	17.9

续表

| 地名 | 月份 | | | | | | | | | | | | 全年 |
	1	2	3	4	5	6	7	8	9	10	11	12	
大石桥 （1959—2016）	0.0	0.1	0.3	1.1	1.7	2.5	4.7	4.0	2.0	1.2	0.6	0.1	18.4
熊岳（1952—2016）	0.1	0.2	0.2	0.9	1.5	2.3	4.3	4.2	2.1	1.4	0.5	0.1	17.7

（3）不同降水量级分布情况

营口地区小雨日数最多，占全年降水日数的77%；中雨日数次之，占全年降水日数的14%～15%；大雨日数仅占5%～7%；暴雨日数占全年降水日数的2%～3%。小雨和中雨各月均可出现；在12月至次年3月，基本没有出现大雨和暴雨；大暴雨主要出现在7—8月。

2. **最长连续降水日数和无降水日数**

（1）最长连续降水日数

日降水量≥0.1毫米的最长连续降水大多出现在夏季，营口市、大石桥、盖州、熊岳基本出现在7月，盖州除了7月，还出现在6月。各地最长连续降水日数在10～15天，大石桥为15天，营口市、盖州为10天。

（2）最长连续无降水日数

各地最长连续无降水日数在78～103天，均出现在冬季；营口市、大石桥最长，为103天；盖州、熊岳最短，为78天（表2-12）。

表2-12　营口各地最长连续降水和无降水日数　　　　　　　　　　单位：天

项目	营口 （1950—2016）	盖州 （1959—2016）	大石桥 （1959—2016）	熊岳 （1952—2016）
最长连续降水日数	10	10	15	11
出现时间	1955年 7月10—19日	1966年 5月30日—6月8日； 1986年 7月9—18日； 2008年 6月23日—7月2日	1996年 7月18日至8月1日	1963年 7月18—28日
最长连续无降水日数	103	78	103	78
出现时间	1983年11月11日 至1984年2月21日	1998年12月8日 至1999年2月23日	1983年11月11日 至1984年2月21日	1998年12月8日 至1999年2月23日

三、日最大降水量

单位时间内的降水量称为降水强度，夏季短时暴雨等大强度降水常常可以引发气象灾害。

营口市1905—1942年日最大降水量出现在1911年8月13日，为209.3毫米，1950—2016年日最大降水量出现在1985年8月19日，为240.5毫米；全地区日最大降水量1975年7月31日出现在熊岳，达331.7毫米。日最大降水量大多出现在7月底至8月初，营口市出现在8月中旬（表2-13）。

表2-13　营口各地日最大降水量

单位：毫米

项目	营口 （1905—1942）	营口 （1950—2016）	盖州 （1959—2016）	大石桥 （1959—2016）	熊岳 （1952—2016）
日最大降水量	209.3	240.5	262.5	261.9	331.7
出现时间	1911年8月13日	1985年8月19日	1975年7月31日	2002年8月4日	1975年7月31日

四、降雪

1. 初终雪日

营口各地平均初雪日期出现在11月初，最早出现在营口市，其中1905—1942年平均初雪日出现在11月4日，1950—2016年平均初雪日出现在11月9日，最晚出现在熊岳，为11月13日，盖州和大石桥均为11月11日（表2-14）。

营口各地平均终雪日期出现在3月末。最早出现在盖州，为3月24日；最晚出现在营口市，1905—1942年和1950—2016年平均终雪日均为3月31日；大石桥和熊岳平均终雪日分别为3月28日和3月27日（表2-14）。

2. 初终积雪日

营口各地平均初积雪日期出现在11月中下旬，营口市1905—1942年平均初积雪日为11月10日，1950—2016年平均初积雪日为11月21日，市（县）、区盖州出现最早，为11月15日，大石桥和熊岳分别为11月20日和11月21日。营口各地平均终积雪日期出现在3月中下旬，营口市1905—1942年平均终积雪日为3月26日，1950—2016年平均终积雪日为3月16日，市（县）、区盖州出现最早，为3月13日；熊岳和大石桥分别为3月15日和3月16日（表2-14）。

表2-14　营口各地初终雪日和初终积雪日

地名	平均初雪日	平均初积雪日	平均终雪日	平均终积雪日
营口（1905—1942）	11月4日	11月10日	3月31日	3月26日
营口（1950—2016）	11月9日	11月21日	3月31日	3月16日
盖州（1959—2016）	11月11日	11月15日	3月24日	3月13日
大石桥（1959—2016）	11月11日	11月20日	3月28日	3月16日
熊岳（1952—2016）	11月13日	11月21日	3月27日	3月15日

注：营口初、终雪日缺1936—1937年冬季资料。

3. 最大积雪深度

营口地区年最大积雪深度除营口市外，分布比较均匀，盖州最小，为22厘米，营口市最大，为30厘米，大石桥、熊岳分别为28厘米和27厘米（表2-15）。

表2-15　营口各地最大积雪深度

单位：厘米

项目	营口（1905—2017）	盖州（1959—2017）	大石桥（1959—2017）	熊岳（1949—2017）
最大积雪深度	30	22	28	27
出现时间	1924年11月22日	1959年11月24日	1959年11月24日	1985年12月5日

五、营口市1949年前与1950年后降水对比

1905—1942 年，营口市年平均降水量为 668.0 毫米；1950—2016 年，年平均降水量为 653.6 毫米，减少 14.4 毫米。1—6 月，1950 年后的平均累计降水量与 1949 年前相差不大，1950 年后略多于 1949 年前，而 7—12 月，1950 年后的平均累计降水量明显少于 1949 年前。1949 年前的小雨日数和中雨日数多于 1950 年后，尤其小雨日数，比 1950 年后多 4.9 天；而 1950 年后的大雨日数略多于 1949 年前，为 0.6 天；两者暴雨日数一致。日最大降水量出现在 1950 年后，最大积雪深度出现在 1949 年前。平均初雪日 1949 年前比 1950 年后早 5 天，平均初积雪日 1949 年前比 1950 年后早 11 天，而 1949 年前和 1950 年后平均终雪日和平均终积雪日一致。

第三节　气压和风

水平气压分布决定空气的流动。营口处在高空西风带控制下，一年四季高低压活动频繁，路径多样，风向随气压按季节转化具有一定规律。

一、气压

气压的高低分布，除与大气环流、高压和低压的活动有关外，还与观测站的海拔高度有关。在一般情况下，海拔高度越高，气压越低，反之则相反。其中营口站海拔 3.8 米，盖州站海拔 24.8 米，大石桥站海拔 11.5 米，熊岳站海拔 20.4 米。

1. 平均气压

（1）年平均气压

营口市 1904—1940 年平均气压为 1017.1 百帕，1950—2016 年平均气压为 1016.4 百帕。市（县）、区年平均气压在 1013.9 ～ 1015.3 百帕，其中盖州 1014.0 为百帕，大石桥 1015.3 为百帕，熊岳为 1013.9 百帕。北部的营口市气压最高，南部的熊岳气压最低（表 2-16）。

（2）季平均气压

营口各地气压冬高夏低，1 月为全年最高，7 月为全年最低。营口市 1904—1940 年平均气压年较差为 25.3 百帕，1950—2016 年平均气压年较差为 24.8 百帕。市（县）、区的平均气压年较差为 24.0 ～ 24.3 百帕。其中，盖州为 24.0 百帕、大石桥为 24.3 百帕，熊岳为 24.1 百帕。

营口冬季和夏季气压的月际变化小，春、秋过渡期变化大。以营口市 1950—2016 年数据为例，12 月至次年 1 月，平均气压仅升高 0.6 百帕，3—4 月平均气压下降达 6.4 百帕，8—9 月升高达 6.5 百帕（表 2-16）。

表2-16　营口各地各月平均气压　　　　　　　　　　　　　　　　　单位：百帕

地名	月份												全年
	1	2	3	4	5	6	7	8	9	10	11	12	
营口（1904—1940）	1028.7	1026.2	1021.8	1015.2	1009.9	1005.7	1005.2	1007.5	1014.3	1020.1	1023.6	1027.5	1017.1
营口（1950—2016）	1027.0	1025.2	1020.6	1014.2	1009.3	1005.2	1003.8	1007.2	1013.8	1020.0	1024.1	1026.5	1016.4
盖州（1967—2016）	1024.6	1022.6	1017.9	1011.5	1007.0	1003.3	1001.8	1005.0	1011.8	1017.5	1021.4	1023.9	1014.0
大石桥（1965—2016）	1026.0	1023.9	1019.2	1013.0	1008.2	1004.5	1002.9	1006.2	1012.9	1018.7	1022.7	1025.2	1015.3
熊岳（1952—2016）	1024.1	1022.4	1018.0	1011.8	1007.1	1003.3	1001.6	1004.9	1011.4	1017.5	1021.3	1023.7	1013.9

2. 气压极值

（1）月平均气压极值

营口各地月平均气压最高值出现在营口市（2月），为1033.7百帕；最低值出现在盖州（7月），为998.5百帕。

（2）日平均气压极值

营口地区日极端最高气压于1916年11月14日出现在营口市，为1047.4百帕。日极端最低气压于1929年8月10日出现在营口市，为981.5百帕（表2-17）。

表2-17　营口各地日平均气压极值　　　　　　　　　　　单位：百帕

项目	营口 （1904—1940）	营口 （1950—2016）	盖州 （1967—2016）	大石桥 （1965—2016）	熊岳 （1952—2016）
极端最高	1047.4	1046.1	1044.0	1044.8	1042.5
出现时间	1916年 11月14日	2006年 2月3日	1967年 1月14日	1994年 12月18日	1994年 12月18日
极端最低	981.5	986.6	985.0	986.7	985.0
出现时间	1929年 8月10日	1957年 7月27日	1986年 6月28日	1986年 6月28日	1957年 7月27日

3. 气压年际变化

营口市年平均气压整体上呈下降趋势，但略有波动。20世纪90年代以后，年平均气压均在平均值以下。20世纪40年代之前，年平均气压大多数在平均值以上（图2-1）。

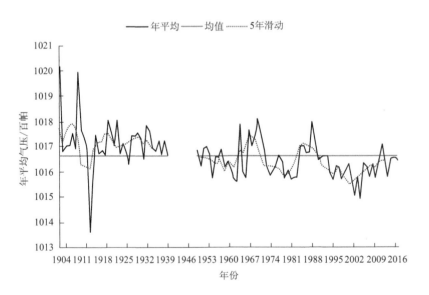

图2-1　营口市1904—2016年年平均气压变化

二、地面风

风是重要的气候要素之一，平均风速表示气压系统的平均强度。营口地区西部为平原、东部和南部为丘陵山地，由于地面摩擦作用，地区内的风向、风速时空分布十分复杂。

1. 主导风向及频率

主导风向，即频率最大风向（静风除外）。营口属于温带大陆性季风气候，冬、夏受着属性不同的气团控制，产生了明显的季节风。冬季盛行偏北风，夏季盛行偏南风。由于东西地形差异的作用，各地的年、季主导风向有很大的差别。营口市多偏南风（SSW），盖州多偏北风（NNE），大石桥多北风（N），熊岳多南风（S）。受地形的影响，风向不规则，各地有各自的特殊性（表2-18）。从大的环流形势看，营口地区夏半年以南风、偏南风为主，冬半年以北风、偏北风为主。从总体上看，盛行南—西南风向。受地形和海陆热力性质差异等影响，营口各地各月的盛行风有所不同。营口市3—9月盛行偏南风，10月—次年2月盛行偏北风。盖州、大石桥5—7月盛行偏南风，8月—次年4月盛行偏北风。熊岳3—11月盛行偏南风，12月—次年2月盛行偏北风。

表2-18　营口各地各月最多风向及其出现频率　　　　单位：%

地名	项目	1	2	3	4	5	6	7	8	9	10	11	12	全年
营口（1950—2016）	最多风向	NNE	NNE	SSW	SSW	SSW	SSW	SSW	SSW	SSW	NNE	NNE	NNE	SSW
	频率	15	15	15	18	20	17	16	13	11	11	12	14	14
盖州（1960—2016）	最多风向	NNE	NNE	NNE	NNE	SW	SSE	SSE	NNE	NNE	NNE	NNE	NNE	NNE
	频率	18	17	14	11	9	10	12	10	11	13	17	16	12
大石桥（1960—2016）	最多风向	N	N	N	N	SW	SSE	S	N	N	N	N	N	N
	频率	18	16	14	10	12	12	13	11	12	13	16	16	12
熊岳（1952—2016）	最多风向	NNE	NNE	S	S	S	S	S	S	S	S	S	NNE	S
	频率	22	20	22	25	28	26	27	22	24	25	22	21	22

2. 平均风速

营口市1905—1942年平均风速为4.4米/秒，1950—2016年平均风速为3.7米/秒。就营口地区而言，大石桥和盖州风速较小，营口市和熊岳较大，其中盖州最小，为3.0米/秒，大石桥次之，为3.2米/秒，熊岳为3.6米/秒。4月风速最大，5月次之；8月最小，9月次之（表2-19）。

表2-19　营口各地各月平均风速　　　　单位：米/秒

地名	1	2	3	4	5	6	7	8	9	10	11	12	全年
营口（1905—1942）	4.1	4.3	5.2	5.7	5.4	4.5	3.9	3.2	3.7	4.4	4.8	4.2	4.4
营口（1950—2016）	3.2	3.6	4.2	4.8	4.5	3.8	3.4	3.2	3.3	3.7	3.8	3.3	3.7
盖州（1960—2016）	2.8	3.1	3.6	4.0	3.6	3.0	2.5	2.3	2.4	2.9	3.2	2.9	3.0
大石桥（1960—2016）	3.0	3.2	3.8	4.4	4.1	3.3	2.5	2.3	2.5	3.1	3.5	3.1	3.2
熊岳（1952—2016）	3.6	3.9	4.3	4.7	4.0	3.4	3.0	2.6	2.9	3.4	4.0	3.7	3.6

3. 最大风速及其风向

营口市、大石桥最大风速极值以西南风居多。盖州、熊岳最大风速极值以偏北风居多。全地区最大风速出现在营口市（1956年4月24日），风向为SSW，风速为28.7米/秒。4个站点最大风速极值均超过9级，其中3—5月为最大风速极值出现最多月份（表2-20）。

表2-20　营口各地各月最大风速　　　　　　　　　　　　　　单位：米/秒

| 地名 | 项目 | 月份 | | | | | | | | | | | | 全年 |
		1	2	3	4	5	6	7	8	9	10	11	12	
营口（1950—2016）	最大风速	20.0	21.7	23.2	28.7	25.5	20.0	28.0	20.3	19.3	20.0	17.3	25.0	28.7
	风向	SSW	SSW	SSW	SSW	SSW	SW	SW	S	S	N/SSW	NNE	N	SSW
	日期	1961年1月20日	1961年2月23日	1956年3月12日	1956年4月24日	1956年5月8日	1972年6月1日	1956年7月9日	1957年8月1日	1984年9月7日	1956年10月2日/1976年10月5日	1960年11月23日	1957年12月17日	1956年4月24日
盖州（1959—2016）	最大风速	17.0	20.0	20.0	21.0	20.0	23.0	16.0	22.0	20.0	21.0	18.7	19.0	23.0
	风向	N	NNE	NNW	NNE	NNE	NNW	SSE	NNE	NNW	NNE	N	NNE	NNW
	日期	1997年1月1日	1998年2月20日	1987年3月25日	1987年4月21日	2003年5月7日	1993年6月2日	1989年7月18日	1994年8月16日	1994年9月4日	1996年10月29日	2003年11月25日	2000年12月4日	1993年6月2日
大石桥（1959—2016）	最大风速	20.0	20.7	22.0	25.3	23.0	19.0	13.0	16.0	14.7	20.0	17.7	18.3	25.3
	风向	NNE	N	SW	SSW	SSW	N	SW/NNW	WNW	SW	SW	N	SW	SSW
	日期	1979年1月10日	1979年2月16日	1982年3月9日	1982年4月19日	1980年5月18日	1980年6月2日	1991年7月22日/2000年7月24日	1985年8月20日	1996年9月15日	1979年10月26日	1982年11月9日	1986年12月22日	1982年4月19日
熊岳（1952—2016）	最大风速	23.0	20.0	23.5	23.0	20.3	16.7	21.3	18.0	16.0	19.3	20.3	19.0	23.5
	风向	N	N	N	SSE	NNE	SE	ESE	NNW	NW	NNW	NNW	N	N
	日期	1979年1月10日	1987年2月11日	2007年3月5日	2002年4月6日	2003年5月7日	1979年6月13日	1972年7月26日	1985年8月20日	1960年9月30日	1956年10月2日	1999年11月24日	1957年12月17日/1986年12月19日	2007年3月5日

4. 风速日变化

受地形和海陆热力差异影响，营口地区一般情况下，夜间风小，白天风大，尤其午后风速最大。午后温度最高，上下对流最旺盛，高空大风动量下传最多；日落前后地面迅速冷却，大气层结趋于稳定，地面风速迅速减小。入夜后风速基本稳定，一直到日出后风速又重新开始增大。11—16时，一般是全天风速最大的时段。

5. 大风日数

营口出现17.0米／秒以上的大风日数，年平均为2.6天。4月出现次数最多，其次是5月；11月出现次数最少（表2-21）。

表2-21 营口各地各月17.0米/秒以上大风日数 单位：天

地名	月份												全年
	1	2	3	4	5	6	7	8	9	10	11	12	
营口（1950—2016）	0.1	0.2	0.2	0.8	0.6	0.1	0.2	0.1	0.1	0.1	0.0	0.1	2.6
盖州（1959—2016）	0.0	0.1	0.2	0.3	0.1	0.0	0.0	0.1	0.1	0.1	0.2	0.1	1.4
大石桥（1959—2016）	0.1	0.1	0.3	0.7	0.5	0.1	0.0	0.0	0.0	0.0	0.1	0.1	2.0
熊岳（1952—2016）	0.1	0.2	0.4	0.5	0.1	0.0	0.0	0.0	0.0	0.1	0.1	0.1	1.6

6. 风速年际变化

营口市20世纪20年代以前年平均风速较大，明显高于平均值，但整体上随年份呈逐渐减小趋势，以后至30年代风速一直较小，明显低于平均值，风速变化也较小。40年代风速缺测。1950年前后为有记录以来的最小值，之后到1955年前后风速迅速增加。以后至80年代末风速变化较为平缓，稍有起伏。其中，80年代末以前风速接近平均值，1974年为极大值；80年代以后风速逐渐减小，低于平均值，2005年左右为极小值（图2-2）。

1970年之后营口市平均风速下降，这与营口气候变暖及城市快速发展有很大关系。

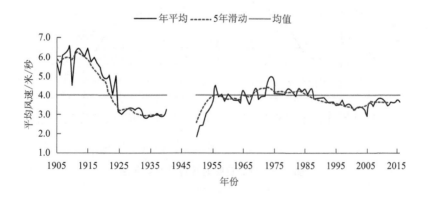

图2-2 营口市年平均风速变化

第四节 日照

营口日照观测包括日照时数和日照百分率两种观测值。日照时数反映当地日照时间绝对值，而日照百分率则反映当地因天气原因而减少日照的数量。

一、日照时数

1. 年日照时数

营口地区年日照时数的分布趋势是沿海地带多、东部山区少,等值线与海岸线平行。营口地区年日照时数在 2594.5～2947.7 小时,营口市 1905—1942 年年平均日照时数为 2947.7 小时,1950—2016 年年平均日照时数为 2778.4 小时,略有减少。大石桥最少,为 2594.5 小时(表 2-22)。

表2-22　营口各地各月日照时数　　　　　　　　　　　　　　单位:小时

地名	月份												全年
	1	2	3	4	5	6	7	8	9	10	11	12	
营口(1905—1942)	209.2	215.3	254.2	268.5	284.7	289.2	266.8	260.1	258.7	246.0	200.1	194.8	2947.7
营口(1950—2016)	202.0	203.2	246.7	254.0	282.9	260.3	234.7	240.1	250.6	229.9	187.9	186.1	2778.4
盖州(1960—2016)	194.8	195.1	231.4	239.4	268.6	238.7	210.7	220.3	235.1	218.5	177.1	177.5	2607.2
大石桥 (1959—2016)	189.5	196.3	234.2	241.5	268.6	239.7	211.6	218.8	234.9	215.8	172.3	171.3	2594.5
熊岳(1952—2016)	203.9	205.0	245.6	253.2	280.3	253.8	226.1	230.4	247.3	227.6	182.7	184.7	2740.6

2. 月、季日照时数

一年内日照时数的变化曲线呈双峰型。春季随着白昼时间的延长,日照时数随之增多,至 5 月为最高峰值,为 268.6～284.7 小时;夏季 7 月、8 月云量增多,雨日也较多,日照时数因而减少;9 月又增至次高值,为 234.9～258.7 小时;10 月日照随着白昼的缩短而减少;冬季白昼时间短,日照时数最少,以 12 月为最低值,为 171.3～194.8 小时(图 2-3)。

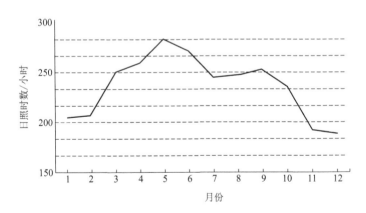

图2-3　营口日照时数各月变化曲线

二、日照百分率

1. 年日照百分率

年日照百分率的分布特点与日照时数一样,也是沿海大、山区较小。营口地区年日照百分率在59%～67%(表 2-23)。

2. 月、季日照百分率

全年日照百分率 7 月为最低值,在 47%～58%;最大值出现在 10 月,为 64%～72%(表 2-23)。

表2-23 营口各地各月日照百分率 单位：%

| 地名 | 月份 | | | | | | | | | | | | 全年 |
---	1	2	3	4	5	6	7	8	9	10	11	12	
营口（1905—1942）	71	69	68	65	65	61	58	62	71	72	67	70	67
营口（1950—2016）	68	67	66	63	63	58	52	57	68	68	64	65	63
盖州（1960—2016）	65	64	62	60	60	53	47	52	64	65	61	62	60
大石桥（1959—2016）	63	65	63	60	60	53	47	52	64	64	59	60	59
熊岳（1952—2016）	68	68	66	63	63	57	50	55	67	67	62	64	63

三、营口市1949年前与1950年后日照时数对比

营口市1905—1942年年平均日照时数为2947.7小时，1950—2016年年平均时数为2778.4小时，平均日照时数减少了169.4小时。在日照时数最多的月份（1949年前6月，1950年后5月），平均日照时数减少了6.3小时，在日照时数最少的月份（12月），平均日照时数减少了8.7小时，总体来说，1949年前和1950年后，平均日照时数最大月份不同，最小月份相同，每月平均日照时数均是1949年前大于1950年后（图2-4）。最大月日照时数极值，1949年前出现在1930年6月，为342.1小时；1950年后出现在1962年5月，为350.7小时；最小日照时数极值，1949年前出现在1929年12月，为133.3小时，1950年后出现在1991年12月，为120.4小时（图2-4）。

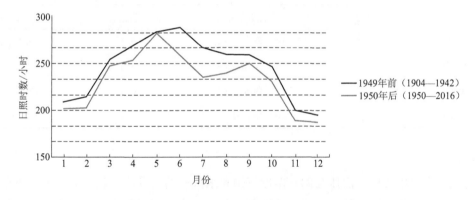

图2-4 营口市日照时数1949年前和1950年后各月变化曲线

第五节 湿度和蒸发

空气的湿度是表示空气中的水汽含量和潮湿程度的物理量，分为绝对湿度和相对湿度两种。营口气象观测对蒸发量的测定，是通过设在观测场里的蒸发皿进行测量，由于不断向蒸发皿中加水观测，蒸发量实际也是水体的蒸速值。

一、湿度

1. 水汽压（绝对湿度）
绝对湿度表示大气中水汽的绝对含量，以水汽压表示。
（1）年平均水汽压及地理分布

水汽压随纬度和高度的增加而减小，营口地区临近渤海，受其影响，水汽压的分布沿海高于内陆、平原高于山区。年平均水汽压在10.2～10.7百帕，高于省内大部分地区（表2-24）。

（2）水汽压季、月变化

水汽压的年变化中，冬季水汽压最小，夏季最大，秋季大于春季。水汽压的月变化中，1月水汽压最小，月平均水汽压为2.0～2.1百帕。7月水汽压最大，月平均水汽压可以达到24.1～24.6百帕（表2-24）。

表2-24 营口各地各月水汽压　　　　　　　　　　　　　　　　　　　　单位：百帕

地名	月份												全年
	1	2	3	4	5	6	7	8	9	10	11	12	
营口（1950—2016）	2.1	2.6	4.1	7.2	11.6	18.2	24.6	24.0	15.8	9.5	5.1	2.8	10.7
盖州（1959—2016）	2.1	2.5	3.9	6.6	10.7	17.4	24.1	23.5	15.3	9.1	4.9	2.8	10.2
大石桥（1959—2016）	2.0	2.5	4.0	6.8	11.0	17.7	24.4	23.6	15.3	9.0	4.8	2.7	10.3
熊岳（1949—2016）	2.1	2.6	4.0	6.7	10.8	17.4	24.3	24.0	15.7	9.3	5.1	2.9	10.4

（3）水汽压极值

营口地区水汽压极大值均出现在8月，最大极大值出现在1959年（盖州），为80.2百帕；极小值出现在1—2月，最小极小值出现在1974年（盖州和大石桥），为0.3百帕（表2-25）。

表2-25 营口各地日水汽压极值　　　　　　　　　　　　　　　　　　　　单位：百帕

地名	极大值		极小值	
	极值	出现时间	极值	出现时间
营口（1950—2016）	35.6	1967年8月8日	0.4	1969年2月19日
盖州（1959—2016）	80.2	1959年8月1日	0.3	1974年1月23日
大石（1959—2016）	79.7	1959年8月1日	0.3	1974年1月23日
熊岳（1949—2016）	35.6	2002年8月3日	0.4	1969年2月14日

2. 相对湿度

相对湿度是指空气中实际水汽压与同一温度下饱和水汽压的百分比。相对湿度的大小分布，除与大气环流、海拔高度和下垫面有关外，还与山脉坡向有关，即迎风坡相对湿度大，背风坡相对湿度小。

（1）年相对湿度

营口市1905—1941年年平均相对湿度为65.3%，1950—2016年年平均相对湿度为66.1%，市（县）、区年平均相对湿度在61.4%～65.5%。

（2）相对湿度季、月变化

相对湿度的逐月变化呈单峰型，最高值出现在7—8月，8月为76.7%～81.5%；最低值出现在3—4月，3月为50.9%～58.5%。夏季最大，秋季次之，春季最小（表2-26）。

表2-26 营口各地平均相对湿度　　　　　　　　　　　　　　　　　　　　单位：%

地名	月份												全年
	1	2	3	4	5	6	7	8	9	10	11	12	
营口（1905—1941）	64.5	61.7	58.5	55.8	58.4	66.0	75.9	76.7	70.3	67.0	64.5	63.8	65.3
营口（1950—2016）	62.3	59.0	57.6	58.2	61.1	70.8	78.5	78.7	71.4	67.1	65.0	63.4	66.1

续表

地名	月份												全年
	1	2	3	4	5	6	7	8	9	10	11	12	
盖州（1959—2016）	56.7	52.7	50.9	50.2	54.1	66.3	76.4	77.5	69.3	63.6	60.6	58.5	61.4
大石桥（1959—2016）	57.6	53.6	53.4	53.2	55.8	67.1	77.6	79.1	71.2	65.3	62.5	60.0	63.0
熊岳（1949—2016）	62.2	58.2	55.6	53.2	56.4	68.6	79.4	81.5	74.7	68.6	64.8	63.3	65.5

（3）最小相对湿度极值

营口地区最小相对湿度极值在 0～2%，其中 2005 年盖州为 0（表 2-27）。

表2-27　营口各地最小相对湿度极值　　　　　　　　　　　　　　　　　单位：%

地名	营口（1950—2016）	盖州（1959—2016）	大石桥（1959—2016）	熊岳（1949—2016）
最小值	2	0	1	1
出现时间	1963 年 3 月 1 日	2005 年 9 月 17 日	1984 年 4 月 1 日	1958 年 4 月 2 日

（4）营口市 1949 年前与 1950 年后相对湿度对比

营口市 1905—1941 年年平均相对湿度为 65.3%，1950—2016 年年平均相对湿度为 66.1%，平均相对湿度上升 0.8%。夏季（6—8 月），平均相对湿度上升 0.5%，春季（3—5 月）平均相对湿度下降 2.4%。

二、蒸发

水由液态变为气态的过程称为蒸发。蒸发是大气中水分循环的重要环节。一般自然水面蒸发量与空气湿度、风和温度等有关。气温越高，风速越大，空气越干燥，则蒸发越盛。

1. 年蒸发量

（1）年平均蒸发量

营口地区年平均蒸发量为 1481.4～1788.4 毫米，大石桥蒸发量最多，为 1788.4 毫米（表 2-28）。

表2-28　营口各地各月蒸发量　　　　　　　　　　　　　　　　　　　　单位：毫米

地名	月份												全年
	1	2	3	4	5	6	7	8	9	10	11	12	
营口（1950—2016）	30.7	47.8	102.3	169.4	227.4	204.8	185.7	171.1	152.7	115.2	66.6	36.0	1509.8
盖州（1959—2016）	36.7	56.1	125.1	225.2	291.8	249.8	201.1	177.1	166.5	133.2	75.8	42.6	1781.0
大石桥（1959—2016）	34.0	53.0	113.0	219.6	302.5	258.9	207.3	182.5	171.2	135.8	71.2	39.4	1788.4
熊岳（1949—2016）	39.5	56.3	111.4	184.3	226.4	197.7	164.8	145.2	133.1	107.7	71.0	43.9	1481.4

（2）年蒸发量极值

营口地区年蒸发量极大值于 1982 年出现在盖州，为 2138.7 毫米；蒸发量极小值于 1964 年出现在熊岳，为 1142.0 毫米（表 2-29）。

表2-29　营口各地年蒸发量极值　　　　　　　　　　　　　　　　　　　　单位：毫米

地名	极大值（出现年份）	极小值（出现年份）
营口（1950—2016）	1952.5（1972）	1288.6（1954）
盖州（1959—2016）	2138.7（1982）	1389.9（1964）
大石桥（1959—2016）	2135.7（1998）	1196.4（1964）
熊岳（1949—2016）	1823.7（1997）	1142.0（1964）

2. 蒸发量的季、月变化

蒸发量的年变化呈单峰型，5月最大，1月最小，这是受温度、湿度和风等气象要素综合影响的结果。最冷的1月，大地封冻，蒸发缓慢，蒸发量最小，为30.7～39.5毫米。春季随着光照增强、气温升高、风速增大，蒸发量也逐月增大，5月达到226.4～302.5毫米。夏季气温高，但相对湿度较大、风速较小，蒸发量仍小于5月，但大于4月。秋冬季气温迅速下降，蒸发量也明显减少（表2-28）。

第六节　云和能见度

云和能见度都是气象观测的重要项目。云是悬浮在大气中的小水滴或冰晶微粒或二者混合的可见聚合体。能见度是指正常人在当时天气条件下能够看清目标轮廓的最大水平距离。

一、云

云量是指云遮盖天空视野的成数。

1. 总云量

（1）年平均总云量

营口地区年平均总云量为4.3～4.5成（表2-30），在辽宁省属云量较少地区。总云量的分布是沿海少、山区多，由西北向东南递增，这是由于地形影响的结果。山区空气易被抬升而成云，所以夏季大石桥东部山区云量较多。

（2）总云量季、月分布

由于季风气候的影响，云量在一年中有很大的差别。冬季受干冷空气影响，天气晴朗，云量少；夏季受暖湿气团影响，云量多；春、秋季次之。从全年月平均云量来看，营口地区在7月云量最多，月平均云量可达6.7～6.9成，1月云量最少，月平均云量为2.6～2.8成（表2-30）。

表2-30　营口各地各月平均总云量　　　　　　　　　　　　　　　　　　　　单位：成

地名	月份												全年
	1	2	3	4	5	6	7	8	9	10	11	12	
营口（1951—2015）	2.6	3.1	4.0	4.8	5.2	6.1	6.7	5.8	4.2	3.5	3.4	2.7	4.4
盖州（1960—2013）	2.6	3.2	3.9	4.6	5.1	5.9	6.7	5.8	4.2	3.6	3.5	2.8	4.3
大石桥（1960—2013）	2.7	3.2	4.0	4.8	5.3	6.2	6.9	6.1	4.4	3.7	3.6	2.9	4.5
熊岳（1952—2015）	2.8	3.3	4.1	4.8	5.2	5.9	6.7	5.8	4.3	3.7	3.7	3.0	4.4

注：按照《辽宁省地面气象观测业务调整技术规定》要求，2014年1月1日开始，取消一般站（盖州、大石桥）云量观测（下同）。

2. 低云量

（1）年平均低云量

营口地区年平均低云量为 1.6～1.9 成，营口市最多，为 1.9 成；盖州次之，为 1.8 成，其他地区为 1.6～1.7 成（表2-31）。

（2）低云量季、月分布

低云量季节分布与总云量相同，冬季低云量最少，夏季低云量最多，春、秋季次之。平均低云量7月最多，为 3.4～3.7 成；1月最少，为 0.5～0.8 成（表2-31）。

表2-31 营口各地各月平均低云量　　　　　　单位：成

地名	月份												全年
	1	2	3	4	5	6	7	8	9	10	11	12	
营口（1951—2015）	0.7	0.9	1.2	1.8	2.1	3.0	3.7	3.2	1.9	1.7	1.6	1.1	1.9
盖州（1960—2013）	0.6	0.8	1.1	1.6	2.0	2.7	3.6	3.0	1.7	1.6	1.6	1.0	1.8
大石桥（1960—2013）	0.5	0.7	0.9	1.4	1.8	2.6	3.4	2.8	1.7	1.4	1.3	0.8	1.6
熊岳（1952—2015）	0.8	0.9	1.0	1.5	1.8	2.6	3.4	2.9	1.7	1.6	1.6	1.1	1.7

3. 晴阴日数

营口地区西临渤海，多夜间降水，白天转晴。同时辽东湾东海岸夏季为背风区，云雨少于西海岸，所以营口地区晴天日数多于相邻的大连、鞍山和锦州等地。全年晴天（总云量少于2成）日数为 115～127 天，其中以 12月、1月为最多，每月可达 15～17 天。7月最少，为 2～3 天。全年阴天（总云量大于8成）日数为 66～77 天，年内分布与晴天日数相反，7月最多（10 天左右），12月、1月最少（2天左右）（表 2-32）。

表2-32 营口各地阴、晴天日数　　　　　　单位：天

地名	年平均晴日数	年平均阴日数
营口（1951—2015）	117	66
盖州（1960—2013）	127	73
大石桥（1960—2013）	118	77
熊岳（1952—2015）	115	67

二、能见度

营口地区通常是乡村能见度较好，山区、城市较差。冬季影响能见度的天气现象主要为雾、浮尘、霾，春季主要为扬沙，夏、秋季为降水和雾。

1. 雾

营口地区多为辐射雾，全年雾日为 4.7～10.4 天，夏季和秋季雾日多，一般多在后半夜和日出前生成，10点以后减弱消失，有时雾日可持续 3 天以上，其中营口地区雾日最多，为 10.4 天，盖州最少，为 4.7 天（表2-33）。

2. 浮尘

即强度最低的沙尘暴，是由于远地产生和传输沙尘暴或本地产生扬沙天气，待强度减弱，沙尘中粗

颗粒重力沉降后，细小颗粒被继续输送和浮游在空气中而形成的天气现象。待风速继续减小，悬浮的尘粒会沉降到地面，因此俗称"落黄沙"。营口地区浮尘日数为 1.2～2.7 天，其中营口市最多，为 2.7 天（表2-33）。

3. 霾

也称阴霾、灰霾，是指原因不明的大量烟、尘等微粒悬浮而形成的浑浊现象。霾的核心物质是空气中悬浮的灰尘颗粒，气象学上称为气溶胶颗粒。营口地区由于供暖及焚烧秸秆的原因，冬季经常因为霾的影响而导致能见度低，其中熊岳年均霾日数最多，为 8.4 天，大石桥最少，为 3.4 天（表2-33）。

4. 扬沙

大量尘土、沙粒被风卷到空中，全年能见度在 1～10 千米的扬沙日数营口市最多，为 7.1 天；盖州最少，为 1.4 天（表2-33）。

5. 降水

降水对能见度的影响主要在冬、夏两季，出现大雨和暴雨天气时，能见度一般小于 4 千米，出现毛毛雨时，能见度常在 1 千米以下。冬季降大雪时能见度降到几百米甚至几十米。

表2-33　营口各地年平均霾、扬沙、浮尘、沙尘暴及雾日数　　　　　　　单位：天

地名	霾	扬沙	浮尘	沙尘暴	雾
营口（1951—2015）	4.5	7.1	2.7	0.1	10.4
盖州（1960—2015）	6.8	1.4	1.8	0.3	4.7
大石桥（1960—2015）	3.4	3.1	1.2	0.1	7.5
熊岳（1952—2015）	8.4	3.4	2.6	0.2	5.9

第七节　地温和冻土

地面表层土壤的温度称为地面温度，地面以下土壤的温度称地中温度。营口气象观测地温选择固定地点进行地面 0 厘米，地下 5、10、15、20、40、80、160 和 320 厘米各层进行观测。冻土是指含有水分的土壤因温度下降到 0℃或以下时而呈冻结的状态。

一、地温

1. 地面温度

（1）地面温度分布及年变化

地面温度变化比气温变化剧烈，升降幅度大，对气温升降有很大的影响。一般来说，地面为近地层空气的主要热源，营口各地地面平均温度略高于气温，其分布形势与平均气温相似，呈正弦波形，多以 7 月最高，1 月最低，地温的年振幅大于气温。地面温度从 1 月开始上升至 7 月达最高，而后下降直至最低，以 4 月、5 月升温最快，10 月、11 月降温剧烈。地面温度年较差逐渐减小。年平均地面温度分布受纬度影响，南部地区地面温度略高于北部地区，陆地地面温度高于沿海（表2-34）。

表2-34　营口各地各月0厘米平均地面温度　　　　　　　　　　　　　单位：℃

地名	月份												全年
	1	2	3	4	5	6	7	8	9	10	11	12	
营口（1951—2016）	-8.7	-4.3	3.0	12.0	20.2	25.6	28.2	27.0	20.9	11.9	2.1	-5.5	11.0

续表

| 地名 | 月份 | | | | | | | | | | | | 全年 |
	1	2	3	4	5	6	7	8	9	10	11	12	
盖州（1960—2016）	-8.3	-3.9	3.9	13.3	21.2	26.1	28.4	27.0	20.9	11.9	2.2	-5.3	11.5
大石桥（1960—2016）	-9.2	-4.5	3.1	12.2	20.9	26.2	28.6	27.1	20.6	11.5	1.6	-6.1	11.0
熊岳（1952—2016）	-8.8	-4.2	3.6	13.2	21.2	26.1	28.4	27.1	21.1	12.0	2.4	-5.4	11.4

（2）极端最高、最低地面温度

营口地区极端最高地面温度受纬度影响不大，全地区在 63.7～65.1℃。极端最低地面温度全地区在 -33.9～-36.5℃，南北差异较大，由北向南极端最低地面温度递增，南北相差 2～3℃（表2-35）。

表2-35　营口各地极端最高、最低地面温度　　　　　　　　　　　　单位：℃

| 地名 | 极端最高（出现年份） | | 极端最低（出现年份） | |
	极值	出现时间	极值	出现时间
营口	63.7（1992）	-36.5（1985）	-36.5	1985
盖州	65.0（2000）	-34.3（1967）	-34.3	1967
大石桥	65.1（2015）	-35.2（1965）	-35.2	1965
熊岳	63.7（1961）	-33.9（1965）	-33.9	1965

2. 地中温度

（1）地中温度的垂直分布

夏季，营口地区地中垂直温度由浅层向深层递减，冬季则由浅层向深层递增。冬季的上冷下热与夏季的上热下冷，导致年平均地温在不同层次上差异不大。无论冬夏，在同一层次上，营口地区南部的地温始终高于北部。

（2）地中温度的年较差

地温的年较差随深度的增加而减小。在 160 厘米以上各层次中，地温年较差与气温年较差的分布规律是一致的。越往深层，土壤的保温作用越强，在到达一定深度以后，还会出现恒温层，营口出现恒温层的深度是在 320 厘米。

（3）地中温度的年变化

由于土壤导热缓慢，营口地区地温最冷月与最热月的出现时间随深度的增加而逐渐滞后。一般情况下，0～20 厘米的土壤中，最冷月与最热月出现的时间与气温接近，出现在 7 月和 1 月。40 厘米深处则分别滞后到 2 月和 8 月；160 厘米深处分别滞后到 3 月和 9 月；320 厘米深处分别滞后到 4 月和 10 月（图2-5）。

二、冻土

地表面接收的热辐射除向近地面气层输送外，还向土壤深层传导。当地面温度降至 0℃ 以下时，土壤即开始冻结。当日平均地温降到 0℃ 以下，夜冻大于白天，便形成季节性冻土。

1. 冻土时间

营口地区冻土属季节性冻土。营口地区 11 月上旬开始冻结，12 月中旬可冻结 10 厘米深，1 月上旬冻土可达 50 厘米，最大冻土深度可达 1 米。平均冻结日期熊岳最早，为 11 月 8 日；盖州最晚，为 11 月

19 日。全地区最早冻结日期是 1968 年 10 月 18 日，出现在盖州和熊岳；最晚冻结日期是 2004 年 12 月 16 日，出现在盖州。3 月上旬土壤开始解冻，4 月上旬冻土完全化解。平均化通日期最早是 3 月 19 日，最晚是 3 月 23 日。全地区最早化通日期是 1998 年 2 月 24 日，出现在盖州；最晚化通日期为 1985 年 4 月 13 日和 1970 年 4 月 13 日，出现在盖州和大石桥（表 2-36）。

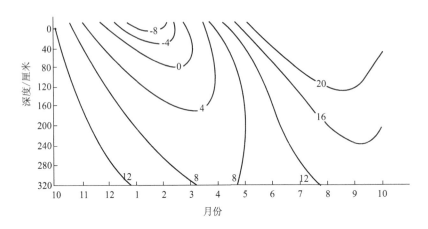

图 2-5　营口地中温度剖面图 /℃

2. 冻土深度

营口地区冻土在 105 ～ 111 厘米深度变化。最大冻土深度 111 厘米，出现在营口市；最小冻土深度为 105 厘米，出现在熊岳（表 2-36）。

表2-36　营口各地最大冻土深度

项目	营口 (1951—2016)	盖州 (1960—2016)	大石桥 (1960—2016)	熊岳 (1952—2016)
最大冻土深度 / 厘米	111	110	106	105
出现时间	1957 年	1977 年	1969 年	1969 年
平均冻结日期	11 月 12 日	11 月 19 日	11 月 11 日	11 月 8 日
最早冻结日期	2002 年 10 月 26 日	1968 年 10 月 18 日	1968 年 10 月 19 日	1968 年 10 月 18 日
最晚冻结日期	2004 年 11 月 30 日	2004 年 12 月 16 日	1992 年 12 月 2 日	1994 年 12 月 3 日
平均化通日期	3 月 20 日	3 月 19 日	3 月 23 日	3 月 22 日
最早化通日期	2008 年 3 月 7 日	1998 年 2 月 24 日	2008 年 2 月 28 日	1998 年 3 月 1 日
最晚化通日期	2005 年 4 月 1 日	1985 年 4 月 13 日	1970 年 4 月 13 日	1966 年 4 月 10 日

第八节　雷暴、扬沙、轻雾和雾

营口各地年平均雷暴日数为 24.9 ～ 26.5 天，熊岳最多，为 26.5 天；营口市和盖州最少，为 24.9 天。年平均扬沙日数为 1.4 ～ 7.1 天，营口市最多，为 7.1 天；盖州最少，为 1.4 天。年平均轻雾日数为 63.9 ～ 106.4 天，大石桥最多，为 106.4 天；熊岳最少，为 63.9 天。年平均雾日数为 4.7 ～ 10.4 天，营口市最多，为 10.4 天（表 2-37）。

表2-37　营口各地年平均雷暴、扬沙、雾日数　　　　　　　单位：天

地名	年平均雷暴日数	年平均扬沙日数	年平均轻雾日数	年平均雾日数
营口（1951—2015）	24.9	7.1	95.6	10.4
盖州（1960—2015）	24.9	1.4	78.9	4.7
大石桥（1960—2015）	26.2	3.1	106.4	7.5
熊岳（1952—2015）	26.5	3.4	63.9	5.9

第三章　气候资源

气候资源是一种宝贵的自然资源，能为人类生存、经济活动提供光能、热能、水分等，是一种可利用的再生资源。气候资源主要包括太阳辐射、热量、水分、空气、风能等。营口市气象部门在 20 世纪 80 年代进行农业气候资源区划，2011 年利用区域自动气象站数据进行农业精细化气候资源区划。营口地区优势资源主要有热量资源和风能资源。

第一节　热量资源

一、热量资源满足农业生产

营口地区的热量资源丰富，完全可以满足作物一年一熟，满足水稻、玉米等大田作物和苹果、梨等经济作物的生长。营口地区无霜期为 177～193 天，各界限温度活动积温如表 3-1 所示。

表3-1　无霜期和各界限温度活动积温　　　　　　　　　　　　　　　单位：℃·d

地名	无霜期 / 天	≥ 0℃积温	≥ 10℃积温	≥ 15℃积温	≥ 20℃积温
营口	189	4104.9	3678.2	3089.7	2222.4
盖州	193	4199.6	3753.7	3169.7	2235.1
大石桥	177	4113.2	3667.0	3089.7	2176.4
熊岳	177	4060.4	3594.7	3026.9	2063.7
平均	184	4119.5	3673.4	3094.0	2174.4

二、热量资源年际变化

营口地区平均气温稳定通过 10℃ 的日期在 20 世纪 70 年代以前均少于 180 天，80 年代以后均在 185 天以上。

1951—2018 年，营口 4 个国家气象站 0℃ 和 10℃ 积温变化趋势一致，且热量资源年际间变化较大（图 3-1）。20 世纪 60 到 80 年代间，0℃ 和 10℃ 积温呈起伏式波动，且总体变化趋缓。80 年代以后 0℃ 和 10℃ 积温增加趋势明显，虽有少数年份热量资源低于历史平均值，但大多数年份热量资源较为丰富，特别是 1997—2008 年 0℃ 和 10℃ 积温均比历史平均值高出近 300℃·d（图 3-1）。

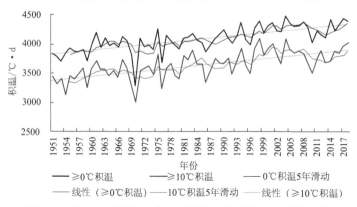

图 3-1　营口 4 个国家气象站 0℃和 10℃积温年际变化曲线

三、太阳能资源

1. 太阳辐射量的空间分布

营口地区年平均太阳总辐射量为 5236 兆焦 / 米²。总的趋势大致是西多东少，市区与熊岳为多，东部山区较少。

2. 太阳总辐射的日变化

营口地区太阳总辐射的日变化首先受天文因素的影响，不同季节的日变化有所不同。从营口市的年平均状况看，总辐射逐时均值 1 月日辐射最高强度在 12 时，日振幅最小。4 月日辐射最高强度在 11—12 时之间，7 月日辐射最高强度在 14 时左右，10 月日辐射最高强度在 13 时左右。

3. 太阳辐射量的月、季变化

营口市太阳总辐射的月变化曲线呈单峰型，1—5 月辐射逐月增大，然后开始逐月减小（图 3-2、表 3-2）。各地辐射量最高值多出现在 5 月，最低值出现在 12 月（个别年份最高值出现在 6 月、最低值出现在 1 月）。

表3-2　营口市太阳总辐射月总量　　　　　　　　　　　　　　　　　　单位：兆焦/米²

项目	月份												全年
	1	2	3	4	5	6	7	8	9	10	11	12	
太阳总辐射月总量	238	301	441	582	626	611	577	544	481	377	249	209	5236

太阳总辐射量的季节性变化较大，春、夏两季总辐射量较高，秋、冬两季总辐射量较低，春、夏、秋、冬季依次减小。

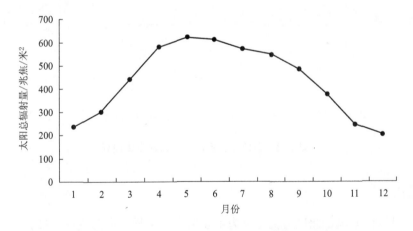

图 3-2　营口市 1995—2014 年太阳总辐射量月际变化

4. 太阳辐射总量区划

根据年均太阳总辐射，辽宁省太阳能资源划分为丰富区（Ⅰ级）、较丰富区（Ⅱ级）、一般区（Ⅲ级）、较小区（Ⅳ级）。营口地区近海岸及陆地全在Ⅰ级区，年总辐射量在 5200 兆焦 / 米²，年日照时数在 2700 小时。可以充分利用太阳能进行发电或热利用。东部山区年总辐射量在 4700 兆焦 / 米²，日照时数在 2600 小时，可在这一区域推广太阳能采暖、太阳能热水器、农业温室等。

第二节　风能资源

营口沿海地区风速大于内陆地区。营口 4 个国家气象站中有 2 个站临海，营口市气象观测站距海不足 1 千米，熊岳气象站距海约 9 千米。1951—2018 年，营口市年平均风速为 3.8 米 / 秒，各月平均风速均在 3.0 米 / 秒以上。熊岳年平均风速为 3.6 米 / 秒，仅有 8 月和 9 月平均风速未达到 3.0 米 / 秒。盖州、大石桥年平均风速仅为 3.0 米 / 秒和 3.3 米 / 秒。在风能资源利用上，风力机启动的风速 3.0 米 / 秒至破坏风速间的风速（20.0 米 / 秒）为有效风速，营口沿海地区月平均风速均可达到有效风速范围，表 3-3 为 1951—2018 年各月平均风速情况。

表3-3　营口地区1951—2018年各月平均风速　　　　　　　　　　　　单位：米/秒

| 地名 | 月份 | | | | | | | | | | | | 全年 |
	1	2	3	4	5	6	7	8	9	10	11	12	
营口	3.2	3.6	4.3	4.9	4.5	3.7	3.4	3.2	3.3	3.7	3.8	3.4	3.8
盖州	2.7	3.0	3.6	4.0	3.6	3.0	2.6	2.3	2.4	2.8	3.2	2.9	3.0
大石桥	3.0	3.3	3.9	4.5	4.2	3.3	2.6	2.3	2.5	3.1	3.5	3.1	3.3
熊岳	3.6	3.9	4.3	4.7	4.0	3.4	3.0	2.6	2.8	3.5	4.0	3.7	3.6

一、风速季节分布

在季节分布上，营口地区风速最大的季节为春季（3—5 月），平均风速为 4.3 米 / 秒；其次为秋冬季（10 月至次年 2 月），平均风速为 3.3 米 / 秒；7—9 月最小，平均风速为 3.0 米 / 秒（图 3-3）。

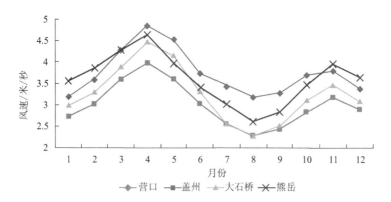

图 3-3　营口地区各月平均风速变化曲线

二、主导风向

营口地区以南风及偏南风、北风与偏北风为主要风向。主导风向为南风（S）、西南偏南风（SSW）的地区主要是营口市和熊岳；东北风（NE）和北风（N）在全地区均为主导风向（表 3-4）。

表3-4　全年各风向频率　　　　　　　　　　　　单位：‰

| 地名 | 风向 | | | | | | | | | | | | | | | | |
	N	NNE	NE	ENE	E	ESE	SE	SSE	S	SSW	SW	WSW	W	WNW	NW	NNW	C
营口	95	106	72	23	16	19	44	82	96	138	81	39	26	20	35	49	58
盖州	83	118	74	44	55	45	53	55	35	50	55	35	19	27	36	48	168
大石桥	119	101	37	21	42	58	62	81	78	53	62	44	29	17	24	43	130
熊岳	128	128	35	8	7	10	44	125	232	61	24	22	23	13	30	45	64

三、风能资源评估

1. 风能资源状况

从年平均风速、风速季节变化、风能密度、有效小时数等数据分析，营口地区风能资源相当丰富（表3-5），开发利用前景十分可观，仙人岛风电场的建设运营就是风能资源开发利用的成功范例。

表3-5 营口地区风能资源评估表

项目	年平均风速（米/秒）	年平均风功率密度（瓦/米²）	年平均有效小时数（小时）	50年一遇最大风速（米/秒）	风能（千瓦·小时/米²）	有效风能（千瓦·小时/米²）
数值	3.8	87.8	5169	22.9	768.0	750.4

2. 风能资源区划

风是一个时间、空间变化剧烈的气象要素，各地风能资源相差较大。营口地区是辽宁省风能资源丰富的区域，沿海一带更为突出。

根据年平均风功率密度，辽宁省风能资源划分为丰富区、较丰富区、一般区和较小区。营口沿海年平均风功率密度在85～90瓦/米²，在丰富区内。

3. 风能资源开发

辽宁省气象科研所能源研究室1996—1998年在辽滨苇场、仙人岛、西崴子、鲅鱼圈建设30米高度风能观测塔进行观测。经过两年的观测，初选仙人岛为第一批开发点，西崴子为第二批开发点。仙人岛、西崴子30米高度年平均风速均在6～7米/秒，30米高度年平均风功率密度均在250～300瓦/米²，10米高度风功率密度在95～110瓦/米²。3～20米/秒有效小时数在5500～6000小时。

第三节 农业气候区划

农业气候区划是根据农业气候相似理论和地域分异规律，将某一地区划分出能反映气候条件异同的区域系统。

1949年后，营口地区主要开展了2次农业气候区划。第一次在1980—1984年；第2次在2011年。1980年9月在营口县进行了农业气候资源调查和农业气候区划的试点工作。经过3年多的调查研究，于1984年4月完成县级农业气候资源调查和农业气候区划的阶段性工作任务。

2011年4月，营口地区充分利用乡镇区域自动气象站数据资料，开展精细化农业气候资源区划，主要通过聚类分析和GIS技术对营口地区农业气候资源进行分析研究，取得了一定的成果。营口地区农业气候资源区划图在热量资源和降水资源利用中得到应用，取得良好效果（图3-4）。

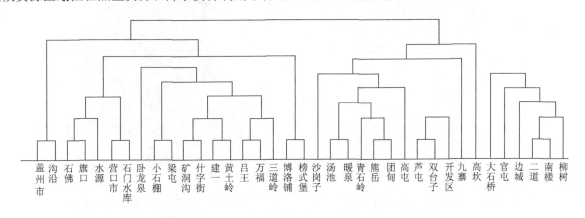

图3-4 营口地区精细化农业气候资源区划聚类谱系

从谱系图可以看出营口地区分为四大类：

第一类地区为盖州市、沟沿、石佛、旗口、水源、营口市、石门水库、博洛铺、榜式堡、沙岗子、汤池、暖泉、青石岭、熊岳、团甸、高屯、九寨、高坎。

第二类地区为芦屯、双台子、开发区。

第三类地区为卧龙泉、小石棚、梁屯、矿洞沟、什字街、建一、黄土岭、吕王、万福、三道岭。

第四类地区为大石桥、官屯、边城、二道、南楼、柳树。

第一类地区多为平原地区，热量资源和降水资源相对较好。第二类地区只有开发区、芦屯、双台子，主要以降水指标进行分类，这3个站点2008—2011年降水相对较少。第三类地区多为山区，主要是营口东南山区各乡镇，热量资源相对较差，多种植玉米。第四类地区为平原地区，是热量资源和降水资源最好的地区（图3-5～图3-8）。

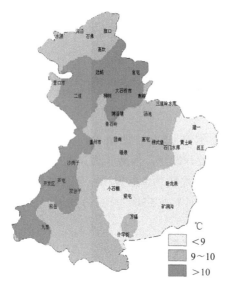

图3-5　营口地区2008—2011年
平均气温分布

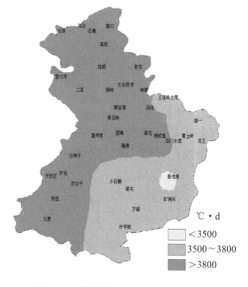

图3-6　营口地区2008—2011年
大于等于10℃积温分布

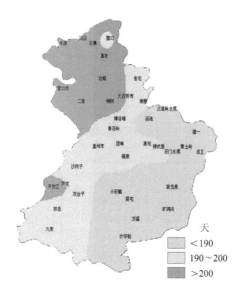

图3-7　营口地区2008—2011年
图无霜期日数分布

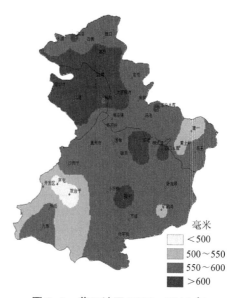

图3-8　营口地区2008—2011年
4—9月降水量分布

第四节 自然物候

一、物候的概念

物候是指生物长期适应温度条件的周期性变化，形成与此相适应的生长发育节律，这种现象称为物候现象，主要指动植物的生长、发育、活动规律与非生物的变化对节候的反应。利用物候知识来研究农业生产，已经发展为一门科学，就是物候学。物候学与气候学相似，都是观测一年里各个地方、各个区域的春夏秋冬四季推移，它们都是地方性的科学。物候学记录植物的生长荣枯、动物的养育往来，例如杨柳绿、桃花开、燕子来等自然现象，从而了解随着时节推移的气候变化和这种变化对动植物的影响。

二、物候观测

物候观测的记录反映了过去一个时期内天气的积累，物候观测所使用的是"活的仪器"，是活生生的生物。物候观测的数据是综合气候条件（气温、湿度等）的反映，同时也反映了气候条件对生物的影响。把它用于农事活动，易为农民所接受。物候对农业的重要性就在于此。

（一）伪满时期物候观测

伪满中央气象台出版的《伪满气象月报》《伪满气象年报》记载了营口 1937—1941 年的自然物候资料，包括自然物候（木本植物、草本植物）、动物物候、气象水文物候等三大类。

1．自然物候

自然物候是指在气候、土壤、地形、地势等自然条件下生长的植物。这些植物一般为多年生，很少受人为因素的影响，其物候现象比较客观地反映着各地气象、水文、土壤等环境下的差异。

（1）木本植物

对木本植物进行物候观测，首先是选择发育正常，达到开花结实 3 年以上的中龄树。按照统一规定的指标，对树木的芽开放期、展叶期、开花期、果实或种子成熟期、秋叶变色期、落叶期等进行观测，其中观测时间较长、范围较广的是杨树、榆树和柳树。营口地区柳树的发芽期为 4 月 8 日，杨树和榆树的发芽期为 4 月 15 日，杏树发芽期为 4 月 18 日。

（2）草本植物

对草本植物进行物候观测，首先尽量选择比较空旷，没有人、动物践踏，有代表性的植物。按规定的指标进行萌动期（返青期）、展叶期、开花期、果实或种子成熟期、果实脱落或种子散布期、枯黄期的观测。观测的草本植物主要有蒲公英、车前子、苦苣菜、芦苇、苜蓿、羊草、野草等多种。其中观测范围较广的为蒲公英、车前草和野草。营口地区在 3 月 11 日就能见到野草发芽。

2．动物物候

候鸟的往来迁徙，动物的蛰眠、复苏、始鸣繁育等都与当地气候有一定关系。鸟类对气候比较敏感，尤其是候鸟，如大雁、家燕。蛙类对气候、地温的变化更为敏感，如青蛙。营口地区动物物候观测主要有大雁、家燕、青蛙、蟋蟀、蚂蚁、蜻蜓。

动物始、绝见历年日期及动物物候资料累年平均值见表 3-6、表 3-7。

表3-6 营口地区动物始、绝见（鸣）历年日期

项目		家燕		大雁		青蛙	蟋蟀	蚂蚁	蜻蜓
		始见	绝见	始见	绝见	始见	始见	始见	始见
年份	1937	5 月 8 日							
	1938	5 月 6 日		2 月 26 日	9 月 10 日		7 月 2 日	3 月 25 日	4 月 22 日
	1939	4 月 30 日		3 月 1 日		4 月 22 日	6 月 27 日	4 月 1 日	5 月 2 日
	1940	5 月 7 日	10 月 6 日	2 月 25 日	9 月 15 日	5 月 5 日	7 月 12 日	4 月 11 日	5 月 2 日

续表

项目		家燕		大雁		青蛙	蟋蟀	蚂蚁	蜻蜓
		始见	绝见	始见	绝见	始见	始见	始见	始见
年份	1941			2月25日		4月25日			4月28日
平均日期		5月5日	10月6日	2月26日	9月13日	4月27日	7月4日	4月2日	4月29日

表3-7　营口地区动物物候资料累年平均日期

项目	大雁		家燕		蟋蟀始见	蚁始见	蛙始见	蜻蜓始见
	始见	绝见	始见	绝见				
日期	2月26日	9月13日	5月5日	10月6日	7月4日	4月2日	4月27日	4月29日

3．气象水文物候

气象水文物候是自然界无机物候，非生物现象，如凝霜降雪、水面结冰、河流封冻、船舶通航、闪电雷声等都属于气象水文物候现象（表3-8）。

（1）河流结冰期

营口位于辽河流域下游，结冰初日为1月12日，解冰终日为3月11日。

（2）流冰期

营口的流冰初日为11月28日，流冰终日为3月31日。

（3）船舶航行期

营口航行初日为3月12日，航行终日为12月6日。

表3-8　气象水文物候变化

项目		解冰终日	流冰终日	流冰初日	结冰初日	船舶初行日	船舶终行日
年份	1936		4月9日	11月27日	2月8日		
	1937	3月14日	4月3日	11月24日	12月26日	2月23日	12月7日
	1938	3月16日	3月27日	11月25日	1月6日	3月20日	12月10日
	1939	3月6日	3月3日	11月26日	1月10日	3月17日	12月5日
	1940	3月8日	3月23日	11月27日	1月10日	3月18日	12月1日
平均日期		3月11日	3月31日	11月28日	1月12日	3月12日	12月6日

（二）1949年后的物候观测

自1980年全国自然物候观测网建成以来，包括营口在内，辽宁省有20多个气象站开展了自然物候观测，记录了一年又一年植物的生长荣枯和动物活动情况。观测的植物包括乔木类的刺槐、杨树、柳树、枣树、杏树、苹果、山桃；灌木类的紫丁香；草本类的蒲公英、车前草、马兰、芦苇、苦苣。物候观测涵盖展叶初、盛期；开花始、盛期；种子成熟期；秋叶始变、全变和落叶始末期等。对动物物候的观测包括大雁、豆雁、家燕、蝴蝶、蟾蜍、青蛙、蜻蜓、蟋蟀的始见、始鸣和终见、终鸣期。物候的气象水文观测有河流、池塘、湖泊、土壤等的冻结和解冻时间。

营口市所辖3个县气象站均开展自然物候观测。早在1957年4月，熊岳农业气象试验站就开展了果树的物候观测。1959年，盖平县气候站开展了国光苹果的物候观测。1980年，营口县气象站开展了小叶杨、旱柳、蒲公英、苦苣、家燕等物候观测。

以下是利用营口地区1980年以后自然物候观测资料进行的统计分析。

1. 木本植物观测统计分析

营口地区主要观测的木本植物有山桃、杨树、苹果，具体物候期如表3-9所示。

表3-9　营口地区木本植物物候期

品种	发芽期	展叶期	开发期	果实成熟期	叶变色期	落叶期
山桃	3月下旬、4月上旬	4月下旬、5月上旬	4月中、下旬	7月上旬	10月中旬	10月下旬、11月上旬
杨树	3月下旬、4月上旬	4月中、下旬	4月上、中旬	5月中、下旬	10月上、中旬	10月下旬到11月上旬
苹果	4月中旬	4月下旬	5月上旬	9月下旬		

2. 候鸟豆雁观测统计分析

营口地区的候鸟观测项目主要是豆雁。豆雁属大型雁类，外形大小和形状似家鹅，两性相似。繁殖季节的栖息生境因亚种不同而略有变化，有的主要栖息于亚北极泰加林湖泊或亚平原森林河谷地区，有的主要栖息于开阔的北极苔原地带或苔原灌丛地带，有的栖息在很少植物生长的岩石苔原地带。迁徙期间和冬季，则主要栖息于开阔平原草地、沼泽、水库、江河、湖泊及沿海海岸和附近农田地区。豆雁在中国是冬候鸟，还未发现有在中国繁殖的报告。

豆雁迁离营口地区的时间最早在2月下旬至3月上旬，最晚到4月中旬甚至4月末。豆雁到达营口地区的时间最早在9月末至10月初，大量在10月中下旬，最晚在11月初。迁徙多在晚间进行，白天多停下来休息和觅食，有时白天也进行迁徙，特别是天气变化的时候。迁徙时成群，群体由几十只至百余只不等，在停息地常集成更大的群体，有时多达上千只。

第四章 气候变化

气候变化存在不同时间尺度的变化过程,较长时间尺度变化是较短时间尺度变化的背景;同时气候变化具有区域性特征,营口及周边地区气候变化是全球气候变化的局部反映。本章从两个时间长度记述营口及周边地区的气候变化:近2000年气候变化和有观测资料的近百年气候变化。

第一节 近2000年气候变化

据气候研究工作者考证,夏商历史时期后,东北地区的气候是前温暖期的继续。但从公元前10世纪起,即西周早期曾有一个较短的为100～200年的气候寒冷期。不过这一寒冷期为期较短,约至公元前8世纪,到公元前3世纪气候又趋温暖,相对而言气候环境较好。

一、秦汉至隋唐时期

根据有关历史文献与考古资料证实,这个时期营口地区的自然地理环境与现代基本相似。虽然气候相对干旱和湿润的变化依然存在,但明显的气候变化周期已经趋向缓和。

据竺可桢研究,秦至东汉时期东北气候又转为温暖而湿润,一些地区的低湿沼泽地的面积有所扩大。但其后气候又有新的波动,自东晋迄隋唐初期,气候开始转冷,但至唐中叶气候温和而湿润。辽宁气象工作者曾对辽宁南部普兰店古莲子的泥炭层进行研究(经碳14年代测定为公元700±90年),证明当时辽宁地区气候比现在暖和,当时植物孢粉组合特点,主要是松属和阔叶林组成针阔混交林。各地植被类型基本与当代辽宁相似。由于气候温暖、潮湿而多雨,加上辽河中下游地势低洼与积水难溢,至隋唐时期辽河平原南部的沼泽有所扩大。

二、辽金时期

根据辽金历史文献记录,当时中国东北地区气候开始转冷,江河结冰冻结期比现在早,开化期又约晚半月有余。这个时期相当于气象学家竺可桢划分的第三寒冷期。北宋(960—1127年)时《太平寰宇记》称东北室韦部"气候寒冷,冬则入山,居土穴中,牛畜多冻死","地多积雪,惧陷坑井,骑木而行"。《辽史·营卫志》记录称:"辽咸雍八年,五国设捻部谢野勃堇畔辽。鹰路不通,景祖伐之,谢野来御","时方十月,冰忽结";"春捺钵,曰鸭子河泊。皇帝正月上旬起牙帐,约六十日方至。天鹅未至,卓帐冰上,凿冰取鱼"。说明当时东北松嫩流域的鸭子河在阴历十月以前就开始冻结,次年三月尚未解冻。辽河流域比松嫩流域靠南些,但其封冻期也远比温暖期要长些。辽金时期辽河流域气候不仅寒冷,而且干旱,雨水减少,隋唐时期辽宁地区南部的"辽泽"呈退缩的趋势,以今辽西锦县双台子为中心的"辽泽"已经开始消退。但是伴随着人口的增加,垦殖区的扩大,泥沙进入辽河的现象已与日俱增,使辽河中下游河床的淤积泥沙日趋严重,导致了辽河的洪水难以安然畅排入海。金王朝统治时期,辽河中下游平原的沼泽化与涝灾日甚一日。西辽河上游植被的破坏已经对辽河中下游的水涝与沼泽产生了影响。

三、元明时期

元明时期,气候稍有转暖,约相当于竺可桢先生划分的第四纪温暖期。不过,这个温暖时间相对短些,实际上气候仍有较寒冷的趋势,并有若干次振幅较小的冷暖变动。但仍具有较适宜于农业垦殖的气候环境。由于自元朝开始,朝阳地区把牧场、丘陵山地辟为农田,致使大面积山地林木与草地被毁,还

有许多不适合耕作的土地被开垦，引起土地沙化。　　　　　　　　　　　　　续表

辽西北植被恶化与水土流失，把大量泥沙带入辽河，加之辽河西侧支流水河、养息牧河、柳河、绕阳河等都发源于沙地地带，含沙量多而流量小。西辽河以及辽河西侧诸支流从上游挟带大量泥沙到辽河下游，往往在干支流汇合处形成汇口淤积，造成辽河干流水泄不畅，引起分支改道，至明代中后期造成了辽宁盘锦涝洼沼泽区水患的日趋严重。

据《中国历朝气候变化》一书提供的资料，华北地区 1400 年前有可能较今偏暖，1400—1500 年偏冷，1500 年后存在一个近 70 年的相对温暖期，1570 年后则转寒。由于温度变化趋势具有大范围特点，营口也应亦如此。

根据《华北东北近 500 年旱涝分布图》《辽宁省旱涝史记》提供的资料进行分析，营口明朝期间的干湿变化大体有 2 个近百年的年际干湿波动，1470—1567 年为湿期，特点是涝年多于旱年，出现了 21 年大涝和涝，13 年大旱和旱；1568—1695 年为干期，特点是旱年多于涝年，出现了 22 年大旱和旱，18 年大涝和涝。

四、清代时期

清代全国总体处于小冰期气候区（1500—1850 年），可分为清前期的短暂气候寒冷期、清中前期的气候相对温暖期和清中后期的漫长气候寒冷期 3 个阶段。

东北地区 17 世纪气候偏冷；18 世纪温暖，温度变幅小，最高点与最低点相差仅 0.4℃；经过 1800—1860 年冷期后，19 世纪中后期开始持续转暖。自 17 世纪中叶以来，东北地区 19 世纪温度属变幅最大、温度变化速率最快时期，最高点（1900 年）与最低点（1810 年）温度相差 1.5℃，升温速率为 0.17℃ / 10 年。

营口清代的干湿变化，在清代前期（1644—1799 年）处于相对的干期或正常时期内，干旱和正常年份多，涝年份少，1670—1799 年共发生 20 次旱和大旱年份，95 次正常年份，14 次涝和大涝年份；清代后期（1800—1912 年）处在一个湿期内，涝的年份多，共发生 56 次涝和大涝年份，11 次旱和大旱年份，此期间是营口历史上洪涝灾害最为严重时期，平均每 2 年就发生一次洪涝，"十年九涝"气候特点凸显，"居民频遭水患，流离失所"，"庐舍荡然，民其为鱼"的惨景频繁发生。

第二节　近百年气候变化

牛庄（营口）海关测候所自 1880 年开始建站并观测至 1932 年停止，当时冬季不进行观测，观测数据不全。营口气象站从 1904 年 10 月正式开始有较完整观测数据，建立近百年营口气温时间连续序列从 1904 年开始。

一、气温变化

1. 近百年营口市气温变化

根据营口气象站 1904 年以来的气象观测记录，采用表 4-1 中的冷暖等级标准进行统计，1904—2016年，计算年平均气温距平值 ΔT 的时候，因考虑到资料的均一性，所以没有选取标准的 30 年气候期，而是选用了 1904—2016 年的平均值。营口市偏冷的年份出现 14 年，较冷的年份有 12 年；偏暖的年份出现 16 年，较暖的年份有 20 年；正常年份出现 51 年。

表4-1　冷暖年等级标准

等级	标准	说明
偏冷年	$\Delta T \leqslant -1.0℃$	
冷年	$\Delta T \leqslant -0.5℃$	ΔT 为年平均气温距平值
正常年	$\Delta T \pm 0.5℃$	

续表

等级	标准	说明
暖年	$\Delta T \geqslant 0.5℃$	ΔT 为年平均气温距平值
偏暖年	$\Delta T \geqslant 1.0℃$	

图 4-1 给出了营口市近百年年平均气温随时间的变化曲线。近百年来营口市气温总体呈现上升趋势，而且以 0.189℃ /10 年的速度增温，1904—1960 年气温在波动中变化，但偏低，1970—1980 年温度较低，1980 年以后，营口市开始增温，尤其是 1990 年以后，营口市升温更加显著。

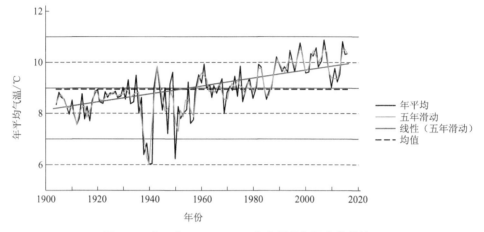

图 4-1　营口市 1904—2016 年年平均气温变化曲线

营口市近百年的气温变化呈波动状增加。20 世纪初至 1911 年，营口市气温相对较低，随后气温缓慢上升，直到 1930 年左右温度达到相对高值后，急速降低，1930—1940 年温度下降明显，在 1940 年左右温度达到近百年最低值，而后开始急速回升，进入 1945 年气温再次偏低，之后在波动中变化，从 1971 年开始，营口市年平均气温一直呈现持续增温趋势，但是在 2009—2013 年温度下降后又升高，有个相对低值区。

近百年，营口市经历了 1904—1911 年的冷期，1912—1938 年的暖期，1939—1941 年的冷期，1951—1980 年的冷期和 1981—2016 年的暖期。增温有起有伏，递进增长，尤其是从 20 世纪 80 年代末开始，营口市增温较为显著，远超出百年平均值。

2. 近 50 年营口地区气温变化

从 1951—2016 年营口市和盖州、大石桥、熊岳的年平均气温变化曲线（图 4-2）来看，近 50 年营口市和市（县）、区年平均气温均呈现上升趋势，1951—2016 年平均气温增温均超过 1℃，增暖幅度分别大约为 0.29℃ /10 年、0.28℃ /10 年。

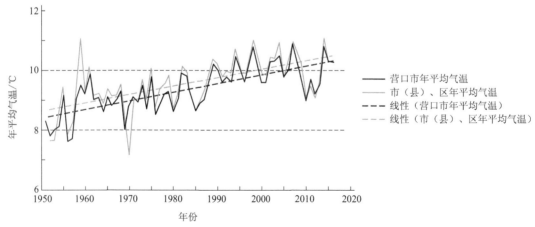

图 4-2　营口市和市（县）、区 1951—2016 年年平均气温变化曲线

一年中营口市和市（县）、区均表现为：冬季、春季增暖幅度最大（营口市分别为：0.36 ～ 0.39℃ /10 年；市（县）、区分别为：0.36 ～ 0.38℃ /10 年），秋季次之（营口市和市（县）、区分别为：0.20℃ /10 年、0.22℃ /10 年），夏季最弱（营口市和市（县）、区分别为：0.09℃ /10 年、0.19℃ /10 年）。整体气温营口市要低于市（县）、区，但除冬季外。市（县）、区增暖趋势均略大于营口市，尤其是夏季。营口市 20 世纪 70 年代平均气温相对较低，80 年代气温开始增暖，进入 90 年代后，平均气温显著上升，2010 年前后温度略有回落后显著上升，这与营口市百年平均气温变化趋势相吻合。

二、降水量变化

1. 近百年营口市降水变化

按降水量在 ±20% 范围内属正常年份的划分标准，在 1905—2016 年（其中，1943—1949 年因资料缺失，不参与统计），营口市年降水量偏少的年份有 25 年，偏多的年份有 22 年，正常年份为 58 年（图 4-3）。

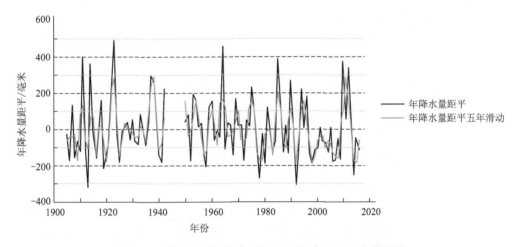

图 4-3　营口市近百年（1905—2016 年）年降水量距平

2. 近 50 年营口市和市（县）、区降水量变化

1951—2016 年，营口市和市（县）、区年降水量均有减少的趋势，相应减少率分别为：0.43 毫米 / 年、1.61 毫米 / 年（图 4-4）。从年际变化上看，20 世纪 60 年代中期到 70 年代营口市和市（县）、区平均降水量相对较丰富，70 年代中期到 80 年代初期平均降水量减少较多；80 年代中期到 90 年代，平均降水量整体数量上略有增加，但变化趋势呈现减少倾向；21 世纪初期降水量相对较少，之后有所增多达到一个峰区后减少。

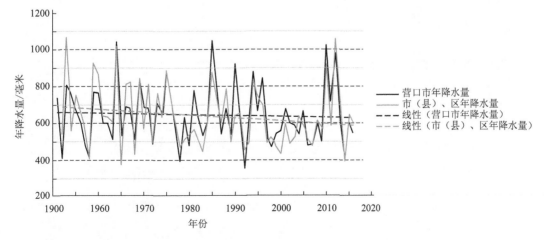

图 4-4　营口市 1951—2016 年降水量的年际变化

营口市和市（县）、区降水量的变化并不像年际变化一样呈现单一的递减趋势。只有春、秋两季营口市和市（县）、区降水量呈下降趋势；秋季降水量减少幅度（营口市和市（县）、区分别为：-0.60毫米／年、-0.45毫米／年）大于春季降水量减少幅度（营口市和市（县）、区分别为：-0.27毫米／年、-0.15毫米／年）。冬季，无论营口市，还是市（县）、区，降水量均略有增长倾向（分别为：0.14毫米／年、0.04毫米／年），但涨幅极小；夏季，营口市降水量有极其微弱的上升（0.07毫米／年），而市（县）、区降水量则以-0.23毫米／年的幅度下降。

第五章 气候评价

气候评价是指对某一时期的气象条件和气候演变给社会和经济所带来的影响，进行科学地客观分析评定。营口市气象局始终把气候评价工作作为气象服务的重要内容，坚持把气候评价贯穿于经济发展和人民生活的全过程。

第一节 百年气候综合评价

营口 1904 年开始有连续气象观测，至 2018 年已经有 110 多年的气象观测资料。由于社会动荡和战乱等方面原因，造成 1943—1949 年的数据资料缺失，其他年份数据保存基本完整。 1904—2018 年年平均气温为 9.0℃；1905 年开始降水和日照观测，1905—2018 年年平均降水量为 657.2 毫米；1905—2018 年年平均日照时数为 2837.7 小时。

一、气温

营口市 1904—2018 年年平均气温为 9.0℃。营口市百年平均气温呈线性递增趋势，年增长趋势为 0.0194℃（图 5-1）。

1904—1949 年，年平均气温为 8.4℃，比百年平均值低 0.6℃，是一个偏冷时期。百年最冷年份正是在这个时期，1940 年、1941 年年平均气温只有 6.0℃，比百年平均值低 3.0℃。

1950—1980 年，年平均气温为 8.7℃，比百年平均值低 0.3℃，是正常稍冷时期，这个时期气温比较平稳。

1981—2018 年，年平均气温为 9.9℃，比百年平均值高 0.9℃，是一个偏暖时期。百年最暖年份出现在这个时期，2007 年年平均气温为 10.9℃，比百年平均值高 1.9℃。

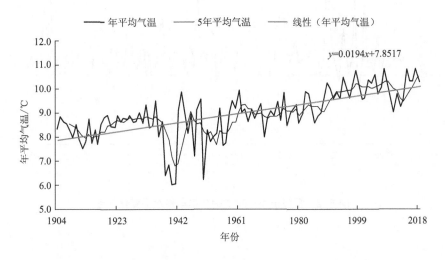

图 5-1 营口市 1904—2018 年年平均气温变化曲线

二、降水

营口市 1905—2018 年年平均降水量为 657.2 毫米。从图 5-2 可以看出，近百年大部分年降水量维持在 500～800 毫米，呈现 3～4 年周期性变化，其中 1943—1949 年无数据。年降水量超过 1000 毫米的年份有 6 个，分别为 1911 年、1914 年、1923 年、1964 年、1985 年、2010 年。年降水量少于 450 毫米的年份有 5 个，分别为 1913 年、1919 年、1978 年、1992 年、2014 年。

1905—1930 年，年平均降水量为 653.0 毫米，比百年平均值少 4.2 毫米，为降水正常时期，但降水年度波动较大，百年最多和最少降水均出现在这段时期，其中 1913 年是百年之中降水最少的一年，为 339.8 毫米；1923 年是百年之中降水最多一年，为 1136.3 毫米。同时还出现过 2 次年降水量超过 1000 毫米以及 1 次年降水量少于 450 毫米的年份，分别为 1911 年（1058.0 毫米）、1914 年（1016.2 毫米）、1919 年（440.4 毫米）。

1931—1942 年，年平均降水量为 700.6 毫米，比百年平均值多 43.4 毫米，为降水较多时期。

1950—1958 年，年平均降水量为 659.4 毫米，比百年平均值多 2.2 毫米，为降水正常时期。

1959—1968 年，年平均降水量为 701.6 毫米，比百年平均值多 44.4 毫米，为降水较多时期。其中 1964 年为 1949 年以后降水最多的年份，为 1114.6 毫米。

1969—1984 年，年平均降水量为 641.0 毫米，比百年平均值少 16.2 毫米，为降水正常时期。其中 1978 年降水量仅为 387.2 毫米

1985—1996 年，年平均降水量为 705.9 毫米，比百年平均值多 48.7 毫米，为降水偏多时期。其中 1985 年降水量超过 1000 毫米，为 1046.8 毫米。这一时期降水虽多，但 1992 年干旱严重，降水量仅为 349.4 毫米，为 1949 年以后降水最少的年份。

1997—2009 年，年平均降水量为 552.3 毫米，比百年平均值少 104.9 毫米，为降水偏少时期，其中 1998—2003 年为干旱时段。

2010—2013 年，年平均降水量为 842.5 毫米，比百年平均值多 185.3 毫米，为降水异常偏多时期，其中 2010 年降水量超过 1000 毫米，为 1029.3 毫米。

2014—2018 年，年平均降水量为 541.5 毫米，比百年平均值少 115.7 毫米，为降水异常偏少年份，其中 2014 年降水量仅为 408.2 毫米。

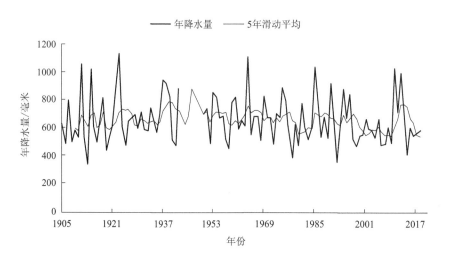

图 5-2　营口市 1905—2018 年年降水量变化曲线

三、日照

营口市 1905—2018 年年平均日照时数为 2837.7 小时。营口市百年日照时数变化呈线性递减趋势，年减少趋势为 3.5269 小时（图 5-3）。其中 1943—1949 年无数据。1980 年以后年日照时数减少尤为明显，1980 年以前的 76 年间仅有 5 个年份日照时数不足 2800 小时，而 1981—2018 年的 38 年间只有 8 个年份日照时数超过 2800 小时，2001—2018 年更是无一年份日照时数超过 2800 小时。

1905—1942 年，年平均日照时数为 2947.7 小时，比百年平均值多 110.0 小时，为日照充足时期。1917 年日照时数为 3185.2 小时，为百年日照时数最多的一年。

1950—1980 年，年平均日照时数为 2911.1 小时，比百年平均值多 73.4 小时，为日照充足时期。其中 1963 年是 1949 年以后日照时数最多的一年，为 3174.0 小时。

1981—2000 年，年平均日照时数为 2742.4 小时，比百年平均值少 95.3 小时，为日照正常略偏少时期。

2001—2018 年，年平均日照时数为 2585.1 小时，比百年平均值少 252.6 小时，为日照偏少时期，2010 年日照时数仅为 2206.9 小时，为百年日照时数最少的一年。

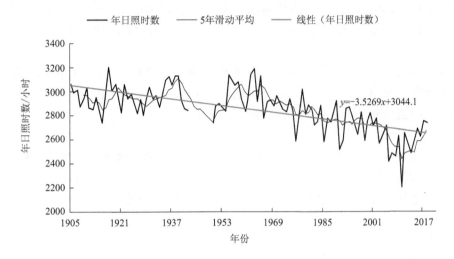

图 5-3　营口市 1905—2018 年年日照时数变化曲线

第二节　逐年气候评价

营口地区农业气候条件适合种植一年一熟的玉米和水稻，大多数年份气候条件可以满足农业生产需要。本节针对形成农业气候的气温、降水、日照等三大因子进行 1951—2018 年的逐年农业气候评价，农业气候评价的标准分适宜、正常、稍差、不好四类。

一、1951 年

1. 气温

年平均气温为 8.3℃，比常年偏低 1.1℃，热量条件不好。春季气温偏低，季平均气温为 9.7℃，比常年同期低 1.1℃。夏季平均气温为 23.0℃，比常年同期偏低 0.7℃，其中 6 月、7 月、8 月气温分别比常年同期低 1.4℃、0.5℃、0.1℃，气温呈现前期偏低较多、后期逐渐正常的趋势。秋季平均气温为 9.7℃，比常年同期低 1.1℃。其中 9 月气温较常年低 2.7℃，为历史同期最低值，10 月、11 月气温分别较常年偏低 0.5℃和 0.2℃。12 月气温偏高，月平均气温较常年高 2.6℃。

2. 降水

全年降水量为 739.7 毫米，比常年多 86.8 毫米。作物生长季降水充足，总降水量较常年偏多 45.5 毫米，对粮食作物生长有利。其中春季降水量较常年偏少 50.9 毫米，为常年同期的 5 成，夏季降水较常年偏少 35.6 毫米，秋季降水量为 289.4 毫米，比常年偏多 158.8 毫米，其中 9 月降水量为 193.4 毫米，比常年多 126.9 毫米，秋季和 9 月降水量历史同期最多。

3. 日照

全年日照时数为 2868.3 小时，比常年多 89.5 小时。春、夏、秋季日照时数分别比常年偏多 37.5 小时、偏多 54.2 小时、偏少 9.1 小时。作物生长季日照时数较常年多 73.8 小时，对粮食作物生长有利。全年气候特点是气温偏低、降水偏多、日照偏多，气象条件适宜。

二、1952年

1．气温

年平均气温为 7.8℃，比常年偏低 1.6℃，热量条件不好，位居历史同期低值的第三位。2 月气温较常年偏低 5.4℃，位居历史同期低值的第三位。春季气温偏低，季平均气温为 9.5℃，比常年同期低 1.1℃。夏季平均气温为 23.0℃，比常年同期低 0.7℃。6—8 月气温分别比常年同期低 0.8℃、0.2℃和 1.2℃。秋季平均气温为 9.4℃，比常年同期低 1.5℃，其中 9 月偏低 1.6℃，位居历史同期低值的第三位。初冬 12 月气温持续偏低，月平均气温较常年低 4.2℃，位居历史同期低值的第三位。

2．降水

全年降水量为 487.9 毫米，比常年少 165.0 毫米。其中春季降水量与常年持平；夏季降水量仅有常年的 6 成，较常年同期少 161.3 毫米；秋季降水量与常年持平。总降水量较常年偏少 180.0 毫米，作物生长季降水偏少，特别是夏季降水不足对粮食作物生长不利。

3．日照

全年日照时数为 2884.6 小时，比常年多 105.8 小时。春、夏、秋季日照时数分别比常年偏少 35.0 小时、偏多 95.2 小时、偏多 29.2 小时。作物生长季日照时数较常年多 80.1 小时，对粮食作物生长有利。全年气候特点是气温偏低、降水偏少、日照偏多，气象条件稍差。

三、1953年

1．气温

年平均气温为 8.0℃，比常年低 1.4℃，热量条件不好。春季气温偏低，季平均气温为 8.3℃，比常年同期低 1.3℃。夏季平均气温为 22.8℃，比常年同期低 0.9℃，8 月比常年同期低 1.9℃，是历史同期最低值。秋季平均气温为 9.9℃，比常年同期低 0.9℃，9 月和 11 月分别较常年偏低 1.6℃和 1.1℃，10 月气温较常年高 0.4℃。12 月平均气温较常年高 0.2℃。

2．降水

全年降水量为 851.3 毫米，降水充沛，比常年多 198.4 毫米，其中春季降水量较常年少 22.8 毫米；夏季降水量比常年同期多 298.3 毫米，达到常年同期的 1.7 倍，其中 8 月降水达到常年同期的 2 倍以上，是历史同期第四多；秋季降水量比常年同期少 76.9 毫米，其中 9 月比常年同期少 53.3 毫米，是历史同期第四少。

3．日照

全年日照时数为 2856.7 小时，比常年多 77.9 小时。春、夏、秋季日照时数分别比常年偏少 14.8 小时、偏少 34.7 小时、偏多 55.4 小时。作物生长季日照时数较常年少 32.7 小时。

全年气候特点是气温偏低、降水特多、日照正常，气象条件稍差。

四、1954年

1．气温

年平均气温为 8.1℃，比常年偏低 1.3℃，是历史上第六低值年，热量条件不好。其中 7 月气温创历史同期最低纪录；12 月气温是历史同期第二低值；5 月、6 月气温分列历史同期第三低值。春季气温偏低，季平均气温为 7.7℃，比常年同期低 1.9℃。夏季平均气温为 22.2℃，比常年同期低 1.1℃。夏季气温持续偏低，比常年同期低 1.2℃，是历史同期第二低值。秋季平均气温为 10.4℃，比常年同期低 0.4℃，其中 9 月、10 月分别较常年偏低 1.0℃、1.8℃，11 月气温较常年高 1.1℃。12 月气温特低，月平均气温为 −10.3℃，较常年偏低 4.8℃，位居历史同期低值第二位。

2．降水

全年降水量为 819.2 毫米，降水比常年偏多 166.3 毫米。作物生长季降水充沛，降水量较常年多 93.5 毫米。春、夏、秋三季降水量持续偏多，分别比常年同期多 5.0 毫米、101.6 毫米和 46.2 毫米。

3．日照

全年日照时数为 2829.9 小时，比常年偏多 51.1 小时。春、夏、秋季日照时数分别比常年偏多 23.3 小时、偏少 64.5 小时、偏多 56.5 小时。作物生长季日照时数较常年少 66.3 小时，日照条件不好。

全年气候特点是气温偏低、降水偏多、日照正常，气象条件稍差。

五、1955 年

1．气温

年平均气温为 9.2℃，比常年低 0.2℃。其中 3 月气温位居历史同期第四低值。春季气温偏低，季平均气温为 7.8℃，比常年同期低 1.8℃，气温持续偏低，3 月、4 月、5 月平均气温分别较常年同期偏低 3.1℃、1.3℃和 0.9℃。夏季平均气温为 24.0℃，比常年同期高 0.3℃，6 月、8 月气温分别较常年同期偏高 0.5℃、0.9℃，7 月气温偏低 0.5℃。秋季平均气温为 10.7℃，比常年同期低 0.1℃，其中 9 月、11 月气温分别较常年高 0.9℃、0.2℃，10 月气温较常年低 1.5℃。12 月气温偏高，月平均气温为 -2.5℃，较常年偏高 3.0℃。

2．降水

全年降水量为 672.3 毫米，比常年多 19.4 毫米。春季和夏季降水量分别比常年同期少 19.6 毫米、39.3 毫米；秋季降水量比常年同期多 84.1 毫米。农业生长季降水多 32.8 毫米。

3．日照

全年日照时数为 3121.7 小时，比常年偏多 342.9 小时。春、夏、秋季日照时数分别比常年偏多 24.8 小时、174.9 小时和 67.1 小时。作物生长季日照时数较常年偏多 197.4 小时，对农业作物生长有利。

全年气候特点是气温稍低、降水稍多、日照偏多，气象条件适宜。

六、1956 年

1．气温

年平均气温为 7.6℃，比常年偏低 1.8℃，创历史同期最低纪录，全年有 10 个月气温低于常年同期，热量条件差。春季气温偏低，季平均气温为 7.6℃，比常年同期低 2.0℃，气温持续偏低，3 月、4 月、5 月平均气温分别较常年同期偏低 2.5℃、1.4℃和 1.9℃。夏季平均气温为 23.0℃，比常年同期低 0.7℃。夏季气温持续偏低，6 月、7 月、8 月气温分别较常年同期偏低 1.4℃、0.3℃、0.3℃。秋季平均气温为 9.5℃，比常年同期低 1.3℃。11 月气温较常年低 4.5℃，创历史同期最低纪录。初冬 12 月平均气温为 -10.9℃，较常年偏低 5.4℃，创历史同期最低纪录。

2．降水

全年降水量为 689.6 毫米，比常年多 36.7 毫米。作物生长季比常年同期少 21.8 毫米。降水总趋势是春季正常，夏秋稍少，比常年同期少 61.6 毫米，秋季比常年同期多 69.2 毫米。

3．日照

全年日照时数为 3087.4 小时，比常年偏多 308.6 小时。春、夏、秋季日照时数分别比常年偏多 22.9 小时、107.3 小时、96.8 小时。作物生长季日照时数较常年偏多 181.3 小时，对作物生长有利。

全年气候特点是气温偏低、降水稍多、日照偏多，气象条件适宜。

七、1957 年

1．气温

年平均气温为 7.7℃，比常年偏低 1.7℃，是历史上第二低温年，全年有 11 个月气温低于常年同期，

3月气温创历史同期最低纪录，2月、9月为历史同期第二低值，7月为历史同期第三低值。春季气温偏低，季平均气温为7.3℃，比常年同期低2.3℃，气温持续偏低，3月、4月、5月平均气温分别较常年同期偏低5.2℃、1.2℃和0.4℃，3月气温创历史同期最低纪录。夏季平均气温为22.6℃，比常年同期低1.1℃，气温持续偏低，6月、7月、8月气温分别较常年同期偏低0.8℃、1.5℃、0.9℃。秋季平均气温为10.4℃，比常年同期低0.4℃。12月平均气温为-5.7℃，较常年偏低0.2℃。

2. 降水

全年降水量为524.0毫米，比常年少128.9毫米。作物生长季降水量为435.7毫米，比常年同期偏少119.0毫米。春、夏、秋季降水量分别比常年同期少46.1毫米、72.4毫米和31.1毫米。

3. 日照

全年日照时数为3034.3小时，比常年多255.5小时。春、夏、秋季日照时数分别比常年偏多59.7小时、86.7小时、77.1小时。作物生长季日照时数较常年偏多181.6小时，对作物生长有利。

全年气候特点是气温偏低、降水偏少、日照偏多，气象条件稍差。

八、1958年

1. 气温

年平均气温为9.0℃，比常年偏低0.4℃，热量条件稍差。春季气温偏低，季平均气温为8.3℃，比常年同期低1.3℃，气温持续偏低，3月、4月、5月平均气温分别较常年同期偏低1.7℃、1.0℃和1.2℃。夏季平均气温为23.8℃，和常年同期持平。6月、7月、8月气温分别较常年同期偏高0.1℃、偏高1.1℃、偏低0.8℃。秋季平均气温为10.3℃，比常年同期低0.6℃。初冬12月月平均气温为-2.7℃，较常年偏高2.8℃。

2. 降水

全年降水量为450.6毫米，比常年少202.3毫米，仅有同期的7成。春、夏、秋三季降水量持续偏少，分别比常年同期少13.1毫米、145.1毫米和43.6毫米；作物生长季降水量明显不足，只有392.4毫米，比常年同期少162.3毫米，降水不足对粮食作物生长不利。

3. 日照

全年日照时数为3062.2小时，比常年多283.4小时。春、夏、秋季日照时数分别比常年偏多43.8小时、160.6小时和77.6小时。作物生长季日照时数较常年偏多235.4小时，对作物生长有利。

全年气候特点是气温稍低、降水偏少、日照偏多，气象条件稍差。

九、1959年

1. 气温

年平均气温为9.5℃，比常年高0.1℃，热量条件适宜。春季平均气温为10.3℃，比常年同期高0.7℃，气温波动大，其中3月、5月平均气温分别较常年同期高2.4℃和0.6℃，4月平均气温比常年同期低0.8℃。夏季平均气温为24.0℃，比常年同期高0.3℃。6月、7月气温均较常年同期高0.1℃，8月气温比常年偏高0.6℃。秋季平均气温为10.2℃，比常年同期低0.6℃。9月、10月气温分别较常年同期高0.4℃、0.9℃；11月气温比常年偏低3.3℃，是历史同期第二个低值年。12月平均气温为-6.0℃，较常年偏低0.5℃。

2. 降水

全年降水量为781.5毫米，比常年多128.6毫米。春、夏、秋三季降水量分别比常年同期少3.2毫米、多79.7毫米、多53.2毫米；作物生长季降水量为636.3毫米，比常年同期多81.6毫米，降水充足对粮食作物生长有利。

3. 日照

全年日照时数为2925.3小时，比常年多146.5小时。春、夏、秋季日照时数分别比常年偏多78.0

小时、23.4 小时、7.1 小时。作物生长季日照时数较常年偏多 96.1 小时，对作物生长有利。

全年气候特点是气温稍高、降水偏多、日照偏多，气象条件适宜。

十、1960年

1. 气温

年平均气温为 9.2℃，比常年低 0.2℃，热量条件正常。春季平均气温为 8.7℃，比常年同期低 0.9℃，其中 3 月平均气温与常年同期持平，4 月、5 月平均气温分别比常年同期偏低 1.3℃ 和 1.2℃。夏季平均气温为 23.6℃，比常年同期低 0.1℃，6 月、8 月气温分别较常年同期低 0.4℃、0.1℃，7 月气温比常年偏高 0.3℃。秋季平均气温为 10.8℃，和常年同期持平。9 月气温较常年同期高 0.8℃；10 月、11 月气温分别比常年偏低 0.3℃、0.6℃。12 月月平均气温为 -7.1℃，较常年同期低 1.6℃。

2. 降水

全年降水量为 814.2 毫米，比常年多 161.3 毫米。作物生长季降水量为 755.4 毫米，比常年同期多 200.7 毫米。春季降水明显不足，4 月、5 月降水量分别比常年同期偏少 7.5 毫米和 30.6 毫米，给春播农业生产带来困难；夏、秋两季降水量分别比常年同期多 172.4 毫米和 41.9 毫米；8 月降水充沛，比常年同期多 207.3 毫米，为历史同期第三多。

3. 日照

全年日照时数为 2824.8 小时，比常年多 46.0 小时。春、夏、秋季日照时数分别比常年偏多 15.1 小时、偏少 79.5 小时、偏多 36.7 小时。作物生长季日照时数较常年偏少 52.3 小时，特别是 8 月日照偏少严重，对作物生长不利。

全年气候特点是气温稍低、降水偏多、日照偏多，气象条件稍差。

十一、1961年

1. 气温

年平均气温为 9.9℃，比常年高 0.5℃，12 个月中有 9 个月气温高于常年同期，整体热量条件适宜。春季平均气温为 10.0℃，比常年同期高 0.4℃，其中 3 月、4 月平均气温分别较常年同期高 0.9℃、0.8℃，5 月平均气温比常年同期偏低 0.4℃。夏季平均气温为 24.6℃，比常年同期高 0.9℃，气温持续偏高，6 月、7 月、8 月气温分别较常年同期高 0.7℃、1.0℃、0.9℃。秋季平均气温为 11.3℃，比常年同期高 0.5℃，9 月、11 月气温分别较常年同期高 0.2℃、1.7℃；10 月气温比常年低 0.4℃。12 月平均气温为 -5.6℃，较常年同期低 0.1℃。

2. 降水

全年降水量为 597.5 毫米，比常年偏少 55.4 毫米。作物生长季降水量为 529.4 毫米，比常年同期少 25.3 毫米。春、夏、秋三季降水量分别较常年同期偏少 37.2 毫米、偏少 33.9 毫米、偏多 30.1 毫米。

3. 日照

全年日照时数为 2912.2 小时，比常年多 133.4 小时。春、夏、秋季日照时数分别比常年偏多 91.9 小时、偏多 59.9 小时、偏少 57.4 小时。作物生长季日照时数较常年偏多 110.6 小时，对作物生长有利。

全年气候特点是气温稍高、降水偏少、日照偏多，气象条件正常。

十二、1962年

1. 气温

年平均气温为 9.0℃，比常年低 0.4℃，热量条件稍差。春季气温低，季平均气温为 8.8℃，比常年同期偏低 0.8℃，其中 3 月、4 月平均气温分别较常年同期低 1.0℃、1.7℃，5 月气温比常年同期高 0.3℃。夏季平均气温为 23.3℃，比常年同期低 0.4℃，6 月气温较常年同期低 1.2℃；7 月、8 月气温均与常年同期持平。秋季平均气温为9.8℃，比常年同期偏低1.0℃。9月、10月、11月气温分别比常年同期高0.1℃、低0.7℃、低2.4℃。12月月平均气温为-3.9℃，较常年同期高1.6℃。

2. 降水

全年降水量为655.9毫米，比常年多3.0毫米。作物生长季降水量为610.4毫米，比常年同期多55.7毫米。降水时间分布不均，秋季降水量是历史同期最少。春季降水量为100.8毫米，与常年持平；夏季降水量为490.9毫米，比常年同期多89.7毫米；秋季降水量仅为29.1毫米，比常年同期少101.5毫米。

3. 日照

全年日照时数为3118.9小时，比常年多340.1小时。春、夏、秋季日照时数分别比常年偏多141.8小时、98.3小时、32.5小时。作物生长季日照时数较常年偏多193.2小时，对作物生长有利。

全年气候特点是气温稍低、降水正常、日照偏多，气象条件稍差。

十三、1963年

1. 气温

年平均气温为9.1℃，比常年低0.3℃，热量条件稍差。春季平均气温为9.3℃，比常年同期低0.3℃，其中3月平均气温较常年同期高1.0℃，4月、5月气温分别比常年低0.5℃、1.2℃。夏季平均气温为24.5℃，比常年同期高0.8℃，6月、7月、8月气温分别较常年同期高0.4℃、0.6℃、1.3℃。秋季平均气温为10.4℃，比常年同期低0.5℃。9月气温比常年同期高0.3℃，10月、11月气温分别比常年同期偏低1.4℃、0.3℃。12月月平均气温为-4.6℃，较常年同期高0.9℃。

2. 降水

全年降水量为614.4毫米，比常年少38.5毫米。降水时间分布不均，春、夏季降水量不足，分别比常年同期偏少15.2毫米和89.8毫米；秋季降水量比常年同期多78.0毫米；作物生长季降水量为476.2毫米，比常年同期偏少78.5毫米。

3. 日照

全年日照时数为3174.0小时，比常年多395.2小时。春、夏、秋季日照时数分别比常年偏多40.6小时、192.4小时、51.7小时。作物生长季日照时数较常年偏多266.3小时，对作物生长有利。

全年气候特点是气温稍低、降水偏少、日照偏多，气象条件适宜。

十四、1964年

1. 气温

年平均气温为8.6℃，比常年偏低0.8℃，热量条件不好。2月气温位居历史同期低值第一位。春季平均气温为9.4℃，比常年同期低0.2℃，其中3月、4月平均气温分别较常年同期低1.0℃、0.8℃，5月气温比常年偏高1.2℃。夏季平均气温为23.2℃，比常年同期低0.5℃。夏季气温波动大，6月、7月气温分别较常年同期低0.1℃、1.2℃；8月气温比常年高0.1℃。秋季平均气温为10.9℃，比常年同期高0.1℃。9月、10月气温分别比常年同期偏低0.3℃、0.6℃；11月气温与常年高1.1℃。12月平均气温为-5.7℃，较常年同期低0.2℃。

2. 降水

全年降水量为1114.6毫米，比常年多461.7毫米，为历史同期第一多，全年各月均多于历史同期。作物生长季降水量为1003.7毫米，比常年同期偏多449.0毫米。春、夏、秋季降水量分别比常年同期偏多109.5毫米、319.3毫米、13.5毫米；其中4月为历史同期第一多，7月为历史同期第二多，春季为历史同期第四多，夏季为历史同期第二多。

3. 日照

全年日照时数为2901.6小时，比常年多122.8小时。春、夏、秋季日照时数分别比常年偏少4.0小时、偏多 32.8 小时、偏多 59.7 小时。作物生长季日照时数较常年偏多 33.6 小时，对作物生长有利。

全年气候特点是气温偏低、降水特多、日照稍多，气象条件不好。

十五、1965年

1. 气温

年平均气温为 9.1℃，比常年偏低 0.3℃，热量条件稍差。春季平均气温为 8.8℃，比常年同期低 0.8℃，其中 3 月、4 月平均气温分别较常年同期低 0.7℃、1.9℃，5 月气温比常年偏高 0.2℃。夏季平均气温为 23.6℃，比常年同期低 0.1℃，气温前高后低，6 月、7 月气温分别较常年同期高 0.1℃、0.4℃，8 月气温比常年低 0.8℃。秋季平均气温为 11.5℃，比常年同期高 0.7℃，气温持续偏高，9 月、10 月、11 月气温分别比常年同期高 0.5℃、1.2℃、0.3℃。12 月平均气温为 -6.7℃，较常年同期低 1.2℃。

2. 降水

全年降水量为 551.3 毫米，比常年少 101.6 毫米。作物生长季降水量为 472.0 毫米，比常年同期偏少 82.7 毫米。春、夏、秋季降水量分别比常年同期偏少 63.5 毫米、偏少 76.8 毫米、偏多 39.1 毫米。

3. 日照

全年日照时数为 3116.4 小时，比常年多 337.6 小时。春、夏、秋季日照时数分别比常年偏多 119.9 小时、116.4 小时、73.2 小时。作物生长季日照时数较常年偏多 239.8 小时，对作物生长有利。

全年气候特点是气温稍低、降水偏少、日照偏多，气象条件正常。

十六、1966年

1. 气温

年平均气温为 8.8℃，比常年偏低 0.6℃，热量条件不好。春季平均气温为 8.5℃，比常年同期低 1.1℃，其中 3 月、4 月、5 月平均气温分别较常年同期低 1.4℃、1.7℃、0.1℃。夏季平均气温为 23.3℃，比常年同期低 0.4℃，6 月、7 月气温分别较常年同期低 1.0℃、0.6℃；8 月气温比常年高 0.5℃。秋季平均气温为 10.9℃，比常年同期高 0.1℃。9 月气温较常年同期低 1.4℃；10 月、11 月气温分别比常年同期高 0.7℃、0.9℃。12 月平均气温为 -9.2℃，较常年同期低 3.7℃。

2. 降水

全年降水量为 688.3 毫米，比常年多 35.4 毫米。作物生长季降水量为 608.7 毫米，比常年同期多 54.0 毫米。降水时间分布不均，其中春、秋季降水量分别比常年同期偏少 26.8 毫米、87.1 毫米，秋季为历史同期第三少。夏季降水量较常年多 149.8 毫米。

3. 日照

全年日照时数为 2766.2 小时，比常年少 12.6 小时。春、夏、秋季日照时数分别比常年偏少 3.3 小时、偏少 69.6 小时、偏多 42.2 小时。作物生长季日照时数较常年少 16.8 小时。

全年气候特点是气温稍低、降水稍多、日照正常，气象条件适宜。

十七、1967年

1. 气温

年平均气温为 9.0℃，比常年偏低 0.4℃，热量条件稍差。春季平均气温为 10.4℃，比常年同期高 0.8℃，其中 5 月平均气温为历史第二高值，3 月、5 月平均气温分别较常年同期高 0.7℃、1.8℃，4 月平均气温较常年同期低 0.1℃。夏季平均气温为 23.9℃，比常年同期高 0.2℃，6 月气温比常年低 0.5℃；7 月、8 月气温分别较常年同期高 0.2℃、1.0℃。秋季平均气温为 10.3℃，比常年低 0.6℃。9 月、11 月气温分别比常年同期低 1.1℃、1.6℃；10 月气温比常年同期高 0.9℃。12 月平均气温为 -9.5℃，较常年同期低 4.0℃，为历史同期第四低值。

2. 降水

全年降水量为 684.8 毫米，比常年多 31.9 毫米。作物生长季降水量为 612.7 毫米，比常年同期多 58 毫米。春、夏、秋三季降水量分别比常年同期偏多 116.6 毫米、偏少 15.1 毫米和偏少 70.3 毫米。10 月降水量为历史同期第一少。

3. 日照

全年日照时数为 2906.3 小时，比常年多 127.5 小时。春、夏、秋季日照时数分别比常年偏多 31.6 小时、偏少 5.6 小时、偏多 26.1 小时。作物生长季日照时数较常年偏少 10.8 小时。

全年气候特点是气温稍低、降水偏多、日照稍多，气象条件不好。

十八、1968年

1. 气温

年平均气温为 9.3℃，比常年偏低 0.1℃，热量条件正常。春季平均气温为 10.2℃，比常年同期高 0.6℃，3 月、4 月平均气温分别较常年同期高 0.9℃、1.1℃，5 月气温比常年低 0.2℃。夏季平均气温为 23.4℃，比常年同期低 0.3℃。夏季气温波动大，6 月、8 月气温分别较常年低 0.7℃、0.4℃；7 月气温比常年同期高 0.3℃。秋季平均气温为 10.9℃，比常年高 0.1℃。9 月、11 月气温分别比常年同期高 0.1℃、1.4℃；10 月气温比常年同期低 1.2℃。12 月平均气温为 -3.3℃，较常年同期高 2.2℃。

2. 降水

全年降水量为 513.1 毫米，比常年少 139.8 毫米。作物生长季降水量为 451.3 毫米，比常年同期偏少 103.4 毫米。各季节降水持续偏少，春、夏、秋季降水量分别比常年少 14.0 毫米、68.5 毫米、53.5 毫米。

3. 日照

全年日照时数为 2917.0 小时，比常年多 138.2 小时。春、夏、秋季日照时数分别比常年偏多 19.8 小时、偏多 148.5 小时、偏少 22.8 小时。作物生长季日照时数较常年偏多 168.2 小时，对作物生长有利。

全年气候特点是气温稍低、降水偏少、日照偏多，气象条件不好。

十九、1969年

1. 气温

年平均气温为 8.0℃，比常年偏低 1.4℃，是历史同期第五低温年，全年仅 8 月气温高于常年同期，热量条件不好。春季平均气温为 7.6℃，比常年同期低 2.0℃，是历史同期第二低值，气温持续偏低，3 月、4 月、5 月平均气温分别较常年同期低 2.5℃、2.0℃、1.4℃。夏季平均气温为 23.2℃，比常年同期低 0.5℃，6 月、7 月气温分别较常年低 1.3℃、0.5℃，8 月比常年同期高 0.3℃。秋季平均气温为 10.1℃，比常年低 0.7℃。9 月、10 月、11 月气温分别比常年同期低 0.6℃、0.1℃、1.4℃。12 月平均气温为 -6.1℃，较常年同期低 0.6℃。

2. 降水

全年降水量为 826.6 毫米，比常年多 173.7 毫米。春、夏、秋三季降水量分别比常年同期偏多 65.9 毫米、84.1 毫米和 34.7 毫米。作物生长季降水量为 754.9 毫米，比常年同期偏多 200.2 毫米。

3. 日照

全年日照时数为 2871.6 小时，比常年多 92.8 小时。春、夏、秋季日照时数分别比常年偏少 34.2 小时、偏多 89.8 小时、偏多 38.7 小时。作物生长季日照时数较常年偏多 57.3 小时，对作物生长有利。

全年气候特点是气温偏低、降水偏多、日照偏多，气象条件适宜。

二十、1970年

1. 气温

年平均气温为8.8℃，比常年偏低0.6℃，热量条件不好。春季平均气温为8.3℃，比常年同期低1.3℃，气温前低后高，3月气温比常年同期偏低3.9℃，位居历史同期低值第二位，4月、5月平均气温分别较常年同期低0.1℃、高0.2℃。夏季平均气温为22.9℃，比常年同期低0.8℃，6月、7月、8月气温分别较常年低0.8℃、1.1℃、0.4℃。秋季平均气温为11.4℃，比常年高0.6℃，9月、10月、11月气温分别较常年同期高0.4℃、0.6℃、0.8℃。12月平均气温为-6.3℃，较常年同期低0.8℃。

2. 降水

全年降水量为680.8毫米，比常年多27.9毫米。春、秋两季降水量分别比常年同期偏少42.7毫米、14.1毫米；夏季降水量比常年同期多73.8毫米。作物生长季降水量为596.3毫米，比常年同期偏多41.6毫米。

3. 日照

全年日照时数为2947.0小时，比常年多168.2小时。春、夏、秋季日照时数分别比常年偏多94.9小时、偏少17.4小时、偏多65.2小时。作物生长季日照时数较常年偏多54.6小时。

全年气候特点是气温稍低、降水稍多、日照稍多，气象条件适宜。

二十一、1971年

1. 气温

年平均气温为9.1℃，比常年偏低0.3℃，热量条件稍差。春季平均气温为8.2℃，比常年同期低1.4℃，其中3月为历史同期第三低值，气温前低后高，3月、4月平均气温分别较常年同期低3.7℃、0.4℃，5月较历史同期高0.1℃。夏季平均气温为23.4℃，比常年同期低0.3℃，气温前高后低，6月气温比常年高0.3℃，7月、8月气温分别较常年同期低0.3℃和0.8℃。秋季平均气温为11.7℃，比常年高0.9℃，气温前低后高，9月与历史同期持平，10月、11月气温分别比常年高0.3℃、2.3℃。12月平均气温为-5.1℃，较常年同期高0.4℃。

2. 降水

全年降水量为681.9毫米，比常年多29.0毫米。降水时间分布不均，春、夏、秋三季降水量分别比常年同期偏少21.2毫米、偏少8.9毫米、偏多51.9毫米。作物生长季降水量为586.6毫米，比常年同期偏多31.9毫米。

3. 日照

全年日照时数为2902.2小时，比常年多123.4小时。春、秋季日照时数分别比常年偏多81.8小时、51.3小时，夏季与常年值持平。作物生长季日照时数较常年偏多55.4小时，对作物生长有利。

全年气候特点是气温稍低、降水稍多、日照偏多，气象条件正常。

二十二、1972年

1. 气温

年平均气温为8.9℃，比常年偏低0.5℃，热量条件差。春季平均气温为9.2℃，比常年同期低0.4℃，气温前高后低，3月平均气温较常年同期高0.2℃，4月、5月平均气温分别较常年同期低0.2℃、1.2℃。夏季平均气温为23.4℃，比常年同期低0.3℃，6月、7月气温分别较常年同期高0.1℃和0.5℃；8月气温比常年低1.5℃。秋季平均气温为10.0℃，比常年低0.8℃，气温持续偏低，9月、10月、11月气温分别比常年低1.1℃、0.5℃和0.9℃。12月平均气温为-4.0℃，较常年同期高1.5℃。

2. 降水

全年降水量为484.6毫米，比常年少168.3毫米，是历史同期第二少。其中7月降水量仅有35.3毫米，是常年同期的 2 成，为历史同期第一少。作物生长季降水量为 300.2 毫米，仅有常年同期的 5.5 成，比常年同期偏少 254.5 毫米，对大田作物关键期的生长不利。春、秋两季降水量分别比常年同期少 28.5 毫米、多 64.8 毫米。

3. 日照

全年日照时数为 2841.8 小时，比常年偏多 63.0 小时。春、夏、秋季日照时数分别比常年偏多 3.7 小时、85.6 小时、1.8 小时。作物生长季日照时数较常年偏多 106.4 小时，对作物生长有利。

全年气候特点是气温偏低、降水偏少、日照偏少，气象条件不好。

二十三、1973年

1. 气温

年平均气温为 9.5℃，比常年偏高 0.1℃，热量条件适宜。春季平均气温为 9.7℃，比常年同期高 0.1℃，气温前高后低，3 月、4 月平均气温均较常年同期高 0.7℃，5 月平均气温比常年同期低 1.0℃。夏季平均气温为 23.5℃，比常年同期低 0.2℃，7 月气温比常年高 0.4℃，6 月、8 月气温分别较常年同期低 0.7℃和 0.2℃。秋季平均气温为 10.1℃，比常年低 0.7℃，9 月、10 月气温分别比常年低 0.7℃和 1.8℃，11 月气温比常年高 0.3℃。12 月月平均气温为 -5.3℃，较常年同期高 0.2℃。

2. 降水

全年降水量为 705.3 毫米，比常年多 52.4 毫米。作物生长季降水量为 616.5 毫米，比常年同期多 61.8 毫米。春、夏、秋季降水量分别比常年同期偏多 24.0 毫米、25.2 毫米、12.3 毫米。

3. 日照

全年日照时数为 2816.2 小时，比常年偏多 37.4 小时。春、夏、秋季日照时数分别比常年偏少 5.5 小时、偏少 15.5 小时、偏多 31.1 小时。作物生长季日照时数较常年多 16.0 小时。

全年气候特点是气温稍高、降水稍多、日照偏多，气象条件适宜。

二十四、1974年

1. 气温

年平均气温为 8.7℃，比常年偏低 0.7℃，热量条件不好。春季平均气温为 9.1℃，比常年同期低 0.5℃，3 月、4 月平均气温分别较常年同期低 0.6℃、0.9℃，5 月平均气温分别较常年同期高 0.2℃。夏季平均气温为 23.1℃，比常年同期低 0.6℃，7 月气温较常年持平；6 月、8 月气温分别较常年同期低 1.2℃和 0.6℃。秋季平均气温为 10.1℃，比常年低 0.7℃，9 月气温较常年持平，10 月、11 月气温分别比常年低 2.0℃和 0.2℃，其中 10 月为历史同期第四低值。12 月平均气温为 -6.8℃，较常年同期低 1.3℃。

2. 降水

全年降水量为 677.5 毫米，比常年多 24.6 毫米。作物生长季降水量为 528 毫米，比常年同期少 26.7 毫米。降水时间分布不均，春、夏季降水量分别比常年同期偏少 6.2 毫米和 66.5 毫米，而秋季降水量较常年偏多 108.9 毫米，为历史同期第二多。

3. 日照

全年日照时数为 2924.1 小时，比常年偏多 145.3 小时。春、夏、秋季日照时数分别比常年偏多 25.3 小时、61.1 小时、38.0 小时。作物生长季日照时数较常年多 105.2 小时，对作物生长有利。

全年气候特点是气温稍低、降水稍多、日照偏多，气象条件正常。

二十五、1975年

1. 气温

年平均气温为 9.8℃，比常年偏高 0.4℃，全年有 9 个月气温高于常年同期，热量条件好。春季平均气温为 10.5℃，比常年同期高 0.9℃，气温持续偏高，3 月、4 月、5 月平均气温分别较常年同期高

0.9℃、1.8℃、0.1℃。夏季平均气温为24.0℃，比常年同期高0.3℃，6月、7月、8月气温分别较常年同期高0.8℃、低0.1℃、高0.3℃。秋季平均气温为12.0℃，比常年高1.1℃，气温持续偏高，9月、10月、11月气温分别比常年高0.8℃、0.2℃和2.4℃。12月平均气温为-6.8℃，较常年同期低1.3℃。

2. 降水

全年降水量为889.3毫米，比常年多236.4毫米。作物生长季降水量为804.0毫米，比常年同期多249.3毫米。春、夏、秋三季降水量分别比常年同期少16.7毫米、多215.7毫米、多24.9毫米。7月降水量为552.9毫米，是常年的3.2倍，为历史同期第一多。

3. 日照

全年日照时数为2826.6小时，比常年偏多47.8小时。春、夏、秋季日照时数分别比常年偏少23.4小时、偏多45.8小时、偏少3.8小时。作物生长季日照时数较常年偏多28.2小时，对作物生长有利。

全年气候特点是气温偏高、降水偏多、日照偏多，气象条件适宜。

二十六、1976年

1. 气温

年平均气温为8.5℃，比常年偏低0.9℃，全年有10个月气温低于常年同期，热量条件不好。其中夏季、秋季平均气温分别位居历史同期第一低值，6月、7月、8月平均气温分别位居历史同期低值的第一位、第二位、第二位。春季平均气温为8.7℃，比常年同期低0.9℃，气温持续偏低，3月、4月、5月平均气温分别较常年同期低0.5℃、1.3℃、0.8℃。夏季平均气温为22.0℃，比常年同期低1.7℃，气温持续偏低，6月、7月、8月气温分别较常年同期低1.7℃、1.7℃、1.8℃。秋季平均气温为9.2℃，比常年低1.6℃，气温持续偏低，9月、10月、11月气温分别比常年低1.0℃、1.2℃和2.6℃。12月平均气温为-6.7℃，较常年同期低1.2℃。

2. 降水

全年降水量为753.3毫米，比常年多100.4毫米。春季降水量比常年同期偏少7.4毫米。夏、秋季降水量分别比常年同期多61.5毫米和62.1毫米；作物生长季降水量为619.2毫米，比常年同期多64.5毫米。

3. 日照

全年日照时数为2584.6小时，比常年偏少194.2小时。春、夏、秋季日照时数分别比常年偏多11.1小时、偏少163.1小时、偏少20.9小时。作物生长季日照时数较常年偏少128.1小时，对作物生长不利。

全年气候特点是气温偏低、降水偏多、日照偏少，气象条件不好。

二十七、1977年

1. 气温

年平均气温为8.9℃，比常年偏低0.5℃，热量条件稍差。春季平均气温为9.7℃，比常年同期高0.1℃，3月、4月平均气温分别较常年同期高0.3℃、0.4℃，5月平均气温分别较常年同期低0.4℃。夏季平均气温为23.7℃，比常年同期低0.1℃，6月、7月、8月气温分别较常年同期高0.4℃、高0.7℃、低1.2℃。秋季平均气温为10.8℃，与常年同期持平，9月、10月、11月气温分别比常年低0.7℃、高0.7℃、低0.1℃；12月平均气温为-5.4℃，较常年同期高0.1℃。

2. 降水

全年降水量为554.7毫米，比常年少98.2毫米。春、夏、秋季降水量分别比常年同期偏少32.1毫米、偏少107.0毫米、偏多30.0毫米；作物生长季降水量为444.0毫米，比常年同期少110.7毫米。

3. 日照

全年日照时数为2813.9小时，比常年偏多35.1小时。春、夏、秋季日照时数分别比常年同期偏少

27.3 小时、偏多 66.9 小时、偏少 26.6 小时。作物生长季日照时数较常年偏多 48.3 小时，对作物生长有利。

全年气候特点是气温偏低、降水稍少、日照稍多，气象条件稍差。

二十八、1978年

1. 气温

年平均气温为 9.2℃，比常年偏低 0.2℃，热量条件正常。春季平均气温为 9.3℃，比常年同期低 0.3℃，其中 3 月、5 月气温分别较常年同期低 0.7℃、0.2℃，4 月气温和常年同期持平。夏季平均气温为 24.0℃，比常年同期高 0.3℃，6 月、7 月气温分别较常年同期高 0.6℃和 0.7℃，8 月气温比常年同期低 0.5℃。秋季平均气温为 10.6℃，比常年低 0.2℃，气温波动大，9 月、10 月、11 月气温分别比常年高 0.2℃、低 1.8℃、高 0.9℃。12 月平均气温为 -5.7℃，较常年同期低 0.2℃。

2. 降水

全年降水量为 387.2 毫米，比常年少 265.7 毫米，为历史同期第二少。作物生长季降水量为 307.4 毫米，比常年同期少 247.3 毫米，春季降水量比常年同期少 38.9 毫米；夏季降水量比常年同期偏少 196.7 毫米，仅有常年的 5 成，是历史同期第二少；秋季降水量比常年少 32.8 毫米。

3. 日照

全年日照时数为 3000.1 小时，比常年偏多 221.3 小时。春、夏、秋季日照时数分别比常年同期偏多 70.5 小时、75.9 小时、41.4 小时。作物生长季日照时数较常年偏多 128.3 小时，对作物生长有利。

全年气候特点是气温稍低、降水特少、日照偏多，气象条件不好。

二十九、1979年

1. 气温

年平均气温为 9.3℃，比常年低 0.1℃，热量条件正常。春季平均气温为 8.8℃，比常年同期低 0.7℃，气温波动大，其中 3 月气温较常年同期高 0.7℃，4 月、5 月气温分别较常年同期低 2.3℃、0.6℃，4 月为历史同期第三低值。夏季平均气温为 23.2℃，比常年同期低 0.5℃，气温持续偏低，6 月、7 月、8 月气温分别较常年同期低 0.5℃、0.3℃和 0.8℃。秋季平均气温为 10.3℃，比常年同期低 0.5℃，气温波动大，9 月、10 月、11 月气温分别比常年低 1.0℃、高 0.6℃、低 1.3℃。12 月平均气温为 -3.0℃，较常年同期高 2.5℃。

2. 降水

全年降水量为 633.4 毫米，比常年少 19.5 毫米。作物生长季降水量为 524.2 毫米，比常年同期少 30.5 毫米，春季降水量比常年同期多 60.1 毫米，夏季降水量比常年同期少 93.9 毫米，秋季降水量比常年同期少 8.6 毫米。

3. 日照

全年日照时数为 2800.6 小时，比常年偏多 21.8 小时。春、夏、秋季日照时数分别比常年同期偏少 4.3 小时、偏多 11.5 小时、偏多 76.7 小时。作物生长季日照时数较常年偏多 41.7 小时。

全年气候特点是气温稍低、降水稍少、日照偏多，气象条件正常。

三十、 1980年

1. 气温

年平均气温为 8.6℃，比常年偏低 0.8℃，热量条件不好。春季平均气温为 8.6℃，比常年同期低 1.0℃，3 月、4 月、5 月平均气温分别较常年同期低 0.3℃、2.2℃、0.5℃。夏季平均气温为 23.3℃，比常年同期低 0.4℃，气温先高后低，6 月气温比常年同期高 0.5℃，7 月、8 月气温分别较常年同期低 0.6℃和 1.0℃。秋季平均气温为 10.7℃，比常年同期低 0.1℃，气温前低后高，9 月、

10月气温分别比常年低1.2℃、2.1℃；11月气温比常年高2.9℃。12月平均气温为-8.8℃，较常年同期低3.3℃。

2. 降水

全年降水量为471.8毫米，比常年少181.1毫米。作物生长季降水量为369.2毫米，比常年同期少185.5毫米，春、夏、秋三季降水量持续偏少，分别比常年同期少37.0毫米、128.4毫米和7.5毫米。

3. 日照

全年日照时数为2874.4小时，比常年偏多95.6小时。春、夏、秋季日照时数分别比常年同期偏多44.3小时、21.1小时、5.1小时。作物生长季日照时数较常年偏多76.0小时，对作物生长有利。

全年气候特点是气温偏低、降水偏少、日照偏多，气象条件不好。

三十一、1981年

1. 气温

年平均气温为9.0℃，比常年低0.4℃，热量条件稍差。春季平均气温为10.4℃，比常年同期高0.8℃，气温前高后低，其中3月、4月气温分别较常年同期高1.0℃和1.9℃，5月气温较常年同期低0.3℃。夏季平均气温为24.1℃，比常年同期高0.4℃，6月、7月气温分别较常年同期高0.7℃和1.2℃，8月气温比常年同期低0.6℃。秋季平均气温为9.4℃，比常年同期低1.5℃，为历史同期第四低值，气温持续偏低，9月、10月、11月气温分别比常年低0.4℃、0.7℃、3.3℃，其中11月为历史同期第三低值。12月平均气温为-4.8℃，较常年同期高0.7℃。

2. 降水

全年降水量为777.7毫米，比常年多124.8毫米。作物生长季降水量为658.2毫米，比常年同期多103.5毫米。降水时间分布不均，春、秋季降水量稍少，分别比常年同期少9.6毫米和25.3毫米，而夏季降水量比常年偏多153.5毫米。

3. 日照

全年日照时数为2836.6小时，比常年偏多57.8小时。春、夏、秋季日照时数分别比常年同期偏少27.1小时、偏多65.2小时、持平。作物生长季日照时数较常年偏多42.8小时，对作物生长有利。

全年气候特点是气温稍低、降水偏多、日照偏多，气象条件适宜。

三十二、1982年

1. 气温

年平均气温为9.9℃，比常年高0.5℃，热量条件适宜。全年有9个月气温高于常年同期。春季平均气温为10.2℃，比常年同期高0.6℃，气温前高后低，其中3月、4月气温分别较常年同期高0.9℃和1.0℃，5月气温较常年同期低0.1℃。夏季平均气温为23.8℃，比常年同期高0.1℃，气温波动大，6月与历史同期持平，7月、8月气温分别较常年同期低0.4℃和高0.8℃。秋季平均气温为11.1℃，比常年同期高0.3℃，9月、10月、11月气温分别比常年低0.3℃、高0.9、高0.2℃。12月平均气温为-4.6℃，较常年同期高0.9℃。

2. 降水

全年降水量为616.1毫米，比常年少36.8毫米。作物生长季降水量为539.1毫米，比常年同期少15.6毫米。春、秋两季降水量分别比常年同期少31.7毫米、49.5毫米，夏季降水量比常年偏多56.2毫米。

3. 日照

全年日照时数为2708.1小时，比常年偏少70.7小时。春、夏、秋季日照时数分别比常年同期偏少95.1小时、偏多46.3小时、偏少16.0小时。作物生长季日照时数较常年偏多14.6小时，对作物生长有利。

全年气候特点是气温偏高、降水稍少、日照偏少，气象条件不好。

三十三、1983年

1. 气温

年平均气温为9.8℃，比常年高0.4℃，热量条件适宜。全年有9个月气温高于常年同期。春季平均气温为10.4℃，比常年同期高0.8℃，气温持续偏高，3月、4月、5月气温分别较常年同期高0.8℃、1.1℃和0.5℃。夏季平均气温为24.0℃，比常年同期高0.3℃，气温波动大，6月、8月气温分别较常年同期高1.2℃、0.1℃；7月气温比常年同期低0.4℃。秋季平均气温为11.2℃，比常年同期高0.4℃，气温波动较大，9月为历史同期第三高值，9月、10月、11月气温分别比常年高1.7℃、低1.3℃、高0.8℃。12月平均气温为-5.2℃，较常年同期高0.3℃。

2. 降水

全年降水量为522.2毫米，比常年少130.7毫米。作物生长季降水量为462.8毫米，比常年同期少91.9毫米。春、夏、秋三季降水量分别比常年同期多63.0毫米、少174.2毫米、少19.2毫米。其中夏季为历史同期第四少。

3. 日照

全年日照时数为2737.8小时，比常年偏少41.0小时。春、夏、秋季日照时数分别比常年同期偏少60.9小时、少1.6小时、多15.8小时。作物生长季日照时数较常年偏少62.5小时，对作物生长不利。

全年气候特点是气温偏高、降水偏少、日照偏少，气象条件稍差。

三十四、1984年

1. 气温

年平均气温为9.1℃，比常年低0.3℃。春季平均气温为9.3℃，比常年同期低0.3℃，气温前低后高，3月、4月气温分别较常年同期低1.7℃、0.1℃，5月气温比常年同期高1.1℃。夏季平均气温为23.9℃，比常年同期高0.2℃，6月、7月气温分别较常年同期高0.1℃、0.6℃，8月与历史同期持平。秋季平均气温为10.7℃，比常年同期低0.1℃，气温前低后高，9月、10月气温分别比常年低0.4℃、0.9℃，11月气温比常年高1.0℃。12月平均气温为-6.0℃，较常年同期低0.5℃。

2. 降水

全年降水量为593.8毫米，比常年少59.1毫米。作物生长季降水量为468.1毫米，比常年同期少86.6毫米，春、夏、秋三季降水量分别比常年同期少53.0毫米、少44.3毫米、多37.1毫米。其中6月降水量为历史同期第四多。

3. 日照

全年日照时数为2870.3小时，比常年偏多91.5小时。春、夏、秋季日照时数分别比常年同期偏少3.5小时、偏多38.2小时、偏多34.5小时。作物生长季日照时数较常年偏多63.3小时，对作物生长有利。

全年气候特点是气温稍低、降水偏少、日照偏多，气象条件正常。

三十五、1985年

1. 气温

年平均气温为8.6℃，比常年低0.8℃，热量条件不好。春季平均气温为9.1℃，比常年同期低0.5℃，气温前低后高，3月、5月气温分别比常年同期低1.7℃和0.1℃，4月气温分别较常年同期高0.4℃。夏季平均气温为23.6℃，和常年接近，6月、7月气温分别较常年同期低0.5℃、0.1℃，8月气温比常年同期高0.2℃。秋季平均气温为10.3℃，比常年同期低0.5℃，气温波动大，9月、11月气温分别比常年低1.3℃、1.5℃，10月气温比常年高1.2℃。12月平均气温为-8.2℃，较常年同期低 2.7℃。

2. 降水

全年降水量为 1046.8 毫米，比常年多 393.9 毫米，为历史同期第二多。作物生长季降水量为 981.0 毫米，比常年同期多 426.3 毫米，春、夏、秋三季降水量分别比常年同期多 34.3 毫米、多 400.6 毫米、少 48.5 毫米。夏季降水特多，为常年同期的 2 倍，为历史同期第一多。7 月、8 月降水量为常年同期的 2.1 倍和 2.7 倍，7 月为历史同期第三多，8 月为历史同期第一多。

3. 日照

全年日照时数为 2574.9 小时，比常年偏少 203.9 小时。春、夏、秋季日照时数分别比常年同期偏少 37.8 小时、119.7 小时、4.6 小时。冬季日照时数较常年偏多 32.1 小时，4—9 月日照时数持续偏少，比常年偏少 216.6 小时，对作物生长不利。

全年气候特点是气温稍低、降水特多、日照偏少，气象条件不好。

三十六、1986年

1. 气温

年平均气温为 8.9℃，比常年低 0.5℃，热量条件稍差。春季平均气温为 9.9℃，比常年同期高 0.3℃，气温前高后低，3 月、4 月气温分别比常年同期高 1.2℃和 0.2℃，5 月气温较常年同期低 0.4℃。夏季平均气温为 22.8℃，比常年同期低 0.9℃，为历史同期第五低，其中 7 月为历史同期第四低，8 月为历史同期第三低，6 月、7 月、8 月气温分别较常年同期高 0.3℃、低 1.3℃、低 1.6℃。秋季平均气温为 9.4℃，比常年同期低 1.4℃，为历史同期第五低，其中 10 月为历史同期第二低，9 月、10 月、11 月气温分别比常年低 1.3℃、2.4℃、0.5℃。12 月平均气温为 -4.3℃，较常年同期高 1.2℃。

2. 降水

全年降水量为 715.7 毫米，比常年多 62.8 毫米。作物生长季降水量为 650.4 毫米，比常年同期多 95.7 毫米。春、夏、秋三季降水量分别比常年同期偏多 6.3 毫米、51.6 毫米和 13.3 毫米。作物生长季降水充沛，对大田作物生长有利。

3. 日照

全年日照时数为 2767.8 小时，比常年偏少 11.0 小时。春、夏、秋季日照时数分别比常年同期偏多 16.0 小时、偏少 15.9 小时、偏少 3.9 小时。作物生长季日照时数较常年偏少 17.5 小时，对作物生长不利。

全年气候特点是气温稍低、降水偏多、日照偏少，气象条件不好。

三十七、 1987年

1. 气温

年平均气温为 9.0℃，比常年低 0.4℃，热量条件稍差。春季平均气温为 8.5℃，比常年同期低 1.1℃，气温持续偏低，3 月、4 月、5 月气温分别较常年同期低 1.4℃、0.9℃、0.5℃。夏季平均气温为 23.4℃，比常年同期低 0.3℃，气温前低后高，6 月、7 月气温分别较常年同期低 0.7℃、0.2℃、8 月与常年持平。秋季平均气温为 10.3℃，比常年同期低 0.6℃，9 月、11 月气温分别比常年低 0.5℃、1.6℃，10 月气温比常年同期高 0.4℃。12 月平均气温为 -3.4℃，较常年同期高 2.1℃。

2. 降水

全年降水量为 532.4 毫米，比常年少 120.5 毫米。作物生长季降水量为 420.8 毫米，比常年同期少 133.9 毫米。春季比常年同期多 70.8 毫米，其中 4 月为历史同期第三多；夏、秋季降水量分别比常年同期偏少 164.3 毫米和 28.3 毫米，7 月降水特少，不足常年同期的 5 成。

3. 日照

全年日照时数为 2739.3 小时，比常年偏少 39.5 小时。春、夏、秋季日照时数分别比常年同期偏少

12.9 小时、偏多 34.9 小时、偏少 42.5 小时。作物生长季日照时数较常年偏多 21.4 小时。

全年气候特点是气温稍高、降水偏少、日照偏少，气象条件稍差。

三十八、1988年

1. 气温

年平均气温为 9.7℃，比常年高 0.3℃，热量条件适宜。春季平均气温为 8.8℃，比常年同期低 0.8℃，3 月、4 月气温分别较常年同期低 1.4℃、0.9℃，5 月与常年同期持平。夏季平均气温为 23.9℃，比常年同期高 0.2℃，气温持续偏高，6 月、7 月气温分别较常年同期高 0.5℃、0.1℃，8 月与常年同期持平。秋季平均气温为 11.7℃，比常年同期高 0.8℃，9 月、10 月、11 月气温分别比常年高 0.4℃、1.4℃、0.7℃。12 月平均气温为 -4.1℃，较常年同期高 1.4℃。

2. 降水

全年降水量为 680.3 毫米，比常年多 27.4 毫米。作物生长季降水量为 642.4 毫米，比常年同期多 87.7 毫米。春、夏季降水量分别比常年同期偏多 21.7 毫米和 25.9 毫米；夏季比常年同期少 3.7 毫米。

3. 日照

全年日照时数为 2819.9 小时，比常年偏多 41.1 小时。春、夏、秋季日照时数分别比常年同期偏多 11.6 小时、持平、偏多 40.1 小时。作物生长季日照时数较常年偏少 11.8 小时。

全年气候特点是气温稍高、降水正常、日照偏多，气象条件正常。

三十九、1989年

1. 气温

年平均气温为 10.2℃，比常年高 0.8℃，热量条件适宜。春季平均气温为 11.4℃，比常年同期高 1.8℃，为历史同期第四高值，气温持续偏高，3 月、4 月、5 月气温分别较常年同期高 2.1℃、2.1℃、1.4℃。夏季平均气温为 23.4℃，比常年同期低 0.3℃，6 月、7 月、8 月气温分别较常年同期低 0.3℃、0.5℃、0.2℃。秋季平均气温为 10.5℃，比常年同期低 0.3℃，气温波动大，9 月、10 月、11 月气温分别比常年低 1.0℃、高 0.6℃、低 0.6℃。12 月平均气温为 -5.2℃，较常年同期高 0.3℃。

2. 降水

全年降水量为 524.5 毫米，比常年少 128.4 毫米。作物生长季降水量为 429.9 毫米，比常年同期少 124.8 毫米。春、夏、秋三季降水量持续偏少，分别比常年同期偏少 54.0 毫米、66.5 毫米和 0.4 毫米，其中春季降水量为历史同期第四少。8 月降水量为 18.1 毫米，仅有常年同期的 1.1 成，出现严重夏旱，对大田作物关键期的生长极其不利。

3. 日照

全年日照时数为 2904.3 小时，比常年偏多 125.5 小时。春、夏、秋季日照时数分别比常年同期偏多 93.2 小时、偏多 71.4 小时、偏少 26.0 小时。作物生长季日照时数较常年偏多 156.7 小时，对作物生长有利。

全年气候特点是气温偏高、降水偏少、日照偏多，气象条件稍差。

四十、 1990年

1. 气温

年平均气温为 10.0℃，比常年高 0.6℃，热量条件适宜。春季平均气温为 10.1℃，比常年同期高 0.5℃。春季气温前高后低，3 月气温比常年同期偏高 2.8℃，4 月、5 月气温分别较常年同期低 0.2℃、1.1℃。夏季平均气温为 23.9℃，比常年同期高 0.2℃。6 月、7 月气温分别较常年同期低 0.1℃、0.1℃；8 月气温比常年同期高 0.9℃。秋季平均气温为 12.1℃，比常年同期高 1.3℃，气温持续偏高，9 月、10 月、11 月气温分别比常年高 0.1℃、1.9℃、1.8℃。12 月平均气温为 -4.5℃，较常年同期高 1.0℃。

2. 降水

全年降水量为 924.8 毫米，比常年多 271.9 毫米。作物生长季降水量为 818.6 毫米，比常年同期多 263.9 毫米，春、夏、秋季降水量分别比常年同期多 121.8 毫米、56.4 毫米、58.4 毫米。其中春季以及 5 月和 9 月均为历史同期第二多，10 月为历史同期第三少。

3. 日照

全年日照时数为 2511.2 小时，比常年少 267.6 小时。春、夏、秋季日照时数分别比常年同期偏少 161.2 小时、偏少 21.0 小时、偏多 11.5 小时。作物生长季日照时数较常年偏少 144.5 小时，对作物生长不利。

全年气候特点是气温偏高、降水偏多、日照偏少，气象条件不好。

四十一、1991年

1. 气温

年平均气温为 9.6℃，比常年高 0.2℃，热量条件适宜。春季平均气温为 9.5℃，比常年同期低 0.1℃。春季气温波动较大，3 月、4 月、5 月气温分别较常年同期低 0.7℃、高 0.9℃和低 0.3℃。夏季平均气温为 24.0℃，比常年同期高 0.3℃，气温先低后高，6 月、7 月气温分别较常年同期低 0.1℃、0.3℃，8 月气温比常年同期高 1.2℃。秋季平均气温为 11.3℃，比常年同期高 0.5℃，气温前低后高，9 月气温和常年同期持平，10 月、11 月气温分别比常年高 0.2℃、1.3℃。12 月平均气温为 -5.8℃，较常年同期低 0.3℃。

2. 降水

全年降水量为 684.1 毫米，比常年多 31.2 毫米。作物生长季降水量为 595.3 毫米，比常年同期多 40.6 毫米。春季降水量比常年同期少 18.8 毫米；夏季降水量偏多 49.1 毫米，但是降水时间分布不均，6 月、7 月降水量分别为 88.7 毫米和 307.8 毫米，6 月稍多，7 月达到了常年的 1.8 倍，而 8 月降水仅为 53.8 毫米，为常年同期的 3.3 成；秋季降水量持平。

3. 日照

全年日照时数为 2575.5 小时，比常年少 203.3 小时。春、夏、秋季日照时数分别比常年同期偏少 82.7 小时、偏多 8.2 小时、偏少 35.6 小时。作物生长季日照时数较常年偏少 32.4 小时，对作物生长不利。

全年气候特点是气温稍高、降水稍多、日照偏少，气象条件稍差。

四十二、1992年

1. 气温

年平均气温为 9.8℃，比常年高 0.4℃，热量条件适宜。春季平均气温为 10.5℃，比常年同期高 0.9℃，气温持续偏高，3 月、4 月、5 月气温分别较常年同期高 1.2℃、1.0℃和 0.6℃。夏季平均气温为 23.3℃，比常年同期低 0.4℃。夏季气温波动较大，6 月、8 月气温分别较常年同期低 1.4℃、0.2℃，7 月较常年同期高 0.4℃。秋季平均气温为 9.8℃，比常年同期低 1.0℃，气温持续偏低，9 月、10 月、11 月气温分别比常年低 0.2℃、1.1℃和 1.7℃。12 月平均气温为 -4.4℃，较常年同期高 1.1℃。

2. 降水

全年降水量为 349.4 毫米，比常年少 303.5 毫米，为历史同期第一少。作物生长季降水量为 260.8 毫米，比常年同期少 293.9 毫米。春季降水量比常年同期少 26.8 毫米。夏季降水量偏少 279.7 毫米，仅为常年的 3 成，为历史同期第一少，7 月、8 月分别为历史同期第三、第四少。6 月、7 月、8 月降水持续严重偏少，对大田作物生长不利。秋季降水量比常年多 13.5 毫米。

3. 日照

全年日照时数为 2845.6 小时，比常年多 66.8 小时。春、夏、秋季日照时数分别比常年同期偏多 30.1 小时、偏多 31.5 小时、偏少 9.1 小时。作物生长季日照时数较常年多 21.0 小时。

全年气候特点是气温偏高、降水特少、日照稍多，气象条件不好。

四十三、1993年

1. 气温

年平均气温为 9.6℃，比常年高 0.2℃，热量条件适宜。春季平均气温为 10.4℃，比常年同期高 0.8℃，气温波动大，3 月、5 月气温分别较常年同期高 2.3℃和 0.7℃，4 月气温比常年同期低 0.4℃。夏季平均气温为 23.3℃，比常年同期低 0.4℃，气温持续偏低，6 月、7 月、8 月气温分别较常年同期低 0.2℃、0.8℃和 0.3℃。秋季平均气温为 10.2℃，比常年同期低 0.6℃，气温前高后低，9 月、10 月、11 月气温分别比常年高 0.7℃、低 1.2℃和低 1.4℃。12 月平均气温为 -5.6℃，较常年同期低 0.1℃。

2. 降水

全年降水量为 622.4 毫米，比常年少 30.5 毫米。作物生长季降水量为 540.8 毫米，比常年同期少 13.9 毫米。春季降水量比常年同期少 58.4 毫米，为历史同期第三少；夏季降水量比常年多 66.2 毫米；秋季降水量比常年少 29.3 毫米。

3. 日照

全年日照时数为 2858.1 小时，比常年偏多 79.3 小时。春、夏、秋季日照时数分别比常年同期偏多 49.9 小时、偏少 15.1 小时、偏少 11.6 小时。作物生长季日照时数较常年多 35.1 小时。

全年气候特点是气温稍高、降水稍少、日照偏多，气象条件适宜。

四十四、1994年

1. 气温

年平均气温为 10.5℃，比常年高 1.1℃，为历史同期第五高，热量条件非常好，全年 10 个月平均气温高于常年。春季平均气温为 10.4℃，比常年同期高 0.8℃，3 月气温较常年同期低 0.7℃；4 月气温比常年同期高 3.2℃，为历史同期第二高，5 月持平。夏季平均气温为 25.5℃，比常年同期高 1.8℃，为历史同期第二高，其中 6 月、7 月、8 月平均气温均为历史同期第三高，分别较常年同期高 2.1℃、1.9℃和 1.3℃。秋季平均气温为 11.7℃，比常年同期高 0.9℃，气温持续偏高，9 月、10 月、11 月气温分别较常年同期高 0.3℃、0.3℃和 2.1℃。12 月平均气温为 -5.9℃，较常年同期低 0.4℃。

2. 降水

全年降水量为 880.1 毫米，比常年偏多 227.2 毫米。作物生长季降水量高达 835.1 毫米，比常年同期多 280.4 毫米，为常年平均的 1.5 倍。春季降水量比常年同期少 11.5 毫米，夏季降水量达到 600.9 毫米，是常年同期的 1.5 倍，秋季降水量比常年多 27.1 毫米。

3. 日照

全年日照时数为 2780.8 小时，比常年偏多 2.0 小时。春、夏、秋季日照时数分别比常年同期偏多 49.0 小时、偏少 52.0 小时、偏多 53.4 小时。作物生长季日照时数较常年多 13.6 小时，对作物生长有利。

全年气候特点是气温偏高、降水偏多、日照偏多，气象条件不好。

四十五、1995年

1. 气温

年平均气温为 10.1℃，比常年高 0.7℃，热量条件适宜。春季平均气温为 9.6℃，与常年同期持平，气温前高后低，3 月、4 月气温分别比常年同期高 1.0℃和 0.2℃，5 月气温较常年同期低 1.0℃。夏季平均气温为 23.3℃，比常年同期低 0.4℃，6 月气温比常年同期高 0.2℃，7 月、8 月气温分别较常年同期低 1.3℃、0.1℃，秋季平均气温为 11.7℃，比常年同期高 0.9℃，气温前低后高，9 月气温比常年同期低 0.5℃，10 月、11 月气温分别比常年同期高 1.0℃和 2.1℃。12 月平均气温为 -4.6℃，较常年同期高 0.9℃。

2. 降水

全年降水量为 668.4 毫米，比常年偏多 15.5 毫米。作物生长季降水量为 597.1 毫米，比常年同期多 42.4 毫米。春、夏季降水量分别比常年同期偏多 36.9 毫米和 34.5 毫米，秋季降水量比常年少 46.0 毫米。

3. 日照

全年日照时数为 2727.1 小时，比常年偏少 51.7 小时。春、夏、秋季日照时数分别比常年同期偏少 18.3 小时、86.9 小时、11.8 小时。作物生长季日照时数较常年偏少 117.8 小时，对作物生长不利。

全年气候特点是气温偏高、降水稍多、日照偏少，气象条件稍差。

四十六、1996年

1. 气温

年平均气温为 9.6℃，比常年高 0.2℃，热量条件适宜。春季平均气温为 10.0℃，比常年同期高 0.4℃，气温持续偏高，3 月、4 月、5 月气温分别比常年同期高 0.8℃、0.1℃、0.4℃。夏季平均气温为 23.2℃，比常年同期低 0.5℃，6 月气温比常年同期高 0.7℃；7 月、8 月气温分别较常年同期低 0.8℃和 1.2℃。秋季平均气温为 10.2℃，比常年同期低 0.6℃，9 月与常年持平，10 月、11 月气温均比常年同期低 0.9℃。12 月平均气温为 -2.5℃，较常年同期高 3.0℃，是历史同期第一高值。

2. 降水

全年降水量为 842.2 毫米，比常年多 189.3 毫米。作物生长季降水量为 718.3 毫米，比常年同期多 163.6 毫米。春季降水量偏少 34.3 毫米，夏季降水量偏多 238.6 毫米，秋季持平。

3. 日照

全年日照时数为 2638.0 小时，比常年偏少 140.8 小时。春、夏、秋季日照时数分别比常年同期偏多 10.5 小时、偏少 162.9 小时、偏少 34.7 小时。作物生长季日照时数较常年偏少 165.6 小时，对作物生长不利。

全年气候特点是气温稍高、降水偏多、日照偏少，气象条件稍差。

四十七、 1997年

1. 气温

年平均气温为 10.2℃，比常年高 0.8℃，全年有 8 个月气温高于历史同期，热量条件适宜。春季平均气温为 10.7℃，比常年同期高 1.1℃，气温先高后低，3 月、4 月气温分别比常年同期高 2.2℃和 1.4℃，5 月气温较常年同期低 0.2℃。夏季平均气温为 25.4℃，比常年同期高 1.7℃，气温持续偏高，为历史同期第三高，其中 7 月为历史同期第一高，8 月为历史同期第二高，6 月、7 月、8 月气温分别较常年同期高 1.3℃、2.2℃和 1.5℃。秋季平均气温为 10.3℃，比常年同期低 0.5℃，气温前低后高，9 月、10 月气温分别比常年同期低 1.0℃、1.2℃，11 月气温比常年同期高 0.7℃。12 月平均气温为 -3.6℃，较常年同期高 1.9℃。

2. 降水

全年降水量为 518.7 毫米，比常年少 134.2 毫米。作物生长季降水量为 469.0 毫米，比常年同期少 85.7 毫米。春、夏、秋三季降水量分别比常年同期偏少 44.1 毫米、13.7 毫米、88.5 毫米。

3. 日照

全年日照时数为 2819.9 小时，比常年偏多 41.1 小时。春、夏、秋季日照时数分别比常年同期偏多

2.9 小时、60.1 小时、1.1 小时。作物生长季日照时数较常年偏多 45.3 小时。

全年气候特点是气温稍高、降水偏少、日照偏少，气象条件稍差。

四十八、 1998年

1. 气温

年平均气温为 10.8℃，比常年高 1.4℃，位居历史同期高值第三位，热量条件适宜。春季平均气温为 12.0℃，比常年同期高 2.4℃，气温持续偏高，为历史同期第二高值，其中 3 月、4 月分别为历史同期第二、第一高值，3 月、4 月、5 月气温分别比常年同期高 3.1℃、3.2℃和 0.9℃。夏季平均气温为 23.5℃，比常年同期低 0.2℃，6 月、8 月气温分别较常年同期低 0.4℃、0.3℃；7 月气温比常年同期高 0.2℃。秋季平均气温为 12.1℃，比常年同期高 1.3℃，气温前高后低，9 月、10 月气温分别比常年同期高 1.7℃、2.9℃，11 月气温比常年同期低 0.9℃。12 月平均气温为 -3.4℃，较常年同期高 2.1℃。

2. 降水

全年降水量为 465.7 毫米，比常年少 187.2 毫米。作物生长季降水量为 391.3 毫米，比常年同期少 163.4 毫米。春季降水量比常年多 3.4 毫米；夏季降水量比常年偏少 105.9 毫米；秋季降水量比常年同期偏少 72.1 毫米。

3. 日照

全年日照时数为 2579.2 小时，比常年偏少 199.6 小时。春、夏、秋季日照时数分别比常年同期偏多 1.8 小时、偏少 132 小时、偏少 36.7 小时。作物生长季日照时数较常年偏少 157.0 小时，对作物生长不利。

全年气候特点是气温偏高、降水偏少、日照偏少，气象条件稍差。

四十九、1999年

1. 气温

年平均气温为 10.2℃，比常年高 0.8℃，全年有 9 个月气温高于常年，其中 1 月为历史同期第三高值，7 月为第四高值，热量条件适宜。春季平均气温为 9.6℃，与常年同期持平，气温前低后高，3 月、4 月、5 月气温分别比常年同期低 1.0℃、高 0.9℃、高 0.3℃。夏季平均气温为 24.3℃，比常年同期高 0.6℃，6 月、7 月、8 月气温分别较常年同期高 0.3℃、高 1.6℃、低 0.1℃。秋季平均气温为 11.2℃，比常年同期高 0.3℃，气温波动大，9 月、11 月气温分别比常年同期高 0.7℃、0.3℃；10 月气温与常年同期持平。12 月平均气温为 -4.5℃，较常年同期高 1.0℃。

2. 降水

全年降水量为 541.4 毫米，比常年少 111.5 毫米。作物生长季降水量为 426.3 毫米，比常年同期少 128.4 毫米。春、夏、秋三季降水量持续偏少，分别比常年同期偏少 18.2 毫米、63.1 毫米和 16.4 毫米。

3. 日照

全年日照时数为 2743.4 小时，比常年偏少 35.4 小时。春、夏、秋季日照时数分别比常年同期偏少 53.2 小时、偏少 20.9 小时、偏多 8.6 小时。作物生长季日照时数较常年偏少 5.6 小时。

全年气候特点是气温偏高、降水偏少、日照偏少，气象条件稍差。

五十、 2000年

1. 气温

年平均气温为 9.6℃，比常年高 0.2℃，热量条件适宜，1 月为历史同期第一低值。春季平均气温为 10.6℃，比常年同期高 1.0℃，气温持续偏高，3 月、4 月、5 月气温分别比常年同期高 1.8℃、0.8℃、0.6℃。夏季平均气温为 25.6℃，比常年同期高 1.9℃，为历史同期第一高值，其中 6 月、7 月、8 月分别为历史同期第一、第二、第一高值，气温分别较常年同期高 2.5℃、1.9℃、1.5℃。秋季平均气温为 10.5℃，比常年同期低 0.3℃，气温先高后低，9 月气温比常年同期高 1.4℃，10 月、11 月气温分别比常年同期低 0.9℃、1.4℃。12 月平均气温为 -5.7℃，较常年同期低 0.2℃。

2. 降水

全年降水量为 552.5 毫米，比常年少 100.4 毫米。作物生长季降水量为 403.3 毫米，比常年同期少 151.4 毫米。春季降水量比常年多 32.9 毫米；夏季降水量比常年少 130.1 毫米；秋季降水量比常年同期少 30.7 毫米。

3. 日照

全年日照时数为 2809.3 小时，比常年偏多 30.5 小时。春、夏、秋季日照时数分别比常年同期偏多 1.1 小时、偏多 81.3 小时、偏少 5.8 小时。作物生长季日照时数较常年偏多 103.4 小时。

全年气候特点是气温稍高、降水偏少、日照稍多，气象条件正常。

五十一、 2001年

1. 气温

年平均气温为 9.6℃，比常年高 0.2℃，热量条件适宜。1 月气温列居历史同期低值第二位，全年 9 个月气温持续偏高。春季平均气温为 10.7℃，比常年同期高 1.1℃，气温持续偏高，其中 5 月为历史同期第三高值，3 月、4 月、5 月气温分别比常年同期高 0.3℃、1.5℃、1.7℃。夏季平均气温为 24.9℃，比常年同期高 1.2℃，气温持续偏高，6 月为历史同期第二高值，6 月、7 月、8 月气温分别较常年同期高 2.1℃、1.3℃、0.4℃。秋季平均气温为 11.8℃，比常年同期高 1.0℃，气温继续偏高，9 月、10 月、11 月气温分别比常年同期高 0.5℃、1.5℃和 0.9℃。12 月平均气温为 -7.3℃，较常年同期低 1.8℃。

2. 降水

全年降水量为 665.3 毫米，比常年多 12.4 毫米。作物生长季降水量为 595.3 毫米，比常年同期多 40.6 毫米。春季降水量仅为 26.2 毫米，偏少 72.9 毫米，为历史同期最少，4 月、5 月为历史同期第四少，对大田播种不利；夏季降水量偏多 84.3 毫米；秋季持平。

3. 日照

全年日照时数为 2706.6 小时，比常年偏少 72.2 小时。春、夏、秋季日照时数分别比常年同期偏多 3.3 小时、偏少 10.4 小时、偏多 11.4 小时。作物生长季日照时数较常年偏少 24.3 小时，对作物生长不利。

全年气候特点是气温稍高、降水稍少、日照偏少，气象条件正常。

五十二、 2002年

1. 气温

年平均气温为 10.3℃，比常年高 0.9℃。1 月、2 月平均气温均位居历史同期第二高值。春季平均气温为 12.3℃，比常年同期高 2.7℃，气温持续偏高，春季为历史同期第一高值，其中 3 月、5 月也为历史同期第一高值，3 月、4 月、5 月气温分别比常年同期高 4.0℃、1.7℃、2.4℃。夏季平均气温为 23.9℃，比常年同期高 0.2℃，夏季气温波动大，6 月、7 月、8 月气温分别较常年同期低 0.1℃、高 1.2℃、低 0.5℃。秋季平均气温为 9.3℃，比常年同期低 1.5℃，为历史同期第二低值，其中 10 月为历史同期第一低值，11 月为历史同期第四低值，9 月气温比常年同期高 1.0℃，10 月、11 月气温分别比常年同期偏低 2.5℃和 3.0℃。12 月平均气温为 -7.1℃，较常年同期低 1.6℃。

2. 降水

全年降水量为 593.5 毫米，比常年偏少 59.4 毫米。作物生长季降水量为 448.9 毫米，比常年同期少 105.8 毫米。春、夏、秋三季降水量持续偏少，分别比常年同期偏少 34.1 毫米、1.8 毫米和 19.6 毫米。

3. 日照

全年日照时数为 2760.6 小时，比常年偏少 18.2 小时。春、夏、秋季日照时数分别比常年同期偏多 15.1 小时、多 24.0 小时、少 18.5 小时。作物生长季日照时数较常年偏多 69.0 小时，对作物生长不利。

全年气候特点是气温偏高、降水偏少、日照偏少，气象条件稍差。

五十三、2003年

1. 气温

年平均气温为 10.3℃，比常年高 0.9℃，热量条件适宜，全年有 10 个月气温高于常年。春季平均气温为 11.3℃，比常年同期高 1.7℃，气温持续偏高，3 月、4 月、5 月气温分别比常年同期高 1.8℃、1.9℃、1.6℃。夏季平均气温为 23.7℃，与常年同期持平，夏季气温波动大，6 月、7 月、8 月气温分别较常年同期高 0.3℃、低 0.6℃、高 0.2℃。秋季平均气温为 11.1℃，比常年同期高 0.3℃，9 月、10 月、11 月气温分别比常年同期高 0.6℃、高 0.4℃和低 0.2℃。12 月平均气温为 -4.6℃，较常年同期高 0.9℃。

2. 降水

全年降水量为 584.4 毫米，比常年偏少 68.5 毫米。作物生长季降水量为 399.3 毫米，比常年同期少 155.4 毫米。春、夏季降水量分别比常年同期偏少 30.4 和 103.6 毫米；秋季降水量比常年同期多 70.2 毫米，其中 10 月为历史同期第一多。

3. 日照

全年日照时数为 2561.0 小时，比常年偏少 217.8 小时。春、夏、秋季日照时数分别比常年同期偏少 104.2 小时、24.2 小时、82.7 小时。作物生长季日照时数较常年偏少 117.3 小时，对作物生长极其不利。

全年气候特点是气温偏高、降水稍少、日照偏少，气象条件不好。

五十四、2004年

1. 气温

年平均气温为 10.5℃，比常年高 1.1℃，位居历史同期高值第四位，全年有 10 个月气温高于常年，热量条件好。春季平均气温为 11.1℃，比常年同期高 1.5℃，气温持续偏高，3 月、4 月、5 月气温分别比常年同期高 1.7℃、2.2℃、0.7℃。夏季平均气温为 23.9℃，比常年同期高 0.2℃，夏季气温前高后低，6 月、7 月气温分别比常年同期高 1.3℃和 0.1℃，8 月气温较常年同期低 0.7℃。秋季平均气温为 12.4℃，比常年同期高 1.6℃，气温持续偏高，为历史同期第二高值，9 月、10 月、11 月气温分别比常年同期高 1.1℃、1.9℃和 1.8℃。12 月平均气温为 -6.6℃，较常年同期低 1.1℃。

2. 降水

全年降水量为 532.7 毫米，比常年偏少 120.2 毫米。作物生长季降水量为 425.1 毫米，比常年同期少 129.6 毫米。春、夏、秋三季降水量持续偏少，分别比常年同期偏少 37.0 毫米、82.3 毫米和 13.4 毫米，其中 6 月为历史同期第一少。

3. 日照

全年日照时数为 2613.1 小时，比常年偏少 165.7 小时。春、夏、秋季日照时数分别比常年同期偏多 10.2 小时、偏少 103.1 小时、偏少 45.6 小时。作物生长季日照时数较常年偏少 142.6 小时，对作物生长不利。

全年气候特点是气温偏高、降水稍少、日照偏少，气象条件稍差。

五十五、2005年

1. 气温

年平均气温为9.8℃，比常年高0.4℃，热量条件适宜。春季平均气温为10.1℃，比常年同期高0.5℃，3月、4月、5月气温分别比常年同期高0.2℃、高1.8℃、低0.3℃。夏季平均气温为24.5℃，比常年同期高0.8℃，夏季气温持续偏高，6月、7月、8月气温分别较常年同期高0.9℃、1.1℃和0.3℃。秋季平均气温为12.7℃，比常年同期高1.9℃，气温持续偏高，秋季为历史同期第一高值，其中9月为历史同期第四高值，11月为历史同期第一高值，9月、10月、11月气温分别比常年同期高1.4℃、1.3℃和2.9℃。12月平均气温为-8.5℃，较常年同期低3.0℃。

2. 降水

全年降水量为666.2毫米，比常年多13.3毫米。作物生长季降水量为612.3毫米，比常年同期多57.6毫米。春季降水量比常年同期多135.3毫米，夏、秋季降水量分别比常年同期少34.3毫米和78.9毫米。

3. 日照

全年日照时数为2700.5小时，比常年偏少78.3小时。春、夏、秋季日照时数分别比常年同期偏少8.0小时、偏少77.7小时、偏多26.0小时。作物生长季日照时数较常年偏少118.8小时，对作物生长不利。

全年气候特点是气温稍高、降水稍多、日照稍少，气象条件适宜。

五十六、2006年

1. 气温

年平均气温为10.0℃，比常年低0.6℃，热量条件适宜。春季平均气温为9.5℃，比常年同期低0.1℃，气温波动较大，3月、5月气温分别比常年同期高0.6℃、0.9℃，4月气温较常年同期低1.7℃。夏季平均气温为24.0℃，比常年同期高0.3℃，6月、7月、8月气温分别较常年同期高0.5℃、低0.3℃、高0.6℃。秋季平均气温为12.4℃，比常年同期高1.6℃，气温持续偏高，秋季为历史同期第三高值，其中10月为历史同期第二高值，9月、10月、11月气温分别比常年高1.0℃、2.5℃、1.2℃。12月平均气温为-3.7℃，较常年同期高1.8℃。

2. 降水

全年降水量为476.6毫米，比常年少176.3毫米。作物生长季降水量为400.7毫米，比常年同期少154.0毫米。春、夏、秋三季降水量持续偏少，分别比常年同期偏少22.4毫米、87.7毫米和61.3毫米。

3. 日照

全年日照时数为2417.3小时，比常年偏少361.5小时。春、夏、秋季日照时数分别比常年同期偏少72.7小时、121.4小时、56.8小时。作物生长季日照时数较常年偏少191.6小时，对作物生长不利。

全年气候特点是气温稍低、降水偏少、日照偏少，气象条件稍差。

五十七、 2007年

1. 气温

年平均气温为10.9℃，比常年高1.5℃，为历史同期第一高值，热量条件非常好。其中1月、6月为历史同期第四高值，2月、9月为第一高值。春季平均气温为10.1℃，比常年同期高0.5℃，气温持续偏高，3月、4月、5月气温分别较常年同期高0.6℃、0.2℃、0.8℃。夏季平均气温为24.3℃，比常年同期高0.6℃，6月、8月气温分别较常年同期高1.6℃、0.5℃，7月气温比常年同期低0.1℃。秋季平均气温为11.9℃，比常年同期高1.1℃，9月、10月、11月气温分别比常年高1.9℃、0.6℃、0.7℃。

12月平均气温为-3.8℃，较常年同期高1.7℃。

2. 降水

全年降水量为483.8毫米，比常年少169.1毫米。作物生长季降水量为354.6毫米，比常年同期少200.1毫米。春季比常年同期多27.2毫米，夏、秋季降水量分别比常年同期偏少154.3毫米和28.3毫米。

3. 日照

全年日照时数为2484.2小时，比常年偏少294.6小时。春、夏、秋季日照时数分别比常年同期偏少75.6小时、45.0小时、82.2小时。作物生长季日照时数较常年偏少82.0小时。

全年气候特点是气温偏高、降水偏少、日照偏少，气象条件稍差。

五十八、2008年

1. 气温

年平均气温为10.2℃，比常年高0.8℃，热量条件适宜。全年有8个月气温高于常年。春季平均气温为11.0℃，比常年同期高1.4℃，3月为历史同期第三高值，3月、4月、5月气温分别较常年同期高3.0℃、高1.5℃、低0.3℃。夏季平均气温为23.3℃，比常年同期低0.4℃，气温持续偏低，6月、7月、8月气温分别较常年同期低0.9℃、0.1℃、0.2℃。秋季平均气温为12.3℃，比常年同期高1.5℃，气温持续偏高，秋季和10月为历史同期第四高值，9月、10月、11月气温分别比常年高1.2℃、2.0℃、1.3℃。12月平均气温为-3.5℃，较常年同期高2.0℃。

2. 降水

全年降水量为607.4毫米，比常年少45.5毫米。作物生长季降水量为541.5毫米，比常年同期少13.2毫米。春、秋季降水量分别比常年同期偏少9.6毫米和52.7毫米；夏季比常年同期多21.9毫米。

3. 日照

全年日照时数为2451.6小时，比常年偏少327.2小时。春、夏、秋季日照时数分别比常年同期偏少170.9小时、156.9小时、18.6小时。作物生长季日照时数较常年偏少302.8小时。

全年气候特点是气温稍高、降水稍少、日照偏少，气象条件正常。

五十九、2009年

1. 气温

年平均气温为9.7℃，比常年高0.3℃，热量条件适宜。全年有9个月气温高于常年。春季平均气温为10.6℃，比常年同期高1.0℃，气温持续偏高，3月、4月、5月气温分别较常年同期高0.9℃、1.0℃、1.1℃。夏季平均气温为24.0℃，比常年同期高0.3℃，6月、8月气温分别较常年同期高0.5℃、0.8℃，7月气温比常年同期低0.4℃。秋季平均气温为10.3℃，比常年同期低0.5℃，9月、10月、11月气温分别比常年高0.3℃、高1.0℃、低2.9℃。12月平均气温为-7.1℃，较常年同期低1.6℃。

2. 降水

全年降水量为491.5毫米，比常年少161.4毫米。作物生长季降水量为393.0毫米，比常年同期少161.7毫米。春季比常年同期多26.9毫米；夏、秋季降水量分别比常年同期偏少155.5毫米和53.9毫米，其中夏季为历史同期第七少。

3. 日照

全年日照时数为2617.5小时，比常年偏少161.3小时。春、夏、秋季日照时数分别比常年同期偏少35.4小时、偏多2.2小时、偏少98.6小时。作物生长季日照时数较常年偏少89.7小时。

全年气候特点是气温稍高、降水偏少、日照偏少，气象条件稍差。

六十、2010年

1. 气温

年平均气温为9.0℃，比常年低0.4℃，热量条件稍差。春季平均气温为7.7℃，比常年同期低1.9℃，春季气温持续偏低，春季为历史同期第四低值，4月为历史同期第一低值，3月、4月、5月气温分别较常年同期低1.8℃、2.9℃、1.0℃。夏季平均气温为23.8℃，比常年同期高0.1℃。6月、7月气温分别较常年同期高0.1℃、0.6℃；8月气温比常年同期低0.3℃。秋季平均气温为11.6℃，比常年同期高0.8℃，气温波动大，9月、10月、11月气温分别比常年高0.4℃、低0.5℃、高2.4℃。12月平均气温为-5.2℃，较常年同期高0.3℃。

2. 降水

全年降水量为1029.3毫米，比常年多376.4毫米，为历史同期第三多。作物生长季降水量为900.1毫米，比常年同期多345.4毫米，春、夏、秋三季降水量持续偏多，分别比常年同期偏多64.0毫米、271.4毫米和49.0毫米。其中8月为历史同期第二多，夏季为历史同期第四多。

3. 日照

全年日照时数为2206.9小时，比常年偏少571.9小时。春、夏、秋季日照时数分别比常年同期偏少183.5小时、222.8小时、85.1小时。作物生长季日照时数较常年偏少448.1小时，对作物生长不利。

全年气候特点是气温稍低、降水特多、日照偏少，气象条件不好。

六十一、 2011年

1. 气温

年平均气温为9.7℃，比常年高0.3℃，热量条件适宜。春季平均气温为9.9℃，比常年同期高0.3℃。春季气温波动较大，3月、5月气温分别较常年同期高0.9℃、0.3℃，4月比常年同期低0.3℃。夏季平均气温为24.0℃，比常年同期高0.3℃，6月与历史同期持平，7月、8月气温分别较常年同期高0.3℃、0.7℃。秋季平均气温为11.9℃，比常年同期高1.0℃，其中10月为历史同期第三高值，9月比常年同期低0.4℃，10月、11月气温分别比常年高2.0℃、1.4℃。12月平均气温为-6.1℃，较常年同期低0.6℃。

2. 降水

全年降水量为713.1毫米，比常年多60.2毫米。作物生长季降水量为642.7毫米，比常年同期多88.0毫米。春季降水量比常年同期少24.4毫米；夏季降水量偏多117.2毫米，但是降水时间分布不均，7月降水量偏少73.8毫米，8月偏多161.2毫米，达到常年同期的2倍；秋季降水量偏少11.6毫米。

3. 日照

全年日照时数为2643.0小时，比常年少135.8小时。春、夏、秋季日照时数分别比常年同期偏多36.8小时、偏少149.0小时、偏少51.9小时。作物生长季日照时数较常年偏少161.8小时，对作物生长有利。

全年气候特点是气温稍高、降水稍多、日照偏少，气象条件正常。

六十二、2012年

1. 气温

年平均气温为9.2℃，比常年低0.2℃，热量条件稍差。春季平均气温为10.2℃，比常年同期高0.6℃，气温前低后高，5月为历史同期第四高，3月气温比常年同期低0.7℃。4月、5月气温分别较常年同期高0.9℃和1.6℃。夏季平均气温为23.5℃，比常年同期低0.2℃，6月、7月、8月气温分别较常年同期低0.1℃、高0.2℃、低0.7℃。秋季平均气温为11.3℃，比常年同期高0.5℃，气温持续偏高，9月、10月、11月气温分别比常年高0.4℃、0.9℃和0.1℃。12月平均气温为-8.6℃，较常年同期低

3.1℃。

2. 降水

全年降水量为997.3毫米，比常年多344.4毫米，为历史同期第四多。作物生长季降水量为800.5毫米，比常年同期多245.8毫米。春、夏、秋三季降水量持续偏多，分别比常年同期偏多85.7毫米、151.7毫米和98.4毫米。其中春季为历史同期第五多，秋季为历史同期第三多。

3. 日照

全年日照时数为2549.0小时，比常年少229.8小时。春、夏、秋季日照时数分别比常年同期偏少22.6小时、138.5小时、48.3小时。作物生长季日照时数较常年少182.7小时。

全年气候特点是气温稍低、降水特多、日照稍少，气象条件不好。

六十三、2013年

1. 气温

年平均气温为9.5℃，比常年高0.1℃，热量条件适宜。春季平均气温为8.8℃，比常年同期低0.8℃，气温前低后高，4月为历史同期第二低，3月、4月气温分别较常年同期低0.6℃和2.7℃，5月气温比常年同期高0.9℃。夏季平均气温为24.2℃，比常年同期高0.5℃，气温持续偏高，6月、7月、8月气温分别较常年同期高0.1℃、0.3℃和1.1℃。秋季平均气温为11.9℃，比常年同期高1.0℃，气温持续偏高，9月、10月、11月气温分别比常年高0.7℃、0.2℃和2.2℃。12月平均气温为-4.3℃，较常年同期高1.2℃。

2. 降水

全年降水量为630.1毫米，比常年少22.8毫米。作物生长季降水量为472.8毫米，比常年同期少81.9毫米。春、夏季降水量分别比常年同期少43.3毫米和54.9毫米，秋季降水量比常年多76.7毫米。其中5月为历史同期第一少，10月为历史同期第四多。

3. 日照

全年日照时数为2484.1小时，比常年偏少294.7小时。春、夏、秋季日照时数分别比常年同期偏少10.3小时、114.0小时、90.0小时。作物生长季日照时数较常年少141.5小时。

全年气候特点是气温正常、降水稍少、日照偏少，气象条件正常。

六十四、2014年

1. 气温

年平均气温为10.8℃，比常年高1.4℃，热量条件非常好，为历史同期第二高值，1月为历史同期第一高值。春季平均气温为11.5℃，比常年同期高1.9℃，气温持续偏高，其中春季、4月为历史同期第三高值，3月、4月、5月气温分别较常年同期高2.8℃、2.7℃和0.3℃。夏季平均气温为24.3℃，比常年同期高0.6℃，气温持续偏高，6月、7月、8月气温均较常年同期高0.6℃。秋季平均气温为12.2℃，比常年同期高1.4℃，其中11月为历史同期第三高值，9月气温与常年同期持平，10月、11月气温分别比常年同期高1.3℃和2.8℃。12月平均气温为-8.4℃，较常年同期低0.2℃。

2. 降水

全年降水量为408.2毫米，比常年偏少244.7毫米，为历史同期第三少。作物生长季降水量为344.5毫米，比常年同期少210.2毫米，春、夏、秋三季降水量持续偏少，分别比常年同期偏少22.1毫米、145.1毫米和62.1毫米。其中4月为历史同期第一少，夏季降水前多后少，6月降水量为历史同期第二多，进入7月、8月降水量持续偏少，7月为历史同期第七少，8月降水量仅为11.9毫米，为历史同期第一少。

3. 日照

全年日照时数为2560.1小时，比常年偏少218.7小时。春、夏、秋季日照时数分别比常年同期偏少

60.6 小时、32.6 小时、57.8 小时。作物生长季日照时数较常年少 92.5 小时。

全年气候特点是气温偏高、降水偏少、日照偏少，气象条件稍差。

六十五、2015年

1. 气温

年平均气温为 10.4℃，比常年高 1.0℃，热量条件适宜。春季平均气温为 10.6℃，比常年同期高 1.0℃，气温持续偏高，3 月、4 月、5 月气温分别较常年同期高 2.0℃、0.8℃和 0.2℃。夏季平均气温为 24.0℃，比常年同期高 0.3℃，6 月、7 月、8 月分别较常年同期高 0.3℃、0.1℃和 0.6℃。秋季平均气温为 10.6℃，比常年同期低 0.2℃，气温前高后低，9 月、10 月气温均比常年同期高 0.9℃，11 月气温比常年同期低 2.5℃。12 月平均气温为 -2.8℃，较常年同期高 2.7℃。

2. 降水

全年降水量为 608.5 毫米，比常年偏少 44.4 毫米。作物生长季降水量为 511.1 毫米，比常年同期少 43.6 毫米。春季降水量比常年多 26.9 毫米，夏、秋季降水量分别比常年同期偏少 60.8 毫米和 25.3 毫米。

3. 日照

全年日照时数为 2679.3 小时，比常年偏少 99.5 小时。春、夏、秋季日照时数分别比常年同期偏多 20.7 小时、偏多 31.8 小时、偏少 80.2 小时。作物生长季日照时数较常年偏多 31.7 小时。

全年气候特点是气温偏高、降水稍少、日照偏少，气象条件稍差。

六十六、2016年

1. 气温

年平均气温为 10.3℃，比常年高 0.9℃，热量条件适宜。春季平均气温为 11.5℃，比常年同期高 1.9℃，气温持续偏高，3 月、4 月、5 月气温分别较常年同期高 2.9℃、2.2℃和 0.7℃。夏季平均气温为 24.2℃，比常年同期高 0.5℃，6 月、7 月、8 月分别较常年同期高 0.5℃、0.4℃和 0.7℃。秋季平均气温为 10.9℃，比常年同期高 0.1℃，气温前高后低，9 月气温比常年同期高 1.0℃，10 月、11 月气温比常年同期低 0.2℃和 0.6℃。12 月平均气温为 -2.8℃，较常年同期高 2.7℃。

2. 降水

全年降水量为 546.1 毫米，比常年偏少 106.8 毫米。作物生长季降水量为 499.3 毫米，比常年同期少 55.4 毫米。春季降水量比常年多 74.9 毫米，夏、秋季降水量分别比常年同期偏少 113.0 毫米和 58.3 毫米。

3. 日照

全年日照时数为 2610.3 小时，比常年偏少 168.5 小时。春、夏、秋季日照时数分别比常年同期偏多 13.9 小时、偏少 30.7 小时、偏少 142.9 小时。作物生长季日照时数较常年偏少 103.4 小时。

全年气候特点是气温偏高、降水偏少、日照偏少，气象条件稍差。

六十七、2017年

1. 气温

年平均气温为 10.9℃，比常年高 1.5℃，热量条件非常好。春季平均气温为 11.6℃，比常年同期高 2.0℃，气温持续偏高，3 月、4 月、5 月气温分别较常年同期高 2.0℃、2.6℃和 1.4℃。夏季平均气温为 24.8℃，比常年同期高 1.1℃，6 月、7 月、8 月分别较常年同期高 0.9℃、1.5℃和 0.8℃。秋季平均气温为 11.6℃，比常年同期高 0.8℃，气温前高后低，9 月、10 月、11 月分别比常年同期高 1.7℃、0.2℃、0.5℃。12 月平均气温为 -5.0℃，较常年同期高 0.5℃。

2. 降水

全年降水量为562.9毫米，比常年偏少90.0毫米。作物生长季降水量为475.4毫米，比常年同期少79.3毫米。春季降水量比常年少62.0毫米，夏、秋季降水量分别比常年同期偏少5.8毫米和18.2毫米。

3. 日照

全年日照时数为2742.8小时，比常年偏少36.0小时。春、夏、秋季日照时数分别比常年同期偏多67.8小时、偏少14.2小时、偏少65.8小时。作物生长季日照时数较常年持平，利于作物生长。

全年气候特点是气温偏高、降水稍少、日照偏少，气象条件稍差。

六十八、2018年

1. 气温

年平均气温为10.4℃，比常年高1.0℃，热量条件适宜。春季平均气温为11.0℃，比常年同期高1.4℃，气温持续偏高，3月、4月、5月气温分别较常年同期高1.6℃、1.5℃和1.3℃。夏季平均气温为25.1℃，比常年同期高1.4℃，6月、7月、8月分别较常年同期高1.1℃、1.8℃和1.3℃。秋季平均气温为11.7℃，比常年同期高0.8℃，气温前高后低，9月、10月、11月分别比常年同期高0.3℃、0.3℃和1.9℃。12月平均气温为-5.0℃，较常年同期高0.5℃。

2. 降水

全年降水量为582.1毫米，比常年偏少70.8毫米。作物生长季降水量为510.2毫米，比常年同期少44.5毫米。春季降水量比常年少53.8毫米，夏季降水量比常年同期多21.4毫米，秋季降水量比常年同期少35.5毫米。

3. 日照

全年日照时数为2734.2小时，比常年偏少44.6小时。春、夏、秋季日照时数分别比常年同期偏少48.3小时、偏少19.8小时、偏多10.6小时。作物生长季日照时数较常年偏少55.1小时。

全年气候特点是气温偏高、降水稍少、日照偏少，气象条件稍差。

第六章 气象灾害

气象灾害占所有自然灾害的 70% 以上，其发生具有不可避免性。营口地区经常发生的气象灾害有暴雨、干旱、大风、冰雹、雷电、雾、寒潮、暴风雪。

第一节 暴雨灾害

暴雨灾害是营口地区的主要气象灾害，1951—2016 年共发生 67 次暴雨灾害，主要出现在夏季，尤以 7 月、8 月最多，平均每年发生 1 次暴雨灾害。1985 年是一个暴雨灾害高峰年，共发生 5 次暴雨灾害（图 6-1）。

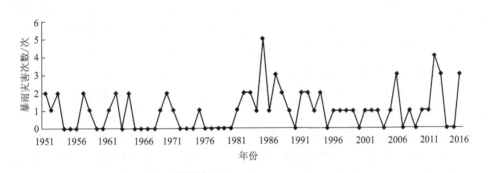

图 6-1 营口地区 1951—2016 年年暴雨灾害次数

1958 年 7 月 25 日，盖平县大雨倾盆，山洪急下，大清河流量为 1930 米／秒，528 千米² 土地被淹，团山乡王家岗村附近的 "206 孔桥" 水口决口，冲断沈大铁路 918 米，造成火车停滞，工农业总损失 1902.61 万元。

1981 年 7 月 27—28 日，盖县南部下特大暴雨，杨运、杨屯两公社遭到特大水灾。总雨量为 283 ~ 676 毫米，造成巨大山洪，引发严重滑坡，大批牲畜、房舍、耕地被洪水吞没，死亡 314 人，伤 633 人，总计损失达 4190 余万元。

1985 年 7 月 20—21 日，营口县出现大暴雨，局部特大暴雨，虎庄是暴雨中心，降雨量为 328 毫米。全县洪涝灾害严重，1.2 万间房屋进水，沈大公路中断 4 个小时，铁路被淤，农田大面积被淹，农作物严重减产。死亡 5 人。

1985 年 8 月 18—20 日，营口地区受第 9 号台风影响，普降暴雨和特大暴雨，19 日最大降水量达 240.5 毫米，19—21 日过程雨量达 298.7 毫米，市区西部降雨量达 341.0 毫米，最大风速达 16.3 米／秒。狂风暴雨造成主要河流洪水猛涨，堤坝溃决，山洪暴发，农田大部分被淹，部分输电、电话线路中断，交通堵塞，工厂企业被迫停产，多数群众住宅被水包围，市区平均积水 60 厘米深，最深可达 1 米以上，给国民经济和人民生命财产带来严重威胁。全市受灾人口 40 万，死亡 2 人，倒塌房屋 3162 间，直接经济损失 10669 万元；停产工厂 381 家，工业经济损失 8800 万元；林木损失 9000 株，林业经济损失 106 万元，涝毁树苗 28 万株；暴雨导致交通停运 2 小时，交通经济损失 26 万元；电力中断 11 小时，经济损失 161 万元，通讯经济损失 133 万元，基础设施经济损失 917 万元；停业商店 90 家，商业经济损失 156 万元。

1989 年 7 月 18 日 06—09 时，营口县降大暴雨，引发山洪暴发，境内大清河等河水出槽，泛滥成灾。

大石桥镇内积水 50～150 厘米深，受灾农田 9.9 万亩[①]、菜田 1.6 万亩，损坏果树 0.7 万株。冲毁桥梁 54 座、涵洞 56 个、公路 134 处。有 0.4 万户民宅进水，损坏房屋 0.5 万间，死亡 7 人。直接经济损失 4980 万元。

1994 年 8 月 15—17 日，受第 15 号台风影响，营口地区降暴雨或大暴雨。营口熊岳镇共降雨 162.4 毫米，8 月 16 日风速 7～8 级，阵风 9 级，风雨交加共导致 2.2 万亩粮食作物受灾，减产 50% 左右，水果减产 40% 左右，有部分葡萄架和大树被风刮倒，100 余间房屋倒塌，经济损失达 1000 万元以上；8 月 16 日，大石桥普降大暴雨，24 小时雨量达 130～180 毫米，平均 150 毫米，并伴有 8 级左右阵风，共有 27 万亩农田受灾，其中受灾严重的有 10 万亩，果树折断、倒伏 10 万株，损失水果 2 万吨，冲毁县级公路 10000 米，路旁树木倒伏或冲毁 1.5 万株，682 户房屋进水，200 间房屋倒塌，因灾死亡 3 人。营口市老边区和盖州市不同程度受灾。据营口市防汛抗旱指挥部初步统计，全地区受灾农作物面积 31538 公顷，成灾面积 28260 公顷，绝收面积 6904 公顷，减产粮食 68332 吨，损失粮食 65 吨；冲毁耕地 2710 公顷，受灾果树 135 万株，损失水果 14 万吨；因灾死亡牲畜 557 头（只），死亡 4 人，仅农业损失就达 3.2 亿元。台风导致全地区 535 家企业停产，600 家企业部分停产；公路中断 64 条次，冲毁桥梁涵洞 244 座，冲毁路基路面 127 千米；造成供电停止 118 小时，输电线路损坏 69 条次，损坏电线 3229 根计 137.5 千米；造成通信线路损坏 2852 根计 337.6 千米；全地区工业、交通损失共计 0.6 亿元，水利工程损失 0.94 亿元，倒塌房屋等损失 0.44 亿元。截至 8 月 18 日，全地区因台风造成经济损失约 6.7 亿元。

2002 年 8 月 4—20 日，营口地区出现大到暴雨，局部地区特大暴雨。8 月 4 日，盖州市日降水量达 261.9 毫米，洪水造成堤防决口 23 处，漫顶 10 处，冲毁桥梁 8 座，公路铁路损坏 4.5 千米。全市因灾死亡人口 2 人，农作物受灾面积 13400 公顷，农作物绝收面积 4667 公顷，倒塌房屋 358 间，死亡大牲畜 58000 万头，直接经济损失 49060 万元。

2012 年 8 月 3—5 日，受台风"达维"外围云系影响，营口市普降大暴雨到特大暴雨。大石桥市房屋进水 4852 户，倒塌房屋 2781 间；冲毁道路 105 处，长 325.7 千米，冲毁桥梁涵洞 1348 处，损坏堤防 112 处，长 175.5 千米，堤防决口 5 处，长 1.1 千米，河道漫顶长 105 千米；4 个镇区电力中断，通信线路中断；农作物受灾面积 60 万亩，成灾面积 30 万亩，绝收面积 5 万亩；停产企业 1565 个；全市直接经济损失 30 亿元。开发区 8 月 3—4 日，普降大暴雨，降水量在熊岳为 190.4 毫米，城区 158.7 毫米，红旗 187.4 毫米，芦屯 228.2 毫米。全区房屋倒塌 736 间，经济损失 1560.7 万元；农作物受灾面积 4.775 万亩；转移人口 5747 人；路段损毁 147.5 千米；全区直接经济损失 4.2 亿元。盖州市 8 月 3 日 02 时至 5 日 08 时，普降大暴雨到特大暴雨，市区降水量为 264.5 毫米，最大降水量出现在矿洞沟镇毛岭村，降水量为 336.6 毫米。暴雨导致盖州市 27 个乡镇、办事处不同程度受灾。冲毁县级以上公路 23 千米、县级以下公路 1200 千米，路基 45 千米，11 条公路中断（其中市级公路 3 条，县级公路 7 条）；冲毁桥梁 32 座；倒塌房屋 2448 间；东部山区 138 处泥石流易发区安全转移和安置 1.9 万多人，为石门水库泄洪安全转移安置大清河沿岸人口 7.7 万多人。直接经济损失达 38.1 亿元，其中农业经济损失 35 亿元，水利、通信、电力等基础设施损失折款 3.1 亿元。

2017 年 8 月 3—4 日，盖州市出现强降水天气过程，最大降水量出现在矿洞沟镇云山沟，为 393.1 毫米，万福镇、卧龙泉镇、什字街镇、矿洞沟镇等受灾严重。暴雨造成道路积水严重，村级公路冲毁，部分路段瘫痪；玉米被水浸泡、倒伏，果树折断，农作物受灾面积 2087 公顷，成灾面积 1314 公顷，绝收面积 406 公顷；倒塌房屋 11 间，严重损坏房屋 14 间，一般损失房屋 148 间；受灾人口计 28664 人。直接经济损失 9523 万元，基础设施损失 8380 万元，家庭财产损失 403 万元。

---

① 1 亩 =1/15 公顷，余同。

第二节 干旱灾害

营口地区干旱主要出现在 4—8 月的春、夏季节，从 1951—2016 年资料统计的年降水量分布来看，严重干旱（年降水量在 400 毫米以下）的年份为 1978 年、1992 年，占 3.0%，平均发生频率约为每 33 年 1 次；干旱（年降水量在 400～500 毫米）的年份共有 9 年，占 13.6%，平均发生频率为每 7—8 年 1 次。干旱灾害发生比例为 16.7%，平均发生频率约为每 6 年 1 次。发生连旱的次数较少，只有盖州和大石桥分别在 1965 年和 2000 年发生过春、夏、秋连旱（图 6-2）。

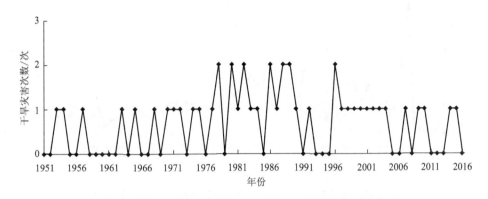

图 6-2 营口地区 1951—2016 年年干旱灾害次数

1987 年 7 月 14 日至 8 月 14 日，营口县降水量仅为 17.8 毫米，占历年降水量的 14%，高温少雨导致全市农田出现大范围的严重伏旱，部分农田绝产。农作物受灾面积 33522.67 公顷，成灾面积 33522.67 公顷，绝收面积 1678.27 公顷。

1992 年 8 月 29 日，营口地区干旱达 90 万亩，成灾 66.4 万亩，其中绝产 8.4 万亩，减产 5 成以上有 21 万亩，减产 2～3 成有 37 万亩，减产 8700 万千克，经济损失达 4870 万元。全地区 2450 万株果树全部受灾，减产 3.5 万吨，经济损失 4200 万元。新栽的果树 200 万株，旱死 10 万株。

1997 年 4 月 1 日至 8 月 31 日，大石桥市 4—8 月总降水量比历年偏少 50% 以上，造成百年不遇的旱灾，所到之处池塘干涸，河道断流，山地作物叶片干焦，基本绝产。大石桥市中东部 14 个镇粮食受灾面积达 20520.7 公顷，粮食减产 4385 万千克，减产幅度 45%，绝产面积达 1600 公顷，直接经济损失 1亿元。

2001 年 4 月 1 日至 5 月 31 日，大石桥市总降水量 30.6 毫米，占历年平均 27%，出现严重干旱天气，使大部分水田没插上秧，影响粮食产量。农作物受灾面积 23747 公顷，成灾面积 23747 公顷，绝收面积 9013 公顷。

2004 年 5 月 3 日至 6 月 15 日，营口地区 43 天无降水。其中大石桥市 5 月降水量仅为 25.6 毫米，6月上中旬降水仍偏少，仅为 5.7 毫米，是历年降水量的 30.2%，造成严重干旱，农作物成灾面积 4966.67公顷，绝收 180 公顷。盖州市大部分大田作物苗打柳甚至死亡，果树有死株现象发生，近百个村庄无水，需要到外村或外境拉饮用水，水库干枯，河道断流，地下水位严重下降，农作物受灾面积 6666.65公顷，成灾面积 5333.3 公顷，旱灾导致直接经济损失 1.21 亿元。

2014 年 6 月至 8 月末，营口地区大旱。大石桥市 8 月 1—31 日降水异常偏少，月降水量为 55.1 毫米，比历年平均少 102.7 毫米，旱情严重，受灾人口达 97521 人，需生活救助人口 22202 人，其中饮水困难需救助人口 9541 人；农作物受灾面积 23082 公顷，其中农作物成灾面积 21421 公顷，绝收面积 7093公顷。干旱灾害直接经济损失达 30284 万元。

第三节 大风灾害

大风是营口地区常见的灾害天气，1951—2016 年出现大风日数为 1515 天，年平均大风日数为 23 天，多出现在春季，占全年平均总大风日数的 54%。最多年大风日数出现在 1956 年，为 95 天；1952 年未出现大风日。20 世纪 60 年代后期到 70 年代，营口市出现大风的日数较多，80 年代以后，大风日数逐渐减少（图 6-3）。

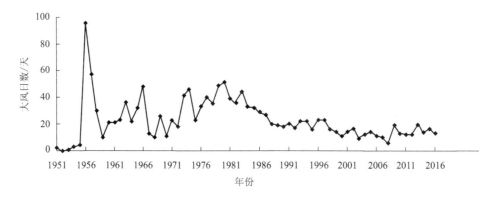

图 6-3 营口市 1951—2016 年年大风（风力 ≥ 8 级）日数

从地理位置上看，1951 年以来营口开发区发生大风次数最多，为 2069 次；营口市次之，为 1515 次；盖州市 1191 次；大石桥市最少，为 1089 次（图 6-4）。

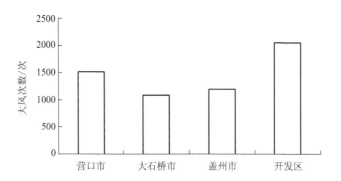

图 6-4 营口地区 1951—2016 年大风次数

营口市的风向频数以西南风为最多，以偏东北风次之（图 6-5）。

1962 年 3 月 8 日，营口市渔业公司机帆船队从舟山渔场返回营口途中，在靖海卫砂窝岛遇大风暴雨，有 12 只船浅滩、3 只沉没、6 名船员死亡。

1963 年 4 月 5 日，营口市渔业公司拖网渔船出海，因受大风影响，船触礁石头坝上，3 人落水死亡。在鲅鱼圈附近海域生产的拖网渔船，突然遇 9 级北风，阵风 10 级，打沉渔船 10 只，落水死亡 15 人（其中盖平渔场 4 人、海星大队 11 人）。

1972 年 3 月 25 日，营口海洋捕捞公司 115 号机帆船在烟台海域捕鱼，夜间站锚时，因风浪大被秦皇岛冀海 4 号货轮拦腰切断，5 名船员落水死亡。

1972 年 7 月 26—27 日，营口沿海地区受 3 号台风影响，一般风力 8 ~ 9 级，最大风力 12 级（31 米 / 秒），最长持续 18 小时。盖县普遍受灾，灾情山区重于平原。其中太平庄乡有 2031 株树被吹倒，357 间房屋被揭盖。果树落果 5600 吨，柞蚕损失 449 把，减产 70%。

1974 年 8 月 29—30 日，营口地区受台风影响遭受大风袭击，营口市有 198 把柞蚕因风灾绝产。营口县受灾农田 6.8 万亩。盖县遭受风雹灾 15.9 万亩，其中成灾 5.5 万亩。

1977 年 7 月 24 日，盖县出现大风，风力 7～8 级，伴有暴雨，21 个公社 1 个农场 10.3 万亩农田遭风灾，苹果被风刮落 56 万千克。

1983 年 7 月 19—21 日，盖县南部、大石桥东部出现大风，最大风速 25 米 / 秒，部分乡、村受其影响。盖县和营口县共有 32 个公社受灾，农田受灾 3.2 万亩。其中绝收 0.5 万亩，损坏树木 1.8 万株，落果 543.2 万千克。

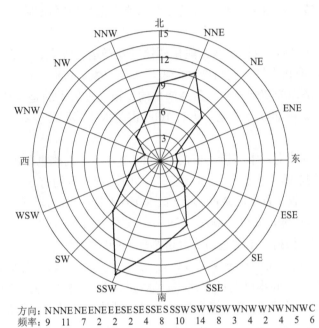

方向	N	NNE	NE	ENE	E	ESE	SE	SSE	S	SSW	SW	WSW	W	WNW	NW	NNW	C
频率	9	11	7	2	2	2	4	5	8	10	14	8	3	4	2	4	5	6

图 6-5　营口市 1951—2016 年风向频率

2000 年 4 月 6 日，大石桥市受大风袭击，最大风速 20 米 / 秒，瞬时风速 24 米 / 秒，达到 10 级，造成大棚倒塌损坏，损失秧苗 87 万亩，经济损失 160.15 万元。

2003 年 8 月 5—6 日，营口港受大风袭击，最大风力 9 级，港口集装箱码头 2 座 50 米高的龙门吊在狂风中被刮倒。

2014 年 5 月 11 日，盖州市万福、梁屯、榜式堡等乡镇遭受不同程度的风灾，平均风力 7～8 级，最大风力 10 级左右，持续时间 2～3 小时，给设施农业造成不同程度的损失。万福镇最大风速为 21.2 米 / 秒（9 级风），大风给设施大棚带来较大影响和灾害。全市设施大棚受灾面积 500 亩，绝产面积 150 亩，造成经济损失 200 多万元。受灾最严重的是万福镇苇塘村，五六个钢架结构大棚被风刮成一团，塑料薄膜掀起破损，悬挂在电线杆或电线上，致使大棚遭受毁灭性破坏。

2016 年 5 月 3—4 日，盖州市、开发区遭受大风灾害，阵风达到 10～11 级，盖州市 27 个乡镇办事处遭受不同程度的灾害，房屋、大棚损失严重。受灾户数 1356 户，受灾设施大棚 936 栋，受灾面积 3109 亩，直接经济损失 2529 万元。

第四节　冰雹灾害

营口地区冰雹天气发生具有局地性，降雹时间一般只有 2～10 分钟，少数在 30 分钟以上。1951 年开始有冰雹气象记录，截至 2016 年，全地区共出现过冰雹 248 站次，平均每年出现 3.8 站次，单站最多一年出现 5 次冰雹过程，分别为 1959 年熊岳、1967 年营口市和大石桥、1976 年大石桥。冰雹年出现频率较高，几乎每年都有发生。冰雹通常出现在每年的春季、夏季和秋季这 3 个季节，即 3—11 月，冬季

12月至次年2月没有出现过冰雹天气，9—10月发生的次数最多，为96站次，其次是5—6月为87站次。5—6月和9—10月出现的雹日，分别占35.1%和38.7%。

营口地区冰雹的移动路径主要有5条：一是从营口地区北界入境，经大石桥市的旗口、虎庄、官屯到周家、建一等乡镇，呈西北—东南走向；二是从盖州市南端入境，沿着碧流河经杨屯、罗屯、卧龙泉等乡镇到大石桥市黄土岭镇的王乡，呈西南—东北走向；三是从盖州市西南部，在熊岳河附近，由归州、九垄地、双台子到小石棚乡，呈西南偏东走向；四是从盖州市西部，沿大清河由沙岗镇、太阳升、白果、暖泉等乡镇到高屯镇，呈西东走向；五是在东部或东南部山区原地生成，缓慢移动，在黄土岭、万福、卧龙泉一带产生冰雹。

1985年6月2日11—12时，盖县九寨、熊岳两镇以及杨运、陈屯、二台子、什字街、九寨、归州6个乡降雹。其中二台子、熊岳农场，先后两次降雹，大如鸡蛋，持续20～40分钟，144万株苹果树、2000亩农田受灾，直接经济损失200万元。盖县南部的乡镇受灾最重的是果树，6个乡镇的苹果约减产2917万千克，21万株葡萄减产200万千克，另有1000亩苗木不同程度受灾，同时受灾柞蚕112把，绝收32把，冲毁农田2000亩。

1992年6月30日，盖县罗屯、十字街、矿洞沟等15个乡镇遭到冰雹袭击。本次降雹约30分钟，冰雹最大直径50毫米。全县共15个乡镇89个村遭灾，其中比较严重的有5个乡镇45个村。冰雹导致盖县10万亩农田受灾，其中绝收2万亩，减产粮食约1400万千克；135万株苹果树受灾，树上的果实全部受伤，有50%的果实被打落在地，减产2000多万千克；罗屯乡红屯村被冰雹打死的猪、羊共31头，矿洞沟乡黄岭村被冰雹打死13头猪。本次雹造成经济损失5000多万元。

1995年6月13日和23日，盖州市十字街乡以及九寨、陈屯、二台、红旗、杨运、矿洞沟、小石棚等乡镇场的59个村两次遭受不同程度的风雹袭击。冰雹持续8～9分钟，冰雹最大直径10毫米左右，降雹时伴随8级左右大风。其中有25个村受灾比较严重，导致大田受灾面积2.9万亩，成灾面积2.0万亩，受灾严重的达0.5万亩，减产粮食约320万千克，经济损失448万元；果树受灾164万株，其中苹果144万株，造成减产、减收等损失共达3852万元。两次风雹造成经济损失4300万元。

2000年9月21日，盖州市陈屯、九寨、九垄地、果园、二台农场等地降雹，降雹时间40分钟，密度大，冰雹最大直径20毫米，果树受灾严重，损失水果1376万千克，直接经济损失3150万元。

2002年8月12日，盖州市九寨镇、双台乡和徐屯镇部分村遭受冰雹袭击，降雹时间持续30分钟左右，冰雹直径达40毫米，部分地区地面降雹厚度达60多毫米，同时伴有8～9级大风。九寨镇农田受灾面积8000亩，其中葡萄、苹果、桃、李等经济作物受灾面积5500亩，大田作物受灾面积2500亩，直接经济损失500余万元；双台乡受灾农田2500亩，损失柞蚕210把，损失水果500万千克，直接经济损失1500万元；徐屯镇主要是水果受灾严重，61万株苹果树遭灾，损失水果30多万千克，直接经济损失30余万元。

2010年5月29日，营口市老边区和大石桥市南楼、汤池、周家、永安、虎庄等乡镇降雹，冰雹最大直径70毫米，最大质量48克。老边区柳树镇共有15个村2450亩蔬菜遭受冰雹灾害，直接经济损失6000万元。大石桥地区8.5万亩果树受灾，落叶、落果和伤果现象比较严重，3万亩玉米幼苗不同程度受灾，另外有0.3万亩蔬菜和0.3万亩西瓜地遭受不同程度影响。

2013年6月3日，盖州市青石岭镇、高屯镇和大石桥市东部黄土岭镇、汤池镇的部分农作物遭遇雹灾，造成不同程度的损害。青石岭镇的青石岭村、达子卜、高丽城村受灾比较严重，给农业生产带来较大危害，玉米苗叶片80%以上被冰雹打碎，有的植株折断，苹果、梨的果实部分被打落，杨树叶被打落满地；大田受灾0.77万亩，苹果受灾12.4万株，李子、梨、葡萄受灾0.58万株，西（甜）瓜、菜葫芦等受灾共0.07万亩；高屯和青石岭两个乡镇受灾人口共3900人，房屋受损320间。黄土岭镇玉米受灾面积1.4万亩，果树受灾面积0.8万亩，蔬菜受灾面积0.15万亩；汤池果树受灾面积1590亩，西瓜受灾面积375亩，葡萄受灾面积290亩，共计造成经济损失1745万元。

2013年7月3日，盖州市出现强阵性降水，并伴有冰雹、雷雨、大风等强对流天气，冰雹持续时间

15 分钟，最大冰雹直径为 30 毫米，致使盖州市团山、沙岗等 5 个乡镇、办事处遭受不同程度灾害。团山办事处和沙岗镇灾情较重，玉米叶被打成丝状，西瓜被打裂，苹果幼果、叶片被打落，此次雹灾共造成 4544 公顷农作物和水果受灾，经济损失达 9197 万元，其中大田作物玉米受灾面积 2236.2 公顷，绝产 1452 公顷，减产 3～5 成约 784.2 公顷，经济损失 2530 万元；蔬菜受灾面积 1207.5 公顷，绝产 141.8 公顷，减产 3～5 成约 1065.7 公顷，经济损失 3991 万元；水果受灾面积 1100.3 公顷，绝产 220.5 公顷，减产 3～5 成约 879.8 公顷，经济损失 2676 万元。

2014 年 6 月 10 日，盖州市卧龙泉、榜式堡、梁屯等乡镇出现冰雹等强对流天气。冰雹持续时间最长 20 分钟左右，冰雹直径在 10～20 毫米，个别地方冰雹密度较大。卧龙泉镇受灾最重，全镇有 5 个村 35 个村民组 1960 户 6200 人受灾，大田玉米遭受冰雹灾害面积达到 403.3 公顷，苹果损失 3.9 万株，套袋苹果伤害占 30%，没套袋苹果基本全部受灾。

2015 年 8 月 28 日，营口开发区红旗镇、熊岳镇出现冰雹天气，冰雹为黄豆粒大小。红旗镇 6 个村（东兰旗、西兰旗、达营、金屯、宋屯、东冷水）的葡萄受灾严重，全镇葡萄受灾面积 4500 亩，其中绝产 2600 亩，葡萄减产 760 万千克，直接经济损失 3800 万元；熊岳镇 5 个村（大铁村、厢黄旗村、郭屯村、莫屯村、火山村）共受灾 1459 户，作物受灾面积 3523.5 亩，经济损失 3039.6 万元。

第五节　雷电灾害

营口地区一年四季均有雷电天气发生，但主要出现在夏季，其次为春、秋季，截至 2016 年，年平均雷暴日数为 24.9 天。雷暴分布规律为东南部多于西北部，出现频率最高的是熊岳，年平均雷暴日数为 26.5 天，其次是大石桥 26.2 天，营口市 24.9 天、盖州 24.9 天。

1978 年 4 月 5 日，营口市老边区冰雹、雷电造成 1 人死亡 2 人受伤。

2004 年 7 月 23 日，营口市鲅鱼圈区熊岳镇遭受强雷暴袭击，多家企业受灾，造成经济损失 15.9 万元。8 月 3 日 08 时 10 分左右，营口市鲅鱼圈区熊岳科研所的 2 台变压器被雷击坏，造成科研所办公楼及家属楼等停电达 24 小时以上，间接损失 20 多万元。

2005 年 5 月 30 日，盖州市太阳升办事处丁屯村一男性村民在自家大田中干活，遭雷击致死。

2006 年 6 月 3 日，营口市老边区边城镇老边村遭雷击伤 1 人。7 月 14 日，营口市鲅鱼圈区遭受强雷暴袭击，多家企业受灾，经济损失 9.6 万元；盖州市农电局、各乡镇变电所、市中心医院及住宅电话、电器等遭受雷击，经济损失 30.5 万元。10 月 13 日，营口市老边区路南镇后塘村村民李某在田间劳作遭雷击身亡。

2007 年 5 月 17 日，大石桥市旗口镇长屯村一村民，在自家鱼塘投料台上被雷击致死。

2009 年 10 月 16 日，营口市站前区太和东里 32 号楼 12 户太阳能热水器遭雷击起火，使电视、电脑不同程度损坏，造成经济损失 5 万元。

2010 年，营口地区共出现 3 次雷电灾害，分别是 6 月 22 日、8 月 5 日和 11 月 7 日，雷电击毁家用电器、网络系统、计算机及相关设备、变压器多台，直接和间接经济损失 60.8 万元。

2017 年 8 月 11 日，营口市遇雷雨大风天气，营口天赋国际酒店 2 号楼旁大树遭雷击，楼体外部线缆将雷电电流引入财务办公室，造成 1 台台式电脑、2 个液晶显示屏、1 台交换机损坏，同时造成楼内网络中断。9 月 22 日，营口市遭遇雷雨大风天气，辽宁省烟草公司营口市公司遭遇雷击，由于高清摄像头前未加装信号浪涌保护装置，雷击造成室内外 7 个高清摄像头、3 个电源变压器、2 台消防报警信息柜损坏。

第六节　雾灾

雾是营口地区灾害性天气之一，一年四季均有发生。全地区出现的雾多数属于辐射雾，其次是平流雾，平流雾最少。

截至 2016 年，营口市平均每年出现大雾天气 10.4 天，最多的一年出现 21 天，全年没有大雾天气出现的年份较少，盖州 1961 年、2000 年和 2005 年没有出现过大雾天气，大石桥和熊岳 2005 年没有出现过大雾天气。大石桥大雾天气出现频次最高，为 7.5 天，熊岳和盖州分别为 5.9 天和 4.7 天。

第七节　寒潮灾害

寒潮是营口地区发生在秋、冬、春季的主要气象灾害之一，可以引发霜冻、冻害等多种灾害。1951—2016 年营口共出现寒潮天气 135 次，平均每年出现 2 次。寒潮天气出现次数最多的年份是 1965 年，共 7 次，其次是 1957 年、1967 年、1972 年、1974 年和 1977 年，均出现 4 次。寒潮强度较强的年份是 1979 年和 1999 年，1979 年 11 月 9—13 日，寒潮降温幅度最大，达到 23.1℃，而且连续 4 天达到寒潮标准；1999 年 11 月连续出现 2 次寒潮天气（表 6-1）。

表6-1　营口寒潮天气出现次数　　　　　　　　　　　　　　　　　　　　　单位：次

旬	月份						
	10 月	11 月	12 月	1 月	2 月	3 月	4 月
上旬	0	14	13	10	5	1	0
中旬	9	11	9	8	4	1	0
下旬	9	16	10	8	5	0	2

第八节　暴风雪灾害

暴风雪天气是营口地区冬半年最主要的灾害性天气之一。1951—2016 年，全地区共出现过暴风雪天气过程 34 次，平均每 2 年出现 1 次，有的暴风雪天气过程可持续 2 天。暴风雪天气主要出现在 11 月至次年 2 月（图 6-6）。

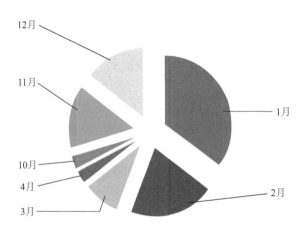

图 6-6　暴风雪出现月份及频次

2007 年 3 月 3—4 日，营口地区出现暴风雪天气。营口市区降雪量为 34.2 毫米，积雪深度平均达到 22 厘米；大石桥市降雪 41.3 毫米，雪深 17 厘米；盖州市降雪 30.3 毫米，雪深 15 厘米；开发区降雪 44.3 毫米，雪深 17 厘米，同时伴有 7～9 级偏北大风，瞬间最大风速达到 38.7 米 / 秒。这次暴风雪天气过程造成全地区工业企业 625 户厂房倒塌、生产或工业用气管道冻裂；439 户企业因停水、停电、道路交通堵塞，无法正常运转而停产。农业方面，桃李杏等果树受冻害 550 万株，倒塌受灾棚室达 24208 栋；水产品工厂化养殖大棚被风雪覆盖、倒塌，造成海参苗、虾苗、贝类等大量死亡；渔港、渔船也受到不同程度破坏；遭到破坏的规模饲养场（户）达 2000 余个。供电、供热、供水和公交等方面，供电线路 500 千伏线路跳闸停运 2 条；200 千伏线路跳闸 4 条，停运 1 条；66 千伏线路跳闸 31 条，停运 9 条；10 千伏线路跳闸 62 条，停运 26 条。由于供电系统部分外线停电，造成部分地区供水中断，迫使市热力供暖公司 1 个大型热源厂、7 个小锅炉房及 60 个换热站停止运转，230 万米^{2}供暖区域处于停供状态。全地区中小学部分校舍受损，广播电视设施遭暴风雪破坏，立柱广告和楼顶广告损坏 63 处，牌匾损坏 500 余个；城乡企事业用房受损 12 处，逾 2 万米^2。城区民用房屋受损 1000 余户，逾 9 万米^2；农民居住房屋倒塌 83 户、183 间，损坏居民房屋 536 户；伊斯兰教清真东寺寺院内铁拱大棚、铁皮房盖被积雪压塌。暴风雪造成损失共计 12.54 亿元。

第二篇

气象业务

第七章　气象探测

20 世纪 80 年代中期，随着气象现代化建设和现代信息技术的发展，营口气象观测逐渐由人工观测向自动观测转变，观测手段由单一到立体多元，气象设施由简单传统到智能精准，已经形成了一个由地面观测、区域气象观测、天气雷达探测、卫星遥感探测、农业气象观测、专业气象观测等多种观测种类有效结合的综合探测系统，形成了布局合理、功能齐备的自动气象监测站网。

营口地区气象监测站网按照观测平台可分为地基、空基、天基气象观测。地基主要由国家级气象站、无人值守区域自动气象站、天气雷达站、海上气象站、车载移动气象站、酸雨观测站、大气降尘观测站、农田小气候自动气象站、土壤水分自动气象站、交通气象站等组成；空基为携带无线电探空仪的探空气球；天基则是气象卫星。

第一节　气象台站网建设

1949 年之前，营口地区只有营口和熊岳 2 个气象站。1959 年年底，营口地区实现了每个县都建气象台站的目标，当时营口地区有 1 个气象台（站）、3 个气候站、2 个农业气象试验站、3 个海洋水文气象站。1962 年，营口地区气象台站、气象哨达到 55 个。2005 年营口地区开始筹备建设区域自动气象站，至 2018 年年底，营口地区气象观测站网已经涵盖国家气象站、区域气象站、海上气象站、车载移动气象站、交通气象站、农业气象站、天气雷达站、雾霾探空站、雷电监测站、酸雨观测站、大气降尘观测站等多类气象站。营口气象站作为东北近代气象观测的先驱，在气象现代化建设中，发展为全天候、自动化、多要素、立体式的综合气象观测站。各类气象台站按照国家气象主管机构制定的气象观测规范开展气象探测业务。

一、国家气象观测站

从营口气象站成立之初至 1959 年，营口地区相继建成 4 个国家级气象站，包括营口国家基本气象站、盖州国家气象观测站、大石桥国家气象观测站和熊岳国家基本气象站。其中营口国家基本气象站为全球交换发报站，其他 3 个站为国内交换发报站。

1. 营口国家基本气象站

始建于 1904 年 8 月，观测资料参与国际交换。现担负的基本业务有：地面气象观测、大气成分气溶胶观测、雾霾探空观测、生态观测、酸雨观测、大气降尘观测、紫外线监测、雷电监测等。

2. 盖州国家气象观测站

始建于 1958 年 3 月，是按省行政区划设置的地面气象观测站，是国家天气气候站网的补充，观测资料主要用于本省和当地的气象服务。现担负的基本业务有：地面气象观测、农业气象观测、生态观测、酸雨观测、大气降尘观测等。

3. 大石桥国家气象观测站

始建于 1959 年 1 月，是按省行政区划设置的地面气象观测站，是国家天气气候站网的补充，观测资料主要用于本省和当地的气象服务。现担负的基本业务有：地面气象观测、农业气象观测、生态观测、酸雨观测、大气降尘观测等。

4. 熊岳国家基本气象站

始建于 1913 年 4 月，是国家天气气候站网中的主体站。现担负的基本业务有：地面气象观测、农业气象观测、生态观测、酸雨观测、大气降尘观测等。

二、区域自动气象站

2005年，为配合营口新一代天气雷达雨量校准，营口地区开始筹建区域自动气象站。7月21日，在碧流河流域和东部泥石流易发地区乡镇，首批建成10个区域自动气象站，其中4要素（气温、降水、风向、风速）站7个，2要素（气温、降水）站3个。同年10月底，又在其他乡镇建成21个区域自动气象站。至此，营口地区共建成31个区域自动气象站，其中4要素站14个、2要素站17个。

2006年1月，在营口市气象局建成1个7要素（气温、气压、湿度、降水、风向、风速和地温）区域自动气象站。

2007年3月，在海上灯船上建成风向风速自动气象站；9月，在盖州市高屯镇、仙人岛，大石桥市南楼开发区、吕王乡建成4个区域自动气象站，其中4要素站2个、2要素站2个。

2008年6月，在盖州市徐屯镇、归州镇、陈屯镇，大石桥虎庄镇、永安镇，开发区红旗镇建成6个4要素区域自动气象站；9月，在盖州市团山街道办事处建成1个7要素的国家级无人自动气象站，该站为中国气象局环渤海岸基无人站点，站号为54478。

2010年，对海上灯船自动气象站进行升级改造。10月，在营口市老边区兰旗机场建成1个7要素区域自动气象站；11月，在营口市老边区路南镇、大石桥市周家镇、盖州市二台子乡建成3个4要素区域自动气象站。

2011年5月，通过实施山洪工程单雨量站点建设，完成盖州市小石棚乡大锅峪村、毡帽峪村、周屯村，杨运镇头道沟村、南岔村，什字街镇侯家沟村、高台子村、邹屯村、马屯村9套单雨量站的建设。12月，与营口市水利局合作，进行山洪非工程项目建设，在盖州市榜式堡镇大庙沟村、石门水库，梁屯镇旺兴仁村，杨运镇鲍屯村、林场村、杨运村、小石棚乡大嵩峪村，什字街镇柳屯村、邢家沟村，万福镇柞树甸村，大石桥市建一镇黄丫口村，黄土岭镇虎皮峪村，开发区红旗镇红海河、熊岳镇母亲河等地，共建成14个4要素区域自动气象站。

2012年5—7月，通过实施山洪工程升级改造和单雨量站点建设，把大石桥市博洛铺镇、高坎镇、沟沿镇、官屯镇、黄土岭镇5个区域自动气象站升级成4要素站；在盖州市矿洞沟镇张家堡村、毛岭村、云山沟村，卧龙泉镇腰堡村、娘娘庙村、金厂沟村建成6套单雨量区域自动气象站。8月，在盖州市玉石水库建成1个2要素自动气象站；在开发区山海广场建成1个7要素区域自动气象站，用于"十二届全运会"营口赛区沙滩排球比赛现场气象观测，通过利用该自动站多个传感器通道，将省气象局配发的沙滩温度传感器进行连接，向营口市气象局中心站传输数据，同时开发沙滩温度转换软件，增加的沙滩温度传感器通道按照辽宁省气象信息中心规定的观测数据文件格式进行转换，省气象局可以同步获取营口赛区沙滩排球比赛现场沙滩温度数据。

2013年5月，按照辽宁省气象局海洋气象监测网的建设规划，营口海洋浮标站建设项目正式启动。营口市气象局编制建设实施方案上报省气象局，并就《营口海洋浮标自动气象站通航安全评估报告》编制事宜与大连海事大学进行沟通协商。2014年，营口市政府组织市气象局、营口海事局、市交通局、市海洋渔业局、市交通港航管理处等有关部门召开浮标站选址协调会议，初步确定站址。市气象局积极协调相关部门，完成浮标站建设的全部审批手续和设备的定型和采购。2015年，市气象局组织召开《营口海洋浮标气象观测站通航安全评估》专家评审会，营口海事局对市气象局申请函进行回复并备案。市气象局完成浮标组装和设备安装。经与营口海事局和港务局沟通商榷，浮标抛投定于营口港鲅鱼圈5港池63号泊位，由营口港拖轮拖送。省政府采购中心组织专家会同省气象局有关负责人对营口海洋浮标站进行现场验收。2016年8月，营口海洋浮标站成功投放到既定海域并开始业务试运行。

2013年8月，营口市气象局与营口军分区建立合作关系，在营口军分区盖州弹药库建成首个军民合作的2要素自动气象站。

2014年，实施沿海经济带项目，在营口市气象局、沿海产业基地、仙人岛油码头、归州镇、白沙湾景区、沙岗镇、团山街道办事处西海村、杨树所、开发区城区、营口港、卢屯镇、海东办事处向阳社区、红旗镇等地安装 7 个、改造 6 个，共 13 个 6 要素区域自动气象站。

2015 年 2 月，通过沿海经济带项目对航标灯船自动气象站进行升级，实现了对海上气温、风向、风速、能见度等气象观测要素 24 小时不间断监测，同时采用国内自主研发的北斗卫星进行观测数据采集、传输，GPRS 作为辅助传输方式。5 月，依托沿海经济带建设项目在营口港的拖轮上建成 1 套船舶自动站。由于该拖船移航至其他港口，2017 年 12 月拆除该自动站设备。

2016 年 4 月，由于航标灯船倒扣导致自动气象站设备损毁，利用沿海经济带监测预警工程海洋移动自动站建设项目资金，重新更换自动气象站，恢复气象观测。8 月，对盖州市团山镇自动气象站进行 5 要素（气温、降水、风向、风速和能见度）升级改造。10 月，将沿海产业基地观测站点迁移至大石桥市蟠龙山营口天气雷达站。通过购置先进的维萨拉 6 要素传感器，改装完成了车载移动气象站。

截至 2018 年，营口地区共建成 73 个区域自动气象站、1 个车载移动气象站。

第二节　地面气象观测

纵观营口气象百年发展史，气象观测方式从单一的人工观测发展到多元集约的自动观测，观测设备从最初的国外引进发展到中国制造，气象观测要素从地面单要素发展到多要素，呈现多样化发展。截至 2018 年，营口气象站地面气象观测项目有 20 多项，包括云、能见度、天气现象、风向（速）、气温、湿度、降水（翻斗式、称重式）、日照、气压、蒸发量（AG2.0 超声波蒸发传感器、小型蒸发）、地温（地表和地中）、草温、雪深和雪压、冻土深度、电线积冰等。

一、观测人员

1949 年，营口市建站时只有常树翰和白国章 2 人，到 1970 年末，观测人员增加到 5 人。1992 年成立测报科，定编 8 人，设副科长 1 人（主持工作），观测员 7 人。2001 年，观测站定编 7 人，站长和副站长各 1 人，观测员 5 人。根据观测业务的自动化发展，2014 年观测人员减至 6 人，2018 年减至 5 人。

二、观测时次

1949 年 4 月 1 日，营口气象站恢复了中断 6 年的气象记录，每日 10 时进行 1 次观测。同年 5 月 1 日，观测次数改为 06、10、14、22 时 4 次；从 5 月 17 日开始发报，发报时次为 02、08、14、20 时 4 次，观测时间改为 02、06、08、10、14、20、22 时 7 次。

1950 年 1 月 1 日开始，观测时间改为 02、06、08、10、14、18、20、22 时 8 次。后发报和观测次数屡经更改，1954 年 1 月 1 日，按照地方平均太阳时进行 01、07、13、19 时 4 次气候观测，并按照 120°E 标准时进行 02、08、14、20 时 4 次绘图天气报告和 00、04、06、10、12、16、18、22 时 8 次补充绘图天气报告。

1954 年 12 月 1 日 08 时起，气象和绘图观测时间不变，补充绘图观测和发报时次改为 05、11、17、23 时（北京时）。1960 年 8 月 1 日，气象观测时制由地方时（01、07、13、19 时）改为北京时（02、08、14、20 时），天气报和补绘报时间不变。

2014 年全国地面气象观测业务调整，从 1 月 1 日（北京时间 2013 年 12 月 31 日 20 时）起，人工定时观测时次由原每日 8 次（02、05、08、11、14、17、20、23 时）调整为每日 5 次（08、11、14、17、20 时）。

三、发报种类

1. 定时天气报

1949 年 4 月 1 日起，每日编发定时天气报。发报内容为云、能见度、天气现象、气压、气温、风向

（速）、降水、雪深、地温等。

2. 航危报

1950年1月1日开始，每日拍发2次，3月之后次数增加或减少。1962年4月19日开始增加夜间航空报。编发全年、全天24小时固定航空报和危险天气报，承担着沈阳、大连、鞍山、丹东、锦州民航和空军的发报任务。2015年1月1日起，取消航空天气报告编发任务，改为数据传输方式为军事、民航部门提供气象服务。发报内容为云、能见度、天气现象、风向（速）等，每小时正点观测发报1次。危险天气报则是当出现危险天气时，5分钟内及时向所有需要航危报的单位拍发危险报，待危险天气终止后按时拍发危险解除报。

3. 重要天气报

1984年1月1日起增加重要天气报，发报时间为定时和非定时，发报项目为瞬间大风、龙卷、冰雹、雷暴、视程障碍现象等。

4. 即时天气报

2005年1月1日起，辽宁省62个气象台站全天24小时当遇有规定天气现象出现时，在10分钟内编发即时天气报。

5. 雪情加密报

2008年12月17日开始，每年11月1日至次年3月31日，当降雪（雨）时，每小时正点前观测降水量和雪深，正点后10分钟内编发雪情加密报。

6. 雨情报告

汛期根据上级指令增加加密观测和发报任务，以及中等强度及以上降水时雨情的监测、收集上报任务等。

7. 发报种类调整

1949年8月5日，增加07、12、19时辽河水位观测并向辽东水利局拍发水位电报；1950年1月1日，开始拍发航空报（2015年1月1日取消）；1955年6月开始拍发气候旬月报（2013年10月取消），其中1956年6月增加向河北省气象局、天津海洋气象台、黑龙江省气象局拍发气候旬月报任务；1957年7月24日开始拍发农业气象旬报；1958年开始增发春季地温报；1959年4月1日开始拍发土壤温湿度报（每年3—5月）；1959年9月21日07时开始编发高空测风电报（1961年3月，根据省气象局指示，停止高空测风工作）；1962年4月开始拍发汛期日降水量报；1970年5月开始拍发过程雨量报（2010年11月取消）。1984年1月1日开始，增发重要天气报告；2005年1月1日开始编发即时天气报；2007年1月1日开始进行地下水位观测，编发生态报；2008年12月17日开始编发雪情加密报。

四、编制报表

1954年，开始制作基本气象记录月报表（气表-1）和基本气象记录年报表（气表-21）。1950年8—12月、1954年6月至1958年12月，制作气压自记记录月报表（气表-2P）；1949年5月至1950年12月、1954年6月至1965年12月，制作温度自记记录月报表（气表-2T）和湿度自记记录月报表（气表-2H）；1954年1月至1960年12月，制作地温记录月报表（气表-3）和日照记录月报表（气表-4）；1954年6月至1979年10月，制作降水量自记记录月报表（气表-5）；1954年6月至1961年2月、1971年2月至1979年12月，制作风向风速自记记录月报表（气表-6），1954年10月至1960年4月制作冻土记录月报表（气表-7）；1954年11月至1956年1月，制作冻结现象记录月报表（气表-8）；1955—1958年制作气压自记记录年报表（气表-22P）；1955—1965年，制作温度自记记录年报表（气表-22T）和湿度自记记录年报表（气表-22H），1954—1960年，制作地温记录年报表（气表-23）和日照记录年报表（气表-24），1955—1979年，制作降水自记记录年报表（气表-25）。以上报表均手工抄录制作。从1984年1月开始，只制作气表-1和气表-21。1988年9月，开始微机制作气表-1和气表-21，各种报表均制作3～4份，分别报送市、省和国家气象部门，自留底本存档；从2004年开始，通过市气象局局域网传输实时数据、报表文件，停止报送纸质报表，制作纸质报表底本存档。2015年7月，取消地面气象记录月报表的制作。

五、观测项目变化

1949年4月1日恢复建站时仪器设备极为简陋，除有小型蒸发皿外，其余的项目均以目测为依据。5月17日开始观测，观测项目包括云、能见度、天气现象、气压、空气温度和湿度、风、降水、日照、蒸发（大、小型）、地温（0、5、10、15、20、50、100、200、300、400、500厘米）、草温。

1951年1月，增加雪深观测。

1953年，停止草温观测。

1954年5月，安装虹吸式雨量计并观测；10月11日，安装冻土器，11月开始观测。

1955年9月1日，停止50、100、200、300、400、500厘米地温观测，改为40、80、160、320厘米地温观测。

1957年11月，增加积雪密度（雪压）观测，停止大型蒸发观测。

1968年1月13日，风的观测设备由维尔达风向风速器改为EL型电接风向风速计。

1971年1月1日，安装电接风向风速自记记录器。

1981年5月，安装遥测雨量计并观测。

1982年11月，增加电线积冰观测。

1983年7月1日，安装大型蒸发（E-601B型）并观测。

2002年1月起，停止气压、气温、湿度、风向风速自记观测。

2011年1月1日起，电线积冰观测导线变更，由直径4毫米的导线更换为直径26.8毫米的电缆。

2012年1月起，停止降水自记观测。

2014年1月1日起，天气现象白天（08—20时）保持连续观测，夜间（20—08时）按照一般站规定执行。保留云量、云高观测，取消云状观测。云高记录前不再加记云状。取消能见度人工观测。每日24小时航空天气报告编发调整为每日5次（08、11、14、17、20时）编发。调整保留雨、阵雨、毛毛雨、雪、阵雪、雨夹雪、阵性雨夹雪、冰雹、露、霜、雾凇、雨凇、雾、轻雾、霾、沙尘暴、扬沙、浮尘、大风、积雪、结冰等21种天气现象的观测与记录。取消雷暴、闪电、飑、龙卷、烟幕、尘卷风、极光、霰、米雪、冰粒、吹雪、雪暴、冰针等13种天气现象（同时取消相应的天气现象电码）。出现雪暴、霰、米雪和冰粒时，记为雪；这4种天气现象与雨同时出现时，记为雨夹雪。

2014年6月1日起，增加草温观测并上传数据。

六、业务系统发展

第一阶段（人工观测，手工编报）：1949年4月1日至1985年12月31日，采用人工观测，手工编报。

第二阶段（人工观测，自动编报）：1986年1月1日至1999年12月31日，使用日本产SHARP pc-1500袖珍计算机、Apple Ⅱ型计算机、长城系列计算机等进行湿度查算并编报，即人工观测，自动编报。

第三阶段（人工观测与自动观测双轨并行，自动编报）：1999年10月12—24日，DYYZ-Ⅱ型自动气象站安装完成。2000年1月1日至2000年12月31日，人工观测与自动观测进行对比，观测、发报记录以人工站资料为主。2001年1月1日至2001年12月31日，人工观测与自动观测进行对比，观测、发报记录以自动站资料为主。

第四阶段（绝大部分气象要素实现自动观测，自动编报）：2002年1月1日起，Ⅱ型自动气象站开始单轨运行，取消气压自记、温度自记、湿度自记、风自记。气温、气压、相对湿度、风向风速、地温、降水等部分要素实现了自动观测。2013年5月31日20时，新型自动站建设完成并正式运行，撤销已经实现自动观测的人工器测设备（干湿球温度表、最高最低温度表、水银气压表、人工风速风向、地面温度表、地面最高最低温度表、浅深层地温表等人工对比观测仪器设备），实现了温度、湿度、气压、风向风速、降水、地温、能见度、蒸发、视程障碍类和降水类天气现象等气象要素观测的自动化。建立了双套自动站（新型自动气象站和Ⅱ型自动气象站）"一主一备"的运行模式。

七、营口气象站沿革

1904年8月5日，日本中央气象台在营口鼋神庙街三义庙建立第七临时观测所，10月起开始有正式记录。

1907年11月1日，观测所自三义庙迁入牛家屯。

1909年12月25日，观测所自牛家屯迁入新市街青柳町一丁目，即现在的营口气象站旧址，时称"关东都督府观测所营口支所"。

1919年4月，关东都督府观测所营口支所更名为关东厅观测所营口支所。

1934年12月，改称关东观测所营口支所。

1945年日本投降后，关东观测所营口支所观测工作停止，气象资料被日本人焚烧损毁。

1949年2月27日，东北气象台派员到营口，在旧址筹建营口气象台，位置：北纬40°40′，东经122°14′，海拔高度2.4米。4月1日恢复了中断6年的气象记录。

1955年9月1日，迁至营口市通惠街郊外，在原址西南3500米处，位置：北纬40°40′，东经122°12′，海拔高度3.5米。

1957年6月1日，开始使用54471区站号。

1973年1月1日，迁至营口市站前区东风路58号郊外，在原址东4000米处，位置：北纬40°40′，东经122°16′，海拔高度3.3米。

1974年，4次定时（02、08、14、20时）观测资料参加全球交换，成为世界天气监测网合作成员。

1986年1月1日，正式在地面观测业务中使用SHARP PC-1500袖珍计算机，计算观测数据，自动编制地面气象报告。

1988年1月1日，引进APPLE-Ⅱ微机制作地面气象记录月报表。

1999年10月，建成DYYZ-Ⅱ型自动气象站，经过2年的对比观测，于2002年1月1日正式启用，实现了气温、气压、相对湿度、风向风速、液态降水等要素的自动观测。

2002年10月1日，安装紫外线辐射强度监测仪，2003年1月1日开始数据监测和传输。

2005年12月26日，迁至营口市西市区渤海大街西119号（西炮台公园规划区内），位于原址西8500米，位置：北纬40°40′，东经122°10′，海拔高度3.8米。

2006年8月30日，安装LD-2型闪电定位仪，9月1日开始数据监测和传输。

2007年1月1日，开始地下水位观测。

2013年5月，新型自动气象站建成并投入使用，实现了DZZ5新型自动气象站和DYYZ-Ⅱ型自动气象站"一主一备"的运行模式。8月建成大气成分气溶胶（$PM_{1.0}$、$PM_{2.5}$、PM_{10}）监测系统，12月开始数据监测和传输。

2014年11月1日至2015年5月31日，中国气象局在营口气象站进行雨滴谱降水现象仪北方地区试验考核工作。

2015年10月31日20时，开始启用称重式降水传感器。

2016年3月22日，安装串口服务器，实现了所有观测设备仅通过一根光纤和终端计算机的数据传输；5—8月，建成雾霾天气探空监测系统，11月开始高空观测；12月21日，完成降水天气现象仪设备安装调试。

2017年5月17日，联合国世界气象组织认定营口国家基本气象站为首批百年气象站。

2018年1月1日，开始酸雨、大气降尘观测。11月16日，安装光电式数字日照计。

第三节　专业气象观测

专业气象观测是为专业性气象保障服务而进行的特殊观测。营口专业气象观测主要有大气成分气溶胶观测、雾霾天气探空观测、紫外线监测、雷电监测、地下水位深度观测、酸雨观测、大气降尘观测等。

一、大气成分气溶胶观测

大气成分观测是综合气象观测的组成部分，是对一定范围内大气化学成分和相关物理特性等进行长期、稳定、持续的观察和测定。

2013 年 8 月底，营口气象站安装了 GRIMM180 颗粒物监测仪，开始监测颗粒物（PM_{10}、$PM_{2.5}$、PM_1）的质量浓度和数浓度。监测仪具有易于安装、操作简单、运行寿命长及维护量少的特点，同时还具有自动数据备份和自动数据传输的功能。

按照《大气成分观测业务规范》和《大气成分观测业务技术手册》要求，值班观测员每日巡视仪器的运行状况，查看数据采集、传输是否正常，定期清洁仪器采样头网罩和内部采样气路、更换尘过滤器。

二、雾霾天气探空观测

随着营口城市发展，低空空气接纳的污染物排放量逐渐增多，在某些特定的气象条件下，污染物聚集在低空中，形成雾霾。雾霾发生与辐射逆温层有密切的关系，受逆温层影响的大气趋于稳定，对流不易发生，污染空气扩散不出去，越累积越浓，与雾混为一体，导致雾霾天气发生。

2016 年 5—8 月，营口气象站建成雾霾天气探空监测系统，进行应急探空观测。监测系统主要包括 GTC2 型 L 波段探空数据接收机、XED-1 型数字探空仪基测箱，使用的探空仪为 GTS1-2 型数字式电子探空仪，探空气球以氢气充灌。

三、紫外线观测

紫外线是波长小于 400 纳米的辐射，它是可达到地面的波长最短的辐射，且最具生物活性，也是引起人类皮肤红斑效应的主因。

2002 年 9 月 27 日，营口气象站安装 TFU-Ⅰ紫外线辐射强度监测仪，该仪器由传感器、采集器、电源、信号电缆等组成。传感器采用新型带通式滤光片，将波长 280～400 纳米紫外线驻留感光元件上。采集器应用单片机技术专门设计，对传感器信号进行采集、运算、存储等处理并数字显示，分辨率高、抗干扰能力强。紫外线辐射强度监测仪每 10 分钟自动采集数据、自动传输。观测数据为到达地面的紫外（280～400 纳米）辐射量，单位为微瓦／米^2。同年 10 月 1 日开始业务试运行，2003 年 1 月 1 日起正式业务运行。

四、雷电监测

雷电在现代生活中，对航天、航空、通信、电力、建筑等国防和国民经济众多部门都有着很大的影响。闪电可以分为：云闪（包含云与云、云与空气、云内放电）、云地闪、诱发闪电、球闪等多种，其中对地面设施危害最大的是云地闪电。云地闪电又可以细分为：正闪（正电荷对地的放电）和负闪（负电荷对地的放电）。

2006 年 8 月 30 日，营口气象站安装 LD-2 型闪电定位仪，2009 年 9 月 1 日更换为 ADTD 型闪电定位仪。雷电自动监测和数据传输，为监测雷电信息、发布雷电预警、积累雷电资料和防灾减灾提供了科学依据，同时实现了联网定位和数据共享。

五、地下水位深度观测

地下水位可以反映地下水的丰富程度及收支平衡状况。2004年5月1日，盖州市气象局、开发区气象局首先进行地下水位深度观测。2007年1月1日，营口气象站、大石桥市气象局开展了地下水位深度观测。每月月末（3—5月为旬末），利用浮筒式自记水位计（或皮尺、测绳等）测量地下水位观测井内水位深度。

六、酸雨观测

酸雨是指因空气污染而造成的酸性降水。氢离子浓度常用对数的负值叫pH值。酸雨是指pH值小于5.60的大气降水，是因人类活动（或火山爆发等自然灾害）导致区域降水酸化的一种污染现象，对公众健康、工农业生产、生态环境以及全球气候变化都有重要的影响。

2004年4月，盖州市气象局按照辽宁省气象局生态气象观测业务的统一部署，建立了酸雨观测点。同年5月1日，正式业务运行，执行省气象局2004年4月制定的《生态环境监测技术方法》（试行），观测数据通过生态环境信息传输系统上传。酸雨观测采用PHSJ-3F型酸雨测试仪和DDSJ-308A型电导率仪。主要任务是采集降水样品，测量降水样品的pH值与电导率，记录、整理观测数据，编制酸雨观测报表，向国家气象部门报送酸雨观测资料。

2006年1月1日，开始使用OSMAR 2005版酸雨观测软件，利用计算机编制报表，通过网络传输到辽宁省信息与技术保障中心。

2017年11月，按照辽宁省生态气象观测网建设实施方案的要求，营口市气象局和大石桥市气象局、营口经济技术开发区气象局分别建立了酸雨观测站点，2018年1月1日正式业务运行。酸雨观测使用PHSJ-3F型实验室pH计和DDSJ-308A型电导率仪，按照《酸雨观测规范》要求，在采样日（当日08时至次日08时）内降水量达到1.0毫米时，测定降水样本的pH值和电导率，相关数据通过地面综合观测业务软件上传。

七、大气降尘观测

大气降尘是指从大气中靠重力作用自然沉降到地面的颗粒物，其直径一般大于10微米。

2004年4月，按照辽宁省气象局生态气象观测业务统一部署，盖州市气象局建立了大气降尘观测点，同年5月1日正式业务运行，执行辽宁省气象局2004年4月制定的《生态环境监测技术方法》（试行），观测数据通过生态环境信息传输系统上传。

2017年11月，按照辽宁省生态气象观测网建设实施方案的要求，营口市气象局和大石桥市气象局、营口经济技术开发区气象局分别建立了大气降尘观测站点，2018年1月1日开始观测，观测数据通过辽宁省生态与农业气象监测系统编发上传。

大气降尘总量观测采用重量法，即大气中的颗粒物自然降落在集尘缸内，经蒸发、干燥、称重，再根据集尘罐口的面积，计算出大气降尘总量。结果以每日（或月）、每平方千米降尘的吨数表示，站内布设2个集尘缸，1号集尘缸用于月累积值的观测，2号集尘缸用于沙尘天气过程降尘的观测。

第四节　天气雷达探测

天气雷达探测是监测降水天气的云雨结构和降水强度分布的有效手段，是大气探测的重要组成部分。营口市气象局从20世纪70年代末开始使用711型测雨雷达，到2005年建成具有世界先进水平的新一代天气雷达，在天气预报服务、突发气象灾害预警及人工影响天气作业等方面发挥了重要作用。

2003—2018年，营口新一代天气雷达从最初的选址建设、迁建大石桥蟠龙山直至大修升级，中国气象局、辽宁省气象局和营口市政府在项目安排、资金投入、技术帮助等方面给予了大力支持，各级领导多次现场考察和具体指导，直至新一代天气雷达实现高标准运行。

一、天气雷达发展历程

营口最初使用从辽宁省气象台调配的 711 型测雨雷达，于 1979 年 6 月布设在市气象局（站前区公园路新气象里 44 号）业务楼顶。

1992 年，由于该雷达设备老化，技术指标严重下降，无法维持正常运行，在省气象部门技术人员的支持下，对其进行了出厂后的第 3 次大修改造，于汛期重新投入业务运行。1998 年 10 月 7 日，中国气象局开始下发数字化天气雷达拼图，711 型测雨雷达逐渐减少了探测次数，2002 年停止使用。

2002 年 8 月 16 日，营口市气象局抓住中国气象局在全国重点地区投资建设新一代天气雷达的机遇，经过局长才荣辉卓有成效的工作，中国气象局同意在营口市增设一部新一代 C 波段多普勒天气雷达，建设费用总计 1200 万元，地方政府配套投资 400 万元。辽宁省气象局随即致函营口市政府就项目建设事宜进行商洽。8 月 22 日，营口市政府同意建设多普勒天气雷达，并承担配套资金 400 万元。此后中国气象局将营口雷达调整为更先进的新一代 SA 型多普勒天气雷达，并追加投资至 2492 万元，市政府亦增加配套投资至 950 万元。

2003 年 4 月 24 日，中国气象局下发《关于辽宁营口新一代天气雷达系统项目建议书的批复》文件，营口新一代天气雷达系统项目正式立项。5 月 9 日，辽宁省无线电管理监测计算站对营口雷达站址进行了电磁环境测量及分析，并出具报告。5 月 27 日，辽宁省气象局组织气象、无线电、规划、通信、管理等方面专家，对营口新一代天气雷达站址进行了论证，认同营口市气象局院内现址为首选站址。10 月 18 日，营口新一代天气雷达防雷工程通过论证。10 月 19 日，营口新一代天气雷达系统项目建设奠基，位置为：122°16′E，40°40′N。

2005 年 6 月，总投资 3400 多万元的营口新一代天气雷达系统建成。雷达主机设备放置在雷达塔楼第 9 层，天线架设在 50 米高度的塔楼顶部，用户终端采用工作站形式，设置在业务楼第 4 层的天气会商室，产品显示及通信采用网络连接，方便任何终端用户实现资源共享。

2010 年以后，营口城区建设加快，特别是营口市气象局周边区域多个楼盘相继规划，超过院内雷达塔楼高度的楼盘达到 10 个以上，对营口主要天气过程的 3 个方位造成不同程度的遮挡，尤其对雷达回波图中偏北的 330°～30° 探测方位遮挡十分明显。为保护营口新一代天气雷达的探测环境，市气象局及时向上级汇报雷达遮挡情况，经市政府和辽宁省气象局研究同意并报中国气象局批准，决定对营口新一代天气雷达进行站址迁移。

通过对备选站址的电磁环境、通信条件、供水、供电、道路、探测环境保护、环保等方面进行综合评估，最终确定将营口新一代天气雷达塔楼迁移至营口市气象局以东 220 米人工湖中心，迁站及建设总费用约 4500 万元，由老边区政府承担，老边区政府指定东北设计院对塔楼进行设计。2012 年初，由于雷达新址人工湖桩基础施工现场出现管涌，致使雷达塔楼桩基础区域被水淹没。经专家反复论证和计算，无妥善解决办法，人工湖新址雷达塔楼建设终止施工。

2012 年 10 月，再次组织专家对备选站址进行现场勘查测试，并向市政府领导汇报选址情况。同年 11 月 19 日，营口市市长葛乐夫到市气象局召开现场办公会议，确定蟠龙山为拟选站址，并组建新址雷达迁建工作领导小组，由市委常委、副市长曲广明任组长，市长助理刘作伟、市政府副秘书长李振利、市气象局局长李明香任副组长，大石桥市政府、老边区政府、市住建委等为成员单位。2012 年 11 月至 2013 年 1 月，市委常委、副市长曲广明组织老边区政府、大石桥市政府、营口市气象局、营口市交通局和大石桥市有关部门召开协调会 7 次，就营口新一代天气雷达迁建事宜进行安排和部署。

2013 年 5 月 11 日，辽宁省气象局组织召开营口新一代天气雷达站迁建选址论证会。会议由省气象局副局长赵国卫主持，营口市委常委、副市长曲广明和省气象局副局长刘勇以及中国气象局、省气象局、市气象局、大石桥市政府有关负责人参加了会议。与会专家经过实地勘察和广泛讨论，一致认为大石桥蟠龙山拟选站址从地理条件、探测环境、建设成本、对周边环境影响等方面综合考虑，可作为首选站址。在营口市气象局局长李明香的多方协调和不懈努力下，营口新一代天气雷达的迁建工作及资金情况全部得到落实。

2013 年 3 月至 2014 年 10 月，完成项目相关设计、工程招标和道路、雷达塔楼主体的施工。

2014 年 9 月至 2015 年 5 月，完成市气象局院内旧址雷达设备及天伺系统拆卸、吊装、运输和新址雷达设备吊装、安装、调试，同时完成雷达附属设备 UPS、发电机、光纤等安装调试。

2015 年 6 月 1 日，市气象台会商室预报员桌面收到雷达搬迁后传输的第一张回波图产品。

蟠龙山新址的营口新一代天气雷达塔楼占地面积约 3000 米^2，建筑面积 2389 米^2，雷达塔高 59 米，天线馈源海拔高度为 230 米。塔楼的主体结构为钢筋混凝土，塔楼一、二层为办公区域、配电机房、科普展区，十一层为雷达机房、网络机房，院内单独建设附属用房作为发电机房。营口市老边区政府承担雷达迁建资金 1500 万元，建设资金缺口由大石桥市政府承担。雷达塔楼建设及相关手续办理由大石桥市政府指定大石桥市旅游局负责。

二、新一代天气雷达技术升级

从 2005 年 12 月至 2014 年 9 月，原址雷达共开机运行 78240 小时。由于长时间运行，雷达系统老化现象严重，发射机、接收机系统故障频率越来越高，稳定性逐年下降，亟须进行大修和技术升级。

2015 年，根据《新一代天气雷达大修及技术升级规范》（气测函〔2010〕184 号）要求，在中国气象局和辽宁省气象局的支持下，营口新一代天气雷达列入大修计划，大修资金从 2015 年开始分 3 次下拨。经与北京敏视达雷达有限公司协商，当年 10 月 7 日至 12 月 17 日，营口新一代天气雷达进行大修和技术指标调试，将天伺系统的直流电机更换为交流电机，对配电和发射机等组件进行更新。期间，根据雷达组件情况，积极申请中国气象局备件大轴承、油箱及速调管等大型组件一并更换。

2015 年 11 月，完成营口雷达站远程监控平台系统建设。该系统可以远程实时对雷达的基数据及报警文件生成、雷达机房的温湿度与空调控制、配电室供电、UPS 设备运行状态进行监控，实现雷达站主要设备和附属设备异常信息的报警功能。雷达站端放置 RDA 电脑，RPG、PUP 端放置在市气象局机房，产品显示及通信采用网络连接。通过已实现的雷达动力环境监控平台，营口新一代天气雷达进入无人值守模式。

2015 年 12 月 17 日 16 时至 2016 年 1 月 25 日 16 时，雷达连续 24 小时拷机试运行，期间无故障连续运行 936 个小时。

从 2015 年 6 月雷达迁建新址至 2018 年 12 月，雷达共开机运行 23920 小时，设备运行良好，性能安全可靠，为气象防灾减灾和精细化气象服务提供了有力的技术支撑。

2018 年，根据中国气象局和辽宁省气象局对气象台站名称进行规范的要求，营口新一代天气雷达站名称确定为营口国家天气雷达站，它是全国新一代天气雷达联网拼图的雷达站点之一。同年 7 月，中国气象局批复《营口新一代天气雷达进行双偏振升级改造可行性报告》，对雷达接收机、天伺系统进行改造，采用发射接收同步、水平垂直双偏振的工作方式，技术水平处于国际前沿，其性能优于常规天气雷达，主要表现在它比常规天气雷达承载更多的探测信息量，在云／降水微物理研究、定量降水估计、冰雹识别等方面有着更为优越的应用能力，可有效提升对灾害性天气的精细化监测水平。

三、雷达探测能力及资料传输

20 世纪 70 年代，营口 711 型测雨雷达是辽宁天气雷达组网的 9 部雷达之一，属于 X 波段雷达，天线架设高度 16 米，波长 3.2 厘米，采用圆形抛物面天线，其波瓣宽度小于 1.5 度，工作频率 9370 兆赫，发射机峰值功率 75 千瓦，探测半径 300 千米。全机配有平面位置、距离、高度 3 个显示器，能随时监测半径 200 千米范围内云系、降水生消、强弱与移动情况，还能进行跟踪观测，拍摄其演变过程的回波照片，弥补了天气图时间间隔长、了解情况不及时的缺陷。但由于该雷达波长较短，电磁波在穿越强降水回波时衰减较大，对强降水回波探测效果不理想。

营口711型测雨雷达每年4—10月开机进行定时观测,汛期加密观测。定时观测每日7次,为04：30、07：30、10：30、13：30、15：30、19：30、22：30。遇有灾害性天气过程加密观测或连续跟踪观测,加密观测一般为每小时1次,观测结果按专用电码格式编报上传至辽宁省气象台。20世纪90年代后不再参加辽宁省雷达组网,观测没有固定时间,资料不再上传。

2004年开始,营口使用的新一代多普勒天气雷达(CINRAD/SA),经过改造、技术升级后,属于S波段全相参多普勒天气雷达,波长10厘米,工作频率2880兆赫,发射机峰值功率超过650千瓦,最大探测半径460千米,是全自动、全天候运行的现代化大型气象探测设备,可实时处理回波信息,生成多种物理量产品,不仅能及时、连续、准确探测降水、雷暴、热带气旋、中尺度气旋、龙卷、冰雹等目标物的强度和位置变化,而且能对目标物的风场结构和频谱宽度进行准确测量。新一代天气雷达可以监测灾害性天气的发生、发展、消亡全过程,是短期、短时天气预报的重要手段。

营口新一代天气雷达观测采用北京时,计时方法采用24小时制,计时精度为秒,观测资料的记录时间从00：00：00到23：59：59。汛期观测时段为每年6月1日至8月31日,雷达全天连续立体扫描观测;非汛期每天从10时到15时进行连续观测。遇有天气过程连续开机直至过程结束。2015年起按上级气象部门要求,雷达每年5月15日至9月15日24小时开机连续观测,雷达回波图上传至国家气象信息中心,全国所有参加联网的雷达回波图组成雷达拼图,可以实时显示全国的雨区分布。

2016年8月,根据中国气象局《关于印发组网天气雷达数据流传输试验实施方案的通知》,营口新一代天气雷达站作为试点之一开展了标准格式雷达基数据流传输试验,建立了雷达站—省级—国家级传输流程,基于综合气象信息共享平台(CIMISS)实现了雷达体扫仰角数据实时服务。

2018年12月18日,天气雷达数据流传输正式业务运行,传输的资料种类为标准格式基数据(包括逐仰角、逐体扫基数据)、雷达产品23个(R：基本反射率;V：基本速度;CR：组合反射率;ET：回波顶;VWP：速度方位显示风廓线;WER：弱回波区;VIL：垂直累积液态水含量;STI：风暴追踪信息;M：中尺度气旋;OHP：1小时累计降水;THP：3小时累积降水;STP：风暴总降水;CAR：等高面反射率;TVS：龙卷漩涡特征;SRM：风暴相对径向速度;HI：冰雹指数;SS：风暴结构;HSR：HSR产品;ZDR：差分反射率;CC：相关系数;KDP：差分相移率;HCL：水汽分类产品;UAM：用户报警信息)。

第五节　气象探测环境保护

气象探测环境是气象观测工作的"水之源、木之本",直接关系到气象数据的准确性和代表性,保护气象探测环境十分重要。

一、科学选址

2005年,为了更好地保护气象探测环境,营口气象站搬迁到西炮台自然湿地公园内。营口市委、市政府十分重视这次搬迁,市委书记孟凡利亲自组织协调选址等工作。西炮台自然湿地公园属严格控制建设的区域,周围环境可以保持长期不变,气象探测环境能得以长期保护。

2015年,营口新一代天气雷达迁至大石桥蟠龙山公园山上。蟠龙山公园属控制建设的区域,净空条件良好,探测环境可以长期得到保护。

二、探测环境保护

2013年4月,营口市政府印发《关于加强气象设施和气象探测环境保护工作的意见》,要求各地、各部门加强对气象设施和气象探测环境的保护工作。同年5月,营口市气象局将营口国家基本气象站基本情况、气象探测环境保护范围与具体保护要求报送市发展和改革委员会、市国土资源局、市住房与城乡建设委员会、市无线电管理委员会等有关部门备案。按照规定,市发改委、市住建委在建设项目审批之前,向气象部门征求意见;规划部门对规划图进行审查时,避免营口国家基本气象站的气象探测环境遭到破坏。

2007 年，营口市辽河大桥管理处办公楼建设之前，根据规划部门意见，将建设图纸送到市气象局征求意见，市气象局根据气象探测环境保护标准进行实地测量，使其办公楼建设高度和距离限制在气象探测环境保护标准允许的范围之内，保护了营口气象站的气象探测环境。

2013 年 10 月，营口市气象局开始编制《营口国家基本气象站气象探测环境保护专项规划（2014—2030)》，形成文本后先后征求了市发改委、市政府法制办、市国土局、市住建委等部门意见，根据其提出的意见修改完善后，向社会进行了公示。2016 年 4 月 1 日，市政府正式印发《营口国家基本气象站气象探测环境保护专项规划（2014—2030)》，营口市成为全省第一个印发气象探测环境保护专项规划的地级市。

2017 年 8 月 14 日，营口市政府业务会议决定将营口国家基本气象站现址作为永久固定站予以长期保护。

第八章　天气预报

天气预报是气象业务的重要内容,是气象为经济社会服务的重要手段。营口市气象部门始终将天气预报业务放在首位。1949年之后,随着气象科学的发展,天气预报业务、技术、手段不断进步,天气预报准确率不断提高,尤其是灾害性天气预报、警报能力明显增强,天气预报已经成为社会和公众不可缺少的重要信息。

第一节　天气预报概述

一、1949年以前的天气预报

1. 清海关时期

1880年,牛庄(营口)海关测候所建成并开始正式观测。1882年10月,海关总税务司赫德通令各海关气象观测所将气象观测记录传送至上海徐家汇观象台,为上海徐家汇观象台绘制天气图,预报海上大风、台风等灾害天气提供所需气象情报,牛庄(营口)海关测候所也参与其中。当时做出的预报主要是台风预报,提供给海关及欧洲各国大型商船使用。海关测候所在营口的木帆船码头设立气象观测场和信号台,通过悬挂不同形状和颜色的信号旗来发布大风信息警报。

2. 日本殖民时期

1937年12月,日本政府实行所谓的废除治外法权,将关东观测所所属的新京(长春)、四平街(四平)、奉天(沈阳)、营口等观测支所移交伪满中央观象台,营口等观测支所按照伪满中央观象台的管理体制,负责本地区的气象预报等业务。2019年5月5日,从营口百年气象站修缮施工现场挖掘出大量日本侵略者投降时仓促焚烧并掩埋的营口观测支所的气象资料,其中就有人工绘制的完整天气图,内容包括天气形势分析、营口天气预报以及天气实况描述。当时天气预报主要为关东军服务,是绝对保密的,只将一般预报项目提供给社会。

3. 国民党政府时期

1946—1948年,国民党政府接管了辽宁地区的气象部门,由于统治时间较短,且处于战争时期,台站网遭到破坏,有限的零散天气预报主要为战争服务,总体上天气预报处于停滞状态。

二、1949年以后的天气预报

1949—1956年,天气预报主要为军事服务。

1958年5月1日,鞍山市气象部门与营口市气象部门合并成立营口市气象台,开始在营口日报、营口广播电台公开登播天气预报信息。

1959年12月初,学习晋北分区预报经验,于1960年5月制定了《营口市气象台预报工作改革方案》。

20世纪50年代末,气象台站网陆续建立起来,逐步开展天气预报。

1960年底开始制作第二年的长期天气预报。同年,营口市海洋水文气象服务站开始发布渤海海面天气预报。

1965年,营口气象服务站总结了"3—5月预报指标",并发送辽宁省各气象(候)站交流。

20世纪70年代,短期预报方法主要是在天气图上运用天气学的原理进行天气形势和天气要素分析,再辅以单站气象要素、民间看天经验进行综合判断。中长期预报主要是韵律、相关、相似、特征点以及数理统计等方法，以历史气象资料结合群众看天经验进行验证和分析，通过普查北半球高空月、旬、候平均环流形势等历史资料进行分析，综合做出中、长期天气预报。同时还进行大量的天气、气候统计工作，总结出一大批长、中、短期预报方法。数理统计方法广泛运用到各类天气预报中是 70 年代天气预报技术方法的一个重要特点。

1975 年，营口市气象台开始接收使用美国 NOAA 系列卫星云图资料。

1975 年 1 月，营口市气象台成立地震预报组，每天将固定时段监测到的"土地电"变化情况进行整理分析，并与营口县石棚峪地震台电话会商，将对地震的分析预测意见提供给营口市地震办公室。

1975 年 11 月 22 日至 1990 年年底，盘锦地区气象台并入营口市气象局，天气预报的服务范围和内容也相应改变。

1979 年 6 月，营口市气象局建立了 711 型测雨雷达。

20 世纪 80 年代初，营口市气象台开始用传真机接收北京气象中心的 B 模式及日本、欧洲中期数值预报中心的数值预报产品、云图产品。

1982 年，各县气象站相继配备传真机接收数值预报产品，气象资料逐渐丰富。

1984 年，气象现代化在天气预报领域开始起步，愈加丰富的数值预报产品使天气预报的依据更加充分，同时，计算机开始在预报业务中应用。

20 世纪 80 年代中期，营口市气象台研制了"营口暴雨预报专家系统"，通过 124 次试报，总拟合率为 97.6%，暴雨概括率为 100%，暴雨成功率为 70%，实现了暴雨预报程序化、客观化。

1990 年 12 月，盘锦市气象局成立，盘山、大洼两气象站划归盘锦市气象局管理，营口市气象台不再制作这两个站的天气预报。

1994 年 11 月，经中国气象局批准，成立营口海洋气象台。营口海洋气象台与营口市气象台一套机构，两块牌子。

20 世纪 90 年代，卫星云图、数值预报产品、天气雷达成为天气预报业务重要手段。1992 年营口市气象台建立 WT-5 同步卫星接收处理系统，卫星云图的应用是短期天气预报业务的跨越，提高了天气预报、警报能力。1999 年，气象信息卫星广播接收系统（PCVSAT 单收站）在营口市气象局和大石桥、盖州、熊岳 3 个市（县）、区气象局（站）建立，实现气象资料共享，同步安装的 MICAPS 工作平台在天气预报业务中开始应用。

2000 年 1 月，引进中国气象局卫星中心研制的地面卫星数据接收处理系统。

2000—2002 年，组织技术人员进行 MICAPS 系统本地化和开发工作，建立数据库及与新的业务体制相配套的业务流程。2003 年 MICAPS 系统升级为 2.0 版本，2007—2018 年 MICAPS 系统功能进一步完善，由 3.0 版本逐步升级为 4.5 版本。多年来，营口市气象局一直设立专门的 MICAPS 管理员，根据上级气象部门的技术要求，随时对 MICAPS 系统进行本地化和开发工作。

2002 年，711 型测雨雷达停用。2005 年 6 月，新一代多普勒天气雷达建成并投入使用，使短时天气预报进入了新的阶段。

2006 年，由实时气象预警显示屏取代了警报接收机。

2013 年，建立营口气象指数预报平台，对气象指数预报进行了修正，计算出相关气象指数后，通过电台、报纸、网站等媒介服务公众。

2012—2013 年，营口市气象台开展了"营口市气温预报方法研究""营口城镇气温精细化预报技术方法研究""营口地区城市间气温差异分析及预报方法研究" 3 项课题研究，通过统计学方法对气象资料抽样检验分析，应用天气学原理与方法确定温度的影响因子，为预报员预报气温提供定量的参考指标，促进了预报准确率的提高。

2013—2014 年，针对明显增多的雾霾天气，营口市气象台开展了《营口地区雾霾天气预报方法》项目研究工作，应用统计学和天气学方法，分析了营口雾霾天气的时空分布，分析了雾霾的天气形势，给出了雾霾天气的形势场模型，分析了雾霾天气时风场的特征，确定了气象预报指标，对预报员建立雾霾天气预报概念模式提供了指导。

2014年，建立了营口市气象台预报服务平台，实现了一键式、多功能，市（县）、区共享的预报预警制作发布平台，2016年对平台功能进一步升级完善。

2014年，开展了"营口地区冰雹发生的环境条件及其短临预报的雷达指标"课题研究，对2005—2015年发生在营口的34次冰雹过程从天气背景、环境场、雷达特征等方面分析总结，得出营口冰雹潜势预报指标和雷达指标，提升了对强对流天气的监测预报能力。

2015年，通过"营口市鲅鱼圈港口大风精细化预报客观方法研究"，实现了运用客观建模手段对数值模式预报结果进行订正，完善了港口大风精细化、自动化预报。

2015年，营口市气象台开发研制了"营口市气象局WRF实时预报系统"。系统使用最新WRF模式版本，以营口为中心，嵌套3千米和9千米空间分辨率的以美国NCEP提供的资料作为初始场，同化地形资料、海陆因子影响资料、WMO地面和高空观测资料、全国地面自动气象站观测资料和辽宁区域自动气象站等观测资料，输出各高度层和地面的风场、高度场、气压场、湿度场、降水预报；以营口、盖州、大石桥、熊岳等站点为基点的各气象要素的时间序列图、时间高度剖面图及 T-$\ln P$ 预报图，进一步提高了营口精细化预报能力，在辽宁省内市级气象部门取得了技术上和服务上的领先。

2016年，研制建立了营口港口专业气象服务平台系统，为专业用户提供实时气象要素显示、气象阈值报警、气象预警产品、3～5天行业专项预报、主客观3小时间隔精细化预报、决策气象信息、气候变化服务等。气象服务由单一模式向多元化模式发展，服务内容向专业性和决策性气象服务转化，力求做到气象服务专业化、精细化和多元化。

2017年，建立了基于互联网的网页版营口气象监测平台。平台选取业务人员常用的气象数据和要素以及雷达、卫星云图等信息，建立网页形式的气象监测平台，根据市气象台和市（县）、区气象局的实际需求，分别构建市气象台版本和市（县）、区版本。该平台包含单站要素监测、降水监测、风力监测、气温、能见度与湿度、辽宁即时天气、雷电监测、雷达、卫星云图、土壤墒情和干旱监测、天气预报、预警信号、决策材料、全要素实时查询和统计等15个模块。平台投入使用以后提高了预报人员对实况监测的力度，同时根据水利、国土等部门需求预留接口，有效提高了气象资料的使用率，保证了气象资料的时效性，较大幅度地提升了应急服务水平。

2018年，建立了基于Android的营口决策气象服务移动终端系统营口气象APP，实现了自动气象站实况数据的自动读取和分析，卫星、雷达产品等监测产品自动上传，预报、预警、决策服务等产品通过预报员后台上传直接在系统中调取。营口气象APP功能包括营口实时天气预报、天气实况监测、降水监测、卫星雷达监测、天气形势分析、数值预报产品显示分析、预警信号和决策信息发布等部分，预报员可以通过手持终端随时随地监测天气、分析预报，实现了预报员移动办公的功能。

2018年，营口市气象台与营口市环保局联合研制开发了营口市空气质量与雾霾天气预报预警工作平台。该平台主要为市环保部门和市气象部门从事空气质量和雾霾天气预报预警与联合会商的工作人员使用，平台实现气象与环保实况监测数据的实时显示功能，实现天气预报数值模式产品的实时更新，实现基于数值预报的污染物扩散气象条件预报，同时实时显示上级指导预报、实时天气预报及雾霾预警信号，实现线上联合会商等功能。其中联合会商模块实现营口市环境监测中心站和营口市气象台联合制作的重污染天气会商件的制作、打印、加盖电子图章等功能。平台推进了营口地区空气质量与雾霾天气预报预警产品的集约化制作和管理，联合会商工作由线下转到线上，较好地优化了部门合作工作流程，提高了工作效率。

2018年，立项"地波雷达和风廓线雷达在预报中的应用""基于多普勒雷达的渤海北部海风锋研究"课题，以提高新资料、新方法在预报预警服务中的应用水平。

第二节 短期、短时临近天气预报

短期天气预报是指 12～72 小时天气预报。短时天气预报是指未来 0～12 小时天气参量的描述，其中 0～2 小时预报为临近预报。短期、短时、临近天气预报是天气预报业务的重点。营口自 20 世纪 50 年代后期组建气象台站网以来，就根据生产发展需要开展短期天气预报，70 年代起建立了短时临近天气预报业务。

一、短期、短时天气预报的时效与内容

天气变化是由各种不同尺度的大气运动系统作用的结果。1～3 天短期天气预报重点为空间尺度在 200～1000 千米、时间尺度在 5～100 小时的天气系统，主要受温带气旋、反气旋、高空急流影响，夏季低纬度系统如热带气旋、台风、副热带高压对营口也有影响。0～2 小时、2～12 小时主要受中小时空尺度天气系统影响，空间尺度从几十米至 200 千米，时间尺度为数分钟至数小时范围内。

1. 发布短期、短时天气预报时段、时次

20 世纪 80 年代之前，12～24 个小时为一个预报时段，分为白天和夜间；90 年代以后，6～12 小时为一个时段；进入 21 世纪，随着短期天气预报现代化水平的提高，天气预报逐渐向精细化、定时、定量方向发展，0～24 小时预报 3 小时为一个时段，具体为早晨（05—08 时）、上午（08—11 时）、中午（11—14 时）、下午（14—17 时）、傍晚（17—20 时）、前半夜（20—23 时）、半夜（23—02 时）、后半夜（02—05 时）；24～48 小时预报 6 小时为一个时段，具体为上午（08—14 时）、下午（14—20 时）、前半夜（20—02 时）、后半夜（02—08 时）；48～72 小时预报 12 小时为一个时段，具体为夜间（20—08 时）、白天（08—20 时）。

短时和临近天气预报，每天 3 次（06 时、12 时、18 时）制作 0～6 小时短时预报。当预报营口地区将有灾害性天气出现时，按规定发布灾害性天气预警信号。

短期预报制作和发布时次为每天 3 次。05 时制作发布未来 72 小时预报，11 时制作发布未来 24 小时预报，15 时制作发布未来 168 小时预报。遇有灾害性、关键性、转折性天气以及专业专项天气预报根据服务需要发布。

2. 发布短期天气预报的内容

20 世纪 60—70 年代以定性天气预报为主，80—90 年代逐渐发展到定量化预报为主，21 世纪以来开始进入精细化天气预报阶段（表 8-1）。

表8-1　短期天气预报发布内容

项目	发布内容
一般天气	晴、多云、阴、最高气温、最低气温、风向风速、相对湿度、雷暴、结冰、雾、能见度、霜等
降水天气	小雨（雪）、中雨（雪）、大雨（雪）、阵雨（雪）、雷阵雨等
灾害性天气	暴雨（雪）、大暴雨（雪）、特大暴雨（雪）、台风、大风、寒潮、霜冻、大雾、高温、冰雹等

二、营口市气象台短期天气预报

1958 年 5 月，营口市气象台成立之后，开始进行短期天气预报。随着气象科技的发展，先后采用多种预报技术方法。

1. 天气学方法

20 世纪 60 年代初，主要的天气预报技术是天气学方法，应用气团、锋面、气旋等天气学的原理和动力气象学原理，综合分析高空、地面天气图提供的天气形势、天气过程、天气现象和各种气象要素特

征，结合预报员的经验，用相似、外推等方法制作 3 天以内的天气预报和各种灾害性天气警报。

2. 数理统计方法

20 世纪 70 年代开始，大力开展群众性的预报改革，对历史气象资料和天气图进行统计分析，建立了多种天气模式和预报指标，曲线图、点聚图等各类图表在预报中得到应用。1973 年，开始应用数理统计预报方法，引用相关、相似、回归方程计算方法，70 年代中期逐渐将天气学和统计学结合于一体。70年代后期，进行东北冷涡和蒙古低压的预报方法研制，从中找出影响本地区的暴雨、冰雹、低温和北大风、南大风的指标和规律。这些预报方法在当时的预报工作中起到了一定的推动作用，但是，由于缺乏明确的物理机制，很难反映天气变化诸多因子相互作用的物理关系。

3. 模式（MOS）预报方法

20 世纪 80 年代初传真通信进入天气预报业务，开始接收北京、日本、欧洲数值预报产品。从 1983年开始，营口市气象局组织开展暴雨、大风、寒潮和一般晴雨等 MOS 预报方法研究，根据数值预报产品资料，选取预报因子，应用回归方法建立预报方程，将实时资料代入方程求出预报量结果。

4. 数值预报产品应用

大型计算机的应用使数值天气预报成为现实。20 世纪 80 年代初开始使用北京气象中心的 B 模式及日本、欧洲中期数值预报产品，90 年代起使用国家气象中心 T63 数值预报模式，并根据数值预报的发展升级，接收处理 T106、T213、T639 模式，以及 HLAFS、GRAPS 等数值预报产品。2000 年以来，在接收使用国家气象中心自主开发数值预报产品模式的基础上，也广泛使用日本、欧洲气象中心、德国、美国、韩国开发的数值预报产品模式。应用数值预报产品已经成为天气预报的主要技术方法。

5. 雷达资料和卫星云图应用

1979 年 6 月，711 型测雨雷达建成，营口市气象台开始运用雷达资料进行短期、短时天气预报。1998年 10 月以后，随着国家气象部门下发数字化天气雷达拼图，加之 711 型测雨雷达性能指标下降，探测次数逐渐减少，遇有重大天气只好暂以营口盐场气象台雷达资料代替。2005 年 6 月建成营口新一代多普勒天气雷达，2015 年 6 月 1 日，雷达迁建并经改造、升级后，探测水平和天气预警能力得到极大提高，雷达资料成为短期、短时、临近天气预报重要工具。

1975 年开始接收使用美国 NOAA 系列卫星云图资料。1997 年气象卫星综合应用业务系统（"9210"工程）投入业务应用，1998 年增加接收日本 GMS-5 静止卫星云图，2001 年改为接收国家"风云二号"卫星云图。气象卫星接收设备不断更新，获取的资料内容日益丰富，为预测未来天气提供了极具价值的气象资料。2004—2011 年，同时使用 DVB-S 接收机接收卫星广播资料，卫星云图资料成为天气预报重要依据。2012 年后，完成全地区 4 套 CMACast 系统建设，大量气象卫星云图等数据通过卫星进行海量、密集广播接收，成为天气预报的主要工具。

三、县级气象站短期天气预报

1958—1959 年，营口市相继建立县级气象站，开展县站补充订正天气预报，主要用有限的单站资料进行统计分析，采用"历史演变曲线图""相关相似""单要素剖面图""气象要素周期韵律"，利用饲养的动物、验证民间天气谚语等方法，再根据上级气象台的天气形势广播等做出短期预报，一直到 20世纪 60 年代。

20 世纪 70 年代，数理统计方法开始应用于县气象站预报，预报人员大量统计与天气相关的预报因子，带入回归方程。

20 世纪 70 年代末到 80 年代初，根据省气象局的要求，各县气象站着力开展天气预报"四个基本"建设，即基本档案、基本方法、基本资料、基本图表，普查天气个例建立天气档案，普查预报指标建立预报方法，统计气象资料，绘制各类图表，建立规范统一的资料和图表。同时，根据上级气象部门提供的上游地区指标站天气资料，进行指标站资料与本站资料相关普查，选取因子建立方程，成为新的预报方法。经过多年努力，逐步形成了气象站长、中、短期天气预报体系，使补充订正预报发展到"气象站天气预报"。

1982年以后，传真接收机、计算机等现代化设备在营口地区县级气象部门广泛应用，县气象站通过气象传真接收机接收数值预报各类产品资料和卫星云图资料，建立MOS预报方法。

20世纪80年代开始，县气象站重点使用营口市气象台的指导预报，适当加以订正。利用当时建立的甚高频电话广播系统，实现省、市、县天气预报会商。

1999年12月，全地区4个市（县）、区气象局完成了气象信息卫星广播接收系统（PCVSAT单收站）建设。

2000年，进行MICAPS预报工作平台的本地化和二次开发工作，在为当地的气象服务中发挥着重要作用，从根本上改变了县级天气预报技术路线和技术方法，建立了新的业务流程，实现了天气预报技术的重大升级。

进入21世纪后，通过使用和共享上级气象台各类预报产品，县级天气预报在内容上更加精细化。2003年，利用已开通的SDH数字电路实现省、市、县天气预报的可视会商。2007年开始对省气象台制作的乡镇天气预报进行订正。2009年开始，营口市气象台把对市（县）、区气象部门乡镇天气预报的指导纳入日常工作，市（县）、区气象部门在省、市两级气象台的指导下，完成乡镇天气预报的订正工作，内容包括天气现象、风向、风速、最低气温、最高气温等，市（县）、区气象部门进行订正后在当地电视台等媒体对社会发布。

四、乡镇天气预报

2007年开始，市（县）、区气象部门根据省气象台乡镇天气指导预报，进行乡镇天气预报订正工作，并回传给省气象台，同时通过乡镇电子显示屏进行发布。

2008年，经过前一年乡镇预报经验积累，营口市气象台开始进行全地区乡镇预报方法研制工作，整理2005—2008年各乡镇自动站降水、最低温度、最高温度、风向、风力资料，建立规范、连续的乡镇气象资料数据库，研制乡镇降水、气温、风的预报订正方法。

2009年11月，市（县）、区乡镇天气预报订正系统和发布平台投入使用。营口市气象台制作乡镇天气指导预报后，市（县）、区气象台订正后回传至市气象台数据库，市气象台每天早、中、晚3时次通过对应乡镇电子显示屏点对点发布。

2010年，营口市气象局向市政府申请的《营口市村级地质、大风气象灾害预警信息系统》项目被列为营口市政府15件惠民实事之一。市气象台在前期乡镇预报研究基础上，将乡镇级别要素预报向大风地质灾害行政村延伸。同年8月，市气象台投入运行综合预报发布平台，每天3次制作发布全地区47个乡镇级和44个行政村的常规预报及预警信息。

2013年，在前期乡镇预报基础上，增加2009—2012年资料，以营口4个国家气象站为基准，重新研究订正预报方法，并开发新的预报制作发布平台。营口市气象台和市（县）、区气象台通过网页对各自乡镇及村自主制作发布乡镇预报。同时，开展了乡镇预报评定工作，建设了乡镇预报评定平台。

五、短时临近天气预报与警报

短时临近天气预报是指时效在0～12小时的天气预报，重点是生命史短暂的中小尺度强对流天气系统预报和灾害性天气预警。

1979年6月，711型测雨雷达建成，大大提高了强对流系统短时预报的探测能力，为营口市气象台及时准确做好短时预报创造了良好的条件。1999年，建立卫星单收站后，利用MICAPS系统接收全省雷达网拼图资料。

2004年11月1日，中国气象局下发《突发气象灾害预警信号发布试行办法》，营口市气象台开始对外发布暴雨、大雾、雷雨大风、大风、沙尘暴、冰雹等6类短时临近天气警报。

2005年6月，营口新一代多普勒天气雷达建成，开始向营口市气象台提供每6分种一次的雷达探测产品。

2013 年，由于城市发展对探测环境带来严重影响，营口新一代天气雷达搬迁至大石桥蟠龙山上，雷达探测质量显著提高。

2015 年，按照辽宁省气象局文件要求，执行雨情报告和"三区"预警联防制度，按照职责分工准确及时发布各类气象灾害预警信号。

2018 年，按照辽宁省气象局文件要求，加强突发强降水预报预警工作，制定了营口地区短时强降水预报模板。

六、灾害性天气预警信号发布

2004 年 11 月 1 日，根据中国气象局下发《突发气象灾害预警信号发布试行办法》，营口市气象台开始对外发布 11 类预警信号，2007—2009 年，根据上级气象部门的新规定，对预警信号的含义、类别、标准、流程进行修改和完善。2014 年，辽宁省气象局修订了《辽宁省气象灾害预警信号制作发布业务规定》。2015 年，辽宁省气象局下发《辽宁省气象局办公室关于进一步明确灾害性天气监测与预警信号制作职责的通知》，进一步调整落实预警责任。

1. **气象灾害预警信号类别**

气象灾害分为台风、暴雨、大雪、暴雪、寒潮、大风、沙尘暴、高温、干旱、雷电、冰雹、霜冻、大雾、霾、道路结冰、雷雨大风 16 类；气象灾害预警信号按轻重等级划分为蓝色、黄色、橙色、红色 4 种。

2. **气象灾害预警信号制作**

营口市气象台负责制作全地区的台风（蓝色、黄色）、暴雨（蓝色、黄色）、大雪（黄色）、寒潮（蓝色、黄色）、大风（蓝色、黄色）、沙尘暴（黄色）、高温（黄色、橙色）、霜冻（蓝色、黄色、橙色）、霾（黄色）、道路结冰（黄色、橙色、红色）共 10 类 19 种预警信号，同时负责制作营口市区的雷电（黄色、橙色、红色）、冰雹（橙色、红色）、大雾（黄色、橙色、红色）、雷雨大风（蓝色、黄色）共 4 类 10 种预警信号，预警信号由市气象局局长（或其授权的局领导）签发。

各市（县）、区气象台负责制作本地区的雷电（黄色、橙色、红色）、冰雹（橙色、红色）、大雾（黄色、橙色、红色）、雷雨大风（蓝色、黄色）共 4 类 10 种预警信号，预警信号由市（县）、区气象局局长（或其授权的局领导）签发。

3. **气象灾害预警信号发布**

营口市气象台制作的预警信号通过多种方式向市政府及相关部门和社会公众发布；通过灾情直报系统向中国气象局发送；通过 Notes 网向省气象灾害监测预警中心和气象灾害发生地的市（县）、区气象台发送；通过气象内网向省气象服务中心发送，并电话通知和确认。省气象服务中心收到预警信号后及时通过手机短信发布。气象灾害发生地的市（县）、区气象台对收到的预警信号本地化制作（灾害发生地点拆分和本地署名），并以传真形式向本级政府及有关部门发送，同时通过广播、电视、网络、手机短信、大喇叭、显示屏等方式发布。

各市（县）、区气象台制作的预警信号通过多种方式向本级政府及相关部门和社会公众发布；通过灾情直报系统向中国气象局发送；通过 Notes 网向省气象灾害监测预警中心和营口市气象台发送；通过气象内网向省气象服务中心发送，并电话通知和确认。省气象服务中心通过手机短信发布。营口市气象台收到所属市（县）、区气象台制作的预警信号后以传真形式向市政府及市政府应急办、市防汛抗旱部门发送（只在汛期向防汛抗旱部门发送）。

4. **气象灾害预警信号确认、变更及解除**

气象灾害状况维持同一预警标准并且持续 6 小时以上，每天确认一次预警信号；气象灾害状况超过或未达到预警标准，发布预警信号变更信息；气象灾害提前结束，发布预警信号解除信息。红色预警信号发布后，根据天气变化情况，及时向相关部门发布后续报告，报告内容包括天气发展情况、防灾减灾建议，发布渠道包括电话、传真、短信等。

确认、变更、解除预警信号通过电视、广播、网络、电子显示屏等多种方式连续滚动公告，并在公众预报中增加相应提示。

5. 气象灾害预警信号登记、总结和信息上报

预警信号发布（含变更）、解除信息按照规定登记。登记内容包括编号、信号类别、发布时间、制作人、制作时间、签发人、签发时间、发布途径、接收人、接收单位等。

气象灾害过程结束后，及时总结分析预警信号发布（含变更）、确认、解除过程中存在的问题，研究制定改进措施。

第三节　中长期天气预报

1959 年 7 月 31 日，《国务院关于加强气象工作的通知》指出："气象部门应当不断改进气象预报方法和提高气象预报质量，应当加强对天气演变规律的研究，加强中期预报和长期预报工作，力求气象预报和警报准确及时。"中央气象局当时提出"大、中、小结合，长、中、短结合，图、资、群结合"天气预报技术方针。从此，营口气象部门从农业生产需要出发，开展中、长期天气预报，经过几十年气象业务的发展，中、长期天气预报技术手段和预报能力得到很大提高，在经济、社会发展和防灾减灾中发挥了重要作用。

一、中期天气预报

1. 概况

预报时效为 4～10 天的天气预报为中期预报。营口市气象部门从组建气象台站以后，就根据农业生产需要，尝试制作中期天气预报。20 世纪 50 年代末至 70 年代，主要是根据单站气象要素气候规律和挖掘民间看天经验，结合天气学理论外推方法制作中期天气预报。

80 年代末，开始接收北京气象中心的 B 模式及日本、欧洲中期数值预报中心的数值预报产品，结合本地气候规律做出本地温度和降水预报。同时对地面天气形势演变周期、东亚大槽的槽脊活动、天气周期的划分进行分析总结，提出一些中期天气预报的依据。为了配合农业生产，对春季干旱和低温的中期预报进行总结，找出 4—5 月透雨和低温天气的预报指标。

90 年代以后，数值预报模式不断更新换代，预报能力不断增强，预报时效由最初的 5 天延伸到 10 天，接收产品由最初仅有的降水、温度增加到降水、温度、风向风速等气象要素和物理量预报，中期预报趋于短期化。1999 年，气象信息卫星广播接收系统建立后，MICAPS 系统成为中期预报制作、分析的主要平台，中期预报产品丰富、传递快速、分析便捷、使用高效，逐步实现了中期天气预报的社会服务和业务精细化。

2. 预报内容和发布形式

中期天气预报主要包括旬报和周报。

旬报内容主要包括旬内总降水量、历年值以及距平变化值，降水过程和量级出现的日期；旬内冷空气活动日期；旬内平均气温、最高气温、最低气温及历年值；灾害性、关键性、转折性天气及发生的时间。旬报在每旬最后一天制作发布，以《营口气象》服务材料报送，通过网站、微信等对外服务公众。遇有重大活动根据需求随时制作发布，并通过网站等多媒体向公众服务。

2001 年开始通过电台播出一周天气展望服务，2002 年营口电台增设下周天气栏目，每周一广播一周降水、温度预报。2011 年营口市气象台开始定期在每周周一制作未来一周逐日天气预报，并发送给相关部门，2012 年 12 月对周报制作进行了改进，增加了未来一周天气概述，并在原有发布渠道基础上，新增了以手机短信对全地区防汛责任人等相关人员发布未来一周天气情况。

二、长期天气预报（短期气候预测）

1. 概况

1996 年之前，把时效在 10 天、1 个月、1 个季甚至 1 年以上的天气预报，称为长期天气预报。1996 年，将 1 个月以上、1 年以下的天气预报，改称为短期气候预测，一年以上的天气预报，称为长期气候预测或超长期气候预测。

营口地区长期天气预报始于 20 世纪 60 年代，以统计分析为主。1960 年，营口市气象台组织人员编印了《营口地区气候》，统计了营口地区风向风速、气温、初霜和终霜期、土壤封冻期、湿度、日照等要素的气候特征。1960 年底制作了《1961 年长期天气预报》，包括月平均最高和最低气温、旬平均气温、旬降水量，以后每年年末都制作下一年度的长期天气预报，主要是按照农业生产需要做年景天气趋势展望，以及各个季节的长期预报。1965 年，营口气象服务站开展了以春季降水为中心的预报改革工作，制作了"3—5 月预报指标小结"，包括 3—5 月的日平均气温、绝对湿度、饱和差曲线图以及每日 3 次定时温、湿度、风等主要要素时间曲线图及逐日 14 时主要要素曲线图。

20 世纪 70 年代，全面开展年、季、月长期天气预报，预报手段主要是数理统计、气候规律分析、民间看天经验等方法，但是准确率还不能完全满足工农业生产需要。

20 世纪 80 年代后期，开始逐渐对长期天气预报方法进行总结，利用太阳黑子对地球大气变化的影响，海温等海洋因子与大气的相互作用，大气环流形势、振动主要活动中心的各种特征量与天气变化关系等，寻求预报指标，使长期预报质量有了新的提高。主要运用的方法有：灰度理论、相似法、均生函数、平均趋势法和年际变化与距平变化，并从平均趋势预报结果中提出未来预报趋势的初步看法。

20 世纪 90 年代，进行多项长期天气预报方法的总结研究。制作长期天气预报除了参考本地气候统计规律外，还直接运用环流模型的特征、环流场的关键区、概率波、环流指数，进行隔季相关相似分析。主要项目有：西太平洋副热带高压部分特征量在长期预报中的应用和西北太平洋副热带高压脊线的活动特征的变化，以此推导预测未来天气趋势。

2005 年 3 月，省气象局决定短期气候预测不再公开对社会发布。9 月，根据气象业务技术体制改革确定的业务分工，营口市、县两级气象部门不再独立制作长期天气预报，只订正释用省气象台制作的长期天气预报。营口市气象台短期气候预测也不再对外发布，仅供领导机关和有关部门决策参考。

2. 预报内容和发布形式

长期天气预报内容主要包括：月、季、年总降水量，降水趋势，与历年同期比较；月、季、年平均气温，与历年比较；可能出现灾害性、关键性、转折性天气的类型和时间。

每月末、季末、年底或次年年初向党政领导机关和有关部门定期以《营口气象》材料报送，不对社会发布。

第四节　气象指数预报

随着经济发展和人民生活水平的不断提高，不同行业和不同人群对天气预报和气象信息的需求也各有不同。营口天气预报除了有晴、雨（雪）、风、气温等要素的预报外，在 20 世纪 90 年代开始逐渐增加森林火险指数预报、生活气象指数预报等专业天气预报。

20 世纪 70 年代初开始，营口市气象台每年冬季开展"煤气中毒预报"，并研究相应的预报方法，一般在均压场形势下气压较低、无风或风速很小的情况下容易出现煤气中毒现象。

1994 年 2 月 7 日，营口市森林防火指挥部决定，市气象台每年 10 月 1 日至次年 5 月 31 日发布营口地区森林火险等级预报。从 2000 年后，每天向公众和专业用户发布森林火险预报。

2000 年开始，营口市气象台开展了生活气象预报，主要分为两类，一类包含紫外线指数预报、人体舒适度和穿衣指数预报等生活气象指数预报，另一类包含空气质量预报和地质灾害气象预报。

2005年开始，营口市气象台每年汛期和市国土资源局联合开展地质灾害气象预报。

2006年，营口市气象台开展了一氧化碳中毒气象条件预报。同年年底，营口市气象台与营口市环境监测中心联合开展城市空气质量预报，主要预报未来24小时营口城区空气质量状况、主要污染物以及空气污染指数，该业务在2014年1月1日终止。

2013年，开展了"营口气象指数预报研究与制作"工作，并制作了"气象指数预报"软件，于2014年应用于预报业务。

1. 穿衣指数

根据自然环境对人体感觉温度影响最主要的天空状况、气温、湿度及风等综合气象条件进行分析研究，总结出穿衣气象指数，它可以提醒每个人根据天气变化适时着装，以减少感冒的发生。穿衣气象指数共分8级，指数越小，穿衣的厚度越薄。1～2级为夏季着装，指短款衣类，服装厚度在4毫米以下；3～5级为春秋过渡季节着装，从单衣、夹衣、风衣到毛衣类，服装厚度在4～15毫米；6～8级为冬季服装，主要指棉服、羽绒服类，服装厚度在15毫米以上（表8-2）。

表8-2　穿衣指数及着装建议

指数等级	着装建议
1	短袖为主的炎夏装，如短袖衫、短裙、短裤、薄型T恤衫、敞领短袖棉衫
2	短袖衫、短套装、体恤、长袖衬衣、网衫
3	单层薄衫、薄型棉衫、长衫、针织长袖衫、长袖体恤、薄型套装、牛仔衫裤
4	套装、夹衣、夹克衫、西服套装、衬衣加马夹或夹克等薄外套
5	风衣、夹大衣、外套、毛衣、毛套装、西服套装、薄型外套
6	棉衣、呢大衣、皮夹克，内着衬衫或毛内衣、毛衣、外罩大衣
7	棉衣、冬大衣、皮夹克、皮大衣，保暖内衣、厚呢大衣、呢帽、手套
8	羽绒服、风雪大衣、太空棉衣、裘皮等隆冬装，呢帽、手套

2. 人体舒适度指数

人体舒适度是根据气温、降水、相对湿度、风速、太阳辐射等制作模式，反映了户外环境下不同气象条件对裸露人体的影响。级别为1～4级时，反映了人体热的感觉，级别为-4～-1时，反映了人体冷的感觉，级别为0级时，人体感觉最为舒适（表8-3）。

表8-3　舒适度指数与人体感觉

舒适度指数	级别	人体感觉
86～88	4级	很热，极不舒适
80～85	3级	热，很不舒适，大部分人不舒适
76～79	2级	暖，不舒适，少部分人不舒适
71～75	1级	温暖，较舒适，大部分人舒适
59～70	0级	舒适，最可接受
51～58	-1级	凉爽，较舒适，大部分人舒适
39～50	-2级	凉，不舒适，少部分人不舒适
26～38	-3级	冷，很不舒适，大部分人不舒适

续表

舒适度指数	级别	人体感觉
≤ 25	-4级	很冷，极不舒适

3. 晨练指数

晨练指数是综合考虑04—08时天空状况、风、温度、湿度、污染状况因素是否适宜晨练。共分5级：1级非常适宜晨练，各种气象条件都很好；2级适宜晨练，某一种气象条件不太好；3级较适宜晨练，有2种气象条件不太好；4级不太适宜晨练，有3种气象条件不太好；5级不适宜晨练，所有气象条件都不好（气象条件是指天空状况、风、温度、湿度以及污染状况）。

4. 空气质量预报

空气质量预报是研究标志空气扩散稀释能力的气象条件，对未来气象条件下空气质量状况做出预报，也称污染预报，可分为空气污染潜势预报和空气污染浓度预报两类。营口市气象台对外发布的是空气污染浓度预报，预测控制区域内将出现的污染物浓度分布，给出空气污染API指数和未来空气质量状况（表8-4）。

表8-4　空气污染指数与空气质量状况

空气污染指数	等级	空气质量状况	预防措施
0～50	一级	优	非常适宜户外活动
51～100	二级	良	可正常活动
101～150	三级1	轻微污染	敏感人群考虑限制较长时间的户外活动
151～200	三级2	轻度污染	易感染人群应减少体力消耗及户外活动
201～250	四级1	中度污染	老年人、儿童及易感染人群应避免户外活动，并减少体力活动
251～300	四级2	中度重污染	老年人、儿童及易感染人群应避免户外活动，并减少体力活动
＞300	五级	重度污染	一般人群应避免户外活动并减少体力活动

5. 紫外线指数

紫外线指数是指一天当中太阳在天空中的位置最高时（即中午前后），到达地面的太阳光线中紫外线辐射对人体皮肤的可能损伤程度。紫外线的照射强度除了与季节、时间和臭氧量等有关外，还与当时的天气状况密切相关，云量多少、气溶胶浓度及污染状况对紫外线的吸收和散射起主要作用。气象科技人员利用这些关系研制了紫外线辐射强度指数，用0～15表示，并将其分为很强、强、中等、弱、最弱五级（表8-5）。

表8-5　紫外线指数及防护建议

紫外线指数	等级	强度	对人体可能影响	建议采取的防护措施
0～2	1	最弱	安全	可以不采取措施
3～4	2	弱	正常	外出戴太阳帽和太阳镜
5～6	3	中等	注意	戴太阳帽太阳镜，涂擦防晒指数不低于15的防晒霜
7～9	4	强	有害	避免外出，外出时采取防护措施
10～15	5	很强	严重有害	尽量不外出，必须外出时要采取一定的防护措施

6. 森林火险指数

森林火险指数是综合考虑气压、气温、水汽压、相对湿度、云量、降水等因子，做出的树木易燃程度指数,指数级别越高,越易燃烧。森林火险天气等级的划分共考虑了5个火险气象因子:(1)森林防火期内每日最高空气温度;(2)森林防火期内每日最小相对湿度;(3)森林防火期内每日前期或当日的降水量及其后的连续无降水日数;(4)森林防火期内每日的最大风力等级;(5)森林防火期内生物及非生物物候季节的影响订正指数。用(1)+(2)+(3)+(4)-(5)得出的数值与森林火险天气等级标准值进行比较得出森林火险天气等级(表8-6)。

表8-6 森林火险指数及防御措施

等级	易燃程度	危险程度	预防措施
1级	不燃烧	没有危险	消除隐患
2级	不易燃烧	低度危险	消除火灾隐患,防患于未然
3级	可以燃烧	中度危险	注意用火安全,严防火情发生
4级	容易燃烧	高度危险	谨慎用火,防止火灾
5级	极易燃烧	极度危险	警惕火种,严防火灾

7. 洗车指数

洗车指数是根据近期的天气变化趋势对汽车洁净度的影响,对天气条件是否适宜洗车给出建议。该指数共分5级(表8-7)。

表8-7 洗车指数及建议

等级	适宜程度	未来天气	建议
1级	非常适宜	3~4天微风无雨	适合擦洗汽车
2级	适宜	3~4天阴晴多变,有时会刮4级阵风	次日擦洗汽车较理想
3级	比较适宜	次日有雨或风力较大	可在后天擦洗汽车
4级	不太适宜	24小时将有降水天气	在降水过后擦车
5级	不适宜	48小时内有降水天气	不适宜洗车

8. 感冒指数

感冒指数是表征温度、气压、湿度等气象要素及其变化与感冒发病率关系的一种关系量。感冒与气温日变化和日较差、湿度、气压密切相关。感冒指数共分4级,分别为感冒患者偏少、开始增加、明显增加、急剧增加(表8-8)。

表8-8 感冒指数及防护措施

等级	指数	程度	防护措施
1级	≤6.0	感冒患者偏少	保持心情开朗,生活有规律,多运动
2级	6.1~19.9	感冒患者开始增加	生活有规律,多运动,注意天气变化
3级	20.0~30.0	感冒患者明显增加	注意天气变化,保持心情开朗,患者注意服药
4级	≥30.1	感冒患者急剧增加	尽量不要出门,避免外出

第九章　气象通信

气象通信是气象业务的重要组成部分,其主要任务是按时限要求上传本站定时观测资料,收集气象预报所需资料及对外发布气象信息。营口气象通信经历了从莫尔斯、电传、传真、无线甚高频电话等传统通信技术,到以分组数据交换、卫星通信、光纤宽带、移动通信及数字网络为主要特征的现代通信技术的发展过程。气象通信在气象业务、气象服务和气象管理中发挥了至关重要的作用。

第一节　气象通信概述

营口气象通信20世纪50年代艰苦创业,手工传输,半自动通信技术;80年代起步发展,自动通信,计算机通信技术;90年代快速发展,网络卫星通信,超级计算技术;到21世纪加速发展,网络计算、数据库、GIS、多媒体、云技术等。气象资料工作经历全手工处理、半自动化处理、计算机自动处理到联机管理以及目前的云计算、云存储、云平台等阶段。

20世纪50—60年代,气象事业从最初的重点为军事服务转变到既为国防建设服务,又为经济建设服务阶段。当时营口气象站的通信工作由报务员承担。

1971年6月,营口市气象台下设气象科,通信工作由气象科负责。1986年,营口市气象局增设通信科,通信科下设报务组和传真组,主要负责气象情报的接收和发送,负责通信设备的维修维护。1993年,通信科改为装备科,除了上述工作职责外,还负责部分仪器设备的采购。随着计算机技术的不断发展,计算机大量应用于气象业务工作中,1995年,营口市气象局科技开发科改为计算机运行科。除计算机外,其他通信设备的维修维护归装备科管理。2001年,全省气象部门机构改革,通信工作归属业务科技科管理。

2006年12月,营口市气象局成立雷达与网络保障中心,机务人员3人,主要任务是负责雷达机务及运行保障、计算机及信息网络运行保障、网站维护、自动气象站安装与维护、新设备引进以及相关软件的升级换代。根据营口新一代天气雷达机务及运行保障、气象信息现代化及网络管理、气象装备保障等业务的发展,2018年年底人员增加至6人。

第二节　传统气象通信

传统气象通信主要指莫尔斯通信、电传通信、传真通信、无线甚高频电话通信等,是气象通信发展进程中的早期阶段。

一、莫尔斯通信

20世纪50—60年代,气象通信采用的主要方式是无线电莫尔斯通信,它是当时最普遍的通信方式。营口气象站在50年代初期,主要为军事服务,通信全部军事化,气象情报和资料实行加密传输。当时中央气象局通信总台下设6个区域台,营口气象站报务员收听中央气象局通信总台和东北区域台(后来收听省气象台)的莫尔斯广播(内容为各时次高空、地面气象电报),由填图员填东亚地面图,供预报员分析使用。后来取消填图员,由报务员进行抄填合一。莫尔斯广播速度为每分钟120～130个字符,报务员每天抄收3个时次的地面报,每次抄收10分钟,全部为手工操作。所用设备有直流无线收报机、交流无线收报机和打字机，直到 1959 年 6 月开始配备有线电传设备。

20 世纪 70 年代末 80 年代初，结束莫尔斯收发报及气象广播。

二、电传通信

电传通信以有线电路为主，不受外界干扰，保密性好，电报稳定可靠，质量较高，能减轻报务员的劳动强度，提高传输速率和时效，为提高天气预报和资料服务质量创造条件。有线电传开通后，仍保留莫尔斯收报机收听上级气象部门的电报业务，无线电传开通后，莫尔斯收报机则作为备份。

1982 年之前，营口市气象部门租用邮电部门的有线电传专线传递气象报告。营口地区各气象站的气象报告用专线电话口传至当地邮电局报房，通过邮电局有线电传专线传至辽宁省气象台。

无线电传（移频）通信，是气象通信中以机器收报代替手工抄收莫尔斯电报的一种手段。1973 年 5 月 21 日，经辽宁省气象局批准，撤销营口 403 型收信机 2 部、N138 型收信机 2 部，设置固定电台 7512 丙型收信机 2 部、239 型收信机 1 部，设置流动电台 139A 型收信机 2 部，用于接收上级气象部门发送的气象情报。

1981 年年底，省气象局发文通知，从 1982 年 1 月 1 日 00 时起，开通各市、地气象台与沈阳中心气象台专线电传线路，按市、地气象台传报内容传递气象情报，营口市气象台停止无线移频接收，按新的发报格式，由此线路向沈阳中心气象台拍发全部气象电报（航危报除外），停止向当地邮电局发报。1986 年，营口市气象台和各县气象站实现电传微机联报，本地区 4 个站的观测定时资料通过有线电传拍发至沈阳区域气象中心，并可从沈阳区域气象中心接收部分天气图报文，报务员根据电报内容手工填绘地面和高空天气图。电传手工绘图劳动强度比较大，而且传输速率低（75 波特）、时效差。1991 年，开始使用自动填图机，实现了填图的自动化，使填图员从繁重的手工劳动中解脱出来。

1991 年 10 月 1 日，营口市气象局开通了到市邮电局的气象电报电传专线，从此结束了话传气象电报的历史。

三、传真通信

1975 年 5 月 22 日，辽宁省气象局下发《关于一九七五年气象通信设备配备的补充意见》（〔75〕辽气通字第 4 号机密文件），确定营口市气象台建立接收无线气象传真业务。传真通信是将绘制好的天气图通过无线信号传递，使各地气象台能收到预报员可以直接使用的天气图。

1977 年，配备 117 型传真机，每天接收北京的传真气象广播。由于无线信号容易受到干扰，1995 年传真通信停用，改用计算机通信。

四、无线甚高频电话通信

根据辽宁省气象局统一部署，营口于 1986 年完成市气象台和各县气象站的甚高频电话网建设。

1986 年 9 月 28 日，56 米高的甚高频通信铁塔在营口市气象局业务楼前竖起。1987 年 1 月 7 日，渤海甚高频通信网天线架设完毕；5 月 26 日，连接市气象局与营口县、盖县、熊岳、盘山、大洼 5 站的无线甚高频电话网建成。该网主要用于省、市、县天气会商和灾害性天气联防、传递气象资料（航危报除外）、日常业务联系等。

1994 年 8 月，实现市气象局与县气象站间的 2400 波特甚高频联网。

2005 年，由于互联网技术的快速发展，甚高频无线电话网停止使用。

第三节　现代气象通信

1982 年 7 月购进 TRS-801 微型计算机 1 台，8 月投入业务使用。1986 年 4 月 28 日，营口市气象局与县气象站间的微机网络正式开通。1995 年，利用分组交换网组建市—县气象业务实时系统。2004 年建设气象宽带网络系统，利用中国联通 SDH 方式组网开通省、市、县气象宽带网络。2010 年建成主要由地面宽带网和卫星广域网组成，连接省内各市、县气象部门的现代化气象通信系统，实现气象数据全国共享。2012 年，完成宽带网络系统和 VPN 备份网络的自动切换，提升了气象资料传输的及时率。2016 年，完成气象宽带网（中国移动）双路由光纤接入，与原来中国联通气象宽带网、VPN 备份网络共同组成气象宽带网络系统，全面保障了气象资料传输的稳定性。

一、分组数据交换网

1995 年 9 月，省气象局在全省市级以上气象台安装 X.25 端口，依托电信网建立起省—市分组交换气象专网，通信速率为 9600 波特，并采用自动传输通信软件，为"9210"卫星通信系统提供可靠的地面备份通信保障。1999 年，营口市气象局及所属 3 个市（县）、区气象局 X.25 公共分组交换网先后开通，同步气象卫星接收处理设备投入运行。

2003 年，开通省—市 2 兆数字电路。2004 年，市—县开通 2 兆数字电路，取代原来的 X.25 公共分组交换网通信线路。

二、气象卫星广播接收处理系统

1996 年 10 月，完成 VAST 卫星数据通信试验小站基座的建设。1997 年完成卫星综合应用系统（9210 工程）的天线安装，开通了话音网、数字网。

1998 年 1 月，营口市气象局的 VAST 小站（双向站）和计算机网络全部安装结束。同时配备程控交换机实现营口市气象台—沈阳中心气象台到全国气象部门的卫星通话。通过"9210"工程卫星通信网，国家气象中心的多种气象信息产品如常规资料、图形资料、格点场资料等可以实时广播到营口市气象台服务器上，大大增加天气预报所需的信息量。同时市气象台可将多普勒天气雷达数字化资料、常规报、台风加密报等实时上传到国家气象中心。同年 11 月，"9210"工程的 Sybase 分布式数据库和业务应用软件安装完毕，建立实时气象资料数据库系统，实现对实时气象资料的有效存储和快速检索。同年 12 月16—25 日，营口市气象局 VAST 小站完成中国气象局下达的信息接收考核任务，顺利进入准业务化运行。

2000 年，实现"9210"工程业务化运行，并开始接收卫星资料。2001 年，完成"9210"单收站建设及气象卫星综合应用业务系统软件升级。2004 年，通过"9210"系统接收辽宁省气象局下发的部分数值预报产品。

2004—2011 年，同时使用 DVB-S 接收机接收卫星广播资料。

2011 年，完成营口地区 4 套 CMACast 系统建设，该系统完全替代 9210 VSAT 单收站的各项功能，数据接收率可达 50 兆 / 秒，实现大量气象数据通过卫星进行广播接收，气象资料的应用明显增强。

三、光纤宽带、移动通信及数字网络传输

2004 年，营口市气象局及各市（县）、区气象局先后开通 2 兆数字电路光纤通信，建成基于 2 兆光缆的集现代多媒体和通信技术于一体的高速宽带数据网，采用 SDH 方式，上连辽宁省气象局，下接各市（县）、区气象局。

2005 年初，营口市气象局局内网络开始使用 ADSL 拨号上网。同年开始建设乡镇自动气象站，组网采用移动通信（包括使用中国移动、中国联通、中国电信等数据业务）GPRS 进行乡镇自动气象站观测数据传输，每小时传输一次观测资料。

2008 年，在原已开通的 2 兆数字电路光纤通信基础上，将省—市链路带宽增加到 4 兆，进一步提高了气象信息传输速度。

2010 年，在原有省—市—县气象宽带网基础上，建立了 VPN 备份网络系统。营口地区在全省率先完成系统建设，分别建立省—市和 4 个国家级观测站至省的 VPN 备份网络传输系统，进一步提升气象数据传输的稳定性。建成支持高清和双流的省—市新一代视频会商系统。

2012年5月，营口顺利完成MSTP宽带网络系统的切换，该系统将原气象宽带网SDH升级改造为MSTP方式，同时对原有网络的升级改造为省—市8兆，市—县4兆。MSTP是SDH为了适应传输以太网数据而在SDH基础上改进后的传送平台标准，主要改进是在接口单元增加ETH/ATM等业务单元，基础传送层主要还是沿用SDH传输；MSTP（多多业务传输平台）是从SDH平台延伸出来的同时实现TDM、ATM、以太网等业务的接入、处理和传送，提供统一网管的业务平台体系。改造后的MSTP宽带网络系统，进一步提升了气象资料传输的及时性，为气象防灾减灾打下坚实基础。

2013年，营口市水利局出资建设2兆专线，用于接收水利部门山洪非工程措施自动气象站点数据。营口市突发事件预警信息发布系统接入市政府电子政务外网光纤线路，采用中国联通裸光纤从市气象局至市政府信息中心，与市政府其他部门共享市政府电子政务外网100兆互联网出口，可以通过电子政务外网路由到市政府信息中心后与市政府各部门单向通信，其中营口市突发事件预警信息发布系统所需的服务器和高清视频会商系统的MCU设备放置在市政府信息中心机房，实现了25家成员单位可以通过电子政务外网访问营口市突发预警信息发布系统和调度高清视频会议。同年，营口兰旗机场接入营口市气象局至营口兰旗机场气象台2兆专线，由兰旗机场出资建设，用于气象部门共享气象数据和MICAPS数据。

2014年4月，完成营口地区省—市、市—县气象宽带网络的升级工作，将省—市升速为20兆，市—县升速为8兆。

2015年5月，通过与中国移动营口分公司协商，达成战略合作，移动公司出资安排工程队从移动公司蟠龙山超级基站铺设30芯光纤至雷达站塔楼，采取直埋，关键部位采用套管方式铺设。新建营口市气象局至大石桥蟠龙山雷达站专线和互联网业务、影视制作中心至营口电视台及3个县电视台共6条专线，带宽均为4兆。通过与中国联通营口分公司协商，提升互联网带宽至50兆，用于VPN备份线路和WRF系统下载背景场资料。根据市财政局要求，建成地方编制人员经费及工资系统至市财政局2兆专线。

2016年，为保障新一代天气雷达数据的传输，对有雷达的市气象局的气象宽带网升速为30兆，同时在原有气象宽带网（中国联通光纤组网）的基础上，新建备份气象宽带网（中国移动组网），省—市为8兆，市—县为4兆，主要用来承载省—市—县高清视频会商系统。营口市气象局作为试点，在全省率先完成建设，包括移动气象宽带网双路由光纤接入、设备安装调试及业务测试工作，为省气象信息中心提供多份业务测试数据，保证了全省移动气象宽带网的顺利启用。为确保雷达站专线可靠稳定，建设蟠龙山营口国家天气雷达站备份专线线路，营口市气象部门技术人员提供双路由光纤设计方案，从大石桥客运站处移动基站再引出一条光纤至雷达塔楼，与蟠龙山移动超级基站组成双路由光纤，分别接入路由设备，经过2周的设备调试和试运行，解决了路由不自动切换、容易掉线等多次故障，实现雷达站不同基站双路由备份。

2017年，按照营口市保密局在市直机关建设机要室的要求，利用已建设的市政府电子政务外网光纤，分出2芯接入电子政务内网，完成市委、市政府所有机要文件通过电子政务内网系统进行交换。

2018年6月，为搭建营口市空气质量与雾霾天气预报预警工作平台，利用中国移动公司光纤完成市环保局4兆专线，营口兰旗机场将租用中国联通光纤更换为租用中国移动光纤。

截至2018年年底，营口气象部门通信网络系统已实现上至中国气象局，下至市（县）、区气象局，纵向通过移动4G进行数据交换连接乡镇、村的区域自动气象站，横向通过电子政务网连接市政府及各部门，同时网络的稳定性大大加强，在气象大数据和"互联网+"的环境中，为气象云进行云技术处理、云存储提供了有力保障。

四、计算机通信

1982年，营口市气象局首次购进TRS-801微型计算机，此后逐渐配备多台计算机，使业务数据处理能力成倍提高。随着全省气象现代化的发展进程，1986年，根据国家气象局《关于下达一九八六年基本建设调整计划的通知》（国气计发字〔1986〕第224号）精神，投资199.5万购置的PDP11/44计算机项目落地，计算机开始进入营口气象部门。省气象科研所的县站业务化软件，沈阳中心气象台的长期预报等

5个软件在营口进行了推广应用。市气象局与所辖各县气象局电传微机网络正式形成并开通使用。1987年，各站配备的苹果－Ⅱ型微机全面应用于预报和通信。

1989—1990年，营口市气象局率先在全省建立了海洋人机对话系统，实现了与沈阳区域气象中心计算机联网。1992年，在海洋人机对话系统的基础上建设海洋气象业务系统。

1993年，在建设海洋气象业务系统后，营口市气象局申报了国家气象局气象科技"短平快"课题——海洋预报实时业务系统软件的开发和应用，7月被批准，该课题的研究成果是MMOS海洋预报软件的主要构成部分。购置DX386/33、DX386/40各1台，XTQ02超短波调制解调器2部，CPD-2040大屏幕图形显示器1台，ADCIP1210图形卡1块，808387协处理器1块，NOVELL网卡1块，NOVELL网软件，大屏幕图形显示软件等。海洋气象业务系统除保留了原有海洋人机对话系统的功能外，提高了网络档次，增加了2400波特中速无线信息收集手段，收集后可自动处理，入网存储，增加了"航危报（含各类气象电报）自动入网传输系统"；图形可用标准屏幕和大屏幕灵活显示；研制海洋气象自动化预报方法并取得阶段性成果。

1994年，实现省、市、县标准话路联网。8月初，实现了以9600波特的通信速率与沈阳区域气象中心实时业务系统联网。根据全省气象局长会议精神，在原试点基础上，全力研制适合全省不同台站类型的市—县联网及县级终端系统，12月下旬，全地区3个县级气象站均进行联网试验并达到实用程度。

1995年，在中国气象局和营口市政府的大力支持下，完成了"营口市气象台业务实时系统"第1期、第2期工程，初步建成了海洋气象业务系统，气象信息的上行下达基本实现了自动化、网络化。完成了县级终端的硬件定型、软件定稿。对省—市远程工作的主控及其配套软件、图形工作站的主控及传真图、云图显示软件进行了改造，增加T63产品图形显示。在县级终端软件方面，为解决传输信息速度慢的问题，又研制出压缩传输信息软件。同年10月25日，全国传真图文件更名，涉及前置机、图形显示、市—县系统的全部软件，经过一个星期的改造，县级终端于11月5日正式投入运行。同年，各市（县）、区气象局开通9600波特分组交换网，建立了县级计算机终端系统，实现省—市—县微机通信联网。

1996年6月11日，更换标准话路的进户线和进户点，解决多年存在的网络不畅问题，6月13日县级终端系统优化投入试运行，编写《系统优化技术手册》，7月29日将原4800波特切换成9600波特的通信速率。

1997年，改装"9210"新老机房的原有电源；安装调试系统工程计算机网络，进入卫星信息接收使用运行阶段，应用情况较好；架设办公楼与业务楼之间的计算机和语音网络线路，安装"9210"交换机，营口市气象局所有的卫星电话和内部电话安装完毕，全部开通。为满足各项工作对现代化设备的需求，年内利用省气象局匹配资金和自筹资金购置了3套微机。同时还更新全地区的甚高频网络设备，改善使用效果。当年完成VSAT小站的天线安装，开通卫星综合应用系统话音网。

1998年，在通过有线接收沈阳区域气象中心传输的气象信息基础上，亦可通过9210工程传输网络直接接收国家卫星气象中心传输的各种重要气象信息产品。

1999年，在全省率先完成市气象局和3个市（县）、区气象局气象卫星单收站的安装调试工作，6月投入运行。先后开通市气象局和3个市（县）、区气象局分组交换网，完成气象通信系统的技术改造工作，成为省内第2个全部开通分组交换网的地市级气象局。12月下旬，安装同步气象卫星接收处理设备。

2001年，购置一台联想计算机用于MICAPS系统备份，加强网络和MICAPS系统的维护工作。同年10月，引进省气象科研所研制的"121"电话自动答询系统软件，投资购买必要的设备，通过电信部门实现了DDN专线直接传送气象信息。

2003年，完成NOTES邮件系统的安装，开通局长信箱和办公室信箱，建立县级Notes办公网，实现了办公自动化。开通省—市2兆数字电路，路由升级改造成功并投入使用，通信传输能力进一步提高。与电信部门协作，编制航空报自动传输系统。通过自动拨号的方式发送航空报，既解决了原75波特专线传输故障频发现象，又解决了熊岳站发送航空报的路由问题。

2005年，建成省市视频会商系统。2006年12月，建成市气象局本地Notes办公网，开通局内各科室及主要局领导办公信箱，办公自动化覆盖广度增加。

2009 年，完成辽宁省气象局科研课题"区域自动气象站报表的制作与共享工作"的开发，基于观测时间进行数据收集与存储，建成区域自动气象站的观测要素数据库。

2010 年 3 月，完成县级区域自动气象站数据库存储中心建设，以组网方式实时收集并存储市气象局中心站下发的观测数据，包括营口地区 42 个区域自动气象站及 4 个常规 7 要素自动气象站每 10 分钟 1 次的观测数据。县级数据库存储中心的建立，满足了市（县）、区气象业务的要求，提高了县级气象部门对区域自动气象站资料的利用率，同时为更好地开展气象服务及区域自动气象站观测资料存档工作奠定了基础。

2012 年 4 月，完成市县高清天气会商系统建设，在原有省市视频会商系统的基础上，营口高清会商系统配置多点控制单元（MCU），同时向下连接营口市下属 3 个市（县）、区气象局高清视频终端，基本建成省、市、县三级气象部门互联互通的视频会商系统，进一步提升了营口气象部门的信息化水平，可有效加强省、市级气象台对县级气象部门的预报指导，提高预报准确率。

2016 年 11 月至 2017 年 4 月，根据中国气象局综合观测司的要求，搭建 CIMISS（气象数据统一服务接口）系统数据环境，由省气象信息中心提供 CIMISS 接口服务，配合省气象信息中心完成区域自动气象站传输调整，通信方式由中国移动公司 CMNET（公网）切换为中国移动公司 APN（专网）业务，区域自动气象站观测资料实现由公网传输转为到达中国移动公司基站后经私网直达省气象信息中心服务器，数据安全和稳定性进一步提升。此次调整过后，营口地区大部分区域自动气象站数据不在市气象局中心站落地，直接传输至省气象信息中心，市气象局中心站接收省气象信息中心回推数据并处理使用。在市气象局中心站仅保留部分区域自动气象站数据用于特殊服务和专业服务。

2017 年 4 月 6 日，辽宁省预警信息发布系统一体化平台在营口地区推广、应用。

截至 2018 年，基于国家和省统一的数据环境（CIMISS），面向气象业务和科研，提供全国统一、标准、丰富的数据访问服务和应用编程接口，为国家、省、地、县各级气象部门应用系统提供直接支撑的数据接入服务。

五、突发事件预警信息发布系统建设

2012 年 10 月 29 日，辽宁省突发事件预警信息发布系统盘锦子系统现场会议召开，辽宁省副省长赵化明、中国气象局副局长矫梅燕、国务院应急办副主任郭晓光出席会议。赵化明副省长在会上部署了全省突发事件预警信息发布系统建设工作。2013 年 1 月 14 日，在营口市第十五届人民代表大会第一次会议上，营口市突发事件预警信息发布系统被列为市政府为城乡群众办的十件重点民生工程之一。

2013 年 2 月，营口市气象局召开营口市突发事件预警信息发布系统建设专题会议，启动系统建设，部署建设任务，明确建设进度。3 月 5 日，营口市气象局印发《营口市突发事件预警信息发布系统建设方案》（营气函〔2013〕32 号）。该系统建设总投资 860 万元，其中省气象局投资 380 万元，营口市政府投资 300 万元，盖州、大石桥、开发区政府各投资 60 万元。系统建设资金主要用于专用设备购置、环境建设、系统安装、应用软件购置与开发等支出。项目建成后的运行维持费由各级政府承担。

营口市突发事件预警信息发布系统依托气象部门已有的气象业务系统和预警信息发布平台，扩建信息收集、传输渠道及与之配套的业务系统，整合交通、地震、安监、林业、水利、农业、卫生等部门现有的信息资源，建立 1 个市级、3 个县级预警信息发布中心，在 25 个市级相关部门、30 个县级相关部门安装视频会商设备和信息发布终端，在全市 42 个乡镇、200 个村安装信息接收终端，使预警信息快速向特定的区域、部门、人群以及社会公众发布，为保障人民群众生命财产安全和防灾减灾服务。

2013 年 4 月 25—28 日，分别在营口市气象局及其 3 个市（县）、区气象局部署安装突发事件预警信息发布系统服务器及软件。7 月 16 日上午，营口市政府组织召开突发事件预警信息发布系统建设协调会，市委常委、副市长曲广明，市长助理刘作伟，各市（县）、区政府有关领导，市政府应急办、市气象局、市发改委共 30 多个成员单位相关负责人出席会议。与会人员听取了突发事件预警信息发布系统建设进

展情况汇报，市领导协调解决系统建设过程中遇到的问题，就推进系统建设工作进行部署。为实现与营口市25家成员单位的连通，营口市突发事件预警信息发布系统服务器重新部署在营口市政府信息中心，委托市政府信息中心管理。8月29日至9月6日，完成了全市25家相关单位突发事件高清视频会议终端的安装与调试。该套高清视频会议系统依托营口市政务网进行网络通信，纵向可同中国气象局、辽宁省气象局，横向可同全市各委办局，对下可与各县分中心、各县委办局进行可视会商，对突发事件进行会商研判。9—10月，营口市气象局组织各市（县）、区气象局进行县级成员单位视频会议终端设备安装，并完成预警信息发布平台的调试工作。10月24日，营口市气象局完成营口突发事件预警信息发布系统中20个街道办事处气象预警信息电子显示屏的安装、调试工作，并投入使用。至10月末，系统建设全部完成并开始试运行。11月13日，营口市突发事件预警信息发布系统现场会在市气象局预警信息发布中心召开。

2014年1月7日，营口市气象局将《关于上报营口市突发事件预警信息发布系统建设情况的报告》上报营口市人大、市政协。1月8日，依据国家有关法律法规和《辽宁省气象局关于印发〈辽宁省气象局重大突发事件信息报送标准和处理办法实施细则〉的通知》，营口市气象局制定并印发《营口市气象局重大突发事件信息报送标准和处理办法实施细则》。

2017年4月6日，为做好辽宁省预警信息发布系统一体化平台在营口地区的推广和应用，辽宁省气象服务中心对营口市气象局相关人员进行平台本地化和操作培训。

2018年，营口市气象局利用辽宁省突发事件预警信息发布一体化系统发布常规预报预警服务信息。同时，利用该系统为营口市有关部门发布应急管理宣传、汛期地质灾害风险预警、森林防火普法宣传等。

第十章　农业气象

营口市气象部门自20世纪50年代末开始，根据国家农业发展需要，将农业气象业务作为工作重点。经过60年来的探索发展，农业气象业务领域不断延伸、扩展，监测技术和服务手段不断更新换代，农业气象业务已经成为现代气象业务体系的重要组成部分。

第一节　农业气象概述

1956年，营口熊岳气象站开始进行物候观测。1959年，盖平县气候站、营口县气候站、盘山县气候站、大洼农业气象试验站陆续开展农业气象观测和农业气象服务工作，期间营口市农林水利局印发《开展农业气象观测方法试验研究计划的通知》（营〔59〕农林水字第74号），要求各站开展畜牧、果树、蔬菜等观测方法试验研究。当时农业气象观测包括：农业物候观测、畜牧业物候观测、果园小气候观测、土壤湿度观测、土壤水分特性测定等项目。农业气象观测试验研究包括：大面积高额丰产田经验应用和调查研究、大面积灾害气象条件调查和防御措施研究、旱田灌溉土壤气候调查研究、卫星试验田小气候调查和应用研究、主要农作物适宜播种期的研究、主要病虫害发生消长气象条件的研究、主要农作物农业气象指标鉴定、水稻油纸育苗的气象条件研究、灌溉水稻的研究、蔬菜定植期冻害气象条件研究、主要蔬菜的病虫害气象条件研究、农业气象预报方法研究、农业气象观测方法研究。根据以上研究开展农业气象服务项目，这些农业气象服务项目一直持续到20世纪60年代中期"文化大革命"开始。

1971年6月，营口市气象台成立气象科，农业气象工作归气象科管理，农业气象服务工作逐渐恢复。1971—1997年，熊岳农业气象试验站（1979年7月分为营口市农业气象科学研究所和熊岳气象站）紧紧围绕农业生产做了大量农业气象实用技术研究与成果应用推广工作。利用历史气候资料探讨分析辽南地区农业产量丰歉变化及规律，深入农村设立试验基地，进行小区试验研究和大区生产示范。通过历史考查、气候资料分析、田间小区试验，先后完成近20项科研课题的研究，发表高质量的农业气象科研论文40多篇。

20世纪70年代后期，营口市农业气象科学研究所还承担国家科委和省科委下达的多项研究课题，其中10多项课题分别荣获国家科委和省科委、省农牧业厅及营口市科协重大科技成果奖、科学技术进步一、二等奖。这些科研成果的转化应用，对提高制种产量，抗御低温灾害，科学准确地制定粮食作物及果树品种的栽培种植区域界限，促进粮食稳产、高产和安全生产做出重大贡献。

1980年，营口熊岳气象站农业气象观测纳入全国农业气象基本观测站网，营口市气象局开展农业气象观测检查和评比活动。1986年，营口市气象局开始实行目标管理，把农业气象观测质量作为对气象台站考核的重要内容，并对农业气象观测员提出质量要求和奖惩指标。

2006年，营口市生态与农业气象中心成立，突出了生态与农业气象服务，打破了传统的农业气象服务方式。

2010年10月，按照省气象局的要求，在大石桥市、盖州市和鲅鱼圈区分别安装土壤水分自动气象站（DZN1型）。2013—2014年，在盖州市西海办事处建设一个6要素设施农业自动气象站（LW-RTU2100G型）和一个10要素设施农业自动气象站（TRM-ZS3型），在大石桥市旗口镇、太公堡、南楼和博洛铺各建设一个农田小气候自动气象站。

2016年，省气象局为营口地区配备4套PASW-1型便携式土壤水分测量仪，用于干旱时段在全地区开展普查普测。农业气象观测的自动化，为农业气象精细化服务提供了基础保障。

截至 2018 年年末，农业气象观测主要项目有：土壤水分、地下水位、作物发育期、物候、大田生育状况、农业气象灾害、作物病虫害等。农业气象服务主要内容有：农业气象预报、农业气象情报、农业气象专题分析、林业气象以及生态气象服务等。

第二节 农业气象观测

农业气象观测是农业气象业务、服务和科研的基础。农业气象观测主要有：作物观测、物候观测、土壤水分测定、气象水文现象观测以及灾害观测调查等。

一、观测站点

1956 年，熊岳气象站开展农作物的物候观测和土壤水分测定。1959 年，盖平县气候站、营口县气候站开展作物观测，盘山县气候站、大洼农业气象试验站开展农业气象预测预报工作。1980 年 1 月，熊岳气象站农业气象观测纳入全国农业气象基本观测站网，盖县（原盖平县）、营口县气象站为省级农业气象观测站。

2009 年，辽宁省气象局按照中国气象局综合观测司《关于农业气象观测站网和观测任务调整实施方案的复函》，将国家和省级分别管理的农业气象观测站全部纳入国家统一管理体系，分为国家农业气象一级观测站和国家农业气象二级观测站。调整后，盖州市气象站为国家农业气象一级观测站，熊岳气象站为国家农业气象二级观测站，大石桥市气象站为省级自建农业气象观测站。

二、观测项目

1．熊岳

1956 年 4 月，开展棉花作物观测和土壤水分测定。1957 年 4 月，开始水稻、果树等农作物和自然物候观测，增加果园小气候观测。1959 年 3 月，增加家猪和鸡等动物观测。2004 年，开展农业气象观测，观测项目：木本植物观测为苹果、枣树、紫丁香、毛桃、杏、旱柳；动物观测为家燕、蛙；气象要素、水文现象观测。2010 年 10 月，开始进行自动土壤水分观测。2013 年 10 月 1 日，取消作物观测和自然物候观测中苹果以外的其他观测项目。

2．盖州

1959 年开始作物观测，当时观测作物有棉花、玉米、高粱、谷子、苹果等。此外，各气象哨也根据公社的具体情况进行高粱、玉米、棉花、水稻、谷子、大豆、小麦的作物观测。1960 年 2 月，增加土壤水分测定。1962 年 2 月，营口市农业水利局选定盖平县气候服务站为农业气象观测站点，调整了作物观测项目，仅进行棉花和高粱的作物观测。1980 年，按照辽宁省气象局要求，开始高粱和冬小麦的作物观测。1983 年，增加棉花观测，停止冬小麦的观测。1987 年，停止棉花观测，增加大豆的观测。1990 年，停止高粱观测。2009 年，停止大豆观测，开展玉米观测。

1983 年，开展物候观测和气象水文现象观测。木本植物观测有加拿大杨、苹果、枣树；动物观测有豆雁。2009 年，增加部分物候观测项目，木本植物观测增加旱柳、杏树；草本植物观测有蒲公英、车前子、狗尾草；动物观测有家燕、青蛙。2013 年，取消 2009 年增加的自然物候观测项目，加拿大杨、苹果、枣树、豆雁的物候观测一直保留。

2010 年 10 月，开始自动土壤水分观测。

3．大石桥

1959 年建站时，开始观测的作物有马铃薯、高粱、谷子。1960 年，观测的农作物调整为马铃薯、小麦、玉米。1961 年调整为高粱和棉花。1962 年 5 月，增加土壤水分测定，同时，营口市农业水利局选定营口县气候服务站为农业气象观测站点，重点进行玉米观测。1963 年，观测的农作物调整为玉米、大豆、高粱。1978 年，恢复农业气象观测，观测作物有小麦、高粱、大豆、玉米。1980 年，取消小麦观测。1985 年，辽宁省气象局调整农业气象观测项目，停止作物观测。

1980 年开始进行自然物候观测，有小叶杨、旱柳、蒲公英、苦苣、家燕等。1983 年，增加大叶杨的观测。1984 年，增加马兰的观测，取消小叶杨和苦苣的观测。2013 年，取消自然物候观测。

2007 年 1 月 1 日，开展地下水位深度观测。2010 年 10 月，开始自动土壤水分观测。

各站农业气象观测任务见表 10-1、表 10-2。

表10-1 营口地区土壤等观测站点和观测项目一览表 单位：厘米

站名	区站号	台站级别	土壤									地下水位	沙漠进退
			土壤水分				土壤养分	土壤物理特性				
			固定地段	作物地段	辅助地段	编发报		土壤容重	田间持水量	凋萎湿度		
盖州	54474	一级	50	50	20	AL	√	√	√	√	√	
大石桥	54475	省自建			20	AL	√	√	√	√	√	
熊岳	54476	二级		50	20	AL	√	√	√	√	√	

注：栏中编发报为农气观测发报种类。2013 年 10 月，按省气象局要求取消 AB、TR 报，只保留 AL 报。AL 报为春季土壤墒情观测发报，编发时间为每年 2 月 28 日—5 月 28 日。√ 为已有项目（下同）。

表10-2 营口地区作物、物候等观测站点和观测项目一览表

站名	作物观测	大田生育状况调查	物候观测			气象、水文现象	农业气象灾害	作物病虫害
			草本项目	木本项目	动物项目			
盖州	玉米	√		加拿大杨、苹果、枣树	豆雁	√	√	√
熊岳		√		苹果		√	√	√

第三节 农业气象预报与情报

农业气象预报和农业气象情报是根据农业生产的实际需要而制作的专业性气象服务内容。农业气象预报包括作物主要生产关键期预报、产量预报等。农业气象情报包括土壤墒情、生态监测结果分析、气候分析评价以及雨情灾情等。

一、农业气象预报

1958 年，营口开展农业气象预报，主要对外开展春播期土壤地温预报和与农业生产关系较大的旱涝、降温等长期预报。结合农民种田经验，制作播种期预报。针对秋收生产，及时发布初霜冻预报。1958 年，营口郊区花英台村根据市气象台发布的初霜冻预报，立即组织人力抢收 6 万千克大白菜，避免了经济损失。

1959 年，根据中央气象局以农业服务为重点的气象工作方针，营口气象部门制定了农业气象服务项目，主要有：农业气象预报（春耕播种期土壤水分和土壤温度预报、主要农作物适宜播种期气象预报、霜冻预报、农作物主要发育期预报、病虫害发生消长预报、主要农作物收获期预报）和农业气象情报（农业气象旬报、农业气象公报、农业气象季报、农业气象年报）。按照农业生产需求，及时开展春播期降雨量预报、适宜播种期预报、晚霜冻预报。盖县按照终霜期预报，及时调整棉花种植日期，做到霜前播种、霜后出苗。

1960 年 1 月初，根据省市委提出的"一早百早、一早百好"的指示精神，依据历史资料，做出春播期长期天气预报、土壤湿度预报、旱情预报、土壤解冻期预报。

20世纪60—80年代，主要针对作物生长季的农业气象条件进行分析和预报，包含温度、降水等农业气象预报，前期农业气候情报，农业生产建议以及年景展望，春、夏、秋季农业气象条件分析和主要作物生育期预报等。

1986年，农业气象预报成为独立业务体系，开始纳入目标考核范围，进入规范化管理阶段。针对营口地区农业生产实际需要，向市政府和有关部门提供水稻适宜播种期预报、大田作物播种期预报、水稻适宜移栽期预报以及每年10月的秋白菜适宜收获期预报。

1989年，针对春季"季节提前，旱情严重"，不利于大田播种和水稻育苗的农业气候条件，在全市水田抗旱保苗现场会上，提出年景展望预报和农业生产建议，受到与会领导的重视。

1992年年初，根据市政府有关部门的需求，制作营口地区春小麦播种期预报。市农村工作委员会在《营口农村工作》上，以"巧用天时，夺取丰收"为题，全文刊发1992年农业气象年景展望。

1994年3月，根据降水偏少、土壤干旱的气候特点，预报当年大田作物播种期间，前期降水偏少，终霜偏晚。建议大田作物在透雨后播种，既可躲过旱段，又可霜后出苗，为一次播种保全苗提供科学生产建议。随着蔬菜保护地生产发展，增加春季棚菜苗移栽期预报。

1995年，对全年农业气象服务大纲进行修订和完善，制作工作流程图。

1996年，春季少雨干旱，影响春播，及时报送"冬春雨雪少，抗旱春种不容缓"的决策材料，被市委《营口信息》予以转载。6月下旬到7月上旬，出现低温寡照天气时段，对水稻生长十分不利，及时撰写"战胜低温寡照天气，促进作物健康生长"服务材料，建议有关部门做好水稻的病虫害防治工作，市政府《营口政务信息》予以转载。

1997年，《营口信息》和《营口政务信息》登载"作物生长季农业气象条件分析及年景展望""春季农业气象条件分析"服务材料。

2000年，向市政府呈报《农田秋翻地适宜期和土壤封冻期预报》，建议秋翻地宜在11月中、下旬进行。市委副书记王立平在材料上批示："请立即将此件电传各市（县）区有关部门，抓紧落实，在天气突变时，气象局的同志能够提供准确的参考消息，值得肯定。"

2005年，营口市气象局和营口市农业中心签署协议，联合开展为农气象服务。作物生长季每月制作一期《气象与农情》服务材料。主要内容有气候回顾，旬、月预报和农业生产措施等。遇有不利天气条件时，不定时制作相关材料，特别是水稻稻瘟病防治期间，及时调查了解水稻长势，结合农业气象条件预报，随时制作发布《气象与农情》服务材料。除向市领导报送外，还发送到市（县）、区政府及各乡镇农业推广中心，为乡镇农技人员提供气象和农业技术的综合服务。

2006年，针对4月以来气温偏低，降水频繁，出现明显的"倒春寒"天气，给水稻育苗和玉米播种带来十分不利的气候条件影响，营口市气象台及时制作《气象与农情》材料，建议大田抢墒适温播种，确保一次播种保全苗；水稻生产做好育苗播种后的田间管理；蔬菜生产采取增温保温措施。此服务材料受到市政府重视，市长赵化明批示："此建议很好，对气象局工作给予表扬。"

2009年4月初，在呈报给市委、市政府第3期《气象与农情》上，市长和副市长均作出批示，市长高军批示："气象局工作是卓有成效的，能够及时准确地为人民群众生产生活提供气象信息，为防灾减灾和安全生产做出了贡献，希望继续努力，在气象信息准确性、及时性等方面提高工作整体水平。"在第4期《气象与农情》上，针对大田作物播种期间降水和玉米适宜播种期预报以及生产建议，副市长曲广明作了批示。同年5月，市长高军在第6期《气象与农情》上作出批示，对农业气象服务工作给予充分肯定。

2010年3月，通过调查研究，选择大石桥市旗口镇、老边区柳树镇建立两个设施农业气象服务试验点，并建立设施农业气象服务短信平台，将天气预报通过手机短信直接发送给农户。在春、秋、冬三季，灾害性天气预警、转折性天气预报都通过手机短信发送给农户。3月4日，首次通过短信向农户发送"3月4日夜间有小雪，6—9日气温偏低，设施农业要加强防寒保暖"的预报。9月，《农业气象服务》在营口电视台新农村栏目首播，每周一期，内容主要以一周天气预报和农业生产建议为主，每年播出50期。从开播至2014年停播，持续时间长达4年。电视栏目的播出加之短信平台的建立，实现了气象信息第一时间进农户，更好地指导农业生产。11月1日，在大石桥市旗口镇长屯村建成全地区第一套温室大棚6要素（温度、湿度、地温、光合有效辐射、总辐射、二氧化碳浓度）自动气象站。进行蔬菜大棚内小气候的研究、应用，建立温室大棚病虫害及气象要素预报模式。种植户可以充分利用LED显示屏实时显示的气象数据，适时进行温室的通风换气和覆盖保温。

2011年7月中旬，由于连续出现阴雨寡照天气，给水稻病虫害防治带来困难。在呈报给市委、市政府第4期《气象与农情》上，建议及早做好水稻稻瘟病防治的各项工作。

2012年3月，按照省气象局要求，开始制作发布《春耕春播气象服务专报》。主要发布内容是土壤墒情监测情况、未来一周天气预报、水稻和玉米播种期预报。同年9月开始制作《营口市秋收气象服务专报》，到10月10日结束共制作发布6期，包括秋收作物发育进程以及秋收秋播进度、未来天气对秋收影响分析等内容。

2012年以来，为了开展及时、准确的农用天气预报，营口市气象部门陆续研制出水稻、苹果、设施茄子、设施黄瓜、设施西红柿等气象服务指标。

2013年以来，随着农业生产的发展，农业气象服务工作越来越规范和优化，基本实现从种到收的全覆盖。农业气象服务贯穿全年，春季主要开展水稻播种、玉米播种、水稻插秧等关键生育期的预报和服务；夏季主要开展作物产量定量预报和稻瘟病防治期间预报服务，同时做好干旱监测和预报；秋季主要做好秋收期间天气预报服务和设施农业气象预报和服务；冬季主要做好设施农业的预报和服务。重要生育期或灾害监测预报的服务信息制作成《营口决策气象信息》，发送对象主要是政府以及相关部门，同时通过乡镇电子显示屏传送至各乡镇，通过直通式服务平台将气象服务信息传送至村级气象信息员和重点服务用户。单一的土壤墒情监测或天气预报等信息也通过直通式服务平台一站式传送，并通过农村预警大喇叭进行播放。

二、农业气象产量预报

农作气象产量预报是为领导机关及有关部门提供决策的重要依据。营口市从1986年开始制作农作物产量预报，对市领导机关和农业、统计部门开展服务。

营口市主要农作物是水稻、玉米和高粱。农作物产量预报内容包括粮豆单产、总产预报，水稻、玉米、高粱单产、总产预报。每年制作3次产量预报，分别是年初的农作物年景预报以及7月和8月的两次主要农作物产量预报。年初的农作物年景预报主要定性制作营口地区粮豆的年景，包括丰年、平年和歉年共3级。所采用的预报方法是自动交互检测法，预报因子分别是前一年1月（60°N，90°E）500百帕距平值、前一年1月（60°N，30°E）500百帕距平值和前一年9月20厘米平均地温。7月上旬和8月下旬的产量预报主要制作营口地区主要农作物包括粮豆、水稻、玉米和高粱等的单产和总产量预报。由于高粱播种面积减少，2000年以后取消高粱产量预报。产量预报采用数学模式方法进行，所选气象因子主要是作物生长期间的温度、降水、日照及环流指数等，建立粮豆、水稻、玉米和高粱的多元回归预报方程。作物产量数据来自于营口市统计局。主要做法是将预报当年之前的20年气候资料作为样本，统计对粮食产量影响最为明显的相关因子，建立多元回归方程，估算出气象产量。预报产量由趋势产量和气象产量组成，最终形成综合农业产量预报。趋势产量处理方法是以时间参数作自变量，采用滑动平均模拟法和线性模拟法来模拟趋势产量，反映农业技术和经营管理的改进和发展对产量的影响，代表所有非自然因素对产量贡献的总和。总产量的预报是以单产预报乘以播种面积得出。

1986年，营口市气象局开展水稻、玉米和杂粮的农业产量预报业务。1994年，农业产量预报纳入省气象局农业气象业务考核项目。经历30多年的不断改进与摸索，营口农业气象产量预报在实践中不断完善和提高，由单纯的气象统计模式发展到结合气象条件综合影响并考虑农业等方面因素作用的动态模拟预报方法。随着方法的不断改进，农作物产量预报水平逐步提高，多年来预报准确率一直稳定在95%

以上，成为全省气象部门开展农业产量预报的重要参考。

自开展农业气象产量预报以来，营口市气象局每年9月都参加市里召开的农作物产量调查会议，介绍当年的农作物产量预报依据和结果。2008年以后，农作物产量调查会议不再召开，改为与农业部门电话会商。

三、农业气象情报

农业气象情报和农业气象预报一样，都是气象部门为农业生产服务的主要形式之一，农业气象情报在农业生产服务中发挥的作用更为直接和具体。

1. "三情"农业气象情报

"三情"农业气象情报是气象灾情、墒情、雨情的简称，是农业气象情报最基本的内容。

（1）灾情

对于重大农业气象灾害的监测，目前采用的主要是人工现场调查，以及建立的灾情收集渠道获取气象灾害发生的危害程度、范围及对作物的影响。灾害发生后，市、县两级气象部门农业气象人员共同赶赴灾害发生区，对影响农业生产的干旱、低温冷害、洪涝、大风、冰雹等灾害开展实地调查，按照调查结果，及时撰写灾情报告。

（2）墒情

营口地区观测土壤墒情始于1956年4月，熊岳气象站开展土壤水分测定。1960年2月和1962年5月，盖平县气候站、营口县气候站开展土壤水分测定。2010年10月，各地建成土壤水分自动观测站，数据每10分钟更新一次，人工测墒与自动测墒并行。人工测墒业务开展初期是每年2月28日至11月28日，后改为每年2月28日至5月28日，测墒期间根据实际需求可选取其他地点（坡地、山地）进行加密观测，5月28日以后根据干旱情况也会增加人工加密观测。2017年，营口地区持续干旱，5月13日全地区开展加密观测，持续至7月10日停止，8月上旬再一次启动加密观测。

人工测墒是每月逢3日、8日测定0～50厘米土壤湿度，逢4日、9日编发AL报、TR报、AB报，并通过辽宁省生态数据传输系统上传土壤水分监测实时资料，内容包括5厘米地温、10厘米地温、0～50厘米土壤相对湿度、干土层厚度和前期降水量等信息。逢4日、9日，形成《土壤温湿度监测报告》，发布服务信息。当有大范围干旱出现或干旱明显加重、缓解、解除时，发布干旱监测报告和影响评价报告。1986年起，春播期间的土壤墒情服务通过营口市气象局天气警报发布系统，对农村用户进行广播。1996—1999年，通过营口日报、营口电台登播土壤温湿度情报。2010年开始，土壤墒情通过直通式服务平台直接面向村级气象信息员和广大农户发布。

（3）雨情

雨量监测是农业气象情报的重要内容，是规定时段内的降水量统计资料。1958年，营口市气象台成立开始，就为有关部门提供降雨量情报。原为人工观测数据，1999年以后，逐步增加自动观测站雨量数据，手动下载数据，利用1nmaps软件绘制雨量图。2016年，利用营口市气象预报服务业务平台自动绘制雨量图。截至2018年年底，全市已建成73个区域自动气象站，雨情监测情报越来越丰富。

2. 农业气候分析评价

农业气候分析评价服务材料分为定期和不定期两类。定期包括气候旬、月报和气候公报，不定期包括各种专题分析等。

（1）气候旬、月报和公报

从20世纪50年代末开始，对农作物生长期间的农业气候条件进行分析和评价。分析和评价的内容主要包括气温、降水、日照时数及其对农作物和农业生产的利弊影响等。服务材料分别有农业气象旬报、气候月报和作物生长季农业气候评价等。2000年以来，随着农业气象服务工作的不断加强，增加了季度气候公报和年度气候公报，并且形成制度，在向领导机关报送的同时，通过媒体向社会发布。

（2）专题分析

针对农作物生长期间出现的不利气候条件，向市政府和有关部门提供分析评价服务。主要内容有土壤干旱监测报告，低温、阴雨寡照等灾害性天气对农作物的不利影响分析等。

1996 年 8 月中旬，营口地区出现 50 年一遇的低温天气，对水稻生长造成不利影响。市气象局通过对低温的全面分析和低温后水稻生长状况的全面了解，及时向市有关部门提供"我市出现异常低温天气"的专题分析，提出要加强田间管理，积极采取增温促早熟措施的生产建议，为科学安排抗低温、保丰收提供了可靠依据。

2000 年 6 月，营口地区连续少雨，降水量仅为历史同期的三分之一，加之持续高温，出现罕见的严重干旱，市气象局加强旱情监测，及时编制干旱灾情报告，上报营口市委、市政府，并发送有关部门，为抗旱提供重要基础信息。

2014 年夏季，降水特少，干旱严重，营口开发区降水量为 1951 年以来最少；营口市区和盖州市降水量为 1951 年以来第三少；大石桥市降水量为 1951 年以来第四少。营口市气象局发布干旱气象服务材料 11 期，其中以营口决策气象信息发布干旱监测报告 5 期，为营口地区科学组织抗旱提供了重要依据。

2015 年夏季，营口地区发生大面积干旱，营口市气象局积极开展抗旱气象服务工作。7 月开始每天及时将人工、自动土壤墒情数据报送至市防汛抗旱指挥部。共发布 10 期干旱气象服务材料，为市领导以及相关部门提供土壤墒情监测信息、气象干旱程度分析、未来降水趋势预报等信息。

2017 年上半年，干旱严重，各地降水之少均创历史极值。营口市气象局针对旱情及时组织加密土壤墒情观测，发布土壤湿度监测信息，制作决策服务材料发至市政府相关部门，并通过手机短信以及大喇叭发送到种植户手中。多次得到农业等有关部门以及种植大户的好评。

2018 年春末夏初，干旱严重，营口市气象局制发春耕期土壤监测信息 19 期，报送营口决策气象信息 1 期，发布营口干旱监测报告 1 期，在全市抗旱减灾中发挥了积极作用。

3. 生态气象

营口市气象部门从 2007 年起开展生态气象信息的分析评价工作。生态气象信息包括地下水位、大气降尘、酸雨等内容。大气降尘、酸雨、地下水位资料均由市、县两级气象部门提供。评价服务材料分春夏秋冬 4 个季节，有数据分析并配有图表。服务对象包括市党政领导机关和相关部门。2018 年，服务形式整合，生态气象信息分析评价并入气候公报，不再单独发布。

第三篇

气象服务

第十一章　决策气象服务

决策气象服务是公共气象服务的重中之重，事关全局，责任重大。营口市气象部门的决策气象服务对象是市委、市人大、市政府、市政协及各有关部门。首要目标和主要任务是：在第一时间让市领导和相关部门获得准确、科学、有决策价值的气象信息，为地方经济社会发展、防灾减灾、公共突发事件应对、重大社会活动顺利开展、重大工程建设服务，具体包括灾害性天气预报预警、重要季节气象服务、大型活动气象保障等。提供的气象信息内容有：短期气候预测、中期天气预报、短期短时天气预报、专题天气报告、灾害性天气预警、气候公报、气候评价、农业气象预报和评价分析等。

由于科技水平的不断发展进步，决策气象服务方式也经历了不断的变化。20世纪90年代之前，决策气象服务方式主要包括向党政领导汇报、电话报告、发送信函、专题材料报告、传真等。进入21世纪，增加气象终端、网络通信、气象短信、微信、气象信息网络平台等现代化方式，重大天气过程、重大社会活动期间提供现场服务，其时效性、针对性进一步提高，成为气象现代化进步的标志。

第一节　决策气象服务概述

1949年至1956年5月，气象情报和天气预报主要为军事服务，属保密范围，重大灾害性天气的预报警报只提供给军事部门。1956年6月1日，各种气象报告取消加密。

1958年5月1日，在营口日报、营口电台公开登播天气预报信息。

1959年，营口市气象台负责发布市区及所辖各县天气预报、灾害性天气预报警报，遇有关键性、灾害性重大天气及时向市领导机关报告。

20世纪60年代至70年代前期，营口采取"群众办气象""群专结合""图资群结合""老农看天气"的技术路线，全地区涌现出遍布乡村的气象哨，70年代初甚至达到村村有气象哨。但是，由于天气预报手段的单一和气象科技的限制，天气预报准确率尤其是灾害性、关键性、转折性天气预报准确率不高，很难满足各级领导指挥决策和人民群众的生产生活需要。

1975年11月，盘山、大洼县气象站并入营口市气象部门，营口市气象台发布全地区的天气预报，指导各县开展决策气象服务。

1980年，随着气象管理体制改革，营口市气象部门从业务上加强了对灾害性天气预报服务，从管理上加强了天气预报会商制度，逐渐建立了天气预报的量化指标，把决策气象服务纳入目标管理。20世纪80年代到90年代初，决策服务主要是通过《营口气象》《农业气象情报》《气象情报》等上报气象信息，每年呈报的决策服务材料有几十期、数百份。

1994年4月，对决策气象服务材料进行了规范，把各种决策气象服务材料统一以《送阅件》的形式向市委、市政府呈报。

2000年开始，决策服务增加《重要天气报告》《营口气象信息》《人工增雨简报》等专报。

2001年4月5日，成立决策气象服务中心。

2005年，为了更好地为"三农"提供气象服务，营口市气象部门与营口市农业中心联合创办了《气象与农情》月刊，农业气象服务有了新的平台。

2006年5月，成立营口市生态与农业气象中心。同年10月，进一步规范决策服务材料，《气象与农情》继续保留，其他决策服务材料统一更名为《营口决策气象信息》。

2008年，从辽宁省气象局引进了电子累年簿软件，为撰写决策服务材料提供了便利。

2013 年，建立了决策气象服务工作平台，整理制作决策服务模板 190 个，实现了决定气象服务模板自动调取功能。

2014 年，建立了预报服务业务平台，实现了雨情图表自动绘制功能，制作时间由之前的 10 分钟缩短到 2 分钟，实现服务产品一键式上传和发布等功能以及决策服务材料的无纸化，提高了效率和智能化水平。同年，《气象与农情》停发，内容并入《营口决策气象信息》，至此市气象部门的决策服务材料统一为一种形式。决策服务工作由营口市气象台和营口市生态与农业气象中心共同承担，营口市气象台负责重要天气报告（包括预报信息、实况信息、建议措施等）、重大活动气象服务、节假日天气预报等；营口市生态与农业气象中心负责气象与农情、植树造林气象服务、春耕春播气象服务等。

2017 年，研制了气候资料查询系统并投入使用，实现了气候资料查询的自动化，使编制决策气象服务信息更加便捷、准确、高效。建立了基于互联网的网络版营口气象监测平台，实现雨情图自动生成功能，雨情数据入库后，前台就可以实时更新，省去传输的环节，直接在防汛指挥部的电脑上显示实时的雨情信息，同时具有预警、决策、预报等实时信息显示功能，在 2017 年抵御"8.03 局部特大暴雨"过程中，营口气象监测平台发挥了重要作用。

随着天气预报业务的不断发展和需求的不断增长，对决策气象服务工作要求也不断提高，不仅形式不断完善，内容越来越精细，而且服务对象也越来越多，工作量越来越大。决策气象服务的内容除最初的气象预报信息和实况信息，逐步增加了影响分析、建议和应对措施。决策气象服务报送范围也在扩大，包括营口市委、市人大、市政府、市政协、市防汛抗旱部门以及应急、城建、农业、林业、渔业、交通、海事、公安、国土资源、环境保护等部门。2000 年以来，决策服务材料每年制作上百期，印制、发送最多年份近 3000 份。2017 年以来，随着决策服务平台建立，智能化水平提高，办公无纸化，发布的决策服务材料份数逐渐减少。

2018 年，建立了基于 Android 的营口决策气象服务移动终端系统营口气象 APP，实现了集约、快速地将重要气象信息传递到政府决策部门，提高信息的传输效率，满足政府决策部门对气象数据及时性、准确性的需求，提高决策气象服务工作效率。

2018 年 12 月，按照上级气象部门的要求，对决策气象服务信息进行了调整，把服务材料分为《营口决策气象信息》《气象信息》《专题气象服务》三大类。其中，《营口决策气象信息》报告重要气象预报服务信息，包括重大天气预报服务信息、重要农事季节气象信息等，由市气象局局长签发；《气象信息》报告普通类预报服务信息和常规类预报业务产品信息，包括一般天气过程预报服务，常规预报业务产品如周报、旬报、短期气候预测信息等，其中普通类预报服务信息由分管副局长签发，常规类预报业务产品信息由市气象台台长签发；《专题气象服务》报告重要活动气象保障信息、重要节日天气预报信息，由分管副局长签发。决策气象服务改革之后，气象信息服务内容更有针对性，流程和分工更为明确。

第二节　各季节决策气象服务

营口有四季分明的气候特点，各季节气候、气象灾害不尽相同。决策气象服务在各季节具有不同服务重点、内容、方式。20 世纪 70 年代之前，春、夏两季是气象服务的重点，改革开放以后，随着经济的快速发展，秋、冬季的灾害性、关键性、转折性天气（以下简称"三性天气"）对国计民生影响越来越大。

一、春季气象服务

春季的决策气象服务以为农业服务为主，主要服务项目是春播、植树造林、森林防火等。春季的预报服务工作重点是：做好春季气候预测、春播期气象条件分析、生产对策、措施建议以及年景展望等，为全市制定春季农业对策、生产建议、作物品种选择调整等提供参考；提供地温信息、土壤墒情分析预测、干旱监测、旱情分析、旱情发展趋势预测等，指导春播生产；做好寒潮、降温、倒春寒预报，减少越冬作物冻害和春播作物不能及时下种的损失；做好春季降雨预报，特别是第一场透雨预报，指导春播春种、植树造林等工作；做好大风、沙尘天气的预报预警服务，为森林防火、交通海事、环境保护等提供决策依据。

4—5月第一场大于等于10毫米的降雨，气象上称作透雨。营口春季易干旱少雨，对春播不利，做好透雨预报和服务非常重要，抓住每年第一场透雨的分析和预报是春季降水预报的关键。1984年4月25日，市气象部门做出了未来24小时有中雨的预报，并及时向市政府汇报，市政府随即向各县下发了抓住雨后时机抢墒播种的通知，结果全地区普降小到中雨，抢墒播种效果显著。

营口春季抗旱服务内容包括土壤墒情分析预测、干旱监测、旱情分析、旱情发展趋势预测、降雨预报、人工增雨等。1997年和2001年营口地区发生了严重干旱，市气象部门提前组织做出较为准确的干旱预报，并迅即开展跟踪服务，相继呈报了"降水偏少墒情渐降，抗旱播种刻不容缓""抗旱播种不容缓、人工增雨待时机""干旱高温历史罕见、半月之内仍将持续"等《送阅件》，不仅准确地进行了旱情分析和预测，还提出了切实可行的建议，分别被《营口信息》采纳，市政府根据旱情的实际及气象预报，紧急召开抗旱工作会议，对抗旱减灾作出全面部署。

2005年5月16日20时至17日20时，受较强的暖湿气流和北方冷空气的共同影响，营口全区普降暴雨，其中营口市92.7毫米、大石桥76.8毫米、盖州90.6毫米、熊岳70.9毫米，这场全区大范围的暴雨，特别是营口市日降水量多达92.7毫米，系1905年有气象记录以来同期日降水量极值，创百年之最，市（县）、区日降水量也为历史同期所罕见。对于此次降水过程，16日下午市气象部门组织缜密分析，并与省气象台会商，对外发布了"中到大雨，部分地区雨量偏大"的预报，同时向市委、市政府发送了《送阅件》。17日05时，经研究分析，地面天气图上形成的江淮气旋将东北上直接影响营口地区，降水明显增大，对外立即发布"大到暴雨"预报，并向市委、市政府、市防汛指挥部作了汇报。

2006年4月，营口地区发生了罕见的倒春寒天气，市气象局与市农业中心合作及时提出生产建议和对策，指出在气温低、降水频繁、土壤湿度大等不利的气象条件下，水稻应加强育苗后的田间管理，促进早生快发；大田要抢墒播种，确保一次保全苗；蔬菜生产应采取增温保温等措施。此信息引起市领导高度重视，市长赵化明在2006年第4期《气象与农情》服务材料上批示："此建议很好，对气象局工作给予表扬。"由于采取了措施，避免了倒春寒天气给春播生产带来损失。

2007年3月下旬开始，营口地区降水偏少，出现旱情。4月12日早晨到下午，市气象部门组织利用新一代天气雷达进行实时监测，抓住华北气旋影响的有利天气形势，在全地区开展了人工增雨作业，并重点在老边区边城，开发区熊岳、红旗，大石桥永安、博洛铺，盖州徐屯、九寨等乡镇实施了火箭增雨作业，有效增加降水，改善了土壤墒情，为大田作物播种创造了有利条件。

二、夏季（汛期）气象服务

营口全年降水的70%集中在6—8月，汛期气象服务历来是全年气象服务的最重要部分。市气象局每年汛前召开汛期气象服务动员大会，对汛期气象服务工作做出部署。市气象局所属业务单位和市（县）、区气象局开展汛前自查工作，对软硬件设备进行维修维护，同时制定汛期气象服务手册，针对监测、预报、预警、决策、服务等各个环节制定相应的工作制度和流程。市气象局成立汛期气象服务领导小组，汛期每天安排1名带班局领导和1名行政值班员。根据气象灾害程度和类别的不同按照要求启动气象灾害应急响应，全局进入应急响应状态，各部门按要求增加值班在岗人员。汛期结束后开展汛期气象服务工作总结。每年汛期是气象部门最紧张、最繁忙的时段，汛期气象服务工作的好坏决定了全年气象服务工作的效果。

汛期气象服务的最主要内容是做好暴雨预报服务，以及暴雨引发的洪涝、泥石流等次生灾害的预警服务。暴雨预报的重点是暴雨的开始时间、结束时间、主要降雨时段、暴雨的强度量级、落区等，台风预报重点是台风的路径、强度变化、暴雨落区、风力大小等，暴雨引发的次生灾害有城市内涝、农田渍涝、干流洪峰、中小河流洪水、山洪、泥石流等。由于暴雨预报的不确定性，需要滚动制作预报，随时进行订正，连续及时提供实况信息和预报信息，及时发布暴雨预警信号、地质灾害风险预警等。气象部门在汛期防灾减灾体系中是"发令枪""消息树"，具有特殊地位，政府及其部门根据气象信息采取措施，启动应急预案，开展灾害防御工作，最大限度地减少灾害造成的损失。

汛期是强对流天气的多发季节，强对流天气包括雷电、雷雨大风、短时强降水、冰雹、龙卷等，其发生发展的时间短、尺度小、强度大，易引发雷击事故火灾、风灾、雹灾、中小河流洪水等。做好强对流天气的预警，及时发布传递预警信息到"最后一公里"，是完成汛期气象服务的另一关键点。同时，夏季伏旱、高温天气的监测预报也是汛期气象服务内容的有机组成部分。

1994年8月14—16日，第15号台风影响营口地区。从发布台风消息、台风预报，到解除影响为止，市气象局局长王宇先后6次向市委、市政府进行汇报，并把全省的降雨分布图及时送到市领导手中，市长朱雅轩在抗灾会上说："这次受灾之重，范围之广，损失之大，是1985年以来没有的，由于省、市气象部门提前做了准确的预报，领导靠前指挥，提出《八项决定》《五条通知》，进行了广泛宣传，措施得力，损失最小。"

2007年，营口地区出现自1951年以来少有的夏旱，市委、市政府领导高度重视，多次指示气象部门密切监视天气变化，积极开展人工增雨作业缓解旱情。市政府及各市（县）、区政府加大了对人工增雨的投入，增拨了经费，为开展人工增雨作业提供了保障。对于此次人工增雨工作，副市长姜广信亲自部署指挥，市气象部门精心准备和实施，提前购买了充足的火箭弹，对全地区5部火箭发射系统进行了全面的检修。6月27日夜间，市气象部门抓住有利时机，进行了大规模的人工增雨作业，全地区5部火箭发射系统全部出动，从南到北先后在16个乡镇进行了火箭增雨作业，共发射火箭弹40余枚。 同时，在27日22时至28日01时，省人工影响天气办公室组织在营口进行了飞机增雨作业。大规模的人工增雨作业，有效地增加了降水量，全地区旱情得到一定缓解。

2016年7月20日08时至23日08时，受江淮气旋影响，辽宁省自西南向东北出现了近5年最大的暴雨到特大暴雨天气过程，过程平均降水量103.5毫米。营口地区在这次过程中北部和南部降暴雨，局部大暴雨，其中矿洞沟毛岭村117毫米、水源112毫米、什字街高台子104毫米。在"7·20"特大暴雨期间，为更好地服务群众，扩大知情范围，市气象台于早晚高峰期及时发布天气状况，同时将雨情信息通过营口广播新闻台电话直播暴雨预报，随后该语音信息通过"营口新闻之声"官方微信转发，不到3个小时点击率近3万，并在微信里不断转发并评论；随后，营口电视台滨城报道栏目组到市气象台采访，对暴雨预报预警情况进行报道；营口电视台新闻栏目记者对市气象台台长何晓东进行电话采访。这次特大暴雨过程气象部门监测预报准确、信息发布及时、服务效果显著。

2018年是营口地区极端天气多发的一年。汛期6—8月上旬降水量比常年少2～6成，旱情严峻。7月27日至8月5日，受副热带高压控制，出现时间长、范围广、强度大的高温酷暑天气，营口地区最高气温平均值达到了35.3℃，最高气温为41.9℃，全地区连续7天持续33℃以上，影响时间长、范围广、强度大，都为1951年以来之最。市气象台首次发布了高温橙色预警信号，先后制作报送了6期高温专题预报服务材料，内容包括高温实况、极值情况、高温预警信号发布情况、旱情发展情况、高温预报情况、影响与建议等。主汛期期间，共出现了5次重大降水天气过程，台风"安比""摩羯""温比亚"相继影响营口地区，带来强降水。其中，7月26日，受台风"安比"残留水汽和东移冷空气共同影响，营口地区西北部和西南部普降大到暴雨，局部大暴雨；8月13—15日，受高空槽、副热带高压和减弱台风"摩羯"外围水汽共同影响，营口地区普降大暴雨，平均降雨量为132毫米，有53个站点降雨量超过100毫米；8月19—20日，受减弱后的台风"温比亚"和高空槽共同影响，营口地区普降暴雨、南部降大暴雨，平均降雨量为84毫米，有20个站点降雨量超过100毫米。在台风"摩羯"预报服务中，8月12日制作了决策信息"台风'摩羯'情况及13—15日天气预报"，13日制作了决策信息"今天夜间到明天夜间全市有大雨到暴雨，局地大暴雨"，15日制作了决策信息"全区普降大暴雨"，暴雨持续期间制作了"降雨实况及暴雨预报"15期。6月1日至8月31日，市气象台共发布决策气象信息29期、雨情信息滚动预报44次、暴雨预警信号29期、强对流预警信号45期、地质灾害气象风险预警5期。汛期全市气象部门共启动 7 次应急响应。由于组织有序、工作到位、预报准确、服务及时，得到市委市政府和省气象局的充分肯定，营口市气象局被评为 2018 年全省重大气象服务先进集体和全省气象部门先进集体。

三、秋季气象服务

秋收期农业生产气象服务是秋季决策气象服务的重点，内容有大田作物、水稻、秋菜、水果等后期田间管理、收储、上市气象服务，以及秋翻地气象服务。秋季预报关注重点有：寒潮、冷害冻害、初霜冻、秋季连阴雨、大风、冻雨、秋吊（秋旱）等天气。寒潮、冷害冻害、初霜冻会造成农作物减产；秋季连阴雨会对作物收获产生不利影响；大风会导致水稻等倒伏，同时也涉及森林防火、建筑施工、交通和海洋航运等；冻雨影响交通、电力部门；秋吊影响作物后期生长及下一年的土壤墒情。国庆期间的预报服务也是秋季服务内容之一。

每年 10 月下旬至 11 月上旬，营口各地秋菜收获上市开始，为便于市领导和有关部门实时掌握天气变化情况，方便菜农和市民根据天气购销秋菜，市气象部门精心部署和准备，全力做好秋菜气象服务保障工作。1988 年秋季，营口市气象台下大力气做好抓秋菜收获期的预报，使蔬菜管理部门合理组织进菜，近 4.5 万千克蔬菜适时上市，避免了不利天气影响，满足了市场供应。副市长李洪彦在秋菜总结会上说："由于气象台提供了正确的预报，服务的好，老天爷也照他们的办，今年秋菜安排拉开上市，无压菜、无损失，我们要感谢他们。"

2011 年 10 月 18 日，营口市气象台开始制作《秋菜收获上市气象服务专刊》，及时报送给市领导和有关部门，通过电台、电视台、营口日报进行播发，同时通过手机短信发送给全市 600 多名气象信息员，并根据天气变化及时发布滚动预报。针对 23 日营口地区受较强冷空气影响，有小雨和大风降温天气的实际情况，市气象台于 21 日提前做出了准确的预报，并报送给市领导和有关部门，同时通过电台、电视台、手机短信等方式告知菜农和市民。市气象部门及时周到的服务工作得到了市秋菜收获上市服务委的赞扬。

2017 年，营口市出现 9 次大风强降温过程，市气象台及时制作发布了 10 余期《营口决策气象信息》，就大风降温天气可能造成的影响提出防范建议，报送给市政府和有关部门，同时通过大喇叭、电子信息显示屏发送到乡镇、村，提醒村民做好防范。

四、冬季气象服务

冬季气象服务主要内容包括设施农业气象服务、城市除雪气象服务、春运气象服务、供暖气象服务、环境气象服务等。预报关注重点是寒潮、大风、降雪、道路结冰、雾霾、重污染天气等。

每年"春运"气象服务工作是营口市气象部门 1—2 月的重点工作，为期 40 天左右，市气象部门成立春运气象服务小组，积极与春运指挥部沟通联系，制定服务计划，主动提供针对性气象服务，加强观测、预报、预警和服务工作，充分利用手机短信、电子显示屏、影视、广播、网站等媒介向社会公众发布气象预报预警信息，同时加强后勤和装备保障，保证系统内外各联系渠道的畅通，确保相关信息发布、传递及时准确。春运期间，市气象部门每天组织春运天气会商，建立滚动预警制度，每周一发布《春运气象服务专刊》，内容以未来 7 天天气趋势预报和重要提示为主，遇到寒潮、大雾、降雪、降雨等重要天气过程，利用短信、电话连线等开展短时临近预报预警服务，并随时增发《春运气象服务重要天气报告》，为群众探亲、旅游出行和假日活动等提供优质气象服务。市气象台被评为"2019 年辽宁省春运工作贡献突出集体"。

针对降雪天气的准确预报和服务是贯穿整个冬季气象服务的重点。如 1992 年 11 月 19 日，营口地区普降入冬以来第一场暴雪，市气象台组织预报员提前 24 小时做出了准确预报，并及时向市政府做了汇报，通过电台、电视台进行报道，收到了明显的经济效益和社会效益。遇有降雪天气，市气象台通过传真及时将降雪预报和雪情实况发送给市除雪办，2015 年以来，市气象台同时将降雪预报和实况信息通过"营口市城市除雪指挥部"微信群传送，市除雪指挥部根据市气象台提供的降雪信息及时部署城市除雪工作，组织相关部门开展除雪作业，保障了市区各条道路的交通畅通。

2000 年以来，冬季雾霾天气频发，营口市政府加大了大气污染防治工作的力度，作为大气污染防治工作组成员之一，市气象局积极推进重污染天气预报服务工作，2016 年，与市环境保护局联合印发《营口市环境保护局与营口市气象局联合开展重污染天气预报服务工作方案》，明确在重污染天气期间及日常环境气象工作的具体工作内容和工作安排。

2018 年，市气象部门与市环保部门联合研发了营口市空气质量与雾霾天气预报预警工作平台，在全省率先建立了气象数据与环保数据共享机制。平台实现了气象与环保实况监测数据的实时显示功能，实现了天气预报数值模式产品的实时更新，实现了污染物扩散气象条件预报产品的实时发布，同时实时显示上级指导预报、实时天气预报及雾霾预警信号，实现了线上联合会商等功能。

第三节　大型活动气象保障服务

大型活动主要是指营口市举办的具有国内外影响力的母亲节、徒步大会、汽博会、乐博会、农博会、运动会及大型赛事等活动。随着改革开放的深化和经济发展，各类大型活动日益增多，气象部门担负的气象保障任务也愈加繁重，市委、市政府对气象保障工作要求越来越高。市气象局积极做好大型活动的气象保障，主动、及时提供不同时效的气候资料分析和天气预（警）报，力求达到优质、精细，取得了较好的服务效果。

一、辽宁省第六届运动会

1992 年 9 月 28 日，辽宁省第六届运动会（简称"六运会"）在营口市举行。市气象部门高质量地为这次体育盛会提供了气象服务，受到了赛事组委会和市政府领导的好评。市气象部门成立了气象服务领导小组。根据赛事活动对气象服务的要求，制定了周详的服务方案，并认真组织实施。省六运会开幕式预演拟在 9 月 1 日进行。8 月 31 日晨，市气象台通过对天气雷达、气象卫星、数值预报产品提供的信息进行综合分析，预报 9 月 1 日营口地区将有大到暴雨天气过程，并及时向赛事组委会做了汇报。赛事组委会据此做出开幕式预演暂停的决定。9 月 1 日午后，市气象台做出 9 月 2 日午后天气将转晴好的天气预报，保障了省六运会按原计划顺利举行，避免了因推迟开幕日期而造成的不良影响。

二、中国·望儿山母亲节

也称"熊岳望儿山母亲节"，创立于 1995 年，是辽宁省十大节庆之一。针对每年一次的"中国·望儿山母亲节"大型活动，市气象部门坚持提前做出部署，制定活动方案，提供针对性气象服务，同时加强天气观测、预报、预警工作，通过手机短信、显示屏、气象预警广播大喇叭、电视、报纸、传真等媒体向有关部门和社会公众及时发布天气预报和预警信息，认真做好决策和公众气象服务。

三、中华人民共和国第十二届运动会

中华人民共和国第十二届运动会（简称"十二运"）于 2013 年 8 月 31 日至 9 月 12 日在辽宁举行，历时 13 天。营口分赛区承办沙滩排球、女子排球 B 组、马拉松和男子篮球 B 组四项赛事。"十二运"期间正值营口主汛期，天气复杂多变，为全面做好"十二运"气象服务工作，市气象部门成立了"十二运"气象服务领导小组，根据全运会火炬传递、赛事保障和城市运行等对气象服务的需求，建成"十二运"气象观测系统、气象网络保障系统、气象信息收集发布系统、营口赛区精细化预报业务系统、气象服务系统，引进了市级"十二运"气象服务综合产品订正制作平台，进行本地化后投入业务运行。

4 月初，市气象台向省气象部门上传"十二运"城市预报和场馆预报。5 月，"十二运"各项专题气象服务逐一开展。5 月 13—18 日，提供"十二运"马拉松比赛专题气象服务；5 月 26—28 日，提供"十二运"篮球测试赛专题气象服务；6 月 18—21 日，提供沙滩排球测试赛专题气象服务；8 月 12—18

日，提供火炬传递（营口）气象服务。

每天上传5次营口鲅鱼圈沙滩排球赛场和奥体中心篮球赛场两个场馆的逐小时预报，上传1次营口城市7天预报。4—9月，累计上传比赛场馆逐小时精细化预报1500余次，上传发布城市7天预报150余次。5月，开始根据赛事安排随时为市委、市政府、"十二运"营口赛区组委会制作《"十二运"气象服务专报》60余期，各种不同时效的气象信息，通过气象手机短信平台发送给赛事组委会成员、裁判员、运动员。比赛期间，气象服务人员进驻赛场进行现场服务，为赛事提供全程全方位的气象保障。专题气象服务工作在比赛前一周正式启动，市气象台针对城市和赛会场馆、赛事种类，分别向组委会提供延伸期预报、中期预报、短期预报、短临预报、实况信息、预警信息、重要天气报告等7大类气象服务产品。

四、国际马拉松赛

自2013年第十二届全运会马拉松比赛在营口鲅鱼圈举行之后，每年5月都举行鲅鱼圈国际马拉松比赛。2013年，第十二届全运会马拉松比赛于5月18日在营口鲅鱼圈举行。比赛前期，市气象部门积极部署，定制服务计划，成立服务小组。5月12—18日，共制作《第十二届全运会马拉松比赛专题气象服务》5期，提供比赛期间的天气预报，同时提供比赛当天分时段、分要素的精细化预报服务。5月18日上午，天气形势比较复杂，鲅鱼圈区以南天空始终有云团活动，一直处于阴天状态，为了确保能做出正确的天气判断，为赛事提供精准的气象服务，市气象局领导亲自指挥，在现场的气象服务人员一方面与市气象台预报人员密切配合，及时会商，加强赛场天气实况监测；另一方面，加强与省气象台和大连市气象台的天气会商，及时为赛事组委会提供赛场的天气实况和每小时的天气精细化预报服务，同时通过手机短信平台将预报信息发送给赛事组委会成员、裁判员、运动员。2016年鲅鱼圈国际马拉松比赛期间，市气象部门使用了新装备车载应急移动气象站，采用Vaisala WXT520气象监测系统，观测气象数据280次，提供组委会气象数据20组，中央电视台体育频道实况发布5次。该系统体积小、精度高，可对风速、风向、温度、相对湿度、气压、降水等6种气象要素进行实时监测，在赛事气象保障工作中发挥了良好作用。

五、中、高考专题服务

每年6月和7月，市气象部门开展中、高考专题气象服务工作，成立中、高考气象服务领导小组，制定中、高考气象服务方案，明确工作任务，市气象台加强天气会商，制作《中（高）考专题气象服务》决策材料，根据天气变化情况，随时制作预报预警信息，通过传真报送给市政府和招考办，通过手机短信发送给高考应急小组领导及招考委相关人员。中、高考期间，每天早、中、晚通过电台播报的公众天气预报增加中、高考时段的预报信息，并增加每天的天气实况。

六、徒步大会

2010—2013年，营口市连续举办4届徒步大会。2010年7月31日下午，营口市举行首届徒步大会，两万余人参加了总路程为12千米的徒步行走活动，这是营口市近年来最大规模的一次群众性体育活动。行走途中伴有小阵雨，但参加者都有备而来，并未受到影响。市气象台一周内向活动组委会提供了5期专题气象服务材料，预报活动当天有阵雨或雷阵雨。组委会根据市气象台的预报，要求各单位参加者做好防雨准备。7月31日下午，营口市内果然出现了雷阵雨天气，市气象台多次电话向组委会报告最新降雨预报，为活动的如期举行做出贡献。

2011年4月30日上午，营口市举行第2届徒步大会，万余人参加了总路程为10千米的徒步行走活动。市气象台一周内向活动组委会提供3期专题气象服务材料，多次电话向组委会报告最新天气信息。4月29—30日，提供了精细化预报，"30日上午多云，下午有阵雨"，实况与预报完全一致。

2012年6月16日上午，营口市举行第3届徒步大会，万余人参加了总路程为10千米的徒步行走活动。市气象台于6月11日、14日、15日分别向活动组委会提供3期专题气象服务材料,多次通过电话向组委会报告最新天气信息。

2013年6月21日下午,营口市举行第4届徒步大会,市气象台6月19—21日,连续制作3期《徒步大会专题气象服务》,包括徒步大会当天的气象信息以及21日15—18时徒步大会期间的精细化气象预报,并及时传送活动组委会,做好气象保障工作。

七、汽保博览会

2012年6月15—17日,针对营口老边区委、区政府举办的汽保博览会,市气象台于6月12日、14日组织制作了两期《汽保博览会专题气象服务》。准确的预报服务获得了活动举办单位和参与者的一致好评。

八、乐器博览会

2012年8月23—25日,中国(营口)首届国际乐器博览会在营口市产业基地文化艺术中心举行,国内外知名乐器企业集中展示了各种乐器及配套产品。市气象部门为这一盛会提供了精细化气象服务:提前10天开始关注乐器博览会期间天气趋势;提前一周组织专题会商,每天制作精细化气象要素专题预报,以专题决策服务材料和电话两种形式发送给组委会以及相关负责人,共制作《营口市首届国际乐器博览会专题服务》7期,精细化的专题预报得到了国际乐器博览会组委会的好评。

九、农业博览会

2011—2014年,营口市共举办3届农业博览会,市气象部门认真准备,精心组织,并成立了农业博览会(简称"农博会")气象服务保障工作领导小组,制定农博会气象服务工作方案。2011年10月14—16日,营口(鲅鱼圈)第3届农业博览会在营口开发区隆重举行,市气象台自10月14日开始每日向大会组委会报送气象服务专报。针对14—15日营口地区受冷涡影响,有阵雨天气的实际情况,市气象台加强监测,制作精细化的预报,随时向有关部门报送。14日,农博会开幕式当天,市气象部门领导和技术人员到现场进行服务,得到了农博会组委会的好评。

2012年10月12—14日,营口市第4届农博会在营口沿海产业基地举行,市气象台提前一周开始关注农博会期间天气趋势,自10月10日开始,每天按时制作精细化气象要素专题预报,以专题决策服务材料的形式发送给组委会及相关负责人。12—14日,农博会期间加强监测预警,制作精细化的预报,随时向有关部门报送。

2014年10月10—12日,营口市第5届农博会在营口沿海产业基地举行,市气象部门为此次活动做了周密安排,提前一周开始关注农博会期间天气趋势,从9月25日开始就做了详尽的宣传工作,利用一键式短信发布平台累计发送短信共计36000条,利用老边区大喇叭向乡村进行广播,通过乡镇电子显示屏对各街区、乡镇发布农博会相关信息;自10月10日开始,加强监测预警,每天按时制作精细化气象要素专题预报,以专题决策服务材料的形式发送给组委会及相关负责人。

十、市直机关首届职工健身休闲运动会

2017年9月21日,营口市直机关首届职工健身休闲运动会开幕式顺利举行,当日秋高气爽,艳阳高照。开幕式原本定在22日举行,为保证活动当日无特殊天气,市气象台从接到通知开始就做好了保驾护航的准备,每日重点关注运动会期间天气,并在决策气象服务中增加了市直机关运动会气象服务专刊。经过多次缜密会商,市气象台提前3天给出22日前后四天的天气预报,其中22日白天有一次明显的降水过程,主要降水时段在08—14时,降水量在10~25毫米,为中雨量级,14时后降水趋于结束,转为多云天气。市直机关工委领导根据市气象台提供的天气预报结论,经商讨后将开幕式时间提前到了预报为"晴"的21日。22日,降雨如期而至,市直机关工委领导对市气象台的气象服务非常满意。

第四节　重大气象服务实例

随着气象现代化的快速发展，灾害性天气监测预报能力明显提高，气象服务所产生的经济效益和社会效益显著增强，气象服务对于减轻气象灾害造成的损失作用突出、意义重大。

一、1982年8月8日大暴雨预报服务

1982年8月7日08时至9日08时，营口地区普降暴雨到大暴雨、局部特大暴雨，主要降水时段为8日14—20时。最大降雨量出现在盖县东南部山区太平公社，雨量达296毫米，1小时雨强达89毫米。这次大暴雨淹没、冲毁农田、房屋、桥梁、公路等十分严重。7日18时预报：24小时有中到大雨，48小时有大雨、局部暴雨；8日06时预报：24小时内将有大雨、局部暴雨；8日10时发布《大雨将连续 防洪要警惕》的紧急材料预报：24小时内全区将有暴雨，雨量在50～100毫米，营口县和盖县东部山区将有大暴雨，雨量在100～150毫米，提出"盖县、营口县山区，因前期干旱严重，植被不好，固土能力较差，要提高警惕，密切关注暴发山洪的可能"，送至市委、市政府、市防汛指挥部，市、县各级领导果断指挥，山洪暴发前组织险区社员、群众安全转移，无一人伤亡。这次预报服务得到市领导高度评价，8月16日，《营口日报》头条报道："由于雨前预报及时，各级干部及时组织社员群众转移、抢险，因此全社人畜均无伤亡。"

二、1985年9号台风预报服务

1985年8月18—20日，受第9号台风影响，营口地区普降暴雨、局部特大暴雨。19日，最大降雨量达240.5毫米；19—21日，过程雨量达298.7毫米，市区西部降雨量达341.0毫米，最大风速达16.3米／秒。狂风暴雨造成主要河流洪水猛涨，堤坝溃决，山洪暴发，农田大部分被淹，部分输电、电话线路中断，交通堵塞，工厂企业被迫停产，多数群众住宅被水包围，市区平均积水深60厘米，最深可达1米以上，给国民经济和人民财产带来严重损失。9号台风登陆前，市气象局向市政府提供了9号台风可能在营口地区沿海登陆的信息。市政府依据这一信息，作出了迎战台风暴雨的紧急部署，迅即通知沿海各渔港，组织了一千多只渔船入港，全市上下紧急行动，采取了一系列预防措施和抗灾手段，使灾害造成的损失减少到最低程度，市委、市政府领导对市气象局的工作非常满意，多次在会议上提出表扬，市气象局田福起被省政府授予抗洪抢险先进个人，天气科和朱金祥被市委、市政府分别授予营口市抗洪抢险先进集体和先进个人，这在市气象部门历史上还是第一次。

三、1988年8月16日暴雨预报服务

1988年8月16日08时至17日08时，营口地区降大到暴雨，盖州降暴雨到大暴雨，个别地区降特大暴雨，最大降雨中心在盖州南部什字街，雨量达266毫米，主要降水时段在16日午后到17日早晨。暴雨强度大、历时短，为多年来罕见。暴雨导致河坝滑坡、桥梁冲毁、农田被淹、水库溢洪等灾害。市气象台对这次过程提前24～48小时做出了"干旱转雨"预报，提前12～20小时发布了暴雨警报，降雨落区准确。市委在盖县防汛指挥部及时召开了紧急会议，对有关工作做了部署，市委领导对这次预报服务非常满意。

四、1997年11号台风预报服务

1997年第11号台风减弱为热带风暴后，于8月20日在营口辽河口登陆，营口地区出现146.2毫米的大暴雨。台风带来的大风和暴雨造成了供电、供水设施以及房屋农田、桥梁公路等多处损毁。针对"9711"号台风，市气象部门提前关注，并在预报中重点抓住了台风路径、强度变化、登陆地点及登陆时间的预报，对台风带来的灾害性天气预报准确。市委、市政府领导和市防汛抗旱指挥部对本次台风暴

雨的预报服务给予了高度评价。

五、2001年8月4日盖州大暴雨预报服务

2001 年 8 月 3—4 日，营口地区普降暴雨，其中营口市区降雨量为 62.5 毫米，大石桥为 79.7 毫米，开发区为 73.6 毫米，盖州为 107.7 毫米。这次暴雨最显著的特点是强度大、降水集中。位于盖州双台子的黄旗堡大桥，由于拉沙车长期碾压，桥墩不堪重负，加上上游洪水冲击，导致垮塌。这次过程市气象台提前 24 小时做出降雨预报，降雨落区预报准确，但量级较小，预报强度为阵雨或雷阵雨，实况为大雨到大暴雨。降雨过程中市气象台共发布了 4 次预报，3 日午夜降雨逐渐加大后，市气象局及时将雨情向市防汛指挥部、城市防汛指挥部做了汇报，4 日上午，根据云系发展，市气象局通过电话向市领导和防汛指挥部汇报部分地区雨量偏大的意见。尽管此次暴雨预报量级偏小，但由于服务主动积极，全程跟踪，取得了较好的服务效果。

六、2002年8月4日大石桥暴雨预报服务

2002 年 8 月 3 日 20 时至 5 日 08 时，营口市区、老边区和大石桥市普降暴雨到大暴雨，局部地区降特大暴雨，营口市降水达 226.0 毫米、大石桥 262.0 毫米，大石桥市的官屯镇和南楼镇分别出现了 334.0 毫米和 310.0 毫米特大暴雨。特大暴雨造成大石桥胜利河堤防决口、漫顶，多处桥梁、公路、铁路被冲毁损坏。针对此次暴雨过程，7 月末，市气象部门做出了 8 月 3—4 日有阵雨或雷阵雨、局部雨量偏大的预报，8 月 3 日下午做出了 24 小时全区有中雨、局部大到暴雨的预报，通过电台、电视台、"121" 电话媒体等对外发布。4 日 05 时做出了 24 小时内受副热带高压后部高空切变线影响，全地区仍有中到大雨、局部暴雨的预报，并电话向副市长姜广信汇报，防汛部门采取各项措施。4 日 10 时做出了 4 日午后至夜间全地区仍将有中到大雨预报。降雨期间每小时向市委、市政府、市防汛指挥部报送一次雨情。4 日 14 时开始，通过营口交通文艺台和营口电视台向公众播报雨情和预报。

七、2007年3月4日暴风雪预报服务

2007 年 3 月 3—5 日营口地区出现了 1949 年以来最强的暴风雪天气，其中：营口市降水量 34.2 毫米，雪深 22 厘米，极大风速 23.5 米 / 秒（9 级）；大石桥降水量 41.3 毫米，雪深 17 厘米，极大风速 20.7 米 / 秒（8 级）；盖州降水量 30.3 毫米，雪深 15 厘米，极大风速 20.3 米 / 秒（8 级）；熊岳降水量为 44.3 毫米，雪深 17 厘米，极大风速 38.7 米 / 秒（13 级）。暴风雪给工农业生产、交通及人民生活造成了很大的影响。

3 月 3 日后半夜到 4 日夜间，在市气象局局长才荣辉的带领下，市气象台对这次气象灾害提前作出较准确的趋势预报。3 月 2 日，做出 "3 日夜间到 5 日，营口地区有一次较强降水天气过程，同时伴有大风降温" 的预报，以《营口决策气象信息》形式呈报市委、市政府，通过传真发送到市海上搜救指挥中心、市防汛抗旱指挥部和市农委、市交通局等部门，并通过电台、电视台等新闻节目进行了播发。3 月 3 日下午，做出 "3 日夜间到 4 日夜间，全地区有小到中雨转大到暴雪，可产生寒潮大风天气，可能会造成风灾、低能见度、雷电、地表结冰和积雪，对高速公路、铁路、航运、海上作业和市内交通以及农业特别是蔬菜大棚生产安全造成较大威胁，建议农业、交通、海事、海洋渔业、公用事业等有关部门采取相应措施，加强防范" 的预报，并制作发布 "强降水和寒潮大风重要天气报告"，报送市委、市政府及市农业、交通、海洋、公用事业等部门，并再次通过电台、电视台新闻节目进行了播发。根据市气象台预报意见，当晚市政府以明传电报形式向各市（县）、区政府下发《关于做好预防强降水和寒潮大风工作的紧急通知》，全面部署防御暴风雪工作。3 月 4 日 05 时，对外发布暴雪、雪灾和道路结冰黄色预警信号以及寒潮大风蓝色预警信号，并以《营口决策气象信息》形式向市委、市政府报送了 "暴雪和寒潮大风重要天气报告"。08 时，通过电台、声讯电话、手机短信等方式对外发布了雪灾和道路结冰红色预警信号。4 日 10 时，省气象局启动了 II 级预警应急预案，市气象局启动了 I 级预警应急预案。从 4 日 12 时起，市

气象台每小时进行降雪量和降雪深度观测。准确、超前、主动的服务，为市领导指挥防灾抗灾起到了重要作用，得到了市领导的充分肯定。市委书记程亚军在全市抗暴雪、寒潮紧急工作会议上指出：这次历史罕见暴风雪造成的损失非常大，但由于市气象局提前做出了预警，市政府据此做了全面部署，全市做了防范准备，减轻了灾害造成的损失。

八、2011年8月7—9日第9号台风"梅花"预报服务

2011年8月7日20时至9日20时，受第9号台风"梅花"和高空槽的共同影响，营口地区出现了暴雨到大暴雨天气过程，营口全地区有27个乡镇出现大暴雨，最大降水量出现在小石棚，为268毫米，引发了山洪、泥石流等地质灾害。8日清晨到夜间，受"梅花"影响，营口地区东北风在海面达到6～7级、阵风8级，在陆地达到6级、阵风7级。

市气象部门于7日10时制作了《第9号台风"梅花"路径预报和暴雨预报》的决策气象信息，发布了大风和暴雨预报，"预计7日夜间到9日全地区有暴雨到大暴雨，过程总雨量100～200毫米，局部雨量将超过200毫米，请做好防范。"在9日强降雨发生期间，市气象台大密度向市防汛指挥部提供气象实时信息和多种时效的预报产品，时间间隔最小达到每10分钟上报一次雨量表和雨量图，根据需要随时提供雷达图像和短时临近预报，共制作25期《重要天气报告》供市领导决策参考，同时定时将雨情传送给市国土资源局，为地质灾害发生研判决策提供参考。"梅花"影响期间，市气象部门共发布台风黄色预警信号2期、暴雨橙色预警信号1期、暴雨红色预警信号2期，与市国土资源局联合发布地质灾害预警5期。盖州市气象局于8月9日06时52分开始6分钟内向小石棚乡发送6次广播信息，提出凡未撤离到安全地带的村民马上转移。8月9日08时10分对9个乡镇大喇叭发送3次广播信息，提醒已经转移到安全地带的村民耐心等待，风雨过后方可回家。7—9日3天，市气象台接受媒体采访和直播连线10余次，及时把预报预警和天气变化信息传递给公众，科学防范、冷静应对，同时加强气象防灾减灾的宣传。市气象部门出色的气象服务，受到各级领导机关和广大市民的好评。

九、2012年8月3—5日第10号台风"达维"预报服务

2012年8月3—5日，受第10号台风"达维"影响，营口地区降大暴雨、局部特大暴雨。4个国家基本气象站降水量在173～265毫米，最大雨量出现在大石桥市黄土岭镇虎皮峪村，为403毫米，全地区75个区域自动气象站降水量均在145毫米以上，其中有22个区域自动气象站降水量超过250毫米。

在台风"达维"影响营口期间，市气象局领导和各科室人员连续几个昼夜坚守在抗击台风的第一线，提前4天向市领导汇报，提前48小时做出趋势预报，提前24小时做出准确具体预报。市气象局局长李明香数十次向市领导汇报预报预警情况：8月2日，将"受台风影响，全区有大到暴雨"的预报以决策服务信息的形式呈报给市委、市政府和市防汛指挥部，提出由于台风移动路径不确定，可能对营口产生更大降水；3日05时30分制作"3日白天到4日白天全区有暴雨到大暴雨，过程降水量为70～150毫米，局部降水量可能超过150毫米"的预报。市气象局分别通过手机短信平台和电子显示屏把预报发送给1000多名从市到村各级防汛责任人。各市（县）、区气象局立即启动气象预警大喇叭系统。同时，从07时开始营口广播电台在4个频道插播暴雨预警信息，营口电视台3套节目滚动播发暴雨预警信息。强降水开始后，3日13时再次做出了"截止13时，营口地区普降暴雨到大暴雨，降水量为50～150毫米。受台风云系影响，今天午后到夜间全区还有暴雨到大暴雨，降水量在80～130毫米"的预报，并将预报呈报市委、市政府和市防汛指挥部。同时通过移动、联通和电信等运营商进行手机短信全网发布，通过营口广播电台对公众进行了广播，在营口电视台上进行了滚动播报，并与市国土资源局联合发布了地质灾害红色预警。由于预报准确，服务及时，各级领导机关指挥有力，措施得当，最大限度减少了这次严重洪涝灾害造成的损失。

在重大天气预报服务过程中，市气象局组织有力，研判科学，应对迅速，工作到位，2012年，被评为全国重大气象服务先进集体。

十、2016年5月2日罕见春季暴风雨预报服务

受黄淮气旋影响，2016年5月2日18时至4日00时，营口地区普降暴雨，东部和南部的部分地区出现大暴雨，降水量在50～130毫米，其中8个乡镇降雨超过100毫米，达到了大暴雨的量级，最大降水量出现在小石棚毡帽峪，为131毫米。3日，全市持续6～7级西北大风，14—17时，营口市、大石桥风力加大到8级以上，阵风达到10～11级，同时海面风力持续10～11级。

对于此次暴雨、大风过程，市气象局及时组织发布预报、预警信息，全力做好气象服务工作。2日16时，市气象台做出"我市将出现大雨到暴雨和大风天气"的预报，以决策服务材料的形式报送市委、市政府、市防汛指挥部和市国土资源局，并通过各种渠道向社会公众发布。3日08—20时，强降水发生期间，每隔1小时将雨情报送市防汛指挥部和市国土资源局；根据降水进展情况，先后4次制作决策服务材料，将最新的降水和大风的实况、预报信息，通过传真报送市委、市政府及有关部门，并通过电子显示屏和手机短信发送到各市（县）、区、乡镇、村，以及各级防汛责任人。

由于预报准确，服务及时，防范到位，将灾害损失降到最低，气象服务工作受到市领导充分肯定和称赞。市气象台被评为市直机关"服务先锋"（集体）。

十一、2017年局地特大暴雨预报服务

受高空槽东移与10号台风"海棠"减弱后的热带低压相结合的影响，2017年8月3日03时至4日13时，营口地区东南部降暴雨到大暴雨，局地特大暴雨。其中，3个站点降特大暴雨（盖州矿洞沟云山沟392毫米、毛岭村387毫米、张家堡307毫米），降水量之大突破当地历史极值。东南部还有10个站点降大暴雨；9个站点降暴雨。

市气象局对于此次重大天气过程全力组织做好预报服务。8月2日20时至4日13时，市气象台全程密切监视天气，及时把中央气象台和辽宁省气象台的预报会商结论报送市委、市政府和市防汛抗旱指挥部。根据降雨实况和最新天气形势变化加强会商研判，及时制作滚动降水预报，为市领导决策提供依据。2—4日，市气象台共制作《营口决策气象信息》3期、《最新降水实况和滚动预报》11期，及时报送给市委、市政府、市防汛抗旱指挥部和市国土局等部门，并将最新预报和降雨实况通过手机短信发送给4000多名市（县）、区和乡镇领导及各级防汛责任人，通过全区165个显示屏和646个农村应急广播系统发送到各乡镇、村，通过电台和电视台滚动播报。市气象局局长李明香多次向市委、市政府领导汇报降水预报和降水实况，多次参加市防汛调度会，并就预报结论和科学减灾发表意见。全市气象部门在这次抗御大暴雨灾害过程中发挥了重要作用。

第十二章 公众气象服务

公众气象服务对象是广大公众，主要传播渠道是广播、电视、网络、报纸、热线电话、客户端等。公众气象服务内容包括天气预报、灾害性天气警报和预警信号、森林火险等级预报、生活气象指数预报、天气实况等。

第一节 公众气象服务概述

1956 年，全国气象局长会议决定：从 6 月 1 日 08 时起，国内各气象报告取消加密，天气实况与天气预报使用明码对外广播。此后，营口人民广播电台定时播报天气预报、警报，1958 年在营口日报上刊登天气预报，服务对象由针对部门、单位转向社会公众。

1958 年开始，营口气象台站网相继建立，市、县两级气象部门广泛开展公众气象服务。主要负责制作营口地区 1～3 天短期晴雨、气温（最高、最低）、风力（沿海、内陆）以及灾害性天气预报，并通过广播电台和报纸发布。1959 年，为及时了解与掌握气象服务效果，营口市农林水利局转发《辽宁省气象局颁发"气象服务效果卡片"的通知》，要求营口地区气象台站认真收集填写"气象服务效果卡"，并组织气象台、站、哨之间交流经验，推动了全市气象服务工作，提高了气象服务质量。

20 世纪 60—70 年代，以农业服务为重点，营口地区曾建立了遍布乡村的气象哨，调动民间力量制作天气预报、传递气象信息，对于解决天气预报质量不高的问题，发挥了一定作用，但由于专业基础、技术水平的局限，很难达到预期效果。

改革开放以后，营口市气象局根据国家气象局的部署，推进气象现代化进程，随着经济社会的快速发展，气象服务领域不断拓宽，形成公众气象服务、决策气象服务、专业气象服务共同发展的局面。公众气象服务手段不断创新，服务内容也在不断完善。

进入 20 世纪 90 年代以后，公众气象服务发展迅速，服务领域不断扩大，内容不断丰富，逐渐满足社会公众的需求，公众气象服务进入了一个新阶段。

1993 年 3 月 1 日，中央电视台早间气象节目播出营口天气预报，世界上有 56 个国家和地区可以收到该节目，营口天气预报的窗口第一次向世界开放。从此，电视天气预报作为公众气象服务的主要媒介不断增加栏目、丰富内容、改进形式，直至气象部门独立制作，推出有主持人出镜的电视天气预报节目。

20 世纪 90 年代中期开始，与广播电台、报社加强合作，不断增加电台、报纸的气象节目、栏目内容，改变以往刻板、单一的老套形式，天气预报走进千家万户。

进入 21 世纪后，随着营口经济的快速发展，依托气象科技不断进步，公众气象服务内容扩展到天气预报、气象情报、农业气象、气候评价、气象资料服务等多方面，仅预报方面就增加了预警信号制作发布、天气警报、海浪预报、降水概率预报、森林火险预报、上下班预报、紫外线预报、穿衣指数预报等内容，传播途径也由单一的电台广播、报纸刊登发展到电话传真、微机终端、"12121"电话答询、电视气象节目、手机气象短信、气象信息电子显示屏、气象网站、微博、微信平台等多种形式综合运用。

第二节 公众气象服务传播媒介与内容

营口公众气象服务内容由少到多，服务手段由落后到先进，经历了 20 世纪初期的电报和悬挂信号标识方式传播天气预报、气象特报和暴风警报，到50年代以后的报纸、广播、电话咨询，直至到运用现代各类媒介传播公众气象服务信息的发展过程。

一、广播电台气象服务

20世纪50年代后期至80年代，天气预报主要通过营口电台广播网发布，每日向公众定时发布短期晴雨、风、温度等天气预报3次。县级气象部门建站伊始即开展天气预报业务，每天通过当地有线广播站对外广播天气预报。

1990年，制定了《专业预报传递广播制度》，开展了专业广播、播音、编稿、综合效果的评选活动。7月7日增加了"周末话气象"专题广播。

1991年，营口市气象部门除了开展常规预报服务外，还开展了不定时的超短时预报，把降水预报到具体小时，把"话说气象"节目改为《专栏节目》，开辟了"谈天说地""气象与灾害""气象与生产""气象与生活""天气述评""新闻之窗"6个专栏。增加广播次数，还在每天08时30分的广播中增加1次气象信息广播，便于用户更好地使用预报，更广泛地利用气象信息。

1996年，为了让广大农民和农业生产部门及时了解土壤墒情，与广播电台协定每旬逢5、逢10日在07时的新闻节目中播报各地土壤墒情。同年，开始增用气象警报发射机进行广播，并且由每日2次广播增加到4次，在原来只播天气预报的基础上又增加了地温、墒情、雨情、旬报等内容，还增加了"知识园地"栏目，得到了广大用户的好评。

2000年，电台天气预报由1套增加到4套，天气预报的播报次数由每天3次增加到每天8次。

2001年，在春节、"五一"、"十一"长假期间制作了节假日期间天气预报，通过电台进行播发。同时还开辟了周末气象和一周天气展望服务，不仅方便了百姓出行和安排活动，也给旅游业的从业者增加了商机。

2002年，营口电台增设了下周天气栏目，每周一广播一周降水、温度预报。

2004年，营口电台早间天气预报中增加了温度实况广播和生活气象指数预报，并开展了72小时天气预报服务。每天05时电台预报中的人体舒适度和紫外线指数预报信息，因业务改革于2012年8月29日暂停播报；2014年3月20日开始在16时预报中重新播报生活指数预报，包括体感温度、舒适度指数、紫外线辐射强度、森林火险等级。

2005年6月开始，通过电台播发气象预警信号。2005年以前，天气预报通过电话告知电台，2005年11月17日起，通过电子邮件将天气预报信息传输至电台。

2006年12月至2013年，在电台中播送城市空气质量扩散预报。

2007—2016年，每周日在电台中播报下一周天气展望板块。

2008年6月，开始对各市（县）、区气象预报进行分别播报。

2010年5月1日开始，增加鲅鱼圈区（又称营口经济技术开发区）天气预报广播。

2011年6月1日起，在电台预报中增加10时和14时天气实况。

2014年11月1日起，在电台中播送空气污染气象条件预报。

二、报纸气象服务

1958年5月1日，在《营口日报》登载天气预报。

1996年，《营口日报》每旬逢5、逢10日刊登各地土壤墒情。

2000年11月8日，在《营口广播电视报》开辟"周末气象"与"下周天气展望"栏目。11月24日在《营口日报》周末版（辽河湾）开辟"周末天气与生活"和"上周天气回顾、下周天气展望"栏目。

2001年，在《营口广播电视报》《营口日报》开辟"周末气象"和"一周天气展望"栏目。2001—2002年，在《营口辽河湾》开辟"周末气象"和"下周天气早知道"栏目。

2004年3月，开始通过《营口日报》对外发布营口降水概率预报。

2001—2006 年，在《营口广播电视报》开辟"一周天气预报"专栏。

2014 年，在《营口日报》增加气象生活指数预报。

三、声讯气象服务

通过拨打特服号码提供声讯气象服务的语音通讯平台称为声讯气象服务。

1974 年 11 月 13 日，中央气象局下发文件，要求各地区气象台建立接收无线气象传真和电传广播业务，并配备无线电传和传真设备，用于接收上级气象部门的气象广播。

1998 年 7 月初，开通全省"121"（2004 年后改为"12121"）气象信息台业务，只要拨打电话"121"，就可以收听到营口和省内其他城市未来 3 天的天气预报。信息平台和统计平台设在营口网通公司，气象信息制作和更新由省气象部门统一负责。同年 7 月中旬，省气象部门对"121"电话声讯信息台进行统一整合，使"121"成为重要的公众气象服务平台。"121"气象信息电话业务包括：全省 14 个城市、国际国内主要城市、主要旅游区天气预报；天气与健康、天气与空气清洁度、海洋预报等。

2001 年 10 月，购置安装"121"操作管理系统，天气预报制作更新和录入全部由营口市气象台完成，通过 DDN 专线直接传送气象信息到市电信局，提高了"121"电话天气预报的服务质量。

2004 年，开通了气象专家热线，解答公众所关心的气象热点、难点和疑点问题，传播普及气象知识。

2005 年 12 月，购置北京伍豪公司"12121"语音答询系统平台，开通营口市 24 ～ 72 小时短期天气预报、3 ～ 5 天天气预报、天气实况和分县预报等多个信箱，方便了人民群众生产生活。

2012 年 6 月，为了更好地适应广大群众的电话气象服务需求，对"12121"设备进行更新升级。

四、电视气象服务

1992 年 2 月 5 日，营口市气象台制作并传送的天气预报在营口电视台首播，内容包括营口市区天气预报及各县区具体预报。

1993 年 3 月 1 日，营口城市天气预报在中央电视台早间气象节目中播出。世界上有 56 个国家和地区可以收到该节目。

1993 年，与营口电视台新闻部多次协商达成了开展电视图片有偿服务的协议，开展了电视图片广告服务。5 月试播两块版面，年底增到 11 块版面。

1997 年 2 月 28 日，为了贯彻中国气象局、广播电影电视部《关于进一步加强电视天气预报工作的通知》（中气候发〔1996〕3 号）精神，成立营口市电视气象广告部。同年，开辟了有线电视天气预报专栏节目。

1998 年 10 月，盖州市气象局建立了县级电视天气预报制作系统，当月播出了自制的电视天气预报节目。同年，营口市气象局购置升级了电视天气预报制作设备，节目播出时间延长至 2 分钟。内容包括未来 2 天天气预报及大石桥、盖州、鲅鱼圈 24 小时天气预报。12 月 1 日，正式在营口电视台有线台新闻节目之后播出，这是营口市气象台与地方电视台的首次合作。

2000 年 10 月，营口市气象台制作的电视天气预报节目参加第三届全国电视气象节目比赛，获得纪念奖。

2001 年，开发研制了多种环境预报方法，在营口有线电视台推出紫外线辐射强度预报、空气清洁度预报、人体舒适度预报、穿衣指数预报等多项环境预报节目，受到市民的普遍好评。

2002 年，购置伍豪公司开发的电视天气预报制作系统，同时对《天气预报》节目进行包装升级。节目中新增上下班天气、日出日落时间、晨练指数、穿衣指数等气象服务信息，由制作技术人员将录像带送到电视台。

2003 年，营口城市天气预报在营口电视台一套节目播放。

2004 年，大石桥市气象局开始制作未来 4 天电视天气预报节目。同年 10 月，营口市气象台制作的

《天气预报》节目获得第五届全国电视气象节目优秀奖。

2005年，营口市气象台制作的《天气预报》节目获得全国电视天气预报优秀奖。同年3月16日，在营口3路和14路公交车开通"巴视在线"天气预报服务，每天06：30—09：30，定时播报天气预报。

2007年6月5日，购置电视制作系统2.0版，用于制作新增的《生活气象》节目。《生活气象》分别在营口电视台一套、二套节目中播出。传输方式由原录像带改为USB接口传输。2002年购置的电视天气预报制作系统作为备份。

2008年，为进一步丰富市、县级电视天气预报节目内容，在0～72小时短时、短期天气预报服务基础上，相继开展了紫外线指数、人体舒适度、穿衣指数等生活气象预报服务和降水概率预报、一周天气和上下班天气预报、城市暴雨积涝预报、一氧化碳中毒气象条件预报、地质灾害气象等级预报、城区空气质量预报。

2013年2月1日，营口电视天气预报版面进行改版，增加风向风速预报。

2014年起，每逢春节、五一劳动节、六一儿童节、端午节、十一小长假、中高考、二十四节气等，均围绕主题策划和制作天气预报特别版面，增加节目的知识性、观赏性和趣味性，满足不同年龄和层次观众的需求。同年10月，建成电视天气预报演播系统，推出有主持人出镜的电视天气预报节目。为满足多种节目形式的需求，天气预报演播室采用U型虚拟背景蓝箱、LED平板灯和聚光灯，编辑系统采用伍豪非线性编辑服务器、索尼摄像机、松下抠像台等行业先进设备，搭配Eduis7非线性编辑软件、雷特字幕编辑软件，以及气象符号编辑软件等。与营口、大石桥、盖州、鲅鱼圈各电视台建立4M光纤专线网络，将录制成品节目直接传送至各电视台，结束了由专人送节目录像带的历史。整个项目历时8个月建设完成。节目由市气象局影视中心制作，升级后节目时长为2分30秒，节目内容为营口市和3个市（县）、区及旅游景点的24～120小时天气预报（天空状况、风向、风速、最低气温、最高气温）、上下班天气、晨练指数、日出日落时间、紫外线和穿衣指数等。分别在营口电视台一套19时40分、营口电视台二套20时30分的《生活气象》节目播出，还为鲅鱼圈、盖州、大石桥3个市（县）、区及录制天气预报节目。至此，营口市气象局成为辽宁省气象部门首家实现市县一体集约化录制电视节目的单位。

2015年4月，为增强节目的艺术效果，《天气预报》节目改版推出全新天气图标。

2016年5月，将《天气预报》节目中的24小时精细化预报和3～5天气预报版面进行改版升级。6月，编辑制作海洋动态仿真海面，用于海洋天气预报版面。11月，为了满足广大观众的需求，加强旅游气象服务，节目挂板内增加春、夏、秋、冬四季旅游景区预报。

2017年4月1日起，与市环保部门合作，在营口电视台一套《天气预报》节目中增加空气质量版面，同时将原节目时长增至3分钟。5月，营口《天气预报》节目挂板部分引入新的旅游景区预报，并根据季节变化，更替应季景区预报。11月，完成并更换营口市气象局自主设计、内含营口实景元素的节目片头，同时将挂板背景音乐改为小提琴版本的"我爱你中国"。

3个市（县）、区电视台播出的电视天气预报节目见表12-1至表12-4。

表12-1 营口电视台电视天气预报节目

营口电视台	栏目名称	播出时间	播出内容
新闻频道	天气预报	19时40分至19时43分	城市实况天气、未来（24～48小时）天气预报、未来5天天气预报、渤海北部海面天气预报、旅游景区预报
营口二套	生活气象	20时30分至20时33分	城市实况（05时、14时气温），未来（24～48小时）天气预报，未来5天天气预报，海面天气预报，上下班天气，晨练天气，穿衣指数，紫外线辐射强度等

表12-2 大石桥电视台天气预报节目

大石桥电视台	栏目名称	播出时间	播出内容
大石桥一套	天气预报	19时50分至19时53分	大石桥市实况天气、未来（24～48小时）天气预报、未来5天天气预报、大石桥各乡镇天气预报、旅游景区预报

表12-3 盖州市电视台天气预报节目

盖州市电视台	栏目名称	播出时间	播出内容
盖州一套	天气预报	19时35分至19时38分	实况天气、未来（24～48小时）天气预报、未来5天天气预报、渤海北部海面天气预报、盖州各乡镇天气预报、旅游景区预报

表12-4 鲅鱼圈区电视台天气预报节目

鲅鱼圈区电视台	栏目名称	播出时间	播出内容
新闻频道	天气预报	20时32分至20时35分	实况天气、未来（24～48小时）天气预报、未来5天天气预报、渤海北部海面天气预报、鲅鱼圈各乡镇天气预报、旅游景区预报

五、移动手机气象服务

从2003年开始，与电信运营商合作，共同开展手机气象信息服务，由省市气象部门联合运营，所用设备由省气象科技服务中心购置。具体内容为手机气象短信、手机语音"12121"。同年6月，开通移动气象短信、语音"12121"气象信息业务。2004年12月，开通联通气象短信业务。

2005年，先后开通联通语音"12121"和网通小灵通气象短信业务。网通小灵通气象短信业务于2010年停止使用。

六、互联网气象服务

2001年，在互联网建立营口气象网站，设置市气象局的机构和职责、《中华人民共和国气象法》（简称《气象法》）、气象科普知识等版面，并发布营口市24～72小时天气预报。

2004年和2006年，先后两次对营口气象网站进行改版，增设气象要闻等新栏目，并在主页上滚动发布逐时天气实况。

2005年，在营口兴农信息网建立气象服务网页，开设天气预报、农业气象、气象科普、决策服务等7个栏目，实时滚动发布24～72小时营口市天气预报。

2017年，与软件公司合作研发"营口天气网"，主要展示各类气象服务产品，包括营口地区未来5天天气预报、电视《天气预报》节目、乡镇精细化预报、旅游景区预报等。

七、客户端气象服务

1. 微博气象服务

2011年，同时开通新浪微博和腾讯微博"营口气象"，每天早晨发布未来24小时天气预报，不定时发布气象预警信号。

2016年，通过微博发布未来24和48小时天气预报。

2. 微信气象服务

2015年2月28日，为满足社会公众需求，提供更加贴心的生活气象提醒服务，"气象营口"微信公众号正式面向大众开通。通过微信公众号，及时发布营口地区气象资讯、气象为农服务、气象防灾减灾、气象现代化建设等信息。3月16日，在微信公众号中推送"主持人版天气预报"电视节目，改变了微信服务初始只是推送简易文字版未来5天天气预报的状态，使天气预报更加生动、直观。3月30日，公众号每周一推送4条信息栏，分别是"一周天气""气象主播说天气""气象新闻""气象科普"。11月2日，随着微信公众号粉丝的不断增加，为进一步满足受众需求，开始每日固定增加"气象新闻""气象科普"两大板块内容。

2016年2月24日，为向公众提供更详细的天气预报信息，在原有内容上新增加"未来两天天气预报"和"未来3～5天天气预报"版块。7月25日，通过分析用户的阅读喜好，"气象营口"微信公众号版面全新升级改版，每日固定推送3条信息：重点推送第一条天气预报文字版，其中包含未来5天天气精细解读、气象科普、气象新闻、生活小常识等精彩内容，排版注重趣味性，使公众对天气的了解更直观、更生动；第二条"气象主播说天气"，由电视节目主持人对天气预报进行播报；第三条"明日天气问晚安"，为贴近百姓生活，增加了各种生活气象指数预报，如洗车指数、紫外线指数、上下班天气、心灵物语等，并且根据天气变化提出建议。随着版面的不断完善，日平均阅读量从400人增加到700人以上，重大天气阅读量在1500人到3500人不等。至2016年7月下旬，关注用户已增长到2972人。

2017年9月，微信公众平台升级改版，增加公众气象服务站板块，增强了实用性和多元性，丰富了微信发布内容。主要有天气实况、上下班天气、空气质量、县区天气预报。

2018年6月，为增强"气象营口"微信公众号的影响力，组织"首届气象小主播选拔大赛"，参加者通过微信公众平台报名。活动通过网络投票和现场比赛双渠道进行。营口新闻、滨城报道、营口日报等多家媒体争相报道，引起社会公众极大的关注和反响。赛后，还制作设计了两套《少儿版天气预报》节目并在营口电视台播出。通过本次比赛，扩大了"气象营口"微信公众号的关注度和影响力，粉丝量迅速增加，日点击率稳定在1500左右，位居省内同类公众号前列。

第三节　公众气象服务信息制作、发布机制与管理

公众气象服务涉及面广，特别是公众天气预报、警报，直接关系到人民生产、生活和生命财产安全。国家赋予各级气象台站制作并公开发布公众天气预报的职责，还赋予各级气象主管机构对公众气象预报制作发布的行政管理职能。营口市气象局认真落实中国气象局、辽宁省气象局关于公众天气预报制作、发布的规定，尤其是2000年《气象法》颁布以后，依法加强对公众气象服务的管理，完善公众气象服务信息制作发布机制，保障了公众气象服务的健康发展。

一、气象信息制作发布机制

1992年以前，省、市气象台各自制作和发布公众天气预报，预报结论经常上下不一致，为领导决策服务和公众使用天气预报带来麻烦，也给气象部门的整体形象带来损害。1993年开始，省、市气象部门整合公众气象服务资源，建立省、市气象部门预报会商机制，提高公众气象服务质量，推进公众气象服务的发展。同时，对省、市电视天气预报、广播天气预报、报刊气象服务均建立明确的业务分工和协调机制。

2005年，在推进业务技术体制改革中，为做好气象信息在媒体的发布工作，规范气象信息的种类、来源、发布渠道，完善媒体气象信息服务标准，根据省气象局下发的《辽宁省气象部门通过媒体发布气象信息规范》，市气象局建立重大天气新闻发布制度，设定新闻发言人，对发布气象信息的媒体、气象信息的种类、气象信息的来源以及通过媒体发布气象信息标准都做出了相应的规范。

二、依法管理公众气象服务

20世纪80年代之前，由于法律法规不健全，营口地区个别单位和个人经常发生擅自转抄、摘抄其他媒体传播的气象信息现象，或使用由非气象主管机构所属气象台站制作的天气预报或气象信息，有的

其至使用过时的天气预报，给防灾减灾和人民群众的生产、生活带来不良影响。遇到这种情况，市气象部门只能通过媒体向公众做出解释，澄清事实真相，提高公众认知。

1992年7月11日，国家气象局颁发《发布天气预报暂行管理办法》，明确"国家对公开发布的天气预报和灾害性天气警报实行统一发布制度。由国家气象局管辖的各级气象台站负责发布。"2000年，《气象法》颁布实施，明确"各级气象主管机构所属的气象台站应当按照职责向社会发布公众气象预报和灾害性天气警报，并根据天气变化情况及时补充或者订正。"营口市气象局为规范公众气象预报的发布，认真贯彻落实《气象法》和《发布天气预报暂行管理办法》，通过召开新闻发布会、举办宣传活动、在媒体开设专题节目等多种方式进行宣传，增强社会和公众的法律意识。同时，对违反《气象法》，擅自发布和传播天气预报的行为严格执法。

第十三章　专业气象服务

专业气象服务是公共气象服务的重要内容，是为社会特定行业和用户提供的有专门用途、适应特殊需求的气象服务。中华人民共和国成立初期，营口气象部门以军事气象服务为重点；随着经济社会发展，逐渐展开面向林业、交通运输、旅游、粮食仓储等部门的专业气象服务；改革开放后，通过气象服务产品的专业化加工和信息技术的应用，构建专业化、精细化、个性化的专业气象服务平台，满足各行各业不同生产对象、不同生产过程的具体要求，使专业气象服务跃升到充满活力的崭新发展阶段。

第一节　气象科技服务

1980 年以后，营口市气象部门根据气象事业的发展需要，拓宽领域，开展专业有偿服务。1985 年 3 月 8 日，国务院办公厅下发《转发国家气象局关于气象部门开展有偿服务和综合经营的报告的通知》后，有偿服务和综合经营成为气象工作的重要组成部分；1992 年，国家气象局将气象部门有偿服务和综合经营定位为气象科技服务。

一、机构设置

1980 年 11 月 6 日，经营口市计划经济委员会研究，同意成立"营口市气象台综合服务部"，这是营口市气象局最早设立的综合经营服务机构。

1983 年 10 月 30 日，经市科协批准，营口市气象学会成立"营口市气象科技咨询服务公司"。

1987 年 6 月 30 日，为适应专业有偿服务需要，营口市气象局成立服务科，下设服务组和专业预报组。年末，成立营口市气象科技咨询服务部。

1992 年 2 月，增设综合经营办。9 月，成立营口市老边区气象服务中心（副科级），12 月 3 日正式挂牌。该中心设在营口市气象局，隶属服务科。

1996 年 12 月 16 日，服务科更名为营口市气象科技服务中心。2012 年 1 月，营口市气象科技服务中心更名为营口市气象服务中心。

二、发展历程

1. 多种经营与专业有偿气象服务

1980 年 11 月 6 日，随着营口市气象台综合服务部的建立，营口气象部门综合经营开始起步。

1983 年 5 月 22 日，辽宁省气象局印发《关于提供气象预报、情报、资料服务收费的通知》，规范有偿气象服务的范围和资费标准。10 月，营口市气象部门为部分制砖厂、粮库等单位提供了专业有偿气象服务。

1985 年 3 月，国务院办公厅下发《转发国家气象局关于气象部门开展有偿服务和综合经营的报告的通知》后，有偿气象服务有了快速发展。

1986 年 4 月 24 日，专业警报广播系统建成并正式对外广播，及时向有关用户提供滚动式专业天气预报信息，服务用户通过警报接收机收听专业天气预报。遇有突发性天气，及时通过广播或电话通知专业服务用户，大大提高专业服务的效率。专业天气预报每天定时广播 4 次，每年 5—9 月增加到 5 次。专业警报广播系统运行至 20 世纪 90 年代中期，有偿气象服务用户达到几百家。

1990 年 7 月，营口市气象局印发《关于建立专业气象服务联合体的试行办法》，利用市气象台的专业警报系统，市、县气象台（站）联合对专业用户进行有偿气象服务，至1990年年底，有偿服务用户达188个。有偿服务对象主要为营口老港仓储、粮库、交通、运输等单位。

1991年6月，为保险公司提供专业气象服务，确定有偿气象服务的形式和内容，明确双方的责任与义务，为保险业理赔提供气象依据。

1992年5月，国家物价局、财政部下发《关于发布气象部门专业服务收费的通知》（价费字〔1992〕123号），使专业气象服务收费有了明确依据，按省物价局核定的气象服务收费标准，市气象部门在为企事业或个人提供气象资料或气象服务时，可按标准收取一定的服务费用。9月，营口市老边区气象服务中心成立，使气象服务的范围扩大到基层乡镇和村屯。

1995—1997年，除开展专业有偿气象服务外，先后成立铁塔厂、蓝天饭店，增加彩球庆典等多种综合经营项目。有偿气象服务和综合经营并行发展，为气象服务打开了新局面。

1998年4月，对创收单位实行承包制，但经营效益仍然不佳，综合服务部、通讯铁塔厂、蓝天饭店遂于当年年底停办。

1999年，与营口港运输部门签订气象服务合同，主要为港口易燃易爆物品的装卸提供雷雨天气预报预警。

2000—2001年，除为海上运输提供专业气象信息外，还拓展与陆路交通运输企业的合作，使得气象科技服务又上新台阶。

2003—2004年，为进一步拓宽服务渠道，先后与粮库、联通公司运营商签订专业气象服务合同。

2005—2006年，与营口市盐业、林业、钢铁公司、网通、移动运营商等签订专业气象服务合同。

2006—2007年，将气象科技服务范围扩展至渔业捕捞及水产养殖行业，与营口地区捕捞、渔业、水产养殖公司等签订专业气象服务合同。

2008—2009年，拓展建筑、建材行业的气象科技服务，先后与建筑公司、水泥厂等签订专业气象服务合同，进一步拓宽了有偿专业气象服务的合作渠道。同时为高速公路管理等部门提供专业气象服务。

2014年以后，专业服务用户逐年减少。专业气象服务迎来转型期，由原来"多而广"，逐步向"少而精"转型。根据各行业不同的需求，有针对性地开展定制化的气象服务。

2014—2018年，与盐业部门签订专业气象服务合同。由于信息发布及时准确，得到用户的一致认可。

2016—2018年，与供水公司签订专业服务合同，为其提供定制化气象服务。同时加强对营口地区港口的精细化气象服务，继续与营口港务集团签订气象服务合同。

2018年，与水务公司签订专业气象服务合同，主要为其提供施工时段的连晴预报。与电力部门合作，为其提供专业的气象预报服务。

2. 电视广告服务

1997年2月28日，为贯彻中国气象局、广电部《关于进一步加强电视天气预报的通知》，成立电视气象广告部，经与营口电视台协商，利用电视天气预报版面开展广告业务。

2000年以来，与营口电视台建立了良好的合作关系，电视《天气预报》广告业务逐步形成规模，发展势头可观。

2002年，对《天气预报》节目进行包装升级。电视天气预报版面公众关注度越来越高，天气预报版面广告投放量也逐年增加。

2011年，与营口电视台《天气预报》栏目组签订插播广告协议，电信集团在该栏目中投放广告。

2012年，与营口电视台《气象信息》栏目组签订插播广告、气象信息以及气象灾害预警信息协议。

2013年，与营口电视台广告部就天气预报一套、二套（生活气象）制作及广告播发签订协议，营口《天气预报》节目可以正式对外承揽广告业务。

2014年10月，推出有主持人出镜的电视天气预报节目，进一步增强了公众气象服务的效果。同年，营口地区房地产公司、联通公司在节目中投放广告。

2015 年，医院、广告公司、房地产公司、联通和移动通讯公司在节目中投放广告。

2016—2017 年，房地产开发公司、联通公司、医院等继续在电视节目中投放广告。

2018 年，基本无广告业务。

第二节　军事气象服务

1950 年，气象部门积极贯彻落实"建设、统一、服务"的工作方针，一方面大力建设气象台站网，为空军提供气象保障，顺利完成抗美援朝的气象保障工作；一方面加强天气预报、警报和气象资料工作，在做好军事气象保障的同时，主动开展为交通、渔捞和农林水利等建设的气象服务工作。从 1950 年 1 月 1 日开始，营口气象台向军事、民航部门每天拍发两次航空天气报告和危险天气报告，之后数次增加或减少。

1953 年 4 月 19—25 日，华北地区遭受大风、降温天气，农民蒙受减产数 5 亿千克粮食的损失，毛泽东主席批示："气象部门要把天气常常告诉老百姓。"为适应国家经济的需求，1953 年 8 月 1 日，毛泽东主席、周恩来总理签署发布关于各级气象机构转移建制领导关系的命令。转建命令指出："在国家开始实行大规模经济建设计划的时期，气象工作又须密切地和经济建设结合起来，使之一方面既为国防建设服务，同时又要为经济建设服务。因此，在现时把各级气象组织，从军事系统的建制转到政府系统的建制内来，这是适时的和必要的。"根据中央精神，1953 年 9 月，营口气象部门由军队建制转为地方政府领导，承担起既为国防建设服务，又为经济建设服务的双重任务。

1954 年 6 月 1 日，政务院和中央军委在《关于全国范围组织危险天气通报网的联合指示》中指出："为保证空军、海军、民航飞机航行及机场停机与设备之安全以及今后经济建设的需求，决定在全国范围内组织危险天气通报网。"中央气象局制定并下发《全国范围组织危险天气通报网的指示》和《危险天气通报网暂行规定》，组织气象台站拍发危险天气通报。辽宁省有 16 个气象站向空军拍发危险天气报，其中营口为重点站。

1962 年 4 月 19 日，营口开始增加夜间航空天气报，向大连、鞍山、丹东等空军和民航机场编发全年、全天 24 小时固定航空报及危险天气报。

1970 年 12 月，营口市气象台为军队编写《营口地区军事气候志》，为军队提供有针对性的专业气象服务。

1998 年，中国人民解放军 115 师师部迁到营口市南郊后，营口市气象部门应其请求，为该师部一项重大军事活动提供为期一周多的气象服务。市气象局组织成立流动服务气象站，入驻 115 师师部，开展气象要素观测和预报，以满足其"每小时向上级领导机关上报师部驻地气温、气压、风向风速等实时气象要素和未来天气预报"的需求，配合部队顺利完成了军事任务，得到了 115 师首长充分肯定和高度赞扬。

2015 年 1 月，取消向空军发送航危报的任务，改为数据传输方式为军事、民航部门继续提供气象服务。

第三节　林业气象服务

营口市气象部门从 20 世纪 50 年代后期就开展林业气象服务，在果树研究、林木物候观测、森林防火减灾、植树造林等方面发挥了积极作用。

一、果树气象观测及研究

营口地区是辽南苹果的主要产地，较温和的气候和土壤条件非常适合果树生长。市气象部门在果树生长与气候条件的关系方面做了大量的专业观测和研究，为果木经济发展作出贡献。

1957年4月1日，熊岳开始果树和自然物候的观测，同时，进行果园小气候观测，每天观测3次。

1959年，营口市气象台划归营口市农林水利局建制。当年，营口市农林水利局下发"开展农业气象观测方法研究"，研究项目包括果树观测等。

1963年，熊岳农业气象试验站开展苹果气候资源调查研究，完成"辽宁省苹果产区农业气候资源的调查研究"报告。

1979—1980年，熊岳气象站（营口市农业气象科学研究所）开展辽宁省苹果气候区划工作，编制完成《辽宁省苹果气候区划》。

从20世纪80年代开始，林业气象服务纳入了农业气象服务范围，在农业气象观测网中，把果树等木本植物自然物候观测列入其中，使之规范化和业务化。1980年，营口县气象站开展小叶杨、旱柳等物候观测，1983年，盖县气象站开展加拿大杨、苹果、枣树等木本植物的物候观测。

1981—1986年，营口市农业气象试验站完成"辽宁省果树气候区划"和"富士苹果栽培北界及气象标准的研究"。

1987年12月，"辽宁省果树气候区划"项目获得营口市政府一等奖、辽宁省政府科学技术进步三等奖；1990年11月，"辽宁省苹果树冻害气候模式及其预报方法研究"项目获得辽宁省政府科学技术进步三等奖。

2004年10月，确定营口经济技术开发区气象局为辽宁省农业气象二级观测站，开始农业气象和生态观测工作。农业气象观测：每年12月制作农气表-3（自然物候观测记录年报表），果气表-1（果树生育状况观测记录年报表）。观测项目：自然物候观测为苹果、枣树、紫丁香、毛桃、杏、旱柳等木本植物观测。

2009年，营口市气象局与营口市林业局共同签署《林业有害生物监测预报合作协议》，共同撰写《气象与林业》，双方在信息共享、优势互补、合作研究、联合发布、服务社会等方面进一步加强合作，以此进一步加强林业有害生物灾害监测预报工作，提高监测预报的科学性、时效性和准确性；分析气象信息对林木病虫害、冻害的影响，提供监控信息和防治措施；每年6—7月制作两期《气象与林业》材料，分别对杨树冻害烂皮病、美国白蛾的发生进行分析，并提出防治措施。

2011年开始，每年3—4月开展植树造林专题气象服务，以《营口决策气象信息》形式报送给市委、市人大、市政府、市政协，以及市林业局、市公用事业局等有关单位，主要分析植树造林适宜气候条件，当前冻土深度和未来一段时间天气变化趋势，为开展植树造林工作提供气象依据。

二、森林防火气象服务

1986年，营口市气象部门开始为林业部门提供森林防火气象服务。

1987年，市气象部门研制森林火险预报系统，为林业部门提供服务，4月1日至5月31日通过广播电台进行森林火险预报。

1994年2月7日，营口市森林防火指挥部决定，市气象台每年10月1日至次年5月31日发布营口地区森林火险等级预报。

2000年以后，随着气象服务工作的不断深入，市气象台每天向公众和专业用户发布森林火险预报。森林火险预报主要是结合空气温度、湿度和风等气象条件进行制作，共分5个等级，1～5级分别为不能燃烧、不易燃烧、可以燃烧、容易燃烧和极易燃烧。

2009年开始，营口市气象台每年3—5月开展春季森林防火专项气象服务，以《营口决策气象信息——春季森林防火服务专刊》形式向市委、市政府、市森林防火指挥部和市林业局、市消防局、市农委等部门报送未来3天的天气预报和森林火险等级预报。清明节前后为森林火险高发期，营口市气象部门与市森林防火指挥部办公室共同合作，从清明节前开始制作森林防火气象服务信息及森林防火普法宣传，通过手机短信等方式对公众发布。

2013 年开始，通过农村应急广播系统对全市各行政村播报森林防火气象信息。

2018 年开始，通过微信公众号发布森林防火预报。

第四节　交通运输气象服务

营口的交通气象服务，主要围绕营口地区公路交通进行。市气象部门与交通部门开展合作，通过电话、电台、短信等方式，不定期地为交通部门提供气象服务。2000 年开始，市气象部门为营口高速公路管理部门提供专业气象服务，通过在高速公路设置电子显示屏的方式，每天 3 次滚动播报 24 小时天气预报，为保障交通安全提供服务。

2008 年 8 月 11 日，营口辽河大桥开工建设，市气象部门为其提供专业气象服务，通过电子显示屏方式每天 3 次提供未来 24 ～ 72 小时的天气预报，专业气象服务人员定期走访并进行需求调研，不断改进服务方式和服务内容，在明显天气过程之前为其提供精细化气象服务材料。2010 年 9 月 28 日，辽河大桥开通，市气象部门继续为辽河大桥管委会提供气象服务，主要通过手机短信方式发布各类预报、预警和气象服务信息。

2008—2009 年，市气象部门为营口民用机场建设选址提供能见度、低云量、总云量、风向风速等气象要素和气候分析资料。2010 年，根据市委、市政府对机场建设的要求，承担机场气象观测站建设任务，当年 10 月 31 日，营口机场 7 要素自动气象站建成并投入使用。2012 年 4 月至 2014 年 3 月，市气象部门分 6 次为机场建设提供气象数据资料。

2012—2013 年，营口机场航站楼建设期间，对航站楼进行建筑物防雷装置跟踪检测服务。

2013 年，市气象部门搭建了营口机场至市气象局点对点专线及网络系统、数据服务器等设备，提供 MICAPS 类常规资料，每天共享资料约 50 G。

第五节　旅游气象服务

1995 年，开始为中国营口望儿山母亲节开展旅游气象服务。每年 5 月初根据母亲节活动的具体安排开展气象服务工作，包括母亲节期间的天气预报和开幕式当天的精细化预报，以及期间的灾害性天气预报、预警等。

2007 年 5 月 12 日 14 时，"中国望儿山母亲节"开幕式如期举行。从 5 月 8 日开始，市气象台每天为市委市政府领导、开幕式组委会提供逐日天气预报，10 日预计 11—12 营口地区受高空冷涡影响，将有一次降水过程，作出"开幕式举办地营口熊岳地区 5 月 11 日有小雨，12 日为多云天气"的预报，并提供了 12 日当天逐时的精细化预报。12 日早晨，地面冷锋过境后，营口地区上空云量仍很多，经过分析认为，虽然局部有降水可能，但南部的熊岳地区降水可能性不大。遂于 12 日 09 时作出"熊岳地区无降水为多云天气"的预报，给开幕式组委会吃了"定心丸"。同时，市气象部门派出专人到现场服务。13：30，天空云层不断加厚，营口市区下起了雨，雨越下越大，最后竟电闪雷鸣。自动气象站显示，大石桥和盖州部分乡镇均出现了降水，熊岳虽然没下雨，但也阴云密布，开幕式现场也传来了焦急的询问，市气象部门新一代天气雷达发挥了威力，高分辨率的回波显示，对流云团在不断减弱，预计不会影响开幕式的举行。结果大石桥市的黄土岭、盖州市的卧龙泉等部分乡镇均降了 2 毫米左右的雷阵雨，而熊岳没有降雨。此次活动气象保障圆满成功，获得市政府表彰。

每年"五一"和"十一"等节假日为旅游旺季，市气象部门提前组织制作节日期间天气预报，通过电台、电视台等方式对公众发布，为公众旅游提供气象服务。

2014 年，进一步加强旅游气象服务工作，在电视天气预报节目中播出山海广场、赤山、黄丫口等营口知名旅游景点的天气预报。

2015—2016 年，按照智慧营口的需求，旅游气象服务内容进一步完善，制订了《营口市气象局旅游气象服务方案》和《旅游气象服务业务流程及技术流程》，并开展营口地区赤山风景旅游区、蟠龙山旅游景区、熊岳温泉旅游度假区、虹溪谷温泉旅游景区、山海广场景区、金泰城海滨温泉、仙人岛白沙湾黄金海岸、团山国家级海洋公园、望儿山风景旅游区、大辽河河岸旅游景区等十大旅游景区气象预报服务。

第六节　其他行业气象服务

粮食部门、储运部门在粮食和物资转运、储存、管理过程中对气象条件的要求较为严格。气象部门与粮食部门、储运部门的合作关系尤为密切。

20世纪80年代之前，受条件限制，粮食和物资转运、储存多在露天状态，对气象条件的依赖更为明显。20世纪50年代，营口市气象台就与粮食部门、储运部门建立良好的合作关系，为粮食晾晒和物资储运保管提供气象服务，遇有降雨、大风天气时，市气象台主动提供天气预报。80年代初，气象科技服务开展后，分别与市一粮库、二粮库和新生农场粮库签订服务合同，为这些单位提供常规与专业气象信息。常规天气预报每天3次定时发布，特殊天气与灾害性天气不定期发布，分别以电话、传真、信函、专业警报系统广播电台、气象预警信息显示屏、专业服务网站等方式传递气象信息。

进入21世纪，随着粮食部门、储运部门运行方式的转变，对天气预报的依赖逐渐减弱，同时公众气象服务产品发展迅速，基本满足其需求，原来的专业预报服务逐渐被取代。

第十四章　海洋气象服务

渤海在辽东半岛南与山东半岛北连线以西，为一半封闭型中国内海。其地处北温带，夏无酷暑，冬无严寒，多年平均气温为 10.7℃，降水量为 500～600 毫米，海水盐度为 30‰。冬季由于强寒潮频繁侵袭而出现结冰现象，冰期为 3 个多月。营口辖区内海岸线长 122 千米，管辖海域面积 1185 千米²，其中滩涂面积 132 千米²，浅海面积 1053 千米²，深水岸线近 20 千米，海洋资源丰富。

营口西邻渤海，是我国重要的沿海港口城市。为海洋安全提供气象保障一直是营口市气象部门长期坚持的重点工作，且开展的历史也比较早，从 20 世纪 50 年代末就开始建立海洋气象站，开展有针对性的气象预报。改革开放后不断拓宽海洋气象服务领域，在海洋探测、预报和为港口建设、海上搜救服务方面取得了良好进步，做出了重要贡献。

第一节　海洋气象业务发展

1880 年 2 月，牛庄（营口）海关测候所建成并开始正式观测，沿海船只通过信号塔悬挂的信号标了解天气预报。1932 年 5 月，海关气象观测终止。1959 年，营口地区建成 3 个海洋水文气象站。1994 年 11 月，营口市海洋气象台正式挂牌成立，标志着海洋气象服务进入了新的发展阶段。

一、海洋探测和预报的发展

1. 海洋探测的发展

1959 年 9 月 30 日，分别在四道沟、鲅鱼圈和盘山二界沟建立 3 个海洋水文气象站，称为营口海洋水文气象站、盖平县海洋水文气象站、盘山二界沟海洋水文气象站。1962 年 7 月 2 日，辽宁省气象局请示省人民委员会同意，营口地区撤销盘山二界沟海洋水文气象站。

1964 年，在辽河口近海区开展水文调查试点工作，使用辽宁省气象局所属的"辽气 2 号海洋调查船"进行海洋水文调查业务。从 6 月到 11 月完成了 12 次大面积观测、9 次定点连续观测，并对这 21 次观测调查资料进行整理分析，绘制了各种水文要素平面分布图、断面分布图、垂直分布图、周日变化图等，分析辽河口温、盐变化情况，初步获得部分辽河口近海区的水文气象变化资料，为海洋调查工作打下良好的基础。

据当年曾在营口市气象部门工作的刘柏年回忆："我在 1964 年春天抽调到营口气象台海洋站工作，前后有近两年时间。我当时在辽宁省气象局组建的'辽气 2 号'海洋调查船上进行海洋气象观测。这艘海洋气象调查船是一艘在大连改装的渔船，长约 15 米，宽约 6 米，全船为白色，出入辽河口营口段十分醒目。调查船主要工作在辽河口外 100 海里[①]渤海湾上，观测气象、海况、水文等数据，具体有能见度、云量、云状、温度、湿度、海况、海流、水温。将海水各层次水样装瓶后记上标签，回到岸上检测盐碱度。另外，海洋站在渤海湾辽河口处一艘灯船上设立固定观测点。这艘灯船颇有历史，是日本占领东北时期，为掠夺资源便于船只进入营口港而设立的灯塔。每年 4 月初到 10 月末为'辽气 2 号'海洋调查船工作时间，海洋站每 15 天派出两人跟船值班观测。冬季观测点设在西炮台，主要观测项目是云、能见度、天气现象等，并用望远镜观测辽河口结冰、浮冰、封冻、开河等项目。"

1965 年 11 月 16 日，根据国家海洋局的要求，将营口市、盖县两处海洋水文气象站移交给国家海洋

---

① 1 海里 =1852 米，余同。

局北海分局。

1975年，开始接收和使用美国NOAA系列卫星云图资料。1979年6月，建成711型测雨雷达，卫星云图资料和雷达探测资料均应用于海洋气象服务。2005年，营口新一代天气雷达建成，进一步应用于海上天气探测。

1994年，为探测港口附近风向风速变化，积累气象观测资料，更好地为当地港区和海上生产服务，在鲅鱼圈墩台山建成自动测风站。1999年，调整、改造鲅鱼圈自动测风站接收系统，改变气象资料的传输、储存、调看方式，使之更为便捷和直观，为海上风的监测和预报提供了参考。2006年以后加大了沿海气象站的建设。

2006—2014年，先后在营口沿海的仙人岛、团山、山海广场、沿海产业基地、营口城区、归州、白沙湾、沙岗、西海、杨树所、芦屯、鲅鱼圈、崔屯山、红旗、营口港鲅鱼圈区北防波堤头和仙人岛港区南防波堤头建立自动气象站，站网密度平均达到7～9千米。

2007年3月，在营口航标处的大力支持和有关部门的积极配合下，在灯船上安装自动观测设备，营口海上灯船位于渤海北部与辽河交界的入海口处，距海岸垂直距离约为10海里。冬季11月底回港，春季3月底入海。灯船自动气象站的建成，弥补了营口市海洋气象资料的空白。2015年，由于海上灯船自动气象站设备损坏，重新更换一套带有北斗通讯系统的海上灯船自动气象站。

2013年5月，按照辽宁省气象局海洋气象监测网的建设规划，营口海洋浮标站建设项目开始启动。2015年，完成浮标组装和设备安装，浮标抛投定于营口港鲅鱼圈5港池63号泊位，由营口港拖轮拖送。2016年8月24日，营口海洋浮标站成功投放到既定海域并开始业务试运行。

2015年5月8日，完成营口船舶自动气象站建设，至此，营口沿海经济带监测预警工程海洋移动自动站建设任务全部完成。

截至2018年，完成沿岸和近海气象监测网系统建设，提高了地面气象观测的时空密度，对近海中小尺度天气系统监测预报预警能力的提升起到了重要作用。

2. **海洋预报和服务的发展**

20世纪50—80年代，海上天气预报主要是晴雨和风力、风向预报。

根据中国气象局《海洋气象工作"七五"建设方案》要求，1987年1月16日，开始利用甚高频为营口地区距海岸线100～200千米的海域进行海洋气象广播，主要包括晴雨和风力、风向预报。

1989年，根据中国气象局《"七五"建设方案后两年的调整计划》要求，开始建设营口海洋人机对话系统，同年12月20日投入使用。《营口海洋人机对话系统》获得1990年营口市政府科技进步二等奖、1991年省政府科技进步二等奖。营口海洋人机对话系统利用现代化技术和设备改变了营口市气象台几十年传统的手工作业流程，提高实时资料的收集、处理、加工速度，对预报服务所需要的数值预报、常规资料、卫星云图和雷达回波等产品进行快速输出，减轻了业务人员的劳动强度，提高了业务质量和工作效率，提高了海洋天气预报的时效和质量，为辽宁省市级气象台实时业务系统的建设积累了经验。

1994年2月23日，在市政府第16次常务会议上通过了建立营口海洋气象台的决定，11月29日，经中国气象局批准，营口海洋气象台正式挂牌成立。营口海洋气象台以沿海起到100～200千米的海域为服务范围，以鲅鱼圈新港、营口老港为服务重点，开展海浪、冰封、海雾等内容的预报服务，并通过营口广播电台、电视台公开播发，通过专业警报系统广播电台播发预报和情报，同年，还开发研制出海上南强风、北强风和海浪自动化预报方法，以及海雾、海港暴雨半自动化预报方法等。

1995年，先后派人去长春学习自动测风仪、去南通学习风暴潮、去大连市气象局和大连海洋中心气象站学习有关海洋气象业务。

1997年11月11日，营口"海洋预报实时业务系统开发和应用"获辽宁省科技进步三等奖。

2000年10月30日至11月2日，为天津大港油田滩海服务公司进行了随船护航服务。途中风浪较大，预报员克服晕船等困难，精心分析制作天气预报，成功地将钻井平台从营口港护送到塘沽。2001年9月下旬，根据用户需求，为大港油田滩海服务工程公司进行海上护航气象服务，准确及时地提供天气预报，保证大港油田钻井平台平安抵达目的地。

2009年，对营口市海上灯船、团山和西炮台3个自动气象站进行风向风速样本分析，以确定海上灯船资料的可用性。同年3月3日，举办海洋气象知识讲座，请营口海事局专家为全体预报人员讲授海洋气象知识。

2010年，依托村级地质、大风气象灾害预警信息系统建设，为盖州市、老边区、西市区下辖的20个沿海大风灾害易发渔业村安装气象信息电子显示屏，及时向村民发布气象预警信息和海面天气预报。

2011年，设立"环渤海自动气象数据显示和营口海上实测风与陆地实测风对比分析研究"课题，利用海上灯船自动气象站和团山岸基自动气象站，研究海上大风与陆地大风的差异，并对海上大风的影响系统进行分类，建立系统强度和大风风力对应指标。

2013年3月12日，印发《营口市气象台预报员团队建设方案》，建立气温预报、降水预报、短临预报与海洋预报服务3个预报员团队，其中短临预报与海洋预报服务团队的主要任务是研究海风、海雾、海上强对流等海洋预报方法，提高海洋预报服务质量。

2014年12月，设立"营口市鲅鱼圈港大风精细化预报客观方法研究"课题，研究内容包括鲅鱼圈港口大风客观预报模型的建立和检验；鲅鱼圈港口大风客观预报平台的建设，力求实现鲅鱼圈港口大风的客观精细化、自动化预报。

2014年，辽宁省气象局通过实施"辽宁沿海经济带气象监测预报预警服务工程"，为近海小马力渔船配备海洋气象灾害预警接收终端4000部，根据营口市实际情况，市气象局积极争取辽宁省气象局支持，为各乡镇49名气象协理员、全地区651名气象信息员和100艘近海作业的渔民配备800部气象灾害预警接收手机，全面扩大气象预警信息传播覆盖面，提升全市农村气象灾害防御能力。为及时向渔民发送气象预报预警信息，自2015年开始每天两次（05时、17时）向营口海洋气象灾害预警接收终端用户发布营口市未来24小时精细化天气预报。

二、海上搜救气象服务

20世纪80年代至90年代初，营口市气象台每天发布3次地区天气预报，同时发布渤海北部海面的天气预报。

1994年营口海洋气象台成立后，在原有海面天气预报的基础上，开展日常的海浪预报业务。营口市海上搜救中心的成立，对海洋预报提出了更高的要求，市气象台以决策服务材料或专项服务的形式向其提供各种灾害性天气预报，为海上搜救中心开展搜救抢险工作提供气象保障。

2004年10月，为营口海事局首次跨市巡航演习提供天气预报服务。

2006年10月23日，为配合海上搜集中心营救海上失踪船只和人员，市气象台每隔一个小时将最新的有关海域天气实况及预报结论及时传给市领导和海上搜救中心，协助搜救工作的开展，确保了人员营救行动的顺利进行。

营口市气象部门始终坚持积极、主动地做好海洋天气预报预警服务，及时向海上搜救中心发布海上大风、海上雷电、短时强降水预警。此外，针对台风、暴雨、冰雹、寒潮等灾害性天气，及时报送决策服务材料，提出灾害防御对策和建议，并及时制作精细化天气预报服务产品。营口市气象局被授予"2010—2012年度海上搜救先进集体"称号，营口市气象台被授予"2013—2015年度海上搜救先进集体"称号。

三、港口气象服务

营口老港至今已有150多年的历史。1980年9月，经国家批准，营口港开展国际对外贸易运输业务，1984年9月，国务院批准营口港进一步对外开放，允许外国籍船舶进出营口港。营口港每年进出口物资大都怕雨淋，如粮食、镁砂、糖、纸等，而且外籍船只能否按期完成装卸任务，与港口经济效益息息相关。20世纪80年代，一艘三千吨级货轮提前离港一天，港口可增收速遣费2000多美元，反之，港口将被罚款 2000 多美元。为确保外籍船只进出港安全和装卸任务的如期完成，市气象部门在提供中、短期天气预报服务的基础上，还特别加强短时和临近天气预报，随时订正晴雨、雷雨大风、降雨等预报信息。根据港口生产要求，雷达随时开机探测雷雨回波，跟踪提供雨情信息，港口能充分利用降雨间歇时间装卸货物，或者根据晴雨时间的长短，决定调进调出船舶，巧妙安排作业，赢得更多装卸时间，最大限度地避免进出口物资遭受损失。市气象台还开展了辽河口封冻和解冻期预报，提前 10 天确定老港的封港和开港时间，以便通知国内外有关港口，经济效益十分显著。

1984 年，营口鲅鱼圈新港开工填海前后，营口市气象部门为天津航道局、交通部一航局的两个施工单位提供专业气象服务。根据他们海上作业的需要，提前作出未来 10 天的逐日风向风速预报，以便根据预报合理安排生产。这项任务难度较大，气象部门从未做过逐日风的预报，缺少预报方法。为了满足用户的需要，多次组织有关人员进行讨论，研究新的预报方法，并且增收欧洲气象中心和日本传真图，组织有关人员分析海陆风对比，应用微机处理，建立 MOS 预报方法，完成具有开创性的中期风专业预报，同时在实际应用中采取加强短期补充订正的措施，满足了用户的需要。

1985 年，交通部一航局鲅鱼圈建港指挥部根据营口市气象台气象预报安排生产作业，顺利完成当年基建投资 3100 万元的任务。特别是当年 8 月 19 日的台风预报，由于短期风向风力预报准确、通知及时，施工单位防范措施得力，每艘价值 200 万元的 20 艘各类船只毫无损坏，无一人伤亡。中期预报 10 月中旬至 11 月上旬气温高、风天少，施工单位根据这一信息，组织调动各方面力量，加快施工进度，对保证完成全年任务起到了重要作用。

1986 年 6 月 2 日 15 时 36 分，营口市气象台根据雷达回波分析，预计 3 小时以内将有雷阵雨，局部有冰雹，阵风 7～8 级，值班员用电话通知在鲅鱼圈港施工的交通部一航局和天津航道局航务一处，他们立即对 40 多只作业船采取了防风措施。当日 17 时，雷雨大风出现（港区风速实况为阵风 29 米／秒），各类船只没有受到任何损失，两个单位领导表示：营口市气象台预报准确，通知及时，否则损失无法估计。

2002 年 7 月 24 日上午，营口港务局二公司欲将 4800 吨玉米装入停靠在码头的船上，而且须在 25 日 08 时前装完，请求市气象部门为其提供气象服务。当日，营口处于高空槽前和地面低压倒槽顶部控制，天气较为复杂。市气象台立即组织会商，作出白天到夜间多云有阵雨、东南部雨量偏大的预报。从 24 日 10 时起，每隔 30 分钟进行一次雷达观测。25 日 00 时 20 分，在码头东南方向有云团生成且伴有闪电，公司负责人担心天气会影响作业，十分焦急。预报员通过雷达连续监测，判断该云团少动，不会影响装船作业，及时将预报意见通知该公司。由于预报准确，服务及时，该公司在 25 日 04 时提前完成了装船任务。市气象台的准确预报和及时服务，使营口港务局二公司避免了经济损失，公司领导亲自来营口市气象局致谢，并赠送写有"预报准确，服务热情"的锦旗。

2013 年，为进一步提高海洋气象服务能力，服务地方经济发展，在原有为港口提供气象服务的基础上增加港口大风精细化预报服务，即"发布大风预警信号时，从大风预警开始生效到预警结束期间，提供每 3 小时一次的营口鲅鱼圈港口附近海区的大风（风速、风向）精细化预警服务"。

2016 年，研发"专业气象服务平台"，通过 Web 方式对港口进行气象服务。平台涵盖实况气象信息、精细化客观预报、大风精细化预报、气象预警信息服务、重要天气过程决策服务、常规预报服务、台风信息、海面气候信息等多达 13 项专业气象服务。2017 年，在新平台的基础上，港口大风精细化预报服务时效扩展到全天 24 小时，即为港口提供全天的逐 3 小时精细化预报及未来 5 日的海风海浪预报。

2017 年，营口市气象台设立专业服务岗，主要针对营口港等服务用户提供专业服务，并建立港口海洋气象服务工作流程。

2018 年，营口市气象部门深入港口开展跟班调研服务，深度了解营口港作业生产需求，制定量化服务项目和服务产品，进一步完善营口海洋气象服务综合业务平台，利用"物联网＋"和新媒体开展气象服务，提升港口经济效益。

第二节　海洋经济气象服务

营口沿海资源丰富，海洋经济发展迅速，市气象部门积极开展海洋经济的气象服务。主要服务的项目有海蜇保护与捕捞、海盐生产等。

一、海蜇资源保护与捕捞

海蜇是营口市主要海洋资源之一，海蜇的产量、质量均位居全国之首，其生长和捕捞工作受天气影响很大，每年从7月中旬起到下旬末是海蜇资源保护与捕捞的重要时段。从1997年开始，市气象部门每年以优质的气象服务来确保营口辖区的海蜇保护和捕捞工作的顺利进行。海蜇资源保护与捕捞期间，市气象台以《海蜇资源保护服务专刊》为海蜇捕捞指挥部提供风、海浪、降温以及降雨预报，随时报告天气实况。通过广播电台、手机短信、气象电子显示屏、气象网站、农村广播大喇叭等有效手段对公众尤其是渔民及时发布相关预报预警信息。7月下旬正值气象主汛期，台风、暴雨、强对流天气多发，天气形势复杂多变，预报难度较大，市气象台密切监视天气变化，及时发布预报预警信息。

1997年，辽宁省海蜇捕捞指挥部为保护、利用好海蜇资源，决定于8月10日开捕。同年8月3日，营口市海蜇捕捞指挥部询问8月10日前是否有转北风天气过程，市气象部门立即着手分析研究，市气象局局长才荣辉亲自把关，及时将7—8日有转北大风天气过程的预报结论报告指挥部，建议提前安排捕捞。省、市捕捞指挥部采纳营口市气象局的建议，于5日傍晚开始捕捞。天气实况是8月8日20时风向由南转北，风力5～6级，并伴有降雨。由于抢在北风前捕捞，营口市捕捞海蜇16000吨（成蜇），产量比1996年增加了4.8倍，实现了海蜇丰产丰收。营口市海蜇捕捞指挥部对此赞誉有加，称"气象局立了头功"。

2010年7月19—21日，受副热带高压后部西南暖湿气流和北方冷空气共同影响，营口地区降大到暴雨，局部大暴雨，为有效应对复杂天气变化，确保海上安全，市气象部门以手机短信的形式向市领导和海蜇捕捞相关负责人员及时发送大风、暴雨等预报预警信息，受到市领导和海蜇捕捞指挥部的表扬。

2013年，全年共制作发布《海蜇资源保护服务专刊》21期。海蜇开捕时间正值周末，营口市气象局在局长李明香的带领下，不辞辛苦，守岗尽责，为全市海蜇捕捞时间的确定提供了重要决策信息。海蜇捕捞顺利启动后，市委常委、副市长曲广明特发送短信："李局长：海蜇管护于14时30分开捕，一切顺利。感谢您及市气象局全体同志的重视和支持！"

2014年，海蜇服务期间，根据港口潮位情况，辽宁省海蜇指挥部初步将海蜇开捕时间定在7月27—29日。7月14—23日，营口地区经历3次明显降水过程，7月24—26日，台风"麦德姆"北上直逼营口，平均风力达到6级。市气象台在临近预报中提出"28日风力平均能达到6～7级，渔船出港作业比较危险，不适合捕捞""29日潮位渐退，西南风5～6级，不利于渔船出港"等意见。根据"海蜇捕捞具有较强的时效性，大部分渔船只能趁着一个潮汐进行捕捞，黄金捕捞时间也只有24小时"的要求，出港开捕时间集中在26日下午至27日。26日早晨，市气象台做出了"26日午后风会转小，北风4～5级，夜间转南风4～5级。27日傍晚风力又会增强，26日午后到27日午后这段时间捕捞比较适宜"的预报，同时做出"26日13—14时，北风5级；14—15时，北风4级；15—16时，北风4级；16—17时，北风4级"的精细化预报。根据预报结论，当天16时辽宁省海蜇捕捞指挥部下达了开捕令，渔民们启航出海，撒网开捕。7月27日傍晚，营口海域风力开始增大，28日辽宁省气象台发布大风蓝色预警，此时，渔民已满载而归、回港避风。营口市委常委、副市长曲广明通过电话对气象服务给予肯定："气象局精细的分析、准确的预报，为决策海蜇捕捞时间提供了有力支撑，海蜇捕捞抢占了好时机！"营口市海洋渔业局局长也发来致谢短信："全市海蜇捕捞已于26日16时顺利开捕，感谢市气象局的支持！"

2016年7月22日起，营口市气象台每3天制作一期海蜇捕捞气象服务专刊。7月30日，市气象台在向海蜇捕捞指挥部呈报的《海蜇捕捞气象服务专刊》中建议海蜇开捕时间推迟至8月1日，同时逐日提供精细化天气预报。由于预报预警准确，海蜇捕捞工作圆满完成。营口市副市长张宝东发来短信："谨向市气象局的全体同志表示亲切的问候和真诚的感谢，有你们支持今年海蜇一定能大丰收"。

二、海盐等其他海洋生产气象服务

营口盐场有着280年的历史。1958年5月，营口市气象台和营口盐场建立联系制度，为其提供晴雨、气温、风力风向等预报。1983年，为推进海盐生产气象服务，市气象部门对盐场气象服务需求进行调研，根据盐场气象台业务需要，将省、市两级气象部门的天气预报及时提供给他们作为指导预报。2006年以来，气象部门通过显示屏、电话、网站等为营口盐场提供气象服务。

每年春、秋两季，是营口地区大量捕捞和晾晒毛虾的黄金季节，营口市渔业公司根据市气象台的天气预报进行晾晒，市气象台全力做好晾晒季节的天气预报服务，取得了明显的经济效益。

1987年4月19日午后，渔业公司有90多吨毛虾准备晾晒，营口市气象台通知次日有雨，结果第二天降雨32毫米，价值10万元的90多吨毛虾避免了损失，渔业公司领导说："渔业生产和气象部门的关系非常密切，时时刻刻都需要气象信息保障。可以这样说，我们管生产的是直接指挥，气象部门是间接指挥，但我们的决策意见是根据天气预报做出的，在这个意义上气象部门又可以说是直接指挥，最近几年不仅生产形势好转，而且连续几年没发生海难事故，这是和气象部门的帮助分不开的，有气象部门的功劳。"

1988年，营口地区人工养殖对虾面积逐步扩大，市气象台开展春季对虾适宜放苗期预报、夏季虾池管理、对虾收获期预报及4—10月的潮汐时间预报服务，为营口地区人工养殖对虾的发展提供了气象保障。

1990年，营口地区滩涂养殖面积扩大，对气象服务提出新的要求，市气象部门为养虾单位提供了4期《潮汐预报》，9月发布了《对虾收获截止期预报》，养殖单位反映"很有指导意义"。

1991—1992年，为做好盐业服务，开展营口盐业气候影响评价方法研究，分析气候与盐业生产的密切关系，研究海盐产量的预报方法和盐业气候影响评价方法，为开展盐业气候服务提供科学依据。

2006年以后，通过电子信息显示屏为盐场每天提供3次24～72小时天气预报，遇有天气过程随时通过电话开展服务。

2014—2018年，与营口盐业有限责任公司签订专业气象服务合同，对海盐生产开展有针对性的定制化气象服务。由于信息发布及时准确，得到用户的一致好评。

第十五章　人工影响天气

人工影响天气是指在一定的有利时机和条件下，通过人工催化等技术手段对局部区域内大气中的物理过程施加影响，使其发生某种变化，从而达到减轻或避免气象灾害的一种科技措施。人工影响天气包括人工增雨（雪）、人工消雨（雪）、人工消雾、人工防雹、人工防霜等。随着科技进步和地方经济的发展，营口人工影响天气工作采用的技术手段日趋成熟和现代化，作业影响区的覆盖能力和效果不断增强，尤其21世纪以来，人工影响天气工作进入依法快速发展阶段。

第一节　人工影响天气概述

营口人工影响天气工作始于1968年群众性的防雹减灾工作。经过50余年的发展，人工影响天气工作已经逐步实现机构常设化、管理科学化、作业专业化、手段现代化，成为现代气象业务和气象防灾减灾的重要组成部分。

一、组织机构

20世纪60年代末，营口各县各场社根据冰雹灾害频发的情况，组织群众用土办法防御冰雹，气象部门从技术上予以配合。2000年以后，人工影响天气工作全面开展，逐步建立了职责明晰的人工影响天气组织机构。

2000年1月1日，《中华人民共和国气象法》开始施行，2002年5月1日，国务院颁布《人工影响天气管理条例》，营口地区人工影响天气事业迎来了依法发展的良好机遇。

2003年，市政府成立营口市人工影响天气领导小组，主管副市长任组长，气象、农业、水利、公安等部门领导任成员，领导小组办公室设在市气象局。各市（县）、区相继成立领导机构。营口市人工影响天气办公室在辽宁省人工影响天气办公室和营口市人工影响天气领导小组的指挥下，负责组织实施营口市的人工影响天气作业。各市（县）、区人工影响天气工作机构在省、市两级人工影响天气办公室的指挥下，负责组织实施辖区内人工影响天气作业。

2012年10月，成立营口市人工影响天气管理中心，各市（县）、区设有人工影响天气工作站。

2014年4月，重新调整营口市人工影响天气领导小组成员，副市长曲广明任领导小组组长，市气象局局长李明香任副组长，领导小组办公室设在市气象局，办公室主任由李明香兼任。

2018年，营口市气象部门进入依法从事人工影响天气工作阶段，实行政府统一领导协调、气象主管机构管理指导、有关部门协作配合的管理制度；人工影响天气作业主体资格认定制度；人工影响天气作业空域申请使用制度、作业设备和弹药管理制度、作业规范制度等，并且将这些制度具体化。资金投入纳入财政预算，建立统一指挥系统和作业系统。

二、运行管理

1. 安全管理

营口市气象局高度重视对人工影响天气安全工作的管理。2004年以来，相继建立了《营口市人工影响天气作业人员管理制度》《营口市人工影响天气作业装备管理制度》《营口市人工影响天气作业安全管理规定》《营口市人工增雨火箭弹保管制度》《营口市人工影响天气作业安全事故应急预案》《营口市人工影响天气作业事故处理预案》《营口市应对森林火灾等突发事件的人工影响天气作业预案》《营口市人工影响天气作业程序》等，并根据实际情况每年进行修订。为了更好地落实人工影响天气登记制度，建立了营口地区人工影响天气人员登记表、人工影响天气作业车辆和设备登记表、人工增雨作业登记表、人工增雨火箭弹出入库登记表。在营口地区两个火箭弹专用存储库，配备视频监控系统和火箭弹存储专用柜，火箭弹出入库严格遵守登记制度。每年年初在媒体和营口市气象局网站发布人工影响天气作业公告。

2009年，为保障营口火箭弹存储安全，在营口市气象观测站院内建成人工增雨火箭弹专用存储库。

根据省气象局部署和要求，从2013年开始，每年春季配合陕西中天火箭技术人员对全地区火箭作业设备进行安全检测，检测合格的颁发合格证，未经检测或检测不合格的不得用于作业。

2016年，营口市人工影响天气领导小组首次与各市（县）、区政府签订《人工影响天气工作安全责任书》。经营口市政府协调，非作业期间火箭弹药存放于市军分区弹药库中，确保火箭弹的存储安全。

2018年，协调市公安部门，彻底解决开具人工影响天气火箭弹运输通行证难题。6月5日在军分区弹药库所在地盖州市公安局、9月14日在自建弹药库所在地营口市公安局西市分局首次开出火箭弹运输通行证。公安部门确认营口市自建弹药库房在作业期（4—10月）存储火箭弹。开具火箭弹运输通行证纳入市（县）、区政府绩效考核，辽宁省气象局印发的《辽宁省气象局关于通报人工影响天气弹药存储情况的函》中所列火箭弹存储和库房标准在营口得到了全面落实。

2. 作业培训

2010年以来，每年春季都举办营口市人工影响天气作业培训班。市气象局及所属各市（县）、区气象局领导以及实施人工影响天气作业人员共30余人参加培训。市人工影响天气办公室专业技术人员围绕人工影响天气作业程序、人工影响天气作业相关制度、火箭增雨作业的操作规范和安全注意事项等进行讲解，受训人员还模拟火箭增雨作业进行操作演练。培训班通过考试的形式检验受训人员的学习效果。

2014年，为充分发挥人工影响天气作业人员工作积极性，提升营口地区人工影响天气作业水平及作业安全性，制定《营口市气象局人工影响天气优秀作业人员评选及奖励办法》。评选并表彰"2014年营口地区人工增雨作业突出贡献人员和先进个人"。

2018年，全地区共有32人取得人工影响天气火箭作业培训合格证书，实现了作业人员持证上岗。

3. 作业指挥系统

2009年，建成营口市人工影响天气指挥系统，成为营口市当年为农民办的实事之一。该系统采用天津悦盛科技有限公司的人工影响天气作业指挥系统软件，并结合营口人工增雨工作实际进行改造建设。该系统的建成使用，完善了人工增雨作业指挥中心功能，实现了车载火箭发射系统通讯智能化，提高了人工增雨作业能力和水平。

2011年，随着人工增雨作业指挥系统的不断完善，制定适合营口地区的作业预警指标。经过多次作业应用，显现出六大效果：提升作业预警判断能力；提升选定作业目标的能力；利于制定作业方案；可以准确确定作业时机、播撒位置及剂量；可以精确定位作业位置；便于保存作业资料。

2018年，全地区安装了东北人工影响天气工程指挥系统和辽宁省人工影响天气火箭弹精细化管理系统，并在业务工作中应用。

三、作业程序

在天气条件适宜情况下，营口市气象台提前12～24小时发布人工影响天气预警信息，并通知市人工影响天气办公室。市人工影响天气办公室根据天气预警信息和各地需求制定全地区人工影响天气作业方案。作业方案包括作业工具、作业目标区、作业部位、作业时间、作业综合技术指标等。市人工影响天气办公室提前3小时将作业方案报辽宁省人工影响天气办公室审批。根据批复意见，市人工影响天气办公室向空军鞍山空域管制部门申请空域和作业时限，指挥人工影响天气作业。

为确保空中和地面安全，将事先勘察选定并经过空域管制部门批准的作业位置作为火箭固定发射点。按照人工影响天气作业点的设定要求，对新增作业点详细进行安全检查，报请省人工影响天气办公室，制作安全射界图，并严格按照安全射界图进行操作。

截至 2018 年末，营口地区共有 19 个作业点，其中常用作业点有 4 个，分别是：营口市区西炮台附近、盖州石门水库、大石桥汤池、营口开发区望海。

第二节　人工影响天气作业

人工影响天气作业主要包括人工防雹、人工防霜和人工增雨。人工防雹作业方式主要有土火箭、自制土炮和三七高炮。人工防霜作业方式主要利用柴草烟熏方法。人工增雨作业方式主要有气球携带、"三七高炮"、火箭发射、飞机撒播，后 3 种作业方式作业效果较好。

一、人工防雹

影响营口地区的冰雹灾害主要有 3 条路线：北线是营口县的旗口、官屯、周家、建一、吕王至盖县的太平庄、卧龙泉；中线是营口县的永安、博洛铺至盖县的青石岭；南线是盖县的归州、杨运至杨屯。冰雹活动频繁，对农业生产危害比较严重。

营口地区从 1968 年就开展防雹工作。营口县、盖县等地采用的防雹方式是自制土炮、土火箭。在冰雹的主要路线上游都建有防雹点，当出现雹云时，及时向雹云方向发射炮弹或土火箭。

1968 年，营口县从凤城县借来土火箭，将防雹作业点设置在百寨子枣岭、博洛铺和吕王等 3 个村（公社），进行人工防雹作业。作业时由经验丰富的老农负责看天，由当地民兵操作土火箭。每遇雹云都组织射击，效果较好，基本上没再受雹灾影响。

1969 年，盖县归州公社在归州、仰山、西边子、槐树房、团瓢、房身、归北等 7 个大队，共设 7 个防雹点。按雹云移动走向，分一二三线设防。公社成立防雹指挥部，分管生产的副书记任指挥，办公室和武装部具体组织民兵作业，老农负责看天。一般防雹作业由公社统一指挥，作业点发现雹云各自为战。9 月，下了一场冰雹，归州公社及时组织防雹作业没有受灾，而临近的复县李官公社则受了雹灾。

营口县从 1968 年至 1973 年，一直利用土火箭防雹。从 1974 年开始，用效果更好的土炮替换土火箭防雹，并将土火箭销毁。在百寨子枣岭、周家冯家铺、永安东赖和吕王等 4 个村，配给每个防雹点 4 门 80 号土炮，备弹 400 发。盖县从 1972 年开始改用土炮防雹。配给归州等作业点 90 号土炮 20 门。由于土炮防雹安全，作业效果好，不少公社和大队都要求建设炮点，使用数量逐渐增加，到 1975 年，全地区开展防雹作业的场社共有 30 个，防雹作业点 180 个，土炮 374 门，炮架 294 个。

1973 年起，在解放军 3096 部队 1341 炮团的配合下，进行"三七高炮"人工防雹和催化降雨试验 3 次，共计作业 13 次。边试验、边服务，取得较好的试验和服务效果。

经过试验、摸索和总结，从领导到群众，都非常认可人工防雹工作，防雹工作发展很快。到 1976 年，全地区（包括营口县、盖县、盘山县、大洼县）共有防雹土炮 1521 门，是 1975 年的 4.1 倍。开展人工防雹的农场和公社达 69 个，占农场和公社总数的 69%，是 1975 年的 2.3 倍。防雹作业点增加到 249 个，炮架 303 架。

1976 年，营口市委在大洼县召开人工防雹现场会，专拨经费和物资推进人工防雹工作，各县成立防雹抗灾指挥部。辽宁省气象局送来人工降雨、消雹的"三七高炮"弹，解放军和民兵都参加"三七高炮"作业，市气象局及时派出流动气象台开展现场预报服务。

1977 年，随着人工影响天气的大面积开展，市气象局加强了安全管理，针对防雹作业时土炮炮管发生炮盘炸开、炮尾变形等问题，及时下发《关于加强使用防雹土炮安全的通知》。召开人工防雹座谈会，提出加强党组织的领导，健全防雹指挥机构，做好防雹的各项物资准备，做好炮弹和火箭的安全生产，"三七高炮"人工增雨作业由市级气象主管机构统筹管理。

20 世纪 70 年代末到 80 年代初，冰雹灾害逐渐减少，同时，暴露出土制防雹火箭、土炮炮弹的安全性能及效果的局限性，逐渐停止原有防雹作业方式。

二、人工防霜

20世纪60年代末至70年代，处在一个低温时段，农业生产遭遇热量不足、生长期不够的威胁。为延迟早霜，抗御自然灾害，营口部分地区开展了人工防霜试验。为减轻霜冻对农业生产的危害，各气象台站首先摸清低温冷害的气候背景和发生规律，深入调查农业生产布局、品种特性、耐寒能力，进行作物试验观测，取得第一手资料，同时，开展低温预报、霜期预报方法研究。一些农村社队建立人工防霜组织机构，多数由乡农业技术推广试验站负责。人工防霜主要的技术方法是烟熏笼罩保温，用柴草发烟和化学配制烟幕弹。进行人工防霜作业时，由专人管理，在防霜的地块组织农民点火。当地气象部门主要任务是做好预报预警和监测，深入现场进行技术指导，当预报出现霜冻时，及时发出点火建议。

1976年9月3日，气温偏低，出现轻霜，使当年本来热量不足的农作物生产又面临早霜的威胁，市气象局抽调8名同志到现场指挥，投放防霜烟雾剂用的硝铵51吨，采取用柴草烟熏办法对部分地块进行人工防霜。据测定，采取防霜措施后，叶面温度可以提高0.8℃，具有一定的效果。

20世纪80年代以后，气候变暖，农业科技不断进步，作物品种不断改良，加之气候资源的开发利用以及采取各种促进作物早熟等管理措施，低温冷害和早晚霜不再成为威胁农业生产的主要问题，有组织、大规模的人工防霜工作未再进行。

三、人工增雨

人工增雨作业方式主要有气球携带、"三七高炮"、火箭发射、飞机撒播等，后3种作业方式作业效果较好。

1. 气球作业

营口地区人工增雨作业最早始于1971年，采用氢气球携带碘化银施放的方法催云降雨，当遇到严重干旱天气时，曾几次组织用氢气球携带碘化银升空喷洒作业方式，取得了一定效果。但由于手段落后，总体效果并不理想，1972年以后便不再采用。

2. 高炮作业

1973年，开始采用军用"三七高炮"人工增雨（当时称之为"人工降雨"）试验和作业。当年，根据营口市革委会指示，为配合农村抗旱工作，在解放军3096部队1341炮团的配合下，在农业生产遇到干旱时，选择干旱严重地区，先后3次运用"三七高炮"进行人工催化降雨试验，效果比较明显。

1974年，在营口县博洛铺组织开展人工增雨作业。营口县革委会、武装部主要领导和县气象局一同研究增雨方案，连续作业4次，取得明显效果。直到1981年，每年都出动20～30门高炮，在各县区开展人工增雨。为保障这项工作的顺利进行，营口市气象局及时派出流动气象站，不分昼夜，连续作业。在实践中总结出人工增雨经验："冷涡低槽冷锋前，对流旺盛是关键，射界开阔指挥便，安全降雨做贡献。同时还要发动群众，军民结合、土洋结合。"

1982年，根据中央气象局"不再盲目搞大规模大面积作业"的要求，营口市气象局实事求是地做好人工增雨的宣传工作，注重经济效益，当地方政府要求进行人工增雨作业时，积极配合，同时当好气象参谋。一直到20世纪80年代末期，市气象局均按照这一精神，根据地方政府需求，积极主动做好组织协调，适时开展人工增雨工作。

1998年，营口市气象局成立高炮人工增雨防雹领导小组，局长任领导小组组长，建立市气象局与大石桥市各高炮作业点的热线电话，建成与空军第一师（鞍山）空中管制室之间的甚高频对讲通讯联络网，由大石桥政府出资，为空军第一师（鞍山）空中管制室安装一部对外专用程控电话，确保联络畅通。市气象局建立相应的会商、值班制度，建立增雨、防雹工作流程。当年7月，在营口军分区军械所的帮助下，将两门高炮进行大修，并落实增雨防雹炮弹来源。

截至2001年，大石桥市有高炮3门，其中单管2门，双管1门，分别设在沟沿镇、高坎镇、旗口镇。盖州市有高炮8门,其中单管4门,双管4门。由于高炮装备老化,故障频发,2001年以后,不再利用高炮开展人工增雨防雹作业。

3. 火箭作业

2001年,由营口市政府出资购置了3套陕西中天车载WR-98型增雨火箭发射系统和3台小型解放车,分别布设在营口市、大石桥、盖州三地,用于人工增雨作业。

2002年,省气象局调拨给营口1套车载增雨火箭发射系统。市气象局成立4个人工增雨现场作业小组,局长任总指挥。市本级和所辖3个市(县)、区出资购买100枚火箭弹,是历史上投入最多的一年。

2004年,营口经济技术开发区政府拨款购置1套车载增雨火箭发射系统,用于开发区的人工影响天气作业。

截至2006年,营口共有人工增雨火箭发射装置5套,其中营口市2套,大石桥、盖州、开发区各1套。

2007年,营口市财政出资购置了两部车载式增雨火箭发射系统。

2009年,省气象局调拨给营口4台猎豹吉普车、4部车托式火箭发射系统,营口市、大石桥、盖州、开发区各1套。

2012年,营口市财政出资购置了两台尼桑皮卡车,用于人工增雨作业。

2013年,省气象局调拨给营口4部车托式火箭发射系统。

2014年,省气象局调拨给营口4辆火箭作业车和4部火箭发射系统,并为全地区作业发射系统配备无线终端17部。

2015年,省气象局为营口地区配备了4套火箭弹存储专用柜。

2018年,省气象局调拨给营口1台尼桑皮卡车、1部车载式火箭发射系统用于增雨作业。

截至2018年末,营口地区共有12台增雨作业车、13套WR-98型火箭发射系统。作业装备可以满足营口地区人工增雨作业的需求。

4. 飞机作业

由辽宁省人工影响天气办公室统一指挥、统一调度。营口根据天气状况,向辽宁省人工影响天气办公室申请同意后,在营口地区上空开展作业。

第三节 人工影响天气作业效果

1987年8月1日,营口市气象局派出人工增雨指导小组,对营口县、盖县共4个乡镇的人工增雨进行现场指导,并进行了近半个月的人工增雨作业,使两县增雨获得了成功。8月3日,百寨乡用"三七高炮"发射碘化银增雨炮弹120发,降雨21毫米,邻近的永安乡降雨47毫米。8月6日,高屯、小石棚、归州等地连续作业8次,发射增雨炮弹153发,红旗、太阳升乡降雨15毫米,归州降雨14毫米,小石棚降雨35毫米,部分地区旱情得到了缓解。营口电视台对此次作业过程进行了报道,盖县县长代表县政府专程到营口市气象局致谢。

1998年7月17日,盖州出现有利的增雨时机。在当地人武部的支持配合下,提前在九寨、熊岳、芦屯三个乡镇设置3个高炮点,并实施大规模增雨作业,发射增雨弹900多发,取得较好的增雨效果,有效地缓解了旱情。8月4日,在盖州北部的西海和青石岭两个乡镇,又一次成功实施高炮增雨作业,受益面积近万亩。

1999年7月7—9日,营口市气象局先后3次申请辽宁省人工影响天气办公室在营口市实施飞机人工增雨作业,全地区降中到大雨,北部地区降大到暴雨,水田地区的高坎镇雨量最大,为77毫米。这场降水解决了大部分地区的旱情。

2000年6月29日,营口市委副书记王立平率领有关部门负责人到市气象局,协调指挥人工增雨作业。增雨飞机分别于07时和12时到营口上空作业,全区普降小雨,局部大雨,最大雨量35毫米,缓解了旱情。

2001 年，大石桥市发生严重干旱，6 月 14 日晚到 16 日，在汤池镇、官屯镇、旗口镇、沟沿镇实施人工增雨作业，共发射碘化银增雨炮弹 800 枚，增雨作业效果明显。

2001 年起，营口每年组织火箭增雨（雪）作业 10～20 次，年平均发射火箭弹 100 余枚，年降水增加 0.5 亿～1 亿米³。

2004 年，营口首次开展冬春季人工增雪作业，取得了明显效果。在呈报给市领导的情况报告上，主管副市长批示："气象局实施多次人工增雨（雪）作业，效果明显。"4 月 13 日，营口市第一季度经济形势分析会议指出：农业备耕春耕生产形势较好，去冬今春降水较多，加之实施人工增雨（雪）措施，旱田墒情好于往年。

2007 年 6 月，营口经历有气象记录以来最严重的伏旱，6 月 27 日、30 日，营口市气象局抓住有利时机，组织开展大规模的人工增雨作业，出动火箭作业车 5 部，在全地区发射增雨火箭弹 70 余枚，彻底解除了旱情。

2009 年 8 月 17 日、19 日，营口地区出现有利人工增雨作业的天气形势，市气象局制定详细周密的人工增雨作业方案，从 17 日下午到夜间、19 日凌晨到中午，先后出动 8 台人工增雨火箭作业车，根据降雨云系的移动情况，在全地区 30 多个乡镇累计作业 20 多个小时，共发射火箭弹 118 枚，增加降水约 7000 万米³。市委书记赵化明在市气象局报送的《营口决策气象信息》上批示："气象局工作认真，采取措施科学合理，人工降雨效果明显，给予表扬。"

2010 年 5 月 25 日，营口市委常委、副市长曲广明在《陈超英副省长在省人工影响天气领导小组工作会议上的讲话》文件上批示："我市人工增雨工作 2009 年取得了好的效果，对农业减灾起到重要作用，今年希望发扬成绩，再接再厉继续取得新成绩，为全市保丰收做出新贡献。"

2011 年初春干旱，3 月 18 日和 4 月 14 日、18 日、21 日连续抓住有利的天气形势开展了大规模的增雨作业，有效地增加了降水，保障了农业生产的顺利进行。5 月底在大田作物生长关键期进行了两次增雨作业。6 月 22 日再次进行增雨作业。连续的增雨作业有效地增加了生态降水，为春耕生产和森林防火提供了重要保障。

2012 年入冬以来降水稀少，全地区土壤墒情差，干旱明显。按照营口市政府春耕备耕会议的精神，2 月 22 日，全地区出动 5 部火箭作业车，在 6 个作业点实施增雪作业。全地区普降雨夹雪转中到大雪。市委书记魏小鹏批示：很好。

2013 年春季，为增加土壤底墒、降低森林火险等级以及确保春耕生产和植树造林的顺利开展，4 月 1 日开展人工增雨作业。5 月营口地区气温高、降水少，农田和果树出现较明显的干旱，按照市委、市政府和省气象局的要求，营口市气象局在 6 月 4—5 日、11 日开展两次大规模的人工增雨作业。8 月降水稀少，为增加水库的蓄水，9 月 23 日开展人工增雨作业。全年增加降水 1 亿米³。

2014 年春季，开展增雨作业 5 次。夏季发生严重干旱，8 月 14 日至 9 月 20 日抓住有利的降水天气形势，成功开展了规模大、范围广的人工增雨作业 7 次。全年增加生态降水 1.2 亿米³，为抗旱气象服务提供了保障。

2015 年春季，开展增雨作业 5 次，7 月下旬抓住有利的降水天气形势开展人工增雨作业 3 次。7 月 24 日，协调省人工影响天气办公室在营口地区实施飞机增雨，缓解了夏季以来的干旱情况。9 月为增加水库蓄水成功开展作业两次。全年增加生态降水 1.2 亿米³。

2016 年，4 月 1 日、4 月 12 日、4 月 16 日、5 月 3 日、5 月 22 日成功开展增雨作业 5 次。连续的人工增雨有效增加了土壤墒情，降低了森林火险等级，保证了春耕生产和植树造林的顺利开展。6 月 19 日、7 月 7 日成功开展增雨作业两次，有效地增加生态降水，利于大田作物生长，同时也增加了水库蓄水。

2017 年 3—6 月，营口地区降水之少、干旱严重创历史极值。为增加土壤底墒、降低森林火险等级以及确保春耕生产和植树造林的顺利开展，成功开展增雨作业 5 次。全年增加生态降水 0.6 亿米³。

2018 年春季，降水特少，为缓解春旱，4 月 13 日、5 月 22 日开展两次增雨作业。夏季为了增加水库蓄水，8 月 8 日、9 月 2 日开展增雨作业两次。全年增加生态降水 0.5 亿米³。

第十六章　防雷技术服务

防雷技术服务是防雷减灾工作的重要内容，主要包括防雷工程、防雷检测及雷击灾害风险评估三项任务。营口市气象部门自1998年开展防雷技术服务以来，经历了自主创建、归口管理两个发展阶段。

第一节　防雷技术服务概述

1998年7月15日，营口市机构编制委员会办公室下发《关于成立营口市防雷工程技术中心的批复》（营编办发〔1998〕19号），确定防雷工程技术中心主要负责雷电的监测、预警、风险评估、防护以及雷电灾害的调查、鉴定等工作；实行自收自支，编制5名，其中包括单位领导职数1名、专业技术人员3名、工勤人员1名。

2002年10月22日，营口市机构编制委员会办公室下发《关于调整营口市防雷工程技术中心人员编制的批复》（营编办发〔2002〕32号），同意将市劳动和社会保障局所属的市劳动安全卫生检测站人员编制2名，划给市气象局所属的市防雷工程技术中心。调整后，市防雷工程技术中心人员编制增加至7名，其中专业技术人员5名，原经费渠道不变。

2006年4月，营口市政府下发《营口市雷电灾防御管理规定》（营政发〔2006〕19号），明确市（县）、区气象主管机构在上级气象主管机构和本级人民政府的领导下，负责本行政区域内雷电灾害防御管理及雷电灾害防御装置（简称"防雷装置"）的设计审核和竣工验收工作。规定邮电通信、交通运输、广播电视、医疗卫生、金融证券、文化教育、不可移动文物、体育、旅游、游乐场所及爆炸和火灾危险场所的防雷装置设计审核与竣工验收检测工作均由市气象局和各市（县）、区气象局防雷部门承担。

2011年12月28日，营口市机构编制委员会办公室下发《关于对市防雷工程技术中心机构编制清理规范的批复》，营口市防雷工程技术中心更名为"营口市防雷减灾中心"，为市气象局所属正科级事业单位。主要职责：负责雷电和雷电灾害的监测、预警、风险评估、防护以及雷电灾害的调查、鉴定等工作；参与已建建（构）筑物防雷装置检测和新建建（构）筑物、易燃易爆场所的防雷装置及其他雷电工程设计审核和竣工验收等工作；负责雷电灾情调查、鉴定和技术培训工作。市防雷减灾中心编制为7名，其中主任1名、副主任1名、专业技术人员4名、工勤人员1名，经费渠道为自收自支。

2015年10月11日和2016年2月3日，国务院先后印发《国务院关于第一批清理规范89项国务院部门行政审批中介服务事项的决定》（国发〔2015〕58号）、《国务院关于第二批清理规范192项国务院部门行政审批中介服务事项的决定》（国发〔2016〕11号），明确"在开展防雷装置设计审核和竣工验收许可时，不再要求申请人提供防雷装置设计技术评价报告和新建、改建、扩建建（构）筑物防雷装置检测报告，改由审批部门委托有关机构开展防雷装置设计技术评价和新建、改建、扩建建（构）筑物防雷装置检测"。按照国务院决定，在相应时间节点以后，营口市防雷减灾中心承接营口市气象局防雷行政审批所需相关技术服务，且不再向企业收取相关费用。

2016年6月，国务院印发《国务院关于优化建设工程防雷许可的决定》（国发〔2016〕39号）。12月，辽宁省政府印发《辽宁省人民政府关于优化建设工程防雷许可的通知》（辽政发〔2016〕79号），将部分职能移交给住建委，同时要求各市政府组织做好地方防雷机构改革工作，增强公益性服务能力；落实雷电灾害防御保障经费，保证雷电事故隐患排查、防雷行政许可、雷电灾害调查鉴定等所需经费。11月11日，营口市气象局向市政府呈报《营口市气象局关于推进我市防雷行政审批服务改革情况的报告》（营气〔2016〕32号），与市住建委等部门进行沟通，于年底完成了工作交接。防雷装置检测市场全面开放。

2017年12月，营口市机构编制委员会办公室印发《关于调整市防雷减灾中心主要职责的批复》，市防雷中心的主要职责调整为雷电灾害监测预警、雷电灾害调查鉴定、防雷科普宣传、雷电防护技术研究和防雷安全监管技术支撑等。

第二节　防雷工程

1998年之前，国家规定的一、二、三类防雷建筑物、构筑物以及重点场所和设施的防雷工程主要由建筑部门管理的单位负责，设计、施工按国家有关技术规定统一进行。

从1999年3月开始，营口市防雷工程技术中心主要针对公安系统、金融证券系统、民用爆破储存点做防雷工程设计与施工。

自2000年《中华人民共和国气象法》颁布后，各地逐渐重视防雷减灾工作，防雷工程量大幅度增加，工程涉及领域包含公安、金融、电力、工商、教育、市政、保险等部门。

2003年5月，防雷工程设计与施工职责从市防雷工程技术中心剥离，成立营口华云雷电防护有限责任公司，并取得防雷工程设计和施工乙级资质。

随着市场规模的扩大，更多企业参与到防雷工程项目中来。由于体制和资金的限制，公司缺乏市场竞争力，2012年5月，营口市华云雷电防护有限责任公司注销。

第三节　防雷装置安全性能检测

1998年之前，主要由营口市劳动安全卫生检测站负责防雷检测技术服务。1999年起，营口市劳动安全卫生检测站和营口市防雷工程技术中心共同承担全市防雷检测技术服务。主要对重点部门和易燃、易爆设施的防静电接地和避雷装置进行安全检测。

2000年《气象法》颁布后，根据《气象法》第三十一条"各级气象主管机构应当加强对雷电灾害防御工作的组织管理，并会同有关部门指导对可能遭受雷击的建筑物、构筑物和其他设施安装的雷电灾害防护装置的检测工作"规定，经与劳动部门、技术监督部门等研究协商，2002年11月，营口市劳动安全卫生检测站所承担的防雷管理与检测工作移交给营口市防雷工程技术中心。

防雷检测的收费严格执行省物价局规定的标准。2009年11月1日之前，按照事业性标准收支两条线进行。2009年11月3日，辽宁省物价局下发《关于调整防雷装置安全性能检测收费等有关事项的通知》，规定从2009年11月1日起，防雷装置安全性能检测收费由行政事业性收费转为经营服务性收费管理。2012年6月25日，辽宁省物价局颁发新的防雷检测收费标准。

营口市防雷减灾中心严格按照法律法规规定，对工矿企业、通讯设施、易燃易爆、危化场所等重点部门进行防雷装置安全性能检测服务。定期对防雷检测业务人员进行培训，实行持证上岗。每年对检测设备进行维护和更新，组织业务人员学习国内先进的检测技术，提高检测水平，确保检测质量。

1999—2007年，防雷检测的常规检测场所数量共有1700多个。2008年，常规检测场所数量为1085个；2009年为996个；2010年为958个；2011年为463个；2012年为526个；2013年为616个；2014年为697个；2015年为798个；2016年为940个，2017年常规检测实行市场化，营口市防雷减灾中心不再承担此项工作。

第四节　雷击灾害风险评估

2013年4月3日，营口市防雷减灾中心取得雷击灾害风险评估资质，开始对营口地区的所有新建易燃易爆、危化场所开展雷击灾害风险评估。2013年开展雷击灾害风险评估的单位为30家，2014年为18

家。2015 年 5 月，中国气象局办公室下发《关于取消第一批行政审批中介服务事项的通知》，明确今后在开展防雷装置设计审核行政审批时，不要求申请人提供雷电灾害风险评估报告。营口市防雷减灾中心自此不再开展雷击风险评估工作。

第四篇

气象管理

第十七章　气象机构设置

营口最早的气象机构是 1880 年 2 月建立的牛庄（营口）海关测候所。1904 年，日本侵略者出于军事和经济侵略目的，指示日本中央气象台在营口设立第七临时观测所。中华人民共和国成立后，营口市气象部门在管理体制几经调整中不断发展壮大。

第一节　早期气象机构设置

1880 年（清光绪六年）至 1948 年，营口气象机构经历了清末海关、日本中央气象台、关东都督府、关东厅、伪满中央观象台、民国中央气象局等不同机构管制。当时隶属各管理机构的观测所或测候所，除民国中央气象局所辖台站外，主要都是为外国侵略者掠夺东北的矿藏、资源提供服务。

一、海关设立的测候所

1858 年 6 月 26 日，清政府被迫与英国签订了不平等的《天津条约》，增开牛庄、登州等十地为通商口岸。1861 年 5 月 24 日，英国首任驻牛庄领事托马斯．泰勒．密迪乐考察以后，以牛庄河道淤塞严重，不利于轮船通行为由，强行选定时称没沟营的营口代替牛庄开埠，成为东北第一个对外通商口岸。当时营口有两处海关，一个是清政府直接管理的山海钞关，另一个是 1864 年清政府在营口设立的山海新关。1880 年 2 月，山海钞关设立营口海关测候所，至 1932 年 5 月停止观测，前后经历半个多世纪。

二、日本殖民期间设立的气象台站

1. 日本中央气象台在东北设立气象观测所

1904 年日俄战争爆发后，日本政府为满足战争的需要，指示日本中央气象台在中国东北和朝鲜设立气象观测站点。8 月 5 日，日本中央气象台在营口鼋神庙街的三义庙设立第七临时观测所。

1906 年 9 月 1 日，日本中央气象台的战时临时观测所、观测支所移交关东都督府管辖，改称测候所、测候支所。

1908 年，日本政府发布第 273 号敕令，施行关东都督府观测所体制，大连测候所改称关东都督府观测所，营口、奉天测候所改称观测支所。

1919 年 4 月 12 日，日本撤销关东都督府，改称关东厅，营口观测支所随之改称关东厅观测所营口支所。

1934 年 12 月 26 日，关东厅观测所改称关东观测所。

1937 年 12 月 1 日，日本政府实行所谓的废除治外法权，将新京（长春）、四平街（四平）、奉天（沈阳）、营口等观测支所移交伪满中央观象台。

1945 年，日本投降后，关东观测所营口支所解体。

2. 日本"南满洲铁道株式会社"设观测所

1906 年，日本殖民者在大连设立"南满洲铁道株式会社"（简称"满铁"）。从 1913 年起，"满铁"相继在铁路沿线所属事务所、农事试作场等机构附设测候所。1913 年 4 月，始建于 1909 年的满铁熊岳城苗圃改称为"南满洲铁道株式会社产业试验场熊岳城分场"，同时设立观测所。南满洲铁道株式会社产业试验场熊岳城分场观测所是"满铁"在中国东北地区设立最早的农业气象观测所。1936 年，"满铁"所设观测所归伪满中央观象台管理。1945 年，日本投降后，停止气象观测。

　　3.**营口解放初期恢复的气象机构**

　　1948 年 2 月 26 日营口全境解放，1949 年 2 月 27 日，东北气象台派员来营口，在被日本人焚烧的原营口观测所的废墟上筹建营口气象台，行政隶属辽东省农业厅水利局建制，业务由东北气象台领导。1949 年 5 月 1 日，营口气象台正式命名为辽东省农业厅水利局营口气象台。

　　1949 年 4 月 1 日，辽东省熊岳农业试验场气象观测组成立。

第二节　1949 年后气象机构设置

　　1950 年 1 月 1 日，营口气象台行政业务划归东北军区司令部气象处管理，改称营口气象所（甲级）。

　　1951 年 1 月，按中央军委气象局台站等级标准，营口气象所定为乙种气象站。同年 7 月，营口气象所行政划归辽东军区气象科，业务归属东北军区气象处，由李贵学担任主任。同年 11 月，营口气象所由营口市武装部代管。

　　1952 年 1 月 1 日，辽东省熊岳气象站成立。

　　1953 年 9 月，按照政务院《关于各级气象机构转移建制领导关系的决定》，营口气象所由辽东军区划归辽东省人民政府财政经济委员会建制。1954 年 1 月，更名为辽东省财政经济委员会营口气象站。同年 4 月，更名为辽东省营口气象站。

　　1954 年 6 月，撤销辽东、辽西省，合并设立辽宁省。8 月，营口气象站建制变更为辽宁省人民政府气象处管理。10 月，辽宁省人民政府气象处改称辽宁省人民政府气象局，各市气象台、站归属辽宁省人民政府气象局领导。

　　1955 年 2 月，辽宁省人民政府气象局改称辽宁省气象局。同年 4 月，营口气象站更名为辽宁省营口气象站，同年 7 月，袁良赞任站主任，原站主任李贵学调出。

　　1956 年 10 月，张云龙任营口气象站站长，原站主任袁良赞调出。

　　1958 年 3 月，盖平县气候站成立。

　　1958 年 5 月 1 日，鞍山市气象台与营口气象站合并成立了辽宁省营口气象台（六级气象台），隶属于辽宁省气象局，王同连任营口气象台台长。

　　1959 年 1 月 8 日，根据国务院批准的辽宁省行政建制变更，省委农村工作部将营口气象台移交给营口市人民政府，归农林科领导。

　　1959 年 1 月，营口县气候站成立。

　　1959 年 3 月 5 日，营口市人民政府农林科撤销，改设营口市农林水利局。当时营口地区有 6 处气象台站，即营口市气象台、盘山气候站、盖平县气候站、营口县气候站、熊岳农业气象试验站、大洼农业气象试验站，均归属市农林水利局管理。市人委批准在农林水利局设气象科，负责全地区气象台站的测报、农气报表审核及台站管理工作，业务指导机关仍为辽宁省气象局。

　　1959 年 9 月 30 日，在四道沟、鲅鱼圈和盘山二界沟建立 3 个海洋水文气象站，分别为营口海洋水文气象站、盖平县海洋水文气象站、盘山二界沟海洋水文气象站，营口地区气象台站数由 6 个增加到 9 个。12 月，张云龙任营口市气象台副台长，主持工作，原台长王同连调至市农林水利局。

　　1960 年 4 月 1 日，营口市气象台更名为营口市气象服务台。

　　1962 年 1 月 20 日，成立营口市气象学会筹委会。5 月，王国廷由省气象局调入营口市气象服务台任台长。7 月，辽宁省气象局请示省人民委员会同意，营口地区撤销盘山二界沟海洋水文气象站。7 月 11 日，省人民委员会下发《关于市、县气象事业机构编制调整的批复》，营口地区气象台站、气象哨由 77 个，精简为 54 个。

　　1963 年 5 月起，全省各级气象台站隶属关系调整，改由辽宁省气象局管理。

　　1964 年 4 月 11 日，罗青林任市气象服务台台长，王国廷调至锦州工作。9 月 4 日，辽宁省人民委员会下发《关于改变市、专署气象台、中心站领导关系的通知》，要求市（专）气象台、中心站在管理体制不变的基础上，改由市人民委员会（专署）直接领导，作为市人民委员会（专署）直属单位。各市（专）气象台、中心站，作为一级管理机构，在省气象局和市人民委员会（专署）的领导下，管理本地各类气象站工作。各市（专）气象台、中心站的领导关系改变后，名称不变。11月，营口市人民委员会根据省人委精神，决定市气象台在体制不变的基础上由营口市人委直接领导，作为市人委的直属单位。各县气象站改由县人委和市气象服务台双重领导。12月21日，省气象局任命罗青林为市气象服务台测报管理科科长，免去其台长职务，任命张云龙为预报服务科副科长，免去其副台长职务，在正副台长未到职前，罗青林负责市气象服务台工作。

1965年5月，中央气象局和国家海洋局下发《关于移交海洋水文工作的联合通知》。11月，营口市气象服务台按照省气象局要求，将营口市、盖县两处海洋水文气象站移交给国家海洋局北海分局。

1965年10月19日，成立营口市气象服务台政治处。

1966年1月14日，省气象局任命罗青林为市气象服务台政治处副主任，刘景泉为市气象服务台副台长。

1968年9月29日，成立营口市气象服务台革委会，隶属营口市革委会农业组建制，业务指导机关仍为辽宁省气象局。刘锡德任革委会主任，张东元任革委会副主任。

1970年2月，经盖县革命委员会常委会研究决定，将盖县气象服务站和熊岳农业气象试验站合并为盖县熊岳气象站。同年8月，盖县气象服务站重新筹建。

1971年2月17日，按照辽宁省革命委员会文件（辽革发〔1971〕20号）精神，各级气象部门除建制仍属各级革委会外，其领导关系实行由省军区、市军分区、县武装部和各级革委会双重领导，并以军事部门为主的管理体制。营口市气象服务台进驻军代表。

1971年6月1日，营口市革委会、军分区决定撤销市气象服务台革委会，改称辽宁省营口市气象台。下设政工科、气象科、办公室三个科室。于选之任台长。

1973年7月22日，陈文富任辽宁省营口市气象台党支部副书记、副台长。

1973年9月，营口市革委会、军分区做出关于气象体制调整的决定，市县（区）气象台（站）仍划归市、县（区）革委会领导；市气象台归营口市革委会农业组领导，编制暂不变动，军队干部撤出。

1975年1月，营口市气象台成立地震预报组。

1975年11月，盘锦地区和营口市合并为营口市，成立营口市气象局，盘锦地区气象台并入营口市气象局。市气象局与市气象台一套机构两个名称，隶属市政府领导。于选之任局长，李祖成任副局长。

1976年10月4日，营口市编制委员会批复，成立营口市郊区气象站，负责气象观测、收集资料、为农业生产服务，人员经费由事业费开支。

1977年5月24日，营口市编制委员会批复，同意市气象局增设农业气象科，原气象科改为台站管理科。

1978年4月8日，营口市委任命张文守为市气象局党组副书记、副局长。

1978年9月5日，经营口市科协与市气象局研究决定，成立营口市气象学会。

1979年7月，熊岳农业气象试验站分为2个单位，分别为营口市农业气象科学研究所和营口市熊岳气象站。7月21日，营口市编制委员会批复，同意市气象局农业气象科改为科技科。9月5日，营口市委任命张云龙为市气象局党组成员、副局长。

1980年1月25日，营口市委决定张文守调任新的工作，免去其市气象局党组副书记、副局长职务。6月26日，市委决定王宇任市气象局党组成员、副局长。

第三节　1980年后气象机构设置

1980年7月19日，辽宁省人民政府根据国务院批转《关于改革气象部门管理体制的请示报告》文件精神，下发《关于改革气象部门管理体制的通知》，全省气象部门进行管理体制改革。营口市气象局开始实行辽宁省气象局和营口市政府双重领导、以省气象局领导为主的管理体制。9月5—9日，辽宁省气象局接收工作组来营口完成了市级和所属县级气象部门接收工作，明确了人、财、物的归属。10月，明确机关党组织归当地政府机关党委领导。

1981年3月18日，辽宁省气象局批复同意撤销营口市郊区气象站，该站原担负的气象服务工作由营口市气象台承担。4月6日，营口市气象局党组决定从4月1日起，营口市农业气象科研所和营口市熊岳气象站编制分离，科研所、气象站各10名编制。5月19日，营口市人民政府决定将市气象局列为市政府办事机构。

1983年7月13日，辽宁省人民政府办公厅下发《关于市（地）县（区）气象机构名称、任务等问题的通知》。10月30日，经市科协批准，营口市气象学会成立"营口市气象科技咨询服务分公司"。11月16—23日，省气象局党组、营口市委对市气象台领导班子进行调整。王宇任营口市气象台台长，张云龙任副台长，陈文富任督导员（局级）。

1984年2月23日，营口市气象局宣布营口市农业气象科研所和熊岳气象站合并为营口市农业气象试验站。5月9日，市委同意市气象局党组由王宇、张云龙、陈文富3人组成，王宇任党组书记。

1986年，营口市气象局设4个科室：办公室、业务科、天气科、通信科。

1987年7月8日，成立营口市气象局党组纪检组，王宇兼党组纪检组组长。9月15日，辽宁省气象局同意营口市气象局设立气象服务科。10月13日，根据市政府机关工会的要求，经市气象局党组研究决定，成立营口市气象局工会，石廷芳任工会主席。年末，成立营口市气象科技咨询服务部，副局长张云龙兼任主任。

1988年3月4日，营口市气象局下发《关于营口、盘锦地区所辖气象站机构设置的通知》，县级气象机构实行局站合一的管理体制。

1990年6月，营口市气象局增设行政管理科和科技开发科。12月8日，盘锦市气象局成立，原所辖盘山、大洼两县气象站划归盘锦市气象局管理。至此，营口市气象局所辖气象站由原来的5个变为3个，即营口县气象站、盖县气象站、熊岳气象站。

1992年2月，营口市气象局增设人事政工科、综合经营办和测报科，撤销行政管理科。9月，成立营口市老边区气象服务中心（副科级），该中心设在营口市气象局。

1993年2月，营口市气象局通讯科改为装备科。

1994年2月23日，营口市政府第16次常务会议决定建立营口海洋气象台，人员由市气象局自行调剂，经费由市财政支持。8月14日，省气象局党组任命王宇为营口市气象局局长，王先赢、才荣辉为副局长，王宇为党组书记，才荣辉、李静为党组成员。11月29日，经中国气象局批准，成立营口海洋气象台，与营口市气象局一套机构。台长由王宇兼任，副台长由王先赢、才荣辉兼任。

1995年3月15日，营口市气象局成立海洋气象科，科技开发科改称计算机运行科。

1996年12月，根据省气象局《关于印发辽宁省市、县气象部门机构编制方案的通知》，营口市气象局机构设置为办公室、人事政工科（含纪检）、业务科、气象台（规格为市属副局级）、装备中心、气象科技服务中心。

1997年1月20日，营口市气象局新一届领导班子产生，局长为才荣辉，副局长为王先赢，局长助理为李明香。局党组由3人组成：才荣辉为党组书记，李静、李明香为党组成员。李静为党组纪检组组长。2月，市气象局按照省气象局制定的机构编制方案实施改革，省气象局批复营口市气象局机构设置由原11个科室精简为6个，即办公室、人事政工科、业务科、气象台（含海洋气象科、老边农业气象服务中心）、气象科技服务中心、装备中心。2月，中国气象局批准《辽宁省气象局机构编制方案》，重申市气象局为正处级建制。

1998年7月15日，营口市机构编制委员会办公室印发《关于成立营口市防雷工程技术中心的批复》同意成立营口市防雷工程技术中心，隶属于营口市气象局，为地方管理的科级事业单位，经费自收自支。

1999年7月14日，李明香任营口市气象局副局长。

2001年4月5日，营口市气象局成立决策气象服务中心。7月4日，经省气象局党组研究并征得营口市委同意，决定才荣辉任市气象局局长、党组书记；王先赢任市气象局副局长；李明香任市气象局副局长、党组成员；李静任市气象局党组成员、党组纪检组组长。

2001年12月，全省气象部门推进机构改革，经省气象局审核批准，营口市气象局内设办公室、业务科技科（政策法规科）、人事政工科，营口市气象局直属事业单位设营口市气象台（营口海洋气象台）、营口市气象观测站、营口市气象科技服务中心、营口市气象庆典服务中心、营口市防雷工程技术中心（地方编制），均为正科级建制。

2005年7月，营口市气象局成立计划财务科、监察审计科。

2006年5月8日，辽宁省气象局印发《关于印发营口市国家气象系统机构编制调整方案的通知》，核定营口市气象局机构规格为正处级，内设办公室（计划财务科）、业务科技科（政策法规科）、人事政工科（监察审计科）3个职能科（室）。撤销营口市气象庆典中心，成立营口市生态与农业气象中心、营口市雷达与网络保障中心。调整后的直属事业单位共5个：营口市气象台（营口海洋气象台、营口市气象观测站）、营口市生态与农业气象中心（营口市人工影响天气办公室）、营口市雷达与网络保障中心、营口市气象科技服务中心、营口市防雷工程技术中心（地方政府批准成立）。直属事业单位的机构规格与市气象局内设机构相同。设大石桥市气象局（站）、盖州市气象局（站）、营口经济技术开发区气象局（站）3个县级气象局（站），机构规格为正科级。

2007年3月27日，省气象局下发《关于成立市气象局财务核算中心的通知》，规定核算中心人员编制3～5名，其中领导职数1名。营口市气象局成立财务核算中心，对市气象局、所属县级气象局（站）、企业实体（包括市气象局、所属县级气象局所办企业）进行会计核算，实行会计监督，负责管理上述单位的全部资金，实行"集中管理、分账户核算"。至此，营口市气象局直属事业单位增至6个。

2011年5月13日，辽宁省气象局党组任命李明香为营口市气象局党组书记、局长。9月19日，辽宁省气象局党组任命李学军、梁曙光为营口市气象局党组成员、副局长。11月，营口市机构编制管理委员会办公室下发《关于对市防雷工程技术中心机构编制清理规范的批复》，同意原营口市防雷工程技术中心更名为"营口市防雷减灾中心"，为市气象局所属的正科级事业单位，人员编制和经费渠道不变。

2012年1月，根据辽宁省气象局《关于营口市气象科技服务中心更名为营口市气象服务中心的批复》，营口市气象科技服务中心更名为营口市气象服务中心。7月4日，省气象局印发《关于营口市气象观测站挂靠到营口市气象雷达与网络保障中心的批复》，同意原挂靠在营口市气象台的市气象观测站挂靠到营口市气象雷达与网络保障中心。10月，营口市机构编制管理委员会下发《关于成立营口市人工影响天气管理中心的通知》，同意成立营口市人工影响天气管理办公室，为市气象局代管的地方编制事业单位，科级规格。所需人员经费由市财政列支。12月，中国气象局印发《关于辽宁省气象局所属事业单位清理规范意见的批复》，设置营口天气雷达站，列独立设置的县级气象机构。

2017年2月，经市气象局与市编办等部门沟通协调，按照省政府文件精神和营口市防雷减灾中心承担的职责，将其划归为地方编制的公益事业单位。8月4日，营口市编委下发《关于调整市防雷减灾中心经费渠道的批复》，同意将营口市防雷减灾中心经费渠道由自收自支调整为市财政全额拨款。同年9月，鲅鱼圈区机构编制委员会印发《关于防雷减灾技术中心机构编制事项调整的通知》，同意将防雷减灾技术中心职能及人员划转至人工影响天气工作站。

2018年7月，鲅鱼圈区委办印发《区直公益性事业单位优化整合方案》，将营口经济技术开发区气象局人工影响天气机构（防雷）编制划归鲅鱼圈区城乡建设和公用事业中心。

1949—2018年，营口市气象机构名称及主要负责人变更情况详见表17-1。

表 17-1　1949—2018 年营口市气象机构名称及主要负责人变更情况

机构名称	负责人	职　务	任职时间
营口气象台	常树翰	负责人	1949.05—1950.01
营口气象所	常树翰	负责人	1950.01—1951.07
	李贵学	主任	1951.07—1954.01
营口气象站	李贵学	主任	1954.01—1955.07
	袁良赞	主任	1955.07—1956.10
	张云龙	站长	1956.10—1958.05
营口市气象台	王同连	台长	1958.05—1959.12
	张云龙	副台长（主持工作）	1959.12—1960.04
营口市气象服务台	张云龙	副台长（主持工作）	1960.04—1962.05
	王国廷	台长	1962.05—1964.04
	罗青林	台长	1964.04—1964.12
	罗青林	负责人	1964.12—1966.01
	刘景泉	副台长（主持工作）	1966.01—1968.09
营口市气象服务台革委会	刘锡德	主任	1968.09—1971.06
营口市气象台	于选之	台长	1971.06—1975.11
营口市气象局（营口市气象台）	于选之	局长	1975.11—1979.09
	张文守	副局长（主持工作）	1979.09—1980.03
	陈文富	副局长（主持工作）	1980.03—1980.06
	陈文富	局长	1980.06—1981.05
营口市气象局	陈文富	局长	1981.05—1983.11
	王　宇	局长	1984.05—1996.12
	才荣辉	局长	1996.12—2011.05
	李明香	局长	2011.05—

第十八章　气象业务管理

气象业务管理是气象事业发展的重要保障。营口市各级气象部门十分重视业务管理，在大气探测、天气预报、农业气象、技术保障、器材供应等方面，运用科学管理方法，确保不同时期气象工作的目标、任务顺利完成，使气象事业持续、稳定、快速发展。

第一节　台站管理

气象台站是气象部门基层业务单位，自 1959 年组建市级气象机构以来，营口市气象部门十分重视台站管理，建立和完善科学管理体系，使台站气象现代化建设稳步推进。

一、业务管理机构设置

1959 年 1 月 8 日，根据国务院批准辽宁省行政建制变更，省委农村工作部将营口市气象台移交给营口市人民政府，先后归市政府农林科、市农林水利局气象科领导，其主要职能是负责营口市气象台、营口县气候站、盘山县气候站、盖平县气候站、熊岳农业气象试验站、大洼农业气象试验站 6 个气象台站的测报、农气、报表审核及台站管理等工作。

1964—1970 年，由于管理体制变更，营口市所辖县级气象站的业务由省气象局台站处管理。

1971 年 6 月 1 日，营口市气象台设气象科，负责管理各项业务工作。

1977 年 5 月 24 日，营口市气象局增设农业气象科，原气象科改为台站管理科，负责全地区气象台站的业务管理工作。

1979 年 7 月 21 日，营口市气象局农业气象科改为科技科，主要负责气象科研、技术人员培训、气象学会的日常业务、农业气象、气候资料的整编和管理工作。

1980 年 9 月 10 日，营口市气象局台站管理科改为业务科，负责管理全地区气象业务。

2001 年 12 月，辽宁省气象局调整市气象局内设机构设置，将业务科改为业务科技科（政策法规科），主要负责营口地区测报、预报、农业气象、科研、学会、档案、法规等方面的管理工作。

二、气象台站分级分类管理

气象台站分级分类管理，是国家对气象台站网管理的重要原则。营口自组建市级气象机构以来，对所属气象台站始终按照其不同类型，实行分级分类管理。

1959 年 1 月，营口市成立气象管理机构后，所属 6 个气象台站中，营口气象站为国家基本气象站；营口县气候站、盘山县气候站、盖平县气候站为国家一般气象站；熊岳农业气象试验站、大洼农业气象试验站为主要承担农业气象观测和服务的农业气象试验站。7 月 15 日，营口市人委将各县气象（候）站下放给各县农林局领导，其中熊岳农业气象试验站归辽宁省果树科学研究所领导，大洼农业气象试验站归辽宁省盐碱地利用研究所领导，明确市气象台对各县气象（候）站为业务指导关系。9 月 30 日，分别在四道沟、鲅鱼圈和盘山二界沟建立 3 个海洋水文气象站，营口地区气象台站数由 6 个增加至 9 个。同时，作为气象台站的补充，乡村一级气象哨也逐步建立。营口市气象台对所属台站主要按国家基本气象站、国家一般气象站、农业气象试验站、海洋水文气象站、气象哨等 5 种类型进行管理。

1962—1965 年，随着海洋水文气象站移交给国家海洋部门，营口地区气象台站数量减少至 6 个，台站类型也变为 4 种，即国家基本气象站、国家一般气象站、农业气象试验站、气象哨。

1966年，盘山县气候服务站、大洼气候服务站划归盘锦垦区管辖，营口地区气象台站数量减少至4个，台站类型仍为4种。

1975年11月，盘锦地区气象台并入营口市气象局，盘山、大洼气象站归属营口市气象局，营口地区气象台站数量增加至6个，台站类型仍为4种。

1980年之后，由于气象探测水平的提高以及气象通讯技术的发展，乡村气象哨失去原有作用逐渐撤销，台站类型变为3种，即国家基本气象站、国家一般气象站、农业气象试验站。

1990年12月8日，盘锦市气象局成立，盘山县气象站、大洼县气象站划归盘锦市气象局管理。营口地区气象台站数量减少至4个，台站类型仍为3种。

1998年1月，营口市农业气象试验站更名为营口市熊岳气象站。全地区按照2种台站类型进行管理，营口气象站和熊岳气象站为国家基本气象站，盖州市气象站和大石桥市气象站为国家一般气象站。

2007年1月1日（北京时2006年12月31日20时）起，按照省气象局《关于地面气象观测业务切换有关事宜的通知》（辽气发〔2006〕161号），辽宁省62个国家级自动气象站全部按照"三站"要求实施业务切换。营口国家基本气象站和熊岳国家基本气象站调整为国家气象观测站一级站，盖州国家一般气象站和大石桥国家一般气象站调整为国家气象观测站二级站。

2009年1月1日（北京时间2008年12月31日20时）起，根据省气象局《转发中国气象局关于全国地面气象观测站业务运行有关工作的通知》（辽气发〔2008〕157号），营口市4个国家气象观测站按照2种台站类型重新命名：营口国家基本气象站、熊岳国家基本气象站、盖州国家一般气象站、大石桥国家一般气象站。

20世纪90年代初期，计算机技术开始进入业务领域，台站业务管理内容、方式发生了变化，原来单一的业务管理发展为全方位的综合管理，这段时期台站数量和类型变化不大。1999年10月，具有遥测、存储和传输功能的DYYZ-Ⅱ型自动气象站率先在营口国家基本气象站布设。

进入21世纪，随着《中华人民共和国气象法》的颁布实施，气象业务改革不断深入，业务技术也取得长足进步。1999—2002年底，全地区4个国家气象站陆续建成DYYZ-Ⅱ型自动气象站。2005年，营口地区开始建设区域自动气象站网，至2018年，区域自动气象站达到73个。2013—2015年，营口地区4个国家气象站全部建成智能化的新型自动气象站，实现了自动气象站"一主一备"的运行模式。

截至2018年，营口地区气象观测站网由最初的4个国家气象站发展成为由国家气象站、区域气象站、海上气象站、车载移动气象站、交通气象站、农业气象站、天气雷达站等多种类气象站所组成的全天候、自动化、多要素、立体式的综合气象观测站网。同时，4个国家气象站业务范围不断扩大，增加紫外线监测、雷电监测、生态观测、大气成分气溶胶观测、大气降尘观测、酸雨观测等特种观测项目，气象业务管理也逐渐走向科学化、信息化、一体化。

三、目标管理

自20世纪80年代以来，按照辽宁省气象局的有关规定，营口市气象局坚持用科学、系统的管理手段实施对台站的目标管理。

1981年，省气象局实施《气象台业务工作检查评比办法》，开始对市级气象台进行业务检查。1982年9月，营口市气象局印发《营口地区气象工作年终检查评比办法》，每年10月对全地区气象站进行业务检查评比，检查内容为站务管理、测报、预报和农业气象4个方面，每一项为100分。

1986年1月1日，营口市气象局印发《依职按责评分目标管理办法（试行）》和《县站目标管理检查评定办法（试行）》，明确各项奖励等级的评分标准和范围，开始对市气象局各科室和县级气象部门进行目标管理。目标管理分精神文明建设、管理、工作任务与质量3个部分，各部分权重分别为30分、20分、50分，突出工作任务和质量在目标管理中的重要性，评比获得各项奖励和荣誉的记入个人荣誉册。同年7月，对上述目标管理办法进行了修订，主要增加扣分项目，使目标管理更加公平合理。

1987年1月5日，营口市气象局印发《科组依职按责评分目标管理办法》和《营口地区气象站目标管理百分制检查评比办法》，将目标管理范围扩大到全局各科、组和气象站，目标管理方式和方法进一步完善。

1989年4月30日，营口市气象局印发《关于执行新的目标管理办法的通知》，对部分考核内容和考核方法进行调整和优化。

20世纪90年代，营口市气象局每年派出人员深入基层，检查落实目标管理运行情况，年底集中进行业务检查和评比，使目标管理办法不断优化和完善。

进入21世纪，目标管理方法在量化的同时，突出综合一体性，在业务为重点的前提下，突出领导班子建设和精神文明建设。台站业务调整后，目标管理根据业务的发展和各项工作的推进，每年年初修改前一年目标管理指标，制定新一年各项工作目标，进行考核和管理，年终目标评定结果逐渐成为评价气象工作绩效的重要依据。

2003年4月，营口市气象局制定《2003年各市（县）局、站主要工作目标、评分标准及考核办法》，主要任务和评分标准包含基础业务工作、气象服务和现代化建设、气象科技服务与产业、依法行政、办公管理、计划财务、人事和教育、党建工作、创新工作等9个方面，成立了目标管理工作领导小组，制定考核及奖励办法。

2004年，营口市气象局按科室和部门制定目标管理任务，年终对各部门目标工作完成情况进行考核和奖励。

2006年，省气象局印发《2006年市气象局目标管理实施办法》（辽气发〔2006〕42号），统一省、市气象局目标管理的内容、标准和方法，市气象局不再单独制定标准。按照省气象局年初制定的目标任务考核内容，各市气象局进行自查评分，省气象局内设机构对各市气象局的自查结果逐项进行审核，并组织人员对部分被考核单位的目标工作完成情况进行实地抽查，目标管理的综合考核结果作为省气象局评价各单位工作业绩、表彰先进的重要依据，并对优秀达标和达标单位领导班子进行奖励。

至2018年末，营口市气象局始终坚持执行全省统一的目标管理体系，并落实相应的配套制度和奖励办法，使目标管理操作性更强、量化指标更科学、覆盖更全面。

四、绩效考核

营口市气象局在执行省气象局目标管理的同时，自20世纪90年代开始还参加市政府的目标责任考核和绩效考核。1993年3月，营口市气象局被授予"1992年度目标管理岗位责任制先进单位"称号；1994年4月，营口市气象局被授予"营口市政府机关1993年度目标管理岗位责任制先进单位"称号；1995年3月，营口市气象局荣获"市政府1994年度目标管理岗位责任制优胜单位"称号。

随着营口市绩效考核的优化和完善，以及气象服务领域的不断拓展，营口市气象局参加市政府绩效考核的内容也不断丰富。

2008年，营口市气象局绩效考核内容就已涵盖"地面测报质量、农业气象测报质量、常规观测资料传输质量、国际交换气象信息传输质量、24小时晴雨预报质量、重大灾害性天气预报质量、农业气象产量预报质量、生活气象服务产品数量、决策气象服务、公众气象服务、科技专项气象服务、气象依法行政、营口市农村气象灾害监测预警工程项目"等13项内容。

2016年，营口市成立市绩效考核办公室，营口市气象局将气象预警大喇叭上线率工作、人工影响天气工作、营口新一代天气雷达建设工作列入2016年度营口市政府对各市（县）区、园区政府绩效考核内容。

2018年，营口市气象局将气象预报准确率、防雷安全管理、灾害性天气气象预警信号准确率、推进突发事件预警信息发布系统应用、重大气象灾害气象服务、重大活动气象服务、生态环境气象服务、公众气象服务、旅游气象服务、政务公开等工作纳入营口市政府绩效考核。

第二节　地面测报管理

地面测报工作作为气象业务工作的基础，自 1959 年组建市级气象管理机构以来，一直是各项业务管理工作的重点。营口市气象局严格按照国家规定的气象测报业务管理规定开展各项工作，监督观测规范、规章制度、技术规定、质量考核等规定的执行情况，组织开展测报业务检查，开展业务技能竞赛和各类业务学习、业务培训，对各地面气象观测站实施技术指导和技术检查，推广先进经验和先进技术，总结报告测报业务工作等，不断提高地面气象观测数据质量和传输质量。

一、目标管理

营口市气象部门在测报业务管理中始终将提高气象测报质量放在第一位。20 世纪 50 年代后期到 70 年代，营口市气象台以组织各台站开展"社会主义劳动竞赛"的方式进行测报工作年度评比。

20 世纪 80 年代开始，逐渐开展"气象业务检查评比"和"质量考核"，同时积极开展技术表演赛等活动。进入 21 世纪，省气象局和营口市气象局每年都组织测报业务质量检查，组织实施"国家级优秀测报员"和"辽宁省优秀测报员"的质量验收工作。营口市气象局制定各类规章制度和管理办法，根据业务发展的需要每年进行修订和完善，激励观测人员钻研业务知识，提高业务质量。

20 世纪 90 年代，新技术、新方法不断应用到地面观测工作中，与之相适应的地面观测目标管理内容和方法也不断补充和完善。进入 21 世纪，随着自动观测技术和计算机技术在业务领域的广泛应用，逐渐将计算机管理和维护、自动站设备维护维修纳入测报工作的目标管理中。

2011 年 3 月 25 日，营口市气象局印发《营口地区测报业务奖励办法》，开展全地区优秀观测员、优秀测报站组、优秀测报站组长、优秀预审员、年度报表制作无错情人员评选和奖励工作，同时对在国家级、省级气象部门组织的测报竞赛、评优工作中获奖的人员进行匹配奖励。同年 4 月，营口市气象局印发《关于切实加强测报业务管理，提高测报业务技能的实施意见》，规定每年定期组织地面观测业务基础知识考试和竞赛，组织开展季度质量互审和经验技术交流，坚持业务学习，定期召开质量分析会，安排管理人员深入台站进行业务检查，建立业务质量和考核情况通报制度，实行测报业务奖励和处罚制度，测报业务目标管理得到不断提高和强化。

2012 年 4 月，营口市气象局组织修订《营口地区测报业务奖励办法》。2014 年 2 月 19 日，营口市气象局印发再次修订后的《营口地区测报业务奖励办法》。

2015 年，按照中国气象局有关要求，辽宁省气象部门不再开展省市级优秀测报员评选和奖励工作，《营口地区测报业务奖励办法》废止。

二、开展"百班无错情""250 班无错情"活动

1978 年，中央气象局和省气象局部署开展"百班无错情""250 班无错情"活动。"百班无错情"即连续值 100 个班次没有错情，"250 班无错情"即连续值 250 个班次没有错情。从 1979 年开始，营口市气象局在全地区掀起争创"百班无错情"活动，要求从争创 50 班连续无错情活动做起，对获得"50 班连续无错情"和"百班无错情"的观测人员给予奖励。1980 年，省气象局下发《辽宁省地面气象个人连续百班无错情验收办法》，明确百班连续无错情由省气象局负责组织验收，250 班连续无错情由中央气象局负责组织验收，并颁发证书，发放奖金。后来，中国气象局将"百班无错情"称为省级质量优秀测报员，"250 班无错情"称为国家级质量优秀测报员。

2013—2015 年，全省新型自动气象站陆续投入业务运行，地面观测业务不断改革和调整，观测时次减少，工作基数也随之减少，原有的国家级和省级优秀测报员评选办法已不再适用，2014 年中国气象局予以取消。

1998—2013 年，营口地区共有 14 人次获得"国家级优秀测报员"，287 人次获得"辽宁省优秀测报员"，详见表 18-1。

表18-1　1998—2013年获国家及省质量优秀测报员名单

单位：次/年

单位	姓名	1998国家	1998省级	1999国家	1999省级	2000国家	2000省级	2001国家	2001省级	2002国家	2002省级	2003国家	2003省级	2004国家	2004省级	2005国家	2005省级	2006国家	2006省级	2007国家	2007省级	2008国家	2008省级	2009国家	2009省级	2010国家	2010省级	2011国家	2011省级	2012国家	2012省级	2013国家	2013省级	备注
营口	王天民												1								2		1		2		1							
	杨晓波		1			1	2						3	1	2		1				2		2	1	1									
	付　丽												2		2		1		1		2		1	1	3		2		2				1	
	于秀丽	1	2				1				1	1	4		2		1		1		2		1		2		1		2	1			1	
	王　蕾		1										3		1	1			1		3		1		2				1			1	2	
营口	白福宇												2	1	2		1		1		2		2		3		1		3					
	颜亭亭																												1		1		1	
	孙永联												1		2		1		1		1		1	1	3		2	1	2				1	
大石桥	王铁华		1						2		1		1				1		1		1		1		1		1		1		1	1		
	张万娟								2		1								1		1				1						1	1	2	
	王丽霞		1						1				1		2				1		2		1				1				1			
	张丽娟		1						2												2													
大石桥	姚　文																		1			1			1									
	刘靖婧																																2	
	张　全														1				1						1						1		1	
	王　晨		1			1									1		1		1				1				1				1		1	
	田伟忠		1			1											1										1				1		1	
盖州	曲　平						1						1		1								1											
	于　双						1								1		1		1						2				1					
	谭桂丽						1												1															
	李　丹						1																											农
	张　波												1		1		1		1						2		1							
	祈　旭																		2															
	郝　强																								1		1		2					

续表

单位	姓名	1998国家	1998省级	1999国家	1999省级	2000国家	2000省级	2001国家	2001省级	2002国家	2002省级	2003国家	2003省级	2004国家	2004省级	2005国家	2005省级	2006国家	2006省级	2007国家	2007省级	2008国家	2008省级	2009国家	2009省级	2010国家	2010省级	2011国家	2011省级	2012国家	2012省级	2013国家	2013省级	备注
盖州	刘长顺																								1									
	张秀艳																												1		1		1	
	迟爱琳																												2					
	杜志国																														1		1	
	王君曼																																1	
熊岳	赵素香		1								1				1		1		1		2		2		2		2		2		3		2	
	陈杰		1				1				2		2		2		1		1															
	杨志明														1		1																	
	董飞		1				1				1				1																			农
	杜庆元		1										1		1																			农
	朱红										1				2				1		1		2		2		2		2		3		2	
	李丽														2		1				1				2		2		2		2		2	
	宋文锦																								2		2		2		3		2	
	姜仕东																								1									
	孙美莲																								1		1							
	张宪东																								1		1		1					
	王家乙																														3		2	
	王滢																														1		1	农

注：备注栏中"农"为农业气象观测。

三、测报检查评比与技术竞赛

测报工作一直是业务管理的重点，营口市气象部门坚持开展业务质量检查和评比，举办业务技术和技能竞赛，提高地面测报工作质量。

1. 检查评比

1959年12月3日，辽宁省气象局下发《关于执行观测员新评分办法的通知》（〔59〕辽气台字第68号），根据中央气象局1956年颁发的观测员评分办法制定了观测员新的测报工作评分办法。

1962年4月28日，营口市农林水利局气象科转发省农林水利厅《关于执行气象台站观测员测报工作评分（暂行）办法的通知》（〔62〕辽气农研字017号），开始从"观测工作质量评定、发报工作质量评定、报表工作质量评定"3个方面对测报工作进行检查和评比，评比实行百分制，3个部分分别占40分、30分和30分。

1977年3月，营口市气象局印发《测报质量检查暂行办法》（营气字〔77〕第4号），从对测报工作的认识、态度，各定时观测时次工作内容、各类气象电报和报表、规范制度执行情况、仪器使用维护等方面进行检查和评比。

1978年7月22日，营口市气象局印发《关于试行测报质量评比奖励办法的通知》（营气字〔78〕第7号），明确从"思想进步、质量较高、关心集体、团结互助、作风正派"5个方面对测报工作进行评比。

1982年9月，市气象局在完善以往测报检查评比制度的基础上，制定了新的测报业务检查评比办法。

1985年6月14日，营口市气象局印发（关于下发《各项业务质量考核评分办法》的通知）（营气发〔1985〕11号），初步建立起测报、预报等工作质量考核评分制度和办法。

20世纪90年代以后，随着计算机、通信网络和自动气象站在测报领域的广泛应用，地面测报业务考核评比办法和规章制度的内容也不断更新和调整，逐步增加计算机以及自动气象站的维护等内容。为提高测报质量，营口市气象局通过开展汛前工作检查、汛期后工作总结、地面测报资料交叉互审、地区业务集中培训、邀请行业专家传授经验等形式，达到全地区测报人员互帮互学、共同提高的目的。

2. 测报竞赛

1955年5月9日，在辽宁省第一届气象工作会议上，营口气象站被评为"1955年第一季度质量竞赛优秀站"，并获得锦旗一面。

1978年9月1日，营口地区举办首届测报技术竞赛，竞赛共有10人参加，分"测报技术、仪器维修、气象电报、报表"4部分内容，营口县气象站尹望获得第一名，熊岳气象站张志礼、市气象局观测组孙育才分获第二、第三名，市气象局观测组张恒延获得气象电报单项第一名。

1979年6月中旬，营口地区举办第二届测报技术竞赛，竞赛分"编制气象报表、测报知识笔试、气象电报、仪器维修"4个部分，营口县气象站尹望再次获得第一名，市气象局观测站张恒延、大洼县气象站游子元分获第二、第三名。

进入21世纪，提高观测业务人员的业务水平和业务技能成为观测工作的重中之重。为全面提高全地区观测人员整体水平，营口市气象局紧紧围绕气象现代化建设和观测业务改革调整内容，定期举办全地区地面气象观测业务知识考试和业务技能竞赛。比赛内容包括综合业务理论、监测预警服务、装备技术保障、观测数据处理等部分。此外，市气象局还通过业务竞赛的形式，组织选拔骨干观测员参加辽宁省气象局举办的各类测报业务技能竞赛。2012年，参加辽宁省气象部门地面测报职业技能竞赛，市气象局取得团体总分第五名的成绩；2014年，参加辽宁省气象部门县级综合气象业务职业技能竞赛，市气象局获得团体二等奖，大石桥市气象局张全获得个人全能三等奖；2018年，参加辽宁省气象部门县级综合气象业务技能竞赛，市气象局获得团体三等奖。

第三节　天气预报管理

天气预报管理是业务管理的重要内容。营口市气象部门始终把天气预报管理紧紧抓在手上，采取一系列有力措施，提高天气预报业务管理实效，促进天气预报业务不断发展，更好地适应面向经济、面向社会、面向民生开展高质量、高水平气象服务的需求。

一、预报质量管理

天气预报始终以提高预报准确率为目标实施管理。20 世纪 70 年代之前，尽管采取多种管理措施，由于缺乏先进的设备、技术和方法，预报准确率一直没有大的提高。

20 世纪 70—80 年代，营口市气象台在年终总结中通报各站季度和全年预报质量。1978 年 5 月 5 日，市气象台制定《营口地区预报质量社会主义劳动竞赛评比方案》，从"学政治、学文化、学专业技术，看谁报的准、看谁服务效果好、看谁对国家贡献大"等几个方面对地区预报工作进行考核和评比。同年 7 月 24 日，对方案进行补充和完善，形成营口地区最早的预报质量评定管理办法。

1981 年，省气象局实施《气象台业务工作检查评比办法》（试行），天气预报质量第一次作为省级统一业务考评内容。1982—1986 年，营口市气象局印发《营口地区气象工作年终检查评比办法》《各项业务质量考核评分办法》《依职按责评分目标管理办法（试行）》和《县站目标管理检查评定办法（试行）》，完善和细化了预报业务检查和评比办法，并对检查结果和预报质量进行通报，将预报质量和预报服务定量化纳入目标管理体系，突出预报业务质量在日常业务工作中的重要作用。

1990 年，营口市气象台在执行国家气象局《重要天气预报质量评定办法（试行）（第一次修订）》过程中，首次尝试将"技巧水平"作为天气预报质量评定的相关评分项目，并在以后的预报质量评定中不断根据省气象局规定修订，努力提高预报质量评定办法的针对性和实效性。

1996 年 3 月 11 日，营口市气象局制定并下发《营口地区县站优秀预报员奖励办法》，开展县级优秀预报员评选活动，要求预报员一般性降水预报准确率 $TS \geqslant 70\%$，暴雨（雪）预报准确率 $TS \geqslant 50\%$。同年 8 月 13 日，营口市气象局制定并下发《营口市优秀值班预报员评奖办法》，要求短期、专业预报一般性降水预报准确率 $TS \geqslant 70\%$，暴雨（雪）预报准确率 $TS \geqslant 50\%$；中期一般性降水预报准确率 $TS \geqslant 60\%$，暴雨（雪）预报准确率 $TS \geqslant 40\%$；短期气候预测年内月降水量和平均气温 TS 平均值 $\geqslant 70\%$，单项 TS 值不低于 50%。

2010 年 5 月 17 日，营口市气象局印发修订后的《营口市气象局优秀值班预报员评选及奖励办法》《营口市气象局市（县）、区优秀值班预报员评选及奖励办法》。在随后的几年内，为使优秀值班预报员评选和奖励更加公正、公平、合理，每年根据业务变化进行修订完善。2010 年 8 月，营口市气象局开始执行省气象局下发的《辽宁省气象部门中短期天气预报质量检验办法》，对气象要素预报（降水预报、温度预报）、降水等值线预报、灾害性天气落区预报进行质量检验。降水预报对降水分级和累加降水量级进行 TS 评分、技巧评分、漏报率、空报率等检验。温度预报对最高、最低气温进行 ≤ 2℃平均绝对误差、均方根误差、预报准确率、技巧评分检验。对灾害性天气落区预报的检验包括各类灾害性天气的 TS 评分、漏报率、空报率、技巧评分等。

2017 年 3 月，开始统一执行辽宁省气象局中短期天气预报质量检验办法以及优秀值班预报员评选办法，营口市气象局优秀预报员评选和奖励办法废止。

2018 年 4 月，营口市气象局印发《营口市优秀预报员推荐评选办法》，参与辽宁省优秀预报员的推荐和评选。

二、预报服务管理

1959 年 12 月 28 日，营口市农林水利局下发《关于开展冬季气象服务的通知》，强调所属气象台站要以寒潮为中心做好灾害性天气预报服务工作，以确保水利建设和粮食生产等各项工作顺利开展。1960年7月8日，市农林水利局印发《关于加强汛期气象服务工作的通知》，要求气象台站做好汛期大风、暴雨、冰雹等灾害性天气服务工作。这个时期，气象预报服务主要围绕粮食生产、存储和水利等基本建设项目而展开。

20世纪60年代前期，建立和发展了农村人民公社群众性的气象哨和气象小组，实现了市有台、县有站、社有哨、大队有组、小队有气象员的气象服务网。在做好城市和农村预报、警报服务的同时，对所属县气象站的预报服务实施管理和指导，由市气象台每日定时用电话传2次天气预报给各乡气象哨，有电话网的乡传至各作业区，有广播站的乡通过广播站进行广播，并用黑板报公布，及时向村民传递气象预报和情报。市气象服务台还派出预报技术人员深入基层台站和田间地头，对基层业务人员和气象哨员进行技术指导，促进了当时基层人员技术的提高。

20世纪70年代，农村气象哨在60年代后期被撤销后又开始恢复，各级气象台站开展补充天气预报，营口市气象台加强对县区站、哨预报的指导，组织对预报人员的培训，开展社会主义劳动竞赛和评比活动，推广先进预报经验。当时预报服务重点仍然是抓好汛期、作物播种期、冬季等关键季节的灾害性天气预报服务工作。

1980年9月，营口市气象局随着管理体制调整，天气预报管理和服务工作进入发展的新阶段。市气象局按照省气象局的部署要求，强化预报业务管理职能，逐步完善业务管理机构。

20世纪90年代，气象现代化快速发展，以预报服务为主要内容的气象服务分为公益气象服务、决策气象服务和专业有偿气象服务（气象科技服务）。专业气象服务主要对重点服务单位采用由警报发射台和专业预报接收机组成的天气警报系统方式，每天定时、不定时将各类气象信息、灾害性天气警报及时准确传送给广大用户。对各级领导、各部门和重点服务单位则采取不同的服务方式，决策气象服务主要是向营口市委、市政府及有关部门报送专报，每年有上百期上千份。

2000年1月1日，《中华人民共和国气象法》正式实施，天气预报和气象服务进入依法管理时期。天气预报的对外发布已不仅仅是气象部门内部的管理，同时承担着对社会管理的职能。天气预报实行统一由气象台站按照属地和业务分工对外发布，市气象局通过宣传和贯彻落实《气象法》加强天气预报及气象服务的管理。

2004年7月9日，营口市气象局印发《营口市气象局汛期气象服务应急预案》，成立营口市气象局汛期气象服务领导小组，建立汛期应急值班制度及汛期快速应急响应机制。同年10月27日，营口市气象局转发中国气象局《突发气象灾害预警信号发布试行办法》，要求各台站学习预警信号含义和标准，结合已有预报方法，做好突发气象灾害预报工作，根据天气变化情况，及时发布、更新或解除预警信号，并向本级人民政府报告。同年12月15日，印发《营口市气象局突发气象灾害预警信号制作、发布规定》，明确规定突发气象灾害预警信号由营口市气象台与省气象台会商后及时制作，并按照规定流程由台长或总领班签发后发布。

2005年6月29日，省气象局印发《辽宁省气象部门通过媒体发布气象信息规范的通知》，进一步规范气象灾害信息的种类、来源和发布渠道，完善媒体气象信息服务标准，明确规定各媒体发布的气象信息必须由省、市气象台提供，并按规定程序签发后方可对外发布。同日，省气象局印发《辽宁省气象部门突发气象灾害预警信号发布业务规范（试行）》，明确各市气象台负责本市行政区预警信号发布工作，进一步明确预警信号的类别、构成和各颜色含义，进一步规范预警信号发布、更新和解除等规范用语，对预警信息制作、变更和发布提出明确要求，同时还对预警信号的信息共享及质量评价、总结和上报提出具体要求。同年12月23日，省气象局印发《辽宁决策气象信息制作与发布规范》，对决策气象服务信息的范围、种类、内容格式和制作时间、刊物形式与制发流程、发送范围等都进行明确的规定。营口市气象局严格执行上级业务规定。

2007年6月12日，中国气象局出台《气象灾害预警信号发布与传播办法》（中国气象局第16号令），进一步规范气象灾害预警信号的发布和传播工作。

2008 年 6 月 27 日，辽宁省气象局印发《灾害性天气短时预报预警业务实施方案》，营口市气象局按照该方案要求进一步明确灾害性天气短时预报业务流程、预报文件存放规则及格式要求、短时天气预报发布以及短时预报质量检验与考核方法。

2009 年 3 月 20 日，按照辽宁省气象局印发的《辽宁省气象灾害预警信号制作发布业务规定》，营口市气象局细化了各类预警信号及多灾种预警信号的制作和发布方法、流程，同时按照规定开展预警信号的确认、更新及解除工作，开展预警信号的登记、总结和信息上报工作。同年 6 月 26 日，市气象局按照辽宁省气象局《关于修改短时强对流天气预警信号发布工作的通知》要求，对"生消迅速、范围较小、监测预警比较困难"的 11 种强对流天气预警信号，按照"监测到本地雷电、冰雹等强对流天气出现时，直接制作发布短时强对流预警信号（不需要和上级台站会商），并立即上报沈阳中心气象台"的规定进行制作和发布，提高了强对流天气预警信号的发布时效。

2010 年 8 月 14 日，按照辽宁省气象局办公室《关于做好全省暴雨预报预警短信制作和发布工作的通知》要求，为拓展暴雨预警信号的发布渠道，营口市气象局开始通过手机短信发布暴雨预报和预警信号，进一步完善了气象灾害预警信号发布和传播机制，提升了气象灾害预警信息的快速发布能力，扩大了气象灾害预警信息的覆盖面。

2011 年 7 月上旬，营口市气象局选派业务人员参加"辽宁省气象灾害预警信息短信发布平台"培训，7 月中旬开始使用该平台发布气象灾害预警信号，同时利用该平台向政府、相关部门及各级防汛责任人发布天气预报、雨情、决策气象信息。至此，气象预报预警服务信息发布和传播业务实现了平台化。

2015 年 6 月 9 日，按照《辽宁省气象局办公室关于做好在辽宁气象网站发布气象灾害预警信号的通知》要求，营口市气象局开始在辽宁气象网站上发布本地区气象灾害预警信号。

2018 年 9 月 29 日，辽宁省气象局印发《辽宁省基层气象灾害预警服务规范》，对全省市、县两级气象部门开展气象灾害预警服务启动条件、服务实施、服务策略及服务存档管理等各项预警服务工作进一步进行了明确和规范。

营口市气象部门认真贯彻《气象灾害预警信号发布与传播办法》和《辽宁省气象灾害预警信号制作发布业务规定》等管理办法，并通过不断完善预报预警服务业务流程，不断优化服务岗位设置，提高预报服务管理能力和水平，全地区天气预报预警服务始终处于全省领先水平。

第四节　农业气象管理

1956 年和 1959 年，营口地区熊岳气象站和盖平县气候站、营口县气候站先后开展农业气象观测工作。当时执行的技术规范为中央气象局发布的《农业气象观测方法》。

1976 年 10 月，经营口市编制委员会批复，成立郊区气象站，负责农业气象观测、资料收集，为农业生产服务。1977 年 5 月 24 日，市编委批复，同意市气象局增设农业气象科，负责管理全地区的农业气象观测、农业气象服务等工作，农业气象管理成为常规气象业务管理的重要组成部分。1979 年 7 月 21 日，市气象局农业气象科改为科技科，负责农业气象等各项业务管理。1980 年 9 月 10 日，市气象局台站管理科改为业务科，农业气象工作归业务科管理。

一、农业气象观测管理

1978 年 8 月 18 日，辽宁省气象局转发中央气象局《关于下发全国气象局长会议加强农业气象工作文件的通知》（〔78〕辽气字第 71 号），营口市气象局贯彻落实文件精神，组建和完善农业气象观测工作。

1979 年 4 月 23 日，营口市气象局印发《关于落实农业气象观测任务的通知》，落实省气象局关于农业气象观测的工作任务，要求各台站积极创造条件，开展农业气象观测工作，将农业气象观测工作作为台站基本任务，同时将农业气象观测地点、观测项目和承担人员等情况上报市气象局进行备案，年底按规定编制农业气象报表，及时上报。同年 5 月，市气象局组织对各台站农业气象观测业务开展落实情况进行全面检查。

1980年1月7日，辽宁省气象局转发中央气象局《关于组织全国农业气象基本观测站网和执行〈农业气象观测方法〉的通知》，熊岳气象站农业气象观测纳入全国农业气象基本观测站网。同年11月19日，营口市气象局印发《关于开展年终农业气象业务质量检查评比的通知》，开展农业气象观测检查和评比活动。此后，农业气象观测作为各级台站的一项基本业务工作，纳入气象业务管理范围。

1986年，营口市气象局开始实行目标管理，把农业气象观测质量作为台站考核的重要内容，同时对农业气象观测员提出质量要求和奖惩指标。

20世纪90年代，农业气象观测管理主要以目标管理为重点，同时开展观测质量检查和评比工作，检查评比结果按季度和年度通报，促进农业气象观测质量不断提升。

2006年5月，根据《关于印发营口市国家气象系统机构编制调整方案的通知》，市气象局成立营口市生态与农业气象中心，农业气象观测调整为生态与农业气象观测，增加地下水位等生态观测内容，上报报表统计分为农业气象观测和生态观测。

2007年1月1日，营口市气象局开始执行《辽宁省生态气象观测质量考核办法（试行）》，将生态气象观测质量纳入业务工作目标管理，纳入《辽宁省质量优秀测报员（百班无错情）》竞赛活动中。

2008年5月22日，辽宁省气象局印发《农业气象观测报表制作、预审及审核上报工作流程》，营口各气象台站按照《农业气象观测规范》完成报表制作工作，并对报表进行预审。

2010年10月，按照省气象局的要求，在大石桥、盖州和鲅鱼圈分别安装土壤水分自动气象站（DZN1型），地段观测作物分别为玉米和大豆。为保障仪器设备正常采集、传输等各项工作质量，逐渐将自动土壤水分观测站纳入目标管理范围。

2011年，在营口开发区芦屯康润绿色食品有限公司建设第1个设施农业自动气象站，观测气温、相对湿度、地面温度、浅层地温、深层地温、二氧化碳浓度等6个气象要素。

2013—2014年，分别在盖州市西海办事处建设1个6要素和1个10要素设施农业自动气象站，同时，在大石桥市旗口镇、太公堡、南楼和博洛浦各建设1个农田小气候自动气象站。农业气象观测的自动化，为农业气象精细化服务提供了基础保障。

二、农业气象服务管理

20世纪60—70年代，农业气象服务主要开展4个方面的工作，一是通过深入基层检查，督促和指导所属气象站开展实用型农业气象服务，通过深入田间地头，与农民沟通交流，了解他们对农业气象服务的需求。抓住春播、夏锄、秋收等重要农事季节，开展年景预报及产量预报、农业气候条件预报等；二是积极组建乡村气象哨，通过气象哨面对面为农村和农民开展粮食种植、生产方面的农业气象服务工作；三是开展农业气象科学研究，开展高粱、水稻、玉米、冬小麦等作物的农业气象指标研究，为提高作物产量和预防病虫害提供帮助；四是制作农业气候区划材料和各农业产区气候分析，为各乡镇、公社农业站提供最有效、最直接的科学依据。

1976年3月5日，营口市气象台印发《1976年营口地区农业气象工作安排》，要求各气象台站采取边实践、边服务的思路，有针对性地开展农业气象情报、预报服务工作。同年5月3日至6月3日，市气象台组织举办为期1个月的营口地区人民公社、国有农场气象员培训班，培训内容主要有农业气象观测、农业气象天气预报等基础知识，通过学习，使气象员掌握气象哨的气象观测和天气预报方法，能够结合群众经验和本地特点做出本地天气预报。

1977年3月26日，省气象局印发《关于加强气象情报服务工作的意见》，要求加强地温、土壤墒情、雨情、因气象条件造成的灾害实况以及成因和趋势分析等服务工作，结合农时季节生产的需要，运用天气预报、气象实况、气候资料、农气指标进行综合分析，开展服务工作。同年7月18日，由营口市气象局气象科、营口市熊岳农业气象试验站、盘山气象站、大洼气象站、营口县气象站、盖县气象站、营口市郊区气象站、营口新生农场气象站和全地区19个气象哨组成的营口地区农业气象科技情报网正式完成组建。

从 20 世纪 80 年代开始，农业气象服务开始实行目标管理，省气象局统一制作农业气象服务大纲，进行百分制定量化考核。1987 年 3 月 20 日，营口市气象局印发《1987 年农业气象工作安排》，对当年农业气象工作进行具体安排，要求积极开展农业气象信息和实用技术服务工作，突出抓好农业气象服务质量，切实做好农业气象情报、预报服务工作，深入开展农业气象产量预报工作，服务人员要深入基层，面向生产用户，开展面对面农业气象服务工作，并注重服务效果反馈。80 年代后期，农业气象服务目标考核项目为农气预报、农气情报（灾情、雨情、墒情）、农气专题分析的数量和质量，同时增加服务反馈、微机应用、规章制度等考核内容。

进入 20 世纪 90 年代，农业气象服务技术逐步成熟和完善，农业气象服务工作向规范化方向发展，并逐步重视农村气象灾害防御工作。粮食产量预报是农业气象服务工作的重点服务项目。

1991 年 4 月 24 日，营口市气象局执行省气象局《关于下发辽宁省气象局业务目标管理办法的通知》，将农业气象工作纳入目标管理，分为农业气象预报、服务（情报、评价及专题分析）2 个项目，每个项目工作目标分为 4 个等级。省气象局对农业气象业务工作目标完成情况进行考核评定。

2006 年，营口市气象局组建生态与农业气象中心，突出生态与农业气象服务，打破传统的农业气象服务方式，强化防灾减灾能力建设。农业气象管理也随之转变，对不同类型的农业气象观测站网提出不同的要求，注重为政府提供决策服务的信息发布，注重气象服务公益效果，注重气象为"三农"经济发展服务。

2007 年 12 月 4 日，辽宁省政府办公厅印发《关于进一步加强气象灾害防御工作的实施意见》。按照辽宁省政府和省气象局的工作部署，2008 年，营口市气象局着力开展农村气象信息员队伍建设，首批气象信息员为营口地区各乡镇行政村的村主任，主要负责气象灾害预警信息传播、气象灾情收集上报、农业气象服务需求反馈、气象科普知识宣传等。2008 年 7 月 17 日，辽宁省气象局印发《辽宁省气象信息员管理办法》，进一步规范和加强了对气象信息员的管理。11 月 20 日至 12 月 3 日，市气象局分 4 批次完成对营口地区 726 名气象信息员（村主任）的培训工作，并为培训合格的气象信息员发放了聘任证书。市气象局还建立了气象信息员培训机制，每年至少举办 1 次培训。

2009 年 10 月 22 日，营口地区首个气象信息服务站在盖州二台子乡挂牌成立。营口市气象局按照"有固定场所、有信息设备、有信息员、有定期活动、有管理制度、有长效机制"的"六有"标准，在所辖各乡镇陆续开展气象信息服务站建设，至 2012 年 6 月，营口地区 44 个乡镇全部建立气象信息服务站。2011 年 11 月 30 日，中国气象局人事司印发《关于开展 2011 年度重大气象服务先进表扬和气象服务贡献奖推荐评选工作的通知》，在气象服务贡献奖中增加气象信息服务站站长评选，每年评选一次。2014 年 10 月 17 日，中国气象局人事司印发《关于开展 2014 年气象服务贡献奖和百名优秀气象信息员评选活动的通知》，评选对象为气象协理员、气象信息员。2016 年 1 月，营口市经济技术开发区红旗满族镇气象信息员王丽君被中国气象局评为 2015 年度"优秀气象信息员"。2013 年 11 月 8 日，辽宁省气象局印发《辽宁省优秀气象信息员评选办法》和《辽宁省优秀气象信息服务站评选办法》。2013—2018 年，营口地区有 20 人次被辽宁省气象局授予"优秀气象信息员"称号；有 8 个气象信息服务站被辽宁省气象局授予"优秀气象信息服务站"称号，并颁发"优秀气象信息服务站"牌匾。

2010 年 10 月，自动土壤水分观测站在营口大石桥、盖州市和鲅鱼圈区分别建设完成并投入使用，农业气象服务的管理方式发生了根本变化，农业气象服务逐渐向精细化服务方向发展，设施农业成为服务的主要对象之一。同时逐步建立农业气象精细化服务指标，并不断提高精细化服务能力和水平。

2014 年 4 月，辽宁省农村经济委员会、辽宁省气象局转发《农业部办公厅和中国气象局办公室关于开展面向新型农业经营主体直通式气象服务的通知》，营口市气象局开始面向新型农业经营主体（专业大户、家庭农场、农民合作社、农业产业化龙头企业等）开展"直通式"气象服务工作。

通过多年持续不断的努力，营口市气象部门为农服务工作取得显著成效，农村气象灾害防御和气象为农服务能力及管理水平显著提高，随着农业经济的不断发展，农业气象服务逐渐向着精细化以及基于

"大数据""物联网"的"智慧气象"方向发展。

三、气象为农服务"两个体系"建设

2010年，中央1号文件提出要健全"农村气象灾害防御体系"和"农业气象服务体系"建设（简称"两个体系"），中国气象局和辽宁省气象局相继下发文件，明确气象为农服务"两个体系"建设的指导思想、工作目标和主要任务。2011年7月10日，营口市人民政府办公室印发《关于转发市气象局营口市农村气象灾害防御体系和农业气象服务体系建设方案的通知》，要求各市（县）、区人民政府以及市政府各部门、各派出机构、各直属单位认真贯彻执行。

2011—2017年，以山洪地质灾害气象保障工程建设项目为依托，中央财政投入资金用于营口地区农村气象灾害防御体系建设工作。2011年，完成9个2要素自动气象站升级为4要素自动气象站工作。2012年，在东南部山区山洪地质灾害高危区建设15套自动雨量站。2013年，在1个国家气象站建设新型自动气象站；对县级预报业务平台和预报业务平面进行升级改造；开展精细化暴雨灾害风险普查工作。2014年，在2个国家气象站建设新型自动气象站和能见度自动观测仪。2015年，对国家气象站观测场进行改造；开展气象灾害风险区划工作。2017年，补充完善暴雨洪涝灾害风险普查数据库，同时开展基层气象风险预警服务标准化建设；将11个自动气象站升级改造为6要素自动气象站，并纳入国家级地面气象观测站网布局。

2012—2015年，以中央财政"三农"气象服务专项建设为依托，中央财政投入资金用于营口地区气象为农服务"两个体系"专项建设工作。建设内容包括："三农"气象服务专项长效机制建设、"三农"气象服务专项组织体系建设、农业气象信息监测和发布网络建设，开展富有地方特色的现代农业气象服务，强化保障粮食安全和重要农产品供给的气象服务，加强农业适应气候变化的决策服务，建立专业化的农业气象监测预报技术系统，构建有效的农业气象业务服务机制，开展气象防灾减灾标准化乡镇和标准化现代农业气象服务县建设。

2012年3月，根据辽宁省气象局"三农"气象服务专项工作的部署，营口市气象局建立农业气象服务平台，面向种养殖大户、农民专业合作组织开展"直通式"气象服务。

2013年11月26日，辽宁省气象局印发《关于开展标准化气象为农服务县（市）和乡（镇）申报工作的通知》，至2018年，盖州小石棚乡、盖州杨运镇、大石桥建一镇、营口经济技术开发区红旗镇4个乡镇被中国气象局认定为标准化气象灾害防御示范乡（镇）。

营口市气象局以山洪地质灾害防治气象保障工程建设项目和中央财政"三农"气象服务专项建设为抓手，推动气象为农"两个体系"建设取得丰硕成果，逐步建立起了"县级设气象防灾减灾办公室—乡级建气象信息服务站—村级配气象信息员"的"县、乡、村"三级组织体系；在省、市气象部门与多部门合作基础上，建立起"县级气象部门与民政、农业、水利、国土等部门联动"的农村气象灾害防御机制；建立起以区域自动气象站为主的农村气象灾害监测网络；建立起以农村应急广播系统、气象信息电子显示屏和手机短信为主的农村气象灾害、气象服务信息发布网络；建立起气象灾害监测预警、应急预案、应急响应等一系列管理制度，农村气象灾害防御和农业气象服务工作得到不断强化。

第五节　技术保障和器材管理

技术保障和器材管理是气象业务管理的一部分，也是气象业务正常开展的前提，从营口市气象部门的建立开始就相伴而生，气象装备保障技术的日趋成熟、器材的不断升级换代见证了营口气象业务的发展历程。

一、气象装备技术保障

早期，营口气象部门只有几部简单的莫尔斯收报机。经过半个多世纪的发展，营口气象装备已达到

现代化装备水平。至 2018 年年底，营口市气象局气象装备技术保障涵盖气象卫星资料接收、新一代多普勒天气雷达、自动气象观测站、计算机网络通信、视频会商系统及发电机、UPS 等附属设备。

1959—1962 年，营口市所辖各气象站仪器的日常维护由市气象台通讯组负责；1963—1970 年，营口市所辖各气象站的气象装备技术保障，由省气象局台站处和装备供应部门负责；从 1971 年起，市气象部门本级和县（区）气象站的装备技术保障先后由气象科、通讯科、装备科、业务科和营口市雷达与网络保障中心负责。

2006 年起，市气象部门本级技术保障工作主要由市雷达与网络保障中心负责，市（县）、区气象局技术保障工作则由所属服务中心专人负责。市雷达与网络保障中心负责雷达及其附属设备和系统的运行保障和维护；负责雷达资料传输、存储工作；负责全地区通讯网络及单收站、卫星云图等业务系统的巡视、运行保障与维护；负责自动气象站的维护、维修和系统运行保障及技术支持；负责气象技术装备的计划、供应和管理；负责气象网站、兴农网站的建设、制作、维护和网页内容的更新；负责业务应用软件的开发、研制等工作。市（县）、区气象局保障任务主要包括本站气象技术装备的日常维护以及自动站的定期校验；负责本站计算机网络系统的规划、设计和组织建设，仪器设备运行状态的现场监控；负责本站计算机网络的安全和信息监控，信息处理系统、信息服务平台的运行保障，一般性故障的判断和维修；负责本站各类观测资料的收集、质量监控，开展信息共享应用等。

根据气象装备的维护、维修现行规定流程，国家气象观测站的观测设备维护，先由本站保障人员进行维修，短期内设备不能正常运行，即报市雷达与网络保障中心维修；区域气象观测站的维护维修以市（县）、区气象局为主，市雷达与网络保障中心主要负责市区内的区域气象观测站的维修维护和对市（县）、区气象局的技术指导。市（县）、区气象部门保障人员每半月对辖区内设备进行一次巡检，每月进行一次校验，发现问题及时维修。汛期（4—10 月），遇有设备故障，市（县）、区气象局保障人员必须在 1 天内保证设备恢复正常运转，非汛期可以在 2 天内恢复设备正常运转；市雷达与网络保障中心负责维修的设施，汛期 2 天内保证设备恢复正常运转，非汛期 3 天内保证设备恢复正常运转。

二、气象技术装备供应管理

至 2018 年年末，按照上级业务部门规定，市（县）、区气象台站所需的观测耗材由省气象装备保障中心负责采购、验收、分配、供应、调剂、储运。市气象局主要负责本地区气象台站所需耗材的申请、分配，做好装备的领取、验收、保管、发放和管理工作，负责区域自动站耗材和备件的采购和安装。装备供应配备专人管理，每年将直属单位和所属气象台站对消耗器材的需要量汇总，向省气象装备保障中心申报计划。市（县）、区气象台站是气象技术装备的使用单位，主要负责本单位气象技术装备的领取和保管，由专人负责领取、保管和维护，严格执行器材管理的各项规章制度。市气象局和市（县）、区气象局都设有专用库房。

第十九章　人事管理

自 1959 年组建营口市气象机构起，人事管理随着管理体制、机构设置的演变而不断变化，经历了队伍从小到大、人员文化素质和专业素质从低到高、管理从弱到强的发展过程。

第一节　职工队伍建设

一、人员编制

1949 年 3 月，最初成立的营口气象台行政隶属辽东省农业厅水利局建制，业务由东北气象台领导。当时人员有常树瀚、白国章 2 人。常树瀚作为负责人，曾参加过日本气象奉成所的半年业务培训，具备一定的专业知识。这是解放初期营口最早组成的气象队伍。1949 年 10 月，白国章因工作原因调离本站，9 月和 11 月，菌立峻、赵俊然、穆维华等 3 名青年分别来营口气象台工作，他们上岗前均接受过东北气象台短期培训，掌握相关的气象观测技能。从 1949 年到 1958 年，先后有 31 人在营口气象站工作。

1958 年 5 月 1 日，营口市气象部门定编 30 名。

1962 年 7 月，营口地区气象部门编制 54 名，其中营口气象台编制 28 名。

1964 年 12 月，营口地区气象事业编制 86 名，其中市气象服务台编制增加到 31 名。

1970 年 3 月 21 日，营口市气象服务台革委会决定将 29 名人员中的 17 人下放农村，仅留 12 人工作。

1975 年 11 月 22 日，盘锦地区与营口市合并为营口市，盘锦地区气象台 25 人在原址组建盘山县气象站。

1976 年 10 月 4 日，经营口市编制委员会批复，成立营口市郊区气象站，人员编制 5 名。

1978 年 11 月 18 日，经省革委会批准，省气象局下达营口地区气象事业编制 180 名，其中市气象局 70 名，市农业气象试验站 20 名，县（区）气象站 79 名，公社中心气象哨 11 名。

1981 年 4 月，营口市气象局党组决定对熊岳气象站和营口市农业气象科研所实行站、所分开，科研所、气象站各 10 名编制。

1982 年 8 月 2 日，省气象局核增营口市气象局人员编制，由原来的 70 名增加到 81 名。

1997 年，营口市气象局按照省气象局制定的机构编制方案实施改革，机构设置由原 11 个科室精简为 6 个，编制 65 名。

1998 年 7 月 15 日，营口市机构编制委员会办公室批复成立营口市防雷工程技术中心，编制 5 名。其中：单位领导职数 1 名、业务干部 3 名、工勤人员 1 名。

2001 年 12 月，全省气象部门推进机构改革，经省气象局审核批准，营口市气象局机关核定人员编制 15 名，市气象局直属事业单位核定人员编制 44 名，县级气象局核定人员编制 38 名。地方防雷编制无变化。

2002 年 6 月，营口市气象局机关工作人员依照公务员管理过渡工作结束，15 人过渡为公务员。10 月 22 日，营口市机构编制委员会办公室印发《关于调整营口市防雷工程技术中心人员编制的批复》，同意将市劳动和社会保障局所属的市劳动安全卫生检测站编制人员 2 名，划给市气象局所属的市防雷工程技术中心。调整后，市防雷工程技术中心人员编制 7 名，其中：市防雷工程技术中心主任 1 名、业务干部 5 名、工勤人员 1 名。原经费渠道不变。

2006 年，省气象局下发《关于印发营口市国家气象系统机构编制调整方案的通知》，核定营口市国家气象系统事业编制 97 名，其中市气象局机关 15 名，全地区气象业务系统 82 名；市级气象部门人员编制 59 名，县级气象部门人员编制 38 名。各市（县）、区编办批复地方防雷编制 18 名，其中营口市 7 名、大石桥 7 名、盖州 4 名。

2007 年 10 月，市编办下发《关于市防雷工程技术中心增加领导职数的批复》，同意营口市气象局所属的防雷工程技术中心增加 1 名领导副职职数。调整后，市防雷工程技术中心主任 1 名、副主任 1 名、专业技术人员 4 名，工勤人员 1 名。

2012 年，省气象局下发《关于核增鞍山等 12 个市气象局参公管理编制的通知》，核增营口市气象局参照公务员法管理事业编制 1 名，市气象局参照公务员法管理事业编制调增为 16 名。10 月，营口市机构编制管理委员会下发《关于成立营口市人工影响天气管理中心的通知》，同意成立营口市人工影响天气管理办公室，为市气象局代管的地方编制事业单位，科级规格，人员编制 5 名，其中领导职数 1 名，专业技术人员编制 4 名。

2013 年 7 月，辽宁省气象局印发《辽宁省气象局关于核定营口市县级气象管理机构参照公务员法管理事业编制的通知》，核定营口市县级气象管理机构参照公务员法管理事业编制 14 名，其中，大石桥市气象局 4 名、盖州市气象局 5 名、营口经济技术开发区气象局 5 名。调整后，营口市国家气象系统事业编制 98 名，其中，参照公务员法管理事业编制 30 名，气象业务系统事业编制 68 名。各市（县）、区编办批复的地方防雷编制 19 名，其中营口市 7 名、大石桥 7 名、盖州 4 名、营口经济技术开发区 1 名；地方人影编制 14 名，其中营口市 5 名、大石桥 3 名、盖州 3 名、营口经济技术开发区 3 名。

2014 年 2 月，省气象局印发《辽宁省气象局关于调整各市气象局人员编制的通知》，核减营口市气象业务系统事业编制 1 名。调整后，营口市国家气象系统事业编制 97 名，其中，参照公务员法管理事业编制 30 名，气象业务系统事业编制 67 名。12 月 30 日，盖州市机构编制委员会办公室印发《关于市防雷减灾技术中心人员编制的批复》，同意为盖州市防雷减灾技术中心调剂人员编制 1 名，调整后，盖州市防雷减灾技术中心人员编制 5 名，至此，各市（县）、区编办批复的地方防雷编制 20 名，其中营口市 7 名、大石桥 7 名、盖州 5 名、营口经济技术开发区 1 名；地方人影机构编制无变化。

2015 年 10 月 26 日，省气象局印发《辽宁省气象局关于调整部分市县气象局人员编制的通知》，核减盖州市气象局参照公务员法管理事业编制 1 名，核增营口市国家气象系统事业编制 1 名，调整后，营口市国家气象系统事业编制 97 名，其中，参照公务员法管理事业编制 29 名（市级 16 名、县级 13 名），气象业务系统事业编制 68 名。地方防雷、人影机构编制无变化。

2017 年 2 月，经市气象局与市编办等部门沟通协调，按照省政府文件精神和营口市防雷减灾中心承担的职责，将其划归为地方编制的公益事业单位；7 月，大石桥市机构编制委员会印发《关于收回大石桥市人工影响天气工作站空余编制的通知》，大石桥市人工影响天气工作站 2 名空余编制被收回，调整后，大石桥市人工影响天气工作站人员编制 1 名；9 月，鲅鱼圈区机构编制委员会印发《关于防雷减灾技术中心机构编制事项调整的通知》，同意将防雷减灾技术中心职能及人员划转至人工影响天气工作站。调整后，营口市鲅鱼圈区人工影响天气工作站（营口市鲅鱼圈区防雷减灾技术中心）人员编制 4 名。各市（县）、区批复的地方防雷编制 19 名，其中营口市 7 名、大石桥 7 名、盖州 5 名；地方人影编制 13 名，其中营口市 5 名、盖州 3 名、大石桥 1 名、营口经济技术开发区 4 名。

2018 年 7 月，鲅鱼圈区委办公室印发《区直公益性事业单位优化整合方案》，将营口经济技术开发区气象局人影机构（防雷）编制划归鲅鱼圈区城乡建设和公用事业中心。各市（县）、区批复的地方防雷编制 19 名，其中营口市 7 名、大石桥 7 名、盖州 5 名；地方人影编制 9 名，其中营口市 5 名、盖州 3 名、大石桥 1 名。

截至 2018 年，营口气象部门人员编制 125 名，其中参照公务员法管理事业编制 29 名、气象业务系统国家事业编制 68 名、地方事业编制 28 名。

二、人员结构

改革开放之前，气象队伍人员结构一直变化不大。20世纪80—90年代，知识青年、复转退伍军人以及职工子女陆续进入气象部门，气象队伍人员结构开始发生变化。2000年以后，大量的本科生、研究生通过考试等选拔方式进入气象部门，使气象队伍的人员结构明显改善。

1986年，营口市气象局共有在职职工72人，其中大学本科学历仅4人，占职工总数的6%；大专学历16人，占职工总数的22%；中专学历32人，占职工总数的44%；高中及以下学历20人，占职工总数的28%。通过采取学历教育、短期培训、远程培训和自学成才相结合的方式加强职工继续教育，1986年至2006年先后有8人通过学历教育取得了大专学历，5人取得中专学历，6人完成了研究生课程学习，文化程度偏低的现状逐渐改善。至2006年年底，营口市气象局58名职工中有16人具有大学本科学历，占职工总数的27.6%，比1986年提高21.6%，中专以下学历人员由原来占职工总数72%降低到44.8%。随着应届毕业生的不断招录，至2018年，营口市气象局国家气象系统编制和地方编制在职职工61人，其中研究生学历（或学位）8人，占职工总数的13.1%；大学本科学历43人，占职工总数的70.5%；大专学历6人，占职工总数的9.8%；中专学历4人，占职工总数的6.6%；3个市（县）、区气象局国家气象系统编制和地方编制在职职工共51人，其中研究生学历（或学位）3人，占职工总数的5.9%；大学本科学历40人，占职工总数的78.4%；大专学历6人，占职工总数的11.8%；中专学历2人，占职工总数的3.9%。

在岗位人员结构上，至2006年年底，营口市气象局在职职工58人，其中：参照公务员法管理人员16人，专业技术岗位人员39人，管理岗位人员1人、工勤岗位人员2人。专业技术人员中高级工程师4人，占10.3%，工程师14人，占35.9%。2018年年末，营口市气象局在职职工61人，其中参照公务员法管理人员15人，专业技术岗位人员41人，管理岗位人员4人，工勤岗位人员1人。专业技术人员中高级工程师8人，占比提高了9.2%，工程师17人，占比提高了5.6%。

随着职工队伍的新老交替，年龄结构逐渐呈现出年轻化趋势。1985年，35岁及以下约占62.1%，36～45岁约占27.3%，46岁及以上约占10.6%；1995年，35岁及以下约占37.3%，36～45岁约占34.3%，46岁及以上约占28.4%；2006年，35岁及以下约占22.4%，36～45岁约占31.0%，46岁及以上约占46.6%；2018年，35岁及以下为54.1%，36～45岁为14.8%，46岁及以上为31.1%。

三、人员分类

营口市气象职工分为2类：参照公务员法管理人员、气象业务系统事业编制人员。气象业务系统事业编制人员又分为国家事业编制人员、地方事业编制人员。其中地方事业编制人员，早期还分为全额拨款事业编制（人工影响天气管理中心）人员和自收自支事业编制（防雷减灾中心）人员，2017年8月，营口市机构编制委员会下发《关于调整市防雷减灾中心经费渠道的批复》，同意将营口市防雷减灾中心经费渠道由自收自支调整为市财政全额拨款。至此，营口市气象局地方事业编制均为全额拨款事业编制。

1. 参照公务员法管理人员

2001年12月，经省气象局审核批准，营口市气象局所属机构分为内设机构和直属事业单位。2002年6月，市气象局机关工作人员依照公务员法管理过渡工作结束，15人过渡为参照公务员法管理人员。2006年12月，按照中国气象局《参照公务员法管理的省级以下气象局机关人员登记工作实施方案》要求，组织完成对有关人员的登记工作。

2. 气象业务系统国家事业编制人员

2007年6月，根据中国气象局《气象部门事业单位岗位设置管理实施意见（试行）》的精神，按照"按需设岗、精简效能、科学合理、公平竞争"的原则，营口市气象局开展事业单位岗位设置工作。经过10余年的岗位设置调整，至2018年，省气象局核准全地区事业单位岗位共72个，其中管理岗位2个，七级1个、八级1个；专业技术岗位70个，四级1个、五级2个、六级4个、七级4个、八级9个、九级 9 个、十级 9 个、十一级 16 个、十二级 16 个；无工勤技能岗位。根据政策规定、竞岗条件、业绩水平、群众评价等原则，聘用管理七级岗位 1 人、八级岗位 1 人；聘用专业技术岗位 63 人，其中五级 1 人、六级 5 人、七级 4 人、八级 8 人、九级 10 人、十级 12 人、十一级 14 人、十二级 8 人、十三级 1 人。

3. 地方事业编制人员

1998 年 7 月，营口市机构编制委员会下发《关于成立营口市防雷工程技术中心的批复》，同意成立营口市防雷工程技术中心，隶属于营口市气象局，为地方管理的事业单位，科级建制，人员编制 5 名，其中，领导职数 1 名、专业技术人员 3 名、工勤人员 1 名。所需人员经费为自收自支。2011 年 12 月，市编委下发《关于对市防雷工程技术中心机构编制清理规范的批复》，将营口市防雷工程技术中心更名为"营口市防雷减灾中心"，明确其主要职责，并将人员编制增加至 7 名，其中，主任、副主任各 1 名，专业技术人员 4 名，工勤人员 1 名。2017 年 8 月，市编委印发《关于调整市防雷减灾中心经费渠道的批复》，同意将市防雷减灾中心经费渠道由自收自支调整为市财政全额拨款。截至 2018 年，全地区实有防雷编制人员 11 人，其中，营口市 3 人、大石桥市 4 人、盖州市 4 人。

2012 年 10 月，市编委下发《关于成立营口市人工影响天气管理中心的通知》，通知明确人工影响天气管理中心为科级规格事业单位，隶属于营口市气象局，人员编制 5 名，其中，领导职数 1 名、专业技术人员编制 4 名。所需人员经费由市财政列支。截至 2018 年，全地区实有人工影响天气编制人员 7 人，其中，营口市 4 人、盖州市 2 人、大石桥市 1 人。

第二节　领导干部管理

一、市气象局领导成员

1949—2018 年，营口市气象局经上级任命的领导成员共有 28 人（表 19-1）。

表 19-1　1949—2018 年营口市气象局领导成员情况

姓名	职务	出生年月	学历	技术职称	毕业院校	任职年月
常树瀚	营口气象所负责人					1949.05—1951.07
李贵学	营口气象站主任					1951.07—1955.07
袁良赞	营口气象站主任					1955.07—1956.10
张云龙	营口气象站站长	1932.07	初中		四平市初级中学	1956.10—1958.05
王同连	营口气象台台长					1958.05—1959.12
张云龙	营口气象台副台长（主持工作）	1932.08	初中		四平市初级中学	1959.12—1962.05
王国廷	营口气象服务台台长					1962.05—1964.04
罗青林	机关支部书记、营口气象服务台台长					1964.04—1964.12
	负责人					1964.12—1966.01
刘景泉	营口气象服务台副台长（主持工作）					1966.01—1968.09
刘锡德	营口市气象服务台革委会主任					1968.09—1971.06
张东元	营口市气象服务台革委会副主任	1938.03	大专		北京气象专科学校	
于选之	机关支部书记、营口市气象台台长					1971.06—1975.11
陈文富	副书记、副台长					1973.07—1975.11

姓名	职务	出生年月	学历	技术职称	毕业院校	任职年月
于选之	党组书记、营口市气象局局长					
高　茂	副书记、副局长					1975.11—1979.09
陈文富	副书记、副局长					
李祖成	党组成员、副局长					1975.11—1978.09
张文守	党组成员、副局长					1978.04—1979.09
张文守	党组书记、副局长（主持工作）					1979.09—1980.03
高　茂	党组成员、副局长					1979.09—1980.02
陈文富	党组成员、副局长					
张云龙	党组成员、副局长	1932.08	中专		北京气象专科学校	1979.09—1980.03
陈文富	党组副书记、营口市气象局副局长（主持工作）					1980.03—1980.06
张云龙	党组成员、副局长	1932.08	中专		北京气象专科学校	
陈文富	党组书记、营口市气象局局长					1980.06—1983.11
张云龙	党组成员、副局长	1932.08	中专		北京气象专科学校	1980.06—1984.05
王　宇	党组成员、副局长	1937.02	大学	高级工程师	沈阳农学院	
王　宇	党组书记、局长	1937.02	大学	高级工程师	沈阳农学院	1984.05—1996.12
张云龙	党组成员、副局长	1932.08	中专		北京气象专科学校	1984.05—1994.08
陈文富	党组成员、督导员（局级）					1983.11—1987.09
王先赢	副局长	1952.10	大普	高级工程师	大连理工大学	1992.03—1996.12
才荣辉	副局长	1952.03	中专	助理工程师	辽宁省气象学校	1994.08—1996.12
才荣辉	党组书记、局长	1952.03	中专	助理工程师	辽宁省气象学校	1996.12—2011.05
王先赢	副局长	1952.10	大普	高级工程师	大连理工大学	1996.12—2005.01
李　静	党组成员、纪检组长	1945.08	初中			
李明香	党组成员、副局长	1967.12	大学	高级工程师	沈阳农业大学	1999.07—2011.05
曲　岩	党组成员、副局长	1971.05	大学	高级工程师	北京气象学院	2005.01—2010.05
李丕杰	党组成员、纪检组长	1966.07	大学	工程师	沈阳农业大学	2005.01—2008.03
苏乐洪	党组成员、纪检组长	1956.03	大专	助理工程师	辽宁函授党校	2008.05—2011.05
李宝章	党组成员、副局长	1964.06	大学	高级工程师	成都气象学院	2010.06—2011.05
李明香	党组书记、局长	1967.12	大学	高级工程师	沈阳农业大学	2011.05—
李宝章	党组成员、副局长	1964.06	大学	高级工程师	成都气象学院	2011.05—2011.07
苏乐洪	党组成员、纪检组长	1956.03	大专	助理工程师	辽宁函授党校	2011.05—2015.07
李学军	党组成员、副局长	1967.03	大学	高级工程师	南京气象学院	2011.09—2016.03
梁曙光	党组成员、副局长	1970.01	大学	高级工程师	北京气象学院	2011.09—2018.12
王　涛	党组成员、纪检组长	1964.10	大学	高级工程师	南京气象学院	2015.07—2018.12
宋长青	党组成员、副局长	1979.06	大学	高级工程师	电子科技大学	2017.01—

续表

姓名	职务	出生年月	学历	技术职称	毕业院校	任职年月
梁曙光	党组成员、纪检组长	1970.01	大学	高级工程师	北京气象学院	2018.12—
王 涛	党组成员、副局长	1964.10	大学	高级工程师	南京气象学院	2018.12—

1980年以前，气象部门管理体制变动较大。1980年以后，气象部门开始实行上级气象部门与地方政府双重领导、以上级气象部门领导为主的管理体制。公务员制度实施后，对市气象局领导班子成员的考核除了严格按照领导干部的管理程序外，还要遵照公务员的管理程序进行，遵循民主、公开、公平、公正和注重工作实绩的原则，由省气象局党组每年年底组织考核，使领导干部管理进入了依法管理的轨道。

二、市气象局科级领导干部

1964年12月21日，辽宁省气象局下发《关于市（专）气象台科级职务人员的任免通知》（〔64〕辽气人王第109号）和《关于指定市（专）气象台负责人的通知》（〔64〕辽气人王字第113号），罗青林任营口市气象台测报管理科科长；张云龙任营口市气象台预报服务科副科长。在正、副台长未到任之前，营口市气象台由罗青林同志负责。

1974年10月24日，营口市革命委员会农业组下发《关于宋元本等同志任职的批复》（营革农发字〔1974〕10号），同意史庆普任市气象台办公室主任；张云龙任市气象台气象科科长；盛素贤任市气象台气象科副科长；田福起任市气象台预报科科长；张东元任市气象台预报科副科长。

1975年12月，史庆普任营口市气象台通讯科副科长，王宇任营口市气象局办公室主任。

1976年11月，孙日东任营口市气象局办公室副主任。

1977年8月，营口市革命委员会农业组同意张惠玉任营口市气象局农业气象科副科长。10月，营口市革委会农业组同意史庆普任营口市气象台办公室主任。

1978年10月30日，营口市委组织部下发文件（营委组发字〔1978〕117号），张云龙由市气象局气象科科长调任农业气象科科长，王宇由市气象局办公室主任调任台站管理科科长。

1979年6月11日，营口市革命委员会农业办公室党组下发文件（营革农党发〔1979〕20号），朱显忠任营口市气象局台站管理科副科长。7月23日，营口市革委会农业办公室党组下发文件（营革农党发〔1979〕20号），决定高士升任市气象局办公室副主任（列孙日东之前）。

1980年11月，经营口市气象局党组研究决定，任命宋魁海为市气象局通讯科副科长，朱显忠任业务科副科长。

1981年2月23日，省气象局党组下发文件（辽气党发〔1981〕4号），朱显忠任营口市气象局业务科科长，孙日东任人事科科长，高士升任办公室主任，张惠玉任天气科科长。8月24日，营口市气象局党组下发文件（营气党发〔81〕3号），初长田任业务科副科长。

1984年1月19日，省气象局党组下发文件（辽气党发〔1984〕9号），决定副局长张云龙兼任营口市气象台副台长。3月30日，省气象局党组下发文件（辽气党发〔1984〕36号），同意孙日东任办公室主任；朱显忠任业务科科长；田福起任天气科科长（主持工作）；张惠玉任天气科科长；张东元任办公室副主任；魏庆文任业务科副科长；史庆普任调研员（正科级）；初长田、盛淑贤任调研员（副科级）。

1984年12月8日，经营口市气象局党组研究，池焕申任天气科副科长，王立志任综合服务公司经理（副科级）。

1987年6月30日，营口市气象局党组下发文件（营气党发〔1987〕2号），任命张惠玉为服务科科长、张东元为服务科副科长，李静任办公室副主任兼纪检组副组长，王立志任办公室副主任，宋奎海任通讯科科长，王先赢任通讯科副科长，石廷芳任纪检员（副科级）。9月29日，市气象局成立工会，石廷芳任工会主席。年末，成立营口市气象科技咨询服务部，副局长张云龙兼任主任，张惠玉、蔡长贤任副主任。

1990年2月，营口市气象局党组任命王先赢为通讯科科长。6月，任命李静为办公室主任，李作然任业务科副科长，朱显忠任开发科科长，缪天一任通讯科副科长，石廷芳任行政科副科长。

1992年2月，营口市气象局党组任命张东元为办公室主任，孔玉英任人事政工科科长，李静任人事政工科科长（经上级党组织批准同时兼任机关党总支副书记），王先赢任综合经营办主任，张春元任综合经营办副主任，苏乐洪任办公室副主任，缪天一任通讯科副科长（主持工作），王天民任测报科副科长。

1993年2月，营口市气象局党组任命缪天一为装备科科长，付仁相任天气科副科长。9月，省气象局党组任命张东元为副处级调研员。

1994年5月，营口市气象局党组任命于德志为服务科副科长。

1995年1月，营口市气象局党组任命张春元为装备中心副科长，马福安任综合经营办副主任。

1997年2月26日，省气象局党组批复营口市气象局内设机构设置以及中层干部任免：苏乐洪任办公室副主任（主持工作）；付仁相任业务科科长；田福起任气象台副台长兼海洋气象科科长（正科级），主持工作；葛日东任气象台副台长；张春元任装备中心主任（科技服务中心副主任）；王天民任气象台副台长；谭祯任装备中心副主任（主持工作）；李作然任气象科技服务中心主任，于德志任气象科技服务中心副主任。

1998年1月，营口市气象局党组任命段淑贤为办公室主任。12月，任命苏乐洪为办公室主任；张恒延任业务科副科长（主持工作）。

2000年8月，营口市气象局党组任命梁曙光为气象台副台长。

2001年12月，营口市气象局党组任命苏乐洪为办公室主任；李丕杰任办公室副主任（正科级）；谭祯任业务科技科（政策法规科）科长；张恒延任业务科技科（政策法规科）副科长（正科级）；葛日东任营口市气象台（营口海洋气象台）台长；王天民任观测站站长，杨晓波任观测站副站长；曲岩任气象科技服务中心主任；刘桐义任气象科技服务中心副主任；吴福杰任防雷工程技术中心主任；郭森任庆典服务中心副主任（主持工作）。

2002年6月，吕一杰任业务科技科副科长。

2005年10月17日，营口市气象局党组任命吕一杰为业务科技科科长，王涛任政策法规科科长（副科级），刘桐义任气象科技服务中心主任。

2007年8月1日，营口市气象局党组任命梁曙光为气象台台长，宋长青任雷达与网络中心副主任（主持工作）。

2009年11月17日，营口市气象局党组任命宋晓钧为人事政工科（监察审计科）科长，缪远杰任办公室（计划财务科）主任（科长），王涛任财务核算中心主任，刘丙章任防雷工程技术中心副主任。12月22日，宋长青任办公室副主任。

2011年10月20日，营口市气象局党组任命何晓东为气象台副台长（主持工作）。12月6日，经中共营口市直属机关工作委员会批准，苏乐洪任营口市气象局机关党总支书记，宋长青任机关党总支副书记。

2012年5月18日，营口市气象局党组决定机关党总支副书记宋长青主持办公室工作。

2013年1月4日，营口市气象局党组任命姚文为雷达与网络保障中心副主任（主持工作）。2月18日，杨晓波任观测站副站长（主持工作）。5月20日，刘丙章挂职任办公室副主任。5月28日，张晶、陈海涛任气象台（营口海洋气象台）副台长。10月11日，杨晓波任观测站站长。

2014年6月23日，营口市气象局党组任命何晓东为气象台（营口海洋气象台）台长。12月1日，王静文任办公室副主任，谭昕任业务科技科（政策法规科）副科长。

2015年8月21日，营口市气象局党组任命张丽娟为财务核算中心主任。11月24日，白福宇任业务科技科（政策法规科）副科长，王浩宇任气象服务中心副主任。

2016年1月，营口市气象局党组任命宋长青为办公室主任（经上级党组织批准同时兼任机关党总支副书记）。6月16日，姚文兼任营口天气雷达站副站长（主持工作）。

2017年3月23日，营口市气象局党组任命白杨兼党组纪检组副组长。6月16日，赵月任党组纪检组副组长。12月28日，营口市气象局党组决定张丽娟兼主持气象服务中心工作。

2018年2月14日，营口市气象局党组任命苏晓妹为财务核算中心主任（副科级）。3月13日，营口市气象局党组同意并经上级党组织批准，白杨任机关党总支专职副书记。7月1日，刘志邦任营口市雷达与网络保障中心（营口市气象观测站）副主任。11月7日，刘长顺任营口市气象局业务科技科（政策法规科）副科长。

三、县级气象部门领导干部

1. 盖州市气象局

1959年1月，邹景瑞任盖平县气候站站长。1959年10月，韩淑琴任盖平县气候站站长。1960年8月，顾宗发任盖平县气候服务站站长。1962年3月，韩淑琴任盖平县气候服务站站长。1963年6月，袁福德任盖平县气候服务站站长。1965年2月，金志祥任盖平县气候服务站站长。1970年4月，盖友安任盖县气象服务站站长。1974年5月，刘继英任盖县气象站站长。1978年6月，张家庆任盖县气象站副站长。1984年3月，张家庆任盖县气象站站长，王学文任盖县气象站副站长。1989年，喻任令任盖县气象局副局长。1991年4月，喻任令任盖县气象局局长。1993年3月，迮明涛任盖州市气象局副局长（主持工作）。1997年4月，付艳秋任盖州市气象局副局长。2002年4月，迮明涛任盖州市气象局局长。2011年9月，刘长顺任盖州市气象局副局长。2012年8月，郝强任盖州市气象局副局长。2013年2月，王涛任盖州市气象局局长。2015年8月，缪远杰任盖州市气象局局长。

2. 大石桥市气象局

1959年1月，张玉田任营口县气候站站长。1961年4月，邹永昌任营口县气候服务站站长。1970年5月，沈延芳任营口县气象站副站长（主持工作）。1971年6月，孟宪安任营口县气象站站长。1975年10月，李生春任营口县气象站站长，沈延芳任营口县气象站副站长。1978年10月，刘兴江任营口县气象站副站长。1979年8月，刘兴江任营口县气象站站长。1981年12月3日，王占元任营口县气象站副站长兼行政股股长。1984年3月，尹望任营口县气象站副站长（主持工作），刘兴江任营口县气象站督导员（正站长级），王占元、沈延芳任营口县气象站督导员（副站长级）。1986年8月，王述彦任营口县气象站站长。1988年7月，尹望任营口县气象站站长，康洪学任副站长。1992年11月，撤销营口县，设大石桥市，尹望任大石桥市气象局局长。2002年4月，张丽娟任大石桥市气象局副局长。2006年4月，张丽娟任大石桥市气象局局长。2012年8月，张全任大石桥市气象局副局长。2012年10月，郭锐任大石桥市气象局副局长。2015年8月21日，郭锐任大石桥市气象局局长。

3. 营口经济技术开发区气象局

1949年4月，徐三缄任熊岳农业试验场观测组主任。1949年12月，李锡奎任熊岳气象站站长。1958年11月，袁福德任熊岳农业气象试验站站长。1965年8月，种美章任熊岳农业气象试验站政治指导员兼站长。1968年10月，李德钧任熊岳农业气象试验站站长。1971年3月，朴景彬任熊岳农业气象试验站站长。1972年10月，盖有安任熊岳农业气象试验站站长。1978年10月，郝玉玺任营口市农业气象科学研究所（熊岳气象站）副所（站）长。1981年4月，郝玉玺任营口市熊岳气象站副站长，李锡奎任营口市农业气象科学研究所副所长；12月，陈玉学任营口市农业气象科学研究所（熊岳气象站）副所（站）长。1984年3月，董学思任营口市农业气象试验站副站长（主持工作），栾生厚任营口市农业气象试验站副站长，陈玉学任营口市农业气象试验站调研员（副站长级）。1991年4月，董学思任营口市农业气象试验站站长。1996年1月，李丕杰任营口市农业气象试验站（熊岳气象站）副站长。1996年11月，杜庆元任营口市农业气象试验站（熊岳气象站）副站长。1998年12月，李丕杰任熊岳气象站站长。2002年1月22日，副站长杜庆元主持熊岳气象站工作。2003年6月，杜庆元任熊岳气象站站长，陈杰任熊岳气象站副站长。2004年4月，熊岳气象站更名为营口经济技术开发区气象局，杜庆元任局长，陈杰任副局长。2007年3月，谭桂丽任营口经济技术开发区气象局副局长。2007年3月，李丕杰兼主持营口经济技术开发区工作。2008年3月，刘桐义兼任营口经济技术开发区气象局局长。2009年11月，谭桂丽任营口经济技术开发区气象局局长。2012年12月，张宪冬任营口经济技术开发区气象局副局长。2017年12月，刘桐义挂职任营口经济技术开发区气象局局长。2018年10月，谭昕任营口经济技术开发区气象局局长。

四、挂职和交流领导干部

2010年6月，根据辽宁省气象局《关于做好第一批"百名优秀年轻干部"下基层任职锻炼工作的通知》精神，营口市气象局党组印发《关于刘其海同志任职的通知》，同意辽宁省气象信息中心副科长刘其海任大石桥市气象局副局长，任期2年。

2011年4月，按照中国气象局和辽宁省气象局关于东西部对口交流工作的安排，经营口市气象局党组研究决定：陕西省延安市洛川县气象局副局长樊军勤到营口经济技术开发区气象局工作交流1年，交流期间任营口经济技术开发区气象局副局长。

2011年7月，辽宁省气象局党组印发《关于张青同志挂职的通知》，省气象局观测与网络处副处长张青挂职任营口市气象局党组成员、副局长，挂职时间为2011年7—11月。

2013年4月，辽宁省气象局党组印发《关于梁曙光同志挂职的通知》，梁曙光挂职任辽宁省气象信息中心（辽宁省气象档案馆）副主任（副馆长），挂职时间为2013年5—7月。

2018年2月，辽宁省气象局人事处印发《关于吴侃等16名同志挂职的通知》，营口市气象局业务科技科（政策法规科）副科长白福宇挂职任辽宁省气象局政策法规处副主任科员，挂职时间为2018年3月至2019年2月。

2018年11月，辽宁省气象局印发《关于宋长青挂职的通知》，宋长青挂职任辽宁省气象局办公室（应急管理办公室）副主任，挂职时间为2018年12月至2019年5月。

第三节　专业技术职称职务评定

一、专业技术职称职务评定结果

1979年11月，中央气象局发文对气象部门各类科技人员进行技术考核，评定技术职称。营口市气象部门王宇、张惠玉、王会臣、朱金祥、朱显忠、贾进铭6人获评工程师。

1980—1990年，李凡、董太治、付仁相、李作然、温桂清、王学文、陈玉学、潘文、王晶英、郝玉玺、王学生、崔运成、张庆梅、张淑君、缪天一、王先赢、张志礼、郝晶秋、黄素文19人先后获评工程师。吴文均、刘国惠2人获评高级工程师。

1991—1995年，王涛、段淑贤、尹望、葛日东、吕一杰、张云龙、田桂梅、孙朝库、王贵军、齐曼丽、吴迪、刘桐义、郝宏伟13人先后获评工程师。张惠玉、董学思、朱显忠3人获评高级工程师。

1996—2000年，安来友、李明香、张恒延、梁曙光、傅艳秋、张丽娟、孔玉英、喻任令、杜庆元、张淑华、何晓东、张丽华、崔大海13人先后取得中级专业技术职务任职资格，王先赢取得高级专业技术职务任职资格。

2001—2010年，赵素香、吴福杰、于双、孙凤羽、曲平、宋晓钧、陈杰、于秀丽、张万娟、宋长青、马福安、杨晓波、郝玉良、朱红、杨丽华、白福宇、郭森、刘显清、于德志、李丹、王丽霞、王蕾、姚文、付丽、张波25人先后取得中级专业技术职务任职资格；李明香、梁曙光、葛日东、何晓东、黄素文、孙朝库、王涛、安来友8人先后取得高级专业技术职务任职资格。

2011—2018年，赵晓川、王东、姜仕东、刘婧婧、孙丽红、杨志明、武折章、郝强、郭锐、于楠、王莹、田伟忠、孙永联、孙美莲、宋文锦、张秀艳、张晶、陈海涛、崔修来、董飞、谭昕、孙瑶、刘长顺、张全、王焕、史建新、刘志邦、杜志国、李明强、迮爱琳、徐亚琪、王浩宇、王晨、王鹏、牛星雅、张宪冬、张博超、白杨、才奎冶、原久淞、何洋41人取得中级专业技术职务任职资格。王贵军、陈杰、刘桐义、宋长青、张丽娟、张万娟、姚文、赵晓川、杨晓波、朱红、吴福杰11人取得副研级专业技术职务任职资格。

截至2018年，全地区气象部门专业技术人员中，具有高级专业技术职务15人，占职工总数的17%；具有中级专业技术职务49人，占职工总数的54%；具有初级专业技术职务17人，占职工总数的19%。

高级专业技术职称职务人员情况详见表19-2。

表19-2 1987—2017年营口市气象部门高级专业技术职称职务人员情况

姓名	性别	出生年份	学历	毕业学校	所学专业	职务（岗位）	取得资格时间
吴文钧	男	1937年	大学	沈阳农学院	农学	营口市农业气象研所研究员	1987.08.07
刘国惠	男	1937年				营口市农业气象研所研究员	1988.02.07
张惠玉	女	1940年	大学	沈阳农学院	农学	服务科科长	1992.07.11
董学思	男	1940年	大学	沈阳农学院	农学	熊岳气象站站长	1994.12.01
朱显忠	男	1936年	中专			装备科科长	1995.06.01
王先赢	男	1952年	大学	大连理工大学	无线电技术与信息系统	调研员	1996.11.28
李明香	女	1967年	大学	沈阳农业大学	农业气象	党组书记、局长	2001.09.01
梁曙光	男	1970年	大学	北京气象学院	天气动力	党组成员、纪检组长	2001.09.29
葛日东	男	1960年	大学	沈阳农学院	农业气象	生态与农业气象中心主任	2002.09.01
何晓东	男	1970年	大学	南京气象学院	天气动力	气象台台长	2004.10.26
孙朝库	男	1952年	大学	北京大学	气象学	气象台预报员	2008.09.22
安来友	男	1952年	中专	辽宁省气象学校	气象学	气象台预报员	2010.12.07
王 涛	男	1964年	大学	南京气象学院	大气物理	党组成员、副局长	2010.12.07
陈 杰	女	1967年	大学	南京信息工程大学	大气科学	开发区气象局预报服务	2011.12.30
王贵军	男	1953年	中专	辽宁省气象学校	气象学	气象台预报员	2011.12.30
黄素文	女	1954年	大学	山东海洋学院	海洋气象	气象台预报员	2007.12.13
刘桐义	男	1960年	大学	中共辽宁省委党校	经济管理	服务中心主任	2012.12.18
张丽娟	女	1963年	专科	北京气象学院	气象学	财务核算中心主任	2012.12.18
宋长青	男	1979年	大学	电子科技大学	软件工程	党组成员、副局长	2012.12.18
张万娟	女	1971年	大学	南京信息工程大学	大气科学	大石桥市气象局预报服务	2013.10.31
姚 文	男	1982年	大学	武汉科技大学	计算机科学与技术	雷达与网络保障中心主任	2014.11.07
赵晓川	女	1980年	硕士研究生	南京信息工程大学	气象学	气象台预报员	2015.12.23
杨晓波	女	1969年	大学	南京信息工程大学	大气科学	观测站站长	2016.12.13
朱 红	女	1971年	大学	南京信息工程大学	大气科学	熊岳气象站观测员	2016.12.13
吴福杰	男	1968年	大学	沈阳航空航天大学	计算机科学与技术	防雷减灾中心主任	2018.12.25

注：统计截止时间为2018年年末，学历按最高学历，职务（岗位）以最后时间为准。

二、评聘管理

1987年5月,成立营口市气象局专业技术职称评委会,张云龙任主任、张东元任副主任,朱显忠、张惠玉、魏庆文、迟文季、宋奎海、王会臣、池焕申、尹望、王学文、张淑珍、董学思任委员。

1987年7月,调整营口市气象局专业技术职称评审委员会委员,张云龙任主任,张东元任副主任,张惠玉、魏庆文、田福起、宋奎海、王会臣、池焕申任委员。

2003年9月,调整营口市气象局初级专业技术职务评审委员会委员,王先赢任主任委员,才荣辉、李明香、谭祯、葛日东、梁曙光、曲岩、吴福杰、尹望、喻任令、杜庆元任委员。

2007年8月,调整营口市气象局初级专业技术职务评审委员会委员,才荣辉任主任委员,李明香、曲岩、李丕杰、王先赢、吕一杰、王涛、葛日东、梁曙光、刘桐义、吴福杰任委员。

2009年8月,调整营口市气象局初级专业技术职务评审委员会委员,才荣辉任主任委员,李明香、曲岩、王先赢、吕一杰、王涛、葛日东、梁曙光、刘桐义、吴福杰、宋长青任委员。

2011年8月,调整营口市气象局初级专业技术职务任职资格评审委员会委员,李明香任主任委员,张青任副主任委员,王涛、吕一杰、刘桐义、宋长青、何晓东、宋晓钧、吴福杰、葛日东、梁曙光任委员。

2016年3月,调整营口市气象局初级专业技术职务任职资格评审委员会,李明香任主任委员,梁曙光任副主任委员,刘桐义、宋长青、何晓东、宋晓钧、张丽娟、杨晓波、姚文、葛日东任委员。

第四节　离退休职工管理

一、离休干部

中华人民共和国成立后,一批年富力强的干部陆续进入气象部门工作,在不同的历史时期担任领导职务,为气象事业发展做出了重要贡献,20世纪80年代末至90年代初,营口市气象部门共有5人符合离休条件。1985年5月,大石桥市气象局王占元经批准离休,享受县处级副职待遇。1986年10月、11月,营口市气象局史庆璞、朱金祥经批准离休,享受县处级副职待遇。1989年5月,大石桥市气象局齐介蒸经批准离休,享受县处级副职待遇。1992年9月,营口市气象局张云龙经批准离休,享受县处级副职待遇。

二、退休人员

20世纪80年代,形成第1次离退休集中阶段,离退休总数10人。90年代形成第2次离退休集中阶段,离退休总数为30人。2002—2009年,形成第3次离退休集中阶段,离退休总数24人。2010—2017年,形成第4次离退休集中阶段,离退休总数26人。截至2018年,全地区离退休人员总数为79人。

三、离退休人员管理与服务

营口市气象局积极贯彻党的离退休干部政策,思想上关心、生活上照顾老同志,热忱为他们提供服务,让他们老有所养、老有所乐、老有所为。

1. 落实政治待遇

营口市气象局历届领导班子对离退休干部工作都十分重视,做到政治待遇从优,及时传达或送达相关文件精神,为老同志订阅《老同志之友》等杂志,定期向离退休干部通报工作情况。春节和重阳节,召开离退休干部职工团拜会或座谈会,并开展走访慰问等活动,及时向老同志传达上级有关文件精神,通报各项工作和事业发展情况,征求意见和建议,鼓励老同志发挥自己的特长,为气象事业发挥余热。

2. 落实工资福利待遇、生活待遇

20世纪90年代，虽然气象部门资金状况总体困难，但历届市、县气象部门领导班子都能确保离退休人员基本工资和补贴的按时发放。2009年年底，人事政工科对规范前、规范后津补贴标准进行详细计算核对后，按营口地方标准规范了全地区离退休人员津补贴，市气象局和各市（县）、区气象局均筹措自有资金，从2009年12月起给离退休人员按标准发放了津补贴。

2000年以来，营口市气象局多次组织离退休同志进行健康体检，为女同志进行专项体检，使离退休同志及时掌握自身健康状况，发现疾病尽早就医。按时核销离休干部医药费。按规定发放离休干部护理费。及时提高离休干部生活补贴。按时完成离退休人员报表统计及上报工作。

3. 组织各类活动

营口市气象局形成较为完善的定期走访慰问离退休人员制度。每逢春节、中秋、重阳等节日，营口市气象局领导都会看望慰问离退休人员和离退休人员遗属，送去慰问金。每次走访慰问，局领导都与老同志们亲切交谈，详细了解他们的饮食起居、身体状况和参加社会活动等情况，把党对老干部、老同志的关怀送到他们心中。

2005年，营口市气象局建立了老干部活动室，利用自有资金购置台球、乒乓球、麻将台案，配置室外活动器材10个，供老同志锻炼健身，设立阅览室，供老同志阅读。

营口市气象局还组织离退休人员开展各种集体活动。先后组织老同志到沈阳世园会、营口墩台山等地参观游览。2009年，精心组织"全地区庆祝新中国成立60周年文艺汇演"，邀请离退休老同志一起观看。2013年"八一"建军节，市气象局召开离退休军转干部座谈会，并发放慰问金。

在辽宁省气象局举办的离退休老同志《我们共同走过》征文活动中，营口地区有多位老同志投稿，其中两位老同志撰写的稿件被采用。在《营口市志·气象篇》（1986—2006年）编撰工作中，老同志积极发挥作用，为完成志稿撰写作出了贡献。

第五节　职工教育管理

一、机构与制度

20世纪50年代后期，营口市气象部门职工教育培训工作伴随着气象事业的发展，成为气象业务管理的一部分，先后由科技科、办公室、人事政工科负责管理。

1979年，经营口市编制委员会批准，市气象局农业气象科改为科技科，技术人员培训由科技科负责。

1990年，营口地区的职工教育、科技干部的考核、晋升及管理等工作调整为办公室负责。

1996年，营口市气象局调整内设机构职责。原办公室承担的职工教育培训职能划入人事政工科。人事政工科承担的职工教育培训工作内容包括：负责组织人员参加辽宁省气象局和地方机构举办的各类培训班；负责制定本地区气象职工教育培训和学习计划；负责督促检查培训进度和学习情况；负责职工学历教育的组织管理。

从2000年开始，营口市气象局结合全地区气象事业发展和需求，编制职工教育培训计划，加大培训工作力度，先后出台了《营口市气象部门在职职工教育培训管理办法》《人才年度工作计划》《营口市气象部门基层台站职工科学发展主题远程培训方案》《远程教育学习制度》《营口市气象局气象远程学习示范点建设实施方案》《营口市气象局继续教育和远程学习考核办法（试行）》《营口市气象局气象远程学习辅导员制度》，推动职工教育培训工作不断实现新的发展。

二、职工教育培训

20世纪50年代，营口市气象部门提高职工专业知识和业务技能主要采取"传、帮、带"的办法，即

师傅带徒弟，通过跟班学习、师傅指导，考核合格后上岗。

1959年11月，辽宁省气象局举办了为期一个半月的"农业气象培训班"和为期2个月的"台站长培训班"。

1960年9月至1961年2月，举办预报训练班，培训条件为具有初中文化程度的业务人员，经过脱产培训，学员掌握了天气预报理论知识和预报方法（包括土洋结合预报工具），基本具备了独立从事本台站天气预报和补充预报的能力。

20世纪80年代开始，职工培训方式由气象部门举办的职工培训转为学历教育与专业培训结合。鼓励职工通过文化考试参加中专、大专的函授或脱产学习，还按照省气象局要求，选派业务人员参加气象业务、计算机技术、现代化管理、人事及财务等短期专业培训班。

2000年以后，营口市气象局在贯彻执行中国气象局和辽宁省气象局关于实施科技兴气象、人才强局战略部署中，加强了对气象职工的教育培训。职工教育培训的形式包括：中国气象局组织的远程教育培训和业务培训班；辽宁省气象局组织的各类业务、管理培训班；营口市气象局按照职工教育培训和学习计划举办的各类培训班；营口市地方机构举办的各类培训班；职工参加在职和脱产形式的学历教育等。

从2000年开始，营口市气象局加大了在职学历教育的力度，先后派出人员参加在职博士研究生、在职硕士研究生等学习。截至2018年，有12人完成在职硕士研究生学习，17人完成在职本科学习，19人完成在职专科学习。目前在读博士研究生1人，在读硕士研究生2人。2000—2018年，营口市气象局职工参加中国气象局和省气象局举办的各类培训班，受训人员900余人次；参加市气象局组织的各类培训班，受训人员近5000人次。

三、远程教育示范点建设

从2004年开始，营口市气象部门职工通过中国气象局气象干部培训学院远程教育网学习气象干部综合素质、气象业务技术、气象综合管理等课程。2006—2013年，远程教育学习总时长为1763小时。

2013年，中国气象局远程教育示范点创建工作正式启动，营口市气象局积极争取远程学习示范点创建，制定了《远程教育学习制度》，组织并鼓励职工学习远程教育培训课程。

2014年，营口市气象局被正式确定为"气象远程学习示范点"，中国气象局投入资金用于营口市气象局远程教育示范点建设，市气象局成立远程教育示范点建设领导小组，设立11个学习小组，制定《营口市气象局气象远程学习示范点建设实施方案》《营口市气象局继续教育和远程学习考核办法（试行）》《营口市气象局气象远程学习辅导员制度》《综合学习室管理制度》，建立健全了远程学习激励机制及考核方案，激发职工自主学习的兴趣。

2015年，营口市气象局自筹资金建成远程学习和视频会议室，完善了远程学习考核机制，中国气象局颁发"远程学习示范点"牌匾。组织开展远程教育集体学习28次，形成学习研讨总结28份，整理学习档案11卷。修订《营口市气象局继续教育和远程学习考核办法》，对2014年度继续教育和远程学习进行考核，评选出先进学习集体4个、先进学员6名。

2016年，对上一年度继续教育和远程学习进行考核，评选出先进学习集体4个、先进学员6名。

2014—2018年，职工通过远程教育平台学习时长达55705小时。

第二十章　财务管理

　　气象部门的财务工作随着体制的变化经历不同的发展阶段。1971 年之前，营口气象部门财务工作一直由主管部门管理。1971 年以后，逐步建立财务体系，成为独立财务核算单位。1980 年以后，开始实行双重计划财务体制和相应的财务渠道，气象经费组成呈现多元的状态，为切实做好财务工作，建立并完善了相应的财务机构、职责范围和管理制度。

第一节　机构沿革与管理

一、机构沿革

　　20 世纪 70 年代以前，营口市气象部门没有财务工作机构。1971 年 6 月，营口市气象台下设办公室、政工科、气象科 3 个科室，财务工作归属办公室，办公室设有会计和出纳人员。

　　2005 年 7 月，营口市气象局成立计划财务科，财务工作有了专门机构。

　　2007 年 3 月 27 日，营口市气象局根据省气象局《关于成立市气象局财务核算中心的通知》精神，成立财务核算中心，财务工作进一步加强。

二、计划财务管理

　　1980 年 9 月，随着气象管理体制调整，营口市气象部门财务工作也相应上收，以省气象局管理为主。在办公室设财会室，配备专职财会人员，负责全地区财务管理工作。

　　1992 年 5 月，国务院下发《关于进一步加强气象工作的通知》，国家气象事业和地方气象事业同步发展，营口地方财政资金开始补充气象事业经费，财务管理既执行部门财务政策也执行地方财务政策。

　　2000 年，由原始的手工式记账改革为电算化记账方式，采用安易财务软件 3.11 版，2006 年采用 R9用友财务软件记账。随着财务电算化软件的更新，调阅财务数据、资料及相关的财务信息更加便捷，记账方便、清晰、明了，加快了财务电算化工作的办公效率。

　　2001 年，根据《气象部门会计电算化管理暂行办法》，进行全地区财务人员培训，全面推行会计电算化管理。

　　2002 年 2 月，营口市气象局执行中国气象局《关于将气象有偿服务费转为经营服务性收费（价格）的通知》规定，将科技服务中心收取的气象有偿服务费纳入本单位财务收支统一核算，不再作为预算外资金管理。

　　2003 年，按照国库集中支付管理工作要求，营口市气象局在当地建设银行开立了中央零余额账户，2004 年 1 月正式实行国库集中支付。

　　2005 年 1 月，营口市气象部门财务实行统一管理，市气象局代理各市（县）、区气象局的会计核算工作，承担会计职能和管理职能。

　　2006 年 5 月，省气象局批准《营口市国家气象系统机构编制调整方案》，明确市气象局内设办公室（计划财务科）。计划财务科行使财务管理职能，上收各市（县）、区气象局财务核算职能，规定各市（县）、区气象局为报账单位，明确资金审批权限，各市（县）、区气象局只设报账员，不设会计。同年 7 月，根据中国气象局《关于加强财务管理和加强财经法规制度落实的通知》精神，为规范全市气象部门财务行为，加强财务管理，营口市气象局印发《营口市气象局财务收支管理办法》《营口市气象局会计人员岗位责任制度》《关于进一步加强县局财务管理的实施意见》《营口市气象局财务资金收支工作流程》。

2007年，营口市气象局成立财务核算中心，对市气象局、县级气象局（站）、县气象部门所办企业实行"集中管理、分账户核算"。

2009年，进一步深化气象部门国库集中支付制度，根据省气象局关于贯彻执行《气象部门公务卡管理实施办法》的通知要求，营口市气象局制定《营口市气象局公务卡制度实施方案》，与代理银行中国建设银行营口市分行签订相关服务协议、网银代理协议，共办理在职职工公务卡52张。

2010年，全地区气象部门的财务系统从R9财务软件转换为A++财务软件。同年10月，所属3个市（县）、区气象局安装vpn、A++出纳系统及领导查询系统。2011年，启用A++财务软件管理模式后，全地区的财务管理工作有了新的进展。全面完成了县级出纳管理系统及领导查询系统的安装，并将2011年财务账全部输入出纳管理系统。全地区财务核算工作步入一个新的轨道，更加真实化、准确化、透明化，为财务工作分析、管理、控制提供了方便的环境和条件。

2010年，按照辽宁省气象局《转发辽宁省财政票据管理暂行办法的通知》要求，营口市气象局对行政审批大厅和防雷减灾中心进行分类管理，实现自行机打检测发票的管理模式，实现行政审批大厅、防雷减灾中心与市气象局税务软件服务器的共享，使主服务器与分支点联通成功，顺利实现发票多点开具。

2010年年初，营口市气象局计划财务科制定了《财务事前审批制度》，对接待、出差、购置物品、房屋修缮、车辆维修等事项实行事前审批，未经提前审批，事后一律不予核销。该制度于2010年3月在全地区实行，有效地控制了公用经费的支出，使营口地区财务管理制度进一步规范化，增加了财务支出的透明度。

2012年，为加快推进廉政风险防控工作，根据省气象局办公室《关于实施财务支出和采购风险防控网上审批的通知》要求，依托"辽宁省气象局综合管理信息系统"的发文功能，实施财务支出和采购支出风险防控网上审批。营口市气象局结合风险防控工作中存在的问题，制定了《营口市气象局财务支出和采购支出报销网上审批规定》，营口地区财务支出报销实行网上审批和发票手签并行的制度，避免了财务报销过程中存在的风险隐患。为规范支票使用，保证各项资金安全，全面启用"金卡支票打印软件"。对原有的各项管理制度进行了细化和补充，逐步规范各种票、证、账、表的使用。制定了《营口市气象局基建管理实施细则》，重新修订了《营口市气象局财务报销审批制度和工作流程》《县气象局财务报销审批制度和工作流程》，进一步规范了女职工计划生育报销规则。

2013年，结合营口市气象部门的实际情况，建立健全财务收支审批制度、财务内部牵制制度，先后出台《营口市气象局统一管理县气象局财务工作办法》《政府采购管理办法》《基本建设管理办法》《营口市气象局财务人员日常工作行为准则》，为更好地加强财务管理奠定了坚实的基础。

2014—2015年，营口市气象局重新梳理了财务工作规章制度，按要求制定了实施细则。制定了《营口市气象部门项目工作流程》，修订了《财务支出与报销管理规定》，实现了财务管理工作的制度化、规范化。

2016年，重新修订了《营口地区气象部门差旅费管理实施细则》，对出差人员审批程序、出差人员住宿费、伙食补助费和市内交通费等重新进行了详细规定，严格控制出差人员天数、支出规模及无实质内容的交流调研，进一步完善了营口市气象局差旅费管理规定。

2018年，制定《营口市气象部门非政府采购管理规定》，召开市（县）、区气象局大额支出事前审批管理专题会，重新修订《营口市气象局关于修订财务支出与报销管理办法》。贯彻落实中央八项规定精神，开展财务专项检查工作。全年多次有针对性地进行全地区2015—2018年差旅费、接待费专项检查，并按照省气象局要求，对公务出差及公务接待的报销原始凭证及附件进行审核，对不合规凭证全部整改，并形成自查整改报告上报省气象局。

三、气象事业经费

1958—1980 年，气象经费一直由国家财政或地方财政保障，由建台初期的每年几万元，到 1980 年全地区 26 万元。从 1981 年起，营口气象部门陆续开展综合经营和有偿气象服务，开始有了预算外收入。1985 年 3 月，国务院办公厅下发《国务院办公厅转发国家气象局关于气象部门开展有偿服务和综合经营的报告的通知》后，有偿气象服务快速发展，增加了资金来源。1992 年 5 月，国家物价局、财政部下发《关于发布气象部门专业服务收费的通知》（〔1992〕价费字 123 号），使专业气象服务收费有了文件依据。

从 20 世纪 90 年代中期开始，气象部门以国家气象事业为依托，大力发展地方气象事业，建立了地方财政投入渠道，气象事业经费由最初的单一构成演变为三大来源，即国家拨款、地方投入和科技服务收入。

国家拨款主要有人员经费和基本气象业务运行维持费。随着气象事业的不断发展，国家对气象基本建设投入的经费力度逐年加大。1989—2018 年，中央财政拨款 600 多万元，用于山洪地质灾害气象保障工程建设项目和"三农"气象服务专项建设项目。中国气象局拨付资金近 1000 万元，用于新一代天气雷达主机和附属设备的配给、雷达站供水和监控等配套设施建设和雷达大修及技术升级；拨付资金近 1000 万元，用于百年气象站旧址修缮和陈列馆建设工程等。此外，中国气象局还拨款支持营口地区气象台站建设和环境改造。

20 世纪 70 年代，地方政府投入资金主要用于气象业务楼、办公楼等基础设施建设。随着气象服务领域的不断拓展，为更好地服务于地方经济和人民生活，营口市政府加大了对气象现代化建设的专项资金投入，1989—2018 年，累计投入专项资金约 3500 万元，用于海洋人机对话系统、9210 工程 VSAT 小站、人工增雨火箭发射系统、营口市突发事件预警信息发布系统、电视天气预报演播系统、营口新一代天气雷达的建设和迁建工程等项目。按照《辽宁省人民政府关于加快气象事业发展的实施意见》文件精神，营口市政府落实了气象部门的人员经费缺口，使气象部门职工的各项待遇与当地机关事业单位相同，并将人工增雨专项资金及各项专项业务项目维持经费纳入财政预算。

综合经营和有偿气象服务的开展，弥补了气象事业经费的不足。1981—1989 年，综合经营和有偿气象服务收入只有几千到几万元，1990 年有偿气象服务收入首次突破 10 万元大关。1999 年为 60 多万元，2010 年达到 600 多万元。2015 年后，随着客观形势的变化，气象科技服务收入逐渐减少。

1991—2018 年营口地区气象事业经费统计详见表 20-1。

表 20-1　1991—2018 年营口地区气象事业经费统计　　单位：万元

年份	总经费	年份	总经费
1991	90.68	2002	397.82
1992	118.25	2003	308.30
1993	157.64	2004	793.41
1994	128.39	2005	916.27
1995	198.77	2006	650.55
1996	286.85	2007	872.04
1997	229.96	2008	919.81
1998	205.76	2009	1238.40
1999	334.05	2010	1869.48
2000	316.51	2011	1897.31
2001	308.49	2012	2015.95

续表

年份	总经费	年份	总经费
2013	3827.80	2016	2493.46
2014	3939.65	2017	2919.16
2015	3511.47	2018	2586.10

注：总经费一项指营口市气象局和3个市（县）、区气象局气象经费收入总和，经费内容包含上级气象部门拨付、地方投入和科技服务收入。上级气象部门拨付、地方投入经费中包括专项投入。

第二节　基本建设项目

一、中央和地方投资建设项目

1971年6月，营口市委经济领导小组批准市气象台基建计划，投资10万元，用于建设办公楼，1973年1月1日，营口气象台位于跃进街的新址办公楼建成。

1978年4月，营口市计委批准市气象局建综合观测楼基建计划，投资7.5万元，1979年追加续建资金7万元。1980年9月，市气象局综合观测楼建成使用。

1985年5月，省气象局同意营口市气象局建设1500米^{2}职工住宅楼，投资10万元。1986年12月，市气象局职工住宅楼验收交付使用。

1989年2月，中国气象局投入10万元，营口市政府投入3万元，用于建设营口市气象局海洋人机对话系统。

1992年9月，省气象局安排资金10万元用于营口市气象局庭院改造。修沥青路面，铺沙石路面、路边石和人行道板，建篮球场。

1996年4月，营口市财政局拨付经费50万元，用于市气象局9210工程VSAT小站配套建设。同年9月，省气象局组织施工的9210工程地网工程、市气象局组织施工的防雷工程及天线基座工程全部通过竣工验收。

2001年6月，营口市政府投资50万元购置3套火箭增雨发射系统、3台小解放汽车，用于人工影响天气作业。

2003年4月，中国气象局批准"营口新一代天气雷达系统建设项目"立项。项目实际总投资1103万元，营口市政府投资900万元，中央投资203万元。建设内容包括：新建雷达塔楼880米^2，塔高50米，共10层；新建综合业务楼3680米^2，框架4层、7层结构；新建附属业务用房540米^2；自动气象站系统设备及业务改造等。

2006年1月1日，营口国家基本气象站迁至营口市西市区渤海大街西119号西炮台公园规划区。工程总投资50万元，用于工作用房建设。

2013年，营口市政府投资300万元，用于营口市十大民生工程之一的营口市突发事件预警信息发布系统项目建设。建设内容包括：建立1个市级、3个县级预警信息发布中心，在25个市级相关部门、30个县级相关部门安装视频会商设备和信息发布终端，在全市42个乡镇、200个村安装信息接收终端。2013年7月，营口新一代天气雷达迁至大石桥市蟠龙山。营口市老边区政府承担雷达迁建费用1500万元，2014年迁建工作结束，建设资金缺口由大石桥市政府承担。

2014年5月，辽宁省气象局批复营口市气象局综合改善项目，安排资金100万元用于项目建设。建设内容包括院内道路硬化、道板和塑胶路面铺装，同时重建铺设排水管道，回填土方，植被修复，重新建设城区观测站。

2014年10月，中国气象局拨付项目资金5万元用于营口市气象局远程教育培训及教育共享平台（二期）项目建设。购置了摄录机、碎纸机等设备。

2014 年 10 月，营口市气象局推出有主持人出境的电视天气预报节目。市政府投资 60 万元，用于添置新设备、建设影视棚、招聘主持人、节目版面设计等。

2015 年 7 月，辽宁省省气象局批复营口市气象局山洪地质灾害防治气象保障工程 2015 年（第一批）建设项目，项目总投资 21.18 万元，中央投资 14.90 万元，地方自筹 6.28 万元。主要建设内容：营口、盖州国家气象站的新型自动气象站场地基础改造。

2015 年 9 月，中国气象局投资 10 万元，用于营口市气象局山洪地质灾害防治气象保障工程 2015 年（第二批）建设项目。主要建设内容：灾情普查和气象灾害风险区划。

2015 年 10 月，中国气象局投资 611.52 万元用于营口新一代天气雷达大修及技术升级工程，项目建设周期为三年。内容包括：将直流伺服系统升级为同型号最新批次的交流伺服系统，在此基础上对雷达天线罩、天伺系统、铁塔、馈线系统、发射系统、接收系统信号处理及监控系统、配电系统、终端系统间电缆、雷达标准输出控制器进行全面维修、维护、更换，对发射、接收、信号处理、配电等系统实施大修。

2016 年 11 月，中国气象局投资 45 万元，用于 7 月 21—25 日暴雨灾害业务用房维修建设项目。主要建设内容：更换门窗，气象观测站供暖改造等。

2017 年 10 月，中国气象局投资 104.17 万元，用于营口市气象局山洪地质灾害防治气象保障工程建设项目。项目包括：11 套区域气象观测站升级改造及备件采购和基础建设。

2017 年 11 月，中国气象局投资 90 万元，用于营口市气象局百年气象站修缮保护前期启动工程，项目建设内容包括：气象站旧址确权及鉴定、百年气象资料收集、气象站现址宣传栏安装、观测布展展品收集和复制。

2018 年 3 月，中国气象局投资 69 万元，用于营口国家天气雷达站的供水和监控工程。建设内容包括 3 项工程。供水工程：供水管道开挖及架空铺设至塔楼外，进水点至塔楼内部供水管道改造；安装高扬程自供水泵机，接入自来水公司方仓，在塔楼内新建蓄水池。监控工程：在塔楼外部、雷达机房及天线罩内安装 11 部高清网络视频摄像头及附属设备；在门卫安装一套监控录像设备。维修改造工程：门窗及防护栏更换、墙面处理、路面修复等建设内容。

2018 年 5 月，中国气象局评审通过了《营口百年气象站旧址改扩建及修缮工程可行性研究报告》，项目予以立项。6 月 8 日，省气象局对该项目进行批复。中国气象局投资 670 万元用于旧址改扩建及修缮工程。建设内容包括百年气象站旧址修缮 318 米²；在内部实施装修工程，布设营口百年气象展区、气象仪器专题展区和多媒体互动展区；建设面积 2300 米²的气象主题广场。

2018 年 11 月，完成营口国家天气雷达站气象科普馆建设项目。项目投资 21.65 万元，为地方财政投入。营口国家天气雷达站气象科普馆位于营口大石桥市蟠龙山，总面积约 180 米²。该馆以气象防灾减灾为主题，设天气与气候、观测与预报、气象与生产、雷电灾害防御、人工影响天气、气候资源利用六个区域，运用图文表现的方式普及气象科学和气象文化。

二、自筹资金建设项目

1994 年 5 月，营口市气象局由职工集资 3 万元，翻修院内的简易房 10 间，共 180 米²。

1998 年 12 月，营口市气象台制作的电视天气预报节目在营口有线电视台新闻节目之后正式播出。先后投入近 30 万元购置制作电视天气预报所需设备。

2002 年 4 月，营口市气象局投入 31.7 万元购置电视天气预报制作系统并投入使用。

2014 年 12 月，投入 68.63 万元用于营口市气象局远程培训及视频会议室建设，建设内容包括室内维修维护，铺设地热、地砖；安装节能灯具；更换窗户台板；强电和弱电综合布线，购置液晶拼接屏、图像处理系统、图像控制系统、视频会议终端、摄像头、网络交换机等。

2015 年 1 月，投资 25.53 万元用于营口市气象观测站铺装工程，建设内容包括山皮石底层基础、混凝土垫层、科普广场火烧板铺设、透水砖铺设、嵌草砖铺设、青石板道路铺设、树池砌筑、边石安砌等建设内容。投入资金 13.1 万元，用于营口市气象观测站绿化工程，包括回填种植土、绿化草坪、灌木种植等建设内容。

2015 年 10 月，投资 14.82 万元用于营口市气象局移动应急车改装项目。改装内容为增加车载移动观测系统，通过 GPRS 将数据传输至中心站。包含移动气象站一套（六要素综合传感器、数据采集器、无线通讯系统、太阳能供电系统）、支持保障设备（气象杆、接地桩、采集器机箱、收线箱、车顶安装架、结构件）等，并对车辆进行改装、集成设计与施工、测试和验收等。

2015 年 11 月，投资 33.62 万元用于营口市气象局局域网内外网隔离项目。建设内容包括重新设计网络并组网、整理并归类各房间网线、安装电脑终端等。

2018 年 8 月，投资 55.95 万元用于营口市气象局人工影响天气装备储存室项目。建设内容：对原有旧锅炉房进行改造，建设人影装备存储室一座，建筑面积 199 米^2；配置相应通讯、照明、综合布线、给排水、暖通及人影装备存储室外配套等。

2018 年 10 月，投资 37.08 万元用于营口市气象局业务楼维修工程。建设内容包括：维修业务楼地砖、走廊矿棉板保温、安装中央空调、安装广播系统等。

2001—2018 年营口市气象局基本建设项目详见表 20-2。

表 20-2　2001—2018 年营口市气象局基本建设项目　　　　单位：万元

年份	项目名称	资金来源			
		中央拨款	地方资金	自筹资金	总额
2001	火箭增雨发射系统（3 套）		50.00		50.00
2002	电视天气预报制作系统		31.70		31.70
2003	营口新一代天气雷达系统建设项目	203.00	900.00		1103.00
2006	营口国家基本气象站与营口市气象局局站分离、异地搬迁	50.00			50.00
2013	营口市气象局突发事件预警信息发布系统项目		300.00		300.00
	营口新一代天气雷达迁至大石桥市蟠龙山		1500.00		1500.00
2014	营口市气象局综合改善项目	100.00			100.00
	电视天气预报节目		60.00		60.00
	远程培训及视频会议室建设			68.63	68.63
2015	营口市气象局山洪地质灾害防治气象保障工程 2015 年（第一批）建设项目	14.90		6.28	21.18
	营口市气象局山洪地质灾害防治气象保障工程 2015 年（第二批）建设项目	10.00			10.00
	营口市气象观测站重新铺装			25.53	25.53
	营口市气象观测站绿化工程			13.10	13.10
	营口市气象局局域网内外网隔离项目			33.62	33.62
	营口市气象局移动应急车改装项目			14.82	14.82
2016	7 月 21—25 日暴雨灾害业务用房维修建设项目	45.00			45.00
	营口市气象局山洪地质灾害防治气象保障工程 2017 年建设项目	104.17			104.17
2017	营口气象局百年气象站修缮保护前期启动工程	90.00			90.00

续表

年份	项目名称	资金来源			
		中央拨款	地方资金	自筹资金	总额
2018	营口新一代天气雷达供水和监控工程	69.00			69.00
	营口市气象局人影装备储存室项目			55.95	55.95
	营口市气象局业务楼维修工程			37.08	37.08
	营口新一代天气雷达大修及技术升级项目	611.52			611.52
	营口百年气象站旧址改扩建及修缮工程	670.00			670.00
	营口国家天气雷达站气象科普馆建设项目		21.65		21.65

第三节 国有资产管理

营口市气象局计划财务科承担营口地区气象部门国有资产管理工作。

一、房地产管理

1973 年 6 月，新建行政办公楼 1 栋，建设面积 1046 米^2。2003 年建设新一代天气雷达及附属设施时将其拆除。

1979 年 10 月，新建业务办公楼 1 栋，建设面积 643.28 米^2。

1973 年，建职工宿舍（联排平房），建筑面积 1457 米^2。1986 年，建职工宿舍楼 1 栋，建筑面积 1866.7 米^2。1997 年，营口市实行城镇住房制度改革，公有住房出售给个人，产权归属个人所有。1989 年，在营口市站前区楞严寺附近建设职工宿舍（西楼）和职工用房（室内楼），建设面积 505 米^2，无土地使用权证及房屋使用权证。1997 年，实行公有住房货币化改革后，产权归属个人。

2003 年，建设新一代天气雷达及其附属设施。建设综合办公楼 1 幢，建筑面积 3680 米^2。建设雷达塔楼 1 座，建筑面积 880 米^2。建设收发室、车库和车棚，建筑面积 404 米^2。

2006 年 9 月，营口国家基本观测站迁址建设工程，建筑面积 224 米^2。

2013 年 12 月，购置南湖阳光新城小区两套商品房作为青年职工宿舍，单套建筑面积 100.3 米^2。

2015 年，新一代天气雷达搬迁至大石桥蟠龙山，占地面积约 3000 米^2，建筑面积 2389 米^2，雷达塔高 59 米。

2018 年 2 月，营口市委市政府决定划拨 2677 米^2 建设用地作为营口百年气象站旧址恢复重建规划用地，同年 7 月将旧址产权确权给营口市气象局所有。旧址面积为 318 米^2。

二、资产清查

2000 年，根据省气象局《关于清产核资资金审核报告的批复》要求，对资产相关数据进行调整，资产年初数为 421.94 万元，调增 29.46 万元，调减 67.04 万元，调整后 384.36 万元。

2006 年，按照《关于开展辽宁全省气象部门固定资产清查工作的通知》要求，2006 年 9 月至 2007 年 5 月，开展为期 9 个月，10 年一次的全市气象部门清产核资工作。对所有的资产数据进行重新整理和输入，并登记注册，2007 年 11 月末，对全市气象部门 1030 个资产粘贴了固定资产条形码。经统计，全市气象部门实有资产 2100 万元，待报废资产 38 万元，全部统计资产通过营口市中介会计审计所审计并经中国气象局统一发文核销。

2013 年 8 月，为进一步加强固定资产管理，对全市气象部门现有固定资产开展清理。对所有"盘盈""盘亏""待报废"资产做好记录，将 2012 年以前所有在用资产全部粘贴固定资产条形码，确保全地区固定资产与资产账目登记相符。9 月，根据省气象局《关于开展固定资产信息统计工作的通知》要求，及时将 2013 年全市气象部门新增固定资产输入固定资产管理软件，对 2013 年以前全市气象部门资产数据进行严格把关，重点对单位的办公用房、占地面积、交通工具、大型仪器设备等资产进行审查，逐一与固定资产账进行核对，完成 2013 年 8 月 31 日以前的固定资产统计工作。

2015 年 3 月，按省气象局要求开展国有资产产权登记工作。成立了国有资产产权登记工作领导小组，对全市气象部门相关人员进行集中培训，组织对固定资产产权进行完整的清理、归类和登记，并通过中国气象局审核。

2015 年 12 月，按照中国气象局和辽宁省气象局的统一部署，完成 2014 年 12 月 31 日以前国有资产历史数据从贝孚系统迁移到久其资产软件的工作，确保"中国气象局国有资产管理信息系统"按期运行。

2016 年 4 月，按照《关于开展全省气象部门事业单位国有资产清查工作的通知》要求，营口市气象局成立资产清查组织机构，制定营口地区固定资产清查工作方案，对 2015 年 12 月 31 日以前的资产进行清查。资产清查统计结果通过营口市中介会计审计所审计，中国气象局统一发文核销。

三、资产报废

2012 年，根据《辽宁省气象局关于营口市气象局报废部分固定资产的批复》，报废车辆五台，资产总计 37.39 万元；根据《辽宁省气象局关于营口市气象局转让固定资产的批复》，转让车辆三台。

2015 年，根据《辽宁省气象局关于营口市气象局报废部分固定资产的批复》，报废 1 万元以上通用设备、专用设备资产 45 项，报废资产 169.17 万元。

2018 年，根据资产处置文件要求，营口市气象局完成部分固定资产的报废工作，全地区气象部门共报废固定资产 524 项，报废资产总计 154.81 万元。经营口市气象局资产管理小组鉴定，符合报废条件，批复报废。

第四节　会计与统计管理

预算、决算和统计管理是气象部门财务管理的一项重要工作。随着财务管理的规范化，预算、决算和统计管理工作在气象部门财务管理中发挥着全面统筹、计划实施的作用。

一、预算管理

2000 年以前，采取手工编制预算的方法。随着气象事业的稳定发展，资金来源渠道呈现多样化，资金规模日益增长，项目资金比重越来越大，这些变化对预算管理产生了很大影响。从 2000 年开始，采用中央预算管理系统操作软件编制预算，推行政府收支分类改革，将收入与支出划分归类，按各项资金的使用范围合理编制全口径预算。部门预算从基层 4 级预算单位开始逐级汇总编制，按照"一上，一下""二上，二下"的程序编制预算。预算一经批复，必须严格遵照执行。

营口市气象局为保证预算执行准确、合理，把中央资金预算与全市气象部门实际需求结合进行细化，按资金用途分解到末级科目，编制《基本支出预算执行责任书》，并与所属县（区）局签订预算执行责任书。在执行的过程中，强化预算的约束，按月、按项目分类编制《预算执行情况进度表》，每月提前做好预算安排，将进度较慢的项目提前告知项目执行人，避免出现突击花钱的现象，有效加快了本地区的预算执行进度。

二、决算管理

财务决算，体现了单位在资金使用方面的合理合规性，也直接影响下一年度单位经费安排与使用。

根据财政部和中国气象局编审要求，在日常会计核算基础上，编制综合反映本单位财务收支状况和各项资金管理状况的总结。在编制决算报表前，营口市气象局财务人员必须对账务进行认真梳理、全面审核，着重对预算指标、财政拨款、资金性质、基建资金、"三公经费"等资金进行严格审核，切实做到账实相符，确保各项数据的准确完整。在整个决算报表填报过程中，财务人员分工明确、各负其责，本着"真实、准确、完整、及时"的工作准则，对各项收支进行分门别类的整理，条理清晰地输入每一张报表，并对各项数据进行对比分析说明，最终，形成完整的决算报表、决算编制说明及决算分析报告。

三、统计管理

综合统计报表的编制是根据营口市气象部门决算报表、地方财务决算报表等相关数据，结合全市气象部门实际情况，经过认真分析和审核后填报。一般情况下，各报表相关数据要保持一致。报表统计范围为营口市气象局（市本级）、盖州市气象局、大石桥市气象局和营口经济技术开发区气象局。按照省局文件要求，综合统计年报包括单位基础信息、公共气象服务、预报预测业务、综合观测业务、财务分析表、固定资产投资情况、气象技术装备共七类报表。

营口市气象局每年认真组织和开展年度综合统计年报的编报工作，切实做好各项数据的调查核实，严格把好数据质量关，按时完成年度报表的填报、核实及上报。

第二十一章　依法行政

2000年1月1日,《中华人民共和国气象法》(简称《气象法》)颁布实施后,营口气象事业发展步入法制化轨道。根据《气象法》授予气象事业的法律地位,不断规范气象工作,在防御气象灾害、合理开发利用和保护气候资源,在依法管理气象设施建设、气象探测环境保护、气象预报预警的制作和发布,在法规建设、行政执法等方面做出贡献。

第一节　管理机构和队伍建设

一、法规机构

2001年12月,省气象局下发《关于印发〈营口市国家气象系统机构改革方案〉的通知》(辽气发〔2001〕79号),批准营口市气象局内设办公室、业务科技科(政策法规科)、人事政工科3个科室。

2005年10月,营口市气象局党组决定法规科独立运行。

2006年5月8日,营口市气象局行政审批中心成立,正式对外开展行政审批工作。

2008年2月28日,营口市行政审批中心正式成立运行,市气象局派出2名工作人员进驻审批中心办公,其中防雷设计审核、竣工验收列入建设项目联审,施放气球作业审批列为综合执法局占道审批的前置条件。

2016年,国务院和辽宁省政府先后下发关于优化建设工程防雷许可的通知,将建设工程防雷许可职能移交给住建委。

至2018年,政策法规科3人,其中1人承担行政审批大厅工作。工作职能:负责协调和管理全地区气象行政执法工作;负责全地区法律、法规的学习、宣传工作;负责本地区气象行业管理的综合协调工作;负责施放气球和防雷安全管理;负责气象科技服务与产业的宏观协调和政策指导等工作。

二、执法队伍

2000年3月,营口市气象局吴福杰、张恒延、苏乐宏等参加市政府法制办举行的全市行政执法人员培训考试,取得市政府法制办颁发的行政执法证。此后,又有多名人员加入到气象行政执法队伍当中。

2005年,防雷减灾活动的监督检查逐步纳入到依法行政工作中。同年10月,政策法规科独立运行,王涛为专职执法人员,张恒延等为兼职执法人员。2007年10月,营口市气象局专职执法人员增加至2名。

2010年5月,营口市气象局成立营口市气象行政执法大队(正科级),隶属于市气象局,对外代表市气象局查处全市辖区内的气象违法行为,开展气象行政执法检查工作。执法大队与市气象局政策法规科合署办公,大队长由市气象局政策法规科负责人兼任。设专职执法人员3人,兼职执法人员6人。各市(县)、区气象局设气象行政执法中队,规格为股级,设兼职执法人员2～3人,实行各市(县)、区气象局和营口市气象行政执法大队的双重领导。

2013年5月,营口市气象局组建了营口市气象执法支队,承担全市的气象行政执法工作。支队长由政策法规科科长王涛兼任。每个市(县)、区抽调一名执法骨干与市气象局执法人员组成直属大队,原则上直属大队人员每年4月1日至10月31日集中在市气象局履职,形成常态化执法,负责营口市区及老边区的行政检查和全地区的行政处罚。同时在每个市(县)、区组建气象执法大队,气象执法大队在营口市气象执法支队和本级气象局领导下负责本辖区气象行政检查工作。

2017年，按照省气象局要求，成立营口市气象行政执法大队，撤销原执法支队。配备执法人员17人（专职8人，兼职9人），其中市本级8人（专职2人，兼职6人）；各市（县）、区气象局设置气象行政执法岗位，各配备专职执法人员2人，兼职执法人员1人。

三、领导机构

2002年6月，营口市气象局成立行政执法责任制工作领导小组，包括依法行政执法指挥小组和行政执法行动小组。指挥小组组长为王先赢，成员为苏乐宏、谭祯、张恒延，负责制定执法方案和执法行动计划；行动小组组长谭祯，成员李丕杰、张恒延、吕一杰、郝宏伟，负责实施行政执法责任制的具体工作。

2006年12月，调整营口市气象局行政执法责任制工作领导小组，局长才荣辉任组长，副局长曲岩任副组长，成员为苏乐洪、孔玉英、吕一杰、葛日东、缪远杰、王涛。领导小组下设办公室，负责领导小组日常工作，王涛兼办公室主任。

2011年4月，营口市气象局调整行政权力运行制度建设工作领导小组，组长为才荣辉，副组长为李宝章、苏乐宏，成员为王涛、宋晓钧。领导小组负责对营口市气象局行政权力运行制度建设工作情况进行监督审查和考核。领导小组下设办公室，主任为王涛，副主任为宋晓钧，成员为王东、王焕，责任科室为政策法规科和监察审计科，主要负责具体实施及协调工作。5月，由于领导班子人员变动，重新调整了行政权力运行制度建设工作领导小组成员，组长为李明香，其他人员不变。

第二节　法规实施和制度建设

一、法规实施

1999年12月，营口市人大财经委、营口市政府法制办和营口市气象局联合召开宣传贯彻《中华人民共和国气象法》新闻发布会。营口市人大常委会副主任唐志云、营口市政府副市长姜广信，市纪委和市财政局等有关部门领导，各市（县）、区政府及相关部门领导，新闻单位领导、媒体记者和特邀来宾等40余人参加会议。

2004年12月初，营口市气象局对行政许可项目进行清理并报市政府法制办，12月27日，市政府法制办发布公告，营口市气象局为授权行政执法主体，在职权范围内可按照法律、法规进行行政执法活动和开展《施放气球许可证》办理工作。12月29日，营口市人民政府印发《关于切实加强施放气球管理工作的通知》（营政办发〔2004〕65号），就加强施放气球管理工作做出明确规定：从事施放气球经营活动的单位必须取得由市气象主管部门颁发的资质证，必须在当地气象主管部门批准的范围内实施施放气球活动，施放气球单位应主动接受所在地气象主管部门的监督与检查。市气象局在《营口日报》发布了《施放气球管理通告》和《关于加强防雷装置安全性能定期检测的通告》。同时，与营口市安全生产监督管理局联合下发了《关于做好全市雷电灾害防御工作的通知》，就依法规范管理全市雷电灾害防御工作提出明确要求。

2006年年初，营口市气象局组织人员针对营口市防御雷电灾害管理部门主体不明、有关部门职能重复交叉、责任不清的现状进行调查研究，并协调营口市各有关管理部门，厘清责任，明确职能，起草《营口市雷电灾害防御管理规定》。4月11日，营口市人民政府颁布《营口市雷电灾害防御管理规定》（营政发〔2006〕19号）。6月7日，营口日报全文刊登了《营口市雷电灾害防御管理规定》，并发表了营口市副市长《消除雷电灾害隐患　建设平安营口》的署名文章。8月30日，市政府印发《关于进一步做好我市防雷减灾工作的通知》（营政办发〔2006〕61号）。

2007年10月，营口市气象局、营口市安全生产监督管理局、营口市城市管理综合执法局联合下发

《关于切实加强施放气球等升空物体管理工作的通知》（营气发〔2007〕65号），进一步规范市场主体施放气球行为。

2008年11月，《营口市行政审批项目并联审批办法（试行）》经营口市第十四届市政府第8次常务会议审议通过，并发布实施。防雷装置设计审核被列为基本建设项目建设工程施工许可阶段并联审批项目，成为办理建筑施工许可证的必要条件。

2009年5月，营口市气象局、市经济委员会、市安全生产监督管理局、营口供电公司联合下发《关于加强电力设施防雷安全管理的通知》，对电力系统的防雷安全管理作出了部署。

2010年7月，营口市气象局、市安全生产监督管理局、市住房和城市规划委员会联合下发《关于进一步加强我市防雷安全工作的通知》，并联合开展执法检查。

2011年11月，市气象局召开全市气象依法行政工作会议，省气象局政策法规处处长张景林和市政府法制办、市行政审批服务中心、市站前区人民法院相关领导应邀参加会议。营口市气象局传达贯彻《国务院办公厅关于加强气象灾害监测预警及信息发布工作的意见》，就开展气象信息发布与传播专项执法检查活动进行具体安排部署。

2012年10月，营口市人民政府重新修订并出台《营口市雷电灾害防御管理规定》（营口市人民政府令第14号）。营口市气象局召开新闻发布会，对加强气象法律法规和依法行政工作进行宣传。

2013年4月，营口市政府印发《关于加强气象设施和气象探测环境保护工作的意见》（营政办发〔2013〕28号）。6月，针对《营口市气象局关于探测环境保护规定及相关文件备案的函》，营口市发展与改革委员会复函，表示将高度重视保护气象设施和气象探测环境，在经济建设项目规划、审批时严格按照《中华人民共和国气象法》、营口市人民政府《关于加强气象设施和气象探测环境保护工作的意见》及营口国家基本气象站气象探测环境保护范围和具体规定执行。

2013年6月，营口市人民政府印发《转发市气象局关于进一步做好防雷减灾工作的通知》（营政办发〔2013〕36号），对防雷减灾工作提出新的要求。

2016年4月，营口市人民政府印发《关于印发营口国家基本气象站气象探测环境保护专项规划（2014—2030）的通知》。

2017年6月，省人大农委副主任徐振东、省气象局副局长刘勇等人到营口，对《辽宁省气象灾害防御条例（草案）》进行立法调研，市气象局召开气象灾害防御立法调研座谈会。市人大农委、市政府法制办、市农委、市水利局、市国土资源局、市安全生产监督管理局、市海洋与渔业局等相关领导和专家出席座谈会。12月，营口市政府印发《关于优化建设工程防雷许可的通知》（营政发〔2017〕33号），明确和落实政府领导责任、行业部门监管责任、企业自身主体责任，同时将防雷安全工作纳入政府考核评价体系和安全生产责任制考核体系，推动承担防雷安全监管职责的部门，加强对本行业领域的防雷安全监管，切实履行防雷安全监管职责。

2018年3月，营口市气象局牵头，联合市机构编制委员会办公室、市行政审批局、市住房和城乡规划建设委员会、市交通局、市水利局、市环境保护局、市人民政府法制办公室印发《关于做好优化建设工程防雷许可有关工作的通知》，明确了各部门防雷安全与管理职责，进一步强化了全地区防雷安全监管。

二、制度建设

1. 编写《营口市气象局执法职责汇编》

2006年5月，为了贯彻实施《国务院办公厅关于推行行政执法责任制的若干意见》和《辽宁省人民政府办公厅转发省政府法制办关于健全和完善行政执法责任制实施意见的通知》，建立权责明确、行为规范、监督有效、保障有力的行政执法体制，依法履行法定职责，市气象局组织有关人员对行政执法依据、执法事项、执法职权、执法责任、执法流程及相关配套制度进行了归纳梳理，编写了《营口市气象局执法职责汇编》。

2．行政权力运行制度建设

2011年11月，按照辽宁省气象局和营口市委、市政府关于《营口市加强行政权力运行制度系统建设工作方案》要求，营口市气象局通过清权确权、编制行政权力目录、制作行政权力运行流程图、制作廉政风险点示意图、制作行政权力运行公开表等五个阶段工作，历时6个月，圆满完成了行政权力运行制度建设工作，最终确认行政权力104项，其中行政许可3项、行政处罚101项。按照行政权力类别，编制成行政权力目录47页，对104项行政权力逐项列明实施依据、承办科室、公开形式、范围和时间。制作行政权力运行流程图104个，对全部行政权力逐项明确了主管领导、负责机构、责任人、职责、办理条件和时限、服务承诺等内容。围绕岗位职权以及每项行政权力运行的决策、执行、监督、考核等关键环节和重点岗位，认真查找容易滋生腐败问题的环节，确定行政权力的廉政风险点9个，并制定廉政风险防范措施，初步形成了前期预防、中期监控、后期处置的操作规程。

3．制定并完善《营口市气象局行政处罚自由裁量权实施标准》

2008年6月，根据营口市政府办公室《转发市政府法制办关于规范行政处罚自由裁量权工作实施意见的通知》（营政办发〔2008〕12号）的要求，营口市气象局对实施的气象法律、法规和规章的处罚条款进行了认真梳理、细化，形成《营口市气象局行政处罚自由裁量权基准制度》和《营口市气象局行政处罚自由裁量权实施标准》，报请市政府法制办审核同意后，通过本部门网站向社会公示，接受社会监督。

2012年2月，根据中国气象局新修订的《防雷减灾管理办法》和《营口市雷电灾害防御管理规定》等规章、规范性文件规定，对《营口市气象局行政处罚自由裁量权实施标准》中的相关内容进行了修订，并通过市政府法制办备案和营口市气象局网站公示，予以实施。

4．其他制度

营口市气象局于2004年制定《营口市气象局行政许可听证制度》《营口市气象局行政许可过错责任追究制度》；2005年制定《营口市气象行政执法监督检查制度》；2013年制定《营口市气象行政处罚审批制度》；2014年制定《营口市气象行政许可审批制度》《营口市气象行政许可事项办理制度》《营口市气象局行政执法制度》《营口市气象局行政决策责任追究制度》《营口市气象局重大行政决策实施后评价制度》《营口市气象局施放气球安全管理制度》。《营口市气象局施放气球单位资质管理制度》实施后，应用网上审批平台，对申请施放气球资质的企业实行"外网申请，内网审理"，为行政相对人办理相关手续提供了便利。《营口市气象局施放气球审批制度》执行中，尽可能为行政相对人着想，同时本着切实保障公共安全的角度考量，每次许可决定之前，都由审批人员咨询市气象台施放活动当天风力等天气情况，然后酌情是否给予批准。2015年制定《营口市气象行政执法流程》；2016年制定《营口市气象局规范性文件备案审查制度》《营口市气象局规范性文件集体讨论制度》《营口市气象局规范性文件拟制制度》等，制度体系的不断完善确保营口市气象局在依法行政、重大行政决策、行政处罚等工作中有章可循。此外，营口市气象局还制定了《全地区优秀防雷服务人员和优秀依法行政人员考评办法》。

第三节　行政执法

气象行政执法内容主要包括气象探测环境保护、防雷安全、涉外气象探测和资料管理、气象预报发布和气象灾害预警信号发布、施放气球等方面。

一、雷电灾害防御安全监管

2002年，行政执法人员对辖区内30余个单位进行了防雷安全检查，对4个问题单位提出整改意见。

2004年开始，每年雷雨季节，营口市气象局与市安全生产监督管理局联合发文，共同开展防雷安全检查。

2005年10月，营口市气象局政策法规科独立运行，进一步加大防雷减灾行政管理力度，联合市安全生产监督管理局、市政府法制办对易燃易爆场所的防雷工作进行监督检查，辽宁日报、辽宁电视台、营口日报、营口电视台对此次检查进行了报道。

2006年3月，营口市气象局对开发区芦屯镇2家拒不进行防雷检测的液化气站首次下达行政处罚决定书。全年对186个单位进行防雷装置安装使用情况检查，先后下达行政执法通知书26份，下达责令停止违法行为通知书45份，下达行政处罚决定书9份。

2007年，联合市安监局、市住建委、市法制办、市教育局等部门，开展对通信行业、银行业、学校的防雷安全检查，共检查有安全隐患单位150多家，下达责令停止违法行为通知书40余份，立案查处15起，下达行政处罚决定书11份，法院强制执行案件结案3起。

2008—2011年，开展防雷安全监督检查320多次，被检单位720多家。下达责令停止违法行为通知书82份，下达行政处罚决定书39份，法院强制执行案件17起。

二、施放气球活动监管

根据中国气象局《施放气球管理办法》的规定，市气象学会定期举办全市施放气球从业人员资格培训班，为培训考试合格的人员颁发《辽宁省施放气球资格证》。每到政府重大活动、重大节日等施放气球活动高峰期来临之前，均向有关单位下发施放气球安全管理文件。不定期召开施放气球安全生产座谈会，强化安全责任意识。每年都对全市施放气球资质单位开展安全生产专项检查和资质年检工作。

2003年9月，营口市气象局依法对施放气球市场进行检查，检查范围主要包括资质单位情况和施放气球作业现场情况，进一步规范气球施放市场。

2007—2013年，联合营口市综合执法局开展施放气球作业安全巡查工作，加强节假日期间的巡查力度，及时发现纠正无资质、超资质或未经审批擅自从事施放气球活动等一切违法行为，并使之常态化、制度化。

2014年，加强施放气球单位资质的监管，对施放气球资质单位进行检查，将施放气球单位资质名单在营口市气象局门户网站上公布。同时加强气球施放人员业务培训，举办全市施放气球技术培训班，进一步提高从业人员操作技能，强化其安全生产责任意识。

2016年年初，营口市气象局会同营口机场对净空保护区域范围进行了划定，将净空保护区的范围及包含的行政区域在营口市气象局门户网站进行公示，并通知施放气球单位不得在净空保护区域内施放气球，确保机场运行安全。

三、气象探测环境、气象设施建设与保护

2009年5月，检查发现大石桥市一栋规划21层的在建小区位于大石桥市气象局周边，其与观测场围栏距离不符合《气象设施与气象探测环境保护条例》的规定，大石桥市气象局立即告知开发商，该建筑违反探测环境保护规定，并将情况向大石桥市常务副市长做了汇报，最终将规划21层建筑改为16层。7月28日，营口市气象局向市政府呈送《关于对营口市气象观测站探测环境予以保护的报告》。7月29日，营口市委常委、副市长曲广明，市长助理刘作伟在市气象局局长才荣辉陪同下专程到营口市气象观测站实地查看周边环境。

2011年，营口华鼎房地产开发有限公司建设的华鼎隆庭小区，破坏了盖州市国家气象观测站的气象探测环境，营口市气象局对其下达《行政处罚决定书》，并责令整改。同年，营口熊岳东郊植物园实业有限公司建设的营口熊岳忆江南温泉谷宾馆破坏了熊岳气象观测站气象探测环境，营口市气象局对其下达了《行政处罚决定书》，并责令整改。

第四节　气象行政审批

随着气象法律法规的不断完善，气象行政审批成为依法行政工作的重要内容。根据《国务院对确需

保留的行政审批项目设定行政许可的决定》，确认保留防雷装置设计审核许可、防雷装置竣工验收许可、施放气球单位资质认定和施放气球活动审批等4项行政审批项目。

一、工作原则及许可范围

2004年10月，根据《气象法》的相关规定，营口市住房与城乡建设委员会将防雷装置行政审批业务移交营口市气象局。

2006年5月8日，营口市气象局在业务楼2楼设立气象服务窗口，正式开始对外实施行政审批工作。营口市气象局将防雷装置设计审核、防雷装置竣工验收、施放气球作业申请和施放气球资质认定等4项一并纳入气象服务窗口办理。

2008年2月28日，营口市行政审批中心设立气象审批窗口，防雷装置设计审核、竣工验收列入建设项目联审，营口市气象局派出2名人员进驻审批中心办公。至此，全市防雷装置设计审核与竣工验收行政许可工作全面展开。2008年以后，各市（县）、区气象局先后进驻本级政府行政审批中心，承办防雷装置设计审核与竣工验收行政许可。

自2008年进驻市行政审批大厅以来，气象窗口本着"便民、高效、规范、廉洁"的服务宗旨，积极践行党的群众路线、"三严三实""两学一做"主题教育活动，窗口实行首问负责制、一次性告知制度、文明规范用语制度、双休日轮岗值班制度、错时服务制度、延时服务制度、预约服务制度、限时办结制度、咨询引导制度、跟踪服务制度等10项工作机制，进一步优化服务措施，完善服务功能，提高服务水平和群众满意度。

2015年3月，气象窗口推行"五零服务"，即服务对象"零距离"、事项受理"零推诿"、服务质量"零差错"、服务事项"零积压"、服务对象"零投诉"的审批机制，开通气象行政审批网上办理，让数据多跑腿、群众少跑路，营口电视台、营口电台对此进行了专题报道。截至2018年，营口市气象局共完成施放气球活动审批2179件；办理防雷装置设计审核许可1023件、防雷装置竣工验收许可699件，共完成气象行政审批3901件。

2016年2月3日，根据中国气象局31号令《雷电防护装置检测资质管理办法》规定，将非易燃易爆防雷装置的设计审核与竣工验收行政许可工作移交至营口市住房与城乡建设委员会。

二、执行行政审批标准化体系

2016年6月，行政审批气象窗口认真学习贯彻执行标准化实施方案，对进入市行政审批大厅的4项审批服务事项予以规范，保证其依法精准运行。标准化的实施全部按规定的格式文本操作，将审批事项全部公开到位，对组织机构、工作目标、工作依据、工作职责、工作程序、工作保障、文化建设、考核考评、监督检查等全部工作建立系统的管理标准，做到有章可循、有据可依，打造行政管理标准化体系。

三、获得荣誉

2010—2018年，营口市行政审批中心气象窗口连续9年被评为年度优质服务窗口，窗口工作人员连续9年被评为年度优质服务标兵及勤奋敬业标兵。2015—2016年，气象窗口连续2年被评为业务贡献窗口。2015年，在全省气象部门依法行政案卷评查工作中，营口市气象局选送的4本卷宗均被评为优秀案卷，成为全省唯一上报案卷全部优秀的单位，其中两本案卷被推送至中国气象局参加评查。2018年，营口市气象局选送的3本卷宗获得优秀，并被推送至中国气象局参加评查。

第五节　普法宣传

一、普法组织领导机构

2000年《气象法》颁布后，营口市气象部门根据国家开展法制教育的五年规划安排，从"四五"法制教育开始，积极参加"五五""六五""七五"普法教育活动，普及宣传《气象法》以及各项法规，建立市气象局普法领导机构。

2006年，建立2006—2010年"五五"普法工作领导小组，党组书记、局长才荣辉任组长，分管局领导任副组长，各市（县）、区气象局和市气象局各科室、直属单位负责人为成员（根据人员变化情况2次进行调整），将市气象局政策法规科确定为"五五"普法工作专门办公室，负责普法工作的日常事务。

2011年，建立2011—2015年"六五"普法工作领导小组，党组书记、局长李明香任组长，分管局领导任副组长，各市（县）、区气象局和市气象局各科室、直属单位负责人为成员，市气象局政策法规科设为"六五"普法工作办公室，负责普法工作的日常事务，研究制定《营口市气象局六五普法及依法行政五年规划》，明确营口市气象局"六五"普法教育的指导思想、主要任务、教育对象、工作要求、方法和实施步骤，全面指导"六五"时期普法工作。

2016年，建立2016—2020年"七五"普法工作领导小组，党组书记、局长李明香任组长，分管局领导任副组长，各市（县）、区气象局和市气象局各科室、直属单位负责人为成员，将政策法规科确定为"七五"普法工作专门办公室，为"七五"普法的顺利开展提供了有力的组织保证。采取走出去、请进来等多种形式，学习外省、市先进经验，在坚持日常宣传工作的同时，充分利用"3·23"世界气象日、安全生产宣传月、天气预报传播平台、走进直播间等多种形式开展气象法律法规的宣传工作。根据当年工作任务，制定年度工作计划，做到普法工作年初有计划、年中有检查、年终有总结，使"七五"普法工作规划得到具体落实，促进了普法工作顺利、有序开展。

二、普法宣传活动

营口市气象局坚持法制教育与法制实践相结合，每年以"3·23世界气象日""6·16安全生产日""12·4全国法制宣传日""政风行风热线"等活动为契机，在营口市辽滨广场、少年宫希望广场等场所开展气象法制宣传活动，通过设立气象法律法规咨询台、展板、现场发放宣传手册、微博、微信、电视、报刊、网站等形式，宣传气象法规标准、雷电灾害防御、施放气球活动等有关规定和知识，以企事业安全生产主体责任等为主要内容，面对面解答企业、群众提出的问题，科学回应社会关切热点。《营口日报》《营口晚报》等新闻媒体多次到现场进行采访。

2001年12月4日，全国第一个法律宣传日，营口市气象局在机关门前设立《气象法》宣传咨询站，通过展板、咨询等方式向人们介绍气象法。

2005年安全生产宣传咨询日活动中，充分利用报纸、电台、电视台、营口气象网页等媒体，广泛宣传《气象法》《辽宁省实施〈中华人民共和国气象法〉办法》《人工影响天气条例》和《施放气球管理办法》等法律、法规。在《营口日报》刊登了《施放气球管理通告》和《关于加强防雷装置安全性能定期检测的通告》。

2013年7月16日，市气象局局长李明香率市气象台、市防雷减灾中心、市气象局业务科技科（政策法规科）的负责人，走进营口新闻广播《政风行风热线》直播节目，通过空中电波"面对面"与广大听众进行互动交流，讲解气象行业相关法律法规，听取群众对气象部门政风行风的意见和建议。

2015年12月4日，营口市气象局利用《中华人民共和国气象法》颁布实施十五周年纪念日，以及《气象预报发布和传播管理办法》《气象信息服务管理办法》相继颁布实施的时机，组织法制宣传系列活动，在行政审批大厅窗口单位开展普法宣传，组织全局职工在营口火车站、客车站等公共场所向群众免费发放防灾减灾知识等宣传材料，并现场向群众讲解气象法等有关法律、法规内容；组织编制法制宣传短消息，通过微信、微博、电子显示屏、手机短信平台、大喇叭等媒介向社会公众播发，让气象法律知识走进千家万户。通过宣传咨询活动，有效地提高市民的安全意识和自我保护意识，使社会公众走近气象、了解气象、关心气象，进一步扩大气象部门的影响力，提高气象部门的社会形象。

2001 年年底，营口市气象局被评为 1996—2000 年度营口市普法依法治理先进单位。2007 年 3 月 5 日，在营口市人民政府法制工作会议上，营口市气象局在全市授权执法单位执法责任制考评中取得第一名的成绩。2006—2017 年，营口市气象局连续 12 年荣获全市政府法制工作先进单位。

第五篇

气象科研与气象学会

第二十二章　气象科研

营口市气象部门，始终重视气象科研工作。广大气象科技人员紧密围绕地方经济建设和社会发展需求，紧密围绕气象现代化建设的需要，积极争取上级业务主管部门和地方科技管理部门的科研项目立项，同时采取与地方部门合作或者自筹资金自主立项等多种形式，深入开展气象科研工作，取得一系列丰硕成果。

第一节　机构与管理

1949—1958 年，营口组建气象台站网，建立市级气象管理机构，基础比较薄弱，未开展有组织的科研工作。

1959 年，营口地区气象台站开始进行农业气象科学试验研究工作。

20 世纪 60 年代后期到 70 年代前期，受特殊历史环境影响，营口气象科研工作处于停滞状态。

1975 年 11 月，营口市气象局设气象科管理科研工作。

1977 年 5 月，营口市气象局设农业气象科管理科研工作。

1979 年 7 月，营口市气象局农业气象科改为科技科，负责科研管理工作。气象科研工作开始成为气象工作的重要组成部分。

1986 年，营口市气象局内设机构调整，设办公室、业务科、天气科、通信科 4 个科室。科研管理归属业务科。

1990 年 6 月，营口市气象局成立科技开发科，主要工作职能是强化科技研发工作，鼓励科研人员向国家气象局、省气象局和地方政府争取科研课题。

1996 年 12 月，根据省气象局机构改革规定，营口市气象局撤销科技开发科，科研管理工作仍由业务科承担。

2001 年 12 月，全省气象部门机构改革，营口市气象局内设办公室、业务科技科（政策法规科）、人事政工科 3 个科室，业务科技科负责科研管理工作。

2004 年 4 月，营口市气象局制定《营口市气象局科研课题管理办法》，对科研课题申报、课题立项、课题研发、课题验收、课题领导小组组成等做出明确规定；鼓励科学研究，加强气象科技创新，促进科研与业务的结合，进一步提高业务技术水平，提升气象服务能力。成立营口市气象局科研课题领导小组，才荣辉任组长，成员有王先赢、李明香、李丕杰、孔玉瑛、吕一杰、葛日东、梁曙光。

2010 年 7 月，营口市气象局印发《营口市气象局科研课题管理规定》，进一步加强科研工作的规范化管理，提升科技创新水平。该规定从课题申报评审、课题实施监督、课题结题验收、科研经费管理、科研成果奖励等几个方面提出要求，并首次提出评选营口市气象局科研成果奖，每年评选一次，设一、二、三等奖 3 个等级，奖励名额不限，各奖励等级可空缺。成立营口市气象局科研课题评审工作领导小组，组长才荣辉，成员有李明香、吕一杰、葛日东、梁曙光、宋长青。

2012 年 3 月，营口市气象局重新修订《营口市气象局科研课题管理办法》，对课题申报、立项评审、运行管理、结题验收等方面进行更加细致的规定。科研课题分为招标课题和申报课题两类，招标课题研究经费为 1 万～2 万元，申报课题研究经费最高支持金额为 0.5 万元。成立营口市气象局学术委员会，主任委员为梁曙光，副主任委员为李学军，委员为葛日东、何晓东、吕一杰、宋长青、王涛、吴福杰、刘桐义、陈杰。

2013年3月，营口市气象局制定《科技期刊论文发表制版费审批支付规定》，规范科技期刊论文发表制版费审批支付程序。

2013年6月，为适应现代气象业务体系建设要求，促进气象科研工作，进一步加强气象科研管理，营口市气象局成立以李明香为组长，李学军、梁曙光、葛日东、何晓东、刘桐义、宋长青、王涛、陈杰、吕一杰、吴福杰、杨晓波、姚文为成员的科研课题评审小组，并重新制定"科研课题管理办法"，规定市气象局自立科研课题每年3—4月申报，分为重点课题和一般课题2类，面向市气象局和所辖3个市（县）、区气象局，公平竞争，突出重点，择优立项。重点课题研究经费为1万～2万元，一般课题研究经费为0.3万～0.5万元。从自立课题的申报、立项评审、运行管理、课题验收、经费管理、成果管理等6个方面提出明确要求，以加强自立课题的管理。

2014年2月，营口市气象局制定《营口地区气象部门青年科研和论文考核办法（试行）》，进一步推动全地区青年专业技术人员多出科研成果、多撰写优秀论文，提高科研成果和论文的质量。要求营口气象部门35岁以下的市（县）、区气象局副局长、工程师和副科级以上青年每人每2年主持1项科研课题的研究，每2年在正式期刊上发表论文1篇或每人每年撰写1篇论文，并在厅局级单位进行交流。助理工程师每人每年参加1项科研课题的研究，每2年在正式期刊上发表论文1篇或每人每年撰写1篇论文并在处级单位进行交流。见习人员每人每年撰写论文1篇。市气象局每年对青年专业技术人员的科研和论文完成情况进行考核、通报，并将考核结果作为专业技术人员业绩评定、骨干申报、岗位晋升的重要排序依据。

2016年3月，营口市气象局制定《营口市气象局科研成果奖励办法（暂行）》，规定科研成果奖的申报条件、推荐范围、评审规则等，设一、二、三等奖3个奖项，1～2年评选一次。科研成果奖用于奖励在全市气象业务和服务水平方面具有创新性的科研成果。科研成果需经2年以上较大范围的推广应用，并可以解决气象部门业务和服务中的难点、关键问题，对提高气象业务能力和促进气象现代化建设做出重要贡献，或研制的技术成果未设科研课题（项目），但获得相关管理部门书面认定，方可参评科研成果奖。

2016年5月，营口市气象局下发《营口市气象部门科技论文审核及版面费报销规定》，规范科技论文报销对象和范围、报销标准和金额、报销程序等，鼓励职工钻研业务技术，发表高质量论文。

2018年5月，因工作调整、变动等原因，营口市气象局对科研课题评审（验收）小组成员进行调整，组长为李明香，副组长为梁曙光、王涛、宋长青，成员为葛日东、何晓东、吕一杰、张丽娟、刘桐义、吴福杰、杨晓波、姚文、宋晓钧、缪远杰、郭锐、谭昕。

第二节　学科研究

营口广大气象科技工作者兢兢业业，致力于科研工作，并将获得的诸多成果进行推广应用。科研课题的确立，大部分是根据业务工作的需要自行选题，课题经费为营口市气象局自筹，另外有一部分是按照省气象局确立的科研课题指南，通过申报评选争取立项。

2004—2006年，针对业务工作需要开展的"农业气象服务系统""营口市气象局兴农网及气象网页设计"等课题通过辽宁省气象局专家组验收；"Micaps2.0版应用于市级台站的改造与开发""业务应用软件的开发建设""营口地区高温发生的预警指标研究"等科研成果在业务工作中得到广泛应用。

2007—2014年，营口市气象局组织科技人员积极申报省气象局科研课题，"加密自动气象站资料报表制作与共享系统""多普勒雷达在辽宁营口地区强对流天气中的应用""辽宁南部雷雨大风预报方法研究""盖州苹果气象服务系统"等课题研究在基础业务应用、雷达资料研究、农业气象研究等方面起到重要作用。

2011年以后，营口市气象局大力支持和培养年轻科研人员，先后确定50余项市级自立科研课题，通过自立课题的方式提高科研队伍水平，提高年轻同志的科研创新能力。

截至 2018 年，共开展气象科学研究 136 项，其中 33 项获得奖励。

一、天气气候预报预测研究

为提高天气、气候预报准确率，增强气象服务效益，20 世纪 80 年代，营口市气象局组织业务人员开展与经济发展紧密相关的暴雨、寒潮、大风等灾害性天气系统的预报方法研究。

1985 年，营口市气象局组织开展"营口暴雨预报专家系统"的研究，该研究基于计算机科学的人工智能分支"专家系统"原理而研制，给业务单位提供一种效果较好的暴雨预报客观化、业务化工具。该系统具备营口地区暴雨预报的知识库、数据库、推理、解释和学习 5 部分功能，获得 1987 年辽宁省气象局技术进步四等奖。

1987 年年底，营口市气象局组织开展"营口寒潮大风雪综合预报系统"研究，在"天气信息综合预报表"的预报时间基础上，以预报经验为线索，以数值预报产品及预报成果为依据，建立寒潮大风雪预报系统。该研究为实现营口市气象台预报客观化、定量化、业务化迈出了一大步，获得 1991 年营口市科技进步二等奖。

1990 年，营口市气象局组织开展"营口夏季暴雨分片综合预报方法"研究，该研究在充分考虑上级气象台预报指导产品的基础上，结合营口天气尺度的信息，以本地区天气尺度及以下尺度系统的活动规律和数值预报产品为依据，建立天气—动力—统计相结合的市级气象台暴雨落区综合预报方法。该成果获得营口市科技进步二等奖。

2003 年，营口市气象局组织开展"营口作物生长季异常气候预测系统研究"，主要侧重对气候分析、监测和对策的研究，细致研究气候变化特征和规律，全面分析太阳黑子和强信号 ENSO 事件对气候的影响。该成果获得辽宁省气象科研成果三等奖、营口市科技进步二等奖。

2004 年，营口市气象局组织开展"暴雨中期预报方法的研究"，结合各种降水数值预报产品，确定降水预报因子，建立 1 ～ 2 天、3 ～ 5 天预报方法。同年还开展"营口地区高温发生的预警指标研究"，总结营口地区高温发生的规律和特点，确立预报因子并建立营口地区高温天气预警系统。

2011 年，营口市气象局组织申报的科研课题"辽宁南部雷雨大风预报方法研究"在省气象局立项。该研究根据近 10 年辽宁南部雷雨大风天气尺度进行分析，建立各种雷雨大风环流分型，从新一代天气雷达液态水含量和风廓线角度资料分析，找出适合本地的雷雨大风预报预警指标，建立适合本地的雷雨大风物理概念模型和预报方法。

2015 年，营口市气象局组织申报的科研课题"营口市气象台预报服务业务平台"在省气象局立项。该平台集制作发布短期预报、乡镇预报、预警信号，制作输出决策气象服务信息、雨情信息图表、自动站数据监测报警、预报自动评分统计等功能于一体，达到高效、快捷、方便、可操作性强、功能齐备的目的。

2016 年，随着大气环境保护对气象预报的需求越来越高，营口市气象局组织开展"营口市雾 - 霾天气的气象条件研究"，并获得省气象局资金支持。该课题建立雾霾天气地面形势场模型，建立完整的污染扩散气象条件预报和重污染天气预报的指标和流程，找出重污染天气易发季节和时段，有效地提高了重污染天气预报业务水平。

2018 年，营口市气象局将科研工作重点放在雷达数据资料在预报中的应用研究方面，设立"地波雷达和风廓线雷达产品在预报业务中的应用""基于多普勒天气雷达的渤海北部海风锋研究""雷雨大风的多普勒雷达回波特征和指标的研究及应用"等科研课题，探索如何更好地应用雷达数据资料和产品提高预报业务质量。

二、农业气象和海洋气象研究

1959 年，营口市农林水利局下发"开展农业气象观测方法研究"，研究项目包括农作物、蔬菜、果树、畜牧等。研究内容包括：主要农作物适宜播种期气候条件、主要农作物病虫害发生消长的气象条件、主要农作物农业气象指标鉴定、农业气象预报方法研究等。

20世纪60—70年代，受"文化大革命"影响，农业气象研究一度停滞。

1982年，在农业气象服务的基础上，营口市农业气象科学研究所开展"水稻节水栽培农业气象指标及灌溉技术的研究"，以节约用水、减少耗能、降低成本、提高产量、增加效益为目标进行大面积示范研究，该研究于1986年获国家气象局气象科技进步四等奖、辽宁省气象局气象科学技术进步二等奖。

1989年，营口市气象局组织开展"海蜇开捕期指标研究"，该研究在收集整理有关气象、水文、海蜇资料的基础上，用气象因子分析海蜇生长与外界条件关系的可行性研究，分析海蜇相对资源量与气象条件的关系，建立两套互相补充、订正的海蜇相对资源量预报方程，适用于辽东湾海蜇资源量预报。

1991年，营口市农业气象试验站开展"水稻不同栽培生育型环境因子模拟研究"。1992年，开展的"水稻优化栽培生育调控技术"研究获辽宁省财政厅资金支持，科研成果进行大面积推广。该研究于1995年12月获辽宁省政府科学技术进步一等奖。

1991—1992年，营口市气象局组织开展"营口盐业气候影响评价方法研究"，该研究通过分析气候与盐业生产的密切关系、海盐产量的预报方法、盐业气候影响评价方法，为开展盐业气候影响评价提供规范化、定量化的评价方法，提高了工作效率，同时提高了预报和评价质量，该研究获辽宁省气象局科技进步四等奖。

2004年，营口市气象局组织开展"农业气象服务系统"研究，并申报为省气象局课题，该系统分为土壤墒情系统、旬月报收集翻译系统、农业气象预报系统、农业气象预报上传系统等4个子系统，将零散的工作形成易于操作的自动化系统，让农业气象服务更加方便及时。

2011年，营口市气象局组织开展"营口地区精细化农业气候资源区划方法"的研究，该课题通过聚类分析和GIS技术对营口地区农业气候资源进行分析研究，对气候指标进行综合性的定量分区和空间分析，得出作物生长期所需热量和降水资源的区划图。该课题的研究成果为合理安排农业生产、确定或改进耕作制度、栽培方式以及新品种的推广和引种，提供了科学依据。

2013年，营口市气象局组织申报的科研课题"盖州苹果生产气象服务系统"在省气象局立项。该课题根据苹果物候观测资料，确立苹果关键物候期生长所对应的天气状况、气温、风速、相对湿度等综合指标，制定苹果风险区划指标、风险评估模型、风险区划图、灾害历史极值和风险区划评述，开展风险预估、评估业务，发布气象灾害预警服务产品。

2016年，随着特色农业发展的需求，营口市气象局组织申报的科研课题"鲅鱼圈葡萄生育期气象服务系统"在省气象局立项。该课题建立一套较完整的适用于营口地区葡萄生产气象服务指标体系，对开展葡萄生产特别是设施葡萄农业生产的气象服务工作更加有针对性和指导性。

2018年，营口市气象局组织申报的科研课题"盖州市低温寡照对大棚西瓜生长发育影响及对策研究"在省气象局立项。该课题分析了不同时段低温寡照对大棚西瓜生长发育、产量的影响，总结了盖州市大棚西瓜低温寡照气象服务指标，同时提出相应的对策措施。

三、计算机应用技术研究

随着气象业务现代化的建设和发展，20世纪80年代计算机技术开始广泛应用于气象业务，成为现代气象业务建设的关键技术。

1989—1990年，为实现实时资料的收发、自动处理、查询及预报、服务产品的制作，营口市气象局组织研制"营口气象台海洋人机对话系统"，该研究自动化程度高、功能齐全、使用方便，既提高了业务工作现代化的水平，又提高了天气预报的质量和时效。该研究获辽宁省政府科技进步三等奖、辽宁省气象科技进步二等奖。

1997年，为做好渤海海面气象预报，营口市气象局组织研制"海洋预报实时业务系统软件的开发和应用"。

2003年，为规范天气预报业务，营口市气象局组织研制"市级天气预报业务流程"。

2007 年，营口市气象局针对加密自动站工作的实际需要，组织开发研制"加密自动气象站资料报表制作与共享系统"并申请省气象局科研课题立项，对现有加密自动气象站的资料进行处理，建立统一、标准的气象资料报表，为气象预报、气候分析、科研和服务提供完整、系统的气象科学数据。

2011 年，为加强自动站资料的处理和应用，营口市气象局组织开展"营口地区自动气象站历史资料处理和查询系统"的研究，从营口自动气象站历史资料处理、查询统计两个方面进行研究，将建站以来所有区域自动站数据进行归档，业务人员通过该系统可以查询、统计区域自动站历史资料。

2015 年，营口市气象局组织开展"地市级气象保障综合监控和数据处理平台"研究并在省气象局立项。课题主要从网络设备监控、新型自动气象站最新观测资料搜集、新长 Z 文件解析和数据库存储等 4 个方面进行研究。收集并存储新型自动站数据 4 万余条，90% 以上的资料均能在 2 分钟以内入库，同时到达预报业务人员桌面，供预报业务人员查看、统计，资料的及时性大大提前。

2018 年，为提高营口天气雷达保障人员工作效率，营口市气象局组织开展了"营口雷达站远程监控平台"建设并在省气象局立项，该课题的完成实现了远程实时对雷达基数据及报警文件生成情况、雷达机房空调控制、配电室供电情况、UPS 设备运行状态进行监控，并实现雷达站主要设备异常信息的报警功能，从而使营口雷达站具备无人值守运行条件。

1976—2018 年承担辽宁省气象局课题项目详见表 22-1。

表22-1　1976—2018年承担辽宁省气象局课题项目

序号	课题名称	下达年份	承担单位	课题主持人
1	晋杂四号高粱适宜栽培期气象条件分析	1976	熊岳农业气象试验站	吴文钧
2	高粱灌浆速度与温度关系的初步分析	1977	熊岳农业气象试验站	李锡奎
3	试谈温度对高粱穗粒度和千粒重的影响	1978	熊岳农业气象试验站	李锡奎
4	水稻穗花形成期的气象条件及对产量构成的影响	1978	熊岳农业气象试验站	吴文钧
5	辽宁省苹果气候区划	1979	营口市农业气象科学研究所	刘国惠
6	辽宁省果树气候区划	1981	营口市农业气象科学研究所	李锡奎
7	水稻节水栽培生育环境考察及分析	1982	营口市农业气象科学研究所	吴文钧
8	水稻节水栽培农业气象指标及灌溉技术的研究	1982	营口市农业气象科学研究所	吴文钧
9	水稻大苗迟栽光温利用及管理的研究	1983	营口市农业气象科学研究所	吴文钧
10	水稻节水栽培农业气象指标的研究	1983	营口市农业气象科学研究所	吴文钧
11	富士苹果栽培北界及气象标准的研究	1985	营口市农业气象试验站	刘国惠
12	营口地区暴雨预报专家系统	1985	营口市气象局	池焕申
13	辽宁省苹果树冻害气候模式及其预报方法研究	1986	熊岳农业气象试验站	刘国惠
14	苹果主要生育期和产量预报方法的研究	1988	熊岳农业气象试验站	—
15	营口暴雨、雹、寒潮综合预报系统	1988	营口市气象局	田福起
16	番茄制种人工授粉最佳气象生产技术方法	1989	盖县气象局	陈忠锦
17	海蜇资源的丰歉及最适开捕期与气象条件关系研究	1989	营口市气象局	段淑贤
18	营口暴雨分片综合预报系统	1990	营口市气象局	田福起
19	营口气象台海洋人机对话系统	1990	营口市气象局、辽宁省气象局业务处	宋达人、朱显忠等

序号	课题名称	下达年份	承担单位	课题主持人
20	盐业气候影响评价方法研究	1991	营口市气象局	段淑贤
21	水稻优化栽培生育调控技术的研究	1992	营口市农业气象试验站	吴文钧
22	水稻节水栽培农业气象指标研究	1992	营口市农业气象试验站	吴文钧
23	气象节能预报方法及其应用	1993	营口市气象局	张惠玉
24	营口、鲅鱼圈的封港、开港日期预报	1994	营口市气象局	田福起
25	玉米优化栽培田间气候特征	1996	营口熊岳气象站	李丕杰
26	海洋预报实时业务系统软件的开发和应用	1997	营口市气象局	付仁相
27	营口市夏季低温干旱预测方法研究	2000	营口市气象局	—
28	营口作物生长季异常气候预测系统研究	2003	营口市气象局	李明香
29	市级天气预报业务流程	2003	营口市气象局	李明香
30	农业气象服务系统	2004	营口市气象局	葛日东
31	营口市气象局兴农网及气象网站设计	2004	营口市气象局	宋长青
32	加密自动气象站资料报表制作与共享系统	2007	营口市气象局	李明香
33	多普勒雷达在辽宁营口地区强对流天气中的应用	2008	营口市气象局	金 巍
34	渤海北部海上大风预报技术方法研究	2010	营口市气象局	金 巍
35	辽宁南部雷雨大风预报方法研究	2011	营口市气象局	金 巍
36	盖州苹果气象服务系统	2014	盖州市气象局	王 涛
37	营口市气象台预报服务业务平台	2015	营口市气象局	何晓东
38	地市级气象保障综合监控和数据处理平台	2015	营口市气象局	姚 文
39	鲅鱼圈葡萄生育期气象服务系统	2016	营口经济技术开发区气象局	陈 杰
40	营口市雾-霾天气的气象条件研究	2016	营口市气象局	赵晓川
41	基于Android的营口决策气象服务移动终端系统	2016	营口市气象局	张 晶
42	营口市气象台气象监测平台	2018	营口市气象局	陈海涛
43	营口雷达站远程监控平台	2018	营口市气象局	姚 文
44	自动土壤水分观测站数据对比应用研究	2018	盖州市气象局	张秀艳
45	盖州市低温寡照对大棚西瓜生长发育影响及对策研究	2018	盖州市气象局	李 丹

第三节　获奖成果

20世纪80年代以来，气象科技人员勤奋敬业、刻苦钻研，气象科研取得丰硕成果。1978—2008年，全市气象系统获得各级、各类科技成果奖励共33项，其中获省部级2项、厅局级17项，营口市科技进步二等奖4项，营口市自然科学学术成果奖一、二等奖10项。2008年以后，营口市停止了自然科学学术成果奖的评选（表22-2）。

表22-2　1978—2008年全市气象系统获得各级、各类科技成果奖

项目名称	主要完成人	主持单位	获奖年份	获奖名称
单站客观预报方法	—	营口市农业气象科学研究所	1978	辽宁省气象局科技成果奖
用经验公式预报年降水量	—	营口市农业气象科学研究所	1978	辽宁省气象局科技成果奖
玉米大垄密株增产的气象条件	—	营口县博洛堡公社中学气象哨	1978	辽宁省气象局科技成果奖
营口地区冬小麦、玉米连作的气候分析	—	营口市农业气象科学研究所	1978	辽宁省气象局科技成果奖
大震前后气温异常现象	—	营口市气象局 营口县气象站	1978	辽宁省气象局科技成果奖
"北高南低"北大风短期预报回归统计	—	营口市气象局	1978	辽宁省气象局科技成果奖
桃小食心虫越冬幼虫出土的气象条件及其预报	刘国惠	营口市农业气象科学研究所	1979	辽宁省气象局科技成果二等奖
水稻穗花期气象条件及其对产量结果的影响	吴文钧	营口市农业气象科学研究所	1979	辽宁省气象局科技成果三等奖
试谈温度对高粱穗粒数和千粒重的影响	李锡奎	营口市农业气象科学研究所	1979	辽宁省气象局科技成果三等奖
水稻节水栽培农业气象指标及灌溉技术的研究	吴文钧 华泽田 王一凡 朱有生 陈维恕	营口市农业气象试验站	1986	国家气象局气象科技进步奖四等奖 辽宁省气象局气象科学技术进步奖二等奖
营口暴雨预报专家系统	池焕申	营口市气象局	1987	辽宁省气象局技术进步四等奖
水稻不同栽培生育型环境因子模拟研究	吴文钧 华泽田 金福昌 王秀生 韩广平	营口市农业气象试验站	1991	辽宁省气象科技进步二等奖
营口气象台海洋人机对话系统	宋达人 朱显忠 王雪晶 谭祯 徐景文		1991	辽宁省政府科技进步三等奖 辽宁省气象科技进步二等奖
营口寒潮大风雪综合预报系统	田福起	营口市气象局	1991	营口市科技进步二等奖
营口夏季暴雨分片综合预报方法	田福起	营口市气象局	1993	营口市科技进步二等奖
盐业气候影响评价方法研究	段淑贤 李作然 吕一杰 李明香	营口市气象局	1996	辽宁省气象局科技进步四等奖
海洋预报实时业务系统软件的开发和应用	付仁相 王会臣 迟丹凤 安来友	营口市气象局	1997	营口市科技进步二等奖
市级天气预报业务流程	李明香 金巍 梁曙光 谭祯	营口市气象局	2003	辽宁省气象科研成果三等奖

项目名称	主要完成人	主持单位	获奖年份	获奖名称
营口作物生长季异常气候预测系统研究	李明香 金　巍 曲　岩 葛日东 王先赢	营口市气象局	2003	营口市科技进步二等奖
营口作物生长季异常气候预测系统研究	李明香 金　巍 曲　岩 葛日东 王先赢	营口市气象局	2004	辽宁省气象科研成果三等奖
自动气象站信息处理系统	宋长青	营口市气象局	2004	辽宁省气象科研成果三等奖
20世纪80年代以来营口气候变化特征及其对农业的影响	李明香	营口市气象局	2005	营口市首届自然科学学术成果二等奖
营口熊岳河和大清河流域致洪降水特征及致洪降水预报指标研究	何晓东	营口市气象局	2005	营口市首届自然科学学术成果二等奖
2005年8月10日营口地区超级单体个例弱龙卷天气过程分析	安来友	营口市气象局	2005	营口市首届自然科学学术成果二等奖
一次大暴雨过程中低空急流演变与强降水的关系	金　巍 曲　岩	营口市气象局	2008	营口市第二届自然科学学术成果一等奖
营口地区高温的天气气候特征及其预报	曲　岩 金　巍	营口市气象局	2008	营口市第二届自然科学学术成果一等奖
营口地区2006年城、郊自动站常规气象资料对比分析	白福宇	营口市气象局	2008	营口市第二届自然科学学术成果二等奖
2007.7.1利用多普勒天气雷达进行人工增雨作业个例分析总结	郭　森 何晓东	营口市气象局	2008	营口市第二届自然科学学术成果二等奖
大石桥局乡镇预报基本经验总结	吴　迪 张丽娟 姚　文	营口市气象局	2008	营口市第二届自然科学学术成果三等奖
升级OSSMO2004版本需要注意的问题	姚　文	营口市气象局	2008	营口市第二届自然科学学术成果三等奖
基于GPRS技术的地面气象监测网系统的研究与实现	宋长青	营口市气象局	2008	营口市第二届自然科学学术成果三等奖

第四节　科技论文

20世纪90年代以后，营口市气象局加快科研步伐的同时，十分重视科技论文的撰写工作。1996年，经营口市气象学会理事会评审，7篇科技论文被评为1996年度优秀论文，其中"气象节能预报方法及其应用"获一等奖，"海洋预报实时业务系统软件的开发和应用""营口鲅鱼圈港的封港、开港日期预报"获二等奖。为鼓励气象业务人员撰写科技论文，市气象局陆续出台一系列奖励办法和规章制度，促进了气象科研工作的发展。

据统计，截至2018年年末，营口市气象部门业务科技人员在省级以上刊物发表的论文近300篇。其中在"气象""资源科学""大气科学""气象与环境学报"等国家一、二级核心期刊上发表论文50余篇（表22-3）。在"中国农学通报""气象科技""黑龙江气象""陕西气象""气象水文海洋仪器""北京农业""福建农业""农业与技术""自然科学"等国家正式期刊上发表论文240余篇。

表22-3　1976—2018年营口市气象局公开刊物发表论文

序号	题目	第一作者	刊物名称	发表时间	署名单位
1	麦田覆土安全越冬	—	新农业	1976.11	营口市农业气象试验站
2	春小麦催芽播种试验	—	新农业	1979.01	营口市农业气象试验站
3	水稻穗花形成期的气象条件及其对产量结构的影响	吴文钧	辽宁农业科学	1979.10	营口市农业气象试验站
4	平菇室内栽培小气候条件	董学思	中国农业气象	1988.08	营口市农业气象试验站
5	水稻大苗迟栽农业气候生态	吴文钧	辽宁气象	1989.10	营口市农业气象试验站
6	营口大风雪寒潮综合预报系统	田福起	辽宁气象	1990.07	营口市气象局
7	水稻不同栽培生育型及环境因子模拟研究	吴文钧	辽宁气象	1990.10	营口市农业气象试验站
8	辽宁省苹果树冻害预报及其在微机上应用的研究	刘国惠	辽宁气象	1990.12	营口市农业气象试验站
9	水稻两型栽培生育特点及田间小气候	吴文钧	辽宁气象	1992.07	营口市农业气象试验站
10	苹果机电源常见故障维修	吴福杰	辽宁气象	1993.10	营口市气象局
11	海蜇资源的丰歉及最适开捕期与气象条件研究	段淑贤	辽宁气象	1993.12	营口市气象局
12	自动交互检测法在营口水稻年景预报中的应用	葛日东	辽宁气象	1994.03	营口市气象局
13	航危报自动入网传输系统	谭祯	辽宁气象	1994.03	营口市气象局
14	玉米优化栽培田间气候特征	李丕杰	辽宁气象	1994.06	营口市农业气象试验站
15	水稻优化栽培生育调控技术推广应用	吴文钧	辽宁气象	1994.09	营口市农业气象试验站
16	辽宁省苹果树初冬冻害气象指标及防御对策	刘国惠	辽宁气象	1995.03	营口市农业气象试验站
17	用优化非线性方法预报营口鲅鱼圈新港封海日期	温贵清	辽宁气象	1995.06	营口市气象局
18	营口地区延迟对虾收获期的可行性分析	葛日东	辽宁气象	1995.09	营口市气象局
19	苹果产量预报服务系统研究	刘国惠	辽宁气象	1996.09	营口市农业气象试验站
20	近15年营口市作物生长季气候变化特点分析及农业对策研究	李明香	辽宁气象	1996.09	营口市气象局
21	应用灰色关联分析法研究气象因子对大气降尘的影响程度	李明香	辽宁气象	1997.03	营口市气象局
22	影响南果梨产量的主要气象因子	董学思	辽宁气象	1997.12	营口市农业气象试验站
23	1997年夏季反常气候对水稻生产的影响及防御技术	李丕杰	辽宁气象	1998.11	营口市农业气象试验站
24	MS—DOS6.22与正版Windows95的兼容	宋晓钧	辽宁气象	1999.03	营口市气象局
25	营口地区夏季温度持续异常成因及预测	金巍	辽宁气象	1999.03	营口市气象局
26	夏季异常高温干旱过程的个例分析	金巍	辽宁气象	1999.06	营口市气象局
27	营口市近50年日照时数变化的特征分析	李明香	辽宁气象	1999.09	营口市气象局

续表

序号	题目	第一作者	刊物名称	发表时间	署名单位
28	营口夏季降水量与不同等级降水日数的关系	金巍	辽宁气象	1999.12	营口市气象局
29	在 MICAPS 环境下实现本地报文上行	宋晓钧	辽宁气象	2000.03	营口市气象局
30	气候变暖对辽宁苹果生产的影响及对策	李丕杰	辽宁气象	2001.03	营口市农业气象试验站
31	近百年 ENSO 事件与营口夏季降水关系	李明香	辽宁气象	2001.09	营口市气象局
32	近 50 年营口气温变化分析	金巍	辽宁气象	2002.03	营口市气象局
33	气温对熊岳桃树越冬的影响	李丕杰	辽宁气象	2002.06	营口市农业气象试验站
34	一次连阴雨天气中不同降水过程的对比分析	何晓东	辽宁气象	2005.08	营口市气象局
35	在气象信息系统中网络安全问题的探讨	金巍	信息技术在气象领域的开发应用论文集（一）		营口市气象局
36	使用 Serv-U 架设 FTP 服务器	宋长青	辽宁气象	2005.11	营口市气象局
37	近 50 年营口夏季降水异常年与前期海气环流特征分析	金巍	气象与环境学报	2006.02	营口市气象局
38	近 15 年东亚大气温室气体浓度特征及变化趋势	金巍	中国气象学会 2006 年年会"大气成分与气候、环境变化"分会场论文集		营口市气象局
39	近 50 年营口地区气候暖干变化分析	金巍	全国农业气象与生态环境学术年会论文集		营口市气象局
40	营口熊岳河和大清河流域致洪降水特征及致洪降水预报指标	何晓东	全国农业气象与生态环境学术年会论文集		营口市气象局
41	营口地区高温的天气气候特征及其预报	曲岩	全国农业气象与生态环境学术年会论文集		营口市气象局
42	浅析雷电灾害防护技术	吴福杰	第五届中国国际防雷论坛论文摘编		营口市气象局
43	营口市一氧化碳中毒事件发生日气象条件分析	李明香	气象与环境学报	2007.08	营口市气象局
44	通信系统与计算机网络中电涌保护器的选择	于楠	第六届中国国际防雷论坛论文摘编		营口市气象局
45	一次大暴雨过程中低空急流演变与强降水的关系	金巍	气象	2007.12	营口市气象局
46	营口和鞍山城市气候变化对比分析及原因探讨	金巍	气象与环境学报	2008.02	营口市气象局
47	计算机网络与通信系统中浪涌保护器的选择	于楠	气象科技	2008.06	营口市气象局
48	超级单体引发的龙卷天气过程分析	金巍	气象	2009.03	营口市气象局
49	区域自动气象站资料报表制作与共享系统	李明香	气象与环境学报	2009.04	营口市气象局
50	1951—2005 年营口市气温变化特征分析	金巍	气象与环境学报	2009.06	营口市气象局
51	1971—2000 年营口地区大风特征及其变化分析	金巍	气候变化研究进展	2009.07	营口市气象局

续表

序号	题目	第一作者	刊物名称	发表时间	署名单位
52	大石桥气候资源特征变化对农业的影响（英文）	张万娟	Meteorological and Environmental Research	2010.08	大石桥市气象局
53	东北冷涡积层混合云系形成条件的个例分析	王　涛	气象与环境学报	2010.10	营口市气象局
54	多时间尺度分析近 60 年营口地区气温变化	李叶妮	科学技术与工程	2013.02	营口市气象局
55	营口市气温预报方法研究	赵晓川	科学技术与工程	2013.11	营口市气象局
56	营口地区数值预报降水产品定量检验和预报指标研究	张　晶	气象与环境学报	2014.02	营口市气象局
57	土壤湿度对玉米根系生长分布影响的模拟研究	才奎冶	资源科学	2014.10	营口市气象局
58	营口雾霾的地面形势和风速特征	赵晓川	科学技术与工程	2015.03	营口市气象局
59	我国东北地区主要城市气温和降水量序列的多尺度分析	李叶妮	科学技术与工程	2015.03	营口市气象局
60	陆面模式中根系参数的改进及其对模拟结果的影响	才奎冶	应用生态学报	2015.10	营口市气象局
61	辽宁一次短时大暴雨过程中暴雨预警信号的发布及其成因分析	徐亚琪	中国农学通报	2015.11	盖州市气象局
62	基于 RegCM4 模式的中国区域日尺度降水模拟误差订正	童　尧	大气科学	2017.11	盖州市气象局

续表

第二十三章　气象学会

营口市气象学会是气象科技工作者的学术性群众团体，是营口市科学技术协会的成员单位，业务上归属辽宁省气象学会指导。营口市气象学会自成立以来，在学术交流、科学普及、科学研究、科技咨询等方面做了大量的工作，为气象事业发展作出了贡献。

第一节　学会组织机构

1962年1月20日，建立营口市气象学会筹委会，选举李锡奎、王会臣、崔春茂、张云龙等为筹委会委员，确定了筹委会的6项工作任务。受"文化大革命"的影响，气象学会筹委会未开展任何工作。

1978年，经营口市科协和营口市气象局研究决定，成立营口市气象学会，并与中国气象学会、省气象学会建立联系。

1978年9月5—7日，营口市气象学会第一届理事扩大会召开，营口市气象学会正式成立。第一届理事扩大会参会人员计45人，其中理事会成员14人，分别为营口地区气象台、站负责人，气象科技人员，还有熊岳农校、营口新生农场、营口盐场的代表，营口日报社的记者也参加了会议。气象学会常设机构设在市气象局农业气象科。学会理事长为陈文富，副理事长为李锡奎、田福起，秘书长为张云龙，理事为刘朋举、朱显忠、耿升哲、邹永昌、郑心良、王学文、贾进铭、缪天一、唐锦、孟凡友。

1981年3月，选举产生营口市气象学会第二届理事会，共15人。理事长为张云龙，副理事长为李锡奎、张惠玉，秘书长为盛淑贤，理事为迟文季、唐锦、李德金、邹永昌、王学文、吴文钧、李凡、王会臣、朱显忠、缪天一、蔡长贤。

1984年年初，选举产生营口市气象学会第三届理事会，共13人。理事长为张云龙，副理事长为张惠玉，秘书长为盛淑贤，理事为吴文钧、唐锦、王学文、李德金、沈延方、李凡、朱显忠、缪天一、蔡长贤、池焕申。

1991年1月31日，选举产生营口市气象学会第四届理事会，共13人。理事长为张云龙，副理事长为王会臣，秘书长为朱显忠，理事为田福起、张惠玉、蔡长贤、王先赢、李作然、王学文、尹望、缪天一、李生厚、刘国惠。气象学会下设4个学组，即：天气专业学组、农气气候学组、大气探测学组、科普学组。

1992年10月，营口市气象学会理事会进行改选，王宇当选理事长，王会臣、王先赢当选副理事长，朱显忠当选秘书长。

1994年，营口市气象学会会员重新登记，会员总人数为76人，其中营口市50人、大石桥9人、盖州10人、熊岳7人。

1996年5月30日，营口市气象学会增补董学思、谭祯、葛日东3位理事，葛日东为秘书长。

1997年2月28日，营口市气象学会选举产生第五届理事会，共11人。理事长为王先赢，秘书长为付仁相，理事为田福起、张惠玉、李作然、葛日东、李明香、李丕杰、付艳秋、谭祯、尹望。同时召开第五届理事会第一次会议，会议决定调整4大学组：天气、气候学组，组长为田福起，成员为梁曙光、段淑贤、安来友、何晓东，主要负责天气、气候方面的学术论文，课题研究，重大天气过程分析总结的组织安排，学术交流及科普宣传等工作；农气、农研学组，组长为葛日东，成员为张惠玉、董学思、李明香、李丕杰，主要负责农气科研方面的学术论文，课题研究，农气服务经验总结的组织安排，学术交流及科普宣传等工作；科技开发、服务学组，组长谭祯，成员为李作然、孙朝库、宋晓钧、吴福杰，主要负责器材装备，设备维修，微机开发应用，科技服务方面的学术论文，课题研究，科技服务经验总结的组织安排，学术交流及科普宣传等工作；大气探测、人控学组，组长为尹望，成员为付仁相、张恒延、付艳秋、王天民，主要负责地面测报仪器维护，人工增雨高炮防雹、防霜方面的学术论文，课题研究，成果总结的组织安排，学术交流及科普宣传等工作。

1999年4月8日，营口市气象学会召开第五届理事会第二次会议。经无记名投票选举，李明香任学会秘书长，增补才荣辉、张恒延、段淑贤为学会理事。重组营口市气象学会学术委员会，组长为王先赢，成员为才荣辉、李明香、张惠玉、李作然、葛日东、谭祯、张恒延、段淑贤。营口市气象学会学术委员会主要负责评审、推荐自然科学论文，验收、鉴定科研课题和成果，推荐优秀科技人才。调整气象学会各学组，取消原农气、农研学组，并对各组组长和成员进行调整，天气气候学组组长为李明香，成员为葛日东、梁曙光、金巍、李丕杰，主要负责天气、气候、农气等方面的学术、科研、科普等工作；科技产业学组组长为谭祯，成员为李作然、孙朝库、宋晓钧、吴福杰，主要负责装备、微机开发应用、气象科技产业服务方面的学术、科研、科普等工作；测报人控学组组长为张恒延，成员为王天民、尹望、付艳秋、杜庆元，主要负责测报、人工影响天气方面的学术、科研、科普等工作；科普宣传学组组长为段淑贤，成员为张惠玉、孔玉瑛、何晓东、曲岩，主要负责组织科普宣传工作。

2008年1月25日，营口市气象学会召开第六届理事会会员代表大会。选举产生第六届学会理事会，共21人，理事长为才荣辉，副理事长为李明香、曲岩、李丕杰、王先赢，秘书长为吕一杰，副秘书长为郝宏伟，理事为苏乐洪、孔玉瑛、宋晓钧、缪远杰、王涛、葛日东、梁曙光、宋长青、王天民、刘桐义、吴福杰、迟明涛、张丽娟、陈杰。会议决定第六届学会理事会学术委员会由10人组成，主任委员为才荣辉，副主任委员为李明香、曲岩，委员为王先赢、葛日东、梁曙光、何晓东、金巍、吕一杰、吴福杰。吸收王涛、宋长青、刘显青、姚文、王东、王静文、苏晓妹、于楠、郭锐、李明强、于文洋、吴凯宏、宋文锦、武折章、郝强、刘婧婧、姜仕东等17人为新会员。营口气象学会共有会员86人，其中营口市58人、大石桥8人、盖州9人、开发区11人（表23-1）。

表23-1　营口市气象学会第六届理事会成员

姓名	性别	出生年月	工作单位	学历学位	职称	行政职务	学会职务
才荣辉	男	1952.03	营口市气象局	中专	助工	局长	理事长
李明香	女	1967.12	营口市气象局	本科 学士	高工	副局长	副理事长
曲岩	男	1977.05	营口市气象局	本科 学士	高工	副局长	副理事长
李丕杰	男	1966.07	营口市气象局	本科 学士	工程师	副局长	副理事长
王先赢	男	1952.10	营口市气象局	本科	高工	副处调	副理事长
吕一杰	女	1960.10	营口市气象局	大专	工程师	业务科科长	秘书长
郝宏伟	女	1962.09	营口市气象局	大专	工程师	副主任科员	副秘书长
苏乐洪	男	1956.03	营口市气象局	大专	助工	办公室主任	理事
孔玉英	女	1954.02	营口市气象局	大专	工程师	人事科科长	理事
宋晓钧	女	1973.05	营口市气象局	本科 学士	工程师	专职副书记	理事
王涛	男	1964.03	营口市气象局	本科 学士	工程师	计财科科长	理事
葛日东	男	1960.02	营口市气象局	本科 学士	高工	生态中心主任	理事
梁曙光	男	1970.01	营口市气象局	大学 学士	高工	气象台台长	理事
宋长青	男	1979.06	营口市气象局	本科 学士	工程师	雷达与网络保障中心副主任	理事
王天民	男	1954.09	营口市气象局	中专	助工	观测站站长	理事

续表

姓名	性别	出生年月	工作单位	学历学位	职称	行政职务	学会职务
刘桐义	男	1960.09	营口市气象局	大专	工程师	服务中心主任	理事
吴福杰	男	1968.01	营口市气象局	大专	工程师	防雷中心主任	理事
缪远杰	女	1971.07	营口市气象局	大专	助工	办公室副主任	理事
连明涛	男	1954.10	盖州市气象局	中专		局长	理事
张丽娟	女	1963.01	大石桥市气象局	大专	工程师	局长	理事
陈 杰	女	1964.09	开发区气象局	大专	工程师	副局长	理事

2012年2月24日，经辽宁省气象局批准，李明香任营口市气象学会理事长。

2014年，营口市委、市政府按照国家有关规定对全市党政机关办协会、学会等社会组织进行整顿清理，下发《中共营口市委办公室营口市人民政府办公室关于印发〈党政机关办协会等有关问题整改方案〉的通知》，要求社会组织在人员、机构、资产、财务、职能等方面与行政机关脱钩，营口市气象学会无法满足脱钩要求。2016年8月15日，经营口市民政局审批同意，撤销营口市气象学会。

第二节 学会活动

1984年2月13日，营口市气象学会召开气象科技咨询服务洽谈会，34家用户单位的43名代表参加了会议，气象科技服务提供者与气象科技产品应用者以会议的形式实现了面对面的交流。

1990年3月23日，营口市气象学会召开纪念世界气象日座谈会。参加会议的有关单位领导和新闻单位记者共40多人。副市长宋宝玉、市人大副秘书长杨作民、市政府副秘书长史永淳参加会议并讲话。市政府副秘书长史永淳对气象工作赠言：耕云播雨，默默奉献，功在社会，可歌可敬。营口电台、营口电视台、《营口日报》做了报道。

1995年3月22日，营口市气象学会召开主题为"公众与天气服务"的世界气象日纪念会，市气象学会理事会成员和各新闻单位记者参加了会议。同日，《营口日报》发表了市气象局局长王宇《造福社会，保护人民—纪念世界气象日》的文章和记者采写的《公众服务的窗口 决策的科学依据—营口气象局观天测雨掌天候》的新闻。

1997年3月21日，围绕"3·23"世界气象日主题"天气与城市水问题"，营口市气象局、营口市气象学会召开由市科委、市公用事业局、市水利局等单位代表参加的座谈会，与会人员就如何发挥天气预报作用，利用、保护水资源，解决好城市水问题进行了座谈。

1998年3月23日，营口市气象学会召开纪念"3·23"世界气象日座谈会，市人大副主任唐志云、副市长姜广信，市农委、市财政局、市科委、市科协、市海洋水产局、港监局、海运总公司、盐业集团公司、辽河油田等单位领导参加会议。市领导就"天气、海洋与人类活动"这一主题发表重要讲话，与会人员热烈座谈。

1999年1月13日，营口市气象学会组织气象服务咨询队参加市科协在博洛铺镇、万福镇举办的"科技之冬"活动。

2000年1月25日，营口市气象学会组织咨询服务队参加由市科协在高坎镇举办的"科技之冬"活动。

2001年3月23日，围绕世界气象日主题，营口市气象学会召开纪念世界气象日座谈会，营口电视台以"拓宽气象服务领域，为经济发展做贡献"为题在新闻节目中对气象工作进行报道。

2006年3月19—20日，营口市气象台首次在世界气象日期间对公众开放，设计科普展板厅、天气预报会商室、气象影视制作中心、雷达塔楼和城区观测站5个展厅。每个展厅都安排专业讲解员。活动共接待参观人员3000余人，有近百人写下了他们参观后的感受。

2008年1月15日，营口市气象学会积极组织科技人员参与营口市委在盖州市暖泉镇举办的营口市"文化、科技、卫生"三下乡活动。科技人员向农民发送"蛋鸡饲养与气象""日光温室冬春茬西葫芦怎样预防低温冷害"等气象实用技术材料1000余份，同时向农民朋友介绍雷电、暴雨等气象灾害避险知识，发送《气象灾害避险常识》手册200余份。通过活动，指导农民讲科学用科学，结合气象知识更好地开展农业生产，提高农民在生产经营中的防灾减灾意识。

2009—2016年，营口市气象学会围绕"3·23气象日""5·12防灾减灾日""安全生产月""应急管理宣传周"等开展了各类宣传活动，使公众进一步了解气象与自然资源、气象与生态环境之间的关系，提高公众在气象灾害中趋利避害及自我保护的意识和能力。

第三节　学术交流

积极开展学术交流，活跃学术思想，努力营造良好的学术氛围，促进气象科技的进步和学术水平的提高是气象学会的主要工作任务之一。随着气象业务的不断发展，学术交流活动日益活跃。2000—2008年，营口市气象学会20余篇论文参加全国性学术交流，15篇论文参加辽宁省三、四、五届卫星年会交流，50篇论文参加辽宁省气象学会年会交流，20余篇论文参加营口市第一、二、三届青年学术年会交流，7篇论文在"营口市农业安全生产科技研讨会"上交流。

2009年5月14日，参加由营口市科协和农业中心共同举办的"农业防灾减灾科技研讨会"，金巍撰写的《近55年营口市气温变化特征及其影响成因分析》在会议上进行交流。11月18—19日，营口市气象局参加由辽宁省气象学会秘书处与省气象影视中心举办的第二届全省电视气象节目观摩评比活动暨气象影视技术论文交流会，张晶撰写的《浅谈市级气象节目的创新发展之路》在会议上进行交流，并获得优秀论文奖。

2011年11月21—24日，参加在河北省沧州市召开的"第四届环渤海地区海洋气象防灾减灾学术研讨会"，张晶撰写的《台风与西风槽相互作用引发局地大暴雨过程分析》参加交流。

2013年11月26—27日，参加由中国气象学会、辽宁省科学技术协会和东北区域气象中心联合举办，辽宁省气象学会承办的沈阳第七届雨雪冰冻灾害论坛，张晶撰写的《营口鲅鱼圈港区大风精细化预报服务初探》参加交流。

2014年10月30日至11月2日，参加由中国气象学会、辽宁省科学技术协会和东北区域气象中心联合举办，辽宁省气象学会承办的沈阳第八届雨雪冰冻灾害论坛，薛晓颖撰写的《营口地区近30年暴雨分布特征及类型研究》、赵晓川撰写的《营口雾霾的地面形势和风速特征》、张晶撰写的《一次东北冷涡形势下的大冰雹过程分析》、李叶妮撰写的《中国东北地区主要城市的气温变化分析》参加交流。

2014年12月19—20日，参加在吉林省长春市举办的松辽流域气象中心预报业务交流会，张晶撰写的《营口地区气温差异分析及温差预报方法研究》和林敏撰写的《太平洋温带气旋频数变化与海表温度的差异》参加交流。

2016年11月7—8日，参加由中国气象学会、辽宁省科学技术协会和东北区域气象中心联合举办，辽宁省气象学会承办的沈阳第十届雨雪冰冻灾害论坛，张晶撰写的《东北冷涡背景下连续6次冰雹过程对比分析》《黄淮气旋北上至辽宁大暴雨降雨过程分析》，林敏撰写的《2016年2月13日营口地区大雪大风过程总结》参加交流。12月6—7日，参加在吉林省长春市举办的松辽流域气象中心预报业务交流会，才奎冶撰写的《营口辽河港大风精细化预报客观方法研究》、张运芝撰写的《一次爆发性黄淮气旋引起的暴雨过程诊断分析》、张晶撰写的《东北冷涡背景下连续6次冰雹过程对比分析》参加交流。

2018年11月7日，参加陕西省气象学会主办的第五届全国"农业与气象"论坛交流会，王浩宇撰写的《公众气象服务思路的转变 - 嵌入式气象服务》参加交流。11月14—16日，参加由中国气象学会、辽宁省科学技术协会和辽宁省气象学会联合举办的沈阳第十二届雨雪冰冻灾害论坛，陈杰撰写的《1952—2016 年熊岳地区气候变化特征分析》《鲅鱼圈区人工影响天气工作发展历程及在防灾减灾中应用分析》，李黎撰写的《夏季青藏高原地表能量变化对高原低涡生成的影响分析》，杨明撰写的《营口地区的城市化对气温影响的研究》参加交流。11 月 20 日，参加东北区域气候变化工作技术交流会，童尧撰写的《基于 RegCM4 模式的中国区域日尺度降水模拟误差订正》参加交流并获得一等奖。

第六篇

党建与精神文明建设

第二十四章 党建工作

营口市气象局党的基层组织成立于 1964 年 12 月，即营口市气象服务台党支部，直属中共营口市人民委员会机关党委领导。随着气象事业的发展和党员队伍的壮大，到 1997 年 5 月，经营口市政府机关工委批准，撤销市气象局机关党支部，成立中共营口市气象局机关总支部委员会。近 50 年来，市气象局党组织加强党的思想建设、组织建设、政治建设和制度建设，党建工作不断实现新的发展。

第一节 党组织建设

1964 年 12 月，经营口市人委机关党委批准，成立中共营口市气象服务台支部委员会，直属营口市人委机关党委领导。因党员数量较少，不设支委会，只设支部书记，由罗青林担任。这是营口市气象局组建的第一个党的基层组织。

1965 年 10 月，成立营口气象服务台政治处，负责政治思想工作、党的建设工作等。

1966—1972 年，由于"文化大革命"的开展，党组织活动一度受到影响。

1973 年 5 月，营口市革委会组织组下发《关于建立中共营口市气象台支部委员会的批复》，同意中共营口市气象台支部委员会由于选之、赵同玺、王多章组成，于选之任书记，赵同玺任副书记。7 月 22 日，任命陈文富为中共营口市气象台支部委员会副书记、副台长。10 月 11 日，市气象台党支部制定《中共营口市气象台支部委员会发展党员规划》，明确未来 3 年（1973—1975 年）培养和发展党员以及建立党小组的计划。

1974 年 1 月，营口市革委会组织组党的核心领导小组印发《关于增补姚奉春、史庆普同志党支部委员的批复》，同意史庆普为市气象台党支部委员。6 月 22 日，营口市气象台向市革委会农业组和市委报送《关于成立党的领导小组的请示》，提出把原支部改为机关支部，营口市气象台成立党的领导小组。为培养青年干部，党的领导小组选拔 2 名青年同志参加。党的领导小组由于选之、陈文富、史庆普、田福起、盛素贤组成。8 月 27 日，营口市气象台向市革委会农业组报送《关于任党的核心领导小组成员的请示》，提出于选之、陈文富、史庆普、田福起任党的核心领导小组成员。

1978 年 4 月，撤销营口市气象台党支部，成立营口市气象局机关党支部。4 月 8 日，营口市委组织部任命张文守为市气象局机关党支部副书记、副局长。12 月 14 日，市革委会机关党委印发《关于改选中共营口市建委、建材局、民政局、气象局机关支部委员会的批复》，同意孙日东为中共营口市气象局机关支部委员会书记，张惠玉为副书记，孔玉英、陈素华、康德福为委员。

1980 年 5 月，营口市革委会机关党委印发《关于改选中共营口市知识青年安置办公室营口市气象局机关支部委员会的批复》，同意陈文富为中共营口市气象局机关支部委员会书记，高士升、孙日东为副书记，张惠玉、孔玉英、史庆普、才荣辉为委员。

1981 年 3 月，营口市革委会机关党委印发《关于改选中共营口市水利局、气象局机关支部委员会和建立营口分关机关临时党支部的批复》，同意张云龙为营口市气象局机关党支部书记，孙日东为副书记，张惠玉、高士升、孔玉英、才荣辉、初长田为委员。

1984 年 4 月，中共营口市人民政府直属机关委员会印发《关于改选卫生局、供销社、人事局、气象局机关党支部的批复》，同意改选后的中共营口市气象局机关支部委员会由张云龙、史庆普、张东元、温桂清、李静 5 名同志组成，张云龙为书记，史庆普为副书记。

1986 年 5 月，中共营口市人民政府机关委员会组织部印发《关于改选中共营口市气象局机关支部委

员会　建立对外开放工作办公室机关党支部的批复》。新一届机关党支部改选后，有正式党员26人，预备党员3人。王宇任书记，张东元任副书记，石廷芳任组织委员、青年委员，温桂清任宣传委员、妇女委员，宋奎海任纪检委员、保密委员。

1989年，中共营口市气象局机关支部委员会共有党员25人，其中正式党员24人。

1990年6月29日，召开机关党支部换届改选大会，5人当选新一届机关党支部委员。张云龙为书记、李静为副书记，温桂清为宣传委员，张惠玉为组织委员，石廷芳为纪检委员。

1992年3月6日，召开支部大会，确定机关党支部下设4个党小组。第1党小组由办公室、人事科、综合办组成，共有党员7人；第2党小组由服务中心、业务科组成，共有党员7人；第3党小组由天气雷达站、通讯科、测报科组成，支部书记王宇参加该小组，共有党员6人；第4党小组由离退休人员组成，共有党员5人。同年5月29日，经市政府机关工委组织部批复，召开支部换届选举大会，经选举王宇、韩相复、李静、李明香、温桂清5人组成新一届机关支部委员会。6月3日，召开机关党支部委员会会议，对委员进行分工，王宇任书记，李静任副书记，韩相复任组织委员，李明香任宣传委员，温桂清任纪检委员。

1994年8月5日，换届选举产生新一届机关支部委员会。书记王宇，副书记李静，组织委员李明香，纪检委员韩相复和宣传委员段淑贤。至1996年12月，市气象局机关党支部有党员28人，其中正式党员25人，大专以上学历11人。

1997年5月14日，经营口市政府机关工委批准，撤销市气象局机关党支部，成立中共营口市气象局机关总支部委员会。总支委员及分工：书记才荣辉，副书记李静；组织、纪检、宣传、群团、统战委员分别是李明香、韩相复、段淑贤、孔玉瑛、田福起。下设机关科室、直属单位、离退休干部3个党支部，韩相复、田福起、孔玉瑛分别担任3个党支部的书记。

2000年7月26日，经党员大会选举，营口市气象局新一届机关党总支产生。具体分工：书记才荣辉，副书记李静，组织委员缪远杰，宣传委员何晓东，监察委员金巍。经各支部选举，缪远杰为机关党支部书记，何晓东为直属单位党支部书记，张惠玉为离退休党支部书记，李丕杰为熊岳党支部书记。至2000年12月末，市气象局机关共有党员36人。其中正式党员35人，在职党员18人，离退休党员18人，大学本、专科以上学历17人，下设4个基层党支部，分别为机关党支部、直属单位党支部、离退休党支部、熊岳党支部。

2002年6月20日，增补李丕杰为机关党总支副书记。

2003年6月2日，经营口市直机关工委批准，市气象局机关党总支换届产生新一届委员会，才荣辉任书记，李丕杰任副书记，缪远杰、何晓东、金巍分别任组织委员、宣传委员、纪检委员。党总支下设3个党支部，分别是行政机关党支部、直属单位党支部、熊岳党支部。

2006年7月27日，营口市气象局机关党总支以差额选举方式产生新一届委员会。7月28日，市直机关工委印发《关于中共营口市气象局机关总支部委员会选举结果的批复》，批准李丕杰任机关党总支书记，宋晓钧任机关党总支副书记，王静文、于楠、何晓东任机关党总支委员。8月16日，中共营口市气象局总支部委员会印发《关于调整气象局总支所属支部及各支部党员人员的通知》，将机关党总支原有3个支部调整为4个支部，即机关支部、气象台支部、科技服务支部、开发区局支部。王静文任机关支部书记，何晓东任气象台支部书记，于楠任科技服务支部书记，杜庆元任开发区局支部书记。

2008年11月，增选苏乐宏为机关党总支书记。

2011年11月3日，营口市气象局机关党总支召开换届选举大会，选举产生新一届机关党总支委员。苏乐宏任机关党总支书记，宋长青任专职副书记，王静文、何晓东、于楠分别任组织委员、宣传委员、纪检委员。4月，营口经济技术开发区气象局党支部由营口市气象局党总支转至中共营口经济技术开发区直属机关工作委员会，共有党员5人。

2014年11月5日，营口市气象局机关党总支召开全体党员大会，选举产生新一届党总支委员5名。李明香任党总支书记，宋长青任专职副书记，王静文任组织委员，何晓东任宣传委员，于楠任纪律委员。

2017年11月2—5日，营口市气象局机关党总支所属3个党支部召开党员大会，换届选举产生新一届支部委员。王静文、吕一杰、宋晓钧、赵月、谭昕为机关党支部委员；何晓东、才奎冶、王浩宇、张晶、崔修来为气象台党支部委员；姚文、张丽娟、吴福杰、苏晓妹、崔福涛为科技服务党支部委员。11月22日，营口市气象局机关党总支召开全体党员大会，换届选举产生新一届党总支委员7人：李明香、王涛、白杨、王静文、谭昕、何晓东、姚文。李明香任机关党总支书记，王涛任副书记。

2018年3月13日，营口市气象局机关党总支召开会议，增补白杨为党总支专职副书记。为促进各科室、直属单位负责人履行"一岗双责"，切实抓好党建和业务工作，11月15日，经机关党总支研究决定，3个党支部下设9个党小组，党小组组长由部门党员负责人担任。

营口市气象局自成立党组织以来，培养发展了一批党员，仅2015—2018年就发展了党员9人。截至2018年年底共有党员39人。

第二节　党员教育

党员教育由于历史时期不同，教育内容、方法和形式也不尽相同，体现了党员教育的时代特点。

一、党支部建立初期党员教育

1965年，营口市气象台党支部根据营口市委关于进一步掀起学习毛主席著作新高潮的指示，加强对学习毛主席著作的领导，把学习毛主席著作和中心工作紧密结合起来，提高干部认识，在行动上整顿学习组织，健全学习制度，改进学习方法，正确处理学习与业务工作的关系，调动工作积极性，带动各项业务工作的完成。

1966年，广泛深入学习毛主席著作。领导干部带头学、带头用、带头抓。抓学习"尖子"，狠抓"用"字，提高学习效果。学习毛主席著作，改造思想，改进业务技术，推动业务三大改革工作。

二、20世纪70年代党员教育

1971年，组织党员学习毛主席关于帝国主义本性不变的论述，深刻认识只要帝国主义存在，战争就不可避免，要防止敌人突然袭击，克服和平麻痹思想，以常备不懈对付敌人的突然袭击。

1972年，组织学习毛主席"进行一次思想和政治路线方面的教育"的指示，采取上下结合、内外配合、新老结合、检查与改进结合和听、看、查、学、忆的方法。

1973年，学习毛主席和党中央关于批林整风的一系列重要指示，进一步提高对深入"批林整风"重大意义的认识。

1974年，认真贯彻党的十大精神，贯彻党的基本路线和毛主席关于"备战、备荒、为人民""以农业为基础""以粮为纲"等教导，加深气象为农业服务的认识。以"三要三不要""三项原则"和新党章为重要学习内容。以党员"五条必须做到"和基层组织的"五项任务"为标准召开一次批评党员和批评支部活动，充分调动党员积极性。

1975年，遵照毛主席关于加强党的建设的指示，按照市委1975年52号文件精神，学习毛主席的"三项重要指示"。

三、20世纪80年代党员教育

1980年，通过学习《党章》《准则》，对党员进行党的性质、党的政治路线、党的思想路线、党的团结统一、党的民主集中制和组织纪律的思想政治教育。抓好机关党、团建设，坚持"三会一课"制度。

1981年，按照党中央的要求，不断消除"左"的思想在气象部门的影响，尤其是消除思想政治工作中的形式主义，坚持从实际出发，扎扎实实地抓思想政治工作，组织职工联系实际学习中央一、二号文件，开展"五讲四美"的宣传教育，开展谈心活动。系统学习六中全会决议和胡耀邦同志在庆祝建党六十周年大会上的讲话。

1982年，坚持政治学习制度，学习讨论《中华人民共和国宪法修正草案》。组织学习"十二大"文件。

1983年，结合全民文明礼貌月开展向雷雨顺学习活动，在职工中进行一次职业责任、职业道德的教育。认真组织学习张海迪的先进事迹。学习《马克思主义伟大真理的光芒照耀我们前进》一文。

1984年，进行整党学习和摸底调查工作。10月下旬举办一期党员整党学习班，将学习贯穿于整党的全过程。抓好五个教育：抓好彻底否定"文化大革命"的教育；抓好增强党性克服派性的教育；抓好党员标准的教育；抓好批评和自我批评的教育；抓好忠诚老实的教育。

1985年，按照市委关于"狠刹新的不正之风"的部署，组织学习中央、省、市有关文件和各级领导的讲话；查摆新的不正之风在本局的具体表现；研究整改措施。对"市委、市政府关于坚决纠正新的不正之风的十五条规定"进行认真学习，开展4个专题的讨论。学习营口市委下发的《关于对整党工作进行一次大检查的通知》文件精神。

四、20世纪90年代党员教育

1990年6月29日，召开支部大会，举办为党旗争光辉座谈会。8月6日，召开支委会，传达工委召开的支部会议精神。

1991年4月26日，召开支部会议，学习营委发〔1991〕9号文件，交流"焦裕禄"影片观后感。6月7日，召开支部会议，传达贯彻全省纪检工作会议精神，学习苏宁（炮兵团）事迹。8月16日，召开支部会议，传达市委组织部"关于向抗洪中充分发挥先锋模范作用的共产党员学习"文件，传达中央、省传真电报，号召党员向气象系统先进人物陈素华学习。11月1日，支部党员学习丹东市元宝区党校校长"临终嘱托"。11月8日，传达市直机关"思想作风纪律整顿干部大会"会议精神。12月6日，学习营口日报"我市召开端正党风惩治腐败公开处理大会"精神，研究如何搞好"三整顿"，做好结构调整。

1992年3月6日，召开支部会议，传达邓小平讲话精神，学习局党组关于向吴文钧学习的决定。7月10日，支部传达江泽民总书记讲话精神。7月24日，学习邓小平南行讲话及有关材料。11月27日，召开支部大会，研究学习十四大文件精神中的6个专题。

1995年6月2日，召开支部会议，传达《关于向孔繁森同志学习活动的通知》，印发《关于在全市党员中开展建设有中国特色社会主义理论和党章学习活动的意见》的通知。6月30日，召开支部扩大会议，举办《向孔繁森同志学习 全心全意为人民服务》党课报告。8月18日，召开党员及入党积极分子会议，学习张奇静在优秀党员会议上的讲话——《人民日报》：人民的胜利 民族的胜利。10月6日，学习《党建》文献——加强市场经济条件下党的建设。10月20日，召开党员大会，传达贯彻十四届五中全会和省委八届二中全会精神，学习江泽民总书记在十四届五中全会讲话。

1997年10月17日，召开党员大会，学习江泽民总书记在党的十五大会议报告的有关辅导材料：《胜利迈向二十一世纪的宣言》。11月14日，召开党员大会，学习十五大精神——社会主义初级阶段的基本纲领。

五、"三讲"教育和"三个代表"重要思想学习教育

1999年9月20日，按照《中共中央关于在县级以上党政领导班子、领导干部中深入开展以"讲学习、讲政治、讲正气"为主要内容的党性党风教育的意见》精神和辽宁省气象局党组、营口市委的部署，市气象局党组成立"三讲"教育领导小组，印发《关于成立营口市气象局"三讲"教育领导小组的通知》，制定《关于深入开展以"讲学习、讲政治、讲正气"为主要内容的党性、党风教育实施方案》，开展"三讲"主题教育。"三讲"教育分4个阶段进行。第一阶段"思想发动、学习提高"阶段，第二阶段"自我剖析、听取意见"阶段，第三阶段"交流思想、开展批评与自我批评"阶段，第四阶段"民主测

评、认真整改"阶段。在"三讲"教育期间，省气象局副局长、"三讲"教育领导小组副组长李波，"三讲"教育办公室主任任喜山到市气象局检查"三讲"教育和文明单位创建情况，对各阶段的工作进行指导。12月9日，召开"三讲"教育总结大会。2000年9月1—15日，根据省气象局部署，开展"三讲"教育"回头看"活动。

2003年2月23日、2月28日、3月14日、3月28日、4月2日，分别召开党组中心组会议，学习十六大报告精神，实践"三个代表"。5月9日，党组中心组联系工作实际，学习"三个代表"。6月12日，学习孟凡利在全市学习仇伟先进事迹座谈会上的讲话。7月15日，学习胡锦涛总书记在"三个代表"重要思想理论研讨会上的讲话。10月29日，党组中心组开展理论学习，学习马克思主义哲学、政治经济学、科学社会主义、毛泽东思想、邓小平理论、"三个代表"重要思想和十六大精神、社会主义市场经济、党章等内容。11月27日，党组中心组学习胡锦涛总书记在学习"三个代表"重要思想理论研讨会上的讲话。12月2日，市气象局党组召开以"学习实践'三个代表'，抓住机遇，加快营口气象事业发展"为议题的党组民主生活会。省气象局局长宋达人和有关处长出席会议，市气象局党组成员才荣辉、李明香、李静参加民主生活会，市气象局副局长王先赢、机关党总支副书记李丕杰列席会议。

2004年1月13日上午，市气象局党组召开题为"加强廉洁自律、切实解决'收送钱物'问题"民主生活会，班子成员围绕解决"收送钱物"问题进行深刻的思想剖析，并做出"领导班子不接受所管地区、部门及有关人员的钱物，不向上级机关和领导干部送钱送物"的郑重承诺，党组书记、局长才荣辉还向班子成员提出具体要求。会后，市气象局党组以文件形式将《关于春节期间不准向上级部门和领导干部送钱物的通知》（营气党发〔2004〕2号）下发到市（县）气象局、站和市气象局各科室。2月24日，市气象局行政领导班子召开以"求真务实、解决假大空问题"为主题的民主生活会。4月14日，市气象局邀请市委讲师团为市气象局中层以上干部做"大力弘扬求真务实精神，坚持发扬党的优良作风"专题理论学习辅导。

六、保持共产党员先进性教育活动

2005年1—6月，根据《中共营口市委关于在全省党员中开展以实践"三个代表"重要思想为主要内容的保持共产党员先进性教育活动的实施意见》和《关于认真做好第一批先进性教育活动第一阶段工作的通知》要求，营口市气象局党组认真组织全体党员开展保持共产党员先进性教育活动。活动共分3个阶段开展。第一阶段：学习动员阶段（1月21日至3月28日）。成立营口市气象局保持共产党员先进性教育活动领导小组及其办公室，印发了《营口市气象局开展保持共产党员先进性教育活动实施方案》，组织集中学习17次共计55学时。第二阶段：分析评议阶段（3月31日至5月10日）。坚持"六个必须"原则，认真抓好广泛征求意见、普遍开展谈心、认真写好党性分析材料、开好专题组织生活会和民主生活会、认真搞好组织评议、向党员反馈党支部评议意见、通报评议情况七个环节的工作，共征集到全局职工和社会各界提出的宝贵意见和建议计3个方面19条，梳理后为3个方面6条。各党支部组织全体党员撰写党性分析报告，市气象局党组召开民主生活会，党支部召开组织生活会，认真开展批评与自我批评。第三阶段：整改提高阶段（5月20日至6月17日）。在分析评议的基础上，每个党员结合党组织的评议意见，对存在的问题进行深刻反思。认真对照整改措施，扎扎实实开展整改，并在一定范围内公布市气象局党组、各党支部的整改情况，听取干部职工意见，接受干部职工监督。通过组织开展"回头看"活动，进一步搞好整改，巩固成果。

七、学习实践科学发展观活动

2009年3—8月，按照《中共营口市委关于开展深入学习实践科学发展观活动的实施意见》和营口市委的安排部署，营口市气象局党组组织开展了为期半年的学习实践科学发展观活动。3月27日，成立营口市气象局深入学习实践科学发展观活动领导小组。党组书记、局长才荣辉任组长，党组纪检组组长苏乐宏，党组成员、副局长李明香，党组成员、副局长曲岩任副组长。全局25名党员参加了实践活动。

学习实践活动按照三个阶段组织实施。第一阶段（3月30日至5月15日），学习调研阶段。营口市委组织全市开展深入学习实践科学发展观活动动员大会，市气象局组织人员赴丹东市气象局学习开展实践科学发展观活动的经验方法。在市委第十四指导组的监督指导下，市气象局开展深入学习实践科学发展观活动拉开帷幕。第二阶段（5月19日至7月14日），分析检查阶段。通过广泛征求全局职工和气象服务用户意见，谈心谈话等形式，梳理出三个方面的问题，计18项，提出意见建议8个方面，计13条。召开班子民主生活会征求意见30项，起草了《营口市气象局领导班子贯彻落实科学发展观情况分析检查报告》。第三阶段（7月15日至8月底），整改落实阶段。针对梳理出的问题，市气象局党组逐项进行研究分析，拿出解决的有效措施和具体办法，并及时进行整改。活动期间党组中心组理论学习11次，召开各类专题会8次，建立和完善规章制度11个，编发简报37期，学习实践活动被市委《简报》、辽宁省气象局网站等媒体宣传报道6次。9月7日，市气象局党组组织召开学习实践活动群众满意度测评大会，经测评，市气象局开展学习实践活动满意率达100%。

2010—2011年，市气象局开展创先争优活动。以邓小平理论和"三个代表"重要思想为指导，全面贯彻落实科学发展观，以"推动气象事业发展、服务营口经济强市"为主题，以"推动科学发展、促进社会和谐、加强基层组织、服务人民群众"为目标，以"服务中心、建设队伍、改进作风、提高效能"为重点，坚持"围绕中心抓党建，抓好党建促发展"的工作思路，建设一流队伍，培养一流作风，创造一流业绩，用创先争优的实际行动，推动全市气象事业又好又快发展。

2012年11月8日09时，营口地区气象部门集中收听收看中国共产党第十八次全国代表大会开幕式。全体干部职工认真聆听胡锦涛总书记作工作报告。

2013年7月5日，市气象局举办"党的十八大报告和党章知识竞赛"活动，深入学习党的十八大精神。

八、党的群众路线教育实践活动

2014年3—9月，全市气象部门集中深入开展第二批党的群众路线教育实践活动（以下简称"教育实践活动"）。教育实践活动分4个环节。

1. 准备环节（3月14日至3月17日）

成立市气象局教育实践活动工作领导小组及办公室，明确工作职责。制定《营口市气象部门深入开展党的群众路线教育实践活动实施方案》。深入学习习近平总书记在党的群众路线教育实践活动第一批总结暨第二批部署会议上的重要讲话精神，学习省气象局党组关于第二批教育实践活动的部署和王江山局长在全省气象部门深入开展第二批党的群众路线教育实践活动部署电视电话会议上的讲话精神。党组中心组集中学习5次，各党支部集中学习2次，全体党员远程学习4次。

2. 学习教育、听取意见环节（3月19日至4月25日）

制定学习计划，采取集中学习、专题辅导、个人自学、集体研讨、观看专题片、案例教育、"身边事教育身边人"等方式认真开展学习教育。班子成员带头深入县级气象局和气象服务对象中开展调研，累计召开座谈会34次，市气象局发放征求意见函50份，共征求到意见建议84条。

3. 查摆问题、开展批评环节（4月30日至6月20日）

市气象局党组召开专题会议2次，认真查找自身存在的"四风"问题。对征求到的40条建议和督导组反馈的24条建议进行认真梳理，整理出市气象局党组"四风"方面的问题28条。

4. 整改落实、建章立制环节（6月25日至9月30日）

7月7日，市气象局党组召开专题民主生活会，对班子在"四风"方面的28个问题，从5个方面深刻剖析问题根源，并逐一提出了整改思路和措施。党组成员分别作对照检查并逐一开展批评与自我批评。中国气象局第二巡回督导组和省气象局党组成员、党组纪检组组长张彦平，省气象局第四督导组及有关领导参加会议并提出5点要求。截至活动结束，28项整改任务已完成20项，其余8项为长期整改任务。

2015年，市气象局党组组织开展"三严三实"专题教育活动，认真学习"三严三实"，自觉践行"三严三实"，以"三严三实"作为自己的行动指南和标尺，以严正己、以实导行，做"忠诚干净担当"的好干部。

九、"两学一做"学习教育活动

2016年，根据中央、营口市委、辽宁省气象局党组在全体党员中开展"学党章党规、学系列讲话，做合格党员"学习教育的部署，市气象局党组制定《"两学一做"学习教育实施方案》和《"两学一做"学习教育安排》，采取有效工作措施，扎实开展学习教育。活动期间，广泛采取培训班、专题报告、党课等形式，组织全体党员认真学习党章党规党史知识，学习习近平总书记系列讲话精神。党组中心组全年集中学习12次，组织召开专题民主生活会2次，进行专题研讨6次。各党支部组织学习33次，召开专题组织生活会1次，召开专题学习讨论会4次。讲党课7次。其中主要领导为全局党员干部专题讲授党课2次，其他班子成员结合自身工作讲授党课2次，各党支部书记在所在支部讲授党课3次。组织开展领导干部专题培训，邀请专家作专题讲座2次。

2017—2018年，市气象局党组推进"两学一做"学习教育常态化制度化。根据市委和辽宁省气象局党组关于开展"两学一做"学习教育部署，制定《推进"两学一做"学习教育常态化制度化实施方案》《县处级领导班子和党员领导干部开展"两学一做"学习教育安排》《基层党组织和党员开展"两学一做"学习教育安排》和党员领导干部个人学习计划。党组中心组共集中学习36次、41天，开展8个专题学习研讨，市气象局党组召开专题民主生活会5次，党组成员讲党课18次，领导带头学习廖俊波、郑德荣等先进人物事迹，带头参加全市廉政警示教育。通过开展主题鲜明的党日活动，组织党员到黄土岭镇七一村、小石棚乡杨树房村开展乡村调研、缅怀先烈、重温入党誓词等实践活动巩固教育成果。2018年，市气象局被评为全市基层党建工作示范单位，在全市机关单位中仅有8家。

十、联合共建精准扶贫

按照营口市脱贫攻坚领导小组《关于调整部分市级定点包扶单位进一步做好定点包扶工作的通知》精神，2017年7月起，市气象局和盼盼安居门业有限责任公司共同帮扶大石桥市黄土岭镇七一村。市气象局机关党总支与大石桥市黄土岭镇七一村党支部结成共建对子开展精准扶贫，与村支部和村委会共同制定以"培育发展特色产业、扶持村集体经济、打造乡村红色旅游产业、移风易俗 减轻村民负担"为主导思想的脱贫发展规划，并逐项细化扶贫措施。市气象局选派青年骨干到七一村挂职驻村工作；积极筹集资金，帮助6户贫困户建造花菇种植大棚；出资为七一村安装自动气象站、电子显示屏、农村应急广播系统和4组防灾减灾宣传栏，将七一村建成标准化气象灾害防御村；协调市林业局、市水利局、市国土资源局等部门为七一村集体经济项目建设场地；协调市水利局解决七一村河道清理资金70万元；协调市交通局安排村路建设计划；邀请沈阳建筑大学专家帮助免费制定美丽乡村建设总体规划；邀请文博专家设计建设烈士纪念陈列室；倡导移风易俗，帮助制定《村民公约》。

第二十五章　精神文明建设

改革开放以来，党中央强调两个文明一起抓，营口市气象局在市委和上级气象部门的领导下，实施了一系列举措，开展丰富多彩的文明创建和气象文化建设活动，极大提升了干部职工的积极性，促进了气象事业的全面发展。

第一节　文明单位创建

1986 年，营口市气象局将精神文明建设纳入台站目标考核。在党员和群众中开展向边陲优秀儿女学习活动，有针对性地开展理想、纪律、职业道德教育，使全体职工树立远大理想，克服不良倾向，抵制资产阶级思想影响；学习英雄人物事迹，总结宣传身边好人好事，把思想工作做活；按照市政府文明单位评选条件，制定文明创建工作方案，并认真执行。在职工中开展"五讲四美三热爱"教育。

1987 年，市气象局把思想政治工作、精神文明建设、职业道德教育同业务工作一道分解成若干个指标，并结合目标管理，开展"三好""三个一""创优质、破纪录"活动和职业道德"表率杯"活动。

1989 年，为加强两个文明建设，提高干部职工思想政治业务技术素质，树立振兴中华、多做贡献的思想，修订《营口市气象局目标管理办法》，努力做好思想政治工作，持续开展文明科室和文明个人争创活动。

1991 年，根据市委、市政府关于在精神文明建设方面"要下大气力、用大功夫，把职业道德建设引向深入，为改革开放创造良好的思想、政治、社会环境"的要求，营口市气象局开展"公仆杯"竞赛活动，组织"五法一例"学习活动；学习江泽民总书记"七一"讲话；开展"向陈素华同志学习，立足本职、多做奉献"活动；开展向南方灾区和修建营口西炮台捐款等活动。在当年省气象局目标管理中，5 项精神文明建设目标任务均达一级，23 项业务工作目标任务中有 19 项在省年检中被评为一级，2 项被评为二级、2 项被评一至二级之间。

1992 年，按照中央、省委省政府、市委市政府和全国气象局长会议的工作部署，加强精神文明建设，采取多种形式进行宣传教育，开展"五法一例"法律宣传教育、保密宣传教育等活动。开展向省劳动模范、熊岳农业气象试验站高级工程师吴文钧学习活动，在职工中掀起学先进、找差距、整顿纪律、整顿作风、真抓实干、无私奉献的热潮。开展为省"六运会"筹委会捐款等活动，充实职工队伍干群力量，使"双文明"创建活动步入全省上游行列。

1993 年，市气象局坚持"两手抓、两手都要硬"的方针，大力推动"两个文明"建设。认真组织学习党的十四大报告、新党章、邓小平同志南巡讲话、中国特色社会主义理论、社会主义市场经济理论，坚持理论联系实际，业务服务和人员素质得到提高，环境进一步美化。

1994 年，市气象局坚持"两个文明"一起抓，"两个成果"一起要。要求精神文明建设工作要做到有计划、有安排、有要求、有检查。有计划地组织学习十四届三中、四中全会精神，《邓小平文选》三卷等，进行爱国主义、集体主义、社会主义和职业道德教育。组织参加毛泽东同志诞辰 100 周年纪念活动，组织职工参加集体劳动、无偿献血、捐款献爱心等活动。

1995 年，市气象局积极参加营口市创建的为经济建设服务最佳机关活动。市气象局领导班子在勤政廉政方面严格自律，在精神文明建设方面重点抓全局职工的"四有"教育，在全局目标管理的基础上开展评优、评先进活动。为活跃全局职工文化生活，组织 4 次全局职工文体活动，参加省气象局首届文艺汇演等。

1996 年，根据《中共中央关于加强社会主义精神文明建设若干重要问题的决议》的实施意见，按照市委和上级气象部门的要求，市气象局开展文明单位创建工作，研究制定了《营口市气象局关于贯彻落实〈中共中央关于加强社会主义精神文明建设若干重要问题的决议〉的实施办法》，从领导、思想、经费、措施 4 个方面，采取坚持政治学习日制度、开展"三个主义"、开展"三德"教育等 9 项具体实施方法，推进文明创建工作。

1997—1998 年，市气象局将文明创建工作列入重点工作任务，根据省气象局提出的要求制定具体措施。1998 年 11 月 5 日，省创建文明单位活动交流会在市气象局召开。

1999 年，为加大文明创建力度，市气象局派人专程到丹东、本溪学习，制定了文明创建措施：一是加强党的建设，发展 4 名新党员；二是每月至少开展 2 次理论学习；三是提高业务工作质量；四是完成全市帮扶任务等。11 月 11 日，市文明办到市气象局检查工作，对市气象局的文明单位建设工作给予充分肯定。11 月 18 日，省气象局副局长、"三讲"教育领导小组副组长李波，"三讲"教育办公室主任任喜山到营口市气象局检查"三讲"教育和文明单位创建情况，肯定市气象局"三讲"教育和文明单位创建工作成绩，并对下阶段工作提出要求。12 月 3 日，市直机关工委主要领导和其他工委领导班子成员来市气象局检查工作，对文明单位建设和党建工作给予较高评价。市气象局被营口市委、市政府评为 1996—1998 年度先进集体。

2001 年 5 月 10 日，市气象局召开"整顿机关工作作风，创造良好工作环境和秩序"动员大会，局长才荣辉在会上作动员报告，会后局内各科室作认真研讨。5 月 23 日，局内各科室负责人在全局职工大会上作部门自检自查工作汇报。5 月 29 日，全局同志参加市委宣传部组织的"营口万名市民游大连"活动，通过活动找差距、树信心、鼓干劲，进一步解放思想、更新观念，努力为加快营口经济发展和城市建设步伐做贡献。6 月 8 日，局长才荣辉带队，全局在职职工到市公安局刑警支队参观"严打斗争第一阶段成果展"。市气象局先后被评为全市 2000—2001 年度精神文明建设先进单位、"'三五'普法依法治理先进单位""营口市保密工作先进集体"和"营口市文明单位"。

2002 年 6 月，市气象局被营口市精神文明建设指导委员会评为"2000—2001 年精神文明建设先进单位"。2003 年，为落实营口市委市政府和上级气象部门关于深入开展文明单位创建活动的总体要求，市气象局坚持"两手抓、两手都要硬"的方针，制定文明单位创建规划和组织保障措施，开展富有成效的思想政治工作，组织干部职工学习行业先进典型事迹，鞭策激励职工，真正做到思想积极向上、业务精益求精，培养职工关心政治、关心集体、关心他人、顾全大局、爱岗敬业的思想品格和道德风尚。当年，市气象局被辽宁省委、省政府授予"2002—2003 年度精神文明建设先进单位"。市气象局工会被营口市直属机关工会委员会授予 2003 年度"先进职工之家"。

2004—2005 年，为贯彻营口市委、辽宁省气象局关于文明创建工作的总体部署，结合单位实际，制定营口市气象局 2004—2005 年省级文明单位创建规划。2004 年，营口市气象局被省政府授予"文明机关"称号；同年，市气象局被营口市委保密委员会授予"保密工作先进集体""文书立卷改革先进单位"；市气象局被评为省级文明单位，市气象局观测站被辽宁省妇女联合会和辽宁省气象局联合命名为"巾帼文明示范岗"。

2006—2007 年，市气象局坚持以邓小平理论和"三个代表"重要思想为指导，深入贯彻落实科学发展观，以"三个气象"为发展理念，紧紧围绕市委、市政府的中心工作和"工业发展年"，气象服务社会效益和经济效益显著，气象依法行政进一步加强，党建和文明创建工作进一步得到巩固。为推进党建和精神文明建设工作，市气象局实行一把手负责制，主要领导亲自抓，分管领导具体抓，各部门相互配合，将文明创建工作纳入年度目标管理工作之中。为加强"学习型机关"建设，市气象局多次邀请市委讲师团专家做专题理论辅导，开展"三个代表"重要思想知识答题活动，开展社会主义荣辱观宣讲活动，通过多种形式，深入学习十七大精神，营口电台进行专题报道。多次组织参加市机关工委举办的各项文体赛事，积极参加市文明办举办的纪念雷锋活动等。市气象局组织开展以"提高科学素质"为主题的系列学习活动，开展"营口气象人精神"演讲比赛和"迎奥运、讲文明、树新风"奥运知识答题活动，举办体育比赛和文艺汇演，创建"廉洁型""服务型""勤俭型"机关。

2008年，为强化机关作风建设，组织党员干部参加十七大理论培训班学习，邀请市委讲师团专家进行十七大专题理论辅导。打造"五型"机关，积极参加"环境建设年"活动，成立营口市气象局"环境建设年"活动领导小组，制定并下发《营口市气象局"环境建设年"活动方案》《营口市气象局"环境建设年"活动查摆工作方案》《营口气象系统环境建设年整改阶段工作方案》，认真开展查摆、整改工作。组织职工到兄弟市气象部门考察，学习同行业先进经验，查找不足。整理编印《营口市气象局规章制度汇编》，形成长效机制。为推进气象文化建设，组织参加市委文明办举办的雷锋纪念日活动，在青年职工中树立"甘于平凡、勇于奉献"的雷锋精神。开展"营口气象职工与奥运同行"长跑活动，开展营口地区气象部门纪念改革开放30周年书画、摄影作品展活动。参加全国"迎奥运讲文明树新风"礼仪知识竞赛活动。开展"华风杯"党员知识竞赛答题活动。与市委机要局、市航标处等单位多次进行文体联谊活动。当年，市气象局被省委、省政府评为"2006—2007年省文明单位"。

2009年，为推进气象文化建设，巩固省、市级文明单位创建成果，围绕建立社会主义核心价值体系，开展征文、演讲、学习先进人物等文明创建活动。深入开展气象文化创建活动，组织开展形式多样、内容丰富的娱乐、文体活动，营造风清气正的气象文化氛围。为加强机关作风建设，加强思想政治工作，优化机关软环境，市气象局进一步明确工作纪律和职业纪律，将文明创建工作的重点放在关心基层台站、关心职工生活、解决职工困难等方面，营造"团结、务实、严谨、廉洁"的局风，造就一支"政治强、业务精、纪律严、作风实"的高素质干部队伍。

2012年，大力推进气象文化建设。出台《营口市气象部门贯彻党的十七届六中全会精神大力推动气象文化建设实施方案》，实施气象文化建设"五个一"工程。举办春节、元宵节喜乐会；"妇女节"组织女职工进行健康体检，为女职工办理安康保险；"青年节"组织青年同志参观雷锋纪念馆、沈阳"九一八"历史博物馆和"大美印记——刘忠泽摄影作品展"，开展建言献策、"千元图书赠青年"等活动；组织全局职工参与全市"徒步走""迎全运、爱家乡、建辽宁""万人义务植树"等活动，文明创建再上新台阶。邀请市文明办主任做"树良好职业道德 促精神文明建设"专题报告；组织全局职工收听省气象局文明办主任"文明礼仪""文明礼仪三字经"报告；开展"岗位学雷锋 行业树新风"主题教育实践活动，成立"营口市气象局学雷锋志愿服务队"，设立网络文明传播志愿者，参与营口市学雷锋"三关爱"活动，开展气象知识进社区等义务科普活动；参与"千名干部下基层""送文化、送文明进社区"和"四个一"活动。全市气象部门50%建成省级文明单位，市气象局连续第4次获省文明单位称号。

2013—2014年，为深入推进文明创建，开展文明单位"五个一"建设活动，开办《道德讲堂》，开展文明餐桌、"送温暖、献爱心"、义务献血、义务科普和文明传播等活动。在全体职工中开展"读一本好书、学习'当代雷锋'郭明义、看一部好电影《雷锋在1959》"活动，在全体青年同志中开展读赠《正能量》和《向善的孟子》等图书活动。组织开展徒步走、体育健身、文艺汇演、气象人精神演讲和征文比赛等活动。成立营口市气象局团委。同时，气象服务工作得到各级领导和社会各界的充分认可，市政府在对2014年度气象工作的评价中指出："营口市政府对营口市气象局领导班子和这支队伍的整体工作高度认可、非常满意，对营口经济社会事业充分体现出了主动服务，是我市优秀样板部门。"市气象局连续第5次被省委、省政府授予省文明单位称号，市气象局被市政府授予"全市先进集体"称号。机关党总支被市直机关工委授予"先进基层党组织"称号，机关工会被市直机关工会授予"先进职工之家"称号，雷达与网络保障中心被团市委授予"青年文明号"称号。

2015—2017年，市气象局成立党建工作、群团工作、文明创建工作领导小组等组织。每年年初，专题研究党建与文明创建工作，确立年度工作重点，并坚持将党建、文明创建工作与气象业务工作同安排、同部署、同考核，确保文明创建工作有序有效进行。一是开展"学习型"组织创建；二是开展道德经典诵读活动；三是组织开展文明风尚传播活动；四是实施共产党员先锋工程；五是大力开展气象文化建设，提升气象发展"软实力"；六是建立人才成长激励机制；七是开展节能环保和"文明有礼"活动；八是发挥群团组织作用。

2018年，市气象局党组成立党建和党风廉政建设工作领导小组及其办公室，组织协调落实全市气象部门党建和党风廉政建设工作。每季度，召开党建和党风廉政建设领导小组会议，专题研究党建、党风廉政、文明创建工作。全年组织开展庆祝改革开放40周年和建党97周年系列活动。举办全市气象部门"弘扬改革精神，奋斗创造辉煌"演讲比赛，开展职工休闲运动会，参加全市"文明有礼 从我做起"主题活动，拍摄"营口有礼"气象微视频，引导干部职工做文明有礼气象人。开展青年岗位建功立业活动，市气象局办公室（计财科）荣获全市青年文明号，防雷中心荣获全市青年安全生产示范岗，1人荣获全市最美青年工作者。市气象局职工荣获全省气象科普讲解大赛第一名。10月31日，营口市气象局被辽宁省精神文明建设指导委员会授予"2015—2017年度全省文明单位标兵"。

第二节　气象文化活动

营口市气象部门始终坚持两手抓两手硬，文化活动丰富多彩，文明创建扎实推进，气象文化建设不断开创新的局面。

一、硬件环境建设

硬件环境是气象文化建设的重要载体。为了加大文明创建力度，从1999年开始，市气象局在环境设施等硬件上下功夫，当年更换了局业务楼、办公楼的铝材窗。2000年，对业务楼卫生间进行了改造。

2002年，为提高职工工作效率，缓解工作压力，购置体育器材，每天做2次广播体操。重新规划近3000米^{2}柏松叶草坪和625米^{2}观测场标准绿地及其他花草树木，栽植了近千株花草树木，三季见花，四季见绿，市气象局建设成为花园式单位。

2004—2005年，市气象局新栽3000余株花卉树木，美化工作环境。

2006—2007年，加强"三室一中心"建设，建成图书室和活动中心，建成标准篮球场地，购置篮球、乒乓球、台球等体育设施。以营口新一代天气雷达为标志，营口地区台站建设基本实现办公自动化、气象探测自动化、预报会商可视化、信息服务网络化、档案管理标准化。市气象局逾3600米^{2}的气象综合信息楼和西炮台观测站投入使用。

2008年，完成市气象局大院围墙建设，购置安装办公楼电梯并投入使用。建成室外职工健身场地，安装体育健身器材供职工工间休息锻炼。

2009年，营口市气象局对原有青年公寓进行扩建和改造，扩建改造后的青年公寓共有4个卧室、2个卫生间、1个客厅和1个厨房，并配有有线电视和太阳能热水器，能容纳住宿人员10人，同时还为每名住宿人员准备单独的床品和衣柜。

2013年，为改善职工办公环境，对市气象观测站办公场所进行改造，对市气象局旧业务楼重新装修。为建设"花园式"庭院，对机关大院进行整体规划，完成一期绿化改造工程。建成职工综合学习室和职工活动中心，为职工学习和健身提供必要活动场所。建设走廊气象文化，在办公楼各楼层布设道德情操、廉洁自律、人生理念、工作理念等八个主题54张文化展板，形成浓郁的气象文化氛围。

2014年，在省气象局项目资金支持下，对机关院内环境进行改造和美化绿化，建成气象主题公园，建成气象科普文化广场和室外塑胶篮球场。完成大石桥蟠龙山新一代天气雷达塔楼、雷达发电机房、供暖泵房以及局综合信息处理楼、人工增雨车库、门卫室、职工食堂和青年公寓等配套用房的土建工程。

2015—2017年，完善机关院内的气象主题公园和气象科普广场设施，对院内环境进行改造，种植近百株绿花树木和4000米^{2}的绿化草坪。建立职工活动中心、职工远程学习室、综合学习室，面貌焕然一新，办公楼环境优美、标识清晰，办公区内窗明几净、井然有序。

2018年，完成营口气象科普馆建设项目，科普馆位于营口大石桥市蟠龙山营口国家天气雷达站，总面积约180米^2，以气象防灾减灾为主题，设天气与气候、观测与预报、气象与生产、雷电灾害防御、人工影响天气、气候能源利用6个区位，运用图文表现的方式普及气象科学和气象文化。完成人影装备储藏室建设项目，将原有旧锅炉房改造为营口市气象局人工影响天气装备储存室，粉刷了业务楼，改善了周边环境。完成营口市气象局业务楼维修工程。完成党员活动室改造，配置党员活动多媒体设备。在局业务楼和北楼设计建设党建主题展板 5 处 32 块。

二、学习型廉政型单位创建

1. 学习型机关建设

实施"高层次人才工程"和"业务骨干培养计划"，支持职工参加全日制研究生学习，组织职工参加"辽宁省气象部门业务骨干"考核，组织开展继续教育培训和远程教育集中培训等。每年职工教育覆盖率均达 100%。

1999 年，市气象局开展纪念"五四运动"80 周年活动。团支部组织局内 40 岁以下青年观看爱国主义教育影片活动。

2003 年，市气象局机关党总支组织全体党员亲临先进人物仇伟同志工作所在地——大石桥市分水派出所实地参观学习。

2007 年，组织开展"学习党的十七大精神答题"活动。开展格言、警句征集活动。

2008 年 1 月起，营口气象廉政对联、营口气象人精神以背景画面形式，在营口电视台第二、第三套电视天气预报栏目中播出。

2010 年，市气象局张晶撰写的旧体诗词《满江红》在市直机关庆祝"建国六十周年"为主题的旧体诗词征集活动中被选为优秀作品，刊发在 2010 年第 1 期市直机关刊物《旧体诗词》中。

2015 年，市气象局党组书记、局长李明香围绕"两个责任""认真践行三严三实做忠诚干净担当的好干部"为全地区气象部门科级以上干部讲党课。为做好党风廉政宣传教育和"庆七一"活动，市气象局领导、中层干部、全体在职党员参加"守纪律、讲规矩，落实两个责任"知识答题以及观看爱国主义影片活动。邀请市委党校副校长张金萍教授为全体党员干部讲授《加强党性修养　自觉践行"三严三实"》专题党课。

2016 年，营口市气象局开展"两学一做"学习教育动员活动，党组书记、局长李明香，党组成员、纪检组组长王涛通过专题党课报告会，围绕"学党章党规　学系列讲话　做合格党员"对党员和非党积极分子进行专题教育。举办全地区气象部门党务干部培训班，组织全地区气象部门"学党章，明党史，强党性"党章党规党史知识竞赛。邀请营口市委党校党史教研部副主任谭玉静为全体党员干部讲授"两学一做"专题党课。举办"党组中心组扩大学习会议暨全市气象系统领导干部培训班"，邀请营口市委宣传部原副部长、营口市文明办原主任康福洲进行为期 3 天的系列讲座。

2017—2018 年，营口市气象局推进"两学一做"学习教育常态化制度化。

2. 廉政型机关建设

2011 年，组织党员领导干部观看警示教育片《宋勇腐败案警示录》。组织参观由市纪委、市监察局、市文化广播电影电视局联合举办的"营口市纪念建党 90 周年廉政文化作品展"。组织参观营口市反腐倡廉警示教育基地。

2012 年，市气象局在全市气象部门开展了"保持党的纯洁性，保障气象事业科学发展"知识学习和答题活动，全市气象部门共 86 名职工参加。组织全地区气象职工参加辽宁省气象局党组纪检组反腐倡廉与廉政文化作品展。市气象局党组书记、局长李明香为全体党员、积极分子上了一堂题为"加强党性修养，保持党的纯洁性，向十八大胜利召开献礼"的党课，激励全体党员永葆党的纯洁性。

2013 年，市气象局机关党总支举办了"党的十八大报告和党章知识竞赛"活动，深入开展学习党的十八大报告精神，不断提高职工的思想政治素质。

2014 年，市气象局组织全地区科级以上领导干部集体观看党风廉政宣传教育片。邀请市委党校副校长张金萍就习近平总书记关于"讲诚信、懂规矩、守纪律"的讲话内容作专题辅导。

2015 年，市气象局召开党组中心组扩大学习会议，党组成员、纪检组组长王涛带领市气象局和市

（县）、区气象局领导学习中国共产党《廉洁自律准则》及《纪律处分条例》。

2016 年，市气象局举办学习贯彻《准则》和《条例》知识答题，市气象局领导、中层干部和全体在职党员参加。

2017—2018 年，营口市气象局每季度开展一次纪律教育，党组成员讲授廉政党课，组织党员观看警示教育片，每年编发 4 期廉政电子期刊，以党风廉政建设推进机关作风建设进一步转变，在全局范围内形成了廉洁勤政的良好氛围。

三、营口百年气象站旧址保护及陈列馆建设

在 2017 年 5 月 17 日召开的第 69 届世界气象组织（WMO）执行理事会议上，营口气象站被世界气象组织认定为首批世界百年气象站。同时，营口气象站又是中国大陆首批 3 个世界百年气象站中唯一旧址保存完好的气象站，是珍贵的气象历史文化遗产。

营口气象站入选世界百年气象站后，为传承和弘扬气象历史文化，中国气象局和营口市委市政府决定对旧址进行保护和修缮，建设营口百年气象陈列馆，同时在院内建设气象文化主题广场，恢复重建百年气象观测站。

2017 年 6 月 8 日，市委书记赵长富亲自赴旧址调研，对旧址修缮提出明确要求。6 月 22 日，中国气象局召开营口百年气象站旧址修缮建设专题会议，听取工作汇报，支持营口百年气象站旧址修缮和布展建设。其间，辽宁省气象局多次就营口百年气象站旧址修缮及布展项目前往中国气象局进行汇报，落实项目资金。8 月 22 日，市政府召开营口百年气象站旧址修缮和建设业务工作会议，明确将旧址确权给气象局，并划拨 2677 米^2 建设用地。11 月 17 日，营口百年气象站旧址被确定为营口市第五批市级文物保护单位，并确定了文物保护范围。

2018 年 2 月 26 日，营口市国土局为市气象局核发《建设用地划拨决定书》。5 月，中国气象局评审通过了《营口百年气象站旧址改扩建及修缮工程可行性研究报告》，项目予以立项。6 月 8 日，省气象局对该项目进行批复，中国气象局投资 868 万元，其中项目工程预算资金为 670 万元，观测设备购置资金 198 万元；营口市政府承担旧址及周边动迁补偿费 1000 多万元。7 月，营口市不动产登记中心为市气象局核发《不动产权证书》。

同年 8 月 13 日，副市长高洪涛再次组织相关单位召开现场办公会，解决拆迁等问题。8 月 15 日，市长余功斌主持召开系列文博馆建设专题会，文体新广局将营口百年气象站确名为营口百年气象陈列馆。8 月 25 日，旧址修缮工程正式开工建设。9 月 5 日，辽宁省气象局组织召开营口百年气象站建设工作情况汇报专题会，听取旧址修缮项目建设进展情况。营口百年气象站旧址建设前后，营口市气象局积极筹备、大力推进，局长李明香先后向中国气象局、辽宁省气象局、营口市委市政府汇报项目建设进展情况近 20 次。10 月 31 日，召开营口百年气象陈列馆布展大纲咨询会，邀请多位领导及文史专家对大纲内容进行指导。

营口气象站旧址修缮的功能定位为坚持"修旧如旧 恢复原貌"的原则，体现近代与现代相结合，文化与文物相结合，历史与发展相结合，打造成百年气象站中最具历史文化特色的典型站，打造成展现科学、历史、发展的全国气象文化示范点，打造成营口市历史文化和爱国主义教育基地。在旧址建筑内建设营口百年气象陈列馆，旨在展示营口开埠商贸文化和气象历史发展，发挥其建筑历史文化承载功能和区域文化提升功能。对旧址文物保护范围周边环境进行景观绿化，建设气象文化广场，广场内包含气象观测站、等高线景观，百年降雨、百年气温等多处气象主题雕塑，建成后将成为集宣教、科普、休闲为一体的多功能文化区域，成为营口城市东部特色文化旅游景观。

2019 年 5 月底，完成旧址修缮工程建设，6 月底完成气象文化广场建设，7 月开始布展工程建设。

第三节　奖励与荣誉

营口市气象局经过多年的艰苦奋斗、开拓创新，在几代气象工作者的不懈努力下，"两个文明"建设

取得了丰硕的成果，单位、集体和个人均获得不同层次的奖励和荣誉。

一、单位获奖

1984—2018 年，营口市气象部门获得各种荣誉奖励 192 项，其中省部级奖励 8 项，市厅级奖励 68 项，县处级奖励 116 项，详见表 25-1。

表25-1 1984—2018年营口市气象局部分获奖情况

获奖时间	奖励名称	获奖单位／集体	颁奖机关
1984 年 9 月	营口农业资源与区划文集三等奖	营口市农业气候区划专业组	中国农业区划委员会
1985 年 10 月	抗洪抢险、生产自救先进集体	营口市气象局天气科	中共辽宁省委、辽宁省政府
1986 年 4 月	营口市第三次农业区划工作先进单位	营口市气象局	营口市第三次农业区划工作会议
1987 年 2 月	先进党小组	营口市气象局业务科党小组	营口市政府机关工委
1987 年 2 月	1986 年业务评比总分获第一名	营口市气象局	辽宁省气象局
1988 年 6 月	营口市气象局雷达工作全省第一名	营口市气象局	辽宁省气象局
1989 年 7 月	红旗台站	营口市气象局通讯科	营口市无线电管理委员会
1990 年 3 月	1989 年度保密工作先进单位	营口市气象局	营口市委保密委员会
1991 年 4 月	1990 年度会计报表质量优良单位	营口市气象局	辽宁省气象局
1991 年 12 月	1991 年度红旗台站	营口市气象局通讯科	营口市无线电管理委员会
1992 年 2 月	1991 年度保密工作先进单位	营口市气象局	营口市委保密委员会、营口市国家保密局
1992 年 7 月	1991 年度专业服务先进集体	营口市气象局	辽宁省气象局
1992 年 11 月	辽宁省第六届运动会工作突出贡献单位	营口市气象局	中共营口市委、营口市政府
1992 年 12 月	全省基本业务工作先进单位	营口市气象局	辽宁省气象局
1993 年 3 月	1992 年市府机关目标管理岗位责任制先进单位	营口市气象局	营口市政府
1993 年 8 月	全省气象部门清产核资（行政事业）工作先进单位	营口市气象局	辽宁省气象局
1993 年 12 月	1993 年度业务目标优秀单位	营口市气象局	辽宁省气象局
1994 年 4 月	1992—1993 年度先进集体	营口市气象台	营口市政府
1994 年 4 月	市府机关 1993 年度目标管理岗位责任制先进单位	营口市气象局	营口市政府
1995 年 2 月	1994 年全省业务优胜单位、科技服务先进集体	营口市气象局	辽宁省气象局
1995 年 3 月	1994 年度目标管理岗位责任制优胜单位	营口市气象局	营口市政府
1995 年 4 月	保密工作先进集体	营口市气象局	营口市委保密委员会
1996 年 2 月	先进党支部	营口市气象局机关党支部	中共营口市直机关委员会
1996 年 2 月	1995 年全省气象系统继续教育工作先进单位	营口市气象局	辽宁省气象局
1996 年 3 月	1995 年度目标管理先进单位	营口市气象局	营口市政府
1996 年 4 月	全省业务工作优秀单位	营口市气象局	辽宁省气象局
1996 年 10 月	档案管理先进单位	营口市气象局	营口市档案局、辽宁省气象局
1997 年 2 月	保密工作先进集体	营口市气象局	营口市委保密委员会
1997 年 2 月	先进党小组	营口市气象局第一党小组	营口市直机关工委
1998 年 9 月	1997 年度会计报表质量优良奖	营口市气象局	辽宁省气象局

续表

获奖时间	奖励名称	获奖单位／集体	颁奖机关
1998 年 10 月	全国气象部门防汛抗洪气象服务先进集体	营口市气象局	中国气象局
1998 年 12 月	1997—1998 年度保密工作先进集体	营口市气象局	营口市委保密委员会
1999 年 1 月	1998 年度全省气象业务工作先进单位	营口市气象局	辽宁省气象局
1999 年 4 月	1996—1998 年度先进集体	营口市气象局	营口市人民政府
1999 年 4 月	1996—1998 年度档案工作先进单位	营口市气象局	营口市档案局
1999 年 4 月	1998 年度保密工作先进集体	营口市气象局	营口市委保密委员会
1999 年 6 月	营口市第十一届"科技之冬"活动先进集体	营口市气象学会	营口市科协
2000 年 3 月	1999 年度先进党总支	营口市气象局机关党总支	营口市直机关工委
2000 年 5 月	1999 年度气象业务工作先进单位	营口市气象局	辽宁省气象局
2000 年 6 月	辽宁省 1999 年度气象科技服务与产业工作优秀单位	营口市气象局	辽宁省气象局
2000 年 7 月	1998—1999 年度市级文明单位	营口市气象局	营口市精神文明建设指导委员会
2001 年 4 月	营口市第十三届"科普之冬"活动先进集体	营口市气象学会	营口市科协
2001 年 6 月	先进党总支	营口市气象局机关党总支	中共营口市委
2002 年 3 月	1996—2000 年度普法依法治理先进单位	营口市气象局	营口市直机关党工委
2002 年 3 月	2001 年度业务目标考核优秀单位	营口市气象局	辽宁省气象局
2002 年 4 月	保密工作先进集体	营口市气象局	营口市人民政府
2002 年 6 月	2000—2001 年度精神文明建设先进单位	营口市气象局	营口市精神文明建设指导委员会
2002 年 9 月	辽宁省气象学会先进集体	营口市气象局	辽宁省气象学会
2002 年 11 月	营口市先进社会团体	营口市气象学会	营口市人民政府
2002 年	先进职工食堂	营口市局职工食堂	营口市直机关工委
2003 年 2 月	2002 年度先进职工之家	营口市气象局机关	营口市直机关工会
2004 年	2002—2003 年度精神文明建设先进单位	营口市气象局	中共辽宁省委、辽宁省人民政府
2004 年	人工增雨工作先进单位	营口市气象局	辽宁省人工影响天气领导小组
2004 年	巾帼文明示范岗	营口市气象观测站	辽宁省妇联、辽宁省气象局
2004 年	市直机关文书立卷改革先进单位	营口市气象局	营口市档案局
2004 年	干部统计"优秀单位"	营口市气象局	辽宁省气象局人事处
2004 年	2004 年"先进职工之家"	营口市气象局机关工会	营口市直机关工会
2004 年	庆祝建国五十五周年文艺汇演三等奖、优秀奖	营口市气象局	营口市直机关工委
2005 年 5 月	突出贡献单位	营口市气象局	机关工作目标管理领导小组
2006 年 12 月	档案管理省一级单位	营口市气象局	营口市档案局、辽宁省气象局
2006 年 12 月	文明机关	营口市气象局	中共辽宁省委、辽宁省人民政府
2006 年	发展农村经济先进单位	营口市气象局	营口市农村经济委员会
2006 年	机关目标管理优秀单位	营口市气象局	中共营口市委、营口市人民政府
2006 年	纠风工作先进单位	营口市气象局	营口市人民政府纠风办
2006 年	绿化工作先进单位	营口市气象局	营口市人民政府

续表

获奖时间	奖励名称	获奖单位／集体	颁奖机关
2006 年	保密工作先进集体	营口市气象局	中共营口市委员会保密委员会
2006 年	科协工作先进单位	营口市气象局	营口市科学技术协会
2006 年	先进职工食堂	营口市气象局	营口市直机关工委
2006 年	目标管理优秀达标单位	营口市气象局	辽宁省气象局
2007 年 1 月	营口市科协工作先进集体	营口市气象局	营口市科协
2007 年 1 月	档案管理工作优秀单位	营口市气象局	营口市档案局
2007 年 2 月	营口市"体育普及年"先进单位	营口市气象局	营口市体育局
2007 年 2 月	2004—2006 年度保密工作先进集体	营口市气象局	营口市保密委员会
2007 年 3 月	2006 年全市政府法制工作先进单位	营口市气象局	营口市政府
2007 年 3 月	2006 年度全市行风建设先进单位	营口市气象局	中共营口市委、营口市政府
2007 年 4 月	抗雪救灾工作先进基层党组织	营口市气象局党总支	中共营口市委组织部 市委宣传部
2007 年 6 月	2006 年"先进职工之家"	营口市气象局机关工会	营口市直机关工会
2007 年 6 月	2006 年度市直机关工作目标管理优秀单位	营口市气象局	营口市政府
2007 年 7 月	2006 年度先进党总支	营口市气象局党总支	营口市直机关工委
2007 年 8 月	行政处罚案卷优秀单位	营口市气象局	辽宁省气象局
2008 年 3 月	2007 年全市政府法制工作先进单位	营口市气象局	营口市政府
2008 年 3 月	2007 年度全市行风建设先进单位	营口市气象局	中共营口市委、营口市政府
2008 年 4 月	2007 年"先进职工之家"	营口市气象局机关工会	营口市直机关工会
2008 年 5 月	"市直机关迎奥运'工业振兴杯'职工乒乓球赛"组织奖	营口市气象局机关工会	营口市直机关工会
2008 年 6 月	2006—2007 年省级文明单位	营口市气象局	中共辽宁省委、辽宁省人民政府
2008 年 6 月	2007 年度先进党总支	营口市气象局党总支	营口市直机关工委
2008 年 7 月	2007 年度市直机关绩效考核优秀单位	营口市气象局	中共营口市委、营口市政府
2008 年	营口市科协工作先进集体	营口市气象局	营口市科协
2009 年	辽宁省气象系统先进集体	营口市气象局	辽宁省人事厅 辽宁省气象局
2009 年	先进党总支	营口市气象局机关党总支	营口市直机关工委
2009 年	2008 年度先进党总支	营口市气象局机关党总支	营口市直机关工委
2009 年	2008 年度全市政风行风建设先进单位	营口市气象局	营口市政府
2009 年	市直机关 2008 年度绩效考核优秀单位	营口市气象局	中共营口市委、营口市政府
2009 年	2008 年度全市政府法制工作先进单位	营口市气象局	营口市政府
2009 年	2008 年度先进职工之家	营口市气象局机关工会	营口市直机关工委
2009 年	信息工作先进单位	营口市气象局	营口市委办公室
2009 年	2007—2009 年度先进职工食堂	营口市气象局职工食堂	营口市直机关工委工会
2009 年	2009 年度行政审批大厅窗口服务优秀单位	营口市气象局	营口市行政审批中心
2010 年 2 月	全国气象系统先进集体	营口市气象局	人力资源和社会保障部、中国气象局

获奖时间	奖励名称	获奖单位／集体	颁奖机关
2010 年 3 月	全市档案工作先进集体	营口市气象局	中共营口市委、营口市政府
2010 年 3 月	2009 年"先进职工之家"	营口市气象局机关工会	营口市直机关工会
2010 年 4 月	2009 年度全市民主评议政风行风建设先进单位	营口市气象局	营口市政府纠风办
2010 年 5 月	2009 年修志工作先进集体	营口市气象局	营口市史志办
2010 年 7 月	2009 年度先进党总支	营口市气象局机关党总支	营口市直机关工委
2010 年 8 月	保密知识竞赛活动组织奖	营口市气象局	营口市国家保密局
2010 年 11 月	"巾帼文明岗"	营口市气象局计划财务科	营口市总工会
2011 年	2010 年辽宁省气象部门先进集体	营口市气象台	辽宁省气象局
2011 年	2009—2010 年度依法行政先进集体	营口市气象局政策法规科	营口市人民政府
2011 年	2010 年度先进集体	营口市气象局	营口市人民政府
2011 年	全省气象部门廉政文化作品征集组织奖	营口市气象局	中共辽宁省气象局党组纪检组
2011 年	2010 年度市直机关绩效考核优秀单位	营口市气象局	营口市绩效考核工作领导小组
2011 年	先进党总支	营口市气象局党总支	中共营口市直属机关工作委员会
2011 年	营口市科协工作先进集体	营口市气象学会	营口市科学技术协会
2011 年	营口市"十佳优秀"政府网站	营口市气象局网站	营口市经信委
2011 年	先进职工之家	营口市气象局工会	市直机关工会
2011 年	2011 年度二、三季度营口市优质服务窗口单位	营口市气象局	营口市行政审批办公室
2012 年	先进职工之家	营口市气象局工会	营口市直机关工会
2012 年	2011 年度市直机关绩效考核优秀单位	营口市气象局	市绩效考核工作领导小组
2012 年	2006—2010 全市法制宣传教育先进单位	营口市气象局	中共营口市委
2012 年	2011 年度全市政风行风建设先进单位	营口市气象局	营口市政府纠风办
2012 年	2011 年度向市委报送信息工作先进单位	营口市气象局	营口市委办公室
2012 年	2010—2011 年度精神文明创建工作先进单位	营口市气象局	营口市精神文明建设委
2012 年	2011 年度先进党总支	营口市气象局机关党总支	营口市直机关工委
2012 年	2010—2012 年度海上搜救先进集体	营口市气象台	营口市海上搜救中心
2012 年	先进基层党总支	营口市气象局党总支、气象台党总支	市委组织部
2012 年	2012 年度二、三季度营口市优质服务窗口单位	营口市气象局	营口市行政审批办公室
2012 年	"十佳创新"机关网站	营口市气象局	市信息化领导小组
2012 年	2012 年度依法行政优秀单位	营口市气象局	市政府法制办
2013 年	2012 年度全国重大气象服务先进集体	营口市气象局	中国气象局
2013 年	全市数字档案室建设优秀单位	营口市气象局	市档案局
2013 年	2011—2012 年度全市依法行政先进单位	营口市气象局	营口市人民政府
2013 年	"十佳创新"机关网站	营口市气象局	市信息化领导小组
2013 年	2012 年度市直机关基层工会"先进职工之家"	营口市气象局机关工会	营口市直机关工会
2013 年	2012 年度政务信息工作先进单位	营口市气象局	营口市人民政府办公室

续表

获奖时间	奖励名称	获奖单位／集体	颁奖机关
2013 年	2012 年度向市委报送信息工作先进单位	营口市气象局	营口市委办公室
2013 年	2012 年度全市政风行风建设先进单位	营口市气象局	营口市政府纠风办
2013 年	2012 年度先进基层党总支	营口市气象局	市直机关工委
2013 年	2012 年度市直机关绩效考核优秀单位	营口市气象局	市绩效考核工作领导小组
2013 年	2012 年度全省气象部门综合考评优秀单位	营口市气象局	辽宁省气象局
2013 年	2013 年度依法行政优秀单位	营口市气象局	市政府法制办
2013 年	2013 年度业务贡献窗口和优质服务窗口	营口市气象局	营口市行政审批办公室
2013 年	2013 年度二、三、四季度营口市优质服务窗口单位	营口市气象局	营口市行政审批办公室
2013 年	青年文明号	营口市雷达与网络保障中心	营口市创建青年文明号活动组委会
2013 年	2012 年度财务决算报表评审优秀奖	营口市气象局	辽宁省气象局计财处
2014 年	2013 年度窗口考核优秀单位、年度优质服务窗口单位、年度业务贡献窗口单位	营口市气象局	营口市行政审批办公室
2014 年	2013 年度依法行政工作考核优秀单位	营口市气象局	市政府法制办
2014 年	2013 年度全市政府系统政务信息工作先进单位	营口市气象局	营口市人民政府办公室
2014 年	2012—2013 年度全市市直机关先进职工食堂	营口市气象局	营口市直属机关工会工作委员会
2014 年	2014 年度一、二、三季度营口市优质服务窗口单位	营口市气象局	营口市行政审批办公室
2014 年	气象服务能力建设第一名	营口市气象局	市绩效考核工作领导小组办公室
2014 年	2013 年度营口市安全生产达标单位	营口市气象局	营口市人民政府
2014 年	2013 年度向市委报送信息工作先进单位	营口市气象局	营口市委办公室
2014 年	2014 年营口市先进集体	营口市气象局	营口市人民政府
2015 年	省级文明机关	营口市气象局	中共辽宁省委、辽宁省政府
2015 年	2014 年度重大气象服务先进集体	营口市气象局	辽宁省气象局
2015 年	2014 年度辽宁省气象局综合气象业务技能竞赛团体二等奖	营口市气象局	辽宁省气象局
2015 年	2014 年营口市先进集体	营口市气象局	营口市人民政府
2015 年	2013—2014 年度营口市依法行政先进单	营口市气象局	营口市人民政府
2015 年	2013 年度营口市安全生产工作达标单位	营口市气象局	营口市人民政府
2015 年	2013—2014 年度全市保密工作先进集体	营口市气象局	营口市委保密委员会
2015 年	2014 年度辽宁省地面气象观测工作优秀集体	营口市气象观测站	辽宁省气象局
2015 年	三八红旗集体	营口市气象观测站	营口市妇女联合会
2015 年	2013 年度窗口考核优秀单位、年度优质服务窗口单位、年度业务贡献窗口单位	营口市气象局	营口市行政审批办公室
2015 年	2013 年度依法行政工作考核优秀单位	营口市气象局	市政府法制办
2015 年	2013 年度全市政府系统政务信息工作先进单位	营口市气象局	营口市人民政府办公室
2015 年	2012—2013 年度全市市直机关先进职工食堂	营口市气象局	营口市直属机关工会工作委员会

获奖时间	奖励名称	获奖单位／集体	颁奖机关
2015 年	气象服务能力建设第一名	营口市气象局	市绩效考核工作领导小组办公室
2015 年	2013 年度营口市安全生产达标单位	营口市气象局	营口市人民政府
2015 年	2013 年度向市委报送信息工作先进单位	营口市气象局	营口市委办公室
2015 年	2014 年度农业信息工作先进工作单位	营口市气象局	营口市农业信息中心
2016 年	全省气象工作先进集体	营口市气象局	省人力资源和社会保障厅、省气象局、省公务员局
2016 年	营口市保密工作先进集体	营口市气象局	营口市保密委
2016 年	第十批"优秀工作成果奖"	营口市气象局	营口市直机关工委
2016 年	2015 年度网络文明传播工作先进单位	营口市气象局	营口市文明办
2016 年	2015 年度依法行政工作优秀单位	营口市气象局	营口市全面推进依法行政工作领导小组
2016 年	市直机关"服务先锋"（集体）	营口市气象台	中共营口市直属机关工作委员会
2016 年	青年文明号	营口市气象台	营口市创建青年文明号活动组委会
2016 年	市直机关先进基层党组织	营口市气象局机关党总支	中共营口市直属机关工作委员会
2016 年	2016 年度市直机关党建信息宣传工作先进集体	营口市气象局机关党总支	中共营口市直属机关工作委员会
2016 年	2015 年度营口市青年志愿者团队优秀项目奖	营口市气象局团委	共青团营口市委员会、市文明办、市青年志愿者协会
2017 年	2015—2017 年度全省文明单位标兵	营口市气象局	辽宁省精神文明建设指导委员会
2017 年	青年文明号	营口市气象服务中心	营口市创建青年文明号活动组委会
2018 年	2018 年辽宁省县级综合气象业务技能竞赛团体三等奖	营口市气象局	辽宁省气象局
2018 年	营口市基层党建工作示范单位	营口市气象局	营口市委
2018 年	2018 年度营口市青年安全生产示范岗	营口市气象局防雷减灾中心	共青团营口市委员会、营口市安全生产监督管理局
2018 年	青年文明号	营口市气象局办公室（计财科）	营口市创建青年文明号活动组委会
2019 年	2018 年度全省重大气象服务先进集体	营口市气象局	辽宁省气象局
2019 年	2018 年度辽宁省气象部门先进集体	营口市气象局	辽宁省气象局
2019 年	2018 年气象科技活动周优秀组织单位	营口市气象局	辽宁省气象局

二、个人获奖

1987—2018 年，营口市气象部门干部职工共获得各种荣誉奖励 126 项，其中省部级奖励 22 项，市厅级奖励 53 项，县处级奖励 51 项，详见表 25-2。

表 25-2 1987—2018 年营口市气象局个人获中国气象局先进、优秀奖励名单

姓名	获奖时间	荣誉称号	颁奖机关
吴文钧	1987 年	1986 年度气象科技进步奖	中国气象局
金巍	1995 年	1995 年度全国优秀值班预报员	中国气象局
曲岩	1997 年	1996 年度全国优秀值班预报员	中国气象局
何晓东	1998 年	1997 年度全国优秀值班预报员	中国气象局
于秀丽	1999 年	国家级优秀测报员	中国气象局
才荣辉	2001 年	2000 年度重大气象服务先进个人	中国气象局
谭祯	2001 年	2000 年度全国气象信息网络优秀业务人员	中国气象局
杨晓波	2001 年	国家级优秀测报员	中国气象局
于秀丽	2004 年	国家级优秀测报员	中国气象局
何晓东	2004 年	2003 年度全国优秀值班预报员	中国气象局
杨晓波	2005 年	国家级优秀测报员	中国气象局
白福宇	2005 年	国家级优秀测报员	中国气象局
姚文	2008 年	2007 年度中国气象局优秀维护与开发员	中国气象局
杨晓波	2010 年	国家级优秀测报员	中国气象局
孙永联	2010 年	国家级优秀测报员	中国气象局
付丽	2010 年	国家级优秀测报员	中国气象局
于秀丽	2010 年	国家级优秀测报员	中国气象局
白福宇	2010 年	国家级优秀测报员	中国气象局
于秀丽	2012 年	国家级优秀测报员	中国气象局
张晶	2012 年	2011 年度全国优秀值班预报员	中国气象局
何晓东	2013 年	2012 年度全国优秀值班预报员	中国气象局
姚文	2017 年	2017 年度重大气象服务先进个人	中国气象局

三、政治荣誉

1979—2018 年，营口市气象干部职工 6 人当选营口市党代表、营口市人大代表、营口市政协委员、常委，详见表 25-3。

表 25-3 1979—2018 年营口市气象局个人荣获政治荣誉名单

姓名	职务职称	时间	政治荣誉
田福起	党组成员、天气科科长	1979 年	中国共产党营口市第八届人民代表大会代表
贾进铭	工程师	1988—1993 年	第七届营口市政协委员
王先赢	副局长	1993—1997 年	营口市第八届政协委员、常委
		1998—2002 年	营口市第九届政协委员、常委
		2003—2007 年	营口市第十届政协委员、常委

续表

姓名	职务职称	时间	政治荣誉
王先赢	副局长	1996—2000 年	民盟营口市第七届委员、副主委
		2001—2005 年	民盟营口市第八届委员、副主委
		2006—2010 年	民盟营口市第九届委员、副主委
才荣辉	局长	2001—2005 年	中国共产党营口市第九次代表大会代表
		2006—2010 年	中国共产党营口市第十次代表大会代表
李明香	局长	2011—2015 年	中国共产党营口市第十一次代表大会代表
		2016—2020 年	中国共产党营口市第十二次代表大会代表
		2013—2017 年	第十二届营口市政协委员
		2018—2022 年	第十三届营口市政协委员
		2012—2016 年	营口市妇女第十四次代表大会执行委员
		2017—2021 年	营口市妇女第十五次代表大会执行委员
徐亚琪	工程师	2016—2020 年	中国共产党营口市第十二次代表大会代表

第二十六章　机关群团组织

营口市气象局共青团、工会组织，在党组织和上级共青团、工会组织的领导下，积极组建机构，开展不同形式的活动，发挥了基层群团组织的重要作用。

第一节　共青团组织

自 1959 年组建市级气象机构以来，营口市气象台在上级管理部门的组织下，参加共青团的各项活动。1969—1972 年，市气象局为 14 名团员同志办理团组织关系的转接手续。1973 年，在市气象台党支部的领导下，对共青团组织进行了整顿，建立了新的团支部，加强了对青年的教育。20 世纪 80—90 年代，营口市气象局青年同志较少，很少组织共青团的活动。2000 年之后，一大批大学毕业生入职营口市气象局，由于党员居多，团员较少，团组织活动与党组织活动一并开展。2014 年 6 月 30 日，经营口团市委批准，市气象局党组决定成立中国共产主义青年团营口市气象局委员会。其主要职责是：在市气象局机关党总支领导下，负责市气象局机关和直属单位的青年工作。根据市气象局 2014 年第 8 次党组会议研究决定，由办公室副主任科员白杨兼任团委书记。共有 7 名团员。截至 2017 年，市气象局共有团员 13 名。

自营口市气象局团委成立以来，市气象局党组始终高度关注青年人的成长，鼓励青年同志争先创优，建功立业，树立先进典型，不断为党组织输送优秀的后备力量。为进一步发挥共青团组织的纽带作用，活跃青年职工文化生活，组织青年同志开展了一系列主题活动。组建了篮球、羽毛球、乒乓球等文体协会，定期开展形式多样的体育竞技，参加全市机关羽毛球比赛。参加团市委和市直属工委大型联谊活动，与市机要局、市航标处、市统计局、市职业技术学院等机关单位共同开展联谊活动，为年轻人创造沟通交流的平台。以"五四"青年节为契机，组织团员青年到市养老院开展"庆五四、献爱心"志愿服务活动。在青年同志中开展"德、智、体、美、劳"系列活动。组织 35 周岁以下青年职工前往沈阳和抚顺参观"九一八"历史博物馆和雷锋纪念馆，感受爱国主义教育和雷锋精神。广泛开展"学雷锋活动"，开展"共青团员进社区""帮扶共建"、义务献血、"送温暖、献爱心"等学雷锋系列活动。组建网络文明志愿者队伍，开展网络文明传播活动，为推进精神文明创建开启了新篇章。积极推进"青年岗位建功"活动，市气象局多个科室、直属单位被评为全市"青年文明号"。

营口市气象局被授予全市网络文明传播先进单位，2 人次被授予全市网络文明传播优秀志愿者，2 人次被评为营口市优秀共青团干部，2 人次被评为营口市优秀共青团员，2 人次被评为营口最美青年工作者，1 人次被评为市直机关岗位能手。

第二节　工会

一、组织机构

1987 年 10 月 15 日，经营口市人民政府直属机关工会委员会批准，营口市气象局机关工会成立，石廷芳任主席，王学生、安来友、王天民、李作然、付仁相、于德志 6 人任委员。成立 11 个工会小组，首批工会会员 59 人。

2001 年 12 月 30 日，经市气象局机关工会委员会大会选举，缪远杰任机关工会主席，史建新、吕一杰、崔大海、白福宇 4 人任委员。

2015 年 12 月 26 日，经营口市直属机关工会工作委员会同意，赵月任市气象局机关工会主席。

二、工会活动

营口市气象局自 1987 年成立机关工会以来，每年参加和开展了形式多样、内容丰富的工会活动。通过参加辽宁省气象局组织的全省气象部门文艺汇演、演讲比赛、体育比赛等活动，充分展示了营口气象职工朝气蓬勃、健康向上的精神风貌。通过参加营口市直机关工委组织的职工体育运动会、职工健身休闲运动会、趣味运动会、徒步大会等活动，抒发了营口气象人爱祖国爱家乡的情怀。

营口市气象局机关工会成立 30 多年来，组织举办了春节游艺联欢、离退休职工团拜会、红歌会、卡拉 OK 大赛、主题演讲比赛、书法美术比赛、摄影比赛、广播体操比赛等，抒发了饱满、热情的气象人精神，提升了干部职工的凝聚力和向心力。建成室外职工健身场地，组织全地区气象职工开展羽毛球、篮球、乒乓球、台球、拔河、跳绳、键球等系列体育竞技，充分展示气象职工积极向上、顽强拼搏的精神风貌。组织全地区气象职工到营口市委党校拓展训练培训基地开展拓展训练，树立了职工之间积极沟通、相互信任、团结协作的精神，培养了团队意识，增强了职工的责任感和归属感。组织职工参加义务献血、义务植树活动、观看爱国主义教育电影等。响应市委、市政府号召，参加为玉树地震捐款、关爱空巢老人和孤残儿童等扶贫帮困、献爱心活动，承担社会职责，弘扬向上、向善正能量。积极响应党中央号召，扎实开展精准扶贫工作。

为丰富女职工的业余生活，缓解紧张繁忙的工作压力，增强女职工的工作积极性和创造性，每年都开展不同内容和形式的"三八"妇女节活动，组织女同志外出参观学习、举办妇女健康知识讲座等。

为丰富职工业余生活，增强责任意识，提高集体凝聚力，增长职工"为农服务"方面的实践经验。利用闲暇时间，打理属于"自己的果园"，体验劳动的辛勤和收获的快乐。开展以"拥抱自然，体验为农"为主题的果树认养活动；开展果树认养"最佳养护能手评比"活动。

响应市直机关工会号召，为市气象局 56 名职工办理工会会员卡，邀请市交通银行柜员到市气象局为职工办理现场开卡。

三、扶贫帮困

2001—2007 年，营口市气象局组织开展"送温暖、献爱心"社会捐助活动，共捐款 55800 元，衣服等 1004 件套，新棉被 10 床，米面 100 余千克，全局在职职工为国防教育基金捐助 3080 元。市气象局工会组织"学雷锋，情暖福利院"活动，全体青年职工前往福利院看望孤残儿童。

2008 年 2 月 4 日，营口市气象局为南方受灾地区筹集善款 4100 元，全部送往营口市红十字会。3 月 5 日，市气象局为参加雷锋基金启动仪式，为雷锋基金捐款 1000 元。5 月 14 日，市气象局开展四川震灾捐款爱心捐助活动，全局职工共捐 14950 元。5 月 26 日，市气象局召开全体党员大会，28 名党员向灾区人民再献爱心，交纳特殊党费总计 4000 元捐给灾区。

2009 年 4 月 29 日至 5 月 6 日，营口市气象局党员干部开展"党员干部走进千家万户"第 2 次入户走访，共送去价值 5000 元的米、油、衣物等生活用品以及 3700 元帮扶现金。7 月 15—16 日，市气象局开展"党员干部走进千家万户"第 3 次走访活动，此次共资助 3400 元帮扶现金和价值 200 元的生活用品。在"党员干部走进千家万户"活动中，全局共捐款 6600 元，捐物折款 8000 元，解决了部分困难家庭生活、子女上学、看病就医等问题。

2010 年 4 月，营口市气象局全体职工踊跃为玉树地震灾区捐款，共捐款 9250 元。

2011 年 12 月 17 日，营口市气象局组织开展"送温暖、献爱心"捐款活动。党组书记、局长李明香主持召开党组会议部署此次活动，要求全体干部职工要积极投身到扶贫帮困活动中，要把为营口市困难群众"送温暖、献爱心"作为开展主题实践活动的具体行动，为弘扬社会美德、建设和谐营口做出应有的贡献。当日，市气象局全体干部职工共捐款 8300 元，所捐款项送往市捐助中心。

2012 年 8 月 7 日，市气象局组织开展"送温暖、献爱心"社会捐助活动。领导班子带头捐款捐物，全局同志积极响应，踊跃捐款 8100 元，衣物 215 件，单位统一购买崭新棉被 60 床，打包整理后通过市捐助中心送到救助对象手中。8 月 11 日，市气象局机关党总支书记苏乐洪一行 3 人前往慰问在"8.3—8.4"大暴雨天气过程中受灾的盖州市气象局职工，苏乐洪仔细察看和了解张波一家生活用房的受灾情况，转达了市气象局党组对受灾群众的关心和慰问，并送上慰问金 2000 元。

2013 年 1 月 6 日，为确保全市城乡贫困群众冬季和"两节"期间的生活，按照市委、市政府的统一部署，营口市气象局组织开展"送温暖、献爱心"社会捐助活动。领导班子带头捐款，全局同志踊跃捐助，共向市捐助中心捐送 7500 元。

2014 年 11 月，营口市气象局全体职工响应市政府号召，积极捐款捐物，仅半天时间，累计捐款 7500 元、捐献衣物 64 件。

2016 年 1 月 25 日，为准确、及时了解职工生活情况，帮助职工解决生活中的实际困难，营口市气象局开展困难职工摸底调查活动。通过调查，了解到市气象局 2015 年度有 8 名职工家中有不同程度的困难，2 月 1 日，市气象局党组书记李明香主持召开领导班子会议，决定给予 5 名困难职工每人 1000 元的春节慰问金。1 月 29 日，市气象局作为南园社区青少年空间联合共建单位，在团市委的统一组织下走进社区开展春节帮扶慰问活动。全局职工积极响应，踊跃捐助，用所捐款项为社区困难户购置了大米和豆油，为社区小朋友捐赠了书籍和衣服等物品，并为他们提前送去新春祝福。7 月 1 日，市气象局组织在职党员进社区活动，市气象局 33 名在职党员参加了此次活动，向振华社区捐款 1300 元，并向困难户及其孩子捐赠了生活用品和学习用品。

2017 年 6 月 20 日，为弘扬雷锋精神，增强青年干部职工无私奉献的精神，营口市气象局组织全体青年职工走进营口特殊教育学校，奉献爱心，关爱未成年人成长，把价值 500 元的体育用品送到学生们的手中，并送上真诚的祝福。7 月 28 日，为响应市委组织部"爱心捐助扶贫帮困"的号召，市气象局组织为困难党员捐款慰问活动，在全体在职党员中发起了为本局困难退休患病老党员石廷芳捐款的倡议，广大党员充分发挥模范带头作用，入党积极分子和市（县）、区气象部门的同志也加入爱心捐款的行列，市气象局副局长宋长青带领机关党总支和人事科同志来到石廷芳家中，将党组织的关怀、全体党员的问候和 1600 元捐款一并送到。

第七篇

市（县）、区气象局

第二十七章　盖州市气象局

盖州市地处辽宁省南部，辽东半岛北部的渤海湾东岸。盖州历史悠久，唐代称建安县，元代称辰州，金承辽制后称盖州，清代称盖平。1947 年 6 月盖平县解放，归辽东省管辖。1965 年改为盖县，1966 年归辽南专员公署管辖，1969 年归营口市管辖，1992 年 11 月撤县设市为盖州市，归营口市管辖。昔日千年古城辰州，今日成为区域内政治、经济、文化中心。

第一节　历史沿革

盖州市气象局（站）始建于 1958 年 3 月，称盖平县气候站，地址在省林业厅盖平杨树试验站院内，地理位置为北纬 40 度 26 分，东经 122 度 20 分，观测场海拔高度为 7.4 米。

1959 年 1 月，营口市成立气象管理机构后，将盖平县气候站划分为国家一般气象站。同年，按照全国气象工作会议提出的方针，在全县 13 个公社均建设气象哨，负责气象观测、为农气象服务等工作。

1960 年 2 月 13 日，辽宁省气象局下发《关于市县以下的气象台站一律增加"服务"两字的通知》（〔60〕辽气办字第 8 号），5 月 1 日，盖平县气候站更名为盖平县气候服务站。

1962 年 12 月，因观测场地失去代表性，站址迁至盖平县西站红花峪农场院内，在原址东北方向 200 米处，地理位置为北纬 40 度 26 分，东经 122 度 21 分，观测场海拔高度为 7.4 米。

1966 年 5 月，更名为辽宁省盖县气象服务站。同时，因办公楼建在新址，观测站随之迁移至盖县食品公司路南示范繁殖农场南地，在原址东南方向 1000 米处，经纬度不变。

1970 年 2 月，经盖县革委会常委研究决定，将盖县气象服务站和熊岳农业气象试验站合并为盖县熊岳气象站。同年 8 月 20 日，盖县农业站军代表梁焕英主任通知全世祥、郑心良筹建盖县气象服务站。9 月 1 日，根据省气象局要求恢复观测。

1971 年 1 月，更名为盖县气象站。

1979 年 5 月，更名为盖县气象局。

1980 年 1 月，因观测场地失去代表性，迁至盖县蔬菜公司菜窖东侧"郊外"，在原址东北方向约 2000 米处，地理位置为北纬 40 度 25 分，东经 122 度 21 分，观测场海拔高度为 24.8 米。

1992 年 11 月，撤销盖县，设盖州市。

1993 年 2 月，更名为盖州市气象局。

1995 年 4 月 1 日，地址更名为盖州市西城新兴街气象里。

2007 年 1 月 1 日（北京时间 2006 年 12 月 31 日 20 时起），按照省气象局《关于地面气象观测业务切换有关事宜的通知》规定，辽宁省 62 个国家级自动气象站全部按照"三站"要求实施业务切换，盖州国家一般站调整为盖州国家气象观测站二级站。

2009 年 1 月 1 日（北京时间 2008 年 12 月 31 日 20 时起），根据省气象局《转发中国气象局关于全国地面气象观测站业务运行有关工作的通知》，重新命名为盖州国家一般气象站。

2010 年 1 月，根据中国气象局《关于规范国家一般气象站对外名称的通知》，国家一般气象站对外名称统一规范为国家气象观测站，在内部管理上，国家一般气象站的名称和现行的业务管理规定保持不变。

第二节　机构与人员

一、管理体制

1958 年 3 月，筹建盖平县气候站，8 月建成，建制单位为盖平县农村工作部，业务领导单位为营口市气象台。1959 年 1 月 8 日，根据国务院批准的辽宁省行政建制变更，盖平县气候站归县农林局管理。1963 年 3 月，按照辽宁省气象局《关于调整气象台、站管理体制问题的报告》，将全省各级气象台站收回辽宁省气象局，业务管理部门为营口市气象台。1968 年 9 月，归属盖县农林局领导，业务管理部门为营口市气象台。1971 年 2 月，归属盖县人民武装部领导，业务管理部门为营口市气象台。1973 年 9 月，归属盖县革委会农业组领导，业务管理部门为营口市气象台。1980 年 7 月，辽宁省人民政府下发《关于改革气象部门管理体制的通知》，决定从 1980 年 8 月起，全省各级气象局、台、站，实行以省气象局和市、县人民政府双重领导、以省气象局领导为主的管理体制。

二、机构设置

1958—1982 年，由于人员较少，业务单一，未设内部机构。1982 年 8 月，根据工作需要，经营口市气象局同意成立行政、农气、预报、测报四个股级部门。此后根据工作需要几经调整。

2002 年 11 月 2 日，根据盖州市机构编制委员会印发《同意"关于成立盖州市防雷减灾技术中心"的批复》（盖编发〔2002〕22 号），成立盖州市防雷减灾技术中心。

2010 年 5 月，盖州市气象局组建气象行政执法中队，隶属市气象局执法大队，股级。

2012 年 9 月，根据盖州市机构编制委员会印发《关于设立市人工影响天气机构的批复》（盖编发〔2012〕19 号），成立盖州市人工影响天气工作站。该机构为盖州市政府所属事业单位，所需人员从市直事业单位中调剂，经费来源为市财政全额拨款。

2013 年 7 月，按照中国气象局和辽宁省气象局有关县级综合改革要求，成立盖州市气象台和盖州市气象服务中心。自此，内设机构：综合管理科、防灾减灾科。直属单位：盖州市气象台、盖州市气象服务中心。

2013 年 5 月 23 日，根据营口市气象局要求，组建气象执法大队。

2018 年 1 月 15 日，盖州市机构编制委员会印发《关于调整市防雷减灾技术中心经费渠道的批复》（盖编办发〔2018〕3 号），将防雷减灾技术中心经费形式由自收自支调整为财政全额拨款。

截至 2018 年 12 月 31 日，盖州市气象局内设机构：综合管理科、防灾减灾科。直属单位：盖州市气象台、盖州市气象服务中心。地方事业单位：盖州市防雷减灾技术中心、盖州市人工影响天气工作站。

三、人员状况

1958 年建站初期，工作人员为 4 人。1958—2018 年，先后有 63 人在盖州市气象部门工作。截至 2018 年 12 月 31 日，盖州市气象局定编 20 名，实有在职职工 15 人，气象编制 9 名（参照公务员法管理编制 3 名、气象事业编制 6 名），地方编制 6 名（防雷编制 4 名，人工影响天气编制 2 名）；研究生 2 人，本科 10 人，大专 3 人；工程师 3 人，助工 2 人，见习期 1 人；事业单位管理岗 6 人；30 岁以下 4 人，30 岁至 40 岁 8 人，40 岁以上 3 人；退休人员 11 人。台站名称及主要领导变更见表 27-1。

表27-1　1959—2018年盖州市气象部门机构名称及主要领导变更一览表

单位名称	姓名	职务	任职时间
盖平县气候站	邹景瑞	站长	1959.01—1959.10
	韩淑琴	站长	1959.10—1960.05
盖平县气候服务站			1960.05—1960.08
	顾宗发	站长	1960.08—1962.03
	韩淑琴	站长	1962.03—1963.06
	袁福德	站长	1963.06—1965.02
盖县气象服务站	金志祥	站长	1965.02—1966.05
			1966.05—1970.02
盖县熊岳气象站			1970.02—1970.04
盖县气象服务站	盖友安	站长	1970.04—1970.08
			1970.08—1971.01
盖县气象站			1971.01—1974.05
	刘继英	站长	1974.05—1979.05
盖县气象局（站）		局长	1979.05—1984.03
	张家庆	局长	1984.03—1991.04
	喻任令	局长	1991.04—1993.03
盖州市气象局（站）	连明涛	副局长（主持工作）	1993.03—2002.04
		局长	2002.04—2013.02
	王涛	局长	2013.02—2015.08
	缪远杰	局长	2015.08—

第三节　气象业务

一、气象观测

1. 观测项目

1959年1月1日，开始有地面气象观测记录，观测项目为气温、湿度、风向风速、降水、云量、云状、积雪深度、能见度、天气现象、地温（0、5、10、15、20、40、80、160厘米）、蒸发、地面状态。1960年，增加日照、冻土观测。1962年1月，增加气压观测，12月增加320厘米地温观测。1963年2月，取消320厘米地温观测。1966年5月，取消160厘米地温观测，1968年1月，重新开始160厘米地温观测。1969年1月，开始使用EL电接风向风速计。1971年5月1日，安装使用DSJ2型虹吸式雨量计。1977年5月1日，安装使用SL1型遥测雨量计。2003年4月15日，安装使用SDM6型翻斗式雨量传感器。2011年1月1日，增加电线积冰观测。2012年11月1日，安装使用DSC3型称重式降水传感器。2013年12月31日20时起，根据中国气象局《关于地面气象观测业务调整工作的通知》（气测函〔2013〕

321 号）要求，取消云量、云高、云状、蒸发观测；取消雷暴、闪电、飑、龙卷、烟幕、尘卷风、极光、霾、米雪、冰粒、吹雪、雪暴、冰针等 13 种天气现象的观测。2015 年 6 月 30 日 20 时起，取消每日 20 时人工对比观测任务，撤销实现自动观测的人工器测设备（干湿球温度表、最高最低温度表、水银气压表、风向风速、地面温度表、地面最高和最低温度表、浅层地温表等），增加草温、能见度等自动观测项目。2017 年 9 月，增加降水天气现象平行观测。

截至 2018 年年末，观测项目：能见度、天气现象、风向、风速、降水量（称重式、翻斗式）、温度、湿度、气温、气压、地面温度、浅层地温（5、10、15、20 厘米）、深层地温（40、80、160 厘米）、草温、雪深、日照时数、冻土、电线积冰等。

2. 观测时次

1959 年 1 月 1 日起，每天 4 次定时观测，时间为 01 时、07 时、13 时、19 时，昼夜守班；1960 年 1 月 1 日，由 4 次定时观测改为 3 次定时观测，时间为 07 时、13 时、19 时，夜间不守班；1960 年 8 月 1 日，气候观测时制由地方时改为北京时，观测时次为 08 时、14 时、20 时；1961 年 1 月，增加 02 时观测，夜间守班。1966 年 5 月，02 时温度、湿度记录用订正后的自记记录代替。1971 年 6 月 1 日，增加 02 时观测，夜间守班。1974 年 7 月 1 日，夜间不守班；1983 年 1 月 1 日，改为 3 次定时观测，即 08 时、14 时、20 时，夜间不守班。

3. 发报内容

1984 年，开始编发重要天气报。1994 年 6 月 10 日，省气象局下发《关于调整汛期地面观测任务通知》，08 时、14 时、20 时观测后拍发小图报，05—05 时（24 小时）拍发 SL 雨量报。汛期增加 05 时、11 时、17 时 3 小时雨量报。2005 年 1 月 1 日，每天 08—20 时当遇有规定天气现象出现时，编发即时天气报。2007 年 1 月 1 日起，3 小时雨量报调整为每年 10 月 1 日至次年 4 月 30 日编发。2008 年 12 月 17 日，开始编发冬季雪情加密报。2010 年 11 月起，取消 3 小时雨量报。2012 年 1 月 1 日，停止降水自记观测（翻斗式和虹吸式）；同年 3 月 31 日 20 时，停止编发天气报，改为编发长 Z 文件；2013 年 10 月 10 日 20 时起，不再编发气象旬（月）报。2017 年 3 月 31 日 20 时起，国家地面气象观测站和区域气象观测站数据传输频次统一调整为 5 分钟上传一次。20 时后上传日照数据文件、日分钟数据文件，00 时后上传日数据文件，并承担重要天气报、即时天气报、雪情加密报等发报任务，汛期承担雨情上报。截至 2018 年年末，盖州市气象观测站承担国家一般气象站的观测发报任务，每天 08 时、14 时、20 时 3 次定时上传长 Z 文件，每 5 分钟上传一次。

4. 报表制作

1959 年 1 月，开始手工抄录地面气象记录月报表（气表 -1）、地温记录月报表（气表 -3）、地面气象记录年报表（气表 -21）。1961 年 1 月停止地温记录月报表（气表 -3）制作。气表 -1 向省、市气象部门各报送 1 份，本站留底本 1 份。气表 -21 向国家、省、市气象部门各报送 1 份，本站留底本 1 份。

1988 年 1 月，开始机制报表。自 2004 年自动气象站正式运行后，向沈阳区域气象中心报送地面气象月、年报表的电子版数据文件，停止纸质报表的报送。2015 年 7 月起，取消地面气象记录月报表编制，由省气象信息中心通过 MDOS 系统生成地面气象记录 A、J、Y 文件。

二、自动观测系统

盖州市气象观测站为国家一般站，区站号为 54474。2002 年 12 月 12—13 日，建设完成地面 DYYZ-Ⅱ型自动气象站。2004 年 1 月 1 日，DYYZ-II 型自动气象站正式投入业务运行。2009 年 7 月 23 日，更换具备分钟数据存储功能的自动气象站采集器。2012 年 11 月，安装使用称重降水传感器。2015 年 6 月 30 日 20 时起，新型自动气象站正式投入业务运行，实现双套自动气象站"一主一备"的运行模式。2018 年 11 月，安装光电式数字日照计，实现日照的自动观测。

1959 年至 1986 年 5 月，观测发报用有线电话口传至邮政报房，再由邮电公众线路拍发传送至辽宁省气象局。1986 年 4 月 28 日，营口市气象局与县气象站间的微机网络正式开通。1987 年 5 月 26 日，连接市气象局与各县区气象局的无线电甚高频电话网，除航危报外各类报文的传递、天气会商、会议通知、电话会议等都可通过该网络进行。1999年，用X.25气象分组交换网传输报文至省气象通信台。2004年，开通市—县2兆光纤宽带，进行各种数据和报文传输，分组交换网作为备份。经过近30年的观测网络现代化建设，2014年，已实现所有观测设备仅通过一根光纤和终端计算机的数据传输。2016年1月，增加移动备份光纤。

2005年，开始建设区域自动气象站，在青石岭、万福、梁屯、矿洞沟等15个乡镇建成2要素区域自动气象站（温度、雨量）。2007年9月，在高屯、仙人岛建成2个4要素区域自动气象站。2008年6月，在徐屯、归州、陈屯镇建成3个4要素区域自动气象站，采集器型号均为CAWS600-R（T），9月在团山镇建成1个国家级无人自动气象站，该站为中国气象局环渤海岸基无人站点，站号为54478，设备为天津厂DZZ4型7要素区域自动气象站（气温、气压、湿度、降水、风向、风速和能见度）。2010年10月，由盖州市政府出资，市气象局购置北京华云公司生产的4要素太阳能自动气象站设备，更换卧龙泉、矿洞沟、梁屯、暖泉4个乡镇的自动气象站设备。同年11月，在二台子乡建成4要素区域自动气象站，采集器型号均为CAWS600-R（T）。2011年5月，通过实施山洪工程单雨量站点建设，完成小石棚乡大锅峪、毡帽峪、周屯，杨运镇头道沟、南岔，什字街镇侯家沟、高台子、邹屯、马屯等9套单雨量站点的建设，采集器型号为CAWS600-HY321。2012年5—7月，通过实施山洪工程升级改造和单雨量站点建设，在矿洞沟镇张家堡村、毛岭村、云山沟，卧龙泉镇腰堡村、娘娘庙村羊沟、金厂沟村北沟建成6套单雨量区域自动气象站，采集器型号为CAWS600-HY321。同年8月，营口市气象局在玉石水库建成一套CAWS600-R（T）型2要素自动气象站。2013年8月，通过与营口军分区建立合作关系，营口市气象局在营口军分区盖州弹药库建成首个军民合作的CAWS600R（T）型2要素区域自动气象站。2014年，通过沿海经济带项目在归州、白沙湾、沙岗子、西海、杨树所建设改造5个6要素区域自动气象站，其中白沙湾、西海、杨树所为新建自动气象站，归州、沙岗子为改造自动气象站，采集器统一采用CAWS600-HY1300A型。2014年，将暖泉、二台子、青石岭、高屯4个自动气象站由2要素升级为4要素站。2016年5月，由于九垄地自动气象站被盗，撤销了该站点。2016年8月，对团山自动气象站进行升级改造，由原天津厂设备更换为无锡厂ZQZ-A型，采集要素变为5要素（气温、降水、风向、风速和能见度）。截至2018年年末，共建成41个自动气象站，包括16个单雨量自动气象站，5个2要素自动气象站，14个4要素自动气象站，5个6要素自动气象站，1个5要素国家级无人自动气象站（团山站）。

2009年3月3日至2014年10月，为做好风能资源评估工作，在青石岭镇青石岭村建立一座70米高测风塔。2010年11月，在徐屯建设自动土壤水分观测站。2012年11月，在西海乡东海村安装一套大棚自动气象站。2014年12月19日，完成全球定位系统气象观测（GPS/MET）站的基础设施安装，并顺利上传数据，成为全省第一个完成项目建设的单位。

2017年7月1日，经招标，营口市气象科技服务中心与沈阳恒远公司签订盖州地区大喇叭社会化保障协议，盖州地区283个大喇叭实现社会化保障。2018年8月，盖州地区41个自动气象站完成社会化保障交接工作。

三、酸雨观测

2005年，开始进行酸雨观测，酸雨采用PHSJ-3F型酸雨测试仪测pH值，DDSJ-308A型电导率仪测K值。其主要任务是采集降水样品，测量降水样品的pH值与电导率，记录、整理观测数据，编制酸雨观测报表，向国家气象部门报送酸雨观测资料。2006年1月1日，开始使用OSMAR 2005版酸雨观测软件，利用计算机编制报表，通过网络传输到辽宁省信息与技术保障中心。2017年9月，不再使用OSMAR 2005版酸雨观测软件，采用地面综合观测业务软件（集成版ISOS）实现酸雨观测数据的录入和传输。

四、天气预报

1959年，开始制作和发布各季节短期、中长期天气预报，主要手段是通过收听上级气象部门对天气形势的分析，结合本地气象要素指标、天象观测、动物观测等土洋结合方式，做出适用于本地的补充天气预报。通过当地中心广播站每日早、午、晚发布 3 次 24 小时天气预报。20 世纪 70 年代，农村气象哨普遍建立，县气象站通过电话网将天气预报通知到乡气象哨，乡气象哨再结合当地情况和老农经验，进行补充订正后，传至各气象小组，并用黑板报公布，使天气预报基本上做到了层层补充、级级订正、队队收听、人人使用。这种补充订正天气预报的方式，一直延续到 20 世纪 80 年代初，体现了基层天气预报服务的时代特点。

1998 年开始，接收营口市气象台天气指导预报，并进行本地化订正，除了延续每日 3 次的 24 小时天气预报广播，还通过电视播出 24 小时天气预报节目。2007 年开始进行省气象台乡镇天气预报的订正工作，应用数理统计方法，沿用数值预报产品为基础的技术路线，使传统的经验定性预报向客观、定量预报方向迈进，进一步提升了预报能力和准确度。

2014 年 10 月，营口市气象局建成电视天气预报演播系统，为 3 个市（县）、区气象局统一制作电视天气预报节目。

五、农业气象

1959 年，开展农业气象预测预报工作。盖平县气候站调查并梳理本地区主要农作物在各阶段生长期的气候物理变化条件，并根据物候变化特征做出病虫害预测预报和农作物适时收获期等预报。发布农业气象旬报、公报、情报、初终霜冻预报和土壤温湿度预报等。结合各时期作物生长对气候条件的需求，通过五查三报，查土壤温度、查气温下降、查霜冻、查病虫害发生、查久晴久雨，报墒情、报虫情、报旱情等有效方法指导农业生产。1962 年 5 月 17 日，开始实行《农业气象观测方法》等技术规定。1980 年 1 月 1 日，农业气象观测纳入省级农业观测站网，增加作物发育期观测。1981 年，取消部分农气观测项目，只进行土壤湿度观测。1983 年，增加物候观测和气象水文现象观测等。20 世纪 80 年代初还开展了农业气象服务和农业气象试验。农业气象服务主要抓住春播、夏锄、秋收等重要农事季节，开展年景预报及产量预报、农业气候条件预报等。春播期给出播种期预报、土壤温湿度预报和雨情报；作物关键生育期，农气人员到田间地头进行指导；秋收期有收获期预报。农业气象试验研究项目有"棉花地膜覆盖生产的小气候效应研究"等。

2009 年，辽宁省气象局按照中国气象局综合观测司《关于农业气象观测站网和观测任务调整实施方案的复函》，将国家和省级分别管理的农业气象观测站全部纳入国家统一管理体系，盖州市气象局为国家农业气象一级观测站，农业气象观测项目有作物观测、物候观测、土壤水分测定和生态观测。

1. 作物观测

1959 年开始作物观测，观测作物有棉花、玉米、高粱、谷子等。此外，各气象哨也根据公社的具体情况进行高粱、玉米、棉花、水稻、谷子、大豆、小麦的作物观测。1962 年 2 月，营口市农业水利局选定盖平县气候服务站为农业气象观测站点，调整了作物观测项目，仅进行棉花和高粱的作物观测。20 世纪 60 年代中期开始，由于受"文化大革命"的干扰，农业气象观测业务基本停止。1980 年 1 月 1 日，按照辽宁省气象局要求，开始农作物观测。观测作物有高粱、冬小麦。1983 年，增加棉花观测，停止冬小麦的观测。1987 年，停止棉花观测，增加大豆的观测，并开展大田生长状况调查及评定，作物产量结构分析，农业气象灾害调查上报等项目。1990 年，停止高粱观测。2009 年，停止大豆观测，开展玉米观测。

2. 物候观测

1959 年，开始国光苹果的物候观测。1983 年，开展物候观测和气象水文现象观测。木本植物有加拿大杨、苹果、枣树；候鸟观测有豆雁。2009 年，按照辽宁省气象局规定，增加部分物候观测项目，木本植物增加旱柳、杏树；草本植物有蒲公英、车前子、狗尾草；候鸟、两栖类动物物候观测有家燕、青蛙。2013 年，取消 2009 年增加的自然物候观测项目。加拿大杨、苹果、枣树、豆雁的物候观测一直保留。

3. 土壤水分测定

1960年2月28日，开始土壤水分测定，每年2月28日至11月28日期间，每月逢3日、8日测定0～50厘米土壤湿度，逢4日、9日编发AL报、TR报、AB报。2010年10月，省气象局统一建设和安装自动土壤水分观测站，地点设在盖州市水利局灌溉试验站。观测项目：10、20、30、40、50、60、70、80、100厘米土壤水分和0、5、10、20、40厘米地温。数据传输方式与自动气象站相同。每月月初制作土壤水分自动观测月报表。2013年10月1日，按省气象局规定取消AB报、TR报的编发，保留2月28日至5月28日，每旬逢3日、8日测定土壤水分（0～20厘米）和编发AL报的工作，如有需要随时加测。

4. 生态观测

2004年10月，开始观测地下水位，3—5月旬末观测地下水，每旬逢1编发生态报，其他月份月末观测地下水，每月1号编发生态报。

5. 报表制作

1980年起，每年12月制作农气表-1（农作物生育状况观测记录年报表），农气表-2-1（土壤水分观测记录年报表），农气表-3（自然物候观测记录年报表），每种报表均向国家、省、市气象部门各报送1份，自留底本存档。2014年，取消农业气象观测记录年报表纸质版的制作与报送，改为通过AgMODOS软件生成电子农业气象观测记录年报表。自2015年起，全省农业气象观测站通过农业气象测报软件（AgMODOS软件）制作农业气象观测记录年报表，并生成C文件（后缀为cel的文件）。

第四节　气象服务

一、公众气象服务

自1959年，盖平县气候站就开展了公众气象服务工作，每日早、午、晚3次用电话向县广播站传播天气预报，内容主要包括温度、降水、风向、风力、天气状况等。1981年，接收传真天气图，制作1～10天天气过程趋势预报，通过广播站对外广播。

1995年以来，开展电视天气预报工作，为盖州市有线电视台制作当日天气预报。2006年起，通过《营口日报》盖州市版每周向公众发布两期天气预报。

2010年，开始实施盖州市农村气象灾害防御体系和气象为农服务体系建设，当年7月末，盖州市东部山区15个村、西部沿海10个村安装了25块气象信息电子显示屏；2011年，在东部山区10个乡镇110个村安装气象灾害预警广播大喇叭，及时向公众发布自动气象站实时气象资料、天气预报和预警信息。2014年7月，正式启用微信平台，向公众发布天气预报，使天气预报能通过更快更便捷的方式获取。2016年年底，开始通过农村应急广播、显示屏分乡镇发送天气预报。2018年，在电视节目中增加暴雨等极端天气形势滚动预报。

二、决策气象服务

盖州市属农业大县，建站以来就始终把决策气象服务放在首位，同时把专业气象服务和气象科技服务结合起来，并制定出一整套服务方案，为农业发展和经济建设提供优质的气象服务。

1987年5月，开通甚高频无线对讲电话，营口市气象台口传各种气象预报，同时对外开展决策气象服务。2005年，强化和明确决策气象服务工作流程，采用服务材料、手机短信、当面汇报等形式，及时向本级政府及相关部门报告灾害性、关键性、转折性天气预报和重要天气实况。2010年之后通过显示屏、大喇叭和宣传板发布决策信息。2013年9月，完成了盖州市突发事件预警信息发布平台建设，该平台建立后，可实现多部门联动预警预防。

三、气象科技服务

1985 年，根据《国务院办公厅转发国家气象局关于气象部门开展有偿气象服务和综合经营的报告》（国办发〔1985〕25 号）精神，与本地粮库、水库、砖场、电业、农电等部门签订合同，提供有偿专业气象服务，向保险等有关部门及个人提供气象资料及天气证实材料。

1986 年 4 月 24 日，营口市气象专业警报系统广播电台正式对外广播，盖县气象局为乡镇、粮食部门、企事业单位等服务用户安装气象警报接收机，当遇有突发性灾害天气时，及时用广播或电话通知专业服务用户，大大提高了专业服务的效率。

1993 年，盖州市气象部门对外开展彩球庆典等多种经营项目。

1998 年，开展天气预报影视制作工作，采取为客户制作广告形式增加创收。

2003 年以后，防雷装置安全检测和防雷工程成为气象科技服务的主要创收项目。

2016 年 2 月 3 日起，依据《国务院关于第一批清理规范 89 项国务院部门行政审批中介服务事项的决定》（国发〔2015〕58 号）和《国务院关于第二批清理规范 192 项国务院部门行政审批中介服务事项的决定》（国发〔2016〕11 号），不再向企业收取防雷技术服务费。

四、气象科研

1982 年 8 月，完成盖县农业气候资源的调查，编写出版《盖县综合农业气候区划报告》《盖县农业资源调查与农业区划报告》。1983 年 5 月，完成《盖县农业气候资源及区划》《盖县农业气候资源及评价》《盖县农业气象灾害分析》《盖县主要作物农业气候分析》《盖县棉花生产的农业气候分析》《盖县苹果栽培的农业气候分析及区划》《盖县柞蚕生产的农业气候分析》《盖县水产品农业气候分析》《盖县农业气候区划》等多类气候分析或气候区划报告。

2014 年 4 月，王涛主持的"盖州市苹果气象服务系统"在省气象局立项，2015 年 4 月，"盖州市苹果气象服务系统"通过省气象局验收，系统软件在农户中安装试运行，并予以推广，效果良好。2014 年 8 月，盖州市气象局首次下达"关于 2014 年科研课题计划的通知"。同年 11 月，张秀艳主持的"盖州市乡镇温度预报订正方法"、刘志邦主持的"县级农业气象服务系统盖州玉米气象服务本地化应用"、刘长顺主持的"MICAPS 县级预报预警业务平台雷达估测降水量本地化及订正方法"在营口市气象局立项。2016 年 2 月，3 项科研课题全部通过结题验收。

2016 年 6 月，刘长顺主持的"盖州市汛期气象灾害降水指标查询手册"、刘志邦主持的"盖州市气象预警大喇叭在线信息提示系统"、张秀艳主持的"设施草莓气象服务指标及服务的研究"等 3 项科研课题在营口市气象局立项；2017 年 10 月，3 项科研课题全部通过验收。2017 年 12 月，张秀艳主持的"自动土壤水分观测站数据对比应用研究"、李丹主持的"盖州市低温寡照对大棚西瓜生长发育影响及对策研究"等 2 项科研课题获得省气象局立项。

五、气象科普宣传

每年积极组织开展气象法律法规和科普宣传活动，利用"3·23"世界气象日和应急管理宣传周，以单位对外开放、广场宣传等形式，向公众普及气象知识和防灾减灾知识。每年举办气象灾害应急演练活动，以提高公众对气象的关注度，增强公众的防灾减灾意识。加强与当地媒体合作，每年报社、电视台均对盖州市气象局新闻报道 10 余次。

2013 年以后，加大了气象信息宣传力度，"盖州市首个设施农业气象服务示范区建成""盖州市气象局党支部开展'迎七一党员进社区'活动"等多篇信息报道在中国气象局、省气象局和市气象局网站刊发，使各级气象部门和社会公众能够及时了解发展中的盖州气象事业、气象现代化建设以及党建和精神文明建设等工作。

2017 年 6 月 29 日，全体党员走进站前永安社区，开展"七一"党员系列活动，重温党的誓词、观看安全教育警示片、现场进行防雷减灾及安全知识宣传。

2018年8月19日，盖州电视台对市气象局进行主题为"盖州市气象局全力做好气象服务工作"的专题采访，在盖州电视台新闻节目中播出后，引起很大反响，通过专题采访，让公众更加了解气象工作和理解气象工作者，也使气象工作更加贴近百姓生活。

第五节　人工影响天气与防雷减灾

一、人工影响天气

从1968年开始，盖县采用自制土炮、土火箭的防雹方式开展防雹工作。在雹云移动的主要路线上游都建有防雹点，当出现雹云时，及时向雹云方向发射炮弹或火箭弹。

1969年，盖县归州公社对防雹工作非常重视，在归州、仰山、西边子、槐树房、团瓢、房身、归北等7个大队设立防雹点。按雹云移动的地方性特点，分一二三线设防。公社成立防雹指挥部，组织民兵作业，各作业点发现雹云各自为战。9月，下了一场冰雹，归州公社及时组织防雹作业，因此没有受灾，而临近的复县李官公社则受了雹灾。

从1972年开始，盖县改用土炮防雹，配给归州等作业点90号土炮20门。20世纪70年代末到80年代初，冰雹灾害逐渐减少，同时，暴露出土制防雹火箭、土炮炮弹的安全性能及效果的局限性，逐渐停止原有方式防雹作业。

1980年，经省政府商定，省军区调给盖县4门"三七高炮"用于人工增雨作业，县政府决定由县水利局的水利工程处负责保管、维护和使用。1984年，经县政府批准将"人防办"北山洞的2间洞房改为人工增雨弹药库，由县人防办负责保卫，县气象站负责管库，县政府决策和组织实施人工增雨作业。

1997年7月3日，根据营口市政府指示，为缓解盖州旱情，在省人工影响天气办公室的大力支持下，先后两次进行飞机人工增雨作业，增雨地区普降中到大雨，局部暴雨，有效地缓解了旱情，各级领导对此十分满意。2001年，营口市气象局调拨给盖州市气象局一辆人工增雨防雹火箭车，结束了"三七高炮"增雨作业的历史。

2007年4月，盖州市政府成立人工增雨办公室，挂靠市气象局。

2008年4月，盖州市政府投资15万元为市气象局购置一台人工增雨防雹火箭车（皮卡）和两个火箭发射架，出现干旱和冰雹天气时，在营口市气象局和盖州市政府的统一指挥下，实施人工增雨或防雹作业，最大限度地减轻了干旱和冰雹灾害对农业生产和人民生活造成的损失。盖州市政府每年都拨专项资金支持人工影响天气工作。全地区设置2个人工增雨作业点，每年实施人工增雨作业5～8次。

2009年，省气象局调拨给盖州市气象局1台猎豹吉普车、1部车托式火箭发射系统用于人工增雨作业。

2014年，省气象局调拨给1辆火箭作业车和1部火箭发射系统，并为作业发射系统配备无线终端。

2015年，省气象局配发1套火箭弹存储专用柜。

2018年，完成东北人工影响天气工程指挥系统和辽宁省人工影响天气火箭弹精细化管理系统的应用。

二、防雷减灾

2002年11月2日，盖州市机构编制委员会印发《同意"关于成立盖州市防雷减灾技术中心"的批复》（盖编发〔2002〕22号）文件，确定防雷减灾技术中心负责全地区各类建筑物、构筑物和易燃易爆、高危险行业的防雷设施安全检测以及其他防雷工程设计、施工，开展雷电灾害调查。

2009年5月4日，防雷行政审批进驻行政审批服务中心。2013年8月28日，盖州市政府颁布《关于进一步做好我市防雷减灾工作的通知》（政办发〔2013〕31号）。2015年10月11日起，根据《国务院关于第一批清理规范 89 项国务院部门行政审批中介服务事项的决定》（国发〔2015〕58号）和《国务院关于第二批清理规范 192 项国务院部门行政审批中介服务事项的决定》（国发〔2016〕11 号）文件精神，在办理防雷装置设计审核许可时，已不再要求申请人提供"防雷装置设计技术评价报告"。

2016 年 2 月 3 日起，在办理防雷装置竣工验收许可时，不再要求申请人提供"新建、改建、扩建建（构）筑物防雷装置检测报告"，盖州市防雷减灾中心承接盖州市气象局防雷审批所需相关技术服务，不再向企业收取防雷技术服务费。同年 12 月，国务院印发《国务院关于优化建设工程防雷许可的决定》（国发〔2016〕39 号）文件，决定将气象部门承担的房屋建筑工程和市政基础设施工程防雷装置设计审核、竣工验收许可等部分职能移交给城乡规划建设部门监管。截至 2016 年年末，盖州市气象局共办理防雷审批近百件，颁发防雷装置设计核准书 217 个、防雷装置验收合格证 137 个。

2017 年 3 月 6 日，盖州市政府组织召开防雷体制改革工作协调会议，明确了建设工程防雷许可的职责划分，随后市气象局和市城乡规划建设局完成了防雷行政审批交接工作。

第六节　党建与气象文化建设

一、党建工作

1979 年之前，盖县气象站先后有 9 名党员陆续来站工作，由于人员流动较大，盖县气象站未成立党支部，党员先后归属县农林局党支部、县人民武装部党支部和县革委会农业组党支部。

1979 年 2 月 12 日，根据"关于批复组建中共盖县气象站支部委员会"（盖组发字〔79〕50 号）文件要求，组建盖县气象局党支部，刘继英为书记，张家庆、郑心良为委员。2016 年年底，盖州市委批准成立盖州市气象局党组，党组成员有缪远杰、刘长顺、郝强。2017 年 6 月 22 日，经盖州市总工会批准成立盖州市气象局工会委员会，杨佳选为工会主席。同年 7 月 1 日，盖州市气象局党支部召开会议，重新调整支部分工，缪远杰任支部书记、刘长顺任支部宣传委员、郝强任支部组织委员、杨佳任纪检委员、崔健任总支党办主任。同年 12 月 11 日，盖州市气象局党支部完成换届选举工作，选举出缪远杰、刘长顺、郝强 3 人组成新一届党支部委员会，缪远杰任党支部书记，刘长顺任宣传委员，郝强任组织委员。

2010 年之前，盖州市气象局党支部每年均按照地市机关工委要求，完成党建各项工作任务。

2011 年 3 月 15 日，召开中共盖州市气象局第九届党支部大会，局长兼党支部书记迮明涛代表党支部做题为"加强党的建设，努力开创盖州气象事业新局面"工作报告。

2013 年 7 月 31 日，全体党员参加省气象局召开的"辽宁省气象部门深入开展党的群众路线教育实践活动动员大会"，郝强被评为全市优秀共产党员。

2016 年 4 月 29 日，盖州市气象局发起"弘扬五四精神，走进新农村"主题思想活动，大石桥市气象局与盖州市气象局全体青年职工走进小石棚乡，通过党的知识问答、气象科普知识宣传、爬山拓展运动等内容，培养年轻人爱党爱岗、无私奉献的精神。同年 7 月 1 日，全体党员走进盖州市长征社区开展党员系列活动，新老党员重温入党誓词，观看警示教育片，为社区居民讲解防雷减灾安全知识。

2017 年 5 月，组织党员和青年职工开展"牵手夕阳红，走进敬老院"献爱心活动；建成党员学习室，将周三列为党员活动日；组织全体党员学习习近平总书记在"一带一路"国际合作高峰论坛开幕式上题为"携手推进一带一路建设"的讲话精神。

2018 年 1 月 12 日，盖州市气象局领导参加盖州市政府文明办组织的走访慰问贫困户、贫困学生活动。1 月 16 日，盖州市气象局接受盖州市机关工委 2017 年度党建工作检查，并召开工作报告大会。5 月 25 日，盖州市气象局党支部组织全体党员观看爱国主义教育影片《开天辟地》，并撰写观后感。6 月，为迎接中国共产党建党 97 周年，盖州市气象局组织全局青年职工到盖州市榜式堡镇道马寺村开展扶贫帮困活动，还开展了户外拓展训练活动。7 月 31 日，为纪念中国人民解放军建军 91 周年，盖州市气象局组织全体干部职工走进锦州辽沈战役纪念馆和苹果廉政文化教育基地，接受红色洗礼和廉政警示教育。

二、气象文化建设

1. 气象文化活动

1986年开始，每年都将领导班子建设、管理、站容站貌、政治理论学习等作为精神文明建设内容纳入年度工作考核。2000年以后，精神文明建设赋予了更多的内容，每年都开展丰富多彩的文体活动，组织职工参加读书活动、文艺表演、演讲比赛、赴外地参观学习等。2002年以后大力开展文明单位创建工作，取得明显成绩。2010年开始，盖州市气象局按照精神文明单位创建要求，积极开展创建省级文明单位活动。

2. 荣誉

从1981年开始到2018年年底，盖州市气象局共获得省气象局、市委、市政府、市气象局颁发的各类奖项达十几项。1981—1982年，在灾害性天气预报服务工作中，被评为辽宁省气象部门先进集体。1986年，盖县气象局被评为县文明单位和先进单位，并在农业区划工作中被评为营口地区区划先进单位。2003年、2006年和2013年，盖州市气象局均被营口市委、市政府评为"文明单位"。2009年，盖州市委、市政府授予盖州市气象局"盖州市文明单位"称号。2015年，盖州市气象局获得"2012—2014年度辽宁省文明单位"称号，同年还荣获"辽宁省气象局先进集体""辽宁省重大气象服务先进集体"称号。2017年，盖州市气象局被盖州市直机关工委评为2015—2017年度"双评双优"工作先进党支部；被辽宁省气象局授予2017年度全省重大气象服务先进集体；被辽宁省精神文明建设指导委员会授予2015—2017年度全省文明单位；被营口市气象局授予2017年度营口地区气象部门重大气象服务先进集体；被盖州市机关工委授予2017年先进党支部。2018年，盖州市气象局被辽宁省气象局授予2018年辽宁省气象部门先进集体。

1981—2018年，盖州市气象局个人获得的各类荣誉达数十项。1981年，王学文获省气象局先进工作者。1984—1992年，王学文当选为盖州市第十一、十二、十三届人大常委会委员。2004年，迟明涛获省气象局先进工作者。2007—2012年，迟明涛当选为盖州市政协第五届委员。2012—2017年，刘长顺当选为盖州市政协第六届委员。2013年，于双获得省气象局先进工作者，郝强、张秀艳、徐亚琪、时欣获得辽宁省机关档案工作突出贡献人员称号。2015年，刘志邦获得省气象局先进工作者。2016年，徐亚琪当选为营口市第十二次代表大会党代表、盖州市第六次代表大会党代表和盖州市工会第三次代表大会党代表。2017年5月，刘长顺被盖州市政府评为2011—2015年度依法治理先进个人。同年6月，缪远杰被评为全市优秀党务工作者，刘长顺被评为全市优秀共产党员，李丹被营口市科学技术协会授予2017年营口市优秀科技工作者。2018年，杨佳、张秀艳、罗云凯、李丹被辽宁省档案局授予辽宁省机关档案工作突出贡献人员。同年，在东北区域气候变化工作技术交流会上，童尧撰写的科技论文被中国气象学会评为一等奖。

第七节　台站建设

1980年1月，盖县气象局迁站至盖县蔬菜公司菜窖东侧"郊外"，占地面积6260米^2，建成一座三层办公楼，建筑面积514米^2。2002年，盖州市气象局院内办公楼门前铺设黑色路面800米^2，重新修建院内东南护坡墙，安装铁艺围栏。2007年7月，盖州市气象局对办公楼进行装修，建立综合业务值班室，购置办公用计算机桌，铺设防静电地板，更换3盏庭院灯，院内安装4台监控器。2008年购置台球、跑步机等体育器材6种，院内库房门前铺设黑色路面300米^2。2011年6月，对原库房进行彻底改造维修，新建食堂、餐厅、车库等。同年11月，盖州市政府划拨原麻袋厂土地4.8亩，用于盖州市气象局办公楼建设，位置在老业务楼西北角150米处。

2012年5月，盖州市气象局办公楼（人工增雨基地）开始施工，建筑面积1435米^2。同年10月，对原观测场进行改造，海拔高度提高 20 厘米，新加土方 100 米^3，按新规范改造观测场。2013 年元旦，新办公楼竣工，对院内进行道路硬化，新建围栏、电动大门、气象长廊和消防蓄水池等。

2015 年，省气象局批复盖州市气象局综合改善项目，对新办公楼院内环境进行综合改造，新建 80 千伏箱式变压器，重新规划各部门办公室，设立人影作业和应急休息室，更换会商室静电地板，地下室进行防潮处理，办公楼外部安装门禁装置，布置活动室，对食堂进行彻底粉刷和清洁。

2016 年，利用项目结余资金，改造新办公楼卫生间、职工活动室、档案室、荣誉室。整合办公用房，将旧办公楼档案室资料全部搬移到新楼档案室，将职工青年公寓搬迁至新楼。为确保安全，对护坡处白钢围栏重新加固。

第二十八章　大石桥市气象局

大石桥市位于营口市的东北部，辽河下游左岸，东与海城市、岫岩满族自治县相毗邻，南与盖州市接壤，西临营口市老边区，西北与大洼县隔河相望。大石桥市历史悠久，古为幽州属地，秦属辽东郡，汉属元菟郡，唐属安东都护府，民国初始建营口县，1938 年撤销营口县，分属海城、盖县两县所辖，1946 年 4 月成立营口县，1992 年 11 月 3 日撤销营口县设大石桥市。大石桥市地处南温带亚湿润区内，属暖温带季风气候，水资源和矿产资源等十分丰富，其镁矿总探明储量 44.56 亿吨，保有储量 43.63 亿吨，是世界"四大镁矿产地"之一，素有"中国镁都"之称。

第一节　历史沿革

1958 年 11 月，辽宁省气象局调邹永昌回家乡筹建气候站。1959 年 1 月，营口县气候站成立，站址位于营口县大石桥镇第一街道 13 组，地理位置为北纬 40 度 38 分，东经 122 度 36 分，海拔高度 12.5 米。建站时与营口县农业科学研究所合署办公，对内为县农业科研所的一部分，对外为营口县气候站。

1959 年 1 月，营口市成立气象管理机构后，将营口县气候站划分为国家一般气象站。

1960 年，正式与县农业科研所分开，同年 5 月 1 日，营口县气候站更名为营口县气候服务站。

1964 年 5 月，更名为辽宁省营口气候服务站。

1966 年 2 月，更名为辽宁省营口气象服务站。

1970 年 5 月，更名为营口县气象站。

1975 年 2 月 4 日 19 时 37 分，海城发生 7.3 级破坏性地震，营口地区临近海城，受其影响，原站址四周自然条件发生很大变化，办公用房墙面出现裂痕，变成危房，同年 4 月，省气象局下发《关于营口县气象站迁移站址的意见》。1976 年年初，根据协议征用大石桥镇夏家大队第六小队 5 亩地作为新址。同年 5 月开始施工，1977 年 1 月 1 日，迁至新址营口县大石桥镇南街，在原址的东南方向 1500 米，地理位置为北纬 40 度 37 分，东经 122 度 29 分，海拔高度 11.5 米。

1989 年 6 月，更名为营口县气象局。

1992 年 11 月 28 日，更名为大石桥市气象局。

1996 年，根据省气象局《关于印发营口市气象部门机构编制方案的通知》精神，大石桥市气象局实行局站合一，一个机构、两块牌子。

2007 年 1 月 1 日（北京时间 2006 年 12 月 31 日 20 时后），按照省气象局《关于地面气象观测业务切换有关事宜的通知》规定，辽宁省 62 个国家级自动站全部按照"三站"要求实施业务切换，大石桥国家一般站调整为大石桥国家气象观测站二级站。

2009 年 1 月 1 日（北京时间 2008 年 12 月 31 日 20 时起），根据省气象局《转发中国气象局关于全国地面气象观测站业务运行有关工作的通知》，重新命名为大石桥国家一般气象站。

随着城市规模的迅速扩大，大石桥国家一般气象站的位置已由原来的偏僻郊外变成了城市中心，因此大石桥市气象局提出了迁址申请。2013 年，中国气象局观测司下发《中国气象局综合观测司关于同意迁移大石桥国家一般气象站站址的复函》（气测函〔2013〕308 号），批准大石桥国家一般气象站迁址。

2015 年 1 月 1 日，局站分离，现址保留，观测站迁移至大石桥市永安镇东田家屯街 590 号，地理位置为北纬 40 度 34 分，东经 122 度 27 分，海拔高度 11.5 米。

第二节　机构与人员

一、管理体制

1959 年 1 月，营口县气候站成立，隶属营口县农林水利局。

1963 年 5 月，按照辽宁省气象局《关于调整气象台、站管理体制问题的报告》，全省各级气象台站改由辽宁省气象局管理。

1964 年 11 月，按照《营口市人民委员会关于改变气象台（站）领导关系的通知》（营 64 气象字 298 号），营口县气候服务站改由营口县人民委员会和营口气象台双重领导。

1971 年 2 月，按照辽宁省革命委员会文件（辽革发〔1971〕20 号）精神，各级气象部门除建制仍属各级革委会外，其领导关系实行由省军区、市军分区、县武装部和各级革委会双重领导，并以军事部门为主的管理体制。营口县气象站归县人民武装部和县革命委员会领导，业务指导部门为营口市气象台。

1973 年 9 月，按照营口市革命委员会、营口军分区《关于气象部门领导体制调整的通知》精神，市县（区）气象台（站）仍划归市、县（区）革命委员会领导，在气象部门工作的军队干部撤离，营口县气象站领导部门为县革委会农业组，业务指导部门为营口市气象台。

1980 年 7 月，辽宁省人民政府下发《关于改革气象部门管理体制的通知》，决定从 1980 年 8 月起，全省各级气象局、台、站，实行以省气象局和市、县人民政府双重领导，以省气象局领导为主的管理体制。

二、机构设置

1959 年建站到 1978 年，无内设机构。1978 年，设置观测股、预报股、农气股。1988 年，撤销农气股和预报股，设置预报服务股。1997 年 2 月，机构设置调整为业务股、综合经营股、办公室。2003 年 3 月，成立大石桥市防雷减灾技术中心。2010 年 5 月，大石桥气象局组建气象行政执法中队，隶属市气象局执法大队，股级。2012 年 9 月，成立大石桥市人工影响天气工作站，为大石桥市政府直属的全额拨款事业单位，人员编制为 3 人，由大石桥市气象局管理。2013 年 5 月 23 日，根据营口市气象局要求，组建大石桥气象执法大队。

2013 年 7 月，县级气象机构综合改革，内设机构为办公室（综合管理科）、防灾减灾科；直属事业单位为大石桥市气象台（副科级）、大石桥市气象服务中心（副科级）；地方气象业务机构为大石桥市人工影响天气工作站（股级）、大石桥市防雷减灾技术中心（股级）（表 28-1）。

2017 年 7 月，大石桥市机构编制委员会印发《关于收回大石桥市人工影响天气工作站空余编制的通知》，大石桥市人工影响天气工作站 2 名空余编制被收回，调整后，大石桥市人工影响天气工作站人员编制 1 名。

表28-1　1959—2018年大石桥市气象部门机构名称及主要负责人一览表

单位名称	姓名	职务	任职时间
营口县气候站	张玉田	站长	1959.01—1960.05
营口县气候服务站			1960.05—1961.04
			1961.04—1964.05
营口气候服务站	邹永昌	站长	1964.05—1966.02
营口气象服务站			1966.02—1970.05

单位名称	姓名	职务	任职时间
营口县气象站	沈延芳	副站长（主持工作）	1970.05—1971.05
	孟宪安	站长	1971.06—1975.09
	李生春	站长	1975.10—1979.08
	刘兴江	站长	1979.08—1984.03
	尹望	副站长（主持工作）	1984.03—1986.08
	王述彦	站长	1986.08—1988.06
营口县气象局	尹望	站长	1988.07-1989.06
		局长	1989.06—1992.11
大石桥市气象局		局长	1992.11—2006.04
	张丽娟	局长	2006.04—2015.08
	郭锐	局长	2015.08—

三、人员状况

1959—2016 年，先后有 59 人在大石桥市气象局工作，其中男职工 42 人、女职工 17 人。1959 年建站时共有职工 3 人，1970 年之前为 6～7 人。1971 年以后人员调动频繁，总数一直维持在 10 人左右。

截至 2018 年年末，在职职工 16 人。其中参公管理 3 人，事业编制 8 人，地方编制 5 人；男职工 8 人，女职工 8 人；大学本科学历 16 人；高级职称 1 人，中级职称 7 人，初级职称 8 人；21～30 岁 10 人，31～40 岁 4 人，41～50 岁 2 人；中共党员 14 人（在职 8 人，离休 1 人，退休 5 人）。离退休 12 人。

第三节 气象业务

一、地面气象观测

1. 观测项目

1959 年 1 月 1 日，大石桥市开始有地面气象观测记录。观测项目：气温、相对湿度、风向风速、降水量、总低云量、云状、能见度、天气现象、雪深、日照、蒸发。同年 4 月 1 日，增加地面 0 厘米、地面最低、地面最高、地中（5、10、15、20 厘米）温度观测。1960 年 6 月，增加虹吸雨量计。1960 年 8 月 1 日，增加深层 40 厘米、80 厘米、160 厘米地温观测。1961 年 1 月 1 日，增加冻土观测。1964 年 1 月 1 日，增加 320 厘米地温观测。1965 年 1 月 1 日，增加气压观测。1969 年 6 月，增加电接风向风速计。1980 年 1 月 1 日增加电线积冰观测。1984 年 4 月，增加遥测雨量计。

2011 年 1 月 1 日，调整电线积冰观测测量方法，观测用导线直径由 4 毫米改为 26.8 毫米。根据《关于地面气象观测业务调整工作的通知》规定，2013 年 12 月 31 日 20 时起，取消云量、云高、云状、蒸发观测；取消雷暴、闪电、飑、龙卷、烟幕、尘卷风、极光、霰、米雪、冰粒、吹雪、雪暴、冰针等 13 种天气现象的观测。

2015 年 6 月 30 日 20 时起，取消每日 20 时人工对比观测任务，撤销实现自动观测的人工器测设备（干湿球温度表、最高最低温度表、水银气压表、人工风向风速、地面温度表、地面最高和最低温度表、浅层地温表等），增加草温观测。2017 年 9 月，增加降水天气现象平行观测。2018 年 11 月，安装光电式数字日照计，实现日照的自动观测。

截至 2018 年年末，观测项目有：气温、气压、相对湿度、风向、风速、降水量（翻斗式、称重式）、地面温度、浅层地温（5、10、15、20 厘米）、深层地温（40、80、160、320 厘米）、能见度、天气现象、雪深、日照、冻土深度、电线积冰等。

2. 观测时次

1959 年 1 月 1 日起，每天 01、07、13、19 时 4 次人工观测与发报，夜间不守班。1960 年 1 月 1 日，由 4 次观测改为 3 次定时观测，时间为 07、13、19 时，夜间不守班，同年 8 月 1 日，气象观测时制由地方时改为北京时，观测时次为 08、14、20 时；1974 年 7 月 1 日，每日观测时次改为固定 4 次（02、08、14、20 时），平时不守夜班，在汛期或其他复杂天气变化时自行决定临时增加夜班。1983 年 1 月 1 日起，观测时次改为 08、14、20 时，02 时气象记录用订正后的自记值代替，地温 02 时栏空白，按 3 次统计。2002 年 1 月 1 日起，02 时记录取消自记值替代，每天 08、14、20 时 3 次人工定时观测时次。

3. 发报内容

从建站即开始拍发天气报（小图报），1984 年，开始编发重要天气报。1994 年 6 月 10 日，省气象局下发《关于调整汛期地面观测任务通知》，规定大石桥站 08、14、20 时 3 次观测后拍发小图报，05—05 时发 SL 雨量报。汛期增加 05、11、17 时雨量报。2005 年 1 月 1 日，开始编发即时天气报告。2007 年 1 月 1 日起，3 小时雨量报调整为每年 10 月 1 日至次年 4 月 30 日编发。2008 年 12 月 17 日，开始编发冬季雪情加密报。2010 年 11 月，取消 3 小时雨量报。2012 年 1 月 1 日，停止降水自记观测（翻斗式和虹吸式）。2012 年 3 月 31 日 20 时起，停止编发天气报，改为编发长 Z 文件。2013 年 10 月 10 日 20 时起，不再编发气象旬（月）报。

4. 报表制作

1959 年 1 月，开始手工抄录地面气象记录月报表（气表-1）、日照记录月报表（气表-7）、地面气象记录年报表（气表-21），同年 11 月，开始制作冻土记录月报表（气表-4）。1960 年 4 月，停止冻土记录月报表的制作，同年 12 月，停止日照记录月报表的制作。1971 年 3 月，开始风向风速记录月报表制作（气表-6）。1974 年 1 月，停止风向风速记录月报表的制作。气表-1 向省、市气象部门各报送 1 份，本站留底本 1 份。气表-21 向国家、省、市气象部门各报送 1 份，本站留底本 1 份。1988 年，开始机制报表。1998 年开通 X.25 气象分组交换网，通过网络向省、市气象部门传输地面气象记录月报表和年报表。2005 年，开始通过 Notes 向市气象部门报送电子版报表，停止报送纸质报表，自做纸质报表存档。

2015 年 7 月，取消地面气象记录月报表编制，省气象信息中心利用实时历史气象资料一体化业务系统（MDOS）制作生成各站报表。

二、自动观测系统

1984 年 1 月 1 日起，开始使用 PC-1500 微型计算机进行观测编报。1986 年 4 月 28 日，市气象局与县气象站间的微机网络正式开通。1986 年 7 月，省气象局配置 APPLE-Ⅱ型微机用于湿度查算、编报、制作报表。

2002 年 12 月，DYYZ-Ⅱ型自动气象站建成，2003 年 1 月 1 日至 2004 年 12 月 31 日，对比观测。2005 年 1 月 1 日，DYYZ-Ⅱ型自动气象站正式投入业务运行，实现了气压、气温、湿度、风向风速、降水、地温等要素的自动观测。2015 年 6 月 30 日 20 时起，新型自动气象站正式投入业务运行，实现双套自动站"一主一备"的运行模式。2016 年 3 月 1 日，大石桥市国家一般站硬件集成控制器安装使用，实现了所有观测设备仅通过一根光纤和终端计算机的数据传输。

2005 年，开始建设区域自动气象站网。2005—2013 年，建成华云太阳能区域自动气象站 16 个，在水源镇、石佛镇、虎庄镇、永安镇、汤池镇、三道岭水库、建一镇、旗口镇、周家镇、吕王村、南楼经济开发区建设的 11 个区域自动站，型号为 CAWS600-R（T）；在博洛浦镇、高坎镇、沟沿镇、官屯镇和黄土岭镇建设的 5 个区域自动气象站，型号为 HY-361。其中 4 要素区域自动气象站 14 个，2 要素区域自动气象站 2 个。2014 年，将吕王乡和南楼开发区的 2 套自动气象站更换为华创新型自动气象站，更换了部分区域自动气象站的仪器设备，包括温度传感器、雨量传感器。2017 年，对汤池、建一、沟沿、官屯的 4 个区域自动气象站进行了改造，升级成为国家天气站（6 要素）。全部乡镇与水库等重要地点均建设区域自动气象站，在开展乡镇预报研究和为政府领导决策服务中发挥了重要作用。

2008 年，在虎庄建设土壤水分自动站，监测大石桥地区土壤墒情。

2013—2015 年，建设水稻大田、玉米大田、大棚、果树林等 6 套农田小气候站，为大石桥农业生产提供精细化服务。

2014 年 12 月 25 日，完成全球定位系统气象观测（GPS/MET）站设备安装调试工作，实时传输观测数据。

三、农业气象观测

1959 年建站起，就开展农业气象预测预报工作，工作内容包括农气观测、农气服务、农业气候调查等。1962 年 5 月 17 日，开始实行《农业气象观测方法》等技术规定。

1959 年起，农业气象预报项目有春播期土壤湿度、温度和霜期展望，提出春播期干旱、水稻移栽期至孕穗期积温预报；4—9 月水稻关键生育期积温预报；收获期预报等。为县农业科学研究所等提供的服务材料有：农业气象条件报道、农业气象条件分析、农业气象灾情调查、雨情报告等。一般向农业部门口头汇报或印发材料。1980 年 1 月，营口县气象站纳入省级农业观测站网。1981 年，制作的农业气候区划材料有营口县农业气候资源调查分析、营口县农业气象灾害分析、营口县水稻农业气候分析、营口县山地小气候调查分析、营口县农业气候区划及分区评述、营口县农业气候区划综合报告等。2009 年，辽宁省气象局按照中国气象局综合观测司《关于农业气象观测站网和观测任务调整实施方案的复函》，将国家和省级分别管理的农业气象观测站全部纳入国家统一管理体系，大石桥市气象站为省级自建农业气象观测站。

1. 作物观测

1959 年建站时观测的农作物有马铃薯、高粱、谷子。1960 年，观测的农作物调整为马铃薯、小麦、玉米。1961 年调整为高粱和棉花。1962 年，营口市农业水利局选定营口县气候服务站为农业气象观测站点，重点进行玉米作物观测，要求被确定为农业气象观测点的站，必须按修改后新的农业气象旬月报电码编发农业气象旬月报。1963 年，观测的农作物调整为玉米、大豆、高粱。1978 年，恢复农气观测，作物观测项目有小麦、高粱、大豆、玉米。1980 年，取消小麦作物观测。1985 年，辽宁省气象局调整农业气象观测项目，营口县气象站停止作物观测。

2. 物候观测

1980 年开始观测，有小叶杨、旱柳、蒲公英、苦苣、家燕。1983 年，增加大叶杨的物候观测。1984 年，增加马兰的物候观测，取消小叶杨和苦苣的物候观测。2013 年 10 月 1 日，按照辽宁省气象局《关于调整部分农业气象人工观测任务的通知》要求，取消自然物候观测任务和报表的编制任务。

3. 土壤墒情测定

1962 年 5 月，开始土壤墒情测定工作，在非固定地段测定 5、10、20 厘米深度的土壤湿度，时间从 2 月 28 日开始，5 月 28 日结束，期间逢 3 日、8 日测定土壤墒情，干旱时加密观测。2010 年 10 月，在大石桥虎庄镇建成自动土壤水分观测站，省气象局统一配置安装 DZN1 型自动土壤水分观测仪。观测内容有 10、20、30、40、50、60、80、100 厘米深度土壤水分；0、5、10、20、40 厘米深度地温。数据传输方式与自动气象站相同。每月月初制作土壤水分自动观测月报表。

4. 生态观测

2007 年，开始地下水位观测，为当地农业生产特别是春耕生产提供相关信息。2018 年 1 月，按照《辽宁省生态气象观测网实施方案》要求，增加酸雨、大气降尘观测任务。

四、天气预报

1. 短期天气预报

1959 年建站后，就开始制作和发布单站短期补充天气预报。通过收听上级气象部门对天气形势的分析，结合县气象站各种气象资料做出适用于全县的天气预报，每天用电话把预报传给县广播站，县广播站通过有线广播向公众发布天气预报。

1976 年，开始使用 7512 收信机接收气象电报，抄填合一，并分析天气图。

1981 年，使用传真机接收北京和日本传真图，用数值预报产品分析天气，改变了"收听加看天"的传统方式。

1998 年，开始接收营口市气象台天气指导预报，并进行本地化订正。

2007 年，开始进行省气象台乡镇天气预报的订正工作，2009 年开始，营口市气象台把对县区气象局乡镇天气预报的指导纳入日常工作，大石桥市气象台在省、市两级气象台的指导下，完成乡镇天气预报的订正工作，预报能力和准确率进一步提升。

2. 中期天气预报

20 世纪 70 年代中期，建立主要灾害性天气过程中期单站预报模式，做"三性"天气预报。

1981 年，开始用数值预报产品分析判断天气变化，结合大石桥地区气象资料，进行天气形势、天气过程的周期变化等分析，制作未来 10 天天气过程趋势预报，取得较好的预报效果。

3. 长期天气预报

从 1960 年 12 月开始，采取以周期韵律、历史曲线演变规律为基础的方法，开展长期天气预报服务。20 世纪 70 年代，主要运用数理统计方法和常规气象数据图表及天气谚语、韵律、相似、相关等方法，制作各季天气预报、春播期预报、汛期预报等。

1988 年，开始使用计算机技术进行数理统计和数据处理。1990 年开始，上级气象部门对县气象站中长期预报业务已不作质量考核。

20 世纪 90 年代后期，不再制作中长期天气预报，主要使用上级气象台的天气预报结论。

第四节　气象服务

一、公众气象服务

1959 年建站后，开始制作和发布单站短期补充天气预报，主要内容是向社会公众提供常规天气预报以及灾害性天气预报预警服务。每天用电话把预报传给县广播站，县广播站通过有线广播向公众发布天气预报。

1981 年，接收传真天气图后，增加预报依据，丰富预报内容，制作未来 10 天天气过程趋势预报，通过广播站对外广播。2002 年以后制作天气预报节目，通过大石桥市电视台向公众播放。2004 年，根据上级气象部门预报产品，开展大石桥乡镇 24 小时精细化预报和临近灾害预报服务。同年 9 月，为更好地为农业生产服务，建成"大石桥市兴农网"。2015 年，建立"大石桥气象"官方微信，开始发布天气预报和预警信息。

2000 年，开展电话"121"天气预报服务，后改为"12121"天气预报自动答询系统和手机短信气象服务。2006 年，为了更及时准确地为县、镇、村领导服务，通过移动通信网络开通了气象短信平台，以手机短信方式向全市各级领导、中小学校长、气象信息员发送气象预报预警信息。2010 年，开始使用辽宁省气象局一键式短信发布平台。2014 年，开通移动 MAS 机短信平台。

2008 年，大石桥市气象局统一为全市 14 个乡镇政府、8 个自然灾害易发区安装了气象预警电子显示屏，2012 年，在 4 个社区安装了气象预警电子显示屏。

2010—2017 年，建成气象信息服务站 14 个。在大石桥市建设农村应急广播系统 298 个，行政村覆盖率达到 100%，并延伸到东部乡镇的自然村，提升了为农服务的气象保障能力，提高了气象防灾减灾以及农民抵御及防范气象灾害的能力。

二、决策气象服务

主要包括为各级党政领导组织指挥防灾减灾、趋利避害提供气象服务；为重大社会活动提供气象保障服务；为党政领导组织安排生产及重大建设项目提供气象信息服务等。决策气象服务主要方式是向市委、市政府及有关部门报送专报。

20 世纪 80—90 年代，专报有《气象情报》《送阅件》《大石桥气象》等。进入 21 世纪后，农气服务材料、气象情报和农气简报不再使用传统的邮寄方式，开始用传真发送。为进一步规范决策服务材料，2006 年以后，所有决策服务材料统一更名为《大石桥决策气象信息》。

2011 年开始，为大石桥市政府举办"红诗红歌、唱响镁都"群众广场文化活动月等重大活动，为营口新一代天气雷达迁址大石桥市蟠龙山等重大建设项目提供气象决策服务。2013 年 9 月，完成了大石桥市突发事件预警信息发布平台建设，实现了多部门预警联动防御。

三、气象科技服务

1986 年，营口市气象专业警报系统广播电台正式对外广播，营口县气象站为一些乡政府、砖厂安装气象警报接收机，直接收听营口市气象台滚动播出的气象预报信息，开展专业有偿气象服务。

1992 年，对外开展彩球庆典等多种经营项目。

2002 年，建立多媒体电视天气预报制作系统，利用天气预报版面为用户制作或插播广告的形式增加创收。

2003 年，成立大石桥市防雷减灾中心，防雷检测和防雷工程成为气象科技服务的主要创收项目。

2018 年年底，大石桥市政府出台公益性事业单位优化整合方案，大石桥市防雷减灾技术中心并入市安监局下属的大石桥市应急管理事务中心。

四、气象科研

1980 年 10 月，根据省、市气象局的统一安排，对营口县农业气候资源进行了全面的调查，分别在吕王老轿顶、建一板长峪、黄丫口等 10 个点进行了 5 天的气候考察，结合气象哨资料写出《营口县山地小气候的调查》等多篇论文，为开发农业气候资源、划分农业气候资源区、指导农业生产提供了依据。

2011 年，营口市气象局立项课题《自动气象站质量反馈系统》通过结题验收。

2013 年，编写《大石桥市农业气象服务工作手册》。

2014 年，营口市气象局立项课题《大石桥市水稻稻瘟病发生发展气象条件等级预报模型研发》通过结题验收。

20 世纪 80 年代以后，大石桥市气象局业务人员在各种科技刊物上发表论文数十篇。

五、气象影视制作

1992 年 11 月 28 日，撤县设市后，大石桥市电视台成立，随即开展电视天气预报服务。大石桥市气象局制作的天气预报通过电话传至电视台，由电视台制作并在电视节目里播放。

2002 年 3 月，建成多媒体电视天气预报制作系统，每天由专人将自制节目录像带送至电视台播放，同时开展天气预报广告业务。

2008 年 7 月，电视天气预报制作系统升级，硬盘或 USB 接口传输。

2014 年 12 月，营口地区天气预报节目改为有主持人出镜的电视天气预报节目，统一由营口市气象科技服务中心制作，节目最终通过数据光纤传输到大石桥市电视台播放。

六、气象科普宣传

2004年5月，大石桥市气象局与市中小学素质教育基地商定，将不再使用的3门防雹高炮提供给市中小学素质教育基地，使其在教学中发挥作用，以加强气象科普知识宣传。

2004年12月，大石桥市科协在市气象局内设立"青少年科普教育基地"并挂牌。

2007年6月，大石桥市气象局向全市每所中、小学校赠送1份防雷知识挂图与宣传光盘，受到教委和广大师生的赞扬。

每年都在中、小学校进行科普宣传教育活动，并且利用3·23世界气象日对外开放，利用农村赶大集之机，向农民宣传气象知识和防雷常识，发放各种气象知识手册，进行科普宣传。定期开展"气象进社区"活动，通过发放科普宣传读物，解答社区居民提出的问题，让人们了解如何科学应对气象灾害和自救、求救常识，以保证最大限度地降低气象灾害造成的人员伤害和财产损失。充分利用广播、电视、电台、报纸等媒体，有针对性地开展气象法律法规和气象防灾减灾宣传教育活动。

2015年开始，建立"大石桥气象"官方微信，在发布预报及预警信息的同时，进行气象科普宣传。

第五节　人工影响天气与防雷减灾

一、人工影响天气

大石桥市气象局从1968年开始至1973年，一直利用自制土火箭、土炮进行防雹。

1968年，在营口县委的指示下，从凤城县借来土火箭，将防雹作业点放置在百寨子枣岭、博洛铺和吕王等3个村（公社），进行人工防雹作业。作业时由经验丰富的老农负责看天，由当地民兵操作土火箭。每遇雹云都组织射击，效果较好，基本上没再受雹灾影响。

1974年起，用效果更好的土炮替换土火箭防雹，并将土火箭销毁。在百寨子枣岭、周家冯家铺、永安东赖和吕王等4个村布设人工防雹作业点，配给每个防雹点4门80号土炮，备弹400发。同年，营口县气象局在博洛铺镇利用"三七高炮"组织开展人工增雨作业，连续作业4次，取得了明显效果。

1980年，营口市政府从营口制桶厂民兵连调拨了2门"三七高炮"，开展人工防雹工作。后来营口县政府又投资5000元，购买了1门双管"三七高炮"，每年秋季在沟沿、高坎、旗口3个点由县气象局负责组织实施人工防雹和增雨作业。1984年，在百寨子成功地实施了人工高炮增雨作业。

1988年，营口县气象局建立了各高炮作业点与营口市气象局之间的热线电话，为空军第一师（鞍山）空中管制室安装了一部对外专用程控电话，确保了联络的畅通。

2001年，营口市气象局统一为各市（县）、区气象局配备了陕西中天车载WR-98型增雨火箭发射系统和人工增雨火箭发射车（小解放车）。

2009年，省气象局为大石桥市气象局配备了1辆人工增雨指挥车（猎豹车）、1部车托式火箭发射系统，在省、市气象局统一指挥下，开展人工影响天气工作。

2012年9月，大石桥市编委印发《关于成立大石桥市人工影响天气工作站的通知》（大编发〔2012〕13号），大石桥市人工影响天气工作站为市政府直属的全额拨款事业单位，由大石桥市气象局代管。人员编制3名，领导职数（正职）1名，专业技术人员2名。

2014年7月，省气象局配备1辆人工增雨发射车（尼桑皮卡车）和火箭发射系统，并为作业发射系统配备无线终端1部。

2015年4月，大石桥市气象局配合陕西中天厂家人员顺利将火箭专用储弹柜安装完成并投入使用，确保了增雨防雹火箭的存储安全，为人影作业提供了"弹药安防网"。

2018年，大石桥市气象局根据省人工影响天气办公室安排，完成了"东北人工影响天气工程指挥系统"和"辽宁省人影弹药存储实景监视报警系统"的安装应用。

二、防雷减灾

2003 年 3 月，大石桥市编委下发《关于成立大石桥市防雷减灾技术中心的批复》（大市编发〔2003〕4 号）文件，明确防雷减灾技术中心为大石桥市气象局所属自收自支事业单位，机构规格为股级，人员编制 7 名，领导职数（正职）1 名。张丽娟、王铁华、武折章先后任防雷减灾技术中心主任。

大石桥市气象局认真贯彻执行国家有关防雷减灾工作规章、规定，依据《中华人民共和国气象法》授权行使防雷减灾组织管理职能，加强雷电灾害防御监测、雷电灾害防御工程设计审核及验收、雷电灾害防御技术开发和技术培训、雷电灾害防御宣传和雷电灾情调查与鉴定等工作，并对防雷安全情况及时总结、评估，向上级主管部门报告。

大石桥市防雷减灾中心在全市城乡开展易燃易爆场所、建筑物及电子、电器设备等普查摸底建档工作。定期对可能遭受雷击的建筑物等各种设施的防雷装置进行检测，一般装置每年检测 1 次，对易燃易爆场所每半年检测 1 次，平均每年检测 140 余家，对检测合格的单位发放《防雷装置安全性能检测报告》。

从 2004 年起，对新建、改建、扩建建筑物防雷装置进行设计审核，施工过程进行质量监督。工程完成后进行竣工验收，合格后发放《防雷装置验收意见书》，先后办理了 194 家防雷装置设计审核许可。

2007 年，大石桥市气象局被列为市安全生产委员会成员单位，参与全市的安全生产监督与管理。

2015 年 10 月以来，根据《国务院关于第一批清理规范 89 项国务院部门行政审批中介服务事项的决定》（国发〔2015〕58 号）、《国务院关于第二批清理规范 192 项国务院部门行政审批中介服务事项的决定》（国发〔2016〕11 号）等文件规定，自 2015 年 10 月 11 日起，在办理防雷装置设计审核许可时，不再要求申请人提供"防雷装置设计技术评价报告"；自 2016 年 2 月 3 日起，在办理防雷装置竣工验收许可时，不再要求申请人提供"新建、改建、扩建建（构）筑物防雷装置检测报告"，审批时相关防雷技术服务委托具有防雷检测资质的单位开展，且不再向企业收取防雷技术服务费。

按照《国务院关于优化建设工程防雷许可的决定》（国发〔2016〕39 号）、《辽宁省人民政府关于优化建设工程防雷许可的通知》（辽政发〔2016〕79 号）和《营口市人民政府关于优化建设工程防雷许可的通知》（营政发〔2017〕33 号）文件，从 2017 年 3 月起，大石桥市气象局负责全市易燃易爆场所的防雷装置设计审核和竣工验收许可，房屋建筑工程和市政基础设施工程防雷装置设计审核、竣工验收许可等职能移交给城乡规划建设部门监管。

第六节　党建与气象文化建设

一、党建工作

1959 年，建站初期只有 1 名党员，编入县农林局党支部，后与大石桥公社苗圃同一个支部。1971 年，县气象站成立独立党支部，孟宪安任书记，沈延芳、李敬为委员，有党员 8 人。1975 年，李生春任党支部书记，有党员 5 人。1979 年，刘兴江任党支部书记，有党员 5 人。1986 年 8 月，王述彦任党支部书记，有党员 8 人。1987 年 11 月，沈延芳任党支部书记，有党员 7 人。1988 年 7 月，康洪学任党支部副书记。1992 年，尹望任党支部书记。2007 年，张丽娟任党支部书记。2016 年 4 月，郭锐任党支部书记，王丽霞任副书记，共有党员 7 人，同月，经大石桥市委组织部批准，组建大石桥市气象局党组，局长郭锐任党组书记。截至 2018 年 12 月，大石桥市气象局在职职工共有党员 9 人。党支部成立以来，先后发展党员 10 余人。

大石桥市气象局党支部先后历经：1985 年全面整党运动，1999—2000 年"三讲"集中教育，2001 年"三个代表"重要思想学习教育活动，2005 年以实践"三个代表"重要思想为主要内容的"保持共产党员先进性"教育活动，2009 年深入开展学习实践"科学发展观"活动，2013 年深入开展党的群众路线教育实践活动，2016 年深入开展"两学一做"学习教育，2017 年将"两学一做"常态化、制度化。

2009 年、2011 年和 2015 年，大石桥市气象局党支部 3 次被大石桥市直属机关工委评选为先进党支部，2016 年被评为先进基层党组织。党支部成立以来，先后有多人被大石桥市直机关工委授予优秀党员、优秀党务工作者称号。2016 年 6 月，大石桥市气象局在大石桥市直机关工委举办的"两学一做"学习教育知识竞赛中获得优秀组织奖。

二、气象文化建设

1. 气象文化活动

2011 年，建立图书室，购置图书 2000 余册，从政治历史、科技文化到气象理论、科普教育一应俱全。为了丰富职工的业余文体娱乐活动，增强职工身体素质，陆续购置了篮球、台球、乒乓球等体育活动设施。2009 年，参与"营口地区气象部门庆祝新中国成立 60 周年文艺汇演"活动，获得优秀表演奖和优秀组织奖；2011 年，参加"营口地区气象部门庆祝建党 90 周年歌颂会"活动，获二等奖；同年在大石桥市政府组织的"红诗红歌•唱响镁都"群众广场文化活动月中获得先进单位称号；2013 年 9 月和 2014 年 5 月，参加营口市气象局组织的全地区气象职工篮球比赛；2015 年 5 月，组织职工开展五四青年节体育比赛活动；2016 年 5 月，与盖州市气象局联合开展"五四青年节气象业务知识竞赛"活动，还积极参与政府组织的扶贫帮困、送温暖献爱心活动。不论是对口帮扶还是抗震救灾，全体职工都踊跃捐款捐物，共产党员更是起到了先锋模范作用。

2. 文明单位创建

1998 年，大石桥市气象局开始制定精神文明单位创建规划与实施方案，成立精神文明单位创建领导小组和理论学习小组，提高全体职工创建意识和参与创建的自觉性与积极性。2002 年初，制定了创建县级精神文明单位近期规划与创建市级精神文明单位的奋斗目标。1999—2003 年，连续被大石桥市委、市政府评为"文明单位"；2007 年，被营口市委、市政府评为"2004—2006 年度文明机关"；2005—2012 年，连续被营口市委、市政府评为"文明单位"（表 28-2）。

表28-2　2000—2017年大石桥市气象局主要集体荣誉

荣誉名称	获得时间	颁奖单位
2001 届、2003 届文明单位	2001 年、2003 年	中共大石桥市委、大石桥市人民政府
全省气象部门 2004 年度先进县气象局	2005 年	辽宁省气象局
2004 年度目标管理工作优秀达标单位	2005 年	营口市气象局
2004—2006 年度文明机关	2007 年	中共营口市委员会、营口市人民政府
"3.04"暴风雪气象服务先进集体	2007 年	营口市气象局
2005—2007 年度文明单位	2008 年	中共营口市委员会、营口市人民政府
2007 年度优秀气象观测站	2008 年	营口市气象局
先进党支部	2009 年、2011 年、2015 年	中共大石桥市直属机关工作委员会
优秀观测组	2009 年	营口市气象局
营口地区气象部门庆祝新中国成立 60 周年文艺汇演优秀表演奖	2009 年	营口市气象局
营口地区气象部门庆祝新中国成立 60 周年文艺汇演优秀组织奖	2009 年	营口市气象局
2007—2009 年度文明单位	2010 年	中共营口市委员会、营口市人民政府

荣誉名称	获得时间	颁奖单位
2009 年度营口市气象部门先进集体	2010 年	营口市气象局
2010 年度汛期气象服务先进集体	2010 年	营口市气象局
"红诗红歌·唱响镁都"群众广场文化活动月先进单位	2011 年	中共大石桥市委、大石桥市人民政府
营口地区气象部门庆祝建党 90 周年歌颂会二等奖	2011 年	营口市气象局
2011 年度目标管理考核优秀单位	2012 年	营口市气象局
2010—2012 年度文明单位	2013 年	中共营口市委员会、营口市人民政府
2012 年度优秀观测组	2013 年	营口市气象局
辽宁省气象系统先进集体	2013 年	辽宁省人力资源和社会保障厅、辽宁省气象局、辽宁省公务员局
辽宁省 2015 年度优秀气象信息服务站	2015 年	辽宁省气象局
2015 年度辽宁省气象部门先进集体	2016 年	辽宁省气象局
辽宁省 2015—2017 年度文明单位	2017 年	辽宁省精神文明建设指导委员会

第七节　台站建设

1959 年 1 月，营口县气候站站址在营口县大石桥镇第一街道 13 组。办公用房由县农林水利局安排借住在回民街百姓房（一间黑瓦房）。1964 年，在观测场北面建起办公用房，一共 6 间，建筑面积 120 米²，瓦房砖木结构。1973 年，由于人员增加，新建砖瓦房 150 米²，作为办公室、值班室、宿舍等。

1975 年 2 月，海城地震导致办公房墙体破裂，观测场探测环境受到破坏，1977 年 1 月 1 日，营口县气象站迁至营口县大石桥镇南街（今大石桥市哈大路 80 号），占地面积 10 亩，办公楼 1 栋 3 层，建筑面积 520 米²，地势平坦，周围为农村田地。2005 年，由营口市气象局拨款进行了装修，更换为铝合金门窗，重新铺设了地面。2007 年，省气象局拨款维修门前道路。2008 年，省气象局拨款改造维修了东、南、西三面围墙。大石桥市气象局办公环境得到了一定的改善。

2010 年，按一流台站建设规划，大石桥市气象局在现址院内拆除旧办公楼，在旧办公楼北侧新建两层 858.1 米² 的大石桥市人工增雨基地，在建设中突出气象业务功能的同时兼顾完善气象文化硬件条件，业务值班室达百余平方米，并分别设有会议室和活动室，以及图书档案室。2011 年 9 月，在院内东北处建造 299.33 米² 附属用房（食堂、车库），入市政集中热网，院门安装了 10 米长遥控大门，对院内进行了硬化并抬高了 0.5 米，种植了风景树和花卉，美化、绿化了机关办公环境，全面提升了台站建设现代化水平。

2012 年，因观测站探测环境遭到破坏，经中国气象局同意，大石桥国家一般气象站站址迁至大石桥市永安镇东田家屯，占地 1 万米²。2012 年 11 月，在新站址建造 297 米² 的业务办公楼。2015 年 9 月，完成了观测场的基础设施、线缆地沟以及防雷系统升级改造。台站综合改造完成后，办公条件和观测环境大为改善。

第二十九章　营口经济技术开发区气象局

营口经济技术开发区（营口市鲅鱼圈区），位于辽东半岛中部的渤海湾东岸，坐落在营口市正南方52千米处，现有海岸线28.5千米，海域使用面积13400公顷。北连盖州市沙岗镇，南接盖州市九垄地镇，西濒辽东湾，与锦州、葫芦岛隔海相望，东接盖州市双台镇和陈屯镇。营口经济技术开发区的前身是原盖县鲅鱼圈乡。1984年5月，经国务院批准设立营口市鲅鱼圈区。1992年10月，国务院批准在鲅鱼圈区设立国家级经济技术开发区。2004年1月8日，经国务院批准，将原盖州市的熊岳、红旗、芦屯三镇成建制划入鲅鱼圈区。营口经济技术开发区现下辖熊岳、红旗、芦屯3个镇，海星、海东、红海、望海4个办事处，行政区划面积268千米²，人口52万。

第一节　历史沿革

1913年4月，始建于1909年4月的满铁熊岳城苗圃改称为"南满洲铁道株式会社产业试验场熊岳城分场"，同时设立了观测所，这是日本南满洲铁道株式会社（简称"满铁"）在中国东北地区建立的第一个观测所。位于北纬40度13分、东经122度11分。1914年1月1日，开始观测并有正式气象记录。1918年1月15日，根据满铁会社分掌规定，将"产业试验场熊岳城分场"改称为"农事试验场熊岳城分场"。

1945年，日本投降后，停止气象观测，气象记录中断。由于观测仪器及气象资料被日本人焚烧或散失，1941年1月、1941年5月至1945年8月，熊岳气象记录缺失。

1949年4月1日，辽东省熊岳农业试验场气象观测组成立，地址在熊岳农业试验场（今辽宁省果树科学研究所院内）。地理位置：北纬40度13分，东经122度11分，海拔高度22.2米。

1950年，由于农业试验场办公场所迁移，观测场也随之迁移到距原址以北800米处；由于探测环境受到影响，10月，观测场又迁回原址。

1952年1月1日，辽东省熊岳气象站成立。

1954年10月1日，更名为辽宁省熊岳气象站。

1956年6月，台站经纬度修正为：北纬40度10分，东经122度09分（按照1/100000比例尺地图查得）。

1957年4月，更名为辽宁省熊岳农业气象试验站，6月1日，开始使用54476区站号。

1965年12月10日，观测场迁到北纬40度10分、东经122度09分，距原址420米处。

1970年2月，经盖县革委会常委研究决定，将盖县气象站和熊岳气象站合并为盖县熊岳气象站，8月，盖县气象站重新筹建。

1973年9月，盖县熊岳气象站恢复原名和任务，即"营口市熊岳农业气象试验站"。

1979年7月，根据营口市气象局的决定，将熊岳农业气象试验站分为2个单位，分别为营口市农业气象科学研究所和营口市熊岳气象站。

1984年2月，根据营口市气象局的决定，将营口市农业气象科学研究所和营口市熊岳气象站合并，称为营口市农业气象试验站。

1998年1月，更名为营口市熊岳气象站。

2004年4月12日，根据营口行政区域变更，经中国气象局批准，营口市气象局下发《关于营口市熊岳气象站更名的通知》（营气发〔2004〕15号），营口市熊岳气象站更名为营口经济技术开发区气象局，机构规格原则上与营口经济技术开发区管委会所属工作部门相同，工作职责按省气象局《关于印发〈营口市国家气象系统机构改革方案》的通知》（辽气发〔2001〕79 号）规定的县级气象局工作职责执行。

2009 年 4 月 28 日，营口经济技术开发区气象局搬迁到新址办公，熊岳国家基本气象站仍留在原址工作。

2018 年 5 月 30 日，熊岳国家基本气象站被中国气象局认定为首批"百年气象站"。

第二节 机构与人员

一、管理体制

1913 年 4 月，产业试验场熊岳城分场观测所成立，隶属日本南满洲铁道株式会社产业试验场熊岳城分场建制。

1936 年 1 月，观测所归伪满中央观象台管理。

1949 年 4 月 1 日，辽东省熊岳农业试验场气象观测组成立，隶属辽东省熊岳农业试验场建制，归辽东省熊岳农业试验场研究室管理。

1952 年 1 月 1 日，更名为辽东省熊岳气象站，隶属辽东省熊岳农业试验场建制，由熊岳农业试验场和东北军区司令部气象处双重领导。

1954 年 10 月 1 日，更名为辽宁省熊岳气象站，隶属辽宁省人民政府气象局领导。

1957 年 4 月，更名为辽宁省熊岳农业气象试验站，隶属辽宁省气象局建制。

1959 年 7 月 15 日，划归辽宁省熊岳农业科学研究所管理，业务指导归营口市气象台。

1962 年 7 月，业务指导归辽宁省气象局农业气象研究室。

1964 年 11 月，由辽宁省果树科学研究所和营口市气象台双重领导。

1971 年 2 月 17 日，按照辽宁省革命委员会文件（辽革发〔1971〕20 号）精神，各级气象部门除建制仍属各级革委会外，其领导关系实行由省军区、市军分区、县武装部和各级革委会双重领导，并以军事部门为主的管理体制，熊岳农业气象试验站改由盖县武装部和县农业站双重管理。

1973 年 9 月，划归营口市气象台管理。

1974 年 1 月至 1976 年，划归营口市农学院农学系管理。

1977 年，划归营口市气象局管理。

1980 年 7 月，辽宁省人民政府印发《关于改革气象部门管理体制的通知》，决定从 1980 年 8 月起，全省各级气象局、台、站实行以省气象局和市、县人民政府双重领导，以省气象局领导为主的管理体制。

2004 年 4 月，更名为营口经济技术开发区气象局。

二、机构设置

1913 年 4 月，日本南满洲铁道株式会社产业试验场熊岳城分场下设观测所，属于熊岳城分场园艺科。

1949 年 4 月 1 日，辽东省熊岳农业试验场气象观测组成立。

1957 年 4 月，更名为辽宁省熊岳农业气象试验站，设有地面测报组和预报农气组。

1959—2004 年，增加农业气象实验研究，机构设置无变化。

2004 年 10 月，增设营口经济技术开发区人工影响天气办公室。

2006 年 10 月，设有观测组、农气组、气象科技服务中心。

2008 年 4 月，成立营口经济技术开发区防雷减灾技术中心。

2010 年 5 月，组建气象行政执法中队，隶属营口市气象局执法大队，股级。

2012 年 9 月，成立营口市鲅鱼圈区人工影响天气工作站。

2013 年 7 月，根据中国气象局党组《关于推进县级气象机构综合改革的指导意见》（中气党发〔2012〕66 号）和《辽宁省县级气象机构综合改革实施方案》要求，营口经济技术开发区气象局成立两个直属事业单位：气象台和气象服务中心，内设机构为综合办公室。

2017 年 9 月，营口经济技术开发区防雷减灾技术中心划转至鲅鱼圈区人工影响天气工作站。

2018 年 7 月，鲅鱼圈区人工影响天气工作站划归区城乡建设和公用事业中心。

至 2018 年年末，内设机构为综合办公室；直属事业单位为气象台（副科级）、气象服务中心（副科级）（表 29-1）。

表29-1　1949—2018年营口经济技术开发区气象部门机构名称及主要负责人一览表

单位名称	姓名	职务	任职时间
辽东省熊岳农业试验场观测组	徐三缄	主任	1949.04-1949.12
辽东省熊岳气象站	李锡奎	主任	1949.12-1951.12
		站长	1952.01-1954.10
辽宁省熊岳气象站			1954.10-1957.03
			1957.04-1958.11
辽宁省熊岳农业气象试验站	袁福德	站长	1958.11-1965.08
	种美章	站长	1965.08-1968.10
	李德钧	站长	1968.10-1970.02
			1970.02-1971.02
盖县熊岳气象站	朴景彬	站长	1971.03-1972.10
	盖有安	站长	1972.10-1973.09
营口市熊岳农业气象试验站			1973.09-1978.10
	郝玉玺	副站长（主持工作）	1978.10-1979.07
营口市熊岳气象站 营口市农业气象科学研究所			1979.07-1981.12
	陈玉学	副站长（主持工作）	1981.12-1984.01
			1984.02-1984.03
营口市农业气象试验站	董学思	副站长（主持工作）	1984.03-1991.04
		站长	1991.04-1996.01
	李丕杰	副站长（主持工作）	1996.01-1998.01
			1998.01-1998.12
营口市熊岳气象站		站长	1998.12-2002.01
	杜庆元	副站长（主持工作）	2002.01-2003.06
		站长	2003.06-2004.04
		局长	2004.04-2008.03
营口经济技术开发区气象局	刘桐义	局长（兼任）	2008.03-2009.10
	谭桂丽（女）	局长	2009.11-2017.12
	刘桐义	局长（兼任）	2017.12-2018.10
	谭昕（女）	局长	2018.10-

三、人员状况

1949 年 4 月，辽东省熊岳农业试验场气象观测组成立，徐三缄任主任，李锡奎、张云龙为观测员，至1957年成立熊岳农业气象试验站，先后有18人进站工作。1998年，定编16名。2006年，定编15名。2013年，招聘防雷中心自收自支地方事业编制人员1人，招聘鲅鱼圈区人工影响天气工作站全额拨款的地方事业编制人员3人，市气象局1名业务人员竞聘开发区气象局气象台台长（副科级）。2014年，市气象局1名业务人员竞聘开发区气象局服务中心主任（副科级）。

1949—2018年，先后有96人来营口经济技术开发区气象局工作。

截至2018年年底，营口经济技术开发区气象局现有在职职工16人，其中参照公务员法管理人员4名、气象业务系统事业编制人员12人；本科学历14人，中专学历1人，高中学历1人；高级工程师2人，工程师11人，助工3人。30岁以下1人，30～40岁10人，41～50岁2人，51～60岁3人。退休人员9人。

第三节　气象业务

一、地面气象观测

1. 观测项目

1949年4月1日，观测项目为气压、气温、湿度、风向风速、降水、总云量、云状、积雪深度、能见度、天气现象、地温、云向云速。1952年1月1日，增加低云量、蒸发观测。1954年1月，增加地面最低温度观测，11月1日，增加冻土观测。1956年1月，增加积雪密度观测，4月，使用虹吸雨量计观测降水量。1958年1月1日，增加地面最高温度、深层地温（40、80、160、320厘米）观测。1963年1月1日，停止观测160、320厘米地温。1968年1月，开始使用EL电接风向风速计进行观测。1981年5月1日，使用遥测雨量计观测降水量。1998年6月，增加大型蒸发观测。2002年8月，增加160、320厘米深层地温的观测。2011年1月，增加电线积冰观测。2014年1月1日开始，取消云状观测，取消雷暴、闪电、飑、龙卷、烟幕、尘卷风、极光、霰、米雪、冰粒、吹雪、雪暴、冰针等13种天气现象的观测，取消干湿球温度表、最高和最低温度表、水银气压表、地面温度表、地面最高和最低温度表、浅层地温表、深层40厘米和80厘米地温表的人工对比观测。2014年8月31日20时起，取消每日20时人工对比观测任务，撤销人工器测设备（干湿球温度表、最高和最低气温表、水银气压表、地面温度表、地面最高和最低温度表、浅层地温表、深层40厘米和80厘米），取消E-601B大型蒸发的人工观测，草温、能见度和大型蒸发等实现自动观测。2015年11月1日，增加称重式降水自动观测。2017年9月，增加降水天气现象平行观测。

截至2018年，观测项目：云量、能见度、天气现象、风向、风速、气温、湿度、降水（称重式、翻斗式）、日照、气压、蒸发（AG2.0超声波大型蒸发、小型）、地面温度、浅层和深层地温、草温、雪深和雪压、冻土、电线积冰等。

2. 观测时次

1914年1月1日，有正式气象记录，每天观测3次，观测时间为05、13、21时（135°E标准时），21时为日界。1921年1月1日，每天观测1次，观测时间为10时（120°E标准时）。1937年1月1日，由120°E标准时统一改回135°E标准时，观测时次不变。1949年4月1日，开始每天观测3次，时间为06、14、22时（120°E），昼夜守班。按照东北军区司令部气象处规定，从1950年1月1日00时开始，观测次数改为02、06、10、14、18、22时（120°E）6次。1950年4月1日00时，减少观测次数，每天观测3次，时间为06、14、22时（120°E）。1951年1月1日00时，观测时间改为06、14、21时（120°E标准时）。1951年3月1日00时，观测时间改为06、09、12、14、18、21时6次。1952年1月1日，每天观测4次并发绘图天气报，时间为02、08、14、20时4次。

从建站到2013年年底，观测次数几经调整，逐渐增加到8次，时间为02、05、08、11、14、17、20、23时。2014年1月1日起，人工定时观测时次调整为每日5次（08、11、14、17、20时）。

3. 发报内容

1952年1月，开始每天02、08、14、20时编发天气报告。1953年1月17日，增加航危报（AV、MH）任务，1954年12月1日，开始拍发24小时航空报和05、11、17、23时4次补充基本绘图天气报。1955年6月11日，增发气候月报。1957年8月11日开始，增发农业气象旬月报。1957年5月1日，停止向OBSAV绥中、锦州拍发航空危险天气电报。1958年3月26日，开始拍发5日报；6月29日，停止向大堡拍发航空危险天气电报，8月10日恢复发报任务；8月1日，取消向OBSAV普兰店、瓦房店、大东沟（东港）拍发航空危险天气电报。1961年3月19日，开始拍发小天气图报。1963年3月8日，开始拍发土壤温湿度报；7月15日，开始拍发汛期雨量报。1984年1月1日，开始增加重要天气报告，主要有瞬间大风、龙卷、积雪、雨凇、冰雹。2005年1月1日，开始编发即时天气报告。2008年12月17日，开始编发冬季雪情加密报。2010年11月，取消3小时雨量报的编发。2012年1月1日，停止降水自记的观测（翻斗式遥测雨量计和虹吸式雨量计）；3月31日20时，停止编发天气报，改为编发长Z文件，每10分钟上传一次。2013年10月10日20时起，不再编发气象旬（月）报。2014年1月1日起，航空天气报告编发任务调整为每日5次（08、11、14、17、20时），取消危险天气报告编发任务。2015年1月1日起，取消航空天气报告编发任务。2017年3月31日20时起，全国所有国家地面气象观测站和区域气象观测站数据传输频次统一调整为5分钟上传一次。20时后上传日照数据文件和日分钟数据文件，00时后上传日数据文件。

4. 电报传输

1949年建站至1986年5月，观测发报用有线电话口传到邮政报房，再由邮电公众线路拍发传至辽宁省气象台。1986年5月，与营口市气象局实现电传微机联报，观测的定时资料通过市气象局有线电传拍发至沈阳区域气象中心。1987年5月26日，连接市气象局与下辖各县气象局（站）无线甚高频电话网建成，除航危报外的各类报文的传递、天气会商、会议通知、电话会议等都可通过该网络完成。1991年10月1日，开通了市气象局到市邮电局间的气象电报电传专线，结束了话传航空天气报的历史。1999年，用X.25气象分组交换网传输气象报文。2004年，安装了2兆光纤宽带，进行各种数据和各类报文传输，分组交换网作为备份。2016年1月，增加了移动备份光纤。

5. 气象报表制作

1949—1983年，用手工抄录的方式编制基本气象记录月报表（气表-1）、气压自记记录月报表（气表-2P）、温度自记记录月报表（气表-2T）、湿度自记记录月报表（气表-2H）、地温记录月报表（气表-3）、日照、日射记录月报表（气表-4）、降水量自记记录月报表（气表-5）、风向风速自记记录月报表（气表-6）、冻土记录月报表（气表-7）、基本气象记录年报表（气表-21）。从1984年1月开始只做气表-1和气表-21。1988年开始使用微机制作和打印地面气象月、年报表，向省、市气象部门报送磁盘。自2004年自动站正式运行后，向沈阳区域气象中心报送人工站和自动站地面气象月、年报表的电子版数据文件，停止纸质报表的报送。2015年7月起，取消地面气象记录月报表编制，由省气象信息中心通过MDOS系统生成地面气象记录A、J、Y文件。

二、自动观测系统

1983年1月1日，使用PC-1500袖珍计算机取代人工进行编报。1986年2月，使用日本产SHARP PC-1500袖珍计算机。1988年1月1日，开始使用APPLE-Ⅱ计算机制作报表。1998年，开始使用386计算机观测编发报，使用安徽研制的地面测报软件。2002年8月，建成了DYYZ-Ⅱ型地面7要素自动气象站，启用联想启天计算机进行自动观测发报。2003年1月1日，DYYZ-Ⅱ型自动站开始投入业务运行，其中2003年1月至2004年12月31日，实行人工、自动观测双轨运行，自动气象站采集的资料与人工观测资料存储于计算机中互为备份。2005年1月1日，开始DYYZ-Ⅱ型自动气象站的单轨运行。2014年8月31日20时，熊岳国家基本气象站开始启用新型自动气象站，原DYYZ-Ⅱ自动气象站作为备份，使用DELL OPTIPLEX计算机自动观测发报。

2005—2018年，全区共建设5个区域自动气象站、2个港口自动气象站、1个土壤水分自动气象站、2个农田小气候自动气象站。

三、天气预报

1958年9月，开始制作和发布单站短期补充天气预报，每天发布2次，早间时效为12小时预报，晚间时效为24小时、48小时和72小时；当时的预报方法是"收听加看天"，即预报人员收听上级气象台的天气形势广播，学习老农观云测天经验，结合单站气象要素变化，建立各种预报指标等工具，运用统计气候资料，研究当地天气变化规律。同时，根据市气象台中长期天气预报，逐步开展本地中、长期天气预报。1998年，不再独立制作天气预报，转发市气象台天气预报，进行补充订正后，每天发布1次晚间预报。2006年9月，开始分乡镇制作天气预报，每天发布1次。2007年7月，每天发布早间和晚间乡镇天气预报2次。至2018年，制作和发布的天气预报主要是乡镇天气预报、中长期天气预报和气候公报。

四、农业气象

1956年4月，开展棉花农作物的观测，每天观测1次；同时开展土壤水分测定。

1957年4月1日，开始观测水稻、果树等农作物和自然物候的观测，每天观测3次，棉花观测也由每日1次改为每日3次。同时，增加果园小气候观测任务，每天观测3次。

1958年3月，开始制作农作物播种期预报情报和农业气象旬报；8月，开始制作农作物收获期预报情报；9月，开始制作霜冻预报。

1959年3月1日，增加家猪和鸡等动物观测项目，每天观测3次；4月，开始做农作物温度指标稳定通过日期的统计工作，开展棉花、玉米、高粱等农作物适时播种期预报，以及春播期土壤温、湿度预报；7月，增加农业气象试验研究任务。

1961年8月19日，开始制作病虫害预报情报。

1964年3月，开始制作土壤水分情报。

2004年10月，确定为辽宁省农业气象二级观测站，开始农业气象和生态观测工作。农业气象观测：每年12月制作农气表-3（自然物候观测记录年报表），果气表-1（果树生育状况观测记录年报表），报送国家、省、市气象部门各1份，自留底本存档。观测项目：自然物候观测为苹果、枣树、紫丁香、毛桃、杏、旱柳木本植物；动物观测为家燕、蛙；气象要素、水文现象观测；农业气象灾害、作物病虫害观测和调查。果树观测为富士苹果整个生育期观测、主要生育期的土壤水分测定。土壤水分测定在辅助地段进行，每旬逢3、8日测定0～50厘米土壤湿度，逢4、9日编发AB报、AL报、TR报。生态环境监测：3—5月逢旬末观测地下水位，其他月份月末观测地下水位。2010年10月，建设DZN1型自动土壤水分观测站，自动观测10、20、30、40、50、60、70、80、100厘米土壤水分和0、5、10、20、40厘米地温。每月月初制作土壤水分自动站月报表。

2013年10月1日，按省气象局规定，取消作物观测和自然物候观测，取消编发AB报、TR报，保留2月28日至11月18日每旬逢8日测定土壤水分（0～50厘米）和编发报工作。

2014年，停止报送纸质农业气象观测记录年报表，改为通过AgMODOS软件生成电子农业气象观测记录年报表。开始制作农气表-2-1（土壤水分状况观测记录年报表）。同年，开展了鲅鱼圈区气象灾害风险区划工作，制作了暴雨、雷电、大风、冰雹、干旱、低温冷害六种气象灾害风险区划图。

2018年1月，增加酸雨、大气降尘观测任务。

第四节　气象服务

一、公众气象服务

1958 年，开始制作和发布单站短期补充天气预报。1998 年，开始每天转发营口市气象台的指导预报，用于农业生产、百姓生活等指导服务，通过当地电视台对外发布。2005 年，营口经济技术开发区气象局的气象服务产品主要是常规预报和情报资料。2006 年 10 月，开展精细化预报，根据社会发展和公众的需求，制作晨练指数、海风海浪、人体舒适度等专项预报。2007 年 7 月，在营口经济技术开发区电视台二套节目增加早间天气预报。2009 年，开始在营口日报开发区版刊登天气预报。同电信部门联合建立"12121"天气预报自动答询系统和手机短信气象服务。2010 年 7 月，建立手机短信发布平台，每天为全区各级领导、中小学校长、气象信息员发布手机气象短信。2014 年 7 月，申请"鲅鱼圈气象"微信公众号和微博公众号，开始发布天气预报和预警信息。2014 年 11 月，统一由市气象局录制有主持人的晚间天气预报节目。2016 年 10 月，在鲅鱼圈区广播电台每天播报 3 次上下班天气预报和天气实况。

2014 年，成立鲅鱼圈区气象灾害防御工作领导小组，领导小组办公室设在区气象局，区气象局局长任办公室主任，负责日常事务。开展气象灾害防御标准化乡镇建设工作。2015 年，营口经济技术开发区红旗满族镇被中国气象局认定为第三批标准化气象灾害防御乡镇。截至 2018 年，建有气象信息服务站 3 个，气象信息员 98 名，安装气象信息显示屏 45 块、预警大喇叭 45 部。

二、决策气象服务

2005 年，以《营口开发区决策气象信息》《气象与农情》《土壤墒情情报》《重要天气报告》《设施农业气象信息》等形式为政府提供天气、气候、气候变化、农业气象与生态、人工影响天气等方面的专题性、综合性决策服务；为政府抗旱救灾、重点建设项目、重大社会活动等提供决策气象服务。每天利用手机短信、电子显示屏等向区管委会、区政府、防汛成员单位和农业、交通运输、旅游等部门领导发送气象信息。2007 年开始，每年为望儿山母亲节、广场文化月、马拉松赛、温泉旅游节等提供决策气象服务。2013 年，为"十二运"马拉松赛、沙滩排球赛提供决策气象服务。

三、气象科技服务

1985 年，根据国务院 25 号文件精神，开始推行专业有偿气象服务，与需求方签订服务合同，通过电话、信函、传真等形式，为各乡镇、有关部门专业用户提供天气预报及气象资料服务。

1986—2006 年，为部分乡镇、粮食部门、企事业单位安装气象警报接收机，利用气象警报系统开展专业有偿气象服务。

2006 年，与营口市气象部门合作开展"12121"天气预报自动答询电话业务；同年 10 月，开展气象影视天气预报广告服务工作。

2008 年，开展防雷技术服务，逐步成为气象科技服务的主要项目，至 2016 年年底，共为 1127 家单位进行过防雷装置安全检测。2017 年，常规检测实行市场化，不再承担此项工作。

四、气象科研

1959 年，开始农业气象实验研究工作。20 世纪 60 年代后期和 70 年代前期，由于十年内乱，农业气象实验研究中断。70 年代后期，恢复农业气象实验研究工作。

截至 2018 年年底，共有 59 项科研课题，其中 1986 年"水稻高产节水栽培技术研究"项目获得辽宁省政府科学技术进步三等奖；1987 年"水稻节水栽培农业气象指标"项目荣获国家科学技术委员会颁发的"国家科技成果证书"；1987 年 12 月"辽宁省果树气候区划"项目获得营口市政府一等奖、辽宁省政府科学技术进步三等奖；1990 年 11 月"辽宁省苹果树冻害气候模式及其预报方法研究"项目获得辽宁省政府科学技术进步三等奖；1991 年 12 月"水稻不同栽培生育型，环境因子模拟研究"项目获得营口市政府一等奖、辽宁省政府科学技术进步三等奖；1995 年 12 月"水稻优化栽培生育调控，技术大面积推广"项目获得辽宁省政府科学技术进步一等奖，其中"熊岳 253 高粱水分条件指标"和"水稻节水栽培农业气象指标及灌溉"等技术成果，被广泛应用到农业生产上，对农业气象科研发展做出重要贡献（表 29-2）。

五、气象科普宣传

1958—1978 年，每年定期对杨运、九寨、芦屯、二台子农场等 4 个气象哨人员进行业务指导和培训，把气象知识传播到农村。

1963—1977 年，许多科研人员都被调到农村进行样板田工作，把气象科技直接带到农民身边，进行气象知识科普。

1978—1985 年，科技人员深入基层进行科学实验，将成熟的技术进行推广运用。

2004 年以后，在每年"3•23"世界气象日、"5•12"防灾减灾日、"安全生产月"等宣传日，充分利用广播、电视、电台、报纸等媒体，有针对性地开展气象法律法规和气象防灾减灾科普宣传教育活动。

2012 年 1 月，开始与鲅鱼圈区农业中心合作，每月制作《气象与农情》服务材料，刊登各种气象信息、气象知识、农事建议以及病虫害防治等，及时传给政府、农业部门和各乡镇等。

2008—2015 年，每年坚持开展鲅鱼圈区气象信息员培训工作，使气象信息员明确工作职责和任务，加深对气象知识的了解，做好气象灾害预警信息的传递、气象灾情信息上报、气象探测设施的维护、气象防灾减灾知识宣传等。

第五节　人工影响天气与防雷减灾

一、人工影响天气

2004 年 10 月，成立营口经济技术开发区人工影响天气办公室，在辽宁省、营口市人工影响天气办公室的指挥下，负责组织实施本辖区内人工影响天气作业，有 1 人专职和 4 人兼职从事人工影响天气工作。2012 年 9 月，成立营口市鲅鱼圈区人工影响天气工作站，编制 3 名，为区气象局代管的事业单位。在市气象局和区政府的统一指挥下，实施人工增雨或防雹作业，最大限度地减轻了干旱和冰雹等灾害性天气给农业生产和人民生活带来的损失。截至 2018 年，人工影响天气工作站配有流动火箭架 4 套、作业车辆 4 辆，在全区设置 3 个人工增雨发射点，每年实施人工增雨作业 5 ～ 8 次。地方政府每年都拨专项资金支持人工影响天气工作。

二、防雷减灾

2008 年 4 月，成立了营口经济技术开发区防雷减灾技术中心，负责全区防雷减灾工作，定期对危险爆炸场所、人口密集场所等高危场所的防雷设施进行检查，对不符合防雷技术规范的单位，责令进行整改。

2009 年 1 月，气象行政审批进驻鲅鱼圈区行政审批大厅，开展防雷装置设计审核、竣工验收的行政审批工作。

截至 2018 年 7 月，开发区行政审批大厅气象窗口共办理防雷行政许可 366 件，其中防雷装置设计审核 249 件、防雷装置竣工验收 117 件。

三、依法行政

2006 年，根据营口市气象局文件精神，联合区安全生产管理局下发文件，在全区范围内进行防雷

表29-2 1960—2018年营口经济技术开发区气象局科研论文和成果

序号	项目名称	任务来源	起止时间	应用推广情况及效益	课题参加人	获奖名称
1	鸡育雏与气象		1960年		袁福德，闫世林	
2	本省苹果产区农业气候资源的调查研究		1963年		李锡奎、郑心良	
3	"熊岳253"高粱水分条件研究		1963—1965年	广泛应用到农业生产	李锡奎、刘国惠、陈玉学	
4	掌握气候规律夺取水稻高产	市气象局	1974年	《农业气象汇编》（一）	李锡奎、李德钧	
5	高粱蚜虫消长趋势预报方法探讨	自选	1975年	《农业气象汇编》（二）	刘国惠	
6	营口地区冬小麦玉米复种的气候分析	市气象局	1975年	《辽宁省农业气象科学研究总结选编》（二）	李锡奎	
8	3197A高粱小花败育的气象条件及其预报方法探讨	自选	1975年	《农业气象汇编》（三）	刘国惠	
9	晋杂四号高粱水生种与气象关系的调查研究	协作	1976年	《辽宁省农业气象科学研究总结汇编》（四）	刘国惠	
10	晋杂四号高粱适宜栽培期气象条件分析	省气象局	1976年		吴文钧	
12	高粱灌浆速度与温度关系的初步分析	省气象局	1977年	《辽宁省低温冷害》	李锡奎	
13	桃小食心虫越冬幼虫出土的气象条件及其预报	市气象局	1978年	《农业气象汇编》	刘国惠	1981年3月获省局优秀成果奖
14	试谈温度对高粱穗粒度和干粒重的影响	省气象局	1978年		李锡奎	1981年3月获省局优秀成果奖
15	水稻穗花形成期的气象条件及对产量构成的影响	省气象局	1978年		吴文钧	1981年3月获省局优秀成果奖
16	辽宁省苹果气候区划	省气象局	1979—1980年		刘国惠	
17	水稻大苗迟栽光温利用及管理的研究	省气象局	1983—1984年		吴文钧、华泽田	
18	水稻节水栽培农业气象指标的研究	省气象局	1983—1984年		吴文钧、华泽田	
19	水稻节水栽培生育环境考察及分析	省气象局	1982年	1983年应用30亩，每亩增加收入21.43元	吴文钧、华泽田	
20	水稻节水栽培农业气象指标及灌溉技术的研究	省气象局	1982—1985年	广泛应用到农业生产	吴文钧、华泽田	1986年获辽宁省气象科技进步二等奖、1989年获国家科技成果奖

续表

序号	项目名称	任务来源	起止时间	应用推广情况及效益	课题参加人	获奖名称
21	辽宁省果树气候区划	省气象局	1981—1985 年	《农业气象汇编》	李锡奎、刘国惠、华泽田等	1986 年获辽宁省气象科技进步三等奖、1987 年度获省政府科技进步三等奖
22	营口市农业气候资源调查及区划	市区划办	1984 年		刘国惠、董学思等	
23	富士苹果栽培北界及气象标准的研究	省气象局	1985—1986 年		刘国惠	
24	辽宁省苹果树冻害气候模式及其预报方法研究	省气象局	1988—1990 年		刘国惠、董学思、张淑君、陈玉学、李本杰	1990 年获省政府科技进步三等奖
25	水稻节水栽培农业气象指标研究	省气象局	1992—1994 年		吴文钧、董学思	
26	水稻优化栽培生育调控技术的研究	省气象局	1995 年	《农业气象汇编》	吴文钧、董学思	1995 年获省政府科技进步三等奖
27	玉米优化栽培田间气候特征	省气象局	1996 年		李本杰、董学思	
28	鲅鱼圈葡萄生育期气象服务系统	省气象局	2016—2017 年		陈杰、王莹、杨晓波等	

安全大检查。2007 年，完成气象执法涉及的防雷法律、法规等的梳理工作。2008 年 7—8 月，与区公安局等部门联合开展奥运期间施放气球等安保工作的气象执法大检查。

2010 年 10 月，成立气象行政执法中队，为股级单位，安排兼职执法人员 3 人，对全区进行防雷安全、施放气球安全、人工影响天气执法检查。2013 年 5 月 23 日，根据营口市气象局要求，组建气象执法大队，从事气象行政检查工作，切实履行社会监管职能。2017 年，按照省气象局要求，设置气象行政执法岗位，配备专职执法人员 2 人，兼职执法人员 1 人，不再保留气象执法大队建制。

第六节 党建与气象文化建设

一、党建工作

1. 党组织建设

1958—1976 年设有党支部，归辽宁省果树科学研究所党委领导；1977 年以后，归营口市气象局党总支领导。1998 年 7 月，经营口市气象局党总支批准，重新成立了党小组。2004 年 1 月，成立了营口经济技术开发区气象局党支部。1993 年 7 月，吴文钧被评为"辽宁省优秀共产党员"；2012 年 7 月，谭桂丽被鲅鱼圈区直机关工委评为"优秀共产党员"。

2. 党风廉政建设

党支部始终把党风廉政建设工作纳入重要议事日程。2009 年 10 月，成立党风廉政建设领导小组，设立廉政监督员，充分发挥廉政监督作用，局长对责任范围内的党风廉政建设负直接责任，每年与营口市气象局签订《党风廉政建设目标责任书》。

积极开展廉政教育和廉政文化建设活动，努力建设文明机关、和谐机关和廉洁机关。财务工作每年接受上级审计，并将结果向职工公布。坚持对领导干部任期经济责任审计，坚持领导干部年终述职、述廉制度，提高领导干部的廉洁自律意识，自觉接受职工的监督。

二、气象文化建设

1. 气象文化活动

2003 年，常年坚持每周 2 次的政治学习制度。形成人人讲文明的好风气，好事层出不穷。积极组织职工开展文体活动，参加市气象局、区政府、区直机关工委组织的各项活动，先后参加了营口市气象局举办的庆祝建国六十周年和建党九十周年的活动，参加区工会组织的篮球赛，参加区委组织部、区直机关工委组织的知识竞赛以及党员进社区等活动。

2. 文明单位创建

开展文明创建活动，按照规范化建设要求，改造观测场，装修业务值班室，统一制作局务公开栏和文明创建标语等宣传用语牌。制定了办事程序，使用文明用语办公等。建立图书室，拥有图书 1000 余册。2008 年 4 月，为了方便职工生活，建立了职工食堂。2004—2006 年，连续三年被营口市政府评为精神文明单位，2010—2011 年，连续 2 年被辽宁省政府评为文明单位，2010—2012 年，连续 3 年被营口市政府评为文明单位（表 29-3）。

三、荣誉

1. 集体荣誉

从建站至今，共获集体荣誉 20 次（表 29-3）。

表29-3　1957—2018年营口经济技术开发区气象局获得集体荣誉表

序号	荣誉名称	时间	颁奖单位名称
1	全国红旗站	1957 年	中国气象局
2	辽宁省农业系统先进单位	1959—1960 年	辽宁省气象局
3	气象系统先进集体	1982 年 3 月	辽宁省气象局
4	文明机关	2004—2006 年	营口市政府
5	2005 年度法制工作先进单位	2006 年 7 月	营口经济技术开发区管理委员会
6	3.04 暴风雪气象服务先进单位	2007 年 6 月	营口市气象局
7	2007 年营口开发区广场文化月积极贡献奖	2007 年 9 月	营口经济技术开发区管理委员
8	营口地区气象部门庆祝建国六十周年文艺汇演优秀组织奖	2009 年 9 月	营口市气象局
9	档案管理二级单位	2009 年 12 月	辽宁省档案局
10	2010 年度汛期气象局服务先进集体	2010 年 9 月	营口市气象局
11	2010 年度优秀观测站	2011 年 1 月	营口市气象局
12	"营口地区气象部门庆祝建党 90 周年歌颂会"一等奖	2011 年 6 月	营口市气象局
13	辽宁省 2010—2011 年度文明单位	2011 年 12 月	中共辽宁省委员会、辽宁省人民政府
14	2011 年度目标管理考核优秀单位	2012 年 2 月	营口市气象局
15	2012 年度鲅鱼圈区抗洪救灾先进单位	2012 年 8 月	鲅鱼圈区人民政府
16	2012 年营口鲅鱼圈国际马拉松赛暨全运会测试赛精神文明奖	2012 年 9 月	第十二届全运会鲅鱼圈区组委会
17	2010—2012 年度文明单位	2012 年 12 月	营口市人民政府
18	2012 年度营口气象部门先进集体	2013 年 1 月	营口市气象局
19	先进基层党组织	2016 年 6 月	中共营口鲅鱼圈区委员会
20	鲅鱼圈区职工篮球赛优秀组织奖	2016 年 7 月	营口鲅鱼圈区工会

2. 个人荣誉

有近 76 人次获地面测报"百班无错情"。有 10 人次获农业气象"百班无错情"。有近 10 人次获"辽宁省先进工作者"、辽宁省"先进服务个人"、辽宁省"政治思想先进工作者"等称号。有 3 人次获"辽宁省优秀测报组组长"称号。有 2 人次获辽宁省"长期预报质量优秀奖"。有 1 人次获辽宁省"优秀科技工作者"称号。有 1 人次获"辽宁省劳动模范"（表 29-4）。

表29-4　1960—2018年营口经济技术开发区气象局个人获得厅局级奖励表

序号	荣誉名称	获奖人	时间	颁奖单位名称	备注
1	先进工作者	袁福德	1960 年 1 月	辽宁省政府	
2	农村先进科技工作者、辽宁省劳动模范、国务院政府特殊津贴	吴文钧	1984 年、1992 年 1 月、1993 年 10 月	辽宁省政府	多年来开展水稻节水栽培、灌溉技术等方面的课题研究，曾获得省政府科技进步一等奖
3	优秀科技工作者	刘国惠	1988 年	辽宁省政府	多年来开展苹果区划等方面的课题研究，曾获得省政府科技进步三等奖
4	辽宁省地面测报竞赛个人全能三等奖	陈杰	2006 年	辽宁省气象局	

续表

序号	荣誉名称	获奖人	时间	颁奖单位名称	备注
5	档案管理先进个人	陈杰、宋文锦、张宪冬	2009 年	辽宁省档案局	
6	行政执法先进个人	姜仕东、王东	2011 年	辽宁省气象局	
7	十二运气象服务先进个人	杨佳	2013 年	辽宁省气象局	
8	气象行政执法先进个人	王东	2013 年	辽宁省气象局	
9	首届好新闻消息类三等奖	陈杰	2013 年	辽宁省气象局	
10	工作表现突出奖	陈杰	2015 年	辽宁省气象局	
11	档案管理先进个人	宋文锦、董飞	2016 年	辽宁省档案局	
12	气象服务先进个人	陈杰	2018 年	辽宁省气象局	
13	优秀气象预报员	贺鑫	2018 年	辽宁省气象局	

3. 参政议政

1993 年 2 月至 1997 年 12 月，刘国惠任辽宁省政协委员。2012 年 1 月至 2016 年 12 月，谭桂丽任鲅鱼圈区第八届政协委员。2018 年 1 月至今，姜仕东任鲅鱼圈区第九届人民代表大会代表，同年 4 月，任营口市鲅鱼圈区第九届人民代表大会教科文卫委委员。

第七节　台站建设

1965 年 12 月，熊岳农业气象试验站搬入辽宁省果树科学研究所业务办公楼办公，建筑面积 432 米^2，使用面积 308 米^2。1979 年，为了改善职工居住条件，建设 2 栋家属瓦房，建筑面积 576 米^2，解决了 12 户职工住房问题。1990 年，自筹经费维修办公楼防水。1997 年，省气象局投入 1.3 万元用于办公楼更换铝型材窗。2002 年，省气象局投入 3 万元建自动气象站的基础设施。2003 年，使用项目专项经费 5 万元修缮楼顶防水，使用专项经费 1.5 万元更换观测场围栏。

2006 年，中国气象局投入 24 万元、营口市气象局匹配 30 万元，共计 54 万元，用于营口经济技术开发区气象局新址办公楼的建设。2007 年，地方政府投资 30 万元用于办公楼建设；2008 年，中国气象局投入 49 万元用于办公楼的建设。2009 年 4 月，搬进新址办公，熊岳国家基本气象站仍留在原址，同年中国气象局投资 80 万元进行新址办公楼的桥梁和护坡建设。新址占地面积 5201 米^2，办公楼建筑面积 827 米^2，办公条件有了很大改善。2013 年，中国气象局投资 155 万元用于建设熊岳观测站业务用房，该项目总占地面积为 676 米^2，建筑面积 406 米^2，为 2 层框架结构的别墅型业务用房，改善了熊岳国家基本气象站的业务办公条件。2017 年，中央投资 20 万元，用于接入自来水管网、屋顶防水和护坡维修改造。

附录一　营口气候之最

地区		营口（1904—1942）	营口（1950—2016）	盖州（1959—2016）	大石桥（1959—2016）	熊岳（1952—2016）
极端最高气温/℃（出现日期）		36.9（1919年8月5日）	35.3（1958年7月20日）	36.9（2015年7月14日）	35.6（2004年6月11日）	36.9（2015年7月14日）
极端最低气温/℃（出现日期）		-31（1920年2月10日）	-28.4（1985年1月28日）	-28.2（2001年1月14日）	-30.8（1985年1月28日）	-31.6（2001年1月14日）
初霜日	平均	10月11日	10月15日	10月15日	10月7日	10月10日
初霜日	最早	1913年9月15日	1963年10月4日	1962年9月25日	1980年9月20日	2001年9月22日
终霜日	平均	4月14日	4月10日	4月5日	4月10日	4月15日
终霜日	最晚	1942年5月4日	1987年4月27日	1986年5月9日	1972年5月16日	1952年5月8日
霜期/天	平均	187	177	174	187	188
霜期/天	最长（出现年份）	215（1913年）	204（1970年）	217（1963年）	229（1986年）	220（1963年）
霜期/天	最短（出现年份）	143（1906年）	148（2000年）	134（2012年）	140（2016年）	158（2016年）
平均初雪日		11月4日	11月9日	11月11日	11月11日	11月13日
平均终雪日		3月31日	3月31日	3月24日	3月28日	3月27日
平均初积雪日		11月10日	11月21日	11月15日	11月20日	11月21日
平均终积雪日		3月16日	3月16日	3月13日	3月16日	3月15日
大于或等于0℃积温/℃·d	年平均	3859.5	4104.9	4199.6	4113.2	4060.4
大于或等于0℃积温/℃·d	最大极值（出现年份）	4186.6（1920年）	4449.9（1998年）	4547.4（2014年）	4694.2（2008年）	4417.7（2014年）
大于或等于0℃积温/℃·d	最小极值（出现年份）	3402.4（1914年）	3701.0（1976年）	3765.1（1976年）	3601.7（1976年）	3649.7（1976年）

续表

地区		营口（1904—1942）	营口（1950—2016）	盖州（1959—2016）	大石桥（1959—2016）	熊岳（1952—2016）
大于或等于10℃积温/℃·d	年平均	3460.0	3678.2	3753.7	3667.0	3594.7
	最大极值（出现年份）	3889.1（1920年）	4081.2（1998年）	4149.3（1998年）	4298.8（2008年）	4012.7（1998年）
	最小极值（出现年份）	3173.2（1914年）	3150.9（1954年）	3281.2（1969年）	3089.3（1976年）	3100.6（1954年）
大于或等于20℃积温/℃·d	年平均	2082.0	2222.4	2235.1	2176.4	2063.7
	最大极值（出现年份）	2507.5（1933年）	2782.5（2001年）	3092.5（2001年）	3018.0（2007年）	2841.5（2001年）
	最小极值（出现年份）	1483.2（1904年）	1450.7（1976年）	1176.8（1976年）	1079.1（1976年）	1049.9（1976年）
降水量	日最大降水量/毫米（出现日期）	209.3（1911年8月13日）	240.5（1985年8月19日）	262.5（1975年7月31日）	261.9（2002年8月4日）	331.7（1975年7月31日）
	暴雨最早/毫米（出现日期）	63.4（1914年3月6日）	72.4（1964年4月20日）	59.6;63.1（1964年4月20日）	61.5（2009年4月20日）	65.6（2009年4月20日）
	暴雨最晚/毫米（出现日期）	66.7（1923年10月20日）	67.2（1974年10月21日）	53.7（1961年9月22日）	71.5（1974年10月21日）	60.5（2003年10月10日）
	日最大降水量/毫米（出现日期）	209.3（1911年8月13日）	240.5（1985年8月19日）	262.5（1975年7月31日）	261.9（2002年8月4日）	331.7（1975年7月31日）
	最大雪深/厘米（出现日期）	30（1924年11月22日）	22（2007年3月5日）	22（1959年11月24日）	28（1959年11月24日）	27（1985年12月5日）
	年平均降雨日数/天	—	78.0	71.6	71.7	78.9
	年平均降雪日数/天	—	19.9	20.3	21.1	21.4
	年平均雷暴日数/天	—	24	25	26	26
	年平均雾日数/天	—	10.4	4.8	7.3	5.1

续表

地区	营口（1904—1942）	营口（1950—2016）	盖州（1959—2016）	大石桥（1959—2016）	熊岳（1952—2016）
年平均扬沙日数/天	—	7.1	1.4	3.1	3.4
最长连续降水日数/天（出现日期）	— —	10 （1955年7月10日—19日）	10 （1966年5月30日—6月8日；1986年7月9—18日；2008年6月23日—7月2日）	15 （1996年7月18日—8月1日）	11 （1963年7月18—28日）
最长连续无降水天日数/天（出现日期）	— —	103 （1983年11月11日至1984年2月21日）	78 （1998年12月8日—1999年2月23日）	103 （1983年11月11日—1984年2月21日）	78 （1998年12月8日—1999年2月23日）
气压与风					
极端最高气压/百帕（出现日期）	1047.4 （1916年11月14日）	1046.1 （2006年2月3日）	1044 （1967年1月14日）	1044.8 （1994年12月18日）	1042.5 （1994年12月18日）
极端最低气压/百帕（出现日期）	981.5 （1929年8月10日）	986.6 （1957年7月27日）	985.0 （1986年6月28日）	986.7 （1986年6月28日）	985.0 （1957年7月27日）
最大风速（米/秒）/风向（出现日期）	— —	28.7/SSW （1956年4月24日）	23.0/NNW （1993年6月2日）	25.3/SSW （1982年4月19日）	23.5/N （2007年3月5日）
日照时数、湿度、水汽压					
年最大日照时数/小时（出现年份）	31852 （1917年）	3174.0 （1963年）	3094.0 （1965年）	3166.9 （1965年）	3116.6 （1963年）
年最小日照时数/小时（出现年份）	27328 （1915年）	2206.9 （2010年）	2236.4 （1998年）	2241.7 （1990年）	2375.3 （1990年）
相对湿度最小值/%（出现日期）	— —	2 （1963年3月1日）	1 （1984年4月1日）	0 （2005年9月17日）	1 （1958年4月2日）
日水汽压最小值/百帕（出现日期）	— —	0.4 （1969年2月19日）	0.3 （1974年1月23日）	0.3 （1974年1月23日）	0.4 （1969年2月14日）
日水汽压最大值/百帕（出现日期）	— —	35.6 （1967年8月8日）	80.2 （1959年8月1日）	79.7 （1959年8月1日）	35.6 （2002年8月3日）

续表

地区	营口（1904—1942）	营口（1950—2016）	盖州（1959—2016）	大石桥（1959—2016）	熊岳（1952—2016）
年平均晴天数／天	—	117	127	118	115
年平均阴天数／天	—	66	73	77	67
最大冻土深度／厘米（出现日期）	—	111（1957 年）	110（1977 年）	106（1969 年）	105（1969 年）
土壤封冻日　最早（出现年份）	—	10 月 26 日（2002 年）	10 月 18 日（1968 年）	10 月 19 日（1968 年）	10 月 18 日（1968 年）
土壤封冻日　最晚（出现年份）	—	11 月 30 日（2004 年）	12 月 16 日（2004 年）	12 月 2 日（1992 年）	12 月 3 日（1994 年）
土壤化通日　最早（出现年份）	—	3 月 7 日（2008 年）	2 月 24 日（1998 年）	2 月 28 日（2008 年）	2 月 28 日（1957 年）
土壤化通日　最晚（出现年份）	—	4 月 1 日（2005 年）	4 月 13 日（1985 年）	4 月 13 日（1970 年）	4 月 12 日（1958 年）

冻土

注：资料统计时间截至 2015 年，部分数值统计至 2016 年。1949 年前积温统计为 1904—1936 年。

附录二 重大气象灾害年表

暴雨洪涝灾害

1281 年（元 至元十八年） 春，二月，盖州水，免今年租税之半。

1317 年（元 延祐四年） 夏，四月，盖州雨水，害稼。

1557 年（明 嘉靖三十六年） 夏，六月，辽东淫雨连月，大水，禾尽没，城垣倾圮。冬，十二月，以水灾，免盖州、沈阳等辽东诸卫税粮有差。许入关籴买，发太仓银五万两赈辽东。

1746 年（清 乾隆十一年） 夏，六月，盖平（今盖州）阴雨连绵，河水涨发，田禾被淹，庐舍坍塌。

1806 年（清 嘉庆十一年） 秋，七月，抚恤盖平被水旗民，并给房屋修缮费。

1834 年（清 道光十四年） 秋，七月，盛京地方山水陡发。八月，赈盖平水灾，并房屋修缮费。

1841 年（清 道光二十一年） 盖平被水灾。

1844 年（清 道光二十四年） 盖平被灾歉收。

1871 年（清 同治十年） 六月，盛京大水。盖平等处被水成灾。

1873 年（清 同治十二年） 盖平等田禾被水成灾。

1874 年（清 同治十三年） 三月，因上年遭受范围较大水灾，盖平等境内大饥。

1878 年（清 光绪四年） 秋间盖平等地田禾被淹。

1879 年（清 光绪五年） 盖平大水，淹死人口，冲倒房屋，灾情险恶，下游水顶房檐。

1888 年（清 光绪十四年） 八月初，辽河以东、以南近 8 万千米² 的广大地区，大雨滂沱，奔腾暴注，七个昼夜雨不停，河水泛滥。营口、盖平等地洪水铺天盖地，横流千里，都成泽国；禾稼颗粒无存，房屋墙壁、上盖均无存，人畜、房器漂没无计，为百年来的巨灾。

1905 年 6 月以来阴雨连绵，7 月末，兰旗、柳树、黄大等 18 个村屯淹地 12678 亩，至 10 月，农田积水尚有一两尺深。

1909 年 8 月 3 日，大雨连降 3 天，盖州城北低洼地带 26 个村屯受灾。营口、大石桥一带沟渠水槽、房屋被淹，有 118 个村屯、7 万亩农田受灾。

1911 年 8 月 11 日晚，大雨滂沱，至 14 日营口平地水深 3 尺①，冲坏桥、路多处，致使奉营火车站停运（17 日通车）；电报、电话不通（20 日接通），东西两区倒塌房屋 600 余间、墙垣 104 面，盐滩均被淹没。西北乡倒塌房屋 4495 间，淹没土地 233 亩。"东南乡田地 7 分成灾（25605 亩），正东乡秋收无望者十之四五，可收残粮数斗者十之五六"。

1914 年 10 月，雨淋草木，凝如冰著，沿路电杆有被压折者。

1915 年 7 月 30 日，连日大雨，辽河水暴涨，境内商户、民宅、街路皆成汪洋。

1917 年 8 月 17 日，继春夏旱灾后连日阴雨，大田一片汪洋，秋收无望。

1918 年 8 月 1 日，营口县（今大石桥）大雨倾盆，洪水暴涨，受灾土地 39 万多亩。

1920 年 7 月，中旬，盖平县、营口县连降大雨，水涝成灾。

1923 年 8 月 11—13 日，营口连降大雨，营口县四乡田禾被淹。9 月 16 日，连日阴雨，海潮猛涨，山洪暴发，部分地区一片汪洋。其中最严重的有大高坎、鲍家堡、马家驼子 3 乡，平地水深 7～8 尺，

---

① 1 尺 =1/3 米，余同。

总计全境房屋倒塌 2400 间，庄稼淹没 461107 亩，受灾之重是数十年所罕见。

1926 年　8 月，营口县先后下 2 次大雨，120 个村屯，354442 亩农田均被水淹。由于春旱秋涝，灾情严重，政府赈灾。

1929 年　8 月 13 日夜至 14 日早，骤降豪雨，为近年所罕见，营口县五、六、七区八棵树大房身、石佛等处平地水深 2 尺有余，西北一带均成泽国。

1934 年　7 月，营口雨水连绵，河水暴涨泛滥成灾，秋收无望，房屋被浸倒毁，灾民现状极惨。

1935 年　8 月，营口县遭受严重水涝灾害，受灾 25 个村屯，耕地 488525 亩，倒塌房屋 414 间，浸水房屋 8205 间。

1947 年　营口遭受水灾，农田受灾面积 1455 万亩，灾区人口 1 万人。

1948 年　沿海地区遭受水灾，群众纷纷外迁，据五、八区统计，外迁 654 户，2159 人。

1949 年　7 月 15—16 日，降特大暴雨，辽河水两次出槽。市内房屋倒塌 2765 间，半倒塌 4038 间，死亡 6 人，伤 10 人，市郊农田被淹。

7 月 30 日，辽河支岔决口 91 处，后又陆续决口 42 处。营口县水源区决口 88 处，旗口区决口 27 处，受灾面积 271684 亩。其中绝产 8.46 万亩。防风用 163772 个工日。

1951 年　8 月 13—16 日，受蒙古低压冷锋影响，营口等地降暴雨、大暴雨 3 天，造成房屋损毁、农田受灾和人员伤亡。

1953 年　7 月中旬至 8 月中旬，营口等地连日降雨，造成辽河、大清河等漫堤决口，泛滥成灾，营口县受灾人口约 5 万人，农田受灾面积约 50 万亩，倒塌房屋近万间。

1957 年　6 月 22 日，盖县、营口市遭大雨，盖县降雨 1.5 小时，降雹 1 小时，雹大的如茶碗，小的如鸡蛋黄。盖县雨后河水出槽，3 个乡受灾 1 万亩，其中 0.1 万亩被洪水冲毁。龙王庙乡山洪暴发土地冲成大小无数深沟。雹打苹果 7.5 万千克，柞蚕受灾 70 把（占 30%），其中 50 把无收成。营口 3 个乡受灾面积 1.8 万亩（占耕地面积的 20%），有 285 亩棉花打坏 30%。

1958 年　7 月 25 日，盖平县大雨倾盆，山洪急下，大清河流量 1930 米／秒，528 千米^2 土地被淹，沈大铁路在团山乡王家岗村附近的"206 孔桥"水口决口，冲断铁路 918 米，火车停车。造成工农业总损失 1902.61 万元。

1960 年　7 月 28 日，因受台风影响，营口大部分地区连降暴雨，辽河水位猛涨，遭受特大洪水灾害。营口县水源公社魏家塘大堤等多处决口。全地区有近 1/3 的耕地受灾。

1962 年　7 月下旬，营口市连续 3 次大雨，雨量为 150～200 毫米。由于雨量大而集中，低洼地内涝，成灾农田面积 6.1 万亩。7 月 24—28 日，营口市降雨，受灾农田 108 余亩，倒塌房屋百余间，冲走淹死牲畜上千头。

1964 年　7 月，盖县连续 5 天降雨，降水量为 171.6 毫米，29 日降水量 116.7 毫米。大清河、熊岳河、碧流河泛滥，涝洼地成灾，面积为 137.6 万亩，绝收 42.0 万亩。营口县高坎和旗口公社大田作物全部涝死。

7 月 27 日，营口市区连降大暴雨，满潮时辽河水涨倒灌，造成内涝。市内主要街道部分地段深 700～800 毫米，房屋倒塌 693 间。是年，营口地区遭遇特大涝灾，该年降水量是新中国成立以来最多的一年。郊区、营口、盖平、盘山各县都较严重，全地区受灾面积 113 万亩，占耕地面积的 48.1%，受灾人口 38 万，占农村人口的 34.1%，房屋倒塌 1.2 万多间。

1969 年　8 月 16 日，全市普降大雨和暴雨，一些公路和桥梁被冲毁。至 17 日止，海城、营口、盖县农田受灾面积 20 余万亩。

9 月 20 日，市委会抗旱防汛指挥部总结，本年前期气候高温少雨，大旱 50 余天，后期大雨暴雨集中，全市农田受灾面积 170 多万亩，占耕地面积的 50% 左右；堤防决口 269 处，总长 50 千米，公路冲毁 70 多处，长约 25 千米。

1970 年　7 月 19—20 日，营口地区大暴雨，农田受灾面积 15 万亩。

1975 年　7 月 29—31 日，营口等地区降暴雨，过程雨量 200～300 毫米，其中盖县、熊岳一带 31 日 24 小时雨量达 250～332 毫米，盖县 2 天连续雨量 380 毫米，是建站以来从未有的。7 月 31 日，营口县过程雨量为 281.2 毫米。城内洼地水深 1 米以上，平地水深约 1 米，东部水下泻，附近河水均出槽，农业损失很大。盖县 7 月 31 日，县城、熊岳城雨量分别为 264.0 毫米和 331.7 毫米。杨运公社等山洪暴发。31 个乡 5 个农场受灾面积 25 万亩，水冲沙压，绝产 5 万亩，死 15 人。水库决口一处，塘坝几座被冲坏，冲坏主干渠 11.6 千米

1981 年　7 月 27—28 日，盖州南部下特大暴雨，杨运、杨屯 2 公社遭到特大水灾。总雨量 283～676 毫米，造成巨大山洪，引发严重滑坡，大批牲畜、房舍、耕地被洪水吞没，死亡 314 人，受伤 633 人，总计损失达 4190 余万元。

1982 年　8 月 7—9 日，盖县太平庄公社降暴雨，日降水量 290 毫米，引起山洪暴发，房屋倒塌 1614 间。

1984 年　8 月 9—13 日，受 7 号台风减弱成的低压影响，营口大部地区降暴雨，局部地区雨量达 100～110 毫米，伴有 7～8 级大风，阵风 9～10 级。暴雨导致 40 万人受灾，水涝农田 15 万亩，较重的有 8 万亩，作物倒伏 13.7 万亩，其中绝收 2.6 万亩，刮落苹果 874.5 万千克。

1985 年　7 月 9—10 日，营口市区降暴雨，27 小时内降雨 82.1 毫米，市内大部分路面积水 0.6 米深，损坏房屋 2000 间，造成 8 处漫堤和 3 处决口。

7 月 20—21 日，营口地区部分乡镇遭受特大暴雨、大风和冰雹袭击，暴雨中心在营口县西部（虎庄为暴雨中心，降水量为 328 毫米），多个乡镇雨量均在 250 毫米以上。受灾的有营口县全部乡镇、盖县榜式堡乡、高屯乡、郊区柳树乡和营口新生农场等。全地区受洪涝灾害面积 25.5 万亩，风雹灾害面积 13 万亩，果树 140 万棵，长大铁路基脱坡一处，冲毁公路 83 千米，倒伏或倾斜电柱近千根，倒塌房屋 206 间，死亡 5 人，牲畜 140 头。这次灾害造成粮食减产 1750 万千克。加上乡镇企业进水，共造成经济损失 3000 多万元。

8 月 18—20 日，营口地区受第 9 号台风影响，全区普降暴雨和特大暴雨，19 日一日最大降水量达 240.5 毫米，19—21 日过程雨量达 298.7 毫米，市区西部降水量达 341 毫米，最大风速达 16.3 米／秒。狂风暴雨造成主要河流洪水猛涨，堤坝溃决，山洪暴发，农田大部被淹，部分输电、电话线路中断，交通堵塞，工厂企业被迫停产，多数群众住宅被水包围，市区平均积水 0.6 米，最深可达 1 米以上，给国民经济和人民财产带来严重损失。全市受灾人口 40 万，死亡 2 人，倒塌房屋 3162 间，直接经济损失 10669 万元。停产工厂 381 家，工业经济损失 8800 万元；林木损失 9000 棵，林业经济损失 106 万元，另涝毁树苗 28 万棵；暴雨导致交通停运 2 小时，交通经济损失 26 万元；电力中断 11 小时，经济损失 161 万元，通讯经济损失 133 万元，基础设施经济损失 917 万元；停业商店 90 家，商业经济损失 156 万元。

1986 年　7 月 16 日，营口县官屯、金桥、永安、周家、建一、黄土岭等 9 个乡镇出现大暴雨，最大降水量为 128.9 毫米。部分农田被淹，农作物受灾面积 4987.3 公顷。由于降雨强度较大，部分工厂进水，停工停产，仓库被淹。

1987 年　4 月 20—21 日，营口地区降大到暴雨，过程雨量为 40～90 毫米，并伴有 6～7 级偏北大风，瞬间最大风力 9 级。降雨和大风使一些农田积水排不出去，影响整地做垄和耕种，水稻苗床塑料被揭，秧田被淹，蔬菜大棚被刮坏，营口市有 50 万床水稻苗床被淹，占育苗总数的 29%，有 21 万床床布被揭，1.6 万床床布被刮坏，一些蔬菜大棚也遭破坏，直接经济损失 11.28 万元。

6 月 19 日至 7 月 23 日，营口等地受暴雨、大风、冰雹灾害。多日连续降雨，并遭遇大风、冰雹灾害，农作物受灾，造成不同程度减产。全市受灾人口 20 万人，受伤 2 人，倒塌房屋 43 间，直接经济损失 200 万元；农作物受灾面积 3849 公顷，成灾面积 3364 公顷，死亡大牲畜 5 头，死亡家禽 150 只，林木损失 33182 棵。

1988 年　6 月 30 日至 7 月 2 日，营口地区降暴雨，过程雨量为 130～180 毫米，盖县北部达 200 毫

米。盖县西海农场、青石岭、团山子乡有 2.4 万亩水旱田一度被淹，其中绝产 0.9 万亩。营口县有 6 个乡 3.5 万亩水田被淹 2～3 天，营口盐场遭暴雨袭击，来不及保护，使中高级卤水降为低级卤水，海盐淡化损坏共计 3.4 万吨。直接经济损失 540 万元。

8 月 16 日，营口南部雨量 100～200 毫米，造成农田受灾。

1989 年　7 月 18 日，市内降大暴雨，雨量达 151 毫米，1 小时最大雨强 119 毫米，并伴有 9 级阵风。由于降水多，强度大，加之海潮顶托，排水不畅，市内普遍积水 0.3 米，低洼路段积水 1 米左右，致使营口遭受严重灾害和损失。大暴雨使营口海盐损失 8900 吨，损失 1600 万元。营口县山洪暴发，境内大清河等河水出槽，泛滥成灾。大石桥镇镇内积水 50～150 厘米，受灾农田 9.9 万亩、菜田 1.6 万亩，损坏果树 0.7 万株。冲毁桥梁 54 座、涵洞 56 个、公路 134 处。有 0.4 万户民宅进水，损坏房屋 0.5 万间，死亡 7 人，直接经济损失 4980 万元。

1991 年　7 月 14 日 05 时至 19 时 40 分，营口市、老边区、营口县降大暴雨，雨量分别为 115 毫米、109 毫米和 182 毫米。由于降雨强度大，市区内低洼地带积水达 50 厘米，使市内 15 家企业、厂矿、商店、仓库和郊区 7 家企业共 22 家进水，造成损失 60 万元。

7 月 21 日 12 时 05 分至 22 日 20 时，营口市、盖县和营口县 26 个乡镇普降暴雨，其中熊岳镇和大庙沟乡降大暴雨和特大暴雨，雨量分别为 116 毫米和 212 毫米，农田受灾面积 47983 亩，绝产面积 3086 亩，冲毁河道 16190 米、渠道 1500 米、电线杆 32 根、果树 494 棵、房屋 102 间、桥涵 77 座，发生泥石流 53 处。

1992 年　6 月 30 日至 7 月 1 日，盖县发生暴雨、冰雹。盖县共降雹 30 分钟，冰雹最大直径 50 毫米。农田受灾面积 10 万亩，其中绝收 2 万亩，135 万株果树受灾，绝产 80 万株，减产 2150 万千克，一些村屯的猪、羊被砸死。

7 月 17 日 17 时，营口县黄土岭乡 5 个村出现暴雨和大暴雨，1 小时降水量 100～150 毫米。冲毁农田 500 亩，其中绝产 150 亩；果树被冲 2000 多棵；道路冲毁 30 多处，总计 6000～7000 米；冲毁护河坝 20 多处，约 2000 米，冲走煤 400 吨，价值 10 万元。

1993 年　7 月 30 日，大石桥市吕王镇出现大暴雨，日降水量 154.4 毫米，造成山洪暴发，冲毁公路 15.6 千米，部分庄稼被毁，直接经济损失 25.8 万元。

9 月 9—10 日，大石桥市吕王、黄土岭镇出现暴雨洪涝，冲毁公路 700 米，部分高粱倒伏。农作物受灾面积 6 公顷，公路损坏 5.2 千米，直接经济损失 25.5 万元。

1994 年　5 月 2—4 日，营口等地区发生暴雨，过程降水量 50～100 毫米，其中熊岳等地降水量在 100～133 毫米，同时伴有 6～7 级偏北大风，最大风力达 10 级。由于降水集中，强度大，造成不同程度受灾。

7 月 4 日，营口市出现暴雨和强对流天气。15 时 31 分市内大风 11 级，最大风速 30 米 / 秒，雨量 86.9 毫米；大石桥雨量 56.1 毫米，盖州 59.6 毫米，熊岳 20.6 毫米，沟沿乡 105.3 毫米，旗口乡 106.0 毫米。四道沟海浪高 1～2 米，漫过海堤 70 延米；鲅鱼圈区海兴办事处海浪高 1～2 米，漫过海堤 80 延米。

8 月 15—17 日，受第 15 号台风影响，营口全市降暴雨或大暴雨。营口熊岳镇共降雨 162.4 毫米，8 月 16 日风力 7～8 级，阵风 9 级，风雨交加共导致 2.2 万亩粮食作物受灾，减产 50% 左右，水果减产 40% 左右，有部分葡萄架和大树被风刮倒，100 余间房屋倒塌，经济损失达 1000 万元以上；8 月 16 日，大石桥市普降大暴雨，24 小时雨量 130～180 毫米，平均雨量 150 毫米，并伴有 8 级左右阵风，受台风影响，大石桥市共有 27 万亩农田受灾，其中受灾严重的有 10 万亩，果树折断、倒伏 10 万株，损失水果 2 万吨，冲毁县级公路 10 千米，路旁树木倒伏或冲毁约 1.5 万株，大石桥全市 682 户房屋进水，200 间房屋倒塌，大石桥市因灾死亡 3 人。营口市老边区和盖州市不同程度受灾。据市防汛抗旱指挥部初步统计，营口市全市受灾农作物面积 31538 公顷，成灾面积 28260 公顷，绝收面积 6904 公顷，减产粮食 68332 吨，损失粮食 65 吨；冲毁耕地 2710 公顷，受灾果树 135 万株，损失水果 14 万吨；营口全市因灾死亡牲畜 557 头（只），死亡 4 人，仅农业损失达 3.2 亿元。台风导致营口全市 535 家企业停产，600家企业部分停产；公路中断 64 条次，冲毁桥涵 244 座，冲毁路基路面 127 千米；供电停止 118 小时，输电线路损坏 69 条次，损坏电线 3229 根共 137.5 千米；通信线路损坏 2852 根共 337.6 千米；营口全市工业、交通损失共计 0.6 亿元，水利工程损失 0.94 亿元，基本灾害（倒塌房屋等）损失 0.44 亿元。截至8 月 18 日，营口市全市因台风造成经济损失共计约 6.7 亿元。

9 月 4 日，受较强冷锋影响，营口市降大到暴雨，局部大暴雨，最大降水量 106 毫米，同时伴有 7～8 级大风，营口市区阵风达 11 级（30 米／秒）。狂风暴雨造成农作物大面积倒伏，全市高粱、玉米倒伏 5 万亩，预计减产 10%；水稻倒伏 4 万亩，预计减产 20%；果树落果 20 万千克；鲅鱼圈区渔船损坏193 艘，其中 64 艘毁坏，沉船 1 艘；全市倒塌房屋 80 间；全市 10 千伏特供电线路接地停电 4 条，跳闸停电 7 条；全市配电线路停电 9 条（次）；市区树木刮倒 1200 多株；城市部分道路、道板损坏，路灯线路刮坏 800 米；辽河护岸倒塌 30 延米；市区厕所倒塌 6 座；部分企业因停电、进水造成短时停产。

1996 年 7 月 29 日 18 时至 30 日 12 时，营口市局部降大暴雨，盖州市旺兴仁乡雨量 150 毫米，杨屯乡 141 毫米，大石桥市汤池镇 120 毫米，旗口乡 114 毫米。全市冲毁公路 180 米，农田受灾 2 万亩，直接经济损失 500 万元。

8 月 10—11 日，营口市全区普降暴雨，局部地区出现大暴雨，盖州市万福镇雨量 162 毫米，卧龙泉乡 130 毫米，大石桥镇 100 毫米，汤池乡 109 毫米。全区决堤 30 处 11 千米，漏闸 14 条。冲毁公路138.5 千米，受灾面积 20.3 万亩，毁坏房屋 4094 间，倒塌 104 间，直接经济损失达 1.02 亿元。

1997 年 8 月 20 日夜，11 号台风从营口、大洼两地登陆。受其影响，营口降大到暴雨，20—21 日过程雨量 146.2 毫米，20 日一日最大降水量达 91.9 毫米。并伴随强烈阵风，风力达 8～9 级，造成旱田高秆作物大面积倒伏，农作物受灾面积达 16035.7 公顷。

2001 年 8 月 3—4 日，盖州市降大暴雨，雨量为 108 毫米，黄旗桥垮塌，死亡 6 人，失踪 6 人，受伤 26 人。8 月 4 日，大石桥市虎庄、金桥、南楼、汤池、周家日降水量最大达 79.7 毫米，出现暴雨洪涝，导致大石桥全市 2168 公顷农田受灾严重。

2002 年 8 月 4—20 日，营口地区出现大到暴雨，局部地区特大暴雨。8 月 4 日，大石桥市日降水量 79.7 毫米，8 月 20 日 07—16 时降水 47.7 毫米，由于连降暴雨，发生内涝，受灾人口 1 万人，死亡2 人。8 月 4 日，盖州市日降水量 261.9 毫米，洪水造成堤防决口 23 处，漫顶 10 处，冲毁桥梁 8 座，公路铁路损坏 4.5 千米。全市因灾死亡人口 2 人，农作物受灾面积 13400 公顷，农作物绝收面积 4667 公顷，倒塌房屋 358 间，死亡大牲畜 58000 万头，直接经济损失 49060 万元。

2003 年 10 月，大石桥市月降水量 147.80 毫米，比历年偏多 387.9%，雨量较常年明显偏多，造成洪涝灾害。农作物受灾面积 502 公顷，农作物成灾面积 502 公顷。

2005 年 5 月 17 日，大石桥市东部乡镇出现强降雨，降水量达 100 毫米以上（月降水量 164.3 毫米），农作物受灾面积 2000 公顷，农作物成灾面积 2000 公顷。

2006 年 7 月 14 日，大石桥市汤池镇、永安镇等 5 个乡镇受暴雨袭击，共有 6800 亩玉米、500 亩大豆倒伏受灾，造成减产。

7 月 31 日至 8 月 1 日，受副热带高压西北较强暖湿辐合气流和高空槽的共同影响，营口市出现了暴雨天气，局部大暴雨。大石桥市东部建一镇最大降水量 91.5 毫米，暴雨导致大石桥倒塌房屋 21 间，冲毁桥梁 2 座，大河护堤冲毁 200 米，毁坏公路 200 米；黄土岭镇毁坏公路 20 处，冲毁乡村公路 10 千米；汤池镇毁坏公路 2 千米，冲毁村路 5 处，毁坏大河护堤 10 余处，毁坏桥梁 1 座、房屋 10 户共 30 间；133.3 公顷农作物受灾，其中玉米受灾 8 公顷，绝产 2 公顷，直接经济损失 150 万元。暴雨导致盖州市万福、什字街、小石棚等 6 个乡镇、23 个村受灾，共冲毁果树 0.033 万株，摧毁路面 4 处共 1.19 千米，冲毁土路 30 处共 6 千米，洪水浸泡道路 0.3 千米，冲断堤坝 17 处共 1035 米，山体滑坡 2 处共 15 米，泥石流 1 处，房屋倒塌 19 户共 78 间，房屋进水 140 户共 320 间，冲毁桥梁 3 座，经济损失总计 1461 万元。营口鲅鱼圈区出现暴雨，降水量为 61 毫米，暴雨冲毁桥梁一座，并造成 1 人死亡、1 人失踪。

2008 年　7 月 15 日，大石桥市降暴雨，造成 1277 公顷水田内涝，200 公顷旱田倒伏，84 公顷农田绝收，同时毁坏民房 359 间、倒塌 9 户，直接经济损失 512 万元。

2010 年　8 月 19—22 日，营口地区出现了持续的强降水过程，全市普遍达到暴雨到大暴雨等级，其中营口市本站降水量达到 186.1 毫米。受副热带高压和高空槽影响，盖州市 8 月 19 日 17 时至 22 日 20 时普降暴雨到大暴雨，过程降水量达 100.4～233.1 毫米，最大降水量出现在高屯镇，降水量为 233.1 毫米。强降水期间，伴有雷电、大风天气现象，并有泥石流发生。盖州全市 27 个乡镇办事处受灾，发生泥石流 36 处，7325 米³；冲毁、冲塌大小桥梁 65 座；冲损道路 269.72 千米（村级公路）；受损房屋 2790 间，转移人员 4019 人；9819.3 公顷土地（包括林地）受灾，其中：大田（玉米）7248.8 公顷，水稻 1365.4 公顷，葡萄 392.2 公顷，菜园 541.8 公顷，果园 177.7 公顷，林地 93.4 公顷；河道堤防漫顶、决口、冲毁 124 处，共 111281 米。团甸镇因雷击损坏电器 63 台，西海办事处受损泄洪闸 3 孔、翻板闸 25 处、电机 3 台、泵站 2 座、虾塘和鱼塘 13.9 公顷。全市水淹、倒塌各种大棚 2171 个。营口开发区 8 月 19 日 13 时至 22 日 16 时普降大暴雨，降水量 138～177 毫米，降雨期间出现雷电天气，海上出现 7 级偏北大风。本次强降水造成开发区芦屯镇、红旗镇的部分村子农田内涝，房屋进水。暴雨导致房屋倒塌 298 间、房屋进水 217 户，水淹地（葡萄）4863 亩，大棚倒塌 224 座，受损鱼塘 1 户、桥梁 6 座，6 处道路、1 处涵洞受损，无人员伤亡。

2011 年　8 月 7—9 日，受 9 号强台风"梅花"影响，营口地区出现暴雨、大暴雨天气。其中盖州地区出现暴雨到大暴雨天气过程，盖州本站和 16 个乡镇自动站累计雨量均达到 100 毫米以上，其中小石棚乡、徐屯镇雨量超过 200 毫米。暴雨同时伴有大风，盖州本站最大风速为 17.2 米／秒。由于降水急、强度大，致使城区瞬间多处严重积水，东南部山区出现多种气象灾害和地质灾害。暴雨导致盖州全市 24 个乡镇、办事处，264 个村，5.7 万人受灾，共转移人口 2.2 万人，直接经济损失 93853 万元，小石棚乡受灾最为严重。据统计，盖州全市共倒塌房屋 620 户共 2170 间；房屋受损 3097 户共 12387 间，造成经济损失 10533 万元；农作物（玉米）受灾面积 20667 公顷，因灾减产粮食 17172 万千克，经济作物损失 141 万元；死亡牲畜 0.11 万头只，农业直接经济损失 31051 万元；暴雨造成公路中断 257 条，公路水毁 72 条，经济损失 32989 万元；损毁桥梁 88 座，关闭渔港 2 个；供电中断 12 条，经济损失 3100 万元；通讯线路中断 10 条，造成直接经济损失 1180 万元；暴雨损坏堤防坝 393 处共 249.5 千米；堤防坝决口 94 处共 33.9 千米；损坏护岸 133 处、灌溉设施 20 处、机电井 210 眼，造成直接经济损失 15000 万元。营口开发区降暴雨，部分地区降大暴雨，市区降水量达 128 毫米，卢屯镇和熊岳镇受灾最重。营口开发区全区农作物受灾面积 6000 公顷，造成粮食减产 600 吨，经济损失 1050 万元；受灾人口 2017 人，转移人口 494 人，房屋受损 49 间，直接经济损失 850 万元；另损毁河堤 3 处共 150 米、挡墙护岸 3 处共 1200 米，冲毁护岸绿化约 14000 米，损坏熊岳河喷泉 1 处，电路电缆损失 600 米，直接经济损失 883 万元。

8 月 28 日，营口大石桥部分乡镇出现暴雨、大暴雨天气，有 10 个乡镇自动气象站雨量达到 100 毫米以上。暴雨导致大石桥全市房屋进水 1150 户，房屋倒塌 31 户共 45 间，工矿企业被水淹 12 家，冲毁或部分冲毁河堤 30 处共 2000 米、桥 25 处，毁坏路面 20 处共 750 米，洪水导致 18000 亩大田作物受灾，4000 亩菜地受灾。

2012 年　2012 年 4 月 24 日 19 时至 25 日 14 时，受江淮气旋影响，营口市普降暴雨，局部大暴雨。大石桥市水源镇降大暴雨，其他 13 个乡镇降暴雨。降雨过程中同时伴有大风，大石桥市区极大风速 21.4 米／秒，大石桥城区多处积水，旗口镇的 6 处大棚受损。鲅鱼圈区从 24 日 21 时 08 分开始出现降水，截至 25 日 09 时全区普降暴雨，具体降水量为：熊岳 97.6 毫米、红旗 96.6 毫米、芦屯 94.5 毫米、鲅鱼圈 88.1 毫米。4 月 24 日 15 时至 25 日 11 时，盖州地区普降暴雨，局部大暴雨，东南部山区 7 个乡镇降大暴雨，最大降水量为 159.7 毫米，出现在什字街镇；最小降水量为 80.3 毫米，出现在青石岭镇，同时伴有大风，最大风速为 22.8 米／秒，4 月出现此强降水过程为近 50 年来所罕见，依据《辽宁省气象灾害评估方法》，盖州市气象局评估此次暴雨为一级暴雨，属轻度等级。盖州全市发生小型泥石流和滑坡灾害共计 12 处；房屋倒塌 47 间、损坏 131 间，经济损失 159 万元；损坏堤防 10 处，经济损失 1100 万元；紧急转移人口 436 人；设施农业受灾面积 12000 亩，绝收 1600 亩，倒塌大棚 472 栋，经济损失 4800 万元；公路、桥梁损毁 19 处，经济损失 407 万元；关闭渔港 2 个，供电、通讯中断 12 条次，造成直接经济损失 50 万元。

7 月 28—29 日，受冷暖空气交汇影响，营口市普降中到大雨，部分地区降暴雨，局部大暴雨。大石桥市东部乡镇从 7 月 28 日 20 时至 29 日 08 时降暴雨到大暴雨，其他地区降中到大雨，最大降水量出现在黄土岭镇吕王，为 100.3 毫米，建一、黄土岭降水量超过 50 毫米，强降雨过程共造成 665 人受灾，冲毁桥涵 8 座，冲毁路面 5600 米，冲毁护路墙 3000 米、护河坝 5500 米，3000 亩旱田受灾，20 亩香菇基地受灾，冲毁水渠干线 1000 米。鲅鱼圈区 7 月 28—29 日普降大暴雨，降水量为 105.4 毫米，全区共转移人口 226 人，损坏房屋 266 户，被淹农田 6501 亩，被淹设施农业 314 亩，损失船只 11 艘，冲毁河道 2 处、堤坝 2 处、村路 2 处、便桥 7 座，冲毁道路 3000 米，冲毁自来水管线 1 处，红海和二道河亮化灯带受损，共有 3 户养殖场进水，总计经济损失 892.9 万元。盖州市 7 月 28 日 21 时至 29 日 08 时普降暴雨，局部大暴雨，盖州全市 23 个乡镇降大暴雨，最大降水量出现在万福镇，降水量为 153.9 毫米，同时伴有强雷暴，由于降水急、强度大，致使大部分乡镇、村出现多种气象灾害和地质灾害，依据《辽宁省气象灾害评估方法》，盖州市气象局对此次暴雨评估为二级暴雨，属中度暴雨洪涝等级。受暴雨影响，盖州全市 22 个乡镇办事处、155 个村 9.5 万人受灾，转移安置灾民 8200 人，倒塌居民房屋 186 间，损坏居民住房 484 间，造成直接经济损失 614 万元；水毁乡村公路 276 千米、桥梁 57 座、堤坝 5.3 万延长米，水利、电力、通讯等设施损失 6170 万元；大田玉米成灾 2149 公顷，其中绝收 145 公顷，减产 3～4 成的有 2004 公顷，损失 2587 万元；大棚蔬菜受灾 80 公顷，损失 240 万元；受灾果树 17.3 万株，损失 692 万元；葡萄损失 1164 万千克，损失 2794 万元；山体滑坡 30 多处，冲走羊 260 只。这次因暴雨洪涝灾害造成直接经济损失 13097 万元。

8 月 3—5 日，受"达维"台风外围云系影响，营口市普降大暴雨到特大暴雨。大石桥全市房屋进水 4852 户，倒塌房屋 2781 间；冲毁道路 105 处，长 325.7 千米；建一、黄土岭等东部乡镇交通大部分中断，冲毁桥涵 1348 处，损坏堤防 112 处，长 175.5 千米；堤防决口 5 处，长 1.1 千米，河道漫顶长 105 千米；4 个镇区电力中断，通信线路中断；农作物受灾面积 60 万亩，其中成灾面积 30 万亩，绝收面积 5 万亩；停产企业 1565 个；全市直接经济损失 30 亿元。鲅鱼圈区 8 月 3—4 日，普降大暴雨，截至 8 月 4 日 04 时降水量分别为熊岳 190.4 毫米，鲅鱼圈 158.7 毫米，红旗 187.4 毫米，芦屯 228.2 毫米。鲅鱼圈全区房屋倒塌 736 间，经济损失 1560.7 万元；农作物受灾面积 4.775 万亩；转移人口 5747 人；路段损毁 147.5 千米，经济损失 1118 万元；全区直接总经济损失 4.2 亿元。盖州市 8 月 3 日 02 时至 5 日 08 时，普降大暴雨到特大暴雨，最大降水量出现在矿洞沟镇毛岭村，降水量为 336.6 毫米，市区降水量为 264.5 毫米。这次降水强度大、降水时间长、范围广，致使盖州市城区和部分乡镇、村遭受不同程度灾害，依据《辽宁省气象灾害评估方法》，盖州市气象局对此次暴雨评估为三级暴雨，属重度等级。暴雨导致盖州全市 27 个乡镇、办事处不同程度受灾，冲毁县级以上公路 23 千米、路基 45 千米，10 条公路中断（其中市级公路 3 条，县级公路 7 条），冲毁桥梁 32 座，冲毁县级以下公路 1200 千米，倒塌房屋 2448 间，造成直接经济损失 38.1 亿元，其中农业损失 35 亿元；水利、通信、电力等基础设施损失折款 3.1 亿元；东部山区 138 处泥石流易发区安全转移群众 1.9 万余人，为确保石门水库泄洪安全，转移安置大清河沿岸群众 7.7 万余人，共转移 9.6 万人。

8 月 28—29 日，受台风"布拉万"影响，大石桥市普降大到暴雨，局部大暴雨。暴雨导致大石桥全市玉米倒伏 80241 亩，水果减产 503 万千克，刮倒树木 3558 棵，损失家禽 7000 只，蚕场损失 15000 亩，商业及公益性牌匾损毁 40 个，房屋倒塌 4 间。

2013 年 7 月 1—3 日，营口鲅鱼圈地区降暴雨，并伴有雷电大风和短时强降水等强对流天气，降水量分别为：熊岳 63.5 毫米、芦屯 65.4 毫米、鲅鱼圈 65.5 毫米、红旗 63.4 毫米。馒首山村田地 120 亩受淹，大部分为葡萄作物；胜台村有 8 户大棚被水淹，八家子与胜台村之间河道冲刷较重；金屯村田地 300 亩受淹，有 20 户居民住宅不同程度进水。

7 月 30 日，鲅鱼圈区普降暴雨，降水量分别为：熊岳 67.5 毫米、芦屯 52.3 毫米、鲅鱼圈 84 毫米、红旗 76.7 毫米。暴雨造成芦屯镇 7 座便桥损坏；红旗镇 100 栋大棚积水，最高水深达 1 米；农田积水 460 亩，36 户房屋进水，5 人被转移。

8 月 16—17 日，大石桥市出现雷雨强降水天气，黄土岭镇吕王村降水量最大，为 88.7 毫米。受强降水影响，黄土岭镇 2210 亩农作物受灾，便桥毁坏 4 座，4 户 12 间房屋山墙倒塌，果树减产 1.5 万千克；建一镇道路毁坏 50 米，便桥毁坏 2 座，1 户 3 间房屋山墙倒塌；汤池镇西大清河前汤池段护坡损坏 200 米；周家镇农作物受灾 260 亩，树木刮倒 200 棵。

7 月 21—31 日，营口大石桥市降水频繁，全市乡镇降水量在 141～269 毫米，平均降水量为 182 毫米；其中超过 200 毫米的乡镇有：官屯镇 269 毫米、虎庄镇 260 毫米、博洛铺镇 222 毫米、石佛镇 206 毫米、永安镇 204 毫米。汤池、建一、周家等地遭受风雹灾害，农作物受灾面积 864 公顷，成灾面积 691 公顷，绝收面积 173 公顷，直接经济损失 786 万元，其中农业直接损失 786 万元。

旱灾

1288 年（元 至元二十五年） 二月，盖州旱，民饥。

1795 年（清 乾隆六十年） 夏，六月，熊岳缺雨，所种稼禾歉薄。

1915 年 盖平春夏亢旱。

1917 年 营口春夏亢旱。

1919 年 营口夏久旱无雨。

1926 年 营口春夏天旱，第 1、4、5、6 等区农历六月初二得雨播种。

1940 年 营口 4—6 月，降雨 10 多毫米，7 月降雨 47.9 毫米，干旱严重，农业歉收。

1955 年 全省夏季高温少雨，熊岳 7 月下旬最高气温达 35℃，使大田作物受旱灾影响严重。

1957 年 4 月中旬至 6 月中旬，全省大部分地区降水量比常年显著减少，盖县 70 多天没有降水，旱情严重，全县旱灾面积 27.8 万亩，其中棉花旱灾 2.3 万亩。有 7.5 万亩因干旱未能播种，已播种的 7.5 万亩作物不能出苗。仅太阳升乡因旱灾果树收入减少 5 万元，土豆减少 1 万元。营口县 14.1 万亩棉花受旱灾，较重的 0.3 万亩。熊岳年降水量仅为 492.8 毫米，为常年的 77.2%。

1965 年 营口春夏连旱，7 月降水为常年的 1/3。7 月 5 日以后，尤其是 7 月 15 日至 8 月 1 日，盖县连续少雨，旱情严重，谷子、玉米、大豆受灾最严重，减产 2～3 成，棉花蕾铃脱落，约减产 2 成。

1969 年 营口春夏气候高温少雨，大旱 50 余天。

1973 年 1—6 月，营口地区春夏连旱，降水量比常年同期偏少 2～4 成，个别地区少 5 成，农田大面积受灾。

1974 年 5—7 月，营口地区降水量不足 10 毫米，给大田播种、幼苗成长造成严重影响。营口市受旱农田 18 万亩，旱死农作物 0.03 万亩。

1975 年 8 月，营口、盖县、营口县降雨稀少，只有 5～8 毫米，发生掐脖旱。盖县有 22 万亩农田发生伏旱，占全县耕地面积的 25.7%，近 8 万亩沙包地和山坡地干旱严重。

1978 年 8 月，营口春夏连旱，发生旱灾。

1980 年 3—8 月，营口地区降水量极少，发生旱灾。在 4 月 1 日至 5 月 10 日播种期内，降水量在 10 毫米以下，较常年少 2～9 成。营口 5 月降水量 38.4 毫米，比常年同期（45.4 毫米）少，特别是后半月只出现一次小雨。8 月，营口地区降水量不足 100 毫米，仅为常年同期的 15%～20%。

1981 年 4 月，盖县月降水量为 2.4 毫米，比常年少 35.6 毫米，严重影响作物播种。

1982 年 5 月，盖县、熊岳降水量少，不足常年 6 成，旱象严重。6—7 月，营口地区降水量不足 100 毫米，比常年少 5～8 成。8—9 月，营口、盖县干旱，降水稀少，对大田作物籽粒灌浆造成严重影响。由于出现春、夏、秋三季连旱，大部分农田绝收。对秋菜的生长也极为不利，造成减产。

1983年　7月，盖县高温、高湿、降水量偏少，出现短期干旱。秋粮作物减产1～2成，水果歉收。

1984年　3月上旬至5月末，营口持续少雨，大部分地区3月1日至4月10日降水量只有0～5毫米，底墒很差，严重影响大田播种。

1986年　3月中旬至6月中旬，营口南部降水量只有30～60毫米，较常年同期少60～100毫米，旱情严重，影响春播。

1987年　7月中旬至8月上旬，营口伏旱，93万亩农田受灾。伏旱发生时正值大部分农作物开花、授粉和籽粒灌浆的关键时期，是作物需水的临界期，对作物正常生育及产量均产生严重影响；对果树生长影响较大，使果品品质及风味差；除坡耕地旱情严重外，一些地区靠井水灌溉的水田也缺水，部分水田干裂造成绝产；严重的伏旱，对秋菜播种和出苗也产生一定的影响。盖县气象站观测地段大豆部分豆荚脱落，受灾25%左右。营口县7月中旬到8月中旬降水量仅为17.8毫米，占历年雨量的14%；高温少雨使全市农田出现大范围的严重伏旱，部分农田绝产，营口县受灾面积33522.7公顷，绝收面积1678.3公顷。

1988年　4月15日至5月20日，营口县出现严重旱情，营口县春季4月初降水之后到5月20日之间一直没有降水。营口县旗口、官屯、永安、周家、汤池、建一、虎庄等10个乡镇受灾严重，受灾面积10236.3公顷，成灾面积6976.4公顷。

7月23日至8月上半月，营口大部出现伏旱，降水量不足常年同期降水量的20%，大部分地区日最高气温等于或大于30℃的日数达到10～18天，较常年同期多6～10天，致使大部分农田发生伏旱，除坡耕地旱情严重外，一些地区靠井水灌溉的水田也缺水，部分农田干裂造成绝收。严重的干旱，对秋菜播种和出苗也造成一定影响。

1989年　7月下旬至9月中旬，营口南部地区降水量为50～100毫米，较常年少5～7成，农田旱灾严重。1989年是继1987、1988年两年旱情之后第三个干旱年（三年大旱）。由于连年干旱，农田底墒差，河水基流少，水库蓄水量大减，地下水位下降，干旱程度为新中国成立后最严重的一次。

1990年　7月下旬至8月上旬，营口大部分地区降水异常稀少，只有20～30毫米，导致发生伏旱。营口市农田受灾面积达58万亩，造成减产1～2成的达31万亩，大部分集中在盖县的一些山坡地和沙土地。主要受灾作物有旱稻和大豆，其次是玉米、高粱。干旱严重地块的高粱、玉米叶子已枯黄5～7片叶，个别地块植株已枯死。盖县连续38天降水量只有28.3毫米，出现了严重的干旱，造成大豆结荚不实，籽粒不饱满，影响了产量和质量。营口县农作物受灾面积10311公顷，绝收818公顷。

1992年　8月29日，全市干旱达90万亩，成灾66.4万亩，其中绝产8.4万亩，减产5成以上有21万亩，减产2～3成37万亩，减产8700万千克，经济损失4870万元。全市2450万棵果树全部受灾，减产3.5万吨，经济损失4200万元。新栽的果树200万株，旱死10万株。

1994年　5月上旬至6月下旬，营口地区未降一场透雨，造成大面积作物受干旱灾害，全市共有100万亩水、旱田受灾，其中水田严重受灾的有35万亩，有4万亩左右发生死苗，死苗率占50%，另有2万亩秧苗全部死亡，造成绝收；旱田受灾面积58万亩，大部分作物叶片打蔫、黄叶，另有近1万亩大豆因旱枯死；因旱受灾果树1350万株，大部分果树黄叶、落果，另有1万株果树旱死。据估算，全市因旱造成粮食减产2500万千克，水果减产2万～3万吨。

1996年　3月至4月末，大石桥出现干旱，3月降水量为9.0毫米，4月降水量为7.9毫米，历年平均为44.3毫米，偏少27.4毫米，严重的春旱导致2316公顷农田受灾。

1997年　4—8月，大石桥市总降水量比历年偏少50%以上，出现春、夏、秋连旱，造成的旱灾是百年不遇的，所到之处池塘干涸，河道断流，山地作物叶片干焦，基本绝产。大石桥全市中东部14个乡镇粮食受灾面积达20520.7公顷，粮食减产4385万千克，减产幅度45%，绝产面积达1600公顷，直接经济损失1亿元。

7月22日至8月19日，盖州市罗屯、榜式堡、大庙沟、万福、徐屯、太阳升等乡镇出现干旱，主要受灾作物为玉米，有10031.9公顷作物减产1～3成；8881.7公顷作物减产4～5成，10359.5公顷作物减产5成以上；3872.3公顷作物绝产。

1998年 6月下旬至7月末，营口地区干旱少雨，南部的熊岳等地，雨量只有20多毫米，仅相当于常年同期的1/10，有23个乡、镇、场遭受不同程度的旱灾，熊岳河以南最为严重。旱灾受灾面积20多万亩，干旱严重地段干土层超过20厘米，作物枯黄或旱死。

2000年 5月20日至7月15日，盖州全市出现持续高温、少雨、干旱的天气，导致农作物病虫害大面积发生，水库蓄水锐减。

6月1日至9月30日，大石桥市总降水量203.7毫米，仅达到历年平均的45%，造成夏秋连旱。干旱造成大石桥全市农作物受灾面积40551公顷，绝收面积3130公顷。

营口开发区入夏后，出现持续高温、少雨、干旱的天气。旱情发生早，持续时间长，发展速度快，气温高，旱情强度大。高温、干旱导致其他连带性灾害，如病虫害大面积发生，水库蓄水锐减。

2001年 3月15日至6月10日，全区干旱，气温异常偏高，3—6月没有出现一次有效降水（≥10毫米降水）。大石桥市4—5月总降水量30.6毫米，只有历年平均的27%，出现严重干旱天气，使大部分水田没插上秧，粮食产量受到影响。大石桥全市农作物受灾面积23747公顷，绝收9013公顷。

2002年 4月1日至5月31日，大石桥市总降水量39毫米，只有历年平均的44.5%，同时气温偏高，大风日数较多，持续时间较长，春旱严重。大石桥全市农作物受灾面积20041公顷，绝收3086公顷。

8月11日至9月26日，全市降雨稀少，形成秋旱，使玉米干枯，大田减产。

2003年 8月，大石桥全市降水量仅5.1毫米，异常偏少，仅为历年降水量的0.4%，形成旱情，大石桥全市农作物受灾面积8719公顷，农作物成灾面积8719公顷。

2004年 5月3日至6月15日，全市43天无降水。其中大石桥市5月降水量仅为25.6毫米，6月上中旬降水仍偏少，仅为5.7毫米，是历年降水量的30.2%，造成严重干旱。大石桥全市农作物受灾和成灾面积4966.67公顷，绝收180公顷。盖州市大部分大田作物苗打柳甚至死亡，果树有死株现象发生，盖州市近百个村庄无水，需到外村或外境拉饮用水，水库干枯，河道断流，地下水位严重下降，盖州全市农作物受灾面积6666.65公顷，成灾面积5333.3公顷，旱灾导致直接经济损失1.21亿元。

2007年 5—6月，营口全市降雨稀少，造成严重干旱。大石桥市5—6月降水量为34.7毫米，降水异常偏少，全市共造成63.74万亩农田受灾，有22.9万亩共150万株果树受灾。其中老边区已进入分蘖期的6万亩水稻稻田龟裂，秧苗处于萎缩枯黄状态，近3成大地蔬菜因缺水造成减产；盖州市有16.84万亩大田受灾，部分绝产，有22.9万亩水果和7.1万亩经济作物受灾，造成减产；大石桥市共有33.8万亩农田受灾，其中旱田18万亩、水田12.7万亩、经济作物3.1万亩，受灾果树150万株。

2009年 7月下旬至8月中旬，营口全市降水量84～94毫米，连续20多天无明显降水，同时连续22天最高气温达到30℃以上。高温干旱导致全市旱田受灾面积40.853万亩，其中轻旱20.173万亩（盖州市8.543万亩，大石桥市8.54万亩，老边区1.09万亩，鲅鱼圈区2万亩）；重旱16.01万亩（盖州市9.74万亩，大石桥市4.27万亩，鲅鱼圈区2万亩）；干涸4.4万亩（盖州市3.04万亩，大石桥市0.96万亩，鲅鱼圈区0.4万亩）。全市果树受灾24.53万亩，其中盖州市21.53万亩、大石桥市2万亩、鲅鱼圈区1万亩。干旱导致盖州市经济作物受灾面积6.63万亩，其中轻旱5.02万亩、重旱1.58万亩、干涸0.03万亩。干旱还导致全市2.28万人饮水困难，其中盖州市1.58万人、大石桥市0.5万人、鲅鱼圈区0.2万人。

2014年 6月至8月末，全市大旱。大石桥市8月1—31日降水异常偏少，造成大石桥地区出现严重旱情，月降水量为55.1毫米，比历年平均少102.7毫米。据调查资料显示，受干旱灾害影响，大石桥市受灾人口达97521人，因旱需生活救助人口22202人，其中饮水困难需救助人口9541人；农作物受灾面积23082公顷，其中农作物成灾面积21421公顷，绝收面积7093公顷。干旱灾害直接经济损失达30284万元。

营口经济技术开发区 6 月 1 日至 8 月 27 日，出现严重旱情，期间降水量为 167.4 毫米，比历年（361.7 毫米）少 194.3 毫米；平均气温为 24.2℃，比历年同期高 0.6℃。严重的旱情为历史罕见，干旱受灾人口 44620 人，因旱需生活救助人口 5300 人，农作物受灾面积 3237 公顷，其中农作物成灾面积 2543 公顷，农作物绝收面积 414 公顷，120 头只大牲畜饮水困难，直接经济损失 3479 万元。

营口市老边区 2014 年 8 月 1—31 日，降水量不足 10 毫米，仅有 2 次小雨过程，农作物受灾严重，因旱造成 4000 多人需生活救助，受灾人口达 17000 多人。

盖州市 2014 年 7 月 21 日至 8 月 22 日，无有效降水，特别是 8 月上旬无降水，同期降水稀少的时间是 1959 年盖州市有气象记录以来最长的。旱情严峻，致使盖州市农作物和果树大面积遭受旱灾，东部及南部地区尤为严重。盖州市 27 个乡镇、办事处均不同程度遭受旱灾。大田作物玉米植株普遍叶片打柳、黄叶在 3～5 叶片，沙包地和个别山坡地玉米叶片打柳、发灰严重；什字街镇一带山区和南部九寨镇，植株果实玉米棒以下叶片全部变黄，部分地段植株有枯萎死亡现象，果树叶片卷曲、果实变软。全市地下水位下降，有 3 个乡镇、7 个村、820 户、2900 人因旱饮水困难。农作物受灾总面积 29800 公顷，其中：大田受灾面积 22000 公顷，经济损失约 1.1 亿元；果树受灾面积 7133.4 公顷，经济损失约 1.8 亿元；经济作物受灾面积 666.7 公顷，减产 5 成，经济损失约 4000 万元。盖州市农作物受灾经济损失 3.3 亿元。受干旱影响，盖州全市 2266 眼机电井、861 眼大口井中，已有 1880 眼机电井、大口井出水不足。石门水库现时库容 2524 万米³，仅能够保证青石岭镇、西海办事处 1666.7 公顷水田灌溉用水。17 座小水库现时库容仅存水 824.61 万米³，只能保证灌溉面积 2000 公顷。98 座塘坝、266 座方塘共蓄水仅 50 万米³ 左右，能够浇灌面积 333.3 公顷。

2015 年　6 月 13 日至 7 月 15 日，营口全市出现严重旱情。盖州市降水量 24.9 毫米，比历年同期偏少 107.7 毫米；期间气温偏高，乡镇最高气温达到 39.0℃，14 日盖州市最高气温达到 36.9℃，突破 1960 年以来历史最高气温极值。长时间少雨和高温致盖州市 27 个乡镇办事处遭受不同程度的干旱灾害，其中玉米作物受灾最为严重，山区比平原地区干旱严重，山地最重，30%～40% 左右玉米植株叶片出现严重打柳现象，底部黄叶达 3～5 叶片，部分玉米植株凋萎，最严重干旱地段植株高度只有 50～70 厘米，造成绝产；大部分地区地下水位严重下降，河套无水，部分村出现饮水困难现象。盖州全市大田玉米受灾面积 16666.7 公顷，其中绝收面积 733.3 公顷，造成经济损失 11580 万元；果树成灾面积 6533.3 公顷，经济损失 9002 万元，受灾人口总计 9 万人。大石桥市 7 月上、中旬为持续高温少雨的晴热天气，部分乡镇降水量在 10 毫米以下，导致大石桥全市出现干旱，尤其是中东部旱田作物受灾尤为严重，给人民生产生活造成了严重的困难。营口开发区从 6 月 1 日至 7 月 31 日全区平均降水量为 147.6 毫米，比历年（203.6 毫米）少 56 毫米；平均气温为 23.6℃，比历年（23.3℃）同期高 0.3℃；受干旱影响，营口开发区受灾农田 7.452 万亩，其中大田作物 3.726 万亩，大田作物轻旱 0.7 万亩、重旱 0.78 万亩、干枯 2.246 万亩，蔬菜受灾 0.2 万亩，蔬菜轻旱 0.05 万亩、重旱 0.09 万亩、干枯 0.06 万亩；水果受灾 3.8 万亩，水果轻旱 1.4 万亩、重旱 2.1 万亩、干枯 0.3 万亩；因旱饮水困难 0.09 万人，大牲畜饮水困难 0.3 万头，河道断流 4 条，水库干涸 4 座，机电井出水不足 3344 口。

大风

1589 年（明　万历十七年）　春，正月，盖州风霾昼晦，坏廨宇、庐舍。

1907 年　11 月 1 日，21 时许，营口港内狂风大作，民船猝不及防，41 只牛槽船被撞坏，45 只牛、水槽船沉没，漂流粮食 800 余石，19 人丧生。

1923 年　7 月，大风，商家台摧死树数株，掀揭草房。一行人卷至空中幸无伤损。刘家屯村外拔起石碑一支，跌落三截。朱家甸子车脚轱辘同时刮起。

1928 年　春，第二区霍家屯大风折古树数株。

1959 年　6 月 14 日，盖县大风，农田受灾。

1960 年　4 月 30 日，盖县出现 8～9 级大风，伴随降温，盖县鲅鱼圈公社 500 亩棉花被冻死，1 万亩早播玉米 60% 遭霜冻。

10 月 15 日，盖平县仙人岛和杏树沟因出现 8 级海上大风，翻船 2 只，死亡 3 人。

1962 年　3 月，营口市渔业公司机帆船队，从舟山渔场返回营口途中，在靖海卫沙窝岛遇大风暴雨，有 12 只船浅滩、3 只船沉没，造成 6 名船员死亡。

1963 年　4 月，营口市渔业公司拖网船出海，因受风浪影响，船触石头坝上，3 人落水死亡。清明节当天（1963 年 4 月 5 日），在鲅鱼圈附近海域生产的拖网渔船，突然遇 9 级北风，阵风 10 级，打沉渔船 10 多只，落水死亡 15 人（其中盖平渔场 4 人，海星大队 11 人）。

1964 年　4 月 5—6 日，全区出现一次历史上罕见的大风降温天气，沿海平均风力 7～8 级。鲅鱼圈渔场发生翻船事故，海滩伤亡 15 人。

1972 年　3 月下旬，营口市海洋捕捞公司 115 号机帆船在烟台海域捕鱼夜间站锚时，因风浪大被秦皇岛翼海 4 号货轮拦腰切断，5 名船员落水死亡。

7 月 26 日，营口地区受 3 号台风影响，阵风很大。营口县、盖县 28 个公社、一个农场遭受风灾，受灾面积 19930 亩，落地果 900 万千克，2000 多间民房揭盖，大树掘根 1142 株。

1974 年　8 月 29—30 日，受台风影响，营口大部分地区出现 6～7 级大风，阵风 10 级，持续 13～14 小时，造成营口市 198 把柞蚕因风灾绝产，营口县农田受灾面积 6.8 万亩，盖县风雹灾 15.9 万亩，成灾 5.5 万亩。

1977 年　7 月 24 日，盖县出现 7～8 级大风，盖县 21 个公社一个农场的 10.3 万亩农田遭风灾，苹果被风刮落 56 万千克。

1980 年　7 月 21 日傍晚至 22 日凌晨，营口地区遭受大风、暴雨、冰雹袭击，风力 7～8 级，阵风 9 级。盖县 3 个乡受灾农田 2.6 万亩，倒伏 1.6 万亩，刮落水果 40.5 万千克。

1982 年　5 月 2 日，盖县遭受风灾，大风持续 24 小时，风力 7～9 级，有 15 个公社、900 多个生产队风灾较重，经济损失达 34.1 万元。

1983 年　7 月 19 日、21 日，盖县南部、营口县东部出现大风，最大风速 25 米／秒，部分乡、村受飑线影响。盖县、营口县共有 32 个公社受灾，农田受灾 3.2 万亩，其中绝收 0.5 万亩，损坏树木 1.8 万株，刮落水果 543.2 万千克。

1984 年　8 月 10—12 日，营口地区先后受 7 号台风、局地强对流等灾害性天气影响，农田受灾面积 28 万亩，水果落地 750 万千克，刮倒、刮折树木 1.5 万棵。

9 月 7 日，营口东南沿海一带遭受风灾，最大风速达 19.3 米／秒，阵风 10 级，瞬时风速 25 米／秒。营口盐场损失惨重，直接经济损失 174.24 万元。

1985 年　8 月 19 日，9 号台风在营口地区盖县沿海登陆，最大风力 12 级，雨量 300 毫米，营口县、盖县倒塌房屋 3.8 万间。

9 月 11 日，盖县熊岳大风 8 级，伴有冰雹，雹粒直径 70 毫米，持续 20 分钟。灾情严重，直接经济损失 90.3 万元。

1986 年　5 月 23 日，营口县水源、旗口、官屯、建一、高坎、虎庄、博洛铺等出现大风天气，最大平均风速达 22.0 米／秒，风力为 9 级，农作物受灾面积 963.6 公顷。

1987 年　8 月 26—27 日，盖县熊岳镇出现大风和冰雹，并伴有暴雨，雨量 87～200 毫米，风力 7 级以上，持续 6 小时。大风和冰雹使小果落地，果品品质下降，影响产量。农作物受风灾面积 20 万亩，刮倒各种树木 1.8 万株，葡萄 0.3 万多架，冲毁农田 0.1 万多亩，冲毁涵洞 2 座、公路 22 延长千米，堤坝决口塌方 70 处。

8 月 24—27 日，营口县出现大风天气，最大平均风速达 13.0 米／秒，瞬时风力达 8 级。农作物受灾面积 1034.3 公顷。

1988 年　5 月 10 日，营口县建一、永安、官屯、周家、黄土岭、虎庄、汤池等乡镇出现大风天气，最大平均风速达 20.3 米／秒，风力为 9 级。大风导致 459.4 公顷农田受灾。

9月3—7日，营口地区部分乡镇出现大风，平均风力 6～7 级，阵风达 8～9 级，局部风力达 10 级，一些地区伴有冰雹、局地暴雨。这次天气发生在作物成熟季节，风雹过后造成作物大面积倒伏，果树蔬菜被刮落果实，打坏叶片，造成减产。

1991 年 5月11日，营口县出现 7 级大风，阵风 8 级，最大平均风速 18.7 米／秒，农作物受灾面积 7175 公顷。

1994 年 7月13日，盖州市杨屯乡、什字街乡遭受大风袭击，阵风 7 级以上，致使大部分高秆作物受灾严重，由于雨后庄稼秆脆弱，受灾作物几乎都是拦腰折断。据调查，杨屯乡 5000 亩玉米绝产，另有 3000 亩收成减半，什字街乡有 3000 亩玉米受灾严重。

2000 年 4月6日，大石桥市受大风袭击，最大风速 20.0 米／秒，瞬时风速 24 米／秒，风力达 10 级，造成大棚倒塌损坏，损失秧苗 87 万亩，经济损失 160.15 万元。

2001 年 5月12日，大石桥市南楼、博洛铺、汤池、建一、黄土岭等乡镇出现大风，最大风速 16.0 米／秒，农作物受灾面积 123 公顷。

5月19日，大石桥市出现大风天气，造成南楼、博洛铺、汤池、建一、黄土岭镇农作物受灾，受灾面积 123 公顷。

2002 年 4月5—6日，大石桥市、盖州市部分乡镇出现大风。大石桥市黄土岭、建一、博洛铺、周家镇出现大风天气，最大风速 15.7 米／秒，瞬时风速 20.0 米／秒，东部乡镇瞬时风力达 9 级以上，大棚、树木损毁严重，农作物受灾面积 79 公顷，共造成直接经济损失 650 万元。盖州市最大风力达 10 级，125 个村受灾严重，10 多人受伤，农作物受灾面积 1533.3 公顷，共造成直接经济损失 317.2 万元。

2003 年 8月5—6日，营口港口受大风袭击，最大风力 9 级，港口集装箱码头 2 座 50 米高的龙门吊在狂风中被刮倒，20 万公顷农田受灾，共造成直接经济损失 4500 万元。大石桥市 8 月 6 日风力达 8 级，持续时间 30 分钟，全市农作物受灾面积 1657.93 公顷，农作物成灾面积 1657.93 公顷，绝收 631.47 公顷。盖州市 17 个乡镇受灾，直接经济损失 5580 万元，其中大田经济损失 1000 万元，水果经济损失 3000 万元，蔬菜经济损失 1200 万元，柞蚕经济损失 380 万元。

2004 年 7月23日，盖州市什字街、杨运、万福 3 个镇、9 个村庄出现大风天气。农作物受灾面积 400 公顷，直接经济损失 1299.7 万元。

8月28日，汤池、周家、建一等 7 个镇出现大风天气，瞬间风力达 8 级。全市农作物受灾面积 2389.07 公顷，农作物成灾面积 2389.07 公顷，直接经济损失 1299.7 万元。

2005 年 8月10日16时左右，盖州市九垄地镇、归州镇、陈屯镇、九寨镇和鲅鱼圈区的熊岳镇、卢屯镇突遭龙卷袭击，共涉及 6 个乡镇、11 个村，受灾人口 18300 人。龙卷所到之处，果树倒地，水果落地，特别是葡萄全部绝收。部分农户房屋倒塌，养鸡场、高效农业大棚被毁，变压器、电视机、电话、高低压线路都有损坏，造成人员受伤，此次龙卷造成巨大经济损失。初步统计：全市受灾面积 1660 公顷（绝产 680 公顷），其中大田面积 140 公顷，果树面积 1520 公顷；大棚 144 栋，受灾房屋 376 间；家用电器损失达 160 台件，损坏变压器 3 台，电线杆 51 根。共造成直接经济损失 6010 万元，其中农业直接经济损失 4900 万元。

10月21日，盖州市出现 6—7 级偏北大风，最大风速为 24.1 米／秒。大风导致果树大面积受灾，直接经济损失 788.5 万元。

2006 年 9月8日，营口地区海面出现 6～7 级大风，导致鲅鱼圈区望海办事处小董屯村一只小船沉没，另有一小船被撞损坏，估计经济损失 5 万～6 万元。

2012 年 8月28—29日，受台风"布拉万"影响，盖州市出现大风灾害。盖州东南部山区榜式堡镇、卧龙泉镇等 9 个乡镇遭受不同程度的风灾，风力一般在 7～8 级，阵风 9 级。大风给农业生产带来较大影响和灾害，主要受灾农作物是玉米，其他还有苹果和部分柞蚕等。农作物玉米倒伏，有的植株折断和趴地，损失较大。高屯镇大田玉米倒伏 388 公顷，经济作物受损 14 公顷，受灾果树 2.5 万株，刮倒其他树木 5430 棵，损坏柞蚕 50 把。

2014 年　5 月 11 日，盖州市万福镇、梁屯镇、榜式堡镇等乡镇遭受不同程度的风灾，风力一般在 7～8 级，最大风力 10 级左右，持续时间 2～3 小时，给设施农业造成不同程度的损失。大风给设施大棚带来较大影响，设施大棚受灾面积 0.05 万亩，绝产面积 0.015 万亩，造成经济损失 200 多万元。受灾最严重的是万福镇苇塘村，5～6 个钢架结构大棚被风刮成一团，塑料薄膜掀起破损，悬挂在电线杆或电线上，致使大棚遭受毁灭性破坏。

2016 年　5 月 3—4 日，营口全市出现大风天气，阵风达到 10～11 级，并伴随暴雨。盖州市 27 个乡镇办事处遭受不同程度大风灾害，房屋、大棚损失严重。榜式堡受灾最为严重，55 户房屋受损，设施大棚遭受损坏，畜牧养殖户屋顶掀翻。鲅鱼圈受灾户数 1356 户，受灾设施大棚 936 栋，受灾面积 3109 亩，直接经济损失 2529 万元。大石桥市各镇区不同程度受灾，群众房屋受损严重，蔬菜大棚、经济作物、西部镇秧棚等受到严重损坏。

8 月 29 日至 9 月 1 日，大石桥市、盖州市受台风影响，出现大风降雨天气。盖州市卧龙泉、什字街、梁屯等乡阵风达到 7～8 级，卧龙泉、什字街、梁屯等乡镇遭受不同程度大风灾害，造成大田作物倒伏，果树果实脱落，农作物受灾面积 1781 公顷，受灾人员 28371 人，直接经济损失 2556 万元。大石桥市 8 月 30 日 20 时至 9 月 1 日普降大雨，局部暴雨，并伴有偏北风 7 级，阵风 8～9 级，黄土镇、汤池镇、周家镇、建一镇、官屯镇、永安镇、博洛铺镇、虎庄镇玉米倒伏，当时正值玉米成熟的最后关键时期，玉米减产，损失很大。

冰雹

1914 年　7 月 26 日，盖县下午降雹 6 小时。

1925 年　夏雨雹，第八区受灾 20 余村。

1929 年　8 月，雨，雹大如鸡卵，第五区榜式堡十余村秋虫稼椒，损失甚重。

1930 年　盖县夏雹。

1955 年　5 月中旬至 6 月上旬，盖县部分村降雹，棉花、烟草、柞蚕受灾严重。6 月 17—20 日，营口等市县降雹，盖县柞蚕受到一定影响。9 月 18 日，盖县降雹，冰雹打伤苹果 400 万千克，高粱 60% 倒伏。

1956 年　6 月 6 日，盖县降雹，冰雹大的如蛋黄，小的如豆粒，持续长达 1 小时。柞蚕和苹果树均不同程度受灾。

1957 年　6 月 22—23 日，营口部分县降雹，其中盖县降雹 1 小时，冰雹大的如茶碗，小的如鸡蛋黄，盖县、营口县棉花、花生、大豆作物受灾严重，仅盖县棉花有 3.8 万～4.5 万亩几乎全部打秃需毁种，大豆被打成光杆的有 2.6 万～2.7 万亩，苹果被冰雹打落 7.5 万千克，70 把柞蚕受灾（其中 50 把无收成），高粱、玉米叶子大部分被打坏，部分茎秆折断。9 月 6 日，营口县降雹 30 分钟。受灾农田 1.2 万亩，受害作物有高粱、大豆、水稻、棉花、蔬菜等。

1959 年　6 月 21 日 13—14 时，盖平县、营口县部分公社遭受雹灾，最大冰雹有鸡蛋大。盖平县受灾面积 21068 亩，果树 38710 棵；营口县受灾面积 3448 亩。

1962 年　5 月 14—15 日，营口县 10 个公社和盖县降雹，冰雹一般大如鸡蛋黄，降雹时间长达 20 分钟，积雹 3.3～6.7 厘米厚。营口县受灾农田 1511 亩，损失稻种 4.5 万千克；建一公社 216 把柞蚕全部受灾，47 把全部被打光；受灾果树 4909 株，花被打掉 90%。盖县受灾农作物 37733 亩；遭灾果树 143 万株，其中花被打掉 70% 以上的有 47722 株；受灾柞蚕 425 把，有 192 把被全部打光。

9 月 2 日，盖县降雹，雹粒一般如鸡蛋大。灾情严重。

1963 年　9 月 20 日，盖县降雹，冰雹平均质量 0.5 克，最大质量 3.1 克。苹果损失严重，落果约有 2.5 万千克。

1966 年   7 月 1 日，盖县降雹历时 15 分钟，雹粒如黄豆粒大。杨运公社松山裕大队各类农作物受灾 21541 亩，占全大队总耕地面积的 68%。10 月 11 日，盖县降雹，冰雹直径一般 10 毫米，最大直径 20 毫米。杨运公社损失苹果 70 万千克，九寨公社损失苹果 25 万～ 30 万千克。

1967 年   5 月 23—25 日，营口县降雹并伴有暴雨，冰雹如鸡蛋黄大，地面积雹 6.7 厘米以上。13 个公社受灾，其中官屯公社灾情严重，大田作物被水冲雹打，毁种上万亩，打坏果树上千株，山水冲走 1 人，房屋倒塌 50 多间。

1971 年   7 月 17 日，营口、盖县遭受雹灾。营口县降雹 10 ～ 25 分钟，冰雹一般如鸡蛋黄大小，大的如鸡蛋，受灾农田 18 万亩，打伤 8 人。

1973 年   9 月 7 日，盖县熊岳降雹 12 分钟，高粱、水稻、大豆粒被打落，蔬菜叶子被打碎，苹果受害，影响出口。

1975 年   5 月 30 日，盖县东部山区降雹持续 30 分钟，雹粒大的像蛋黄。小麦、油菜等农作物及果树遭受不同程度灾害，一些严重受灾农田需毁种。

1976 年   8 月 31 日，营口地区遭受历史上最严重的一次雹灾，雹云从盘山大洼开始南下，影响营口县及盖县东部山区共 55 个场社，55 万亩农田受灾，其中营口县受灾最重。这次雹灾减产粮食约 4550 万千克，水果落地约 1000 万千克。

9 月 19 日，大洼、营口两县和郊区又受一次雹灾，受灾场社 19 个，减产粮食约 2100 万千克。

1977 年   8 月 10 日，盖县降雹 10 ～ 25 分钟，冰雹大如鸡蛋。2 个公社 16 个大队受灾，受灾农作物面积 3680 亩，损失苹果 15 万千克，柞蚕 25 把。

8 月 19 日，盖县降雹，冰雹如鸡蛋大。仅高山公社受灾农作物 500 亩，损失苹果 60 万千克，柞蚕 120 把。

1978 年   4 月 5 日，营口市郊降雹，冰雹直径 7 ～ 20 毫米，地面积雹 3.3 厘米厚，局部 6.7 厘米厚。打坏水稻育苗苗床 914 床，被雷击死、击伤各 1 人。

1979 年   6 月 7 日，盖县降雹，历时 14 分钟，冰雹大的如鸡蛋黄，小的如黄豆粒，并伴有 5 ～ 6 级大风。受灾农田 3800 亩，其中重灾 1800 亩；受灾果树 2000 株、柞蚕 15 把。

8 月 5 日 16 时 45 分，营口县建一乡公社遭受罕见的风、雹、洪水灾害，一小时降水量达到 120 毫米；15 分钟下了近 16 厘米厚冰雹，最大的 2.4 千克；风力为 6 ～ 8 级。有 60% 以上的生产队遭灾。

1983 年   9 月 11、12、14 日盖县连续 3 次降雹。其中 14 日中午降雹 80 分钟，降雹密度大、雹粒大为历史罕见，伴随阵风 9 ～ 10 级，降水量 80 毫米。共有 19 个公社、农场受灾。柞蚕、蔬菜和葡萄基本绝收，2150 万千克苹果因遭雹灾普遍降等级，落地果 370 万千克；受灾农田 684 万亩，减产粮食 395 万千克，受灾柞蚕 1600 把。

1984 年   10 月 8 日，营口县水源、高坎等 5 个乡 13 个村降雹，水稻受灾 2335.4 公顷。

1985 年   6 月 2 日 11—12 时，盖县九寨、熊岳两镇，杨运、陈屯、什字街、二台子、九寨、归州 6 个乡降雹。其中二台子、熊岳农场先后两次降雹，大如鸡蛋，持续 20 ～ 40 分钟，144 万株苹果树，2000 亩农田受灾，直接经济损失 200 万元。盖州市南部乡镇受灾最重的是果树，6 个乡镇的苹果约减产 2917 万千克，21 万株葡萄减产 200 万千克，另有 1000 亩苗木不同程度受灾，同时受灾柞蚕 112 把，绝收 32 把，冲毁农田 2000 亩。

6 月 9—11 日，营口降雹，果树等农田受灾。7 月 20 日，营口县官屯、周家、建一、黄土岭等 20 个乡降雹，玉米、水果受灾面积达 1493.7 公顷。

1986 年   6 月 2—3 日，营口县和盖县 12 个乡镇降雹。47389 亩农田严重受灾。2 县共 583500 株果树受灾，伤果率重者达 70% 左右。刮断嫁接果树苗 6000 株，刮坏蔬菜大棚 30 万米^2。

6 月 29 日，营口县的高坎、大石桥、虎庄、官屯 4 个乡镇 36 个村降雹 5 ～ 6 分钟，冰雹走向自西南至东北方向，最大雹粒如手指甲大。受灾面积水田 4 万亩、旱田 1.4 万亩、果树 14 万株，多数菜田被毁坏。其中 1 万亩水稻叶子被打光，500 亩棉田几乎绝产，一些果树落果。

7月14日，营口县建一、虎庄、黄土岭、官屯等乡镇降雹，农作物受灾面积164公顷。

9月11日，盖县2个乡镇降雹15分钟，冰雹直径一般40～50毫米，最大60～70毫米，地面积雹16厘米厚，风力7～8级。损失各类水果7216万千克、柞蚕25把、蔬菜380亩、苗木670万株，粮食减产123万千克。

1987年　8月29日，营口县降雹，农作物受灾面积191公顷。9月20日，营口县降雹，农作物受灾面积191公顷。

1988年　8月19日，营口县沟沿、石佛、旗口、官屯、黄土岭等地降雹，农作物受灾面积149.7公顷，绝收面积122.3公顷。

1989年　7月1日，盖县、营口县的12个乡镇降雹15～20分钟，冰雹最大如鸡蛋黄。盖县有9.6万亩农田和35.7万株苹果、10万株葡萄、650亩西瓜不同程度受灾。

1991年　7月8日，营口县降雹，农作物受灾面积2362公顷。

1992年　6月30日，盖县罗屯、什字街、矿洞沟等15个乡镇遭到冰雹袭击。本次降雹约30分钟，冰雹直径50毫米。全县共15个乡镇89个村遭灾，其中比较严重的有5个乡镇45个村。冰雹导致盖州全市10万亩农田受灾，其中绝收2万亩，减产粮食1400万千克；135万株苹果树受灾，树上的果实全部受伤，有50%的果被打落在地，减产2000多万千克；罗屯乡红屯村被冰雹打死猪、羊共31头，矿洞沟乡黄岭村被冰雹打死13头猪。本次冰雹总计经济损失5000多万元。

7月14日，营口县黄土岭乡茶叶沟村降雹，冰雹最大如鸡蛋黄，持续10～12分钟。受灾农田面积250亩，果树3000棵，水果减产17.5万千克，经济损失7万元左右，受灾居民80多户。

1994年　9月29日15时10—40分，盖州市熊岳镇的归州、九垄地、陈屯一线降雹，冰雹直径30毫米，积雹1～2厘米。熊岳镇受灾最重，87万株果树共有60%受灾，损失298万千克；蔬菜受灾面积30万亩，总计损失约600万元。

1995年　6月13日、23日，盖州市什字街乡以及九寨、陈屯、二台、红旗、杨运、矿洞沟、小石棚等乡、镇、场的59个村先后2次遭受不同程度的风雹袭击。冰雹持续8～9分钟，冰雹最大直径10毫米左右，降雹同时伴随8级左右大风。其中25个村受灾比较严重，共导致大田受灾2.9万亩，成灾2.0万亩，受灾严重的达0.5万亩，预计减产粮食320万千克，经济损失448万元；果树受灾164万株，其中苹果144万株，造成减产、降等减收等损失共达3852万元。2次风雹合计经济损失4300万元。

1996年　8月28—29日，大石桥市汤池、黄土岭、虎庄降雹，冰雹最大直径30毫米，风力7级，持续时间30分钟，农作物受灾面积1542公顷，直接经济损失200万元。

1998年　8月13日，盖州市九寨、安平等9个乡、镇、场，36个村，遭受不同程度的冰雹袭击，冰雹最大直径30毫米，造成粮食成灾172万千克、水果2316万千克，直接经济损失2000多万元。

1999年　7月15日，大石桥市3个乡镇14个村遭受风雹袭击，冰雹如鸡蛋黄大小，降雹持续12分钟，4000多亩农作物受灾，重者叶片被打光、倒地；果树受灾近1000万株；另有十几根电线杆折断，几十棵杨树倒地。

2000年　9月21日，盖州市陈屯、九寨、九垄地、果园、二台农场等地降雹，密度大，降雹时间40分钟，冰雹最大直径20毫米，果树受灾严重，损失水果1376万千克，直接经济损失3150万元。

2001年　6月9日，大石桥市建一镇遭受冰雹袭击，冰雹最大直径有鸡蛋黄大小，降雹持续40分钟，地面堆积厚度约10厘米，农作物受灾面积280.6公顷，成灾面积280.6公顷，直接经济损失293万元。

6月16日，盖州市沙岗镇5个村遭受冰雹袭击，冰雹最大直径30毫米，西甜瓜受灾面积33.3公顷，葡萄20公顷。6月18日，盖州市榜式堡镇3个村遭受冰雹袭击，冰雹最大直径30毫米，降雹时间5～6分钟，主要是西甜瓜和菜葫芦受灾，受灾面积达28.6公顷。6月21日，盖州市高屯镇6个村遭受冰雹袭击，降雹持续10分钟左右，冰雹直径10～15毫米，落地厚度2厘米。农作物受灾情况：葫芦93.3公顷，葡萄14.7公顷，西甜瓜8.0公顷，番茄7.3公顷，西甜瓜减产1/3，部分绝收。直接经济损失 313 万元。

2002 年　7 月 14 日，盖州市东部山区梁屯、卧龙泉、榜式堡、大庙沟、旺兴仁等 5 个乡镇降雹。冰雹最小直径 10 毫米，最大直径 30 毫米，降雹厚度 7 厘米。冰雹致大面积农作物受灾，受灾农作物面积 545.1 公顷，另 1 人被冰雹击倒，死亡羊 2 只、鸡 168 只，冲毁乡路 1500 米，山体滑坡 1 处。直接经济损失 351.2 万元，其中水果损失 172.8 万元，经济作物损失 61.5 万元，柞蚕 8.0 万元。

8 月 3 日，盖州市小石棚、双台 2 个乡镇，7 个村 16 个小组遭受冰雹袭击，降雹自 14 时 20 分左右开始，持续 30 分钟左右，冰雹最大直径 50 毫米，最小直径为 10 毫米左右。农作物受灾面积 137.3 公顷，损失柞蚕 229 把，损失葡萄 18 万千克、苹果 57.5 万千克，直接经济损失 195 万元，

8 月 12 日，盖州市九寨镇、双台乡和徐屯镇部分村遭受冰雹袭击，降雹时间持续 30 分钟左右，冰雹直径达 40 毫米，部分地区地面降雹厚度达 6.7 厘米厚，同时伴有 8～9 级大风。九寨镇农田受灾面积 8000 亩，其中葡萄、苹果、桃、李等经济作物 5500 亩，大田作物 2500 亩，直接经济损失 500 余万元；双台乡受灾农田 2500 亩，损失柞蚕 210 把，损失水果 500 万千克，直接经济损失 1500 万元；徐屯镇主要是水果受灾严重，61 万株苹果树遭灾，损失水果 30 多万千克，直接经济损失 30 余万元。

2003 年　6 月 13 日，大石桥市建一、汤池、博洛铺等镇降雹，农作物受灾面积 1462 公顷，成灾面积 1462 公顷，直接经济损失 441 万元。

2005 年　6 月 20 日 22 时左右，鲅鱼圈区红旗镇何家沟村水库周围降雹 3 分钟，冰雹直径 4～5 毫米。农作物受灾面积 13.33 公顷，成灾面积 13.33 公顷，直接经济损失 9 万元。

6 月 22 日，盖州市矿洞沟镇有 3 个村遭受雷雨大风和冰雹袭击，冰雹个头大，平均直径 10 毫米，最大冰雹直径 15 毫米，降雹时间 10 分钟左右，冰雹积地厚度 3～4 厘米，同时伴有雷暴和闪电现象，降水量 30.1 毫米。冰雹导致农作物受灾面积 50.7 公顷，直接经济损失 100 万元。

7 月 11 日，盖州市九寨、二台子 2 个镇共 7 个村降雹。最大冰雹直径 5～8 毫米，降雹时间 3～5 分钟。冰雹导致农作物受灾面积 182 公顷，玉米叶片被打成柳丝状，部分作物倒伏。总计直接经济损失约 806 万元。

8 月 10 日，营口鲅鱼圈区降雹并伴有大风，造成葡萄、李子、苹果果树以及玉米地约 53.36 公顷土地受灾，造成直接经济损失约 130 万元。同时华能电厂在熊岳镇背阴寨村内的万伏高压电线杆 10 根被刮倒、刮断，造成线路损坏，经济损失约为 20 万元。此次灾情共造成经济损失约为 150 万。

2006 年　7 月 14 日，大石桥市永安、汤池镇降雹，同时伴有大暴雨。冰雹导致农作物受灾面积 1333.33 公顷，成灾面积 820 公顷，直接经济损失 1200 万元。

2009 年　6 月 24 日，杨运、九寨、陈屯、矿洞沟、果园乡 5 个乡镇遭受冰雹和风灾，水果受灾严重，共受灾 1.2 万亩，经济损失 7696.6 万元。

2010 年　5 月 29 日，营口市老边区和大石桥市南楼、汤池、周家、永安、虎庄等乡镇降雹，冰雹最大直径 70 毫米，最大质量 48 克。老边区柳树镇共有 15 个村 2450 亩陆地蔬菜受冰雹灾害，直接经济损失 6000 万元。大石桥地区 8.5 万亩果树受灾，落叶、落果和伤果现象比较严重，3 万亩玉米幼苗不同程度受灾，另外有 0.3 万亩蔬菜和 0.3 万亩西瓜地受不同程度影响。

2013 年　6 月 3 日，大石桥市、盖州市部分乡镇降雹。大石桥市东部黄土岭镇、汤池镇的部分农作物遭遇雹灾，造成不同程度的损害；黄土岭镇玉米受灾面积 1.4 万亩，果树受灾面积 0.8 万亩，蔬菜受灾面积 0.15 万亩；汤池果树受灾面积 1590 亩，西瓜受灾面积 375 亩，葡萄受灾面积 290 亩，共计造成经济损失 1745 万元左右。

6 月 3 日 09 时至 11 时 35 分，盖州市青石岭镇、高屯镇出现冰雹并伴有雷雨大风等强对流天气，冰雹持续 15 分钟左右，此次冰雹个头大、密度大、时间长，致使盖州市青石岭和高屯镇遭受不同程度灾害，据调查，青石岭镇的青石岭村、达子卜、高丽城村受灾比较严重，给农业生产带来较大危害，玉米苗叶片 80% 以上被冰雹打碎，有的植株折断；苹果、梨果实部分被打落，杨树叶被打掉满地；大田受灾 0.77 万亩，苹果受灾 12.4 万株，李子、梨、葡萄受灾 0.58 万株，西甜瓜、菜葫芦等受灾共 0.07 万亩；

高屯和青石岭两个乡镇受灾人口共 3900 人，房屋受损 320 间。

7 月 3 日 03 时 40—55 分，盖州市出现强阵性降水，并伴有冰雹、雷雨、大风等强对流天气，冰雹持续时间 15 分钟左右，一般为手指盖大小，最大冰雹直径 30 毫米，风力 7～8 级、阵风 10 级左右，致使盖州市团山、沙岗等 5 个乡镇、办事处遭受不同程度灾害。据调查统计，团山办事处和沙岗镇灾情较重，玉米叶打成丝状，西瓜打裂，苹果幼果、叶片被打落，此次雹灾共造成 4544 公顷农作物和水果受灾，经济损失达 9197 万元，其中大田作物玉米受灾面积 2236.2 公顷，绝产 1452 公顷，减产 3～5 成约 784.2 公顷，经济损失 2530 万元；蔬菜受灾面积 1207.5 公顷，绝产 141.8 公顷，减产 3～5 成约 1065.7 公顷，经济损失 3991 万元；水果受灾面积 1100.3 公顷，绝产 220.5 公顷，减产 3～5 成约 879.8 公顷，经济损失 2676 万元。

2014 年　6 月 10 日 12 时 30 分至 16 时，大石桥市黄土岭镇受东北冷涡的影响，出现短时强降水，降水量达 45.7 毫米，同时出现冰雹天气。果树受灾面积 3200 亩，经济损失 320 万元；农作物受灾面积 2880 亩，经济损失 127.5 万元；仅黄土岭镇经济损失 547.5 万元，受灾人口 6753 人。

6 月 10 日，盖州市卧龙泉、榜式堡、梁屯等乡镇出现冰雹等强对流天气，局部降暴雨。最大降水量为 55.8 毫米，出现在卧龙泉镇。冰雹持续时间最长 20 分钟左右，冰雹直径一般在 10～20 毫米，个别地方冰雹密度较大。卧龙泉镇受灾最重，全镇有 5 个村、35 个村民组 1960 户，6200 人受灾，大田玉米遭受冰雹灾害面积达到 403.3 公顷，苹果损失 3.9 万株，套袋苹果伤害占 30%，没套袋苹果基本全部受灾。

6 月 17 日 14 时 30 分，盖州市陈屯镇、九寨镇 5 个村出现冰雹等强对流天气，局部降暴雨，最大降水量为 65 毫米，出现在陈屯镇黄哨村。冰雹持续时间最长 20 分钟左右，冰雹直径一般在 20 毫米左右，最大冰雹如鸡蛋黄大，个别地方冰雹密度较大。冰雹致使陈屯镇、九寨镇不同程度受灾。雹灾造成裸地葡萄、苹果幼苗、叶片被打落在地，果实严重受损；部分桃、李子大棚打坏，棚内树体枝叶严重打伤。冰雹共造成 1101.1 公顷水果受灾，绝产 639.3 公顷，减产 23482 吨，经济损失 1.83 亿元；粮食作物受灾面积 34.7 公顷，绝产面积 34.7 公顷，减产 260 吨，经济损失 52.1 万元。

6 月 18 日，大石桥市汤池镇塔峪沟村、三家子村、刘家沟村等发生暴雨、冰雹等强对流天气，玉米耕地、果树等经济作物大幅度损毁，部分房屋进水，无法居住。农作物受灾面积 57 公顷，绝收面积 30 公顷；房屋损毁 18 户，桥梁冲毁 3 座，受灾人口 3435 人，转移安置人口 35 人，直接经济损失 226 万元。

2015 年　8 月 28 日 8 时 30 分至 40 分，营口开发区红旗镇、熊岳镇出现冰雹天气，冰雹为黄豆粒大小，并伴有雷雨大风、短时强降水等对流性天气，红旗镇降水量为 23.5 毫米。红旗镇 6 个村（东兰旗、西兰旗、达营、金屯、宋屯、东冷水）的葡萄受灾严重，全镇葡萄受灾面积 4500 亩，其中绝产 2600 亩，葡萄减产 760 万千克，直接经济损失 3800 万元；熊岳镇 5 个村（大铁村、厢黄旗村、郭屯村、莫屯村、火山村）共受灾 1459 户，作物受灾面积 3523.5 亩，经济损失 3039.6 万元。

寒潮风雪

1924 年　11 月 18—20 日，连降大雪，交通受阻。

1960 年　11 月下旬，受寒潮降温和大风雪袭击，辽河口及沿海岸出现流冰，使海上作业船只被冰包围，共损坏渔船 69 只，坏网 2658 片，断桅 522 棵，还有渔民伤亡。

1980 年　1 月 6 日，营口市雨转雪，积雪深度 6 厘米，温度降低形成冻害，主要受灾作物为大白菜。

1987 年　11 月 25—26 日，营口地区先雨后雪，形成雨凇，降水量 3～10 毫米，伴有 6 级左右西北风，瞬间风力 8～9 级，由于风雪较大，形成雪阻，交通运输一度受到影响。

1990 年　1 月 27 日夜间至 29 日凌晨，营口地区降暴雪。降雪量一般 10～15 毫米，大部分地区伴有 5～7 级偏北风，由于风雪交加，气温下降，致使供电线路积冰，一般结冰厚度达 7～8 厘米，造成线路中断。

1992 年　11 月 18—19 日，受高空槽和地面倒槽的影响，营口市出现暴雪天气。其中营口降雪量 24 毫米，地面积雪深度 12 厘米，营口县降雪量 22.8 毫米，盖县 15.6 毫米，熊岳 20.4 毫米。暴雪导致营口港停产 3 天，直接经济损失 40 万元左右；营口火车站停运客车 2 对，货运车晚点 12 小时，经济损失 16～17 万元；营口市长途客运站因雪停运 3 天，共减少 143 个班次班车，直接经济损失 10 万元左右，另因雪天路滑有 3 个班车肇事，经济损失近万元；高速公路营口段 2 次因雪大封闭，并造成长时间堵车，发生交通肇事 3 起，经济损失无法估算；暴雪造成营口地区输电线路附冰 3 天，1 条线路停止送电近 10 个小时，经济损失无法估算；雪灾还导致营口县长途客运站损失约 3.3 万元。

1993 年　4 月 9—10 日，营口地区降小雨转大到暴雪，降水量一般 7～18 毫米，伴有 6～7 级偏北风，局部风力达 8 级，由于风雪较大，形成雪阻，给交通运输带来严重影响。

1996 年　5 月 6—10 日，由于东北冷涡稳定少动，冷空气频繁入侵，致使营口市日平均气温由旬初的 15℃突降 10～12℃，上旬平均气温比历年低 2～3℃，比 4 月下旬低 2℃多，出现了倒春寒。同时降水较多，达 40～50 毫米，日照少，使正处于开花授粉期的国光苹果坐果率降低。

1997 年　1 月 1 日，全区普降暴雪，交通严重受阻。其中市区降雪 18.4 毫米，大石桥 9.6 毫米，盖州市 6.2 毫米，熊岳 10.6 毫米。

2000 年　4 月 9 日，大石桥市中东部出现大风雪，降雪量 14.2 毫米，雪深达 10 厘米，最低气温 -6.9℃。大雪损坏房屋 2010 间，造成果树等作物遭受冻害，受灾面积 5150 公顷，直接经济损失 160.15 万元。

2007 年　3 月 3—4 日，营口地区出现 1949 年以来最强的暴风雪天气，最强降雪出现在 4 日白天。营口市区降雪过程量为 34.2 毫米，积雪深度达到 22 厘米；大石桥市降雪 41.3 毫米，雪深 17 厘米；盖州市降雪 30.3 毫米，雪深 15 厘米；开发区降雪 44.3 毫米，雪深 17 厘米，同时伴有 7～9 级偏北大风，瞬间最大风速达到 38.7 米 / 秒。这次暴风雪天气过程造成全市工业企业 625 户厂房倒塌、生产或工业用气管道冻裂；439 户企业因停水、停电、道路交通堵塞，无法正常运转而停产。农业方面：全市桃李杏等果树受冻害 550 万株，倒塌受灾棚室达 24208 栋；水产品工厂化养殖大棚被风雪覆盖甚至倒塌，造成海参苗、虾苗、贝类等大量死亡；渔港、渔船也受到不同程度破坏；遭到破坏的规模饲养场（户）达 2000 余个。供电、供热、供水和公交等方面：供电线路 500 千伏线路跳闸停运 2 条；200 千伏线路跳闸 4 条，停运 1 条；66 千伏线路跳闸 31 条，停运 9 条；10 千伏线路跳闸 62 条，停运 26 条。由于市供电系统部分外线停电，造成部分地区供水中断，迫使市热力供暖公司 1 个大型热源厂、7 个小锅炉房及 60 个换热站停止运转，230 万米^{2}供暖区域处于停供状态。全地区中小学部分校舍受损，广播电视设施遭暴风雪破坏，立柱广告和楼顶广告损坏 63 处，牌匾损坏 500 余个。城乡企事业用房受损 12 处，逾 2 万米^2。城区民用房屋受损 1000 余户，逾 9 万米^2；农民居住房屋倒塌 83 户、183 间，损坏居民房屋 536 户；伊斯兰教清真东寺寺院内铁拱大棚、铁皮房盖被积雪压塌。暴风雪造成损失共计 12.54 亿元。

低温冷害、霜冻

1926 年　秋 8 月"阴霜害稼"。

1955 年　10 月 1—8 日，营口、盖县出现霜冻，秋菜受灾。

1956 年　5 月，盖县阴雨多湿，大部分农田缺苗，造成盖县 0.5 万亩农田因缺苗需毁种。

1960 年　5 月，盖县地温回升缓慢。造成种子发芽率低，盖县鲅鱼圈乡有 500 亩棉花受冻，其中有 200 亩毁种。

1966 年　5 月 4 日，营口市郊区的部分地区有结冰现象。市郊区出现霜冻，柳树乡损失 16 万棵菜苗（已定植 40～50 亩）。

1976 年　冬季，营口地区出现地温冻害。根据熊岳站气象资料分析，10 月 21—31 日，熊岳平均气温 -8.8～-1.1℃，当时果树尚未进入休眠期，遭受冻害。1977 年平均气温为 -19.9℃，较常年低 4.9℃，其中持续 19 天日平均气温低于 -20℃，极端最低气温为 -28℃。营口地区果树花芽冻死率 41%，冻死初龄果树 11.8 万株，其中苹果树 7.7 万株。

1982 年　10 月 23 日至 24 日早晨，营口地区气温下降到 -5 ～ -8℃，时值秋菜上市期间，造成秋菜受冻。

1983 年　10 月，盖县、熊岳镇月内有 4 次较强冷空气入侵，出现 3 次大风日。连续 2 天出现冰冻，喜温作物全部冻死。

1993 年　11 月 16—24 日，盖州市熊岳镇连续 9 天低温，给果树造成冻害。

1996 年　8 月 19—23 日，营口地区转北风天气，平均气温由 26℃降到 22℃。23 日清晨，营口市内最低气温达 12.1℃，是 1941 年以来的最低值。19—23 日，平均气温不足 20℃，比历年低 4℃，20℃终日为 21 日，比常年早 15 天，水稻出现障碍性低温冷害。

1999 年　4 月 3 日至 5 月 1 日，盖州市熊岳镇持续低温，出现冷害，农作物受灾 6530.3 公顷，造成经济损失 2850 万元。

2000 年　4 月 9 日，盖州市熊岳镇出现雨雪天气，造成果树冻害。

雷电

1957 年　7 月 27 日，强雷暴在造纸厂上空发生落雷，苇垛着火，损失 4000 多元。

1978 年　4 月 5 日，营口郊区出现雷暴、冰雹，打死 1 人，伤 2 人。

1991 年　8 月 18 日，05 时左右，营口市区出现雷暴天气，连续几次落雷，致使位于营口市气象局业务楼旁的高压变压器遭到雷击，并通过电路将正在运行的 APPLE- II、IBM-PC/XT286 微机、UPS 不间断稳压电源、自动填图机等设备击坏，造成通信网络中断，影响信息传输和预报服务工作。

2000 年　7 月 17 日，凌晨，由副热带高压后部对流云系产生的强雷暴，击坏市气象局 VSAT 小站设备，致使业务系统运行中断。

2004 年　7 月 23 日，营口市鲅鱼圈区熊岳镇遭受强雷暴袭击，多家企业受灾，造成经济损失 15.9 万元。8 月 3 日，08 时 10 分左右，营口市鲅鱼圈区遭受强雷暴袭击，熊岳科研所两台变压器被雷击坏，造成科研所办公楼及家属楼等停电达 24 小时以上，直接经济损失 12 万元，间接损失 20 多万元。11 月 10 日，营口市鲅鱼圈区熊岳农机学校机房遭受雷击，直接损失 1.2 万元。

2005 年　5 月 30 日，盖州市发生雷电，盖州市太阳升办事处丁屯村一男性村民在自家大田中干活遭雷击致死。

2006 年　6 月 3 日，营口市老边区边城镇老边村遭雷击，一村民受伤。

7 月 14 日，营口市鲅鱼圈区遭受强雷暴袭击，多家企业受灾，直接经济损失 9.4 万元。同日，盖州市遭雷暴袭击，造成盖州市农电局、各乡镇变电所电力设备受损，盖州市中心医院及部分住宅电话、电器等损坏，直接经济损失 30.5 万元。

10 月 13 日，营口市老边区发生雷电，路南镇后塘村村民李某在田间劳作遭雷击身亡。

2007 年　5 月 15 日，老边区示范加油站电源系统以及加油机主板遭受雷击损坏，直接经济损失 0.1 万元。

5 月 17 日，大石桥市发生雷暴，大石桥市旗口镇长屯村村民王强（时年 45 岁）在自家鱼塘投料台上被雷击致死，头部及胸部被烧焦。7 月 31 日，大石桥市旗口镇出现强雷暴，长屯村村民李希成等多家家用电器遭受雷击，直接经济损失 1.6 万元。

2009 年　10 月 16 日，营口市区遭雷暴袭击，站前区太和东里 12 户太阳能热水器遭雷击起火，使电视、电脑不同程度损坏，直接经济损失 5 万元。

2010 年　6 月 22 日、8 月 15 日、11 月 7 日，营口市分别遭雷暴袭击，造成家用电器、网络系统、计算机等设备损坏，3 次雷暴共造成直接经济损失 60.8 万元。

2011 年 4 月 14 日 09 时 26 分，盖州出现雷暴，致使盖州市区、梁屯镇、杨运镇共 16 户人家遭受雷击，击坏电视 13 台、DVD1 台、电脑 2 台、太阳能热水器 1 个，经济损失 3.51 万元。同日，大石桥市汤池镇出现雷暴，雷暴共击坏 4 台电视机、1 台电冰箱，直接经济损失 0.89 万元。

5 月 5 日，盖州市熊岳镇出现雷暴，击坏计算机一台，直接经济损失 0.8 万元。

龙卷、飑线

2005 年 8 月 10 日 16 时左右，鲅鱼圈区和盖州市部分乡镇突遭龙卷袭击，此次龙卷涉及鲅鱼圈区 6 个乡镇、11 个村，受灾 18300 人，农作物受灾面积 1660 公顷，损坏房屋 376 间，损坏线杆 51 根，损坏家用电器 160 台、变压器 3 台，农业经济损失 4900 万元，直接经济损失共计 6010 万元。盖州市九寨镇等 4 个乡镇、9 个村受灾，农作物受灾面积 1581.6 公顷，损坏房屋 364 间，直接经济损失 5560 万元。

2011 年 10 月 5 日 19 时左右，营口大石桥市金桥管理区遭龙卷袭击，管理区内太公村、岳州村、道士村、东窑村受灾最重。其中东窑村 4 户居民和太公村 24 户村民房屋受损，主要是房盖掀开、房瓦吹落、窗玻璃破碎，直接经济损失 15 万元；岳州村高效农业小区的 8 栋温室大棚损坏，其中 5 栋大棚被龙卷全部刮走，另 3 栋造成部分损毁，有 2 个彩钢看护房被龙卷刮走，直接经济损失 55 万元；龙卷造成道士村村民李桂荣十年生果树折断 10 棵，300 多棵果树上的逾 1 万千克苹果落地，直接经济损失 3 万余元。

大雾、雾凇

2002 年 1 月 14 日，营口出现大雾，水平能见度不足 300 米。12 月 1 日，营口出现大雾。

2003 年 12 月 22—24 日，营口大雾从 22 日夜间开始，直至 24 日白天仍然维持，23 日傍晚到夜间最为严重。水平能见度只有 100～300 米。

2004 年 1 月 5—6 日，营口出现能见度低于 500 米的大雾，给人们出行、道路及交通安全带来严重影响。

11 月 30 日 大石桥市能见度只有 100 米。

灾异

1295 年（元　元贞元年） "盖州螟"。

1316 年（元　延祐三年） 6 月，"盖州饥，发粮赈之"。

1940 年 8 月 5 日，熊岳发生 5.7 级地震。震中位于东经 122° 01′ 北纬 40° 01′。死亡 2 人，伤 7 人，倒塌房屋 1190 间，余震至次年 4 月止。

1948 年 盖平县高粱全部遭受蚜虫灾害，受灾面积 391913 亩，收成约 2.5 成。

1969 年 8 月，由于伏雨多、气温高，农作物普遍发生虫灾，来势猛、蔓延快、面积广、密度大，为历史罕见。

1975 年 2 月 4 日 19 时 36 分，营口发生 7.3 级强烈地震，营口市气象台的工作人员坚守岗位，准确记录了地震时的天气变化，并及时发布了天气预报和情报。

1983 年 7 月 14 日 18—21 时，盖县发生特大海潮，潮位高达 4 米，比历年高 80 厘米，盖县拦海造田大堤 1 万多延长米遭到严重冲刷。

1987 年 7 月中旬至 8 月上旬，营口伏旱。伏旱发生时正值作物生育的关键期，形成"掐脖旱"，旱情严重地区的大部分作物下部叶片枯黄，上部叶片凋萎；大豆、花生落花落叶；玉米授粉和高粱抽穗均受到影响；种子田花期不遇。一些沿海水田反碱，大批果树开始落果，大部分秋菜未能适时播种。高温少雨导致玉米、高粱蚜虫和果树害虫的猖獗发生，营口虫害受灾面积 60 万亩。

1997 年　7 月 14 日，营口鲅鱼圈西北海域出现夜光藻，100 千米^{2}赤潮。

2000 年　6 月 13—23 日，持续出现高温天气，最高气温为 36.6℃，为历史极值。

附录三 营口市气象局大事记
（1861—2018年）

1861年

营口开埠通商后领事馆、海关等纷至沓来，英国领事馆成立后，出于自身的考虑和需求，开始了最初的气象观测。

1880年

2月 根据现存的海关气象资料目录及《海关气象月总簿／月报表》等资料考证，建立营口（牛庄）海关测候所。

1890年

3月 营口（牛庄）海关测候所开始有气象观测记录。观测项目包括气压、气温、风向风速、云状、降水量、能见度、天气现象、海浪、水位高度、高水位出现时间等。除日常气象观测，还担负着编发气象报告和发布大风信息警报的任务。

1904年

9月30日 日本军政署在鼋神庙街的三义庙设立第七临时观测所，进行地震和气象观测。
10月 开始正式气象记录。

1906年

9月1日 依日本明治天皇《第196号令》，原属日本中央气象台的第七临时观测所移交关东都督府管辖，改称营口测候所。

1907年

11月1日 营口测候所自三义庙迁入牛家屯。

1908年

依日本明治天皇《第273号令》，施行关东都督府观测所体制，营口测候所改称关东都督府观测所营口支所。

1909年

12月25日 关东都督府观测所营口支所自牛家屯迁入新市街青柳町一丁目327番地（今营口市站前区园林里 32-4 号）。

1913年

4月 满铁熊岳城苗圃改为"南满洲铁道株式会社产业试验场熊岳城分场"，下设观测所，从1914年1月起有正式气象记录。

1918年

1月15日 根据"满铁"分掌规定，"产业试验场熊岳城分场"改称"农事试验场熊岳城分场"。

1919年

4月12日 依日本大正天皇《第94号令》，日本撤销关东都督府，改设关东厅，关东都督府观测所营口支所改称关东厅观测所营口支所。

1934年

12月26日 依第358号敕令，关东厅观测所改称关东观测所，关东厅观测所营口支所随之改称关东观测所营口支所。

1937年

12月1日 日本政府施行所谓的废除治外法权，将营口等4个观测支所移交伪满中央观象台。

1945年

8月15日 日本宣告无条件投降。关东观测所营口支所、"满铁"农事试验场熊岳城分场观测所停止气象观测，气象记录中断。

由于战乱中断观测以及资料散失等原因，造成1937年4—11月、1941年5月、1942年5月至1949年4月营口气象资料缺失；1941年1月、1941年5月至1945年8月熊岳气象记录损失。

1949年

2月27日 东北人民政府农业部水利总局东北气象台派人员来营口，在旧址筹建营口气象台。行政属辽东省农业厅水利局建制，业务由东北气象台领导。负责人常树瀚。

4月1日 恢复中断6年的气象观测。是日，辽东省熊岳农业试验场气象观测组成立。

5月1日 正式命名为辽东省农业厅水利局营口气象台。

1950年

1月1日 营口气象台行政业务划归东北军区司令部气象处领导，改为营口气象所（甲级气象所）。

1月1日 开始拍发航空天气报。

1951年

1月1日 按中央军委气象局台站等级标准，营口气象所定乙种气象站，业务工作范围做了相应变动。

7月15日 营口气象所行政划归辽东军区气象科，业务领导单位为东北军区气象处。由李贵学担任主任。

11月 营口气象所由营口市武装部代管。

1952年

1月1日 辽东省熊岳气象站成立。夏季，东北军区气象处在吉林长春组织召开"第一届东北区气象工作会议"，会上，营口和热河省围场2个地区分别就"怎样提高测报质量、减少错情"作经验介绍。

1953年

9月　按政务院关于气象部门的转建命令，营口气象所由辽东军区划归辽东省人民政府财政经济委员会建制，业务归辽东省财委气象科领导。

1954年

1月　营口气象所更名为辽东省财政经济委员会营口气象站。

4月　营口气象站更名为辽东省营口气象站。

6月　撤销辽东、辽西省，合并设立辽宁省。

8月　营口气象站建制管理单位变更为辽宁省人民政府气象处领导。

10月　辽宁省人民政府气象处改称辽宁省人民政府气象局，营口气象站归辽宁省人民政府气象局领导。

10月1日　辽东省熊岳气象站更名为辽宁省熊岳气象站。

1955年

2月　辽宁省人民政府气象局改称辽宁省气象局。

4月　更名为辽宁省营口气象站。

7月　原站主任李贵学调到省里工作，任命袁良赞为站主任。

9月1日　东升街32号（今营口市站前区园林里32-4号）旧址因受附近工厂和楼房影响，失去代表性，迁往通惠街郊外（原营口机床厂院内）继续进行气象观测。

1956年

10月　原站主任袁良赞调到省里工作，任命张云龙为营口气象站站长。

1957年

4月　辽宁省熊岳气象站更名为辽宁省熊岳农业气象试验站。

1958年

3月　盖平县气候站成立。

5月1日　鞍山市气象台与营口气象站合并成立营口市气象台，台址在海关后院（注：建台时观测组仍在营口机床厂院内，气象台在海关后院，台站分离），定编30人，台长王同连。气象台成立后，即在营口日报、营口电台公开登播天气预报信息。

1959年

1月　营口县气候站成立。

1月8日　根据国务院批准的辽宁省行政建制变更，省委农村工作部将营口市气象台移交给营口市人民政府，划归农林科领导。

3月5日　营口市人民政府农林科撤销，改设营口市农林水利局。当时营口地区6处气象台站，即营口气象台、营口县气候站、盘山气候站、盖平县气候站、熊岳农业气象试验站、大洼农业气象试验站，均归属市农林水利局管理。市人民委员会批准在农林水利局内设立气象科，负责全地区测报、农气报表审核及台站管理工作。祖洪文为科长。

7月15日　营口市人委将各县气象（候）站下放给各县领导，熊岳农业气象试验站归辽宁省果树科学研究所领导，大洼农业气象试验站归辽宁省盐碱地利用研究所领导，明确市气象机构对各县气象

（候）站为业务指导关系。

9月21日　市气象台增加高空测风工作，放球时间为地方时07时、19时。

9月30日　分别在四道沟、鲅鱼圈和盘山二界沟建立3个海洋水文气象站，名称为营口海洋水文气象站、盖平县海洋水文气象站、盘山二界沟海洋水文气象站，营口市气象台站数由6个增加到9个。

11月28日至12月1日　召开第一次营口地区气象工作会议，共有12人参加。

12月　营口气象台编印"营口地区气候"。

是月　原台长王同连调至农林水利局，任命张云龙为市气象台副台长，主持工作。

1960年

2月　营口地区的4个气象（候）站，3个海洋水文气象站，9个气象哨向市气象台拍发气象电报。

2月13日　省气象局发文要求市县以下的气象台、站、哨、组名称一律增加服务两字。

4月1日　营口市气象台更名为营口市气象服务台。

5月　盖平县气候站更名为盖平县气候服务站，营口县气候站更名为营口县气候服务站。

1961年

3月　营口市气象服务台由海关后院迁至西市区新民街原工农干校楼上办公。

是月　根据省气象局指示，停止高空风观测。

1962年

1月20日　建立营口市气象学会筹委会。

5月　省气象局调王国廷任营口气象服务台台长。

委托原由辽宁省盐碱地利用研究所领导的大洼农业气象试验站由营口市盘锦区人委领导，同时更名为营口市盘锦区气象服务站。

市气象服务台由西市区新民街迁至新华区花园街八大局5楼办公。

7月2日　省气象局请示省人委同意，营口地区撤销盘山二界沟海洋水文气象站，同时熊岳农气试验站上收为省气象局农业气象研究室管理。7月11日，辽宁省人民委员会下发关于市、县气象事业机构编制调整的批复文件，营口地区气象台站、气象哨由77个精简为54个，减少23个。调整后，营口地区气象台编制总人数54人，其中营口气象台编制人数为28人。

10月15日　营口市海洋水文气象站由四道沟迁至营口气象台合署办公。人员经费纳入市气象台管理。海洋水文气象观测业务迁至河口外灯船上，每年4—11月派人员驻船观测。

1963年

3月19日　经省人委批准，市县气象台站体制改由省气象局建制领导。

5月21日　省气象局下达营口气象台编制人数27人。

8月　营口市农林水利局撤销气象科。

1964年

4月5—6日　全区出现一次历史上罕见的大风降温天气，沿海平均风力7～8级。鲅鱼圈渔场发生翻船事故，海滩伤亡15人。

4月8日　省气象局把"辽气二号"海洋气象调查船调给营口海洋水文气象站，立即投入海调工作。

4月11日　辽宁省气象局党组任命罗青林为营口市气象服务台台长，王国廷调至锦州工作。

7月27日　营口市区连降大暴雨，满潮时辽河水涨倒灌，造成内涝。市内主要街道部分地段深700～800毫米，房屋倒塌693间。

11 月 4 日　市人委根据省人委"关于改革市专署气象台，中心站领导关系的通知"精神决定，市气象台在体制不变的基础上由市人委直接领导，作为市人委的直属单位。各县气象站改由县人委和市气象台双重领导。台站领导关系改变后名称不变。

12 月　省气象局下达营口地区气象事业编制，由原来 71 人增加到 86 人，其中市气象服务台由原来的 27 人增加到 31 人。营口气象服务台成立党支部，支部书记为罗青林，直属中共营口市人委机关党委领导。

12 月 21 日　省气象局任命罗青林为营口气象服务台测报管理科科长，免去其台长职务，任命张云龙为预报服务科副科长，免去其副台长职务，在正副台长未任命或到职前，罗青林负责营口气象服务台工作。

1965年

10 月 19 日　成立营口气象服务台政治处。

11 月 16 日　根据海洋水文气象站全部划归国家海洋局领导的规定，营口气象服务台将营口市、盖县两处海洋水文气象站移交给国家海洋局北海分局。

12 月　由于辽宁省行政区划的改变，营口市不具有管理县的职能。因此，市气象服务台作为一级管理机构的职能随之消失。

1966年

1 月 14 日　任命罗青林为辽宁省营口气象服务台政治处副主任；任命刘景泉为辽宁省营口气象服务台副台长。

2 月　营口县气候服务站更名为辽宁省营口气象服务站。

5 月　盖平县气候服务站更名为辽宁省盖县气象服务站。

1967年

1 月 14 日　18 时至 24 日 16 时，由于"文化大革命"派性斗争，中断了天气和航空天气电报，但地面定时观测没有中断，保持了气象记录的连续性。"文化大革命"派性斗争导致气象台被赶出八大局办公楼，造成气象通讯、天气预报工作中断，部分气象资料受到损失。

1968年

9 月 29 日　成立营口市气象服务台革命委员会，刘锡德任主任，张东元任副主任。

1970年

2 月　经盖县革命委员会常委研究决定，将盖县气象服务站和熊岳农业气象试验站合并为盖县熊岳气象站。

3 月 21 日　市气象服务台革委会决定将原有 29 名人员精简下放农村 17 名，仅留 12 人工作。

5 月　营口县气象服务站更名为营口县气象站。

8 月　重新筹建盖县气象服务站。

1971年

1 月　盖县气象服务站更名为盖县气象站。

2 月 17 日　按照辽宁省革命委员会文件（辽革发〔1971〕20 号）精神，各级气象部门除建制仍属各级革委会外，其领导关系实行由省军区、市军分区、县武装部和各级革委会双重领导，并以军事部门为主的管理体制。营口市气象服务台进驻军代表。

6月1日　市革委会和军分区决定撤销营口市气象台革委会，改称辽宁省营口市气象台，下设政工科、气象科、办公室3个科室。于选之任市气象台台长。

6月9日　市委经济领导小组批准市气象台基建计划，投资10万元，用于建设办公楼。

1972年

6月19日　市气象台在营口县博洛铺公社成功进行人工催化降雨试验，平均降雨量14毫米，基本解除了20多个公社旱象。

1973年

1月1日　营口气象台位于跃进街的新办公楼建成，零时起在新址进行气象观测。

7月22日　任命陈文富为市气象台党支部副书记，气象台副台长。

9月　盖县熊岳气象站划归营口市气象台直接领导，恢复原名和任务，即"营口市熊岳农业气象试验站"。

9月24日　市革委会、军分区做出关于气象体制调整的决定，市、县（区）气象台（站）仍划归市、县（区）革委会领导；市气象台归市革委会农业组领导，不再实行以军事部门领导为主的管理体制。进驻气象台的军队干部撤回原单位。

1974年

7月　根据中央气象局决定，市气象台观测站为全国和全球情报交换台站。

1975年

1月　市气象台副台长陈文富，带领营口地区各气象站有关人员赴云南东川市气象站学习考察地震预报经验，回台后成立地震预报组。

2月4日　19时36分，营口发生7.3级强烈地震，市气象台的工作人员坚守岗位，准确观测和记录了地震时的气象要素，保证了气象记录的连续性，并冒着余震的危险，及时发布了天气预报和情报。孙玉才、朱显忠、赵书霞等7名同志被授予三等奖荣誉，其他同志获口头表扬。

11月1日　利用卫星云图接收机接收美国NOAA系列卫星云图资料。

11月22日　根据国务院决定，盘锦地区并入营口市，行政建制变化后，盘锦地区气象台也相应并入营口市气象局。原盘锦地区气象台剩余的25人在原址成立盘山县气象站。

11月24日　原大洼区气象站改名为大洼县气象站。

1976年

5月3日　市气象局与营口农学院联合举办农村气象哨员训练班，培训学员83名。

10月4日　营口市编委批复，同意成立营口市郊区气象站，编制5名。

是月　副局长陈文富、大洼县气象站站长王德林代表营口地区气象部门参加中央气象局在北京召开的全国气象战线双学会议，并受到党中央和国务院领导同志的亲切接见。

12月16日　省气象局将市郊区气象站纳入全省气象台站网。次年1月1日正式开展气象工作。

1977年

5月24日　市编委批复，同意市气象局增设农业气象科，原气象科改为台站管理科。

1978年

4月8日　市委组织部任命张文守为市气象局党委副书记、副局长，免去其市农机局党组成员、副局长职务。

4 月 21 日 市计委批准市气象局建综合观测楼的基建计划，投资 7.5 万元。

9 月 1 日 营口市委组织部免去李祖成的市气象局副局长职务。

9 月 5 日 经营口市科协与市气象局决定，成立营口气象学会，并召开第一届理事会扩大会议。

11 月 18 日 经省革委会批准，省气象局下达营口地区气象事业编制 180 人，其中市气象台 70 人，市农业气象试验站 20 人，县（区）气象站 79 人，公社中心气象哨 11 人。

年末 全省预报质量竞赛检查，营口气象台 3 名预报员获奖，朱金祥和安来友获 24 小时和 48 小时降水甲等奖，付仁相获 24 小时降水乙等奖。

1979年

5 月 盖县气象站更名为盖县气象局。

6 月 14 日 711 雷达拨到营口安装使用。

7 月 21 日 市编委批复，将熊岳农业气象试验站分为 2 个单位，分别为营口市农业气象科学研究所和营口市熊岳气象站。市气象局农业气象科改称为科技科。

9 月 5 日 市委决定，张云龙任市气象局党组成员、副局长，免去其局农业气象科科长职务。

1980年

1 月 7 日 市农业气象试验站被列为全国农业气象基本观测站。

1 月 25 日 市委决定，张文守调任新的工作岗位，免去市气象局党组副书记、副局长职务。

6 月 26 日 市委决定，王宇任市气象局党组成员、副局长，免去台站管理科科长职务。

9 月 1 日 市气象局综合观测楼经 2 年时间建成使用，总投资 15 万元。

9 月 5 日 根据国务院和省政府关于改革气象部门管理体制的决定，从今日起实行省气象局和市政府双重领导、以气象部门领导为主的管理体制。

11 月 6 日 市计委批复：同意成立营口市气象台综合服务部，性质为大集体，人员编制 15 人。

1981年

3 月 18 日 经省气象局批准，同意撤销市郊区气象站，其编制收回至市气象局，人员划拨到测雨雷达工作。

4 月 6 日 中共营口市气象局党组决定：从 4 月 1 日起，营口农业气象科研所和营口市熊岳气象站编制分离，科研所、气象站各 10 名编制。

5 月 19 日 营口市人民政府决定将市气象局与市气象台作为一套机构，列为市政府的一个办事机构。

9 月 13 日 市政府决定将市气象局定编 70 人。

1982年

1 月 1 日 零时起开通市气象台与沈阳专线电传线路。

2 月 2—4 日 市气象局在盘山县招待所召开"营口市以及盘山、大洼两县农业气候区划成果鉴定会"。省气象局、营口市、盘山县、大洼县农业区划办的领导和专家共 30 人参加，对区划成果给予充分的肯定并通过验收。

5 月 2 日 盖县遭受风灾，大风持续 24 小时，风力 7～9 级，有 15 个公社、900 多个生产队受灾较重，经济损失达 34.1 万元。

7 月 7—9 日 在营口县气象站召开"营口地区县站整顿验收现场会"，省气象局台站处、县农委领导及营口地区各站领导、市气象局局长、有关科室领导共 30 人参加。营口地区县站整顿工作通过验收。

8月2日　经省气象局调整，市气象局编制由原来的70人调整为81人。

9月23日　市气象局在盖县召开"盖县农业气候区划验收鉴定会"，省气象局，市、县区划办，所属各站共24人参加，通过鉴定验收。

1983年

7月14日　18—21时，盖县发生特大海潮，潮位高达4米，比历年高80厘米，盖县有1万多延米拦海造田大堤遭到严重冲刷。

10月30日　经市科协批准，营口市气象学会成立"营口市气象科技咨询服务分公司"。

11月16—23日　省气象局工作组、营口市委对市气象台领导班子进行调整。王宇任市气象台台长，张云龙任副台长，陈文富任督导员（局级）。

1984年

2月13日　市气象局召开首次气象科技咨询服务洽谈会，34个用户单位43名代表参加座谈，内容为气象科技咨询对国民经济部门产生的经济效益和开展咨询的必要性。

2月23日　营口市农业气象科学研究所和熊岳气象站合并为营口市农业气象试验站。

4月9日　省气象局党组书记、局长王谭等3人到市气象局，听取中层干部调整情况汇报，并对当前整党工作的重点进行指导。

5月9日　市委同意中共营口市气象局党组由王宇、张云龙、陈文富3人组成，王宇任党组书记。

7月　高频电话试通并投入使用。

9月　经营口市农业气候区划专业组三个月的努力，完成"营口市农业气候区划"。该区划编入营口农业资源与区划文集中，并获中国农业区划委员会三等奖。

9月15日　市气象局被市经委评为电子计算机应用先进单位。

9月23日　省气象局副局长张裕道、办公室主任王观涛等4人到营口市气象局，对加大服务改革、拓宽服务领域等方面的工作做出指示。

1985年

1月15日　省气象局局长陆一强、业务处处长万宝林到市气象局，传达全国气象局长会议精神，帮助落实气象部门改革10条意见，进一步推动了市气象局的改革。

5月4日　省气象局同意市气象局建设1500米^{2}职工住宅楼，投资10万元。

7月20—21日　营口地区部分乡镇遭受特大暴雨、大风和冰雹袭击，暴雨中心在营口县西部，雨量均在250毫米以上，造成经济损失3000多万元。

8月19日　9号台风在营口地区盖县沿海登陆，最大风力12级，雨量300毫米，营口县、盖县倒塌房屋3.8万间。

12月28—26日　市气象局举办科、站长现代化管理研讨班，进行现代化科学管理学习心得交流。局长王宇作"科、站长在实施目标管理中的地位、作用和应注意事项"的发言。

1986年

4月24日　市气象局专业警报系统广播电台正式对外广播。

4月28日　市气象局与县站间的微机网络正式开通。

9月28日　56米高的甚高频通讯铁塔在局业务楼前竖起。

11月6日　由吴文钧主持完成的"水稻节水栽培农业气象指标及灌溉技术的研究"获辽宁省气象局气象科技进步二等奖。

11月15—16日　市气象局召开营口地区气候资料工作会议。各站代表、局领导及业务科同志共

11 人参加了会议，共同研讨气候资料整编、累年薄续写较对服务工作。

12 月 8 日　市气象局职工宿舍楼验收交付使用，26 户职工喜迁新居。

1987年

1 月 7 日　渤海甚高频通讯网天线架设完成并开始通话。

1 月 10 日　省气象局副局长张裕道等一行 3 人到市气象局调研，对市气象局的业务工作、目标管理及现代化建设工作给予肯定。

2 月 14 日　由吴文钧主持完成的"水稻节水栽培农业气象指标及灌溉技术的研究"获 1986 年国家气象局气象科技进步四等奖。

2 月 26 日　市气象局在全省 1986 年业务评比检查中获总分第一名。

3 月 24 日　《中国气象报》第三版载文介绍营口市气象局实行仪器设备集中统一管理的经验。

5 月 15 日　省气象局局长陆一强到市气象局检查指导工作，在科级干部座谈会上就气象部门体制问题及下半年工作做出指示。

5 月 26 日　连接市气象局与营口县、盖县、熊岳、盘山、大洼 5 站的无线电甚高频电话网建成。从此除航危报外的各类电报的传递、天气会商、会议通知、电话会议等都可通过该网络进行。

6 月 30 日　市气象局进行机构调整。成立服务科，下设服务组和专业预报组。天气科保留短期预报组和中长期组，撤销雷达组和甚高频电话组，撤销基建办公室。

7 月 8 日　成立营口市气象局纪检组，王宇兼组长，李静为副组长，石廷芳为成员。

8 月 26 日　由池焕申请研制的"营口暴雨预报专家系统"获辽宁省气象科技进步四等奖。

10 月 15 日　市政府机关工会批复成立市气象局工会，石廷芳为工会主席，王学生、安来友、王天民、李作然、付仁相、于德志 6 人为委员。成立 11 个工会小组，首批会员 59 人。

1988年

1 月 1 日　市气象局决定开展分片天气预报工作。

3 月 4 日　市气象局下发《关于营口、盘锦地区所辖气象站机构设置的通知》，县级气象机构实行局站合一的管理体制。

4 月 1 日　通讯科的报务组、传真组合并为报务组，由 13 人减至 11 人。

6 月　在全省气象工作会议上，市气象局雷达工作获 1987 年全省第一名，并获得奖励。

7 月 13 日　省气象局局长王观涛等一行 3 人到市气象局及盖县气象局检查业务工作。

11 月 10 日　省气象局业务处处长万宝林等一行 5 人到市气象局检查业务工作。

1989年

2 月 24—25 日　营口市气象局召开全地区县气象局（站长）会议，重点研究 1989 年气象服务、有偿服务，以及如何加强二级管理的问题。会上表彰了测报工作"四优"先进个人，包括优秀观测组长 1 名、优秀预审员 1 名、优秀仪器维修员 1 名、优秀观测员 9 名。

3 月 18 日　由营口市农业气象科研所研制的"水稻不同栽培生育型环境因子模拟研究"课题在市气象局通过鉴定。

3 月 31 日　省气象局召开专门会议，研究"营口海洋人机对话系统"的建设，省气象局副局长宋达人主持会议，副局长张裕道、省气象台台长曹汝杰、省通讯台台长叶伯林、市气象局局长王宇、业务科长朱显忠等 11 人参加了会议。

6 月　营口县气象站更名为营口县气象局。

9 月 6 日　《营口日报》载文表扬市气象局流动气象服务台为全国二青会帆板赛区进行的热情服务。帆板赛委会及总裁判长、国家体委康照云给市气象局和省气象局写了表扬信。

11 月 11 日　市气象局与省气象局之间的无线电话网正式使用。

12 月 20 日　市气象局海洋人机对话系统投入使用。

1990年

3 月 21 日　市气象局被市委保密委员会评为 1989 年保密工作先进单位。

3 月 23 日　市气象局召开纪念世界气象日座谈会。副市长宋宝玉、市政府副秘书长史永淳、市人大副秘书长杨作民参加会议并讲话。参加会议的还有相关单位领导和新闻单位记者 40 多人。史秘书长对气象工作赠言："耕云播雨，默默奉献，功在社会，可歌可敬。"市电台、电视台、报社做了报道。

4 月 10—13 日　省气象局局长王观涛、办公室主任李波、计财处副处长郑少华来市气象局调研。11 日，在营口县气象局召开关于如何开拓服务新局面、渡过难关、发展气象事业座谈会。

6 月 6 日　市气象局成立科技开发科和行政管理科，朱显忠为科技开发科科长，石廷芳为行政管理科副科长，主持工作。

8 月 11 日　市气象局实现档案统一管理，库存档案 128 卷，其中永久档案 68 卷、长期 38 卷、短期 22 卷。

9 月 22—24 日　省气象局业务处副处长王振喜和王雪晶、彭宝兴，陪同国家气象局天气预报警报管理司海洋处处长陆家莲，到营口市气象局检查"七五"计划中人机对话系统（国产）的基建项目执行情况，了解"八五"计划情况。陆处长评价："人机对话系统营口建的不错，达到这种程度仅你们一家。烟台、连云港、南通同你们类似，你们先走了一步，'七五'这个项目完成得很好。你们要建成一个海洋气象台，'八五'要再上一个续建项目。"

10 月 31 日　市气象局有偿服务用户达 188 个，合同额为 163320 元，实收 131420 元，首次闯过 10 万元大关。

12 月 8 日　盘锦市气象局正式成立，营口所辖盘山、大洼两个县气象站划归盘锦市气象局。

12 月 26 日　"营口海洋人机对话系统"通过省级鉴定，达到国内先进水平。

1991年

1 月 25 日　市气象局与盘锦市气象局进行人、财、设备、业务等方面的全面交接。参加交接的有营口市气象局局长王宇、盘锦市气象局副局长孙伯成及双方有关科室人员。

3 月 10 日　市气象局被中共营口市委保密委员会、市国家保密局评为 1990 年度保密工作先进单位。

4 月　省气象局授予营口市气象局"1990 年度会计报表质量优良单位"称号。

6 月　"营口海洋人机对话系统""营口大风暴雨预报方法"两项科研课题获市政府科技进步二等奖。

10 月 1 日　开通市气象局到市邮电局间的气象电报电传专线，结束了话传气象电报的历史。

10 月　为进一步美化市气象局环境，经省气象局同意，将原正方形（边长 25 米）观测场改为直径 29.5 米的圆形观测场。这是辽宁省首例圆形观测场。

11 月 2 日　"营口海洋人机对话系统"获 1991 年省政府科技进步二等奖。

11 月 19 日　"水稻不同栽培生育型环境因子模拟研究"获营口市 1991 年度科技进步一等奖；"营口大风雪寒潮综合预报系统"获营口市 1991 年度科技进步二等奖。

12 月 17 日　市气象局召开水稻优化栽培生产调控技术推广会议，副市长宋宝玉为推广小组组长，县、区政府主管农业的县、区长以及市政府副秘书长史永淳、市农委主任郝廷会、市农业局局长龚俊多、市气象局局长王宇为副组长，王宇局长兼秘书长。省气象局副局长张裕道等一行 7 人参加了会议。吴文钧为技术组组长，技术人员 50 人，1992 年将推广水稻优化栽培 39 万亩。

12 月 23—24 日　省气象局局长王观涛、办公室主任李波专程到市气象局进行机构调整考察，听取汇报。

12 月 25 日　营口市无线电管理委员会授予市气象局"1991 年度红旗台"称号。

1992年

2月　增设人事政工科、综合经营办和测报科，撤销行政管理科。

2月5日　市气象台天气预报在营口电视台首播。

2月28日　省气象局局长王观涛来市气象局视察，对熊岳农业气象试验站工作做了如下指示："科技要商品化、科技要企业化，熊岳站要建立水稻技术推广服务中心；要建立果树气象技术推广服务中心。"

2月29日　市气象局被市委保密委员会、市国家保密局评为1991年度保密工作先进单位。

3月　市气象局召开全市水稻优化栽培生育调控技术推广工作会议。宋宝玉副市长、推广技术组成员参加了会议，决定推广30万亩，总产增加2250万千克，产值增加2025万元，累计净增效益可达6800万元。

5月29日　市气象局党支部委员会换届，经党员大会选举，王宇、李静、韩相馥、温桂清、李明香当选新一届支部委员会委员。经机关工委批准，王宇为书记，李静为副书记，韩相馥、温桂清、李明香分别为组织、纪检、宣传委员。

6月30日—7月2日　省气象局在市气象局召开全省气象局长研讨会，交流结构调整经验，部署下一步全省结构调整意见。市气象局局长王宇在会上做"我局结构调整基本情况和今后意见"的发言。

7月6日　市气象局被省气象局评为1991年度专业服务先进集体。

9月16—30日　省气象局资助营口市气象局10万元用于庭院改造。

10月　市气象学会理事会进行改选，王宇当选理事长，王会臣、王先赢当选副理事长，朱显忠当选秘书长。

11月　营口县气象局更名为大石桥市气象局。

11月3日　市气象局被市委、市政府授予"辽宁省第六届运动会工作突出贡献单位"称号。

12月3日　营口市老边区气象服务中心挂牌成立。参加庆典仪式的有老边区、乡领导及市气象局有关人员37人。老边区区长姜广信、市气象局局长王宇代表双方签订协议，并为服务中心挂牌揭匾。葛日东任中心主任（副科长），段淑贤、李明香为成员，该中心隶属服务科。

12月4日　市气象局被评为辽宁省基本业务工作先进单位。

1993年

2月　盖县气象局更名为盖州市气象局。

3月　市气象局荣获市政府"1992年市府机关目标管理岗位责任制先进单位"称号。

3月1日　营口市城市天气预报在中央电视台早间（07时20分、08时20分），午间（12时20分）气象服务节目中首播。从此世界上56个国家和地区可以收看营口天气预报节目。

8月20日　市气象局在1993年省气象部门清产核资（行政事业）工作中被评为先进单位。

12月　"营口夏季暴雨分析分片预报方法"获市政府科技进步二等奖。

12月24日　市气象局被省气象局评为1993年度业务目标优秀单位。

12月28日　中国气象局天气警报司副司长陆家莲、副处长方维模等一行3人，在省气象局副局长张裕道、业务处处长王振喜等人陪同下来营口，进一步就营口海洋气象台挂牌一事与市政府进行沟通，并检查了挂牌前的准备工作。

1994年

2月23日　在市政府第16次常务会议上通过建立营口海洋气象台，决定海洋气象台人员由市气象局自行调剂，经费由市财政支持。

4月　市政府授予市气象局"市府机关1993年度目标管理岗位责任制先进单位"称号。

4月27日　市政府授予市气象台"1992—1993年度先进集体"称号。

4月29日　为搞好关键性天气的决策服务，市气象局决定向市委、市政府、市人大、市农委、市防汛抗旱指挥部和市主要领导呈送"送阅件"。第一期共发10份。

6月24—25日　营口市实施3次飞机人工增雨，增加雨量5～10毫米，解除了全地区的旱象。

8月3日　市气象局与沈阳区域气象中心建设的9600波特标准话路正式开通，并投入业务工作。

8月14日　经省气象局考核任命营口市气象局新一届党政班子成员。任命王宇为局长，王先赢、才荣辉为副局长；王宇为党组书记，才荣辉、李静为党组成员。

8月末　实现市气象局和县站间的2400波特甚高频联网。

9月1日　市财政局落实海洋台经费每年12万元。

10月18日　完成营口鲅鱼圈区墩台山自动测风站土建工程。该站为北纬40度17分46秒，东经122度6分24秒，海拔136米。避雷天线高139.85米，在气象台西南方，夹角15～20度。

11月29日　营口海洋气象台正式挂牌成立。中国气象局天气预报警报司副司长陆家莲、省气象局局长王锦贵、市委书记郭军、市政府副市长王守观参加挂牌剪彩仪式并题词。海洋气象台与市气象台为一个机构两块牌子。台长由局长王宇兼任，副台长由副局长王先赢、才荣辉兼任。

1995年

1月26日　市气象局召开科技服务和综合经营承包大会。于德志承包气象科技服务，气象局年承包额22万元；史建新承包庆典彩球，年承包额4.5万元；刘丙章承包铁塔厂，年承包额1.7万元。副局长王先赢代表气象局与承包人在合同书上分别签字。

2月20日　市气象局被评为"1994年全省业务优胜单位和科技服务先进集体"。

3月　市气象局荣获市政府1994年度目标管理岗位责任制优胜单位。

3月15日　市气象局宣布新的结构调整方案：成立海洋气象科，科技开发科改称计算机运行科，其他科室不变。短期天气预报由3个部门制作，即服务科的专业预报组制作专业预报、天气科的短期组制作公众预报、海洋气象科制作海上天气预报。

3月16日　召开地区测报工作研讨会。主管业务局长、市局业务科科长、测报管理人员、各站站长、测报股长及测报业务骨干共13人参加会议，会议总结交流了测报工作经验，提出了提高测报质量的新措施。

3月22日　为纪念"3·23"世界气象日，召开由市气象局气象学会理事会和各新闻单位记者参加的纪念会。气象日主题是"公众天气服务"。当日《营口日报》第二版发表了局长王宇的《造福社会，保护人民——纪念世界气象日》的纪念文章。营口日报社记者发表文章《公众服务的窗口　决策的科学依据——营口气象局观天测雨掌天候》。

3月30日　省气象局局长王锦贵、业务处副处长孙义德，陪同甘肃省气象局局长谢金南、省气科所所长余优森、天水市气象局局长姚腾龙、陇南地区气象局局长金补、甘南藏族自治州气象局局长刘秋林，到营口气象局参观。

4月2日　市气象局被评为"保密工作先进集体"。

4月3日　市气象局铁塔厂正式挂牌，属大集体企业，注册资金30万元，厂长刘丙章。

4月15日　宁波市气象局局长陈德霖、计划物资处处长郭庆山、气象台台长徐之、业务科教处处长吴北氏，到营口市气象局学习海洋气象台的建设经验。

6月4日　11时营口鲅鱼圈自动测风站试运行。

11月23日　全省气象部门举行首届文艺汇演，由市气象局职工段淑贤作词、李作然谱曲，杨晓波、梁曙光演唱的男女生二重唱《我们与日月同行》获表演奖。

1996年

2月6日 中共营口市直机关委员会表彰市气象局机关党支部为先进党支部。

2月29日 市气象局被评为"1995年全省气象系统继续教育工作先进单位"。

3月4日 市气象局被辽宁省气象局评为"事业结构调整三年初见成效达标单位"。

3月26日 市气象局荣获"营口市人民政府一九九五年目标管理先进单位"。

4月16日 为搞好春播服务，4月中旬至5月中旬的逢5逢10日，首次在《营口日报》、市广播电台发布盖州、熊岳、大石桥三地的土壤温湿度情报。

4月21日 市气象局被评为全省业务工作优秀单位。

5月 市气象学会召开理事会，增补葛日东、谭祯为理事，改选葛日东为秘书长。

7月3—5日 辽宁省县级终端系统优化工作会议在市气象局召开，省气象局业务处处长王振喜、处长助理孙玉珍和各市气象局代表30余人参加。

9月3日 由省气象局施工的9210工程地网工程、市气象局装备科施工的防雷工程及天线基座工程全部竣工，验收合格。

10月9日 营口市档案局受辽宁省档案局委托，会同省气象局组成档案定级评审组，对市气象局档案工作进行全面考核。经过审定，营口市气象局评为省级档案管理先进单位。

12月 根据省气象局《关于印发辽宁省市、县气象部门机构编制方案的通知》，营口市气象局机构设置为办公室、人事政工科（含纪检）、业务科、气象台（规格为市属副局级）、装备中心、气象科技服务中心。

1997年

1月20日 省气象局副局长赵国卫、人事处处长吴尚到营口宣布新一届班子组成：营口市气象局党组由3人组成，才荣辉为党组书记，李静、李明香为党组成员；李静为党组纪检组长；局长为才荣辉、副局长为王先赢，省局党组建议李明香为局长助理。

2月17日 市气象局被评为"1996年保密工作先进集体"。

2月26日 召开全局大会，宣布省气象局批复的市局内设机构设置以及中层干部任免情况：市局内设6个机构，编制65人。即由原11个科室（办公室、人事科政工科、业务科、天气科、服务科、测报科、运行科、装备科、海洋气象科、老边农业气象服务中心、综合服务部等）精简为6个，分别为办公室、人事科政工科、业务科、气象台（含海洋气象科、老边农业气象服务中心）、气象科技服务中心、装备科中心。

3月21日 围绕"3•23"世界气象日的主题"气象与城市水问题"，市气象局、气象学会召开由市科委、市公用事业局、市水利局等单位参加的座谈会，与会人员就如何发挥天气预报作用，利用、保护水资源，解决好城市水问题进行座谈。

4月14日 市委副书记李凤云专程到市气象局检查工作。李书记对市气象局的工作给予充分肯定，特别是对气象局主动配合部队完成有关工作任务非常满意。李书记表示，对于气象工作存在的困难，市政府将逐步帮助解决。他还对气象局现代化建设、电视预报节目制作、气象科技服务，以及气象部门职工的福利待遇等作出指示。

5月14日 经市政府机关工委批准，撤销市气象局机关党支部，成立中共营口市气象局党总支委员会。

6月23日 为庆祝中国共产党建党七十周年和香港回归祖国，市气象局举办"庆七一、迎回归"演讲会，有15名同志参加歌颂党、歌颂祖国的演讲。

7月3日 根据市领导指示，为缓解盖州、大石桥两市（县）旱情，在省人控办的大力支持下，先后2次进行飞机人工增雨作业，增雨地区普降中到大雨，局部暴雨，有效缓解了旱情，市领导对此十分满意。

8月21日　凌晨，9711号台风减弱后的热带风暴在辽河口登陆。市气象局于19日向市防汛指挥部发布了台风消息，提前48小时做出了准确的台风登陆和暴雨预报，及时向市委、市政府和市防汛指挥部汇报，并通过新闻媒介向社会发布台风消息和暴雨预报。由于防范及时，热带风暴过境全区无一人畜伤亡，损失减至最低程度。

11月11日　营口"海洋预报实时业务系统开发和应用"获省科技进步三等奖。

1998年

1月　营口市农业气象试验站更名为营口市熊岳气象站。

3月23日　市气象局召开纪念"3·23"世界气象日座谈会，副市长姜广信、人大常委会副主任唐志云，市农委、市财政局、市科委、市科协、市海洋水产局、市港监局、市海运总公司、营口盐业集团公司、辽河油田等单位领导参加会议，出席会议的还有市新闻单位记者和学会理事等。

4月1日　市气象局召开创收部门承包大会，李作然、于德志、刘丙章分别签署有偿服务、彩球、铁塔厂承包协议书，承包期为一年。

5月13日　市政府办公室下发《关于加强防雷安全管理的通知》（营政发〔1998〕12号）。文件明确了营口市气象局归口管理全市防雷设施的技术设计和技术指导，市气象局防雷中心负责雷电的检测研究及防雷咨询、设计、防雷设备的安装工作。

5月28日　市公安局与市气象局联合下发《关于加强计算机设备防雷及地线安全工作的通知》（营公计〔1998〕83号）。

7月15日　市机构编制委员会办公室批复成立营口市防雷工程技术中心（营编办发〔1998〕19号）。

7月21日　营口市开通全省"121气象信息电话"业务。"121气象信息电话"业务包括：全省14个城市和国际、国内主要城市天气预报，主要旅游区天气预报；天气与健康、天气与空气清洁度、海洋预报等。

10月28日　全国气象部门防汛抗洪气象服务表彰电视电话会议在北京召开，市气象局荣获先进集体称号。

11月5日　省创建文明单位活动交流会在市气象局召开，省气象局副局长李波、政工处处长郭归临及阜新、抚顺、锦州及营口市气象局局长参加会议。

12月1日　市气象台制作的电视天气预报节目在营口有线电视台新闻节目之后正式播出。这是营口气象台与地方电视台的首次合作。市气象局投入近30万元购置了制作电视天气预报所需设备。

1999年

3月5—7日　全省气象局长会议在营口宾馆召开。省气象局领导王锦贵、刘万军、李波，大连等14个市气象局的领导以及营口地区各站负责人50余人参加了会议。市政府副秘书长田红星出席大会开幕式，市委副书记姚志平在会议期间看望了与会代表。

3月11日　召开营口地区气象工作会议，部署落实全省气象局长会议精神。

3月20日　市气象局、市气象学会在营口百货大楼前设立纪念"3·23"世界气象日宣传站，围绕"天气、气候与健康"主题开展宣传活动。同日，营口电视台播出市气象局制作的电视天气预报节目。

3月31日　市气象局被评为"1998年度全省气象业务工作先进单位"。

4月1—3日　市气象局局长才荣辉率各市（县）局负责人赴丹东、本溪市气象局，考察、学习文明单位创建经验。

4月6—26日　市气象局局长才荣辉随同省局组织的考察团，赴南方考察。

4月27日　在营口市政府召开的劳动模范、先进集体表彰大会上，市气象局被评为"1996—1998年度先进集体"。

5 月 1 日　由省气象局组织的国家 9210 通信工程完成建设，正式投入业务运行，新老网络顺利切换。

6 月　市气象学会被市科协评为营口市第十一届"科技之冬"活动先进集体。

7 月 3 日　省气象局副局长李波到营口市气象局、大石桥市气象局检查文明单位创建工作。

7 月 23 日　鲅鱼圈自动测风站接收系统改装完成。

8 月 26 日　中共营口市熊岳站党支部正式成立。

9 月 6 日　省气象局人事处处长任喜山到市气象局，宣布李明香任营口市气象局副局长。

9 月 17 日　李丕杰等人撰写的 6 篇论文在市科协举办的首届青年学术年会表彰会上分获一、二、三等奖。

10 月 11—24 日　市气象台安装 II 型气象遥测仪，同时安装避雷设施。

10 月 23—25 日　省气象局副局长刘万军、处长王振喜一行到市气象局及各县局、站调研。

10 月 25—30 日　省气象局业务处在营口举办地面气象有线遥测仪第二批首期培训班，全省有 40 多名观测员参加培训。刘万军副局长在培训班开学典礼上讲话。

12 月 21—22 日　辽宁省 2000 年度气候趋势预报研讨会在营口召开。

12 月 27 日　市人大财经委、市政府法制办和市气象局，联合召开宣传贯彻《中华人民共和国气象法》新闻发布会。市人大常委会副主任唐志云、营口市政府副市长姜广信出席会议，各市（县）区领导，新闻单位领导和记者，市纪委、市财政局等有关部门领导以及来宾共 40 余人参加会议。

2000 年

2 月 22—24 日　市气象局局长才荣辉率预报员等一行，到铁岭、抚顺、沈阳市气象局和省气象台学习考察。

3 月 21 日　市气象局局机关党总支被市直机关工委评为 1999 年度先进党总支。

5 月 11 日　市气象局被省气象局评为 1999 年度气象业务工作先进单位。

5 月 16—18 日　全国自动气象站经验交流研讨会在营口召开。中国气象局监测网络司副司长宗曼晔、省气象局副局长刘万军出席会议。

5 月 31 日　山东省气象局副局长刘可先等一行 13 人，到营口考察气象事业结构调整、文明单位创建等情况。

6 月　市气象局被营口市精神文明建设指导委员会授予"1998—1999 年度市级文明单位"荣誉称号。

6 月 5 日　市气象局被评为"辽宁省 1999 年度气象科技服务与产业工作优秀单位"。

6 月 5—8 日　由市气象局局长才荣辉带队，赴丹东、桓仁、新民、台安等市县气象局考察学习测报工作。

9 月 26 日　经积极筹建，市气象局成立职工食堂。

10 月 12 日　市气象局局长才荣辉率市气象局装备、防雷和科技服务等部门人员赴朝阳、阜新市气象局考察学习。

11 月 8 日　在《营口广播电视报》开辟"周末气象"与"下周天气展望"栏目。

11 月 24 日　市气象局在《营口日报》周日版（辽河湾）开辟"周末天气与生活"和"上周天气回顾，下周天气展望"栏目。

12 月 15 日　市气象局职工房改升级工作完成，有 28 户房屋产权由 70% 升级为 100%。

2001 年

2 月 19 日　市气象局被评为"9210 工程建设先进集体"。

4 月 20 日　市气象学会被评为营口市第十三届"科普之冬"活动先进集体。

4 月 30 日　09 时 30 分首次开展飞机人工增雨作业，先后在大石桥、营口市、盖州地区上空实施增雨作业。

5月1日 市气象局在营口有线电视台第二套综合频道开辟《生活气象》服务节目，每天18时55分正式播出，《生活气象》节目主要包括：紫外线辐射强度、空气清洁度、人体舒适度、穿衣指数、日出日落时刻和天黑天亮时刻预报。

5月31日 市气象局承担的"市级天气预报业务流程"课题通过省气象局验收。

6月26日 上午举办"营口市气象局庆祝建党八十周年文艺汇演"活动，全地区党员干部职工共计50余人参加。

同日，在中共营口市委召开的纪念中国共产党成立八十周年大会上，市气象局机关党总支被授予"先进党总支"光荣称号。

6月29日 市政府投资50万元购置3套火箭增雨发射系统，市气象局在西炮台进行首次火箭增雨发射系统实射，副市长姜广信亲自按动发射电钮。

7月初 为职工办理房改售房手续，建立职工住房档案，为货币化分房做好前期准备工作。

11月14日 为职工办理医疗保险和商业医疗保险。

12月4日 全国第一个法律宣传日，在市气象局门前设立气象法宣传咨询站，通过展板、咨询等方式向民众介绍气象法。

12月21日 《近百年来ENSO事件与营口夏季降水统计关系分析》和《气候变暖对辽宁苹果生产的影响和对策》论文分别获辽宁省首届学术年会一等优秀论文和三等优秀论文。

12月底 在全市普法、治理工作检查验收中，市气象局被评为1996—2000年度普法依法治理先进单位。

2002年

2月8日 市气象局同营口电视台联合推出春节期间天气预报节目，自正月初一到初七，营口电视台一套19时30分播出营口地区未来48小时内的天气预报，结束了多年来春节期间无电视天气预报的历史。

3月8日 市气象局机关党总支被市直机关党工委评为"先进党总支"。

3月18日 市气象局被省气象局评为2001年度业务目标考核优秀单位。

4月3日 市气象局投入31.7万元购置一套电视天气预报制作系统并投入使用。

4月11日 市气象局NOTES网开通。

4月28日 市气象局被市政府评为保密工作先进集体。

6月10日 市气象局机关被评为"2000—2001年度精神文明建设先进单位"。

6月24日 市气象局机关工作人员参照公务员管理过渡工作结束，共有15人过渡为公务员。

7月24日 市气象台成功为港务局二公司码头4800吨玉米装船作业提供气象保障。公司领导亲自来到气象局致谢，并赠送一面题有"预报准确 服务热情"八个大字的锦旗。

7月26日 熊岳地面Ⅱ型自动气象站建成。

7月29日 市长李文科到市气象局视察工作。

8月11日 省气象局局长宋达人、副局长刘万军来到市气象局研究建设新一代天气雷达事宜。

8月12日 市气象局局长才荣辉陪同副市长姜广信赴省气象局落实新一代天气雷达事宜。

10月10日 营口地区气象部门县级局务公开工作会议在营口市召开，会议传达了省气象局关于《在全省（市、县、区）气象局全面推行局务公开制度的实施意见》和在建平气象局召开现场会议精神，以及《营口局关于推行县级气象局局务公开制度的实施意见》，会上局长才荣辉做了工作部署。

10月29日 市气象学会召开第六届理事会进行换届选举，局长才荣辉当选气象学会第六届理事会理事长。

11月25日 市气象学会被市政府授予"营口市先进社会团体"。

12 月 12—13 日　盖州、大石桥市（县）气象局建成地面Ⅱ型自动气象站。

2003年

1 月 7 日　经营口网通公司和市气象局业务科、观测站共同开发，开始采用自动拨号方式传输气象航空报。

1 月 23 日　市直机关工委副书记贾晓东、工委组织部部长钱积多等到市气象局，看望退休劳模吴文钧，机关工委和市气象局分别送去慰问金。

2 月 8 日　市气象局机关工会被市直机关工会评为 2002 年度"先进职工之家"。

3 月 26 日　经全省综合评定，2002 年营口市气象局年度预报质量位列全省第二名。

4 月 24 日　中国气象局批复《营口新一代天气雷达建设项目建议书》。

4 月 29 日　市气象局成立以局长才荣辉任组长的"营口市气象局非典型肺炎防治工作领导小组"，下发《关于进一步做好非典型肺炎防治工作的通知》。

5 月 9 日　市气象局机关党总支委员会召开第三届换届选举大会，产生新一届机关党总支委员会，才荣辉任总支书记，李丕杰任副书记，缪远杰、何晓东、金巍任委员。

5 月 27 日　省气象局组织气象、无线电、规划、通信管理等有关方面的专家，对《营口新一代天气雷达选址工作报告》进行专家论证，同意市气象局现址为营口新一代天气雷达站首选地址。

6 月 20 日　为规范气象信息发布并做好接待媒体采访等工作，营口市气象局制定《气象信息发布及接待媒体采访工作管理办法》。

6 月 29 日　市气象学会组织参加由市科协主办的"科普法宣传日"活动。

7 月 18 日　市气象局成立基建办公室，负责人为苏乐宏，组成人员为韩相复、刘桐义、郝宏伟。

7 月 30 日　由营口市水利勘探设计院对新一代天气雷达首选地址进行地质勘探。

9 月 9 日　市委、市政府将雷达建设项目列入 2004 年度为市民办的 20 件实事之一。

9 月 27 日　旧办公楼拆除，工作人员搬迁至业务楼办公。

10 月 18 日　营口新一代天气雷达防雷设计方案在营口通过专家论证。次日，营口新一代天气雷达项目举行奠基仪式。

11 月 13 日　完成营口新一代天气雷达塔楼、业务楼桩基础工程。

2004年

2 月 28 日　盖州国家一般气象站、熊岳国家基本气象站开始开展生态环境监测工作。

3 月 1 日　市气象局开始制作降水概率预报，并通过《营口日报》和气象警报发布系统对外发布。

4 月 1 日　06—20 时，市气象局利用高空槽和地面倒槽影响营口地区的有利时机，在两区、两县 10 多个乡镇实施火箭增雨作业，效果显著。辽宁电视台、营口电视台、营口电台、《营口日报》对此次人工增雨工作进行了报道。

4 月 12 日　营口市熊岳气象站更名为营口经济技术开发区气象局。

4 月 23 日　市气象局制定下发《营口市气象局科研课题管理办法》，同时成立以主要领导为组长的科研课题领导小组。

7 月 8 日　中国气象局批复《营口新一代天气雷达系统建设可行性研究报告》。

8 月　与国土资源局联合开展地质灾害气象预报，制作营口地区地质灾害分布图。

9 月 30 日　为国庆焰火晚会和国庆升旗仪式提供气象保障服务。市委常委、宣传部长王杰在《送阅件》批示："气象局服务超前，主动及时。"对气象服务工作给予肯定。

10 月 20 日　在省气象局首届"天马杯"辽宁省电视气象节目观摩评比活动中，市气象局参评作品获最佳图形图像奖和综合二等奖，盖州市气象局获县级作品二等奖。

11 月 24—25 日　包括 9.6 吨的雷达天线底座在内的总计 30 余吨雷达设备安全平稳吊至 50 米高的

塔楼楼顶，26日开始雷达设备组装。

12月2日　由于位于气象局院内的观测场环境遭到破坏，决定迁建观测站。市政府批准在西炮台公园规划区内划拨4900米²土地，用于地面气象观测场和工作用房用地。

12月23日　新建职工食堂；新建近100米²带有厨房和卫生间的青年公寓。

2005年

1月1日　位于西炮台公园规划区的新址观测站开始平行观测。

3月16日　市气象局与公交部门联合在3路和14路公交车开通"巴视在线"天气预报服务，每天06：30—09：30通过公交车内的显示屏定时播报天气预报。

5月　在全市机关工作目标管理考核评比中，市气象局被市机关工作目标管理领导小组授予"突出贡献单位"。

7月5—10日　各县区气象局开始发布辖区乡镇天气预报。

7月8日　营口新一代天气雷达开始试运行。

7—10月　7月21日，首批区域自动气象站开始建设，至10月31日，遍布全市乡镇的31个自动气象站全部建成并投入使用，实现全市自动气象站资料的快速收集和共享。

10月17日　新楼食堂正式启用，局职工全年中午可在食堂就餐。

11月4—7日　营口新一代天气雷达系统（CINRAD/SA）通过测试组专家的验收测试，开始运行。

11月18日　市气象局新建业务办公大楼正式投入使用。

12月22日　市气象局自筹资金购置的新版"12121"天气预报自动语音答询系统正式开通。

12月31日　营口市气象观测站正式迁至西炮台站址，举行迁站仪式。31日20时开始进行气象观测，同时开通2M数字电路。

2006年

4月1日　营口市人民政府下发《营口市雷电灾害管理规定》并开始实施。

6月22日　中国气象局副局长许小峰一行在省气象局局长王江山陪同下视察市气象局，市政府副市长姜广信会见了许小峰一行。

7月12日　营口新一代天气雷达系统顺利通过中国气象局组织的现场验收，同时举行了雷达交接仪式。

9月9日　中国气象局党组成员、人事司司长沈晓农等人，在省气象局局长王江山陪同下，视察市气象局。

12月4日　市气象局档案管理工作通过有关部门组织的评审，由省三级晋升为省一级单位，实现"越二晋一"。

12月28日　营口市气象观测站办公用房建成并投入使用。同日，市气象局再次被省委、省政府授予"文明机关"。

2007年

1月9日　在市科协第七次代表大会上，市气象局被评为"营口市科协工作先进集体"。

1月12日　在市档案局对市（中、省）直机关进行的档案目标管理考核中，市气象局被评为档案管理工作优秀单位。

3月3—4日　后半夜到4日夜间，全地区出现新中国成立以来最强的暴风雪天气，最强降雪出现在4日白天。营口市区降雪34.2毫米，雪深22厘米；大石桥市（县）降雪41.3毫米；盖州市（县）降雪30.3毫米；开发区降雪44.3毫米。同时伴有7～9级偏北大风，瞬间最大风速达到38.7米/秒。这次暴风雪天气给工农业生产、交通及人民生活造成较大的影响。市气象局对这次气象灾害提前作出较为准确的趋势预报，为市委、市政府全面部署防灾抗灾工作做出贡献。

3月5日　市气象局荣获"2006年全市政府法制工作先进单位"。

3月13日　海上灯船自动气象站观测设备安装调试完毕，3月底入海后开始监测海上风向风速等气象要素。

3月20日　在全市纠风工作会议上，市气象局被市委、市政府授予"2006年度全市行风建设先进单位"。

4月10日　市气象局党总支被中共营口市委组织部和市委宣传部联合授予"抗雪救灾工作先进基层党组织"。

4月28日　韩国光州地方气象厅代表团一行6人到市气象局参观访问。

5月15日　中纪委驻中国气象局纪检组组长孙先健来营口检查汛期气象服务准备工作。

7月1日　市政府副市长姜广信在7月1日市气象局呈报的《降水实况和人工增雨情况报告》上批示："在大旱之际，气象局抓住机遇，积极主动，认真负责地组织了两次人工增雨，先后苦战了10多个小时，增雨效果显著，大大缓解了旱情，部分地区可以说解除了旱情。对此，市政府十分满意，广大农民十分高兴。"

7月11日　市气象局党总支被营口市直机关工委评为"2006年度先进党总支"。

7月19日　市政府出台《营口市气象灾害应急预案》。

8月3日　市气象局参加由市政府组织的大辽河水上综合应急演练。

8月6日　市气象局自筹经费设立的5项科研课题全部通过专家验收。

9月7日　市人大评议领导工作组到市气象局进行工作评议，并在市气象局召开评议动员大会。

9月18—27日　市人大常委会主任孟凡利率常委组成人员及各委（办、室）负责同志视察并评议市气象局工作。

11月7日　市气象局召开全地区地面气象记录数据文件互审工作会议。

11月14日　中国气象局党组办调研组郑江平等人来营进行调研。

11月15日　黑龙江省气象局考察团在省气象局党组纪检组组长任喜山、办公室副主任徐凤莉的陪同下到营口实地考察。

2008年

1月6日　在营口市第十四届人民代表大会第一次会议上，"加强气象灾害预报预警"第一次写入营口市政府工作报告。

1月25日　召开市气象学会第六届理事会会员代表大会。会议审议通过第五届理事会的工作报告，对气象学会科普先进工作者、优秀科技工作者及优秀论文进行表彰。会议选举产生第六届理事会成员，成立第六届学会理事学术委员会，吸纳新会员17人。

2月28日　营口市行政审批中心正式成立运行，营口市气象行政审批进驻审批中心办公。

3月9日　市气象局顺利完成海上航标灯船自动气象站新设备的安装及调试工作，该自动气象站包括风向、风速、气温和海温等气象要素，气象资料接收正常。

3月21日　《营口日报》以整版篇幅对营口市气象事业进行综合报道。此篇报道共分成"科技引领气象现代化迈上新台阶""观天气变幻 助农业丰收""科学观测 准确预报"三大板块，内容覆盖营口气象科技现代化发展、营口市气象局为"三农"服务以及营口市气象局全方位为经济建设服务的主要事迹。

5月19日　营口市委下发文件，将农村气象灾害监测预警工程列入营口市委、市政府2008年为农民办的10件实事之一。

6月20日　在辽宁省文明委扩大会议上，市气象局被授予"2006—2007年省级文明单位"。

7月22日　市气象局被市委、市政府授予"2007年度市直机关绩效考核优秀单位"。

8月15日　市科协召开"营口第二届学术年会"，对第二届自然科学学术成果进行表彰。市气象学会推荐的 21 篇气象科技学术论文全部获奖。

8 月 26 日　营口市新农村建设办公室到市气象局对营口市农村气象灾害监测预警工程建设进行检查验收。该系统在当年主汛期气象服务工作中发挥了重要作用。

9 月 8 日　由市气象局党组纪检组主办的首部党风廉政刊物《每周荐文》创刊，填补了市气象局党风廉政建设工作中的一项空白。

9 月 27 日　在盖州团山建成辽宁省首批国家环渤海岸基无人值守自动气象站，并投入业务试运行。

10 月 23 日　市气象局举办 Micaps3.0 软件使用、管理和静止卫星处理系统软件应用培训班。营口市气象台、营口市气象科技服务中心预报员共 14 人参加了培训。

11 月 11 日　市气象局召开全市气象局长工作研讨会议，贯彻落实全省气象局长工作研讨会精神，谋划 2009 年营口地区气象部门拟开展的重点工作，探讨提高公共气象服务能力的思路及措施，以推进全市气象事业又快又好的发展。

11 月 20 日　营口市老边区村主任防御气象灾害知识暨兼职气象信息员培训活动顺利举行，至此，营口地区村主任防御气象灾害知识暨兼职气象信息员培训活动全面展开。

12 月 18 日　在召开的"营口市科协成立 50 周年纪念大会"上，气象学会荣获"营口市科协工作先进集体"称号。

12 月 26 日　辽宁省气象部门 2008 年度财务决算会议在营口召开。

12 月 28 日　市气象局举办行政审批业务培训班，各县区局共派出 20 人参加此次培训。

2009年

1 月 16 日　在 2008 年度营口市行政审批中心窗口单位考核评比中，市气象局行政审批服务窗口荣获优秀单位，驻行政审批中心的 3 名工作人员全部受到表彰。

1 月 22 日　市气象局被省人事厅、省气象局联合授予"辽宁省气象系统先进集体"。

3 月 6 日　市气象局举办营口市人影作业培训班，市气象局及所属市（县）、区气象局领导以及实施人影作业的 30 余人参加培训。

3 月 18 日　市气象局接到营口客运集团的感谢信，信中对市气象局领导和工作人员给予客运事业的大力支持表示诚挚的感谢。

3 月 25—26 日　市气象局党组书记、局长才荣辉与有关同志专程赴丹东市气象局学习开展实践科学发展观活动的经验。

4 月 15 日　市长高军在《气象与农情》第 3 期中批示："气象局工作是卓有成效的，能够及时准确地为人民群众生产生活提供气象信息，为防灾减灾和安全生产做出了贡献。希望继续努力，在气象信息准确性、及时性等方面提高工作整体水平。"

5 月 12 日　市长高军在《气象与农情》第 5 期中批示："气象工作十分重要，市气象局工作是出色的，对服务全市经济社会发展起到了不可替代的作用。望继续努力，更好地为全市经济发展和人民群众生产、生活服务。"

5 月 14 日　市气象局参加由市科协和市农业中心共同举办的农业防灾减灾科技研讨会，气象局共撰写《营口地区干旱指标的确定》等 6 篇文章，其中金巍撰写的《近 55 年营口市气温变化特征及其影响成因分析》在会议上进行了交流。

6 月　市气象局使用"区域自动气象站报表制作与共享系统"，完成全地区 44 个区域自动气象站 2005—2008 年气象观测数据的整编和归档工作，为预报人员使用区域自动气象站历史资料提供了方便快捷的渠道。

6 月 2 日　市气象局与市林业局共同签署《林业有害生物监测预报合作协议》。

6 月 9 日　省气象局党组成员、大连市气象局局长赵国卫，省气象局业务处处长赵大庆等一行到市气象局检查汛前准备工作。

6月16—17日 辽宁省海洋公共气象学术研讨会在营口召开。会前，市委常委、副市长曲广明会见省气象局局长王江山等一行人员。

6月25日 在辽宁省气象部门庆祝新中国成立六十周年文艺汇演中，市气象局自编舞蹈《祈雨情》荣获三等奖。

7月1日 市气象局召开纪念中国共产党成立八十八周年暨新党员入党宣誓大会，全体党员和入党积极分子参加。3名新党员在党旗下进行宣誓，全体党员重温入党誓词，并观看加强党建的电教片。

7月8日 营口市气象观测站完成闪电定位仪的安装和调试，开始业务运行。

7月31日 13时30分至15时，市气象局在4楼会商室举行全市气象灾害应急演练。市气象局局长才荣辉、副局长李明香及气象台、服务中心、网络中心、业务科、办公室等共22人参加演练，在全省气象灾害应急演练评比中获三等奖。

8月 乡镇加密自动气象站信息综合分析系统投入试运行。

8月21日 市委书记赵化明在市气象局报送的《营口决策气象信息》第101期"我市实施最大规模人工增雨作业 全市大部旱情基本解除"上作出重要批示："气象局工作认真，采取措施科学合理，人工降雨效果明显，给予表扬。"

9月23日 市气象局举行营口地区气象部门庆祝新中国成立六十周年文艺汇演。营口地区气象部门全体在职及离退休职工共130余人观看了演出。

11月2日 市气象局人工增雨火箭弹存储库完成建设。火箭弹存储库由市政府投入10万元，完全按照省气象局设计要求建设。火箭弹存储库占地15米^2，可存放人工增雨火箭弹72枚。

11月4日 市气象局召开全地区乡镇精细化天气预报制作发布工作会议，部署开展通过乡镇气象信息显示屏发布乡镇精细化天气预报工作。

11月16日 通过气象信息显示屏点对点为乡镇政府发布精细到当地乡镇的天气预报，成为全省唯一开展此项工作的市气象局。

11月17日 吉林省白城市气象局副局长王成山等一行7人到市气象局学习考察。

11月19日 辽宁省区域自动气象站调查评估技术现场会议在营口召开。

12月 营口市人工影响天气指挥系统完成建设。该系统作为2009年市政府为农民办的10件实事之一，由政府投资17万元建设。

同月，市气象局及所属市（县）、区气象局完成对全市373所中小学校舍安全风险评估。

12月1日 市人大副主任郝庆会在市长助理刘作伟等陪同下到市气象局调研。

12月13—15日 经省气象局验收，市气象观测站有5人获得国家级优秀测报员荣誉。

2010年

2月 在全国气象局长会议上，市气象局被人力资源和社会保障部、中国气象局授予"全国气象系统先进集体"荣誉称号。

2月5日 市气象局召开2010年全市气象工作会议。副市长曲广明出席会议并作重要讲话。

3月19日 市气象局举办县级自动气象站数据库存储中心建设培训班。

4月 市气象局局长才荣辉带领相关业务人员赴喀左县气象局学习考察设施农业气象服务工作。

5月 市气象局被营口市史志办公室授予"2009年修志工作先进集体"荣誉称号。

5月25日 市气象局成立营口市气象行政执法大队，各县区气象局成立气象行政执法中队，统一开展全市的气象行政执法工作。

6月9—10日 省气象局党组成员、大连市气象局局长赵国卫带领省气象局有关处室负责人到市气象局检查汛期气象服务准备工作。

7月 市气象局、市安全生产监督管理局、市住房和城市规划委员会联合印发《关于进一步加强我市防雷安全工作的通知》（营气发〔2010〕23号），多部门联合加强全市防雷安全工作。

7月5日　市气象局组织各县（区）局完成区域自动气象站综合分析系统建设，并投入业务使用，提高了县局对区域自动气象站的监测和预警能力。

8月4日　上午，辽宁省委常委秘书长周忠轩在营口市长高军，市委副书记刘始杰，市委常委、市委秘书长梁永富等陪同下莅临市气象局检查汛期气象服务工作。

9月13日　市气象局参加由市政府应急办组织的第四届应急管理宣传周活动。市委副书记刘始杰、市人大副主任李松林、市政协副主席杨枢、副市级领导朱毅力、政府副秘书长陆忠才等领导在气象局展台前认真听取李明香副局长关于气象应急知识的介绍，对气象局的工作给予充分肯定。

9月17日　市气象局举办公文写作培训班，邀省局办公室宁仕涌做辅导报告。全地区气象部门共25人参加了培训。

9月28日　市气象局举行"营口市老边区气象信息员培训"活动。该区所辖4个镇和1个办事处的5名领导、59名气象信息员参加了气象知识培训。

10月　市气象局组织开展气象信息员培训工作，对全地区各乡镇行政村共645名气象信息员分别进行了培训。

10月22日　营口地区首个气象信息服务站在盖州二台子乡挂牌成立。二台子乡政府确立1名乡长分管气象工作，乡农业科承担气象信息服务站工作任务，并设1名兼职人员负责气象服务站的具体工作。

11月12日　市气象局举办地面测报业务技能竞赛。全地区测报岗位的17名业务人员参加。

11月22日　市气象局在大石桥市旗口镇长屯村建立营口市首家村级气象信息服务站。

11月30日　由省档案局和市档案局组成的档案管理综合评审小组对市气象局档案工作晋升省特级进行现场考核、评审，市气象局档案工作综合得分97分，晋升省特级单位，这也是全省气象系统第1个档案工作省特级先进单位。

12月　在2010年度营口市"双十佳"机关网站评比工作中，市气象局获"十佳创新"机关网站。

12月24日　市气象局召开全地区气象部门领导干部述职述廉大会。市局领导班子成员、各县（区）局局长、局内各部门负责人和工程师以上专业技术人员参加了会议，市纪委两位领导出席会议，并组织与会人员对局领导班子成员进行了民主测评。

2011年

1月25日　市气象局召开2011年春节离退休老干部团拜会，25名离退休老干部和局党组成员参加了会议。同日，市气象局举办2011年新春联欢会，市局全体在职职工及离退休老干部共80多人参加了联欢。

2月25日　上午，市气象局召开全市气象工作会议，贯彻落实全省气象工作会议精神，部署2011年全市气象工作。市委常委副市长曲广明、市长助理刘作伟、副秘书长李振利等参加了会议。市委常委、副市长曲广明代表市委市政府对市气象局给予通报表扬。

3月8日　市气象局与市农委召开气象为农服务工作座谈会，市气象局领导和服务人员及市农委、市农业中心的领导和专家参加了会议。

4月1日　上午，市气象局举办乡镇预报技能培训班，3个市（县）、区气象局共11名预报员参加了培训。

4月15日　省气象局对口支援的四川省雅安市气象局副局长高文良等一行6人，在省气象局计财处副处长车胜利陪同下到市气象局进行考察。

4月22日　市气象局召开测报工作会议。

同日，陕西省延安市气象局党组书记申志珍等一行6人在省气象局人事处副处长郭恩立的陪同下到市气象局考察，进行对口交流。

4月27日　在全市劳动模范和先进集体表彰大会上，市气象局获全市先进集体。

5月　市气象局举办全地区地面观测资料互审会，所辖3个市（县）、区气象局观测组和市气象局观测站的站组长及预审员参加会议。

5月16日　上午，市气象局召开全体职工大会，省气象局宣布李明香任营口市气象局党组书记、市气象局局长。

6月1日　市气象局召开全市汛期气象服务动员会议，市政府党组成员、市长助理刘作伟全程参加会议，并作重要讲话。市气象局全体在职人员和县区局领导参加会议。

6月9日　市气象局举办本年度首次地面气象测报业务考试。

6月20日　上午，营口市国土资源局马泽秋副局长等一行3人到市气象局进行调研，就如何有效开展今年地质灾害防御进行深入交流和探讨，就各自行业优势交换意见，进一步完善了营口市地质灾害防御合作机制。

6月24日　市气象局举办营口地区气象部门庆祝建党九十周年"歌颂会"，全区百余名气象职工参加了演出。

7月12日　市气象局举办"辽宁省气象灾害预警信息短信发布平台"业务培训班，业务人员现场对该平台进行安装、调试和使用。

7月29日　上午，市气象局召开气象建设项目验收会，对市财政投资建设的营口机场自动气象站建设项目、人工影响天气作业指挥系统、人工增雨火箭弹专用存储库工程、营口市村级地质大风气象灾害预警信息系统及其2个子项目等进行验收。市财政局、发改委、国土资源局及省气象局计财处等有关部门的领导和工作人员参加了验收会。

同日，营口市人民政府下发《营口市农村气象灾害防御体系和农业气象服务体系建设方案》（营政办发〔2011〕48号）。

8月16日　省气象局副局长赵国卫在市气象局局长李明香的陪同下到盖州市进行气象为农服务"两个体系"建设、基层台站综合改革调研，并与营口市委常委、副市长曲广明和盖州市市长赵纯义进行交流。

8月27日　中国气象局政策法规司司长王志强在省气象局副局长赵国卫的陪同下到市气象局进行政策法规工作调研。

9月26日　市气象局召开全体职工大会，宣布李学军、梁曙光任营口市气象局副局长、党组成员。

10月25日　市气象局举办2011年第2次地面气象测报业务考试。除当日值班员外，全地区从事地面气象观测的业务人员共21人参加了此次考试。

11月3日　市气象局召开党总支换届选举大会，审议通过上一届党总支工作报告，选举产生新一届党总支委员。苏乐宏任党总支书记、宋长青任党总支副书记。

11月9日　市气象局召开全市气象依法行政工作会议，认真贯彻落实中国气象局和辽宁省气象局依法行政工作会议精神，全面总结2004年以来气象依法行政工作取得的成绩和经验，深入分析气象依法行政工作面临的新形势和新任务，明确今后气象依法行政工作重点。

11月16日　省气象局局长王江山到营口进行气象工作调研，并与营口市副市长曲广明就气象服务地方社会经济发展等问题进行会谈。

11月23日　市气象局召开2011年度软环境建设工作汇报会。市气象局领导班子成员、各相关部门负责人参加会议，市委领导出席了汇报会。

12月5日　市气象局召开"坚持以人为本，加速率先崛起"主题实践活动动员大会，主题实践活动全面启动。

12月19日　市气象局和辽宁省果树科学研究所联合发布第一期《气象与设施果树》，为果农提出设施果树的生产意见。

12月29日　2011年度营口市"双十佳"政府网站评比结果揭晓，市气象局网站喜获"十佳优秀"政府网站荣誉称号。

2012年

2月7日 营口地区气象部门召开防雷工作交流会和气象为农服务"两个体系"建设交流研讨会。

2月23日 下午，市气象局召开科研课题结题验收会，对2011年下达的5项市气象局科研课题进行结题验收。

3月2—3日 省气象局副局长刘勇、应急与减灾处处长徐凤莉和沈阳大气环境研究所副所长张玉书一行3人，到市气象局调研并指导工作。

3月29日 市气象局举行营口地区气象信息宣传暨综合管理信息系统培训班，市气象局全体干部职工、各县区局正副局长及通讯员参加了培训。

3月31日 20时，市气象局所属4个国家级地面气象站顺利进行地面气象观测业务切换。

4月 市气象局山洪地质灾害防治气象保障工程自动站全部建成并投入使用。

4月12日 在省气象信息中心的技术指导下，完成市气象局到各县区气象局的高清天气会商系统建设，至此，省—市—县三级高清视频会商系统建设全面完成。

4月24日 市气象局举行公文写作知识竞赛。来自全地区的26名气象职工参加了竞赛活动。

4月25日 市委书记魏小鹏在市气象局报送的《营口决策气象信息》第42期上对24—25日全区暴雨气象服务工作作出批示："此项工作安排得很好，要继续做好监测和预报预警工作。"

5月 市发改委与市气象局联合印发《营口市气象事业"十二五"发展规划》。

5月23日 市气象局配合省气象信息中心顺利完成营口地区MSTP宽带网络系统的切换，同时对原有网络升级改造为省—市8兆，市—县4兆。

5月25日 市气象局提前完成山洪地质灾害防治气象保障工程第二批自动站建设任务。

7月4日 市气象局召开纪念建党91周年暨"七一"表彰大会，通报2011年度党费收缴情况和党刊订阅情况，通报表彰2011年度优秀共产党员，动员部署营口市气象局"共产党员示范岗"创建评比活动。

7月11日 市气象局按照省气象局观测与网络处的工作部署，高质量、高标准完成山洪地质灾害防治气象保障工程第三批自动雨量站建设任务。

7月24日 下午，党组书记、局长李明香为全体党员、积极分子上党课——重温红军长征的艰苦历程。

8月1日 市气象局召开庆祝"八一"建军节座谈会，局领导与离退休和在职的复员转业干部共同庆祝中国人民解放军建军85周年。

8月31日 营口市市长葛乐夫在市气象局报送的《营口决策气象信息》第133期上对28—29日营口地区西部降大雨，东部降暴雨到大暴雨气象服务工作作出批示："市气象局在今年汛期暴雨台风监测预报中做了大量有成效的工作，为应对工作的决策起了很大的作用。"

9月11日 市气象局举办全地区地面气象测报业务技能竞赛。

10月24日 市气象局副局长李学军、梁曙光一行6人赴大连市气象局调研海洋精细化专业气象服务工作。

10月30日 市气象局邀请省气象局机关党委办公室主任刘春友对全市气象部门干部职工进行文明礼仪专题培训，市气象局全体干部职工以及各市（县）、区正副局长等相关负责同志参加了培训。

11月6日 上午，市气象局参加由市政府应急办组织的全市第六届应急管理宣传周活动。通过架设彩虹门、设置气象展板、发放宣传材料、现场解答等形式对气象应急管理工作进行宣传。

11月19日 上午，营口市市长葛乐夫到市气象局调研，并现场办公解决发展中遇到的困难和问题。市委常委、副市长曲广明，市政府秘书长陆忠才，副秘书长李振利及有关部门负责同志陪同调研。

12月18日 市气象局举行"一键式预警信息发布系统"培训班，对全地区气象部门相关预报人员进行培训，详细介绍了系统配置和发布流程。

2013年

1月8日　市气象局组织召开2013年第1次纪检监察工作会议，局党组成员、纪检组长苏乐洪主持会议，听取各市（县）、区气象局2012年度党建、文明创建工作和"三人决策"执行情况汇报。

1月17日　市气象局表彰2012年度全市气象部门先进，共表彰先进单位4个，先进工作者18人，干部考核优秀等次人员15人。

2月7日　市气象局通报2012年度全地区气象部门综合考评结果，办公室、计财科、人事政工科、业务科技科、政策法规科、气象台、生态与农业气象中心、雷达与网络保障中心、防雷减灾中心、大石桥市气象局、营口经济技术开发区气象局为优秀等次，观测站、气象服务中心、盖州市气象局为达标等次。

5月　按照辽宁省气象局海洋气象监测网的建设规划，营口海洋浮标自动气象站建设项目正式启动。

5月3日　市气象局与市安监局联合发文，并在全市范围内开展防雷安全专项检查。

5月11日　省气象局在营口组织召开营口新一代天气雷达站迁建选址论证会，营口新一代天气雷达选址通过专家组论证。

5月17日　市气象局举办气象行政执法培训班，邀请市政府法制办执法监督科专家讲解行政处罚法和行政处罚的正反案例，各市（县）、区气象局主要领导及全地区28名气象依法行政工作人员参加培训。

5月30日　市气象局在营口市气象观测站举办新型自动气象站业务现场培训。

5月31日　20时，新、旧自动气象站业务顺利切换。

6月　市气象局党总支被市直机关工委评为"2012年度先进基层党总支"。

6月18日　省气象局局长王江山在市气象局局长李明香的陪同下，到大石桥市蟠龙山视察营口新一代雷达迁建新址建设情况。

是月，市气象局成立科研课题评审小组，并制定科研课题管理办法，改进和加强科研管理工作。

7月25日　市气象局开展以"弘扬气象人精神"为主题的演讲比赛。

8月4日　市委常委、副市长曲广明短信慰问为海蜇管护提供保障服务的气象局职工。

9月　市气象局"十二运"气象服务系统荣获市直机关第五批"优秀工作成果"奖。

9月12—13日　省气象局副局长张彦平和应急与减灾处处长徐凤莉到市气象局进行工作调研。

9月23日　市气象局在预警信息发布中心举办突发事件预警信息发布系统培训班，参加会议的有全市24个成员单位以及所辖3个市（县）、区气象局的相关技术人员。

11月13日　营口市突发事件预警信息发布系统现场会在市气象局预警信息发布中心召开。会上，局长李明香介绍了系统的建设情况，工作人员现场演示了该系统软件的各部分功能。市委常委、副市长曲广明及全市27家相关单位的主要负责人或分管领导参加会议。

11月19—20日　全省气象部门2013年财务决算及综合统计会议在营口召开。省气象局计财处全体人员、省局各内设机构财务人员、各市气象局财务人员及全省统计人员80余人参加会议。

12月30日　市气象局对全地区气象部门18名突发事件预警信息发布系统建设突出贡献人员和20名先进个人进行表彰。

2014年

1月1日　市气象局观测站顺利完成地面气象观测业务调整工作，观测时次由原来每日8次调整为每日5次（08、11、14、17、20时）。

1月27日　市气象局召开全市气象工作会议，深入学习贯彻党的十八大、十八届三中全会精神，认真落实省气象局和市委、市政府的工作要求，总结2013年工作，部署2014年任务。

2月19日　市气象局印发《营口地区测报业务奖励办法》《优秀值班预报员评选及奖励办法》《精神

文明考核细则及奖惩办法》《营口地区装备保障业务奖励办法》。

4月 完成营口地区省—市、市—县气象宽带网络的升级工作，将省—市升速为20兆，市—县升速为8兆。

4月3日 市气象局举办2014年营口地区财务管理工作培训班，传达修订后的《财务支出与报销管理规定》，部署2014年重点工作，总结气象部门审计问题，通报2013年县局交叉审计后存在的问题。

4月9日 营口市人民政府印发《关于调整营口市人工影响天气工作领导小组成员的通知》（营政办〔2014〕8号），对营口市人工影响天气工作领导小组成员进行调整。

5月29日 全省防御暴雨灾害应急演练。市委常委、副市长曲广明，市长助理刘作伟，市气象局、市发改委、市科技局、市公安局、市财政局、市农委、市水利局、市林业局、市民政局、市国土资源局、市海洋渔业局、市政府应急办的领导在市气象局分会场参加演练，并进行市级防御暴雨灾害应急演练，各县区气象局设立分会场。

6月 营口市雷达与网络保障中心举办2014年气象信息网络、装备保障培训班，对全地区的保障技术人员进行信息网络、区域气象站、电子显示屏、大喇叭以及CMCAST等技术工作的讲解。

6月24日 市气象局召开全市气象部门汛期气象服务工作部署电视电话会议，对2014年汛期气象服务工作进行部署。

6月30日 营口市气象局党组印发通知，决定成立中国共产主义青年团营口市气象局委员会，办公室副主任科员白杨兼任团委书记。

7月 市气象局举办全地区乡镇天气预报及雷达产品应用培训班。

7月1日 市气象局召开纪念建党93周年暨"七一"党课专题报告会，全体党员重温入党誓词，审议通过2013年度营口市气象局总支委员会工作报告，通报2013年度党费收缴情况和党刊订阅情况，听取李明香局长"七一"党课专题报告会。

7月13日 省气象局局长王江山到市气象局指导群众教育实践活动，提出指导意见。

8月 市绩效考核工作领导小组办公室通报全市2013年度省政府对市政府绩效考评情况，市气象局获得气象服务能力建设第一名的优异成绩。

10月20日 历时半年多的紧张筹备，有主持人出境的新版电视天气预报节目在营口市电视台开播。

10月22日 市气象局举办营口地区气象部门综合业务培训班。

11月5日 市气象局党总支召开全体党员大会进行换届选举，选举产生了由5名成员组成的新一届党总支委员会。

11月17日 经市气象局科研课题评审小组评审，确定2014—2015年营口市气象局自立课题16项，其中业务攻关项目3项，一般业务应用开发项目8项，成长期项目5项。

2015年

2月 市气象局先后完成全市4个国家级气象站新型自动气象站的安装，实现新型自动气象站地区全覆盖。

3月 营口市气象观测站被营口市妇联授予"营口市三八红旗集体"荣誉。

5月8日 市气象局依托沿海经济带建设项目，在营口港的拖轮上建成1套船舶自动气象站。

5月14日 韩国光州地方气象厅代表团一行6人，在省气象局副局长刘勇等人的陪同下，来到市气象局进行为期1天的交流访问。

5月25日 《营口海洋浮标自动气象站基础建设实施方案》通过专家论证。

5月29日 上午，市政府在市气象局商室组织开展了市—县—乡—村四级防御暴雨灾害应急演练。市长助理刘作伟，市政府应急办、市气象局、市发改委、市科技局、市公安局、市财政局、市农委、市水利局、市林业局、市民政局、市旅游局、市国土资源局、市海洋渔业局等相关领导在主会场参加演练，各县（区）政府领导及相关部门领导在各县区分会场参加演练。

5月 辽宁省委、省政府对2012—2014年度精神文明创建工作先进单位进行表彰，营口市气象局和盖州市气象局荣登光荣榜，市气象局已是5次蝉联省级文明单位。

6月 《营口国家基本站气象探测环境保护专项规划》通过专家论证。

7月 市直机关工委对市直机关先进基层党组织、优秀共产党员和优秀党务工作者进行表彰，营口市气象局机关党总支荣获"先进党总支"称号，1人获得"优秀共产党员"称号，1人获得"优秀党务工作者"称号。

7月6日 《营口市气象局关于审批营口浮标站基础建设实施方案的请示》经省气象局2015年第5次局务会议审议通过。

7月15日 市气象局在营口经济技术开发区组织召开专家评审会，审议通过《营口市海洋浮标自动气象站通航安全评估报告》。

9月15日 市气象局局长李明香一行5人前往乌苏市气象局进行对口支援交流。

10月21日 中国气象局地面气象观测标准化工作检查组，在对熊岳国家基本站检查结束之后，赴营口市国家基本气象站对标准化工作完成情况进行指导。

12月2—5日 市气象局局长李明香等一行4人先后赴浙江省舟山、宁波市气象局考察学习气象预报服务工作经验。

12月24—31日 塔城地区乌苏市气象局第一批考察团赴营口市气象局进行对口实地考察交流。

12月26日 市政府召开由市发改委、市住建委、市国土资源局等22个相关单位参加的规划联审会，《营口国家基本站气象探测环境保护专项规划》通过联审。

12月 针对鲅鱼圈港务局提出的提供离港口30千米附近海域内天气预报和海面细化预报的要求，营口海洋气象服务平台研发完成。用户可以查询实况气象信息、精细化客观预报、大风精细化预报、气象预警信息服务、重要天气过程决策服务、常规预报服务、台风信息、海面气象信息等13项专业气象服务产品。

2016年

1月5—11日 塔城地区乌苏市气象局第二批考察团赴营口市气象局进行对口实地考察交流。

1月7日 市纪委党风廉政建设责任制检查考核组一行6人，对营口市气象局2015年度党风廉政建设责任制落实情况进行检查考核，并给予充分肯定。

1月14日 营口市第十五届人民代表大会第四次会议通过了《营口市国民经济和社会发展第十三个五年规划纲要》，气象工作作为一项战略任务明确写入"十三五"规划纲要中。

1月 市气象局建成车载移动气象应急监测服务系统，可以在现场开展应急气象观测并提供观测数据，为天气预报和现场服务提供数据支撑，提升了突发事件应急处置气象保障能力。

2月3日 市气象局举办以"红歌传唱，激情飞扬"为主题的全地区气象部门新春红歌合唱比赛。

2月17日 营口市生态与农业中心举办2016年营口地区人影安全检查及安全作业培训。

2月23日 市气象局召开科研课题结题验收会，市气象局2013—2015年立项的12项科研课题均通过结题验收。

2月 在全省气象局长工作会议上，营口市气象局荣获全省气象部门2015年度综合考评特别优秀单位、全省气象部门先进集体及全省重大气象服务先进集体殊荣。

是月，在共青团营口市委召开的全市年度表彰大会上，市气象局团委书记被评为2015年度全市优秀共青团干部，同时1名团员被评为全市优秀共青团员。

3月 市气象局"加强标准化气象灾害防御乡（镇）建设"工作荣获营口市直机关第十批"优秀工作成果奖"。

是月，与环保部门共同制定《重污染天气预报服务工作方案》。

3月7日 在营口地区2015年中央财政"三农"气象服务专项验收会上，营口经济技术开发区气象局、大石桥市气象局和盖州市气象局2015年中央财政"三农"气象服务建设项目全部通过验收。

3月14日 完成国家突发事件预警平台25家成员单位账号的建立。

3月21日 《营口市气象局重大气象服务表彰办法》经第3次局务会审议通过并印发。

3月22日 完成营口市气象观测站串口服务器的安装和调试，实现所有观测数据仅通过一根光纤和终端计算机进行传输。

3月29日 由市气象局党组纪检组长王涛带领的两支"四风"集中检查工作组分别到所辖市（县）、区气象局实地开展专项核查。

4月 营口市气象服务中心与北京软件公司沟通，在市气象台、市雷达与网络保障中心的协助下，完成港口预报服务平台的框架设计。

4月1日 市政府出台《营口国家基本气象站气象探测环境保护专项规划（2014—2030）》。

4月12日 市气象局获全市2015年度依法行政工作优秀单位。

4月21日 朝阳市气象局分管财务局长、办公室主任及财务核算中心工作人员赴营口市气象局学习考察，双方就财务管理及网上财务支出审批规范化管理等经验进行了交流。

4月28日 市气象局召开"两学一做"学习教育动员会，对"两学一做"学习教育活动进行了动员部署，局领导作了"学党章党规 学系列讲话 做合格党员"专题党课报告。

4月28日 完成对营口航标灯船自动气象站的重新安装调试和数据传输工作。

5月 市财政局农财科到市气象局开展工作调研，了解"气象为农服务""突发事件预警信息发布系统""人工影响天气作业指挥系统""气象防灾减灾""气象影视演播系统"等项目建设和资金使用情况。

5月2日18时至4日00时 营口地区普降暴雨，东部和南部的部分地区出现大暴雨，雨量为50～130毫米。过程降雨量为2005年以来历史同期最大，市区风力为1989年以来最大，是一次罕见的春季暴风雨天气。营口市气象局提前做出准确预报，为市领导提供决策依据，并以多种渠道向社会公众发布预报预警。

5月9日 气象工作首次写入全市社会经济发展五年发展规划，"完善气象监测预警工程""智慧气象建设""加强气象灾害预警预报和突发事件的应急处置能力建设"列入全市"十三五"重点工作。

5月10日 市财政局农财科科长张凌云一行到市气象局调研。

5月12日 市气象局举办全地区党务干部培训班，扎实推进"两学一做"学习教育。

5月18日 省气象局科技与预报处处长袁子鹏、省气象信息中心副主任张皓宇、省气象局应急与减灾处科员于琳琳组成检查组赴营口市气象局和大石桥市气象局检查指导汛期气象服务准备工作。

5月21日 市气象局车载移动气象站首次亮相，为2016年鲅鱼圈国际马拉松赛事提供现场气象服务。

6月 市政府连续第五年将气象工作纳入政府绩效考核，市气象局也是全市唯一一家被纳入政府绩效考核的中省直单位。

6月8日 市气象局组织全体在职党员集中观看"全国优秀共产党员"毛丰美的先进事迹视频，并分支部开展"学习毛丰美，实干促振兴"专题组织生活会。

6月15日 市防汛指挥部印发《关于做好农村气象灾害预警大喇叭稳定运行的通知》。

6月28日 市气象局开展"纪念建党95周年走访慰问离退休老党员"活动。

6月29日 市气象局组织举办全地区气象部门"学党章，明党史，强党性"党章党规党史知识竞赛。全地区气象部门全体在职党员及入党积极分子组成的6支代表队参加了活动。

7月1日 市气象局召开纪念中国共产党成立95周年大会，宣读了先进党总支、优秀党务工作者和优秀共产党党员表彰决定。新党员进行入党宣誓，全体党员重温入党誓词。

7月15日 市气象局举办"两学一做"专题党课，邀请市委党校党史教研部副主任谭玉静为全体党员干部授课。

8月　省气象局在营口、开原、建平、彰武 4 个国家气象站建设雾霾天气探空监测系统，营口市气象观测站完成了探空气球施放场地选址、储气房建设等任务。

8月3—5日　举办党组中心组扩大学习会议暨全市气象系统领导干部培训班。邀请市委宣传部原副部长、市文明办原主任康福洲授课。

8月24日　营口首个海洋浮标自动气象站成功投放至指定海域。

9月21日　省气象局副局长刘勇一行莅临营口市气象局，实地察看气象影视制作中心和气象会商室，对影视制作系统、突发事件预警信息发布系统等应用情况进行了调研和指导。

11月　为了进一步做好专业气象服务工作，营口市气象台分三批次前往省气象台、省气象服务中心、沈阳市气象局、盘锦市气象局进行调研。

是月，在营口市政府的协调下，营口地区非作业期间的人工影响天气弹药全部送至军分区弹药库存储，有效解决了非作业期间人影弹药存储所存在的安全隐患。

是月，建成"营口市综合气象资料信息服务系统"，与省局 CIMISS 系统成功对接，实现对各类地面气象资料的查询、统计和分析。

11月20日　搭建"智慧气象"基础数据平台，对区域自动气象站要素进行全面核查，率先完成考核区域自动气象站数据的业务调整和迁移。

12月19日　完成市气象局机房改造和内、外网隔离项目，升级全地区 VPN 备份网络系统，建成营口天气雷达站—市气象局的备份光纤。

12月21日　完成降水天气现象仪的安装调试。

12月30日　《营口气象事业发展"十三五"规划》由市政府正式印发，突发事件预警信息发布系统建设工程、现代农业发展气象保障建设工程、大气环境探测预警建设工程等"十三五"重点工程顺利实施。

2017年

1月5日　省气象局局长王江山、办公室主任王震赴营口经济技术开发区气象局进行慰问。

2月　对营口海洋气象服务综合业务平台进行全面升级，并综合营口港气象服务需求，开发了面向港口各功能区的精细化预报产品，实现气象灾害预警信息的自动报警和定向发布。

3月3日　中国气象局探测中心副主任李柏一行赴营口调研新一代天气雷达站搬迁和大修升级改造项目。

3月10日　以省气象局党组成员、大连市气象局局长王志华为组长的检查组一行赴营口，对市气象局党组 2016 年度履行主体责任情况进行全面考核。

3月10日至4月10日　开展森林防火宣传工作，通过预警信息"一键式"发布系统、"营口气象"微信公众号、电视天气预报节目等媒体发布森林防火宣传信息，每天发布一次。

4月1日　整合自动气象站数据，完成全地区 70 个考核及非考核区域自动站向省局中心站迁移工作，实现与省级 CIMISS 气象大数据对接。

4月5日　完成农村应急广播系统发布接口的合作研发任务，在全省率先实现通过气象预警大喇叭点对点精准发布预报预警。

4月7日　完成辽宁省突发事件预警信息发布系统本地化建设，在全省率先实现试运行。

4月12日　中国气象局副局长矫梅燕、省气象局局长王江山一行到营口市气象局检查指导汛期气象服务工作。会上，营口市副市长高炜对营口气象工作给予了高度评价："营口市气象局有一个好局长、好班子，有一支能干的队伍，在全市中直系统中，气象局表现是最好的。气象局这家人没有权力欲望，没有利益欲望，只有服务欲望，这是令我们地方党委和政府非常感动的。'有为'才'有位'，气象局有为、善为，地方党委和政府对气象局是非常满意的。"

4月19—23日　局长李明香、纪检组长王涛、核算中心主任张丽娟、防雷中心主任吴福杰赴湖北省咸宁市和宜昌市气象局进行防雷改革实地考察调研。

5月 确定11个乡镇代表性自动气象站，组建营口旅游气象监测网，开展营口市重点景区气象条件监测。

5月11—17日 营口市气象观测站被选为全省地面综合观测业务软件（ISOS集成版）的试点台站。

5月17日 在第69届世界气象组织执行理事会会议上，由中国气象局申报的营口气象站与呼和浩特、长春气象站一并通过大会批准，成为世界气象组织首批百年气象站。

5月27日 在《营口市气象局关于营口市气象站列为世界气象组织首批百年气象站情况的报告》中，副市长尹成福批示：拟同意市气象局意见，请长富书记、功斌市长阅示，请文物局将其纳入文物保护。

5月28日 市气象局为2017年鲅鱼圈国际马拉松赛事提供现场气象服务。

6月5日 省气象局组织全省主流媒体对营口百年气象站进行集中宣传采访。

6月7日 营口市委书记、市人大常委会主任赵长富在《营口市气象局关于营口市气象站列为世界气象组织首批百年气象站情况的报告》中批示：近日我到现场看一下，成福同志可以一起察看。

6月8日 赵长富书记到营口气象站旧址进行调研。

6月9日 中国气象局综合观测司地面处处长裴翀一行4人赴营口百年气象站进行调研。

6月22—23日 市气象局局长李明香在省气象局局长王江山一行的带领下，前往中国气象局汇报营口百年气象站有关情况。22日下午，中国气象局组织办公室、计财司、观测司等相关部门召开专题会，部署安排营口百年气象站建设事宜。

7月 "营口气象监测平台"（市局版）开始试运行。该平台包含单站要素监测、降水监测、风力监测、气温、能见度与湿度、辽宁即时天气、雷电监测、雷达、卫星云图、土壤墒情和干旱监测、天气预报、预警信号、决策材料、全要素实时查询和统计等15个模块。构建了市气象台版本和各县区局版本，可以根据水利、国土等部门业务人员的监测需求预留接口，有效提高了气象资料的使用率和实效性，较大提升了应急服务水平。

7月3日 市委书记赵长富在《关于市气象局提请事项的意见》中批示"积极争取资金，力争把事办好"，市长余功斌、副市长尹成福批阅。

市委、市政府确定市气象局与盼盼安居门业有限责任公司共同对大石桥市黄土岭镇七一村进行定点包扶。经过多次实地考察、研究协商，市气象局与村两委共同制定了以"培育发展特色产业、扶持村集体经济、打造乡村红色旅游产业、移风易俗 减轻村民负担"为主导思想的脱贫发展规划，并逐项细化扶贫措施。11月，筹集资金12万元帮助6户贫困户建造花菇种植大棚脱贫。

7月6日 市气象局召开营口气象观测史研讨会，研讨营口百年气象站的发展历程及旧址修缮、保护等相关事宜。

7月11日 《营口市气象志》编委会成立，部署《营口市气象志》编写工作。

7月27日 营口市气象局召开2017年党员大会暨"一先两优"表彰大会，全体党员和入党积极分子参加了会议。

8月2日 副市长尹成福在内容为"2日后半夜到4日午前我市有大到暴雨"的《营口决策气象信息》上批示："请防指成员单位和各县（市）区政府、防指办抓好应急预案启动和各项防汛抗洪措施落实工作，确保不发生人员伤亡事故，努力减少灾害损失。"

8月3日03时至4日13时 营口市东南部降暴雨到大暴雨，盖州矿洞沟云山沟、毛岭村和张家堡降水量分别为392毫米、387毫米和307毫米，达到特大暴雨量级，降水量之大突破本地历史极值。2日08时，市气象局启动气象灾害暴雨Ⅱ级应急响应，4日13时解除应急响应。2—4日，市气象台向市委、市政府、市防汛抗旱指挥部和市国土资源局等相关部门报送《营口决策气象信息》3期、《最新降水实况和滚动预报》11期，并实时汇报最新降雨实况；通过手机短信、电子显示屏、农村应急广播系统将最新预报和降水实况发送到各乡镇、村，通过电台和电视台滚动播报。局长李明香多次向市委、市政府领导汇报降水预报和降水实况。

8月4日　营口市编委下发《关于调整市防雷减灾中心经费渠道的批复》，同意将营口市防雷减灾中心经费渠道由自收自支调整为市财政全额拨款，在全省率先完成防雷体制改革。

8月22日　组建气象资料整编委员会，开展百年气象资料整编工作。

是日，副市长尹成福主持召开营口百年气象站旧址修缮和建设业务工作会议，明确将旧址确权给气象局，并划拨 2677 米² 建设用地。

9月　成立营口百年气象陈列馆布展大纲编写组，聘请营口市博物馆原馆长郭德森作为专家顾问，开始进行布展大纲设计。

9月2日　中国气象局计财司副司长曹卫平一行 10 人来到营口市气象局开展计财工作"综合检查回头看"重点检查工作。

9月19日　省气象局党组纪检组组长张彦平、副组长王虹一行 3 人到市气象局，就 2017 年以来纪检监察重点工作任务完成情况开展督导调研。

10月1日　"营口天气网"正式上网运行，推出天气实况、4 种预报服务产品、5 种决策气象服务产品和预报预警产品，实现对现有气象服务产品大整合和"一键式"查询。

10月11日　营口市气象局通过营口气象网、微信公众号等媒体，面向社会公开征集老旧气象仪器、气象设备和相关老照片。

10月18日　中国气象局观测司、营口市政府在市气象局会议室召开营口百年气象陈列馆建设推进协调会。中国气象局观测司司长王劲松，省气象局局长王江山、副局长陈洪伟，营口市副市长尹成福、市气象局局长李明香、纪检组长王涛参加了会议。

11月1日　市委党校来到营口市气象局参观调研。

11月上旬　通过招标确定沈阳毕帝基建筑工程设计事务所作为营口百年气象站旧址修缮设计单位。

11月17日　营口百年气象站旧址被确定为营口市第五批市级文物保护单位，并确定了文物保护范围。

11月下旬　完成营口百年气象站旧址修缮设计；确定沈阳爱的展览艺术工程有限公司为气象文化广场设计单位。

11月22日　营口市气象局机关党总支召开全体党员大会，选举产生新一届党总支委员 7 名。

是日，营口市气象局新一届党总支委员会举行第一次全体会议，选举李明香任党总支委员会书记，王涛任党总支委员会副书记。

12月5日　由省气象局观测网络处组成的项目验收组，对营口市气象局 2015 年山洪地质灾害防治气象保障工程第一批建设项目进行了验收。

12月15日　营口文化体育和新闻出版广电局批复同意市气象局对营口百年气象站旧址本体进行修缮、管理和使用。

12月21日　市行政审批局向市气象局核发《建设项目选址意见书》。

12月27日　市行政审批局向市气象局核发《建设用地规划许可证》。

12月28日　市行政审批局批复《营口百年气象站旧址改扩建及修缮工程可行性研究报告》，项目予以立项。

12月　完成气象文化广场施工图设计。

是月，确定沈阳古建筑设计院为营口百年气象陈列馆布展设计单位。

是月，完成营口百年气象站现址（营口市气象观测站）宣传栏的设计及招标工作。

是月，在营口、大石桥和开发区 3 个国家气象站新建大气降尘及酸雨观测点，实现全地区 4 个国家气象站的全覆盖。

2018年

1月　中国气象科技史委员会秘书处与营口市气象局在北京举行关于营口百年气象站建设工作座谈会。会上，营口市气象局就营口气象站发展史以及营口百年气象陈列馆建设构思、布局、进展情况和存在的问题做了具体汇报。

1月22日　市政府应急办与市气象局联合印发《关于加强突发事件预警信息发布工作的通知》。

1月26日　市长余功斌主持召开市长办公会，确定营口百年气象陈列馆等系列文博馆建设方案。

2月2日　省气象局副局长郑江平、人事处处长王震参加指导市气象局党组"认真学习领会习近平新时代中国特色社会主义思想，坚定维护以习近平同志为核心的党中央权威和集中统一领导，全面贯彻落实党的十九大各项决策部署"专题民主生活会。

2月5日　市政府副秘书长李锡臣主持召开营口百年气象陈列馆布展协调会，向市有关部门部署营口百年气象陈列馆布展所需展品收集工作。

2月26日　市国土局为市气象局颁发营口百年气象站旧址《建设用地划拨决定书》。

3月1日　市气象局组织全地区13名执法人员参加由市政府法制办举办的2018年首届执法资格考试，实现执法人员全体持证上岗。

3月20日　市气象局为营口百年气象站旧址办理《土地使用证书》。

3月21日　市气象局、市机构编制委员会办公室、市行政审批局、市住房和城乡规划建设委员会、市交通局、市水利局、市环境保护局、市人民政府法制办公室联合印发《营口市气象局等8个单位关于做好优化建设工程防雷许可有关工作的通知》（营气发〔2018〕8号）。

3月28日　市政府下达绩效考核任务，气象预报准确率、防雷安全管理、灾害性天气气象预警信号准确率、农村应急广播系统、推进突发事件预警信息发布系统应用、人工增雨、重大气象灾害气象服务、重大活动气象服务、生态环境气象服务、公众气象服务、旅游气象服务等11项气象工作列入市政府对气象部门考核；"加强防雷安全管理""农村应急广播系统在线率""人工增雨（雪）作业"等3项工作纳入市政府对县区政府绩效考核。

3月29日　以省气象局副巡视员孙义德为组长的专项检查组一行4人来营口检查市气象局贯彻落实中央八项规定精神情况。重点听取了2017年以来市气象局办公用房、公务用车、公务出差、公务接待等工作情况，对大石桥市气象局开展实地检查。

3月　市气象局荣获2017年度法治政府建设（依法行政）优秀单位，这已经是连续第十二年荣获全市依法行政工作表彰。

4月　《大石桥国家一般气象站无人值守业务实施方案》获辽宁省气象局批复，2018年5月1日起开始实施。

4月20日　省春运领导小组对营口市17个成员单位进行了表彰，其中营口市气象局被评为2018年辽宁省春运工作贡献突出集体。

4月25—26日　以辽宁省气象局副局长刘勇为组长的汛期气象服务工作检查组赴营口检查汛前气象服务工作准备情况。检查组一行实地察看了各业务平台，并听取了市气象局和大石桥市气象局的工作汇报。

5月10日　市气象局陈金娃参加全省气象科普讲解大赛，荣获辽宁省气象科普大赛一等奖。

5月15日　中国气象局气象宣传与科普中心拟编写图书《中国的世界百年气象站》，对入选世界气象组织百年气象站的呼和浩特、长春、营口气象站以及徐家汇观象台、香港天文台进行详细介绍，营口市气象局组织人员参与编写工作。

5月21日　3项气象工作被写入市委市政府联合印发的《中共营口市委　营口市人民政府关于贯彻〈中共中央、国务院关于实施乡村振兴战略的意见〉的实施意见》中，一是加强农村、海洋气象灾害监测预警体系建设，进一步完善区域自动站站网，提升气象灾害监测预警能力；二是完善智慧农业气象APP、

"气象营口"微信等智能服务终端；三是加大"直通式"农业气象服务力度，发挥气象科技在农业生产中的支撑作用，促进农民增产增收。

6月中旬　市气象局与市环境监测站共同开发研制的"营口市空气质量与雾霾天气预报预警工作平台"开始试运行。

6月20—21日　市气象局组织参加辽宁省气象行业职业技能竞赛，荣获团体三等奖。

6月22日　市委市政府印发《营口市生态文明体制改革实施方案（2018—2020年）》，将气象工作纳入营口市生态文明体制改革实施方案。

6月28日　市气象局机关党总支被市委授予基层党建工作示范单位。

7月6日　完成营口百年气象站旧址《不动产权证书》（包含土地和楼体）办理。

7月30日　市气象局副局长宋长青主持召开营口市百年气象站旧址改扩建及修缮工程修缮分工程开工协调会。

8月7—27日　市气象局为"2018中国·营口望儿山母爱文化节"提供专业细致的气象服务。

8月13日　副市长高洪涛调研百年气象站旧址修缮情况，在营口气象气象站旧址召开现场办公会，协调解决动迁等工作。

8月15日　市长余功斌主持召开营口市系列文博馆建设专题会议，内容包括推进营口百年气象陈列馆修缮建设工作。

8月16日　举办全市气象部门"弘扬改革精神，奋斗创造辉煌"演讲比赛。

8月31日　市政府印发修订版《营口市气象灾害应急预案》。

9月　参加全市"文明有礼　从我做起"主题活动，组织拍摄营口有礼气象微视频。

9月5日　省气象局组织召开营口百年气象站建设工作情况汇报会，市气象局局长及分管领导参加了会议，汇报了营口气象站自入选世界首批百年气象站以来，中国气象局、省气象局对项目进行批复，市委、市政府召开协调会，划拨建设用地及核发《建设用地规划许可证》《不动产产权证》等情况。同时汇报了旧址修缮工程、气象文化广场建设、陈列馆布展工作、营口百年气象资料整编及气象志编纂情况。

9月6—7日　省气象局贯彻落实中央八项规定精神督查全覆盖现场观摩活动在营口市气象局举行，现场观摩了市气象局贯彻落实中央八项规定精神工作情况及具体措施。

9月5—15日　完成营口天气雷达站气象科普馆基础建设。

9月28日　中国气象局干部培训学院远程教育中心邹立尧主任一行到营口市气象局检查远程教育学习开展情况。双方就基层数字化学习室建设、远程教育需求和共建学习型组织等问题展开座谈。远程教育中心党支部与气象台党支部和科技服务党支部签署"结对子"协议。

10月　完成党员活动室改造，配置了党员活动多媒体设备。

10月12日　局长李明香主持召开专题会，邀请曾在百年站旧址居住过的居民李明、施工单位及建筑专家王闯研究探讨旧址楼体结构。

11月　市气象局党总支与大石桥市黄土岭镇七一村支委会签订党建共建协议。

是月，市气象局与大石桥市黄土岭镇七一村村委会签订防灾减灾建设协议，市气象局在七一村建设单雨量自动气象站、气象电子显示屏、防灾减灾宣传栏，及时监测、发布、气象灾害预警信息，宣传防灾减灾知识，加强七一村气象灾害防御体系建设，确保将七一村建成标准化气象灾害防御村。

11月16日　完成光电式数字日照计的安装。

11月22日　营口天气雷达站气象科普馆主体工程完工，以气象防灾减灾为主题，设天气与气候、观测与预报、气象与生产、雷电灾害防御、人工影响天气、气候能源利用六个区域，运用图文表现的方式普及气象科学和气象文化。

11月29—30日　由省气象局观测与网络处和地市气象局专家组验收组，对营口市气象局2017年山洪项目进行验收。

12月　完成5处32块党建展板的设计和制作。

12月7日　省文物局文物管理处副处长刘贵廷，专家吕海平、齐旭一行3人亲临市气象局指导审核第八批全国重点文物保护单位申报工作。

12月10日　省气象局局长王邦中一行赴营口进行调研指导。先后到营口国家天气雷达站、大石桥市气象局、营口市气象观测站、营口百年气象站旧址、营口市气象局实地查看，细致了解决策气象服务、生态环境气象服务、特色农业气象服务、气象科普宣传等工作。

附录四　在营口工作的气象人名册

（一）离退休和调离等人员

序号	姓名	工作时间及职务（职称）	序号	姓名	工作时间及职务（职称）
		营口市气象局			
1	张云龙	1949—1992 年，副局长	30	马福安	1971—2011 年，工程师
2	朱显忠	1953—1996 年，开发科科长	31	才荣辉	1971—2012 年，党组书记、局长
3	缪天一	1954—1996 年，通讯科科长	32	史庆璞	1972—1986 年，通讯科科长
4	解淑清	1958—1978 年，科员，调离	33	蔡长贤	1972—1994 年，服务科副科长
5	宋奎海	1958—1988 年，通讯科科长	34	田素清	1972—2004 年，助理工程师
6	朱金祥	1958—1988 年，副调研员	35	邓家臣	1973—1987 年，司机
7	王会臣	1958—1994 年，高级工程师	36	李　凡	1973—1988 年，工程师
8	傅仁相	1958—1998 年，业务科科长	37	蒋凤英	1973—1988 年，工程师
9	王同连	1958—1959 年，台长	38	陈文富	1973—1989 年，局长
10	王学生	1959—1997 年，工程师	39	周春菊	1973—2002 年，工程师
11	田福起	1959—1997 年，天气科科长	40	李昌金	1975—1983 年，观测员，调离
12	于桂兰	1960—1991 年，助理工程师	41	魏庆文	1975—1986 年，业务科副科长
13	贾进铭	1960—1995 年，工程师	42	王　宇	1975—1997 年，党组书记、局长
14	温桂清	1961—1995 年，工程师	43	张惠玉	1975—1999 年，高级工程师
15	张东元	1961—1997 年，副调研员	44	韩相复	1975—2004 年，副调研员
16	张凤云	1964—1985 年，技术员	45	孔玉英	1975—2009 年，副调研员
17	郝晶秋	1964—1997 年，工程师	46	齐曼丽	1975—2009 年，工程师
18	崔运成	1964—1997 年，工程师	47	郝玉良	1975—2012 年，工程师
19	李戴喜	1965—1985 年，行政管理员	48	王天民	1975—2014 年，观测站站长
20	于德志	1970—2009 年，工程师	49	李喜泰	1976—1980 年，观测员
21	张春元	1970—2011 年，行政正科	50	韩桂英	1976—1992 年，预报员，调离
22	张恒艳	1970—2012 年，副调研员	51	孙日东	1976—1992 年，副调研员
23	安来友	1970—2012 年，高级工程师	52	马　芳	1976—2006 年，助理工程师
24	孙朝库	1970—2012 年，高级工程师	53	张丽华	1976—2007 年，工程师
25	黄治安	1971—1986 年，技术员	54	王先赢	1976—2012 年，调研员
26	王立志	1971—1997 年，办公室副主任	55	陈宝纯	1977—1991 年，调离
27	李　静	1971—2005 年，纪检组长	56	高玉凤	1977—1991 年，调离
28	田桂梅	1971—2006 年，工程师	57	王贵军	1977—2013 年，高级工程师
29	徐洪明	1971—2007 年，副主任科员	58	张继权	1978—1984 年，调离

		营口市气象局			
序号	姓名	工作时间及职务（职称）	序号	姓名	工作时间及职务（职称）
59	苏乐洪	1978—2016 年，纪检组长、副调研员	79	郝宏伟	1982—2017 年，主任科员
60	王　彬	1979—1983 年，填图员，调离	80	谭　钻	1984—1986 年，预报员，调离
61	杨　华	1979—1984 年，填图员，调离	81	刘春明	1984—1987 年，观测员，调离
62	赵柳杨	1979—1986 年，观测员，调离	82	刘荣清	1984—1994 年，工人
63	朱济彦	1979—2007 年，助理工程师	83	张万华	1984—1996 年，助理工程师
64	段淑贤	1979—2002 年，办公室副主任	84	石廷芳	1986—2009 年，副主任科员
65	黑艳华	1979—2003 年，助理工程师	85	李丕杰	1988—2008 年，纪检组长，调离
66	李作然	1979—2004 年，服务中心主任	86	徐景文	1989—1993 年，助理工程师，调离
67	黄素文	1979—2009 年，高级工程师	87	迟丹凤	1993—1999 年，助理工程师，调离
68	初长田	1980—1986 年，办公室副主任	88	曲　岩	1994—2010 年，副局长，调离
69	郭宝琴	1980—1988 年，工人	89	金　巍	1994—2011 年，高级工程师，调离
70	赵朝贵	1980—1988 年，工人	90	杜海荣	2005—2006 年，助理工程师，调离
71	王凤云	1980—1996 年，助理工程师	91	吴铠宏	2007—2010 年，助理工程师，调离
72	谭　祯	1980—2004，业务科科长	92	宋　卿	2008—2011 年，助理工程师，调离
73	赵书霞	1981—2009 年，助理工程师	93	李叶妮	2009—2016 年，工程师，调离
74	孙丽红	1981—2017 年，工程师	94	李宝章	2010—2011 年，副局长，调离
75	池焕申	1982—1987 年，调离	95	李学军	2011—2016 年，副局长，调离
76	颜井利	1982—2014 年，高级技师	96	康洪凯	2012—2014 年，助理工程师，调离
77	杨丽华	1982—2014 年，工程师	97	薛晓颖	2012—2018 年，助理工程师，调离
78	郭　森	1982—2014 年，工程师			

其他调离人员：常树翰（1950 年），李贵学（1955 年），袁良赞（1956 年），王国廷（1964 年），罗青林（1966 年），刘景泉（1968 年），刘锡德（1971 年），解淑清（1978 年），于选之（1979 年），张文守（1980 年）唐桂君（1982 年），迟春泉（1983 年），杨宏（1983 年），孟凡恕（1983 年），孙玉才（1984 年），赵富荣（1984 年），李玉华（1984 年），于立新（1985 年），赵素霞（1985 年），孙玉英（1987 年），王述彦（1987 年），尉立邦（1989 年），吕燕（1990 年），胡仁杰（1996 年）。还有黄亚奋、赵文林、刘秀崑、贺占华、王燕萍、高凤海、郭家英、张明赟、赵素媛、陈素华、许维山、王彩杏、王培芹、王立枝、杜智勤、刘锡泽、刘奎基、刘振民、徐振雷、李书云、林道述、高茂、康德福、李振起、李连宝、李书云、李丹凤、于红、邹慧春、初新良、李明启、丁建国、明凯、刘世海、田守俭、包玉凤、李政德、李义、李祖成、马玉新、杜新平、侯卫中、徐彬、李立秀、王培琴、来小芳等人员曾在营口工作过。

		盖州市气象局			
序号	姓名	工作时间及职务（职称）	序号	姓名	工作时间及职务（职称）
1	金世祥	1957—1970 年，副站长	8	王晶英	1959—1994 年，预报员
2	韩淑琴	1958—1963 年，站长	9	顾崇发	1960—1962 年，副站长
3	周永达	1958—1963 年，观测员	10	陈凤弟	1961—1961 年，观测员
4	梁广富	1959—1959 年，调离	11	吕世德	1961—1962 年，观测员
5	邹景瑞	1959—1959 年，站长	12	刘雪风	1962—1963 年，观测员
6	叶洪昌	1959—1961 年，观测员	13	郑心良	1962—1979 年，副站长
7	孙素珍	1959—1962 年，观测员	14	张素梅	1961—1978 年，观测员

续表

盖州市气象局

序号	姓名	工作时间及职务（职称）	序号	姓名	工作时间及职务（职称）
15	李连宝	1965—1966 年，观测员，调离	28	于庆普	1979—1980 年，副站长
16	候海桥	1971—1972 年，检测员	29	赵翠芬	1979—1980 年，农气员
17	李皖新	1971—1979 年，农气员	30	刘旭光	1979—2001 年，会计
18	付艳秋	1971—2001 年，检测组长	31	张波	1979—2015 年，台长
19	张树河	1971—2001 年，预报员	32	吴洪林	1979 年参加工作，预报组长
20	张秀贤	1973—1990 年，观测员	33	于双	1980—2016 年，观测员
21	刘继英	1974—1980 年，站长	34	翁立华	1985—1986 年，预报员
22	徐方信	1977—1980 年，会计	35	喻任令	1987—2011 年，副局长
23	张庆梅	1977—1996 年，观测员	36	连明涛	1993—2013 年，局长
24	曲平	1977—2011 年，观测员	37	祁旭	2002—2007，观测员调离
25	宫树国	1978—1979 年，农气员	38	时欣	2012—2016 年，预报员
26	张家庆	1978—1990 年，局长	39	王学文	1981 年调离
27	陈忠绵	1978—1990 年，农气组长，调离			

大石桥市气象局

序号	姓名	工作时间及职务（职称）	序号	姓名	工作时间及职务（职称）
1	张玉田	1959—1961 年，站长	20	朱洪洲	1976—2011 年，报务员
2	邹永昌	1959—1984 年，站长、工程师	21	王铁华	1976—2010 年，工程师
3	宁淑贤	1959—1959 年，观测员、见习	22	张守新	1976—1982 年，更夫
4	侯宝玲	1959—1978 年，技术员	23	杨恩法	1976—1979 年，司机
5	王淑华	1960—1966 年，技术员	24	周启拥	1977—1978 年，会计
6	佟秀兰	1963—1971 年，技术员	25	吴成启	1977—1978 年，副站长
7	齐介蒸	1963—1989 年，技师	26	许化卓	1977—2011 年，司机
8	尹望	1970—2008 年，局长	27	刘铁甲	1978—1986 年，股长，调离
9	沈延芳	1971 年参加工作，副站长、书记	28	刘兴江	1978—1985 年，站长、书记
10	王卓恩	1971—1975 年，技术员	29	潘文	1961—1998 年，股长
11	杨立志	1971—1973 年，观测员	30	林钧伦	1978—1979 年，技术员
12	李学文	1971—1972 年，观测员，调离	31	吴迪	1979—2009 年，工程师
13	孟宪安	1971—1975 年，站长、书记	32	王占元	1979—1985 年，副站长
14	张志庆	1971—1977 年，观测员	33	李玉满	1979—1981 年，会计，调离
15	孙明君	1971—1977 年，观测员	34	孙凤羽	1979—2007 年，预报员
16	姜洪仕	1971—1972 年，观测员	35	董太治	1980—1995 年，股长、观测员
17	康洪学	1972—2006 年，副站长、副书记	36	郝玉玺	1958—1997 年，副站长
18	李生春	1975—1979 年，站长、书记	37	赵玉枝	1972—1993 年，接收员
19	付井阳	1976—1977 年，报务员	38	王树彦	1986—1987 年，站长

序号	姓名	工作时间及职务（职称）	序号	姓名	工作时间及职务（职称）
		营口经济技术开发区气象局			
1	徐三缄	1949—1950年，主任，调离	34	李恺心	1962—1971年，观测员，调离
2	李锡奎	1949—1984年，副站长	35	侯海翘	1962—1971年，调离
3	闫龙凯	1950—1956年，观测员，调离	36	那维芳	1962—1978年，调离
4	富海泉	1952—1957年，观测员，调离	37	张淑君	1962—1995年，工程师
5	玉显辉	1954—1955年，观测员，调离	38	刘国惠	1962—1996年，高级工程师
6	彭文德	1954—1957年，观测员，调离	39	张志礼	1962—1997年，工程师
7	周元明	1954—1965年，调离	40	张春云	1963—1970年，调离
8	陈正雨	1955—1955年，观测员，调离	41	曹桂珊	1963—1972年，调离
9	万用斌	1955—1957年，观测员，调离	42	李德钧	1963年参加工作，调离
10	宋茂林	1956—1957年，观测员，调离	43	董学思	1964—1997年，站长
11	何继敏	1956—1958年，观测员，调离	44	种美章	1965—1968年，观测员
12	刘伯娥	1956—1961年，观测员，调离	45	姜廷学	1970—1971年，调离
13	刘少文	1956—1965年，观测员，调离	46	梅学元	1971—1973年，调离
14	黄立松	1956—1969年，调离	47	戚伦发	1971—1974年，调离
15	陶友全	1957—1958年，观测员，调离	48	聂辉辉	1971—1975年，调离
16	余秀男	1957—1960年，观测员，调离	49	栾生厚	1971—1995年，副站长，调离
17	张桂兰	1957—1962年，观测员，调离	50	杜庆元	1971—2011年，局长
18	杨玉祥	1957—1962年，观测员，调离	51	宋君	1978—1988年，调离
19	吴文钧	1957—1997年，高级工程师	52	张绍荣	1979—1979年，调离
20	叶鸿昌	1958—1958年，观测员，调离	53	李正超	1979—1980年，调离
21	顾佩翔	1958—1958年，观测员，调离	54	石晶	1979—1980年，调离
22	李光盖	1958—1962年，观测员，调离	55	杨世增	1979—1982年，调离
23	吴桂荣	1958—1962年，观测员，调离	56	唐桂君	1979—1983年，调离
24	袁福德	1958—1965年，站长，调离	57	张淑秋	1979—1990年，调离
25	潘景昌	1959—1959年，观测员，调离	58	张淑华	1979—2009年，工程师
26	闫士林	1959—1963年，观测员，调离	59	谭桂丽	1979—2017年，局长
27	陈玉学	1959—1996年，副站长（主持工作）	60	王玉清	1980—1983年，调离
28	袁执多	1960—1961年，观测员，调离	61	李德华	1980—1985年，调离
29	陈素琴	1960—1962年，观测员，调离	62	华泽田	1980—1985年，调离
30	李洪祥	1962—1962年，观测员，调离	63	赵素香	1981—2014年，工程师
31	邵玉珍	1962—1965年，观测员	64	白静	1991—1995年，技术员，调离
32	盛淑贤	1962—1965年，观测员，调离	65	隋广萍	1997—2007年，助理工程师，调离
33	王奉安	1962—1970年，观测员，调离	66	李姝婷	2010—2011年，调离

其他调离人员：邬大财（1971年），朴景彬（1973年），邹本义（1973年），李洪奎（1978年），盖友安（1978年），南友春（1979年），于希茂（1980年），向静（1996年）。

局领导

党建办

法规科

气象台

观测站

网络中心

业务科

核算中心

生态中心

服务中心

防雷中心

编修始末

2017 年 5 月 17 日，营口气象站被世界气象组织认定为首批百年气象站。营口市气象局以此为契机，于 2017 年 6 月决定编纂《营口市气象志》，以史志的形式翔实记载营口气象事业发展历程和业绩成果，激励全市气象工作者珍视历史、开创未来。

2017 年 7 月 11 日，营口市气象局成立《营口市气象志》编纂委员会，局长李明香任主任，局领导梁曙光、王涛、宋长青任副主任。组建编纂办公室，指定营口市气象观测站站长杨晓波负责总编纂工作，同时聘请沈阳市气象局原副局长张文兴担任技术顾问和审稿专家。

2017 年 8 月，在编委会的领导下，经过充分调研并借鉴多地气象志编纂经验，制定了《营口市气象志》编写实施方案和大纲，确定了编写范围、总体结构、篇章目录，明确了任务分工、工作进度和质量要求。邀请辽宁省气象局史志办公室原编辑韩玺山编写综述及 1949 年以前的部分内容。

编写任务下达给各单位后，各市（县）、区气象局和营口市气象局各科室、各直属单位（以下简称"各单位""各科室"）迅速加以落实，安排得力人员开展编写工作。各单位、各科室编写人员认真负责，反复翻阅档案，收集历史资料，于 2017 年 10 月完成了历史资料收集和基本素材整编，经编纂办公室审阅取舍后，发还各单位、各科室进行修改。为了确保志书质量，期间编委会先后三次邀请专家培训编写人员，并寻访多位历史亲历者，力求将史料客观、真实、完整地呈现在志书中。

2017 年 11 月 3 日，副局长王涛组织召开"气象志进展情况及存在问题通报会"，对编写过程中遇到的问题进行分析研究并明确了下一步工作安排。12 月，将经过修改的部分章节稿本送张文兴审阅，同时编纂办公室对其他章节继续完善和补充。2018 年 2 月初，形成第一稿，交由张文兴审核并提出意见。

2018 年 5 月，根据张文兴和编纂办公室意见修改后，形成了《营口市气象志》第二稿，编委会再次组织召开"气象志审稿情况通报会"，要求各单位、各科室认真查找历史档案，查漏补缺，对志稿内容仔细核查修改。营口市气象局专门组织人员赴市档案局，用时 3 天扫描了 1954—1975 年气象档案，将 7000 页档案资料悉数带回并有序整理。6—8 月，各单位、各科室安排人员再次详细翻阅电子档案及各自留存纸质档案，依据原始记载，对有关内容进行校正和补充。

2018 年 9—12 月，《营口市气象志》第三稿完成，进入局内审核阶段。其中涉及专业气象知识的七个章节由营口市气象台台长何晓东、副台长张晶负责审核，其余二十二个章节由杨晓波审核。审核人员本着精益求精的态度，边查证边修改，加班加点，不辞辛苦，较好地完成了各自承担的审核任务。

2019年1月初，张文兴完成了志稿初审。2月26—28日，张文兴与有关编撰人员讨论调整了部分章节结构，补充了相关内容。3月，将调整修改后的第三稿按照原有分工发各单位、各科室进行再一次修改完善。4月，《营口市气象志》初稿完成，发送局领导、史志专家、退休老领导老同志及业内有关人员广泛征求意见。

为确保志书全面、严谨、准确，2019年4月17—18日，编委会召开"营口市气象志专家咨询会"，邀请多位专家进行会审。辽宁省气象局原巡视员李波在会前审阅全部志稿，并进行了系统修改。营口市气象局原局长才荣辉对志稿通篇研阅，并结合自己的经历和回忆，提出了很多明确修改意见。辽宁省气象科学研究所原副所长（正处级）、编审王奉安对志稿中图表部分，按照出版标准作了规范。营口市气象局领导分篇章内容进行审查，针对细节修改完善。编委会主任、局长李明香在志稿形成过程中三次通篇阅审，提出一系列指导性意见并逐章加以修改，使志稿脉络更加清晰、顺畅，内容更加全面、准确。

2019年5月中旬，终稿基本形成，张文兴、王奉安和韩玺山等专家对终稿进行专业复核，李波进行通审统修，8月末最终定稿。

《营口市气象志》的编纂出版前后历时两年多，从收集资料、组织编写、反复审稿、数次研修到定稿出版，凝聚了全体编撰人员的智慧和心血，志书的顺利完成是众人不懈努力、辛勤劳动的成果。同时，有幸得到李波、张文兴、韩玺山、王奉安等修志专家的悉心指导，以及诸位领导、业内专家和退休老同志的帮助，在此一并深表谢意。

《营口市气象志》的问世，承蒙辽宁省气象局领导和各处室的帮助指导以及沈阳市气象局、大连市气象局、朝阳市气象局的大力支持，在此一并表示衷心感谢！

由于时间、人力有限，且经验不足，疏漏和谬误之处在所难免，敬请广大读者批评指正。

编　者

2019年8月